Zusätzliche digitale Inhalte für Sie!

Zu diesem Buch stehen Ihnen kostenlos folgende digitale Inhalte zur Verfügung:

- Online-Version ✓
- Online-Training
- Aktualisierung im Internet
- Zusatz-Downloads
- App
- Digitale Lernkarten
- WissensCheck

Schalten Sie sich das Buch inklusive Mehrwert direkt frei.

Scannen Sie den QR-Code **oder** rufen Sie die Seite **www.nwb.de** auf. Geben Sie den Freischaltcode ein und folgen Sie dem Anmeldedialog. Fertig!

Ihr Freischaltcode

CBWH-RBZT-XJYV-MIOW-UGQG-JS

NWB Bilanzbuchhalter

Fallsammlung für Bilanzbuchhalter

Bilanzbuchhalterprüfungen 2021

Von
Steuerberater Dipl.-Finanzwirt (FH) Martin Weber

ISBN 978-3-482-**68051**-9

© NWB Verlag GmbH & Co. KG, Herne 2021
www.nwb.de

Alle Rechte vorbehalten.

Dieses Buch und alle in ihm enthaltenen Beiträge und Abbildungen sind urheberrechtlich geschützt. Mit Ausnahme der gesetzlich zugelassenen Fälle ist eine Verwertung ohne Einwilligung des Verlages unzulässig.

Satz: PMGi Agentur für intelligente Medien GmbH, Hamm
Druck: Stückle Druck und Verlag, Ettenheim

VORWORT

Bilanzbuchhalter*innen sind gefragte Spezialisten mit sehr guten Perspektiven auf dem Arbeitsmarkt. Nicht zuletzt deshalb ist die Fortbildung „Geprüfter Bilanzbuchhalter und Geprüfte Bilanzbuchhalterin" eine der beliebtesten Weiterbildungsprüfungen für kaufmännische Berufe. Allerdings zählt die Bilanzbuchhalterprüfung auch zu den anspruchsvollsten kaufmännischen Weiterbildungsabschlüssen der IHK, dies belegen regelmäßig hohe Durchfallquoten.

Mit dem neuen Titel „Fallsammlung für Bilanzbuchhalter", welcher der Nachfolger und eine Kombination des bekannten „Prüfungstrainings für Bilanzbuchhalter" in zwei Bänden ist, erhalten Sie ein aktuelles und umfassendes Hilfsmittel für die bevorstehende Prüfung.

Rund 282 Aufgaben decken alle Handlungsbereiche der bevorstehenden drei Klausuren ab. Durch die Angabe von Punkten, einer Zeitvorgabe für jede Übungsaufgabe und die ausführlichen Lösungshinweise ist mit diesem Buch ein optimales Prüfungstraining möglich. Da dieser Titel neben der reinen Prüfungsvorbereitung auch der Auffrischung und Wiederholung dienen soll, sind einige (Teil-)Aufgaben enthalten, die für die Bilanzbuchhalterprüfung nach dem Rahmenplan nicht relevant sind. Diese sind folgendermaßen gekennzeichnet:

(1) Zusatzaufgabe ohne Bezug zur Prüfungsverordnung

Außerdem sind die Aufgaben in drei verschiedene Schwierigkeitsgrade eingeteilt, sodass eine bessere Einschätzung der eigenen Leistung möglich ist.

Die einzelnen Stufen werden folgendermaßen dargestellt:

* *   einfache Aufgaben
* **   mittlere Aufgaben
* *** schwere Aufgaben

Alle Aufgaben und Lösungen enthalten den aktuellen Rechtsstand für Prüfungen in 2021 und berücksichtigen dabei u. a. die Änderungen durch das erste und zweite Corona-Steuerhilfegesetz sowie das JStG 2020.

Außer für Bilanzbuchhalter*innen bzw. Bachelor Professional in Bilanzbuchhaltung ist dieses Buch auch als Prüfungsvorbereitung für Studenten an Universitäten und Fachhochschulen sowie zur Vorbereitung auf die Steuerfachwirtprüfung geeignet, da dort in den oben genannten Fächern meist ein ähnlicher Themenkreis geprüft wird. Auch für Praktiker der Finanzverwaltung, der Steuerberatung und des Rechnungswesens kann dieses Buch als Auffrischungs- oder Wiederholungskurs dienen.

Für Anregungen und Hinweise zu diesem Titel sind wir Ihnen immer sehr dankbar. Senden Sie diese gerne per E-Mail an NWB-Lektorat-BWL@nwb.de.

München, im Januar 2021   Martin Weber

INHALTSVERZEICHNIS

Vorwort		V
Inhaltsverzeichnis		VII
Abkürzungsverzeichnis		XVII

A.	**Einleitung**		**1**
I.	Personengesellschaft		1
II.	Kapitalgesellschaft		1
III.	Angaben für beide Gesellschaften		2
B.	**Geschäftsvorfälle erfassen und zu Abschlüssen führen**		**3**
I.	Aufgabenstellungen		3
II.	Anlagevermögen		4
	Fall 1	Bilanzierung eines Patents	4
	Fall 2	Leasing eines Pkw	4
	Fall 3	Erstellung eines Anlagengitters	5
	Fall 4	Ermittlung eines Festwerts	6
	Fall 5	Verkauf eines Grundstücks	7
	Fall 6	Leasing einer Maschine	7
	Fall 7	Gewährung eines Zuschusses	8
	Fall 8	Anschaffung einer Maschine	8
	Fall 9	Anschaffung von Büromaschinen	9
	Fall 10	Finanzanlage mit Kapitalerhöhung	9
	Fall 11	Teilabbruch einer Produktionshalle	10
	Fall 12	Bilanzierung von Software	10
	Fall 13	Gewährung eines Darlehens	11
	Fall 14	Kauf eines Lkw	12
	Fall 15	Kauf einer Maschine im Ausland	13
	Fall 16	Erwerb eines Konkurrenzunternehmens	13
	Fall 17	Bilanzierung von festverzinslichen Wertpapieren	14
	Fall 18	Nutzung einer selbst hergestellten Maschine	14
	Fall 19	Bebauung eines unbebauten Grundstücks	15
	Fall 20	Bilanzierung von Aktien	16

	Fall 21	Kauf gegen Leibrente	16
	Fall 22	Sammelposten	17
	Fall 23	Dauernde Wertminderung	17
III.	Umlaufvermögen	18
	Fall 24	Bilanzierung von fertigen Erzeugnissen	18
	Fall 25	Bilanzierung von liquiden Mitteln	18
	Fall 26	Anwendung eines Layers	19
	Fall 27	Bilanzierung von Valutaforderungen	20
	Fall 28	Bilanzierung eines Einbruchschadens	20
	Fall 29	Aktien im Umlaufvermögen	21
	Fall 30	Bilanzierung eines unfertigen Erzeugnisses	21
	Fall 31	Bilanzierung von Forderungen 1	23
	Fall 32	Bilanzierung von Rohstoffen	24
	Fall 33	Festverzinsliche Wertpapiere im Umlaufvermögen	25
	Fall 34	Bilanzierung von Handelswaren 1	25
	Fall 35	Bilanzierung von Besitzwechseln	26
	Fall 36	Bilanzierung von Handelswaren 2	26
	Fall 37	Bilanzierung von Forderungen 2	27
	Fall 38	Forderung im Zusammenhang mit einer Bürgschaft	28
IV.	Eigenkapital	29
	Fall 39	Kapitalerhöhung und Gewinnverwendung	29
	Fall 40	Bilanzierung von eigenen Anteilen	30
	Fall 41	Ausstehende Einlagen	30
	Fall 42	Gewinnverteilung OHG	31
V.	Rückstellungen	32
	Fall 43	Bilanzierung einer neuen Pensionszusage	32
	Fall 44	Jahresabschlusskosten	33
	Fall 45	Garantierückstellung	33
	Fall 46	Jubiläumsrückstellung	33
	Fall 47	Pensionsrückstellung	34
	Fall 48	Urlaubsrückstellung	35
	Fall 49	Prozesskosten und Schadenersatz	36
	Fall 50	Unterlassene Instandhaltung	36
	Fall 51	Drohende Verluste	37
	Fall 52	Steuerrückstellung	37
	Fall 53	Schadenersatzforderung	38
	Fall 54	Sozialplan	39

VI.	Verbindlichkeiten		39
	Fall 55	Bilanzierung eines ausländischen Festdarlehens	39
	Fall 56	Bilanzierung eines Festdarlehens	40
	Fall 57	Bilanzierung einer Valutaverbindlichkeit	40
	Fall 58	Bilanzierung eines Tilgungsdarlehens	41
	Fall 59	Abzinsung eines Darlehens	41
VII.	Gewinn- und Verlustrechnung		41
	Fall 60	Umsatzkostenverfahren	41
	Fall 61	Zuordnung in der GuV	42
VIII.	Anhang, Lagebericht		43
	Fall 62	Anhang	43
	Fall 63	Lagebericht	44
IX.	Aufstellung, Prüfung, Offenlegung		45
	Fall 64	Aufstellung und Offenlegung	45
	Fall 65	Prüfung	45
X.	Internationale Rechnungslegung		46
	Fall 66	Grundlagen 1	46
	Fall 67	Grundlagen 2	46
	Fall 68	Bestandteile des Abschlusses	46
	Fall 69	Kauf einer Maschine 1	47
	Fall 70	Kauf einer Maschine 2	47
	Fall 71	Anschaffung einer Büromaschine	48
	Fall 72	Herstellungskosten mit Neubewertung 1	48
	Fall 73	Herstellungskosten mit Neubewertung 2	48
	Fall 74	Fremdkapitalkosten	49
	Fall 75	Komponentenansatz	50
	Fall 76	Softwarekauf	50
	Fall 77	Softwareherstellung	51
	Fall 78	Kauf von Aktien	51
	Fall 79	Verkauf von Aktien	52
	Fall 80	Fremdwährungsforderung	52
	Fall 81	Fertigungsaufträge	53
	Fall 82	Vorräte 1	53
	Fall 83	Vorräte 2	54
	Fall 84	Handelswaren	54
	Fall 85	Schulden 1	55
	Fall 86	Schulden 2	55

C. Internes Kontrollsystem — 57

Fall 1	Ziele des IKS	57
Fall 2	Risikoquellen 1	57
Fall 3	Risikoquellen 2	57
Fall 4	Einrichtung Kontrollsystem	57
Fall 5	Risiken entgegenwirken	58
Fall 6	Lagebericht im Hinblick auf das IKS	58
Fall 7	Strategische Frühaufklärung	58
Fall 8	Methoden und Instrumente der Risikoerkennung	58
Fall 9	Maßnahmen zur Wahrung der Betriebsgeheimnisse	59
Fall 10	Frauds	59
Fall 11	Risiken erkennen und Gegenmaßnahmen treffen	59
Fall 12	Kennzahlen	59
Fall 13	Überprüfung IKS	60
Fall 14	Maßnahmen des IKS	60

D. Kommunikation, Führung und Zusammenarbeit — 61

Fall 1	Kommunikation im Team zwischen den Abteilungen 1	61
Fall 2	Kommunikation im Team zwischen den Abteilungen 2	61
Fall 3	Konflikt und Stresssituationen	61
Fall 4	Kommunikation mit externen Partnern	61
Fall 5	Interkulturelle Anforderungen	62
Fall 6	Erfolgskontrolle und Anpassung	62
Fall 7	Prozesse der Personalbeschaffung	62
Fall 8	Operative Personaleinsatzplanung	62
Fall 9	Berufsausbildung planen und durchführen	63
Fall 10	Ausbildung, Abschlussprüfung	63
Fall 11	Personalentwicklung 1	63
Fall 12	Arbeits-/Gesundheitsschutz	63
Fall 13	Betriebsarzt	64
Fall 14	Mitbestimmungsrechte	64
Fall 15	Personalentwicklung 2	64

E. Jahresabschluss aufbereiten und auswerten — 65

Fall 1	Organisation 1[1]	65
Fall 2	Organisation 2[1]	65

Fall 3	Organisation 3[(1)]	66
Fall 4	Strukturbilanz 1	66
Fall 5	Bewegungsbilanz 1	68
Fall 6	Kennzahlen 1	70
Fall 7	Strukturbilanz 2	71
Fall 8	Kennzahlen 2	73
Fall 9	Kapitalflussrechnung	75
Fall 10	Vergleichsrechnungen	77
Fall 11	Bewegungsbilanz 2	78
Fall 12	Interpretation von Kennzahlen	80
Fall 13	Eigenkapitalrichtlinien	80
Fall 14	Rating	80
Fall 15	Auswirkungen der Eigenkapitalrichtlinien	80

F. Finanzmanagement 81

Fall 1	Factoring 1	81
Fall 2	Abschreibungsgegenwerte	81
Fall 3	Investitionsentscheidung 1	82
Fall 4	Finanzierungsentscheidung	83
Fall 5	Investitionsbeurteilung	83
Fall 6	Factoring 2	84
Fall 7	Unternehmensübernahme	85
Fall 8	Innenfinanzierung	86
Fall 9	Investitionsentscheidung 2	87
Fall 10	Entscheidungsprozess	89
Fall 11	Renditen	89
Fall 12	Festdarlehen	90
Fall 13	Investitionsentscheidung 3	90
Fall 14	Kapitalbedarfsrechnung 1	91
Fall 15	Rendite	92
Fall 16	Kapitalbedarfsrechnung 2	92
Fall 17	Annuitätendarlehen	93
Fall 18	Lohmann-Ruchti-Effekt	93
Fall 19	Investitionsentscheidungsprozess	94
Fall 20	Anleihe	94
Fall 21	Finanzierungsentscheidung	95
Fall 22	Hauptversammlung	96
Fall 23	Einzahlungs-Überschüsse	96

Fall 24	Finanzierungsregeln	97
Fall 25	Grundpfandrechte 1	97
Fall 26	Cashflow	98
Fall 27	Kostenvergleichsrechnung	99
Fall 28	Skonto	100
Fall 29	Grundpfandrechte 2	100
Fall 30	Zinssicherung	100
Fall 31	Leasing	101
Fall 32	Finanzplanung	102
Fall 33	Ersatzinvestition	102
Fall 34	Finanzierungsarten	103
Fall 35	Kapitalerhöhung	104
Fall 36	Zession	104
Fall 37	Stille Gesellschaft	105
Fall 38	Kurssicherung	105
Fall 39	Kapitalflussrechnung	106
Fall 40	Liquidität	107
Fall 41	Selbstfinanzierung 1	108
Fall 42	Selbstfinanzierung 2	109
Fall 43	Rücklagen	109
Fall 44	Annuitätenmethode	110
Fall 45	Investitionsrechnung	110
Fall 46	Kapitalwertmethode	111
Fall 47	Finanzierungsentscheidung	112
Fall 48	Finanzplan	113
Fall 49	Kapitalbedarfsrechnung 3	114

G. Steuerrecht   117

I. Abgabenordnung   117

Fall 1	Fristberechnung 1	117
Fall 2	Verspätete Abgabe von Erklärungen[1]	117
Fall 3	Außenprüfung 1[1]	118
Fall 4	Änderung von Steuerbescheiden 1	119
Fall 5	Steuerstundung	120
Fall 6	Änderung von Steuerbescheiden 2	120
Fall 7	Steuerfestsetzung	121
Fall 8	Fristberechnung 2	121

	Fall 9	Außenprüfung 2[1]	122
	Fall 10	Fristberechnung 3	122
II.	Einkommensteuer		123
	Fall 11	Summe der Einkünfte 1 – Kapitaleinkünfte	123
	Fall 12	Einkünfte aus Vermietung und Verpachtung[1]	124
	Fall 13	Gewinnverwendung einer OHG	125
	Fall 14	Gewerbesteueranrechnung[1]	127
	Fall 15	Überschussrechnung	127
	Fall 16	Erbbaurecht	128
	Fall 17	Gewinnermittlung 1	129
	Fall 18	Gewinnermittlung 2	130
	Fall 19	Sonderbetriebseinnahmen	132
	Fall 20	Summe der Einkünfte 2	133
	Fall 21	Zinsschranke	134
	Fall 22	Thesaurierungsbegünstigung[1]	135
	Fall 23	Gewinnermittlung 3	135
	Fall 24	Gewinnermittlung 4	137
	Fall 25	Summe der Einkünfte 3	138
III.	Körperschaftsteuer		139
	Fall 26	Ermittlung des zu versteuernden Einkommens 1	139
	Fall 27	Ermittlung des zu versteuernden Einkommens 2	140
	Fall 28	Ermittlung des zu versteuernden Einkommens 3	141
	Fall 29	Körperschaft- und Umsatzsteuer	142
	Fall 30	Gesellschafterdarlehen	143
	Fall 31	Steuerliche Behandlung eines Vereins[1]	144
IV.	Gewerbesteuer		145
	Fall 32	Zerlegung	145
	Fall 33	Einheitlicher Messbetrag 1	146
	Fall 34	Messbetrag nach dem Gewerbeertrag	146
	Fall 35	Einheitlicher Messbetrag 2	147
	Fall 36	Gewerbesteuerrückstellung 1	148
	Fall 37	Gewerbesteuerrückstellung 2	149
	Fall 38	Gewerbeertrag	150
	Fall 39	GewSt-Messbetrag, -rückstellung	151
V.	Umsatzsteuer		153
	Fall 40	Innergemeinschaftliche Lieferung	153
	Fall 41	Sonstige Leistung	154
	Fall 42	Lieferung und sonstige Leistung 1	155
	Fall 43	Innenumsatz	156

	Fall 44	Private Nutzung eines betrieblichen Pkw	156
	Fall 45	Vermittlungsleistung	157
	Fall 46	Entschädigungszahlungen	158
	Fall 47	Vermietungsleistung	159
	Fall 48	Vorsteuerabzug	159
	Fall 49	Innergemeinschaftlicher Erwerb	160
	Fall 50	Forderungsausfall	161
	Fall 51	Lieferung und sonstige Leistung 2	161
	Fall 52	Geschäfte mit ausländischen Unternehmen	162
VI.	Lohnsteuer		163
	Fall 53	Bewertung von Sachbezügen[1]	163
	Fall 54	Private Nutzung eines betrieblichen Pkw	164
	Fall 55	Lohnsteuerliche Behandlung von Reisekosten	165
	Fall 56	Steuerfreier Arbeitslohn 1	166
	Fall 57	Lohnsteuer-Außenprüfung 1	167
	Fall 58	Steuerfreier Arbeitslohn 2	168
	Fall 59	Lohnsteuer-Außenprüfung 2	168
VII.	Steuern mit Auslandsbezug		170
	Fall 60	Ausländische Einkünfte	170
	Fall 61	Beschränkte Steuerpflicht	170
	Fall 62	Doppelbesteuerung	171
	Fall 63	Außensteuerrecht	172

H. Kosten- und Leistungsrechnung 173

	Fall 1	Abgrenzungen in der Ergebnistabelle	173
	Fall 2	Kalkulatorische Abschreibung	174
	Fall 3	Ermittlung kalkulatorischer Zinsen	174
	Fall 4	Vor- und Nachverrechnung	175
	Fall 5	Einfacher Betriebsabrechnungsbogen	176
	Fall 6	Kostenträgerzeitrechnung	178
	Fall 7	Bezugskalkulation	179
	Fall 8	Verkaufskalkulation im Handel	180
	Fall 9	Zuschlagskalkulation	180
	Fall 10	Zweistufige Divisionskalkulation	181
	Fall 11	Mehrstufige Divisionskalkulation	181
	Fall 12	Einstufige Äquivalenzziffernkalkulation	182
	Fall 13	Mehrstufige Äquivalenzziffernkalkulation	183

Fall 14	Unterschiedliche Kalkulationsverfahren	183
Fall 15	Kuppelkalkulation nach dem Restwertverfahren	184
Fall 16	Kuppelkalkulation als Verteilungsrechnung	184
Fall 17	Maschinenstundensatzrechnung	185
Fall 18	Handelskalkulation	186
Fall 19	Teilkostenrechnung	186
Fall 20	Break-Even-Analyse und Preisuntergrenze	187
Fall 21	Optimale Sortimentsgestaltung	188
Fall 22	Kalkulation von Zusatzaufträgen und Fremdbezug	189
Fall 23	Deckungsbeitragsrechnung	189
Fall 24	Preis-Mengen-Politik	190
Fall 25	Mehrstufige Deckungsbeitragsrechnung	191
Fall 26	Flexible Normalkostenrechnung	191
Fall 27	Starre Plankostenrechnung	192
Fall 28	Variatorrechnung[1]	192
Fall 29	Grenzplankostenrechnung	193
Fall 30	Kostenverhalten	193
Fall 31	Kurzfristige Erfolgsrechnung	194
Fall 32	Abweichungsanalysen 1	194
Fall 33	Abweichungsanalysen 2	195
Fall 34	Prozesskostenrechnung 1	196
Fall 35	Prozesskostenrechnung 2	196
Fall 36	Zielkostenrechnung (Target Costing)	197
Fall 37	Kostenmanagement	198
Fall 38	Qualitätskriterien[1]	198
Fall 39	Eignung von Kostenrechnungsverfahren	198
Fall 40	Mehrstufiger Betriebsabrechnungsbogen	199

I. Lösungen 203

I.	Geschäftsvorfälle erfassen und zu Abschlüssen führen	203
	Lösung zu den Fällen 1 bis 86	203
II.	Internes Kontrollsystem	305
	Lösung zu den Fällen 1 bis 14	305
III.	Kommunikation, Führung und Zusammenarbeit	309
	Lösung zu den Fällen 1 bis 15	309
IV.	Jahresabschluss aufbereiten und auswerten	313
	Lösung zu den Fällen 1 bis 15	313

V.	Finanzmanagement	333
	Lösung zu den Fällen 1 bis 49	333
VI.	Steuerrecht	375
	Lösung zu den Fällen 1 bis 63	375
VII.	Kosten- und Leistungsrechnung	469
	Lösung zu den Fällen 1 bis 40	469

Stichwortverzeichnis — **513**

ABKÜRZUNGSVERZEICHNIS

A

A	Annuität
A_0	Anschaffungsauszahlung
AbF	Abzinsungsfaktor
Abs.	Absatz
Abschn.	Abschnitt
Abschr.	Abschreibung
abzgl.	abzüglich
AEAO	Anwendungserlass zur Abgabenordnung
AfA	Absetzung für Abnutzung
AG	Aktiengesellschaft
AG-Anteil	Arbeitgeberanteil
AHB	Anrechnungshöchstbetrag
AK	Anschaffungskosten
AKA	Ausfuhrkredit-Gesellschaft mbH
AktG	Aktiengesetz
aLL	aus Lieferung und Leistung
and.	andere
Anl.	Anlagen
AO	Abgabenordnung
ARAP	aktiver Rechnungsabgrenzungsposten
AStG	Außensteuergesetz
Aufw.	Aufwendungen
AV	Anlagevermögen

B

B	rechnerischer Wert des Bezugsrechts
BAB	Betriebsabrechnungsbogen
Bestandsmehr.	Bestandsmehrung
Bestandsmind.	Bestandsminderung
Bestandsver.	Bestandsveränderungen
betriebl.	betriebliche
BetrVG	Betriebsverfassungsgesetz
BFH	Bundesfinanzhof
BGA	Betriebs- und Geschäftsausstattung
BGB	Bürgerliches Gesetzbuch
BibuBAProFPrV	Bilanzbuchhalter-Bachelor Professional in Bilanzbuchhaltung-Fortbildungsprüfungsverordnung
bil.	bilanziell
BMF	Bundesministerium der Finanzen

Abkürzungen

BStBl	Bundessteuerblatt
Buchst.	Buchstabe

C

C_0	Kapitalwert
ca.	circa
Ct.	Cent

D

DBA	Doppelbesteuerungsabkommen
d. h.	das heißt
DKK	Dänische Kronen
DrittelbG	Drittelbeteiligungsgesetz
DSF	Diskontierungssummenfaktor (Barwertfaktor)

E

€	Euro
E & E Steuern	Steuern vom Einkommen und Ertrag
EG	Europäische Gemeinschaft
EGHGB	Einführungsgesetz zum HGB
Eigenl.	Eigenleistung
EK	Eigenkapital
Ertr.	Erträge
EStDV	Einkommensteuer-Durchführungsverordnung
EStG	Einkommensteuergesetz
EStH	Einkommensteuer-Hinweise
EStR	Einkommensteuer-Richtlinien
EU	Europäische Union
EUSt	Einfuhrumsatzsteuer
EW	Einheitswert
EWB	Einzelwertberichtigung

F

F.	Framework (Rahmenkonzept)
f./ff.	folgend/e
FE	Fertige Erzeugnisse
Fifo	first in – first out
FK	Fremdkapital
FW	Firmenwert

G

gel.	geleistete
gepl.	geplant

ges.	gesetzlich
GewSt	Gewerbesteuer
GewStG	Gewerbesteuergesetz
GewStR	Gewerbesteuer-Richtlinien
gez.	gezeichnetes
ggf.	gegebenenfalls
ggü.	gegenüber
GK	Gesamtkapital/Gemeinkosten
GmbH	Gesellschaft mit beschränkter Haftung
GuV	Gewinn- und Verlustrechnung
GWG	Geringwertiges Wirtschaftsgut

H

H	Hinweis
HGB	Handelsgesetzbuch
HK	Herstellungskosten
HS	Halbsatz
HV	Hauptversammlung

I

i. d. F.	in der Fassung
i. d. R.	in der Regel
i. H.	im Hundert
i. H. von	in Höhe von
i. V. mit	in Verbindung mit
IAS	International Accounting Standards
IASB	International Accounting Standards Board
IFRIC	International Financial Reporting Interpretations Committee
IFRS	International Financial Reporting Standards
IKS	internes Kontrollsystem
imm.	immaterielle
InsO	Insolvenzordnung

J

JÜ	Jahresüberschuss

K

K	Kosten
kalk.	kalkulatorische
KD	Kapitaldienst
KEF	Kapazitätserweiterungseffekt
KESt	Kapitalertragsteuer
kg	Kilogramm

Abkürzungen

KG	Kommanditgesellschaft
KGaA	Kommanditgesellschaft auf Aktien
km	Kilometer
Kostenrechn.	Kostenrechnung
KSt	Körperschaftsteuer
KST	Kostenstelle
KStG	Körperschaftsteuergesetz
KStR	Körperschaftsteuerrichtlinien
kum.	kumulierte
kurzfr.	kurzfristige/s
KWF	Kapitalwiedergewinnungsfaktor; Annuitätenfaktor

L

langfr.	langfristige/s
Lifo	last in – first out
Lkw	Lastkraftwagen
lmi	leistungsmengeninduziert
lmn	leistungsmengenneutral
LStDV	Lohnsteuerdurchführungsverordnung
LStR	Lohnsteuerrichtlinien
lt.	laut

M

m	Meter
Min.	Minute/n
Mio.	Million/en

N

Nr.	Nummer

O

o. a.	oben angeführt
o. g.	oben genannt
OFD	Oberfinanzdirektion
OHG	Offene Handelsgesellschaft

P

p. a.	per anno
Pkw	Personenkraftwagen
PWB	Pauschalwertberichtigung
PublG	Publizitätsgesetz

Q

qm	Quadratmeter

R

r	Effektivzinssatz, Rendite, Rentabilität
R	Richtlinie
RBW	Restbuchwert
RHB	Roh-, Hilfs- und Betriebsstoffe
ROI	Return on Investment
Rück.	Rückstellungen
RVF	Restwertverteilungsfaktor

S

S.	Seite
sfr	Schweizer Franken
SIC	Standing Interpretations Committee
SolZ	Solidaritätszuschlag
sonst.	sonstige
Std.	Stunde/n

T

t	Tonne
T€	Tausend Euro

U

u. a.	unter anderem
u. Ä.	und Ähnliches
u. s. w.	und so weiter
UE	Unfertige Erzeugnisse
US-$	amerikanischer Dollar
USt	Umsatzsteuer
UStAE	Umsatzsteuer-Anwendungserlass
UStDV	Umsatzsteuerdurchführungsverordnung
UStG	Umsatzsteuergesetz
USt-IdNr.	Umsatzsteuer-Identifikationsnummer

V

v. H.	vom Hundert
Verb.	Verbindlichkeiten
verrechn.	verrechnete
vGA	verdeckte Gewinnausschüttung
vgl.	vergleiche
VGS	Vermögensgegenstände

VERZEICHNIS Abkürzungen

VL	vermögenswirksame Leistungen
VZ	Veranlagungszeitraum

W

WG	Weihnachtsgeld

Z

z. B.	zum Beispiel
zzgl.	zuzüglich

A. Einleitung

Zu Anfang dieser Fallsammlung sollen zwei fiktive Unternehmen – eine Personengesellschaft und eine Kapitalgesellschaft – vorgestellt werden, die Ihnen bei den Fällen immer wieder begegnen werden. Gehen Sie davon aus, dass Sie als Bilanzbuchhalter*in in diesen Unternehmen arbeiten und die Aufgaben aus der Sicht dieser Unternehmen zu lösen haben.

Dabei ist allerdings zu beachten, dass die einzelnen Aufgaben unabhängig voneinander sind. Zum Teil wird in den einzelnen Aufgaben von den hier beschriebenen Vorgaben abgewichen.

Auf anhängige Gerichtsverfahren zur Verfassungsmäßigkeit einzelner Vorschriften ist bei der Lösung der Aufgaben NICHT einzugehen. Alle Gesetze sind in der Fassung der jeweils genannten Jahre uneingeschränkt anzuwenden.

I. Personengesellschaft

Abraham OHG

An der Abraham OHG sind die Gesellschafter Martin Lange, Annelene Abraham, Kai Schweers und Uta Johannsen zu jeweils $1/4$ beteiligt.

Die OHG ist ein Großhandelsunternehmen mit Sitz in Hamburg. Sie verfügt außerdem noch über Betriebsstätten in Berlin, Frankfurt und München. Das Betriebsgelände in Hamburg ist Eigentum der OHG. Das Gelände in München ist Eigentum der Gesellschafterin Uta Johannsen und von dieser an die OHG vermietet. Die beiden anderen Grundstücke sind von örtlichen Immobiliengesellschaften gemietet.

Die Gesellschaft handelt mit Artikeln der Haushalts- und Unterhaltungselektronik. Die Handelswaren werden weltweit bezogen und national weiterveräußert.

Die OHG ist nicht nach dem Publizitätsgesetz zur Rechnungslegung verpflichtet.

II. Kapitalgesellschaft

Maschinenbau AG

Die Maschinenbau AG ist ein Industrieunternehmen mit (Verwaltungs-)Sitz in Düsseldorf. Die Produktionsstätte befindet sich seit 2002 in Duisburg. Beide Grundstücke sind Eigentum der Aktiengesellschaft. Zusätzlich besteht seit dem Jahr 2005 eine Betriebsstätte in Dresden und ein Auslieferungslager in Mailand. Zum Unternehmen gehört außerdem eine Forschungs- und Entwicklungsabteilung, die sich mit neuen Fertigungsverfahren und Produktinnovationen beschäftigt. Grundlagenforschungen werden seitens der Maschinenbau AG nicht betrieben.

Die Werkstoffe für die Produktion werden zum großen Teil aus dem Inland bezogen. Außerdem werden Rohstoffe aus der Europäischen Union importiert. Die fertigen Erzeugnisse werden in ganz Europa verkauft.

Die Aktien der Maschinenbau AG werden an der Frankfurter Börse gehandelt. An der AG sind folgende Aktionäre beteiligt:

- Hauke Mees — 30 %
- Edith Sievert — 26 %
- Wiebke Bracker — 10 %
- Streubesitz — 34 %

III. Angaben für beide Gesellschaften

Das Geschäftsjahr beider Unternehmen entspricht dem Kalenderjahr. Die Bilanzaufstellung erfolgt jährlich am 15.3. zum 31.12. des Vorjahres. Die Steuerbilanz soll so weit wie möglich der Handelsbilanz entsprechen. Weicht der zu besteuernde Gewinn unvermeidlich ab, wird dieses außerhalb der handelsrechtlichen Buchführung und des Abschlusses dargestellt. Die Gewinn- und Verlustrechnung wird nach dem Gesamtkostenverfahren aufgestellt.

Oftmals wird in Prüfungsaufgaben gefordert, dass in der Handelsbilanz ein möglichst hoher Jahresüberschuss, steuerlich aber ein möglichst geringer Gewinn ausgewiesen wird. Um diesem Umstand gerecht zu werden, ist in Fällen, in denen eine abweichende Bilanzierung möglich ist, regelmäßig ein entsprechender Hinweis in der Lösung vorhanden.

Wirtschaftliche Verflechtungen mit anderen Unternehmen bestehen nicht, sodass nur ein Einzelabschluss aufzustellen ist.

Die bei den Aufgaben angegebenen Punktzahlen beziehen sich auf eine Klausur von 240 Minuten Dauer (Regel gemäß aktueller Prüfungsverordnung – BibuBAProFPrV).

B. Geschäftsvorfälle erfassen und zu Abschlüssen führen

I. Aufgabenstellungen

Wenn bei den einzelnen Fällen nichts anderes angegeben ist, gelten die folgenden Aufgabenstellungen:

a) Nennen Sie alle durch einen Fall betroffenen Bilanz- und GuV-Positionen und entwickeln Sie diese rechnerisch zum Abschlussstichtag 31.12.2020.

b) Die Ansatz-, Bewertungs- und Abschreibungswahlrechte sind so auszuüben, dass der Jahresüberschuss möglichst niedrig gehalten wird und vor allem dem steuerlichen Gewinn entspricht. Ist eine Übereinstimmung zwischen Handels- und Steuerbilanz nicht möglich, ist dies kurz darzustellen.

c) Die Sachentscheidungen sind kurz, aber erschöpfend unter Angabe der handels- und steuerrechtlichen Bestimmungen zu begründen.

d) Geben Sie an, welche Bewertungsvorschriften für die einzelnen Vermögensgegenstände und Schulden zutreffend sind und unter welchem Bilanzposten der Ausweis zu erfolgen hat.

e) Gehen Sie davon aus, dass bis jetzt nur die Buchungen erfolgt sind, die in den Aufgaben genannt werden, sodass alle weiteren Buchungen des Geschäftsjahres noch durchzuführen sind. Die Buchungen vorangegangener Geschäftsjahre sind grundsätzlich korrekt erfolgt.

f) Bei Buchungen (nur für die Handelsbilanz) sollen die in § 266 Abs. 2 und 3 HGB bzw. in § 275 Abs. 2 HGB genannten Positionen verwendet werden.

g) Die Ergebnisse und Zwischenwerte sollen zur Vereinfachung kaufmännisch auf volle DM- und €-Beträge gerundet werden.

h) Ein Bilanzansatz der Vermögensgegenstände nach § 246 Abs. 1 HGB braucht nicht geprüft zu werden.

i) Auf Anhangangaben und latente Steuern ist nur einzugehen, wenn dies in einer Aufgabe ausdrücklich gefordert wird.

Sie benötigen zur Lösung der Aufgaben zumindest folgende Hilfsmittel:

a) einen Taschenrechner,

b) das Handelsgesetzbuch,

c) das Aktiengesetz,

d) das Einkommensteuergesetz,

e) die Einkommensteuer-Durchführungsverordnung,

f) die Einkommensteuer-Richtlinien und

g) die Einkommensteuer-Hinweise.

II. Anlagevermögen

Fall 1 Bilanzierung eines Patents
6 Punkte * **15 Minuten**

Die Maschinenbau AG hatte mit eigenen Arbeitnehmern während des Geschäftsjahres 2020 ein neuartiges Verfahren zur Wartung des Anlagevermögens entwickelt. Dieses Verfahren wurde zum 1.10.2020 fertiggestellt, patentiert und seit diesem Zeitpunkt im Unternehmen angewendet. Eine Veräußerung des Patents bzw. eine Lizenzvergabe ist nicht beabsichtigt.

Die Entwicklung hatte Aufwendungen i. H. von 120.000 € verursacht, die einzeln zugeordnet werden können. Die zugehörigen Material- und Fertigungsgemeinkosten betragen unstrittig 160.000 €. Außerdem sind Patentamts- und Notariatsgebühren i. H. von 3.500 € angefallen.

Sämtliche Aufwendungen waren bislang als betriebliche Aufwendungen des Geschäftsjahres behandelt worden. Das Patent kann über einen Zeitraum von 6 Jahren genutzt werden.

Zusatzaufgabe:

Wie muss der Fall beurteilt werden, wenn das Patent nicht in der AG selbst genutzt werden soll, sondern nur für einen Kunden entwickelt worden wäre?

Die Lösung finden Sie auf Seite 203.

Fall 2 Leasing eines Pkw
19 Punkte ** **45 Minuten**

Die Abraham OHG hatte am 25.6.2020 einen Pkw zu folgenden Bedingungen geleast:
- Lieferung am 1.7.2020
- Grundmietzeit 3 Jahre
- Monatliche Leasingrate 1.540 € (jeweils zum Monatsende zahlbar)
- Einmalzahlung bei Vertragsabschluss 5.994 €
- Kaufpreis nach Ablauf der Grundmietzeit 25.000 € (Optionspreis)

Die betriebsgewöhnliche Nutzungsdauer des Pkw beträgt 6 Jahre, der Listenpreis 52.110 €. Der voraussichtliche Werteverzehr entspricht den steuerlichen Berechnungsregelungen über die degressive Abschreibung. Für die Überführung und die Anmeldung musste die Abraham OHG 2.643 € bezahlen, die als sonstige betriebliche Aufwendungen gebucht wurden. Über das gleiche Konto erfasste die OHG die Leasingraten und die Einmalzahlung.

Lösungshinweis:

Alle Werte sind Nettobeträge; die USt ist nicht zu berücksichtigen.

Die Lösung finden Sie auf Seite 203.

Fall 3 Erstellung eines Anlagengitters
25 Punkte   **   60 Minuten

Die Maschinenbau AG wies zum 31.12.2019 folgendes Anlagengitter aus (Auszug):

Alle Angaben in €	Grundstücke	Maschinen	gel. Anzahl./ Anl. im Bau
historische AK/HK	5.200.000	12.276.000	0
Zugänge	0	1.584.000	848.000
Abgänge	0	0	0
Umbuchungen	0	0	0
Zuschreibungen	0	0	0
kumulierte Abschreibungen	1.860.000	8.884.251	0
Restbuchwert 31.12.2019	3.340.000	4.975.749	848.000
Restbuchwert 31.12.2018	3.555.000	6.821.579	0
Abschreibungen Geschäftsjahr	215.000	3.429.830	0

Für die Erstellung des Anlagengitters 2020 sind folgende Vorgänge zu berücksichtigen (für den Werteverzehr gilt, dass dieser den höchstmöglichen steuerlichen Abschreibungen entspricht).

1. Für eine außerplanmäßige Abschreibung auf Grund und Boden von 100.000 € aus dem Jahr 2019 ist die Grundlage im Jahr 2020 weggefallen.

2. Das Verwaltungsgebäude mit Herstellungskosten von 800.000 € wurde am 26.1.1999 fertiggestellt (Bauantrag September 1993).

3. Eine neue Lagerhalle wurde am 10.8.2020 fertiggestellt (Bauantrag November 2018). An Herstellungskosten fielen – alles eingerechnet – 384.000 € an, davon 228.000 € bereits in 2019.

4. Die weiteren Gebäude wurden 2020 insgesamt mit einem Betrag von 49.560 € abgeschrieben.

5. Am 18.2.2020 wurde eine neue Großmaschine geliefert und in Betrieb genommen. Für diese wurde bereits 2019 eine Anzahlung i. H. von 620.000 € geleistet. Insgesamt waren Anschaffungskosten von 1.540.700 € angefallen. Nutzungsdauer 10 Jahre.

6. Eine andere Maschine mit Anschaffungskosten von 120.000 €, die im August 2013 angeschafft worden war, wurde am 20.10.2020 für 22.000 € verkauft. Der Restbuchwert dieses Wirtschaftsguts betrug zum 31.12.2019 34.986 € und zum Zeitpunkt der Veräußerung 27.114 €.

7. Die weiteren Maschinen wurden 2020 mit insgesamt 1.428.769 € abgeschrieben.

Lösungshinweis:

Buchungen sind nicht vorzunehmen.

Die Lösung finden Sie auf Seite 205.

Fall 4   Ermittlung eines Festwerts
13 Punkte   *   30 Minuten

Die Abraham OHG will zum Bilanzstichtag von ihrem Bilanzbuchhalter folgende Bilanzansätze für die Betriebs- und Geschäftsausstattung ermittelt haben. Wie in den Vorjahren soll wieder das Festwertverfahren angewandt werden:

1. Der Messestand:

   Festwert 2017 bis 2019   42.182 €

   Wert laut Inventur zum 31.12.2020   44.600 €

	2019	2020	2021
Zugänge	3.300 €	3.200 €	gepl. 5.900 €

2. Die Kassenterminals:

   Festwert 2017 bis 2019   89.272 €

   Wert laut Inventur zum 31.12.2020   98.900 €

	2019	2020	2021
Zugänge	8.400 €	7.700 €	gepl. 8.200 €

3. Die Büroeinrichtungen:

   Festwert 2017 bis 2019   137.972 €

   Wert laut Inventur zum 31.12.2020   134.600 €

	2019	2020	2021
Zugänge	18.400 €	19.500 €	gepl. 20.100 €

Sämtliche oben genannte Zugänge zur Betriebs- und Geschäftsausstattung sind bisher in der Finanzbuchhaltung als sonstige betriebliche Aufwendungen erfasst worden.

Die Lösung finden Sie auf Seite 207.

Fall 5 Verkauf eines Grundstücks
23 Punkte *** 55 Minuten

Die Maschinenbau AG war Eigentümerin eines mit einer Lagerhalle (Bauantrag 1991, Fertigstellung 1992) bebauten Grundstücks in Duisburg. Dieses Grundstück wurde vom Land Nordrhein-Westfalen benötigt, um eine neue Umgehungsstraße bauen zu können. Die Absicht des Landes war beim Kauf des Grundstücks noch nicht bekannt.

Das 2.500 qm große Grundstück wurde am 1.3.2017 für Anschaffungskosten i. H. von 1.600.000 € erworben. Laut Kaufvertrag wurden für das Gebäude 623.000 € und für den Grund und Boden 920.000 € bezahlt. Die Verkehrswerte betrugen für den Grund und Boden 396 € je qm und für das Gebäude 770.000 €. Die Nutzungsdauer der Lagerhalle wurde zutreffend auf 33 $^1/_3$ Jahre bei einem linearen Werteverzehr geschätzt.

Am 1.10.2018 wurde das Grundstück an das Land Nordrhein-Westfalen für 1.820.000 € verkauft, um das Enteignungsverfahren zu vermeiden. Von dem Verkaufspreis entfielen korrekterweise 1.020.000 € auf den Grund und Boden und 800.000 € auf das Gebäude.

Am 2.2.2020 wurde von der Maschinenbau AG ein unbebautes Grundstück (6.000 qm) als Ersatz für die ausgeschiedene Immobilie gekauft. Der qm-Preis für den Grund und Boden belief sich auf 160 €. Außerdem fielen Anschaffungsnebenkosten i. H. von 79.600 € an.

Das Grundstück wurde mit einer modernen Lagerhalle bebaut (betriebsgewöhnliche Nutzungsdauer 33 $^1/_3$ Jahre, linearer Werteverzehr), für die der Bauantrag am 10.2.2020 gestellt worden war; die Fertigstellung erfolgte planmäßig am 23.12.2020. Die Herstellungskosten betrugen insgesamt 2.560.000 €. Alle Positionen wurden vom Bankkonto bezahlt. Weitere Investitionen sind zurzeit nicht geplant.

Lösungshinweis:

Alle Werte sind Nettobeträge; die USt ist nicht zu berücksichtigen.

Die Lösung finden Sie auf Seite 208.

Fall 6 Leasing einer Maschine
19 Punkte ** 45 Minuten

Am 1.4.2020 hatte die Abraham OHG eine Spezialmaschine, die ausschließlich in diesem Unternehmen einsetzbar ist, gegen eine vierteljährliche Miete von 19.800 € geleast. Während der Grundmietzeit von 5 Jahren sind die Raten jeweils nachträglich zum Quartalsende fällig.

Die Anschaffungskosten des Leasinggebers betrugen 362.400 €, sind dem Leasingnehmer aber nicht bekannt. Der Listenpreis belief sich auf 364.500 €. Für die Überführung und die Montage musste die Abraham OHG 17.600 € bezahlen, die als sonstiger betrieblicher Aufwand gebucht wurden. Die Nutzungsdauer der Maschine beträgt 6 Jahre. Der voraussichtliche Werteverzehr entspricht den steuerlichen Berechnungsregelungen über die degressive Abschreibung.

Außerdem hatte der Leasingnehmer eine einmalige Sonderzahlung von 5.250 € mit der ersten Leasingrate zu zahlen. Die Leasingraten und den einmaligen Zuschlag buchte die Abraham OHG wie folgt:

sonstige betriebliche Aufwendungen an Bank   64.650 €

Lösungshinweis:

Alle Werte sind Nettobeträge; die USt ist nicht zu berücksichtigen.

Die Lösung finden Sie auf Seite 210.

Fall 7 Gewährung eines Zuschusses
6 Punkte * **15 Minuten**

Am 20.6.2020 schloss die Maschinenbau AG mit der Schneider GmbH einen Vertrag, der folgende Punkte regelt:

„Die Maschinenbau AG gewährt der Schneider GmbH einen Zuschuss für den Ausbau der Produktionshalle i. H. von 200.000 € ggf. zzgl. gesetzlicher Umsatzsteuer.

Die Schneider GmbH verpflichtet sich, die in den nächsten 8 Jahren benötigten Maschinen ausschließlich bei der Maschinenbau AG zu kaufen.

Sollte die Schneider GmbH bei einem anderen Unternehmen Maschinen erwerben, ist der Zuschuss zu diesem Zeitpunkt anteilig zurückzuzahlen."

Am Tage des Vertragsabschlusses wurde der Zuschuss vom Bankkonto der Maschinenbau AG überwiesen. Der Werteverzehr für das erworbene Recht erfolgt linear.

Die Lösung finden Sie auf Seite 212.

Fall 8 Anschaffung einer Maschine
13 Punkte * **30 Minuten**

Die Maschinenbau AG schloss am 10.6.2020 einen Kaufvertrag über den Erwerb einer neuen Maschine zu folgenden Bedingungen ab:

▶ Kaufpreis 350.000 € zzgl. 19 % USt
▶ Lieferung in der 25. Kalenderwoche
▶ Die Montage der Maschine erfolgt durch Mitarbeiter des Verkäufers
▶ Bezahlung 60 Tage nach Montage ohne Abzüge oder 20 Tage nach Montage unter Abzug von 3 % Skonto

Die Maschine wurde am 19.6.2020 ordnungsgemäß geliefert. Die Montage der Maschine verzögerte sich allerdings, sodass sie erst am 10.7.2020 abgeschlossen war. Die Bezahlung erfolgte am 25.7.2020 unter Abzug von Skonto.

Die betriebsgewöhnliche Nutzungsdauer der Maschine wurde zutreffend auf 10 Jahre geschätzt. Der voraussichtliche Werteverzehr entspricht den steuerlichen Berechnungsregelungen der degressiven Abschreibung.

Die Lösung finden Sie auf Seite 212.

Fall 9 Anschaffung von Büromaschinen
15 Punkte * **35 Minuten**

Am 15.12.2020 kaufte die Maschinenbau AG beim Bürohaus Schneider drei unterschiedliche Büromaschinen, die alle am 30.12.2020 geliefert wurden.

1. Eine der Maschinen hatte Anschaffungskosten von 6.000 €. Für die Anschaffung dieser Maschine erhielt die AG in 2020 einen echten Zuschuss i. H. von 5.650 €, der erfolgsneutral behandelt werden soll. Sämtliche Voraussetzungen waren erfüllt. Die Bezahlung der Maschine erfolgte am 20.1.2021 ohne Abzüge.

2. Für die zweite Maschine waren vorläufige Anschaffungskosten von 815 € angefallen, die am 4.1.2021 unter Abzug von 2 % Skonto durch Banküberweisung bezahlt wurden.

3. Bei der letzten Büromaschine waren neben dem Kaufpreis i. H. von 790 € zzgl. 16 % USt Anschaffungsnebenkosten von netto 20 € entstanden. Beide Beträge bezahlte die AG bei Lieferung unter Abzug von 3 % Skonto bar.

Alle Maschinen sind selbstständig nutzbar und haben einheitlich eine betriebsgewöhnliche Nutzungsdauer von 8 Jahren und einen linearen Werteverzehr. Die AG hat 2020 bereits für andere Wirtschaftsgüter die Regelungen über geringwertige Wirtschaftsgüter angewandt.

Die Lösung finden Sie auf Seite 213.

Fall 10 Finanzanlage mit Kapitalerhöhung
23 Punkte ** **55 Minuten**

Die Abraham OHG erwarb zum 14.3.2020 3.000 Stammaktien der Technik AG zum Kurs von 40 € je 5 €-Aktie zur langfristigen Geldanlage. Für den Erwerb fielen insgesamt 2 % Gebühren und Courtage an, die dem Bankkonto zusammen mit dem Kaufpreis belastet wurden.

Am 20.5.2020 erhielt die Abraham OHG die Nettodividende für 2019 (Geschäftsjahr = Kalenderjahr) auf dem Bankkonto gutgeschrieben. Die Bardividende (also inkl. Kapitalertragsteuer) betrug 0,80 € je Aktie.

Zum 19.9.2020 hatte die Technik AG eine Kapitalerhöhung im Verhältnis 20:1 durchgeführt. Für die jungen Aktien (Nennwert 5 €), die für 2020 zur Hälfte dividendenberechtigt sind, musste die OHG 15 € je Aktie bezahlen. Der Kurswert der Altaktie betrug 47,60 € und der Kurswert je Bezugsrecht 1,40 €. Die OHG hatte an der Kapitalerhöhung soweit wie möglich teilgenommen, ohne weitere Bezugsrechte zu kaufen. Gebühren für die Kapitalerhöhung und den Bezugsrechtshandel fielen nicht an. Die Kurse zum 31.12.2020 beliefen sich für die „alten" Aktien auf 43,60 € und für die jungen Aktien auf 42,80 € je Stück.

Bisher wurde folgende Buchung durchgeführt:

Wertpapiere des Anlagevermögens	120.000 €	
sonstige betriebliche Aufwendungen	2.400 €	
an Bank		122.400 €

Lösungshinweis:

Der Solidaritätszuschlag bleibt unberücksichtigt.

Die Lösung finden Sie auf Seite 215.

Fall 11 Teilabbruch einer Produktionshalle
25 Punkte   ***   60 Minuten

Die Maschinenbau AG erwarb am 20.4.2010 ein mit einer Produktionshalle bebautes Grundstück in Duisburg zum Preis von 800.000 €. Davon entfiel $1/4$ auf den Grund und Boden. Die betriebsgewöhnliche Nutzungsdauer der 1991 fertig gestellten Halle (Bauantrag 19.6.1988) wurde zutreffend auf 20 Jahre bei einem linearen Werteverzehr geschätzt.

Zur Erweiterung der Produktionshalle im Jahr 2020 musste Anfang März ein Teil der Halle abgerissen werden (= 20 % des Restbuchwerts). Die Abbruchkosten betrugen 67.500 € zzgl. 19 % USt. Die Erweiterungsmaßnahme wurde am 15.12.2020 fertiggestellt und kostete 392.500 € zzgl. 62.800 € USt. Beide Positionen wurden noch in 2020 über das Bankkonto bezahlt. Durch die Erweiterung ist kein neues Wirtschaftsgut entstanden und die ursprüngliche Restnutzungsdauer hat sich nicht verändert.

Die Lösung finden Sie auf Seite 216.

Fall 12 Bilanzierung von Software
13 Punkte   *   30 Minuten

Der Bilanzbuchhalter der Abraham OHG hatte zum Bilanzstichtag 2020 folgende Probleme im Zusammenhang mit Software zu lösen:

1. Für die Automatisierung der Lagerbuchführung wurde von der EDV-Abteilung ein Computerprogramm erarbeitet. Die Herstellungskosten für diese Software beliefen sich auf 20.000 € und wurden als immaterieller Vermögensgegenstand aktiviert. Dies soll auch entgegen der grundsätzlichen Aufgabenstellung so sein. Da ein vergleichbares Programm auch für 30.160 € inkl. USt gekauft werden könnte, hatte die OHG folgende Buchung durchgeführt:

selbst geschaffenen Schutzrechte	26.000 €	
Vorsteuer	4.160 €	
an andere aktivierte Eigenleistungen		20.000 €
an sonstige betriebliche Erträge		10.160 €

   Die Fertigstellung erfolgte am 15.7.2020 und die Nutzungsdauer wurde auf 4 Jahre bei linearem Werteverzehr geschätzt.

2. Außerdem erwarb die OHG ein Kommunikationsprogramm zu einem Bruttopreis von 20.880 € zum Datenaustausch zwischen den Betriebsstätten. Die Lieferung erfolgte am 20.9.2020. Die Installation des Programms wurde durch die eigene EDV-Abteilung vorgenommen. Die Nutzungsdauer wurde zutreffend auf 5 Jahre bei linearem Werteverzehr geschätzt.

3. Zum Anfertigen von einfachen Grafiken wurde am 30.6.2020 ein entsprechendes Programm zum Listenpreis von 400 € zzgl. 19 % USt angeschafft. Die betriebsgewöhnliche Nutzungsdauer beträgt 5 Jahre bei linearem Werteverzehr. Bei der Zahlung des Programms am 10.7.2020 wurden 2 % Skonto abgezogen. Die OHG hat in 2020 bisher weder GWG noch Sammelposten gebucht.

Die Lösung finden Sie auf Seite 218.

Fall 13 Gewährung eines Darlehens
10 Punkte * **25 Minuten**

Zum 1.1.2020 gewährte die Abraham OHG einem befreundeten Unternehmen, von dem keine Anteile gehalten werden, ein Darlehen i. H. von 300.000 € für 5 Jahre zu 5 % p. a. Der marktübliche Zinssatz für ein vergleichbares Darlehen betrug 9 %.

Abzinsung	4 %	5 %	9 %
1 Jahr	0,961538	0,952381	0,917431
2 Jahre	0,924556	0,907029	0,841680
3 Jahre	0,888996	0,863838	0,772183
4 Jahre	0,854804	0,822702	0,708425
5 Jahre	0,821927	0,783526	0,649931

Die Zinsen sind zum 1. eines Monats fällig und wurden bis zum Jahresende immer rechtzeitig gezahlt. Außerdem war bei der Abraham OHG am 30.12.2020 bereits die Zinszahlung für Januar 2021 eingegangen.

Die Lösung finden Sie auf Seite 220.

TEIL B   Geschäftsvorfälle erfassen und zu Abschlüssen führen

Fall 14   Kauf eines Lkw
17 Punkte   **   40 Minuten

Die Maschinenbau AG hatte am 15.1.2020 einen neuen Lkw beim Autohaus Schmidt GmbH erworben und dafür einen gebrauchten Lkw in Zahlung gegeben. Der Buchwert des gebrauchten Lkw betrug zum 15.1.2020 21.830 €. Der gemeine Wert lag bei 33.558 € (inkl. 19 % USt). Die betriebsgewöhnliche Nutzungsdauer des neuen Lkw beträgt 8 Jahre. Der Werteverzehr wird voraussichtlich arithmetisch degressiv (digital) erfolgen.

Das Autohaus stellte der AG folgende Rechnung aus:

Listenpreis			156.000 €
Schiebedach			1.500 €
Zulassung			800 €
Sonderlackierung			3.900 €
Überführung			2.500 €
Summe			164.700 €
zzgl. 19 % USt			31.293 €
Zwischensumme			195.993 €
Zwischensumme			195.993 €
abzgl.	Inzahlungnahme	32.500 €	
	zzgl. 19 % USt	6.175 €	- 38.675 €
zu zahlender Betrag			157.318 €

Für die Kfz-Versicherung und Kfz-Steuer wurden am 20.1.2020 Jahresbeträge von 2.800 € bzw. 900 € durch Banküberweisung gezahlt.

Bisher wurden folgende Buchungen durchgeführt:

andere Anlagen/BGA	164.700 €	
Vorsteuer	31.293 €	
an Verbindlichkeiten aLL		195.993 €
Verbindlichkeiten aLL	38.675 €	
an andere Anlagen/BGA		21.830 €
an Umsatzsteuer		6.175 €
an sonstige betriebliche Erträge		10.670 €
sonstige betriebliche Aufwendungen	2.800 €	
sonstige Steuer	900 €	
an Bank		3.700 €

Die Lösung finden Sie auf Seite 221.

Fall 15 Kauf einer Maschine im Ausland
17 Punkte ** ** **40 Minuten**

Die Maschinenbau AG schloss am 25.9.2020 einen Kaufvertrag über den Erwerb einer Maschine zum Kaufpreis von 200.000 £ ab. Die Lieferung der Maschine erfolgte am 5.10.2020. Mit der Maschine hatte die AG auch die Rechnung für diesen Vermögensgegenstand erhalten. Die Bezahlung wurde am 20.10.2020 unter Abzug von 2 % Skonto vorgenommen. Ferner fielen 12.357 € Transportkosten, Zoll i. H. von 2.686 € und 15.824 € für die Errichtung eines Fundaments an, die alle bar bezahlt wurden.

Die betriebsgewöhnliche Nutzungsdauer beträgt 10 Jahre. Der voraussichtliche Werteverzehr entspricht den steuerlichen Berechnungsregelungen über die degressive Abschreibung.

Kurse in € je £	25.9.2020	5.10.2020	20.10.2020	31.12.2020
Geld	1,4970	1,4990	1,5000	1,5030
Brief	1,5110	1,5130	1,5140	1,5170
Devisenkassamittelkurs	1,5040	1,5060	1,5070	1,5100

Lösungshinweis:

Alle Werte sind Nettobeträge; die USt ist nicht zu berücksichtigen.

Die Lösung finden Sie auf Seite 222.

Fall 16 Erwerb eines Konkurrenzunternehmens
10 Punkte * **25 Minuten**

Die Abraham OHG hatte 2020 ein Konkurrenzunternehmen (Thomas Erichsen, Elektrogroßhandel) erworben, das als rechtlich selbstständiges Unternehmen fortgeführt werden soll.

Der Elektrogroßhandel Erichsen wies zum 1.1.2020 ein Vermögen von 19.370.000 € und Schulden i. H. von 14.135.000 € aus. Zum Übernahmezeitpunkt (15.5.2020) betrugen diese Werte:

Vermögen   18.540.000 €

Schulden   13.260.000 €

Als Kaufpreis wurden 6.540.000 € vereinbart und gezahlt. Der Werteverzehr für einen eventuell erworbenen Firmenwert stimmt mit den Abschreibungsregeln des Steuerrechts überein.

Mit dem Einzelunternehmer Thomas Erichsen wurde gleichzeitig vereinbart, dass er der OHG 5 Jahre keine Konkurrenz machen darf. Dafür erhielt er am 15.5.2020 zusätzlich einen Betrag von 300.000 € überwiesen. Für diese Vereinbarung ist ein linearer Werteverzehr gegeben.

Lösungshinweis:

Alle Werte sind Nettobeträge; die USt ist nicht zu berücksichtigen.

Die Lösung finden Sie auf Seite 224.

Fall 17 Bilanzierung von festverzinslichen Wertpapieren
27 Punkte   ★★★   65 Minuten

Die Abraham OHG hatte mit Zinsvaluta 23.3.2020 festverzinsliche Wertpapiere mit einem Nennwert von 600.000 € zum Kurs von 97,5 % zur langfristigen Geldanlage erworben. An Gebühren und Courtage waren 1,5 % vom Nennwert angefallen.

Der Zinstermin für diese Wertpapiere ist der 1. Dezember jeden Jahres. Der Zinsschein für 2020 ist mit übereignet worden. Der Nominalzinssatz beträgt 5 % p. a. Aus Liquiditätsgründen hatte die OHG am 18.12.2020 (Zinsvaluta) die Hälfte der Wertpapiere zum Kurs von 97 % verkauft. An Nebenkosten waren 1,5 % vom Nennwert angefallen. Der Kurs für die restlichen Rentenpapiere betrug zum Bilanzstichtag 96 %.

Lösungshinweis:

Der Solidaritätszuschlag bleibt unberücksichtigt.

Die Lösung finden Sie auf Seite 225.

Fall 18 Nutzung einer selbst hergestellten Maschine
8 Punkte   ★   20 Minuten

Die Maschinenbau AG hatte am 12.9.2020 aus ihrer Produktion eine Stanzmaschine entnommen, um diese in der eigenen Fertigung einzusetzen. Die Herstellungskosten dieser Maschine beliefen sich auf 5.400 €. Der Nettoeinkaufspreis für eine vergleichbare Anlage lag bei 9.600 €.

Laut eigenen Herstellerangaben ist bekannt, dass mit einer derartigen Maschine 450.000 Stanzprozesse durchgeführt werden können. Das Zählwerk der Maschine zeigte zum 31.12.2020 48.000 Vorgänge an. Die betriebsgewöhnliche Nutzungsdauer beträgt 8 Jahre.

Bisher wurde folgende Buchung durchgeführt:

Technische Anlagen an Umsatzerlöse   9.600 €

Die Lösung finden Sie auf Seite 227.

Fall 19 Bebauung eines unbebauten Grundstücks
17 Punkte * 40 Minuten

Die Abraham OHG hatte zur Erweiterung ihres Betriebs in München am 28.2.2020 ein unbebautes Nachbargrundstück zum Preis von 250 € je Quadratmeter erworben und bezahlt. Die in diesem Zusammenhang angefallenen Aufwendungen buchte die OHG folgendermaßen:

Notargebühren:

Beurkundung des Kaufvertrags	netto 2.100 €
Beglaubigung der Grundschuldbestellung	netto 700 €

sonstige betriebliche Aufwendungen	2.800 €	
Vorsteuer	532 €	
an Verbindlichkeiten aLL		3.332 €

Grundbuchamt:

Eintragung Eigentümer	900 €	
Eintragung Grundschuld	700 €	
an Verbindlichkeiten aLL		1.600 €

Das 2.430 qm große Grundstück war vom bisherigen Eigentümer, Herrn Carsten Kremke, bis zum 31.12.2020 als Lagerfläche an die Technik GmbH verpachtet. Um mit den Bauarbeiten für die zweite Verkaufshalle auf dem neuen Grundstück sofort beginnen zu können, wurde der Technik GmbH eine Entschädigung von netto 25.000 € gezahlt und als sonstiger betrieblicher Aufwand gebucht. Außerdem wurde die Grunderwerbsteuer i. H. von 21.262 € bezahlt.

Bisher wurden folgende Beträge als Herstellungskosten für das neue Gebäude aktiviert:

Bauplanung	netto 28.600 €
Baugenehmigung (Bauantrag vom 1.4.2019)	2.400 €
Freimachen des Geländes von Bäumen	netto 800 €
Erschließungsbeiträge (erstmalig)	17.000 €
Handwerkerrechnungen für den Rohbau	netto 356.000 €
Anschlusskosten an die Versorgungsnetze	netto 6.800 €
Summe	411.600 €

Bisher wurden folgende Buchungen durchgeführt (kumulierte Werte):

Gebäude	411.600 €
Vorsteuer	78.204 €
an Verbindlichkeiten aLL	489.804 €
Verbindlichkeiten aLL an Bank	489.804 €

Die Fertigstellung des Gebäudes erfolgte im März 2021. Die Nutzungsdauer beträgt dann 33 $1/3$ Jahre. Die bisherigen Herstellungskosten wurden zum Bilanzstichtag 2020 mit 3 % = 12.348 € abgeschrieben.

Abschreibungen an Grundstücke ... (Gebäude)　　　　　　　　　　　　12.348 €

Die Lösung finden Sie auf Seite 228.

Fall 20　Bilanzierung von Aktien
6 Punkte　　　　　　　　　　＊　　　　　　　　　　15 Minuten

Die Maschinenbau AG hatte am 15.1.2019 200 Aktien der Elektronik AG (Anschaffungskosten je Stück 1.224 € inkl. 2 % Gebühren und Courtage) zur langfristigen Geldanlage erworben. Eine Beteiligungsabsicht war nicht vorhanden. Der Kurs einer Aktie war zum 31.12.2019 auf einen Wert von 1.000 € gesunken. Daraufhin hatte die Maschinenbau AG eine außerplanmäßige Abschreibung i. H. von 10.200 € vorgenommen. Der Kurswert zum Bilanzstichtag 31.12.2020 betrug 1.268 € je Aktie.

Die Lösung finden Sie auf Seite 229.

Fall 21　Kauf gegen Leibrente
15 Punkte　　　　　　　　　＊＊＊　　　　　　　　　35 Minuten

Die Maschinenbau AG hat am 20.1.2020 ein unbebautes Grundstück zur Erweiterung der Lagerfläche erworben. Als Kaufpreis wird eine Leibrente zugunsten der 62-jährigen Verkäuferin Ulla Müller i. H. von 60.000 € jährlich vereinbart, die jährlich im Voraus zu zahlen ist. Die Zahlungsdauer der Rente ist also an das Leben der Verkäuferin geknüpft. Die Lebenserwartung für eine 62-jährige Frau soll nach den Sterbetafeln des Statistischen Bundesamts soll 85 Jahre betragen. Eine Ablösesumme für die Rente wurde nicht vereinbart. Für die Aufnahme eines langfristigen Darlehens müsste die AG im Januar 2020 6 % Zinsen zahlen. Der von der Deutschen Bundesbank bekanntgegebene Zinssatz ist in der Tabelle angegeben (unterstellte Werte).

Zusätzlich zum zu ermittelnden Kaufpreis sind 10 % Anschaffungsnebenkosten im Januar 2020 per Banküberweisung gezahlt worden.

Die erste Rentenzahlung erfolgte im Januar 2020 per Banküberweisung.

Lösungshinweis:

Rentenbarwertfaktoren:

Laufzeit	Zinssatz (unterstellte Werte)	Rentenbarwertfaktor
14 Jahre	Deutschen Bundesbank 5,11 %	9,829390
14 Jahre	Marktzins 6,00 %	9,294984
15 Jahre	Deutschen Bundesbank 5,24 %	10,213306
15 Jahre	Marktzins 6,00 %	9,712249
22 Jahre	Deutschen Bundesbank 5,25 %	12,868104
22 Jahre	Marktzins 6,00 %	12,041582
23 Jahre	Deutschen Bundesbank 5,38 %	13,018334
23 Jahre	Marktzins 6,00 %	12,303379

Die Lösung finden Sie auf Seite 230.

Fall 22 Sammelposten
6 Punkte * **15 Minuten**

Die Maschinenbau AG hat im Jahr 2020 drei Büroschränke (am 15.1.2020, 25.6.2020 und 19.12.2020) zu jeweils 900 € (netto) bar gekauft. Die betriebsgewöhnliche Nutzungsdauer beträgt jeweils 8 Jahre (linearer Werteverzehr). Die AG hat 2020 auch schon andere Wirtschaftsgüter in einem Sammelposten erfasst.

Die Lösung finden Sie auf Seite 231.

Fall 23 Dauernde Wertminderung
15 Punkte *** **35 Minuten**

Im Anlagevermögen der Maschinenbau AG befinden sich zwei Maschinen mit folgenden Daten:

Maschine	Anschaffungsdatum	Anschaffungskosten
A	1.7.2017	120.000 €
B	1.7.2018	160.000 €

Beide Maschinen haben einen linearen Werteverzehr und werden deshalb linear abgeschrieben. Die betriebsgewöhnliche Nutzungsdauer beträgt 8 Jahre. Aufgrund von Konstruktionsfehlern beträgt der beizulegende Wert der Maschine A zum 31.12.2020 nur noch 40.000 € und der von Maschine B 45.000 €.

Lösungshinweis:

Buchungen sind nicht vorzunehmen.

Die Lösung finden Sie auf Seite 231.

III. Umlaufvermögen

Fall 24 Bilanzierung von fertigen Erzeugnissen
  15 Punkte   *   35 Minuten

Die Maschinenbau AG hatte zum Bilanzstichtag noch 100 Kleinmaschinen auf Lager, für die durch technische Weiterentwicklungen der Bruttoverkaufspreis im letzten Jahr nachhaltig von 551 € auf 464 € gefallen war.

Für diese Maschinen waren Materialkosten von 162 € je Stück angefallen. Für die Entwicklung wurden anteilig 24 € veranschlagt. Der Gemeinkostenzuschlag für die Fertigungskosten von 30 € je Stück betrug nach kostenrechnerischen Gesichtspunkten 250 % und unter Berücksichtigung bilanzieller Werte 220 %.

Die AG gewährt Einzelhändlern bei diesem Produkt einen Wiederverkäuferrabatt von 20 %. Bis zum Verkauf der Maschinen im März 2021 waren noch Aufwendungen für die Verwaltung und den Vertrieb i. H. von 22 € je Maschine angefallen.

Das Unternehmen erzielte einen durchschnittlichen Unternehmergewinn von 20 % der Nettoverkaufspreise.

Lösungshinweis:

Eine mögliche höhere steuerliche Abschreibung soll dargestellt werden.

Buchungen sind nicht vorzunehmen.

Die Lösung finden Sie auf Seite 233.

Fall 25 Bilanzierung von liquiden Mitteln
  10 Punkte   *   25 Minuten

Die Maschinenbau AG hatte zum Bilanzstichtag 2020 festgestellt, dass der Kassenbestand laut Inventur (4.826 €) nicht mit dem Kontostand von 4.975 € übereinstimmt. Eine Überprüfung ergab, dass ein Beleg über den Barkauf von Briefmarken i. H. von 50 € nicht gebucht wurde.

In dem oben genannten Inventurbestand waren 10.000 DKK enthalten, die die AG am 20.12.2020 zum Kurs von 7,50 € je 100 DKK angenommen hatte. Der Kurs zum 31.12.2020 betrug bei der Hausbank für den Sortenankauf 7,40 € und für den Verkauf 7,56 € je 100 DKK, der Devisenkassamittelkurs beträgt 7,48 €; bis zum Tag der Bilanzaufstellung ist der Kurs zwischenzeitlich auf den alten Wert gestiegen.

An Bankguthaben wies die AG insgesamt 836.529 € aus. In dieser Summe war ein Guthaben im Gegenwert von 29.508 € bei einer südostasiatischen Bank enthalten, über welches aufgrund einer Währungskrise voraussichtlich 2 Jahre nicht verfügt werden darf. Eine spätere Rückzahlung des Guthabens ist aber zu erwarten.

Die Lösung finden Sie auf Seite 234.

Fall 26 Anwendung eines Layers
13 Punkte ** 30 Minuten

Die Abraham OHG bewertet seit Jahren zwei Warengruppen nach dem Perioden-Lifo-Verfahren unter Berücksichtigung von Layern.

1. Zum 31.12.2020 soll der Bilanzansatz für die Warengruppe Farbfernseher gebildet werden. Der Endbestand 2019 setzte sich folgendermaßen zusammen:

Layer 1	20 Stück	1.300 € je Stück
Layer 2	15 Stück	1.310 € je Stück
Layer 3	20 Stück	1.325 € je Stück

   Der Endbestand 2020 beträgt 60 Stück. Im Jahr 2020 sind folgende Zugänge verzeichnet:

10.2.2020	50 Stück	1.265 € je Stück
15.3.2020	40 Stück	1.265 € je Stück
8.5.2020	45 Stück	1.260 € je Stück
20.7.2020	55 Stück	1.260 € je Stück
3.9.2020	60 Stück	1.255 € je Stück
28.11.2020	80 Stück	1.250 € je Stück

   Der Marktpreis zum 31.12.2020 ist nachhaltig auf 1.250 € gesunken.

2. Ebenfalls zum 31.12.2020 soll der Bilanzansatz für die Warengruppe Waschmaschinen gebildet werden. Der Endbestand 2019 i. H. von 27 Stück setzte sich folgendermaßen zusammen:

Layer 1 vom 31.12.2016	10 Stück	438 € je Stück
Layer 2 vom 31.12.2017	8 Stück	441 € je Stück
Layer 3 vom 31.12.2018	5 Stück	436 € je Stück
Layer 4 vom 31.12.2019	4 Stück	440 € je Stück

   Der Endbestand zum 31.12.2020 betrug laut Inventur 14 Stück. Zu diesem Zeitpunkt lag der Marktpreis vorübergehend bei 440 €.

Die Lösung finden Sie auf Seite 235.

TEIL B   Geschäftsvorfälle erfassen und zu Abschlüssen führen

Fall 27   Bilanzierung von Valutaforderungen
13 Punkte * 30 Minuten

Die Maschinenbau AG hatte am 20.12.2020 (Gefahrenübergang) eine Großmaschine an die Industrie AG in Basel geliefert. Zusammen mit der Maschine wurde auch die Rechnung über 500.000 sfr versandt. Der Geldkurs betrug am 20.12.2020 in Deutschland 61,850 €, der Briefkurs 61,950 € und der Devisenkassamittelkurs 61,900 € je 100 sfr. Die Kurse hatten sich zum Bilanzstichtag 2020 wie folgt entwickelt:

Variante 1   Geld   62,360 €   Brief   62,460 €   Devisenkassamittelkurs   62,410 €
Variante 2   Geld   61,290 €   Brief   61,390 €   Devisenkassamittelkurs   61,340 €

Bis zum Tag der Bilanzaufstellung ist der Kurs zwischenzeitlich auf den alten Wert zurückgegangen. Zum Zeitpunkt der Zahlung waren die Kurse unverändert.

Die Maschinenbau AG hatte der Industrie AG vertraglich einen Skontoabzug von 2 % bei Zahlung innerhalb von 30 Tagen zugesagt. Der Eingang des Rechnungsbetrags erfolgte am 18.1.2021 unter Abzug von Skonto.

Eine pauschale Wertberichtigung soll nicht erfolgen.

Lösungshinweis:

Buchungen sind nicht vorzunehmen.

Die Lösung finden Sie auf Seite 236.

Fall 28   Bilanzierung eines Einbruchschadens
27 Punkte *** 65 Minuten

In das Lager der Abraham OHG wurde am 5.12.2020 eingebrochen. Neben der Computeranlage für die Lagerbuchhaltung wurde Ware im Buchwert von 500.000 € gestohlen.

Die Versicherung überwies auf das Bankkonto der Abraham OHG am 22.12.2020 540.000 € als Ersatz für die Waren und 81.000 € für den entgangenen Gewinn. Eine Ersatzbeschaffung konnte wegen Lieferschwierigkeiten des Herstellers bis zum 31.12.2020 nicht mehr erfolgen, allerdings wurden entsprechende Bestellungen bereits eine Woche nach dem Einbruch durchgeführt.

Die Computeranlage hatte zum Zeitpunkt des Diebstahls einen Buchwert von 5.000 €. Für diesen Schaden waren ebenfalls am 22.12.2020 6.000 € auf dem Bankkonto eingegangen. Eine Ersatzanlage wurde am 28.12.2020 zu Anschaffungskosten von 4.800 € angeschafft und installiert. Die betriebsgewöhnliche Nutzungsdauer der Computeranlage beträgt 5 Jahre, bei einem gleichmäßigen Werteverzehr.

Außerdem erhielt die OHG im Dezember 2020 eine Gutschrift auf dem Bankkonto i. H. von 2.500 € von der Versicherung für die angefallenen Aufräumarbeiten.

Lösungshinweis:

Entgegen der allgemeinen Aufgabenstellung soll hier eine steuerrechtliche Sonderregelung angewandt und dargestellt werden.

Die Lösung finden Sie auf Seite 238.

Fall 29 Aktien im Umlaufvermögen
21 Punkte   ***   50 Minuten

Die Abraham OHG hatte zur vorübergehenden Geldanlage mehrere Aktien der Automobil AG gekauft. Am 18.10.2020 wurden 2.000 Stück zum Kurs von 560 € je Aktie erworben. Weitere 3.000 Aktien wurden am 6.11.2020 zu Anschaffungskosten von insgesamt 1.766.100 € gekauft. Ein dritter Erwerb (1.000 Stück) fand am 16.12.2020 zum Kurs von 570 € je Aktie statt. Bei allen Käufen sind Anschaffungsnebenkosten i. H. von 1,5 % des Kurswerts angefallen.

Zwischendurch ging am 28.10.2020 auf dem Konto der Abraham OHG die Nettodividende der AG für das Jahr 2019 (Geschäftsjahr = Kalenderjahr) i. H. von 12 € je Aktie ein. Außerdem hat die Automobil AG am 30.11.2020 eine gebührenfreie Kapitalerhöhung aus Gesellschaftsmitteln im Verhältnis 10:1 durchgeführt, an der die OHG in vollem Umfang teilnahm.

Der Kurs der Aktien betrug am 31.12.2020 565 € je Stück. Ein Verkauf war bis zum Zeitpunkt der Bilanzaufstellung nicht geplant.

Lösungshinweis:

Der Solidaritätszuschlag bleibt unberücksichtigt.

Die Lösung finden Sie auf Seite 240.

Fall 30 Bilanzierung eines unfertigen Erzeugnisses
29 Punkte   ***   70 Minuten

Im Lager der Maschinenbau AG befand sich am Bilanzstichtag eine unfertige Maschine, deren Herstellungskosten zum 31.12.2020 zu ermitteln sind. Für diese war bisher Material zum Listeneinkaufspreis von 21.900 € zzgl. 16 % Umsatzsteuer gekauft und verarbeitet worden. Das Material wurde im Jahr 2020 unter Abzug von 2 % Skonto bezahlt.

Für die Herstellung waren bis zum Bilanzstichtag Fertigungslöhne i. H. von 17.189 € angefallen. Außerdem wurden Zuschläge von 1.477 € zu den Fertigungslöhnen gezahlt.

Für die Entwürfe der Maschine waren netto 4.800 € zu entrichten.

Die Fertigung hatte am 21.9.2020 begonnen; die Auslieferung erfolgte am 13.2.2021. Der Nettoverkaufspreis betrug 178.000 € und wurde noch im Februar gezahlt.

Für die Maschinenbau AG lag zum 31.12.2020 folgender Betriebsabrechnungsbogen für das gesamte Jahr vor, der nur angemessene Anteile der Gemeinkosten beinhaltet:

Kostenart	Betrag in €	Material	Fertigung	Verwaltung	Vertrieb
		Verhältnis der Kosten			
Gehälter Lager ges. soziale Abgaben freiw. soz. Abgaben	189.000 47.250 18.900	2	1	0	0
Gehälter Prüfer ges. soziale Abgaben freiw. soz. Abgaben	149.200 37.300 14.920	0	1	0	0
Gehälter Verwaltung ges. soziale Abgaben freiw. soz. Abgaben	430.080 107.520 43.008	1	2	22	7
Raumkosten	785.230	2	8	5	2
Energie	513.600	2	9	4	1
Sachversicherungen	205.200	2	11	4	2
kalk. Abschreib.	584.280	1	5	2	1
Körperschaftsteuer	168.800	1	6	2	1
kalk. Zinsen	180.180	2	12	5	2
sonst. Aufwendungen	589.680	3	9	5	4

Für das Jahr 2020 waren im Gesamtunternehmen folgende Beträge an Einzelkosten angefallen:

Fertigungsmaterial 615.410 €

Fertigungslöhne 685.340 €

Sondereinzelkosten der Fertigung 45.860 €

Die bilanziellen Abschreibungen für 2020 verteilten sich folgendermaßen auf die vier Kostenstellen der Unternehmung:

Kostenstelle	tatsächliche Abschreibung (ohne außerplanmäßige Abschreibungen)	lineare Abschreibung
Material	98.540 €	61.320 €
Fertigung	420.690 €	308.910 €
Verwaltung	186.360 €	109.520 €
Vertrieb	134.820 €	59.870 €

Lösungshinweis:

Die Zuschlagssätze sind auf zwei Nachkommastellen zu berechnen und kaufmännisch zu runden.

Die Lösung finden Sie auf Seite 241.

Fall 31 Bilanzierung von Forderungen 1
23 Punkte   ***   55 Minuten

Die Abraham OHG wies zum 31.12.2020 einen Forderungsbestand laut Debitorenliste i. H. von 1.020.771 € auf. In diesem Wert war eine ausländische Forderung ohne Umsatzsteuer von 20.000 € enthalten. Der restliche Wert des Forderungsbestands beinhaltet 50 % Forderungen mit 19 %, 50 % mit 16 % USt.

1. Der Bestand umfasste auch eine Forderung aus Warenverkäufen i. H. von 14.637 € an die Meier KG, die im Juni 2020 entstanden war. Wegen Zahlungsschwierigkeiten des Schuldners wurde am 15.12.2020 ein außergerichtlicher Vergleich mit der Bedingung geschlossen, dass die Abraham OHG auf 40 % ihrer Forderung endgültig verzichtet. Der Restbetrag der Forderung war im Februar 2021 auf dem Bankkonto der OHG eingegangen.

2. Eine andere Forderung aus dem Verkauf eines Fernsehgeräts i. H. von 2.380 € (Juni 2020) gegen Fritz Müller kann nicht mehr eingezogen werden, da im Februar 2021 festgestellt wurde, dass sich dieser im Januar 2021 mit unbekanntem Ziel ins Ausland abgesetzt hatte.

3. Eine Forderung gegen die Thiesen GmbH aus April 2020 (Stand zum 31.12.2020: 9.044 €) wird laut Schätzung der Abteilung Mahnwesen vermutlich zu 75 % ausfallen, da die GmbH zum Bilanzstichtag in erheblichen Zahlungsschwierigkeiten steckte und im Februar 2021 ein Insolvenzantrag gestellt wurde.

4. Auf den Forderungsbestand soll ein pauschales Ausfallrisiko von 3 % berücksichtigt werden. Für das Skontorisiko ist ein Abschlag von 1 % anzusetzen. Außerdem wird für das Zinsrisiko ein Zinssatz von 9 % p. a. unterstellt. Die Kunden der Abraham OHG zahlen durchschnittlich 12 Tage nach dem vereinbarten Zahlungsziel von 30 Tagen. Das Inkassorisiko wird pauschal mit 500 € berücksichtigt. Eine Erstattung durch die Kunden wird aus betrieblichen Gründen nicht erwartet. Diese Werte sind unstrittig.

Am Tag der Bilanzaufstellung war nur noch eine Forderung über brutto 28.560 € (inkl. 16 % USt), für die kein Skontoanspruch mehr besteht, unbezahlt. An Skontoabzügen wurden bis zum Tag der Bilanzaufstellung 7.825 € in Anspruch genommen. Der Bestand an Pauschalwertberichtigungen betrug zum 31.12.2019 37.126 €.

Die Lösung finden Sie auf Seite 244.

Fall 32 Bilanzierung von Rohstoffen
19 Punkte ** 45 Minuten

Für den Jahresabschluss sollen die Rohstoffbestände der Maschinenbau AG bewertet werden.

1. Die Inventur der Elektromotoren RX7, die fertigmontiert von der Motoren GmbH aus Bremen geliefert werden, ergab einen Schlussbestand zum 31.12.2020 von 800 Stück. Aufgrund der Lagerhaltung konnte nicht mehr festgestellt werden, welche Motoren aus welcher Lieferung stammen. Zusätzlich zum Anfangsbestand 2020 von 550 Stück zum Einzelpreis von 362 € sind nachstehende Lieferungen erfolgt:

5.2.2020	500 Stück	365 € je Motor
6.4.2020	300 Stück	363 € je Motor
30.5.2020	600 Stück	362 € je Motor
18.7.2020	450 Stück	368 € je Motor
21.10.2020	550 Stück	364 € je Motor
3.12.2020	500 Stück	363 € je Motor

   Der Marktpreis zum 31.12.2020 betrug 363 € und ist im Januar wieder auf über 365 € gestiegen. Die Motoren wurden in den vergangenen Jahren mit dem gewogenen Durchschnitt bewertet.

2. Außerdem soll für die zugekauften Bauteile Z500 eine Bewertung nach dem gleitenden Durchschnitt erfolgen. Der Bestand (80 Stück) war zum 31.12.2019 mit 45.440 € bewertet worden. Für 2020 waren folgende Lagerbewegungen zu verzeichnen:

   Zugänge:

22.2.2020	120 Bauteile	570 € je Stück
17.7.2020	90 Bauteile	566 € je Stück
5.10.2020	100 Bauteile	569 € je Stück

   Abgänge:

23.1.2020	60 Bauteile
14.4.2020	130 Bauteile
19.9.2020	50 Bauteile
3.11.2020	90 Bauteile

   Der Marktpreis zum 31.12.2020 betrug 571 €.

Lösungshinweis:

Die Zwischenwerte sind kaufmännisch zu runden; beim Durchschnittspreis auf zwei Nachkommastellen und bei den Beständen auf volle €.

Die Lösung finden Sie auf Seite 245.

Fall 33 Festverzinsliche Wertpapiere im Umlaufvermögen
21 Punkte ** 50 Minuten

Die Maschinenbau AG bilanzierte zum 31.12.2019 Industrieobligationen der Stahl AG mit einem Nennwert von 300.000 €. Diese Wertpapiere wurden mit ihrem Kurswert von 96 % zzgl. 1 % Spesen vom Nennwert bewertet.

Zum 1.8.2020 zahlte die Stahl AG die 6 % Nominalverzinsung an ihre Gläubiger aus.

Zum 16.8.2020 (Zinsvaluta) verkaufte die Maschinenbau AG Obligationen im Nennwert von 200.000 € zum Kurs von 97 %. Der Restbestand wurde planmäßig im Januar 2021 zum Kurs von 96,5 % verkauft. Bei beiden Verkäufen fielen 1 % Spesen vom Nennwert an.

Der Kurs zum 31.12.2020 betrug 96,5 %.

Die Lösung finden Sie auf Seite 247.

Fall 34 Bilanzierung von Handelswaren 1
8 Punkte ** 20 Minuten

Für die Kühlschränke Cool2010 hatte die Abraham OHG eine Inventur am 15.10.2020 durchgeführt. Der Bestand wurde dann wertmäßig auf den Bilanzstichtag fortgeschrieben.

Die Inventur im Oktober ergab einen Lagerbestand von 8 Stück zu Anschaffungskosten von jeweils 420 €. Der Marktpreis ist am 15.10.2020 nachhaltig auf 405 € gefallen.

Vom Inventurstichtag bis zum 31.12.2020 wurden Kühlschränke im Wert von 4.950 € angeschafft. Die Bezahlung erfolgte noch im Jahr 2019 unter Abzug von 2 % Skonto.

Im gleichen Zeitraum wurden Kühlschränke zu einem Bruttoverkaufspreis von 4.674,80 € abgesetzt. Für diese Ware ergab sich bei der OHG ein Rohgewinnaufschlagssatz i. H. von 30 %.

Der Marktpreis am 31.12.2020 betrug 402 €.

Lösungshinweis:

Buchungen sind nicht vorzunehmen.

Die Lösung finden Sie auf Seite 249.

Fall 35 Bilanzierung von Besitzwechseln
8 Punkte * **20 Minuten**

Die Maschinenbau AG will zum Bilanzstichtag zwei Wechsel bewerten. Beide Wechsel könnten bei der Hausbank zu einem Zinssatz von 6 % p. a. diskontiert werden.

1. Die Maschinenbau AG hatte im Dezember 2020 einen Wechsel über 90.000 € zur Begleichung einer Forderung aus einer Lieferung erhalten. Der Wechsel hatte am Bilanzstichtag eine Restlaufzeit von 49 Tagen.

2. Die Maschinenbau AG hatte im Dezember 2020 dem Kunden Herbert Maier GmbH einen Kredit über 180.000 € gewährt. Zur Sicherung des Kredits wurde ein Wechsel ausgestellt und vom Kreditnehmer akzeptiert. Der Wechsel hatte am Bilanzstichtag eine Restlaufzeit von 86 Tagen.

Beide Wechsel wurden bei Fälligkeit bezahlt.

Lösungshinweis:

Buchungen sind nicht vorzunehmen.

Die Lösung finden Sie auf Seite 250.

Fall 36 Bilanzierung von Handelswaren 2
19 Punkte * **45 Minuten**

Bei der Abraham OHG sind zum Bilanzstichtag folgende Warengruppen zu bewerten. Bei jeder Gruppe ist eine exakte Ermittlung der Anschaffungskosten je Stück nicht mehr möglich.

1. Die Warengruppe Toaster mit einem Anfangsbestand von 20 Stück und einem Stückpreis von 39,50 € hatte 2020 folgende Zugänge zu verzeichnen:

8.3.2020	60 Stück	41 € je Stück
25.6.2020	50 Stück	40,50 € je Stück
10.10.2020	45 Stück	42 € je Stück
7.12.2020	30 Stück	41 € je Stück

Die Inventur ergab einen Endbestand von 18 Stück. Die Bewertung soll nach dem Durchschnittsverfahren erfolgen. Der Marktpreis zum 31.12.2020 belief sich auf 40,50 € und ist im Januar wieder auf über 42 € gestiegen.

2. Die neue Warengruppe Farblaserdrucker soll nach einem Verbrauchsfolgeverfahren bewertet werden. Folgende Zugänge wurden 2020 erfasst:

15.4.2020	4 Drucker	8.450 € je Stück
21.7.2020	6 Drucker	8.470 € je Stück
15.9.2020	8 Drucker	8.465 € je Stück
18.11.2020	7 Drucker	8.460 € je Stück
20.12.2020	12 Drucker	8.455 € je Stück

Die Inventur zum Bilanzstichtag ergab einen Bestand von 7 Stück. Der Marktpreis zu diesem Zeitpunkt lag bei 8.460 €.

3. Die Anschaffungskosten der Mobiltelefone CX97 betrugen 80 € je Stück. Wegen technischer Weiterentwicklungen war der Nettoverkaufspreis nachhaltig von geplanten 200 € je Gerät (Rohgewinnaufschlagsatz = 150 %) auf 160 € gesunken. Der Marktpreis zum Bilanzstichtag war dauerhaft auf 78 € gefallen.

Die Inventur zum 31.12.2020 ergab einen Endbestand von 46 Stück. Der durchschnittliche Unternehmergewinn beträgt 15 % der Anschaffungskosten. Die nach dem Bilanzstichtag noch anfallenden Kosten werden auf 70 % (ohne Gewinnanteil) des ursprünglichen Rohgewinnaufschlagsatzes geschätzt.

Lösungshinweis:

Eine mögliche höhere steuerliche Abschreibung soll dargestellt werden.

Buchungen sind nicht vorzunehmen.

Die Lösung finden Sie auf Seite 250.

Fall 37 Bilanzierung von Forderungen 2
19 Punkte ****** **45 Minuten**

Die Maschinenbau AG wies zum 31.12.2020 einen Forderungsbestand laut Debitorenliste i. H. von 1.706.579 € auf.

1. Eine Forderung aus einer Lieferung vom 1.3.2020 i. H. von 35.700 € war bereits im Dezember 2020 wegen Ablehnung des Insolvenzverfahrens mangels Masse ausgebucht worden.

   Der Buchungssatz lautete:

   Abschreibungen auf Finanzanlagen an Forderungen aLL   35.700 €

2. Die Forderung gegen die Stahlbau GmbH i. H. von 71.400 € wurde am 15.11.2020 für 3 Monate gestundet, da die GmbH sich in erheblichen Zahlungsschwierigkeiten befand.

   Für die Forderung besteht eine 100 %ige Bankbürgschaft. Die marktüblichen Stundungszinsen i. H. von 714 € wurden am 30.11.2020 gezahlt.

Der Buchungssatz lautete:

Bank an sonstige Zinsen und ähnliche Erträge 714 €

3. Die Forderung gegen Frau Hildegard Schmidt aus Hamburg i. H. von 41.610,28 DM aus dem Jahr 1997 war bereits 2004 zulässigerweise auf Null abgeschrieben worden, weil Frau Schmidt eine eidesstattliche Versicherung abgegeben hatte.

Im Dezember 2020 erhielt die Maschinenbau AG von Frau Schmidt folgenden Brief:

„Sehr geehrte Damen und Herren,

aufgrund einer überraschenden Erbschaft von meiner Tante sehe ich mich jetzt in der Lage, meine Schulden aus dem Jahr 1997 bei Ihnen zu bezahlen.

Ich werde Ihnen den ausstehenden Betrag von 21.275 € auf Ihr Bankkonto überweisen.

Mit freundlichen Grüßen

H. Schmidt"

Der oben genannte Betrag ging im Januar 2021 auf dem Bankkonto der AG ein.

4. Auf den Forderungsbestand soll ein pauschales Ausfallrisiko von 2 % berücksichtigt werden. Ein Skontorisiko besteht nicht, da die Maschinenbau AG in ihren AGB einen Skontoabzug nicht zulässt. Das Zinsrisiko ist mit 800 € berechnet worden, da Kunden durchschnittlich 5 Tage nach dem Zahlungsziel zahlen. Das Inkassorisiko wird mit 0,4 % angesetzt. Eine Erstattung durch die Kunden wird aus betrieblichen Gründen nicht erwartet. Diese Werte sind unstrittig.

Der Bestand an Pauschalwertberichtigungen betrug zum 31.12.2019 28.486 €.

Bis zur Bilanzaufstellung sind noch offene Forderungen i. H. von brutto 264.180 € vorhanden. Bezüglich der Umsatzsteuer ist für die Forderungen aus 2020 ein Steuersatz von 19 % zugrunde zu legen.

Die Lösung finden Sie auf Seite 252.

Fall 38 Forderung im Zusammenhang mit einer Bürgschaft
17 Punkte ** 40 Minuten

Die Abraham OHG beliefert seit Jahren die Docs Music GmbH, deren vier Gesellschafter als Band „The Docs" auftreten, mit hochwertigen Instrumenten und Verstärkeranlagen. In den vergangenen Jahren konnte damit circa 200.000 € Umsatz erzielt werden. Im Januar 2020 stand eine größere Lieferung einer modernen Bühnenanlage für die bevorstehende Tournee an. Aufgrund dieser Warenlieferung übernahm die OHG eine selbstschuldnerische Bürgschaft in Höhe des Nettopreises des Umsatzes von 75.000 € gegenüber der Sparkasse Magdeburg, die diese Lieferung in derselben Höhe der Docs Music GmbH kreditierte. Der Umsatz wurde bei der OHG ordnungsgemäß als bezahlter Umsatzerlös zzgl. Umsatzsteuer gebucht. Aus Presseberichten ist zu entnehmen, dass die Tournee der „The Docs" eine finanzielle Katastrophe war. Soweit Konzerte überhaupt stattfanden, wurden nur bis zu 20 % der vorhandenen Tickets verkauft; ein großer Teil der Konzerte wurde mangels Nachfrage abgesagt.

Die Musiker der Band eröffneten der OHG in einem Gespräch am 29.12.2020, dass die Docs Music GmbH in ernste Zahlungsschwierigkeiten geraten ist und der Geschäftsführer deshalb im Januar 2021 beim Amtsgericht einen Antrag auf Eröffnung des Insolvenzverfahrens stellen wird. Es wird mit einer Insolvenzquote von 15 % gerechnet.

Welche bilanziellen Auswirkungen ergeben sich für die OHG? Eventuell erforderliche Buchungen sind vorzunehmen.

Die Lösung finden Sie auf Seite 254.

IV. Eigenkapital

Fall 39 Kapitalerhöhung und Gewinnverwendung
23 Punkte   ******   **55 Minuten**

Die Maschinenbau AG hatte zum 19.9.2020 eine Kapitalerhöhung im Verhältnis 20:1 durchgeführt (die Erhöhung war zum 31.12.2020 bereits im Handelsregister eingetragen).

Für die jungen Aktien (Nennwert 5 €), mussten die Aktionäre 7,50 € je Aktie bezahlen.

Das Eigenkapital war zum 31.12.2020 (nach teilweiser Gewinnverwendung) wie folgt gegliedert:

I.	Gezeichnetes Kapital	
	(Nennwert 5 € je Aktie)	100.000.000 €
II.	Kapitalrücklage	5.985.320 €
III.	Gewinnrücklagen	
	1. gesetzliche Rücklage	1.968.450 €
	2. andere Gewinnrücklagen	58.398.740 €
IV.	Bilanzgewinn	18.650.000 €
	davon Gewinnvortrag	825.000 €

Die Hauptversammlung in Düsseldorf hatte am 16.5.2020 beschlossen, den Bilanzgewinn 2019 i. H. von 0,77 € je Aktie (Bardividende, also inkl. Kapitalertragsteuer) auszuschütten und den Restbetrag in die anderen Gewinnrücklagen einzustellen. Dieser Beschluss entsprach dem Gewinnverwendungsvorschlag für die Hauptversammlung 2020, den der Vorstand und der Aufsichtsrat vorgelegt hatten. Die Dividenden waren zum 31.12.2020 zu 100 % ausbezahlt.

Der Jahresüberschuss 2020 beträgt vor Körperschaftsteuer 44.030.000 €. Hiervon sollen vorab 3.500.000 € in die anderen Gewinnrücklagen eingestellt werden. Außerdem empfiehlt der Vorstand der Hauptversammlung, wie im Vorjahr, die Ausschüttung einer Bardividende von 0,77 € je Aktie zu beschließen. Der Restbetrag soll in die anderen Gewinnrücklagen eingestellt werden.

Lösungshinweis:

Der Solidaritätszuschlag bleibt unberücksichtigt. Buchungen sind nicht vorzunehmen.

Die Lösung finden Sie auf Seite 255.

Fall 40 Bilanzierung von eigenen Anteilen
17 Punkte ∗∗ **40 Minuten**

Die Maschinenbau AG mit einem gezeichneten Kapital von 2.000.000 € hatte am 22.9.2020 zulässigerweise von einem anderen Unternehmen 10.000 eigene Anteile (Nennwert 5 € je Aktie) zum Preis von 265 € je Aktie erworben. Zu diesem Zeitpunkt betrugen die anderen Gewinnrücklagen 8.000.000 €. Anschaffungsnebenkosten sind i. H. von 2.000 € angefallen. Die AG buchte den Erwerb folgendermaßen:

sonstige Wertpapiere an Bank   2.652.000 €

Diese eigenen Anteile sollten innerhalb eines halben Jahres wieder über die Börse verkauft werden. Am 18.10.2020 wurden 1.000 Aktien zum Kurs von 272 € je Stück verkauft. Außerdem veräußerte die AG 2.000 Anteile am 21.12.2020 zum Einzelpreis von 263 €. Der Restbestand ist im Monat Februar 2020 zum Kurs von 262 € je Aktie abgegeben worden. Für Verkäufe fielen stets Gebühren i. H. von 2 % des Kurswerts an. Der Börsenkurs zum 31.12.2020 betrug 260 € je Aktie.

Lösungshinweis:

Die gesetzliche Rücklage ist zu vernachlässigen.

Die Lösung finden Sie auf Seite 257.

Fall 41 Ausstehende Einlagen
17 Punkte ∗∗ **40 Minuten**

Das gezeichnete Kapital der Maschinenbau AG betrug zum 31.12.2019 15.000.000 €. Davon hatten die Aktionäre bisher in folgender Höhe Einzahlungen auf ihre Aktien getätigt:

Name	Anteil %	Anteil	Einzahlung
Hauke Mees	30 %	4.500.000 €	2.250.000 €
Edith Sievert	26 %	3.900.000 €	1.950.000 €
Wiebke Bracker	10 %	1.500.000 €	750.000 €
Streubesitz	34 %	5.100.000 €	5.100.000 €

Weitere Gelder als die gezahlten wurden von der AG bisher nicht eingefordert. Am 20.10.2020 hatte der Vorstand der Maschinenbau AG nachstehenden Beschluss gefasst:

„Die Aktionäre haben, sofern noch ausstehende Einlagen vorhanden sind, bis zum 30.11.2020 auf ihre Aktien ein weiteres Viertel einzuzahlen. Die Beträge sind auf das Bankkonto der Maschinenbau AG zu überweisen. Sollten die eingeforderten Beträge später gezahlt werden, sind sie nach den gesetzlichen Vorschriften zu verzinsen."

Bis zur Bilanzaufstellung wurden folgende Zahlungen geleistet:

Datum	Name	Einzahlung
15.11.2020	Edith Sievert	375.000 €
28.11.2020	Hauke Mees	825.000 €
20.12.2020	Wiebke Bracker	375.000 €
5.1.2021	Hauke Mees	300.000 €
15.1.2021	Edith Sievert	600.000 €

Lösungshinweis:

Buchungen sind nicht vorzunehmen.

Die Lösung finden Sie auf Seite 258.

Fall 42 Gewinnverteilung OHG
17 Punkte ** 40 Minuten

Bei der Abraham OHG ist im Gesellschaftsvertrag folgende Regelung zur Gewinn- und Verlustverteilung getroffen worden:

1. Der bilanzielle Jahresgewinn soll folgendermaßen verteilt werden:

    a) Die geschäftsführenden Gesellschafter erhalten einen Vorweggewinn in folgender Höhe:

Martin Lange	60.000 €
Annelene Abraham	60.000 €
Kai Schweers	45.000 €
Uta Johannsen	45.000 €

    b) Danach sind die Kapitalkonten I (ursprüngliche Einlagen) mit 9 % und die Kapitalkonten II (veränderliche Privatkonten) mit 5 % zu verzinsen. Die Verzinsung richtet sich nach dem Stand der Kapitalkonten zum 1.1. des abgelaufenen Wirtschaftsjahres. Reicht der Gewinn für eine volle Verzinsung nicht aus, sind die Kapitalkonten I vorrangig zu verzinsen. Gegebenenfalls erfolgt nur eine Verzinsung mit einem niedrigeren Zinssatz.

    c) Der verbleibende Gewinn wird nach Köpfen verteilt.

2. Der bilanzielle Jahresverlust wird entsprechend der Höhe der Kapitalkonten I der Gesellschafter verteilt.

Die Kapitalkonten wiesen zum 1.1.2020 folgende Stände aus:

	Kapitalkonto I	Kapitalkonto II
Martin Lange	500.000 €	250.000 €
Annelene Abraham	500.000 €	300.000 €
Kai Schweers	500.000 €	120.000 €
Uta Johannsen	500.000 €	230.000 €

Der Jahresgewinn 2020 nach Gewerbesteuer beträgt 417.000 €.

Die „Gehaltszahlungen" an die Gesellschafter sind bereits als Entnahmen berücksichtigt. Diese wurden im Jahr 2020 über das Bankkonto ausgezahlt.

Die Gesellschafterin A. Abraham hat zulässigerweise 200.000 € von ihrem Kapitalkonto II entnommen.

Der Gesellschafter K. Schweers hat im Juli 2020 ein bebautes Grundstück in die OHG eingelegt. Dieses Grundstück hatte zum Zeitpunkt der Einlage einen Teilwert von 400.000 €. Die Anschaffungskosten betrugen beim Kauf im November 2017 430.000 €. Bis zum Zeitpunkt der Einlage sind Abschreibungen von 40.000 € angefallen.

Der Gesellschafter M. Lange hatte im Februar 2020 aus dem Warenlager der Abraham OHG eine Stereoanlage entnommen. Die Anschaffungskosten der OHG betrugen 2.600 €. Der Teilwert zum Zeitpunkt der Entnahme betrug 2.650 €.

Bestimmen Sie die Höhe der Kapitalkonten II nach Berücksichtigung aller Vorgänge.

Lösungshinweis:

Buchungen sind nicht vorzunehmen.

Die Lösung finden Sie auf Seite 259.

V. Rückstellungen

Fall 43 Bilanzierung einer neuen Pensionszusage
**10 Punkte   **   25 Minuten

Am 15.1.2020 wurde dem Mitarbeiter der Maschinenbau AG Helfried Sievert eine schriftliche wertpapiergebundene Pensionszusage ohne garantierten Mindestbetrag ab Vollendung des 65. Lebensjahres gegeben.

Für diese Altersversorgung sind 2020 Wertpapiere i. H. von 2.400 € gekauft worden (Anschaffungskosten). Der beizulegende Wert der Papiere zum 31.12.2020 betrug 2.500 €. Die Wertpapiere stellen Deckungsvermögen i. S. von § 246 Abs. 2 Satz 2 HGB dar.

Bisher ist folgende Buchung erfolgt:

Wertpapiere des Anlagevermögens an Bank   2.400 €

Die Lösung finden Sie auf Seite 261.

Fall 44 Jahresabschlusskosten
6 Punkte * **15 Minuten**

Die Maschinenbau AG rechnet damit, dass für die Aufstellung des Jahresabschlusses 2020 und die Anfertigung der entsprechenden Steuererklärungen durch den Steuerberater Aufwendungen i. H. von 38.675 € entstehen. Für die Prüfung des Jahresabschlusses durch eine Wirtschaftsprüfungsgesellschaft werden wie in den vorherigen Jahren 26.564 € veranschlagt. Außerdem kostet die Veröffentlichung des Jahresabschlusses erfahrungsgemäß 7.772 €. Für die Durchführung der Hauptversammlung liegt ein Kostenvoranschlag i. H. von 30.160 € vor. Alle Beträge sind Bruttowerte, also inkl. 16 % USt.

Die Lösung finden Sie auf Seite 262.

Fall 45 Garantierückstellung
6 Punkte * **15 Minuten**

Die Abraham OHG hatte zum Bilanzstichtag noch eine berechtigte Reklamation des Elektroeinzelhändlers Joachim Steen zu berücksichtigen. Von einem Nettoumsatz aus 2020 i. H. von 28.000 € wurde am 15.1.2021 ein 25 %iger Nachlass wegen Beschädigungen der Ware gewährt (Mangelrüge im Dezember 2020).

Vom Restnettoumsatz der OHG (39.640.000 €) soll zum Bilanzstichtag eine Pauschalrückstellung für Gewährleistung gebildet werden. In den vergangenen Jahren wurden durchschnittlich 0,6 % des Umsatzes für Schadensabwicklungen aufgewendet. Dieser Wert liegt im Bereich des Branchendurchschnitts.

Die Lösung finden Sie auf Seite 262.

Fall 46 Jubiläumsrückstellung
19 Punkte ** **45 Minuten**

Die Maschinenbau AG hatte 1981 eine Betriebsvereinbarung getroffen, nach der alle Mitarbeiter zum 25-jährigen und zum 40-jährigen Dienstjubiläum eine Zuwendung erhalten sollen.

Für den Arbeiter Sven Thiesen sind zum 31.12.2020 folgende Werte bekannt (unterstellte Werte):

	25-jähriges Jubiläum		40-jähriges Jubiläum	
	31.12.2019	31.12.2020	31.12.2019	31.12.2020
Teilwertverfahren	600 €	650 €	1.000 €	1.035 €
Anwartschaftsbarwertverfahren	500 €	560 €	920 €	960 €
Pauschalwertverfahren (BMF-Schreiben vom 27.2.2020)	450 €	500 €	850 €	890 €

Für die Angestellte Anja Knecht liegen folgende Werte vor:

	25-jähriges Jubiläum		40-jähriges Jubiläum	
	31.12.2019	31.12.2020	31.12.2019	31.12.2020
Teilwertverfahren	300 €	320 €	140 €	145 €
Anwartschaftsbarwertverfahren	250 €	275 €	120 €	125 €
Pauschalwertverfahren (BMF-Schreiben vom 27.2.2020)	200 €	230 €	100 €	105 €

Für den Ansatz der Rückstellungen sind alle formellen Bedingungen erfüllt. Bei der Berechnung der Werte zum Jahresabschluss wurde korrekt vorgegangen. In 2020 erfolgte der Ansatz in der Handelsbilanz nach dem Teilwertverfahren.

Lösungshinweis:

Buchungen sind nicht vorzunehmen.

Die Lösung finden Sie auf Seite 263.

Fall 47 Pensionsrückstellung
21 Punkte   **   50 Minuten

1. Die Abraham OHG hat ihrem Arbeitnehmer Z eine Altersversorgung zugesagt, die die Formvoraussetzungen des § 6a Abs. 1 EStG erfüllt. Im Zeitpunkt der Zusage am 18.3.2018 wurde Z 26 Jahre alt. Der Barwert der Zusage beträgt zum

    31.12.2018: 8.000 €
    31.12.2019: 10.500 €
    31.12.2020: 15.000 €

    Welche Ansatzmöglichkeiten ergeben sich in der Steuerbilanz?

2. Die Abraham OHG erteilt am 12.6.2019 einer langjährig beschäftigten 48-jährigen Mitarbeiterin eine Pensionszusage. Der Vertrag erfüllt die Anforderungen des § 6a Abs. 1 EStG. Der abgezinste Erfüllungsbetrag betrug zum 31.12.2019 60.000 €, der Teilwert i. S. des § 6a Abs. 3 EStG 54.000 €. Am darauf folgenden Bilanzstichtag beliefen sich die Werte auf 72.000 € bzw. 63.000 €.

Die OHG hat zum 31.12.2019 versehentlich keine Passivierung vorgenommen, jedoch die abgeschlossene Rückdeckungsversicherung mit dem Buchwert von 56.000 € in der Handels- und Steuerbilanz aktiviert. Der Zeitwert der Rückdeckungsversicherung belief sich zum 31.12.2019 auf 57.500 €.

Zum 31.12.2020 weist die Rückdeckungsversicherung einen Buchwert von 65.000 € und einen Zeitwert von 69.000 € aus.

Die Veranlagung des Jahres 2019 ist bestandskräftig und kann nicht berichtigt werden.

Ermitteln Sie die zutreffenden Handels- und Steuerbilanzansätze zum 31.12.2020.

Die Lösung finden Sie auf Seite 264.

Fall 48   Urlaubsrückstellung
15 Punkte   **   35 Minuten

Für zwei Mitarbeiter der Abraham OHG waren zum Bilanzstichtag 2020 noch Urlaubsansprüche vorhanden:

	Angela Schweers	Norbert Abraham
monatliches Gehalt/Lohn	6.572 €	6.460 €
monatliche VL (AG-Anteil)	40 €	27 €
jährlicher AG-Anteil an der Sozialversicherung	19.300 €	15.450 €
Weihnachtsgeld		
– tariflich	0 €	4.544 €
– jährlich vereinbart (für 2020 gezahlt, für 2021 zugesagt)	5.985 €	0 €
Beiträge Berufsgenossenschaft	650 €	700 €
Gehaltssteigerung ab 1.1.2020 (monatlich)	200 €	170 €
reguläre Arbeitstage	250	300
tatsächliche Arbeitstage	220	260
Urlaubstage gesamt	30	40
Resturlaub	12	16

Der verbleibende Resturlaub wurde von den Arbeitnehmern bis Februar 2021 genommen.

Die Lösung finden Sie auf Seite 265.

Fall 49 Prozesskosten und Schadenersatz
8 Punkte * **20 Minuten**

Bei der Maschinenbau AG ging am 30.12.2020 folgender Brief ein:

„Sehr geehrte Damen und Herren,

am 20.12.2020 bin ich auf dem Bürgersteig vor Ihrem Betriebsgelände in Düsseldorf ausgerutscht, weil Sie Ihren Streu- und Räumpflichten nicht nachgekommen sind. Dabei habe ich mich erheblich verletzt. Durch Ihr Versäumnis entstanden mir Arztkosten i. H. von 12.678 €, die ich ersetzt haben möchte. Außerdem fordere ich 15.000 € Schmerzensgeld. Sollte ich bis zum 1.3.2021 keine Zahlung des Gesamtbetrags von Ihnen erhalten haben, werde ich gerichtliche Schritte einleiten.

Mit freundlichen Grüßen"

Bis zum Tag der Bilanzaufstellung wurde noch keine Klage erhoben; es wird aber mit einer Klageerhebung ernsthaft gerechnet.

Ein verlorener Prozess wird bei der AG voraussichtlich ca. 8.400 € Prozesskosten verursachen. Zusätzlich besagt ein juristisches Gutachten, dass bei der zu erwartenden Verurteilung eventuell der volle geforderte Schaden zu zahlen wäre. Eine Entscheidung wird noch im Jahr 2021 erwartet.

Die Lösung finden Sie auf Seite 266.

Fall 50 Unterlassene Instandhaltung
6 Punkte * **15 Minuten**

Bei der Maschinenbau AG waren am 29.12.2020 drei Maschinen und am 3.1.2021 zwei Maschinen beschädigt worden. Wegen fehlender Ersatzteile konnten die Reparaturen erst zu folgenden Terminen ausgeführt werden.

	Schadenstag	Reparatur	Kosten
Maschine A	29.12.2020	Februar 2021	16.500 €
Maschine B	29.12.2020	April 2021	18.400 €
Maschine C	3.1.2021	März 2021	12.300 €
Maschine D	3.1.2021	Juni 2021	19.300 €

Die fünfte Maschine (E) wird voraussichtlich erst 2022 instand gesetzt, da sie für die Produktion zurzeit nicht benötigt wird (geschätzte Kosten 21.400 €).

Ersatzleistungen einer Versicherung werden nicht erwartet. Rechnungen für durchgeführte Reparaturen liegen bis zum Tag der Bilanzaufstellung noch nicht vor.

Die Lösung finden Sie auf Seite 266.

Fall 51 Drohende Verluste
4 Punkte * **10 Minuten**

Die Maschinenbau AG hat am 15.11.2020 einen Kaufvertrag über 500 t Stahl zum Festpreis von 800 € je Tonne abgeschlossen. Die Lieferung soll am 15.2.2021 erfolgen. Die Zahlung erfolgt innerhalb von 10 Tagen nach Lieferung ohne Abzüge.

Am Bilanzstichtag ist der Einkaufspreis für die Tonne Stahl auf 770 € je Tonne gefallen.

Lösungshinweis:

Buchungen sind nicht vorzunehmen.

Die Lösung finden Sie auf Seite 267.

Fall 52 Steuerrückstellung
17 Punkte ** **40 Minuten**

1. Die Maschinenbau AG hatte für die Körperschaftsteuer 2019 in der Bilanz 2019 eine Rückstellung i. H. von 18.000 € gebildet. Der Körperschaftsteuerbescheid vom 5.12.2020 wies eine Nachzahlung von 19.560 € aus. Die Bilanzbuchhalterin der AG hatte im Dezember wie folgt gebucht:

Steuerrückstellungen	18.000 €
außerordentliche Aufwendungen	1.560 €
an Bank	19.560 €

2. Für die Körperschaftsteuer 2020 wurden von der Maschinenbau AG Vorauszahlungen i. H. von 118.000 € geleistet und als Aufwand gebucht. Der Gewinn vor Körperschaftsteuer betrug 840.360 €. Der Gewinnverwendungsvorschlag sieht eine Ausschüttung an die Aktionäre i. H. von 210.000 € vor. Der Restbetrag soll als Gewinnvortrag verwendet werden. Rücklagen sind zurzeit nicht vorhanden.

3. Die Maschinenbau AG hat im Jahr 2020 ein unbebautes, 2.000 qm großes Grundstück zum Kaufpreis von 300 € je qm erworben. Der Bescheid über die Grunderwerbsteuer ging am 15.12.2020 bei der AG ein und wurde im Januar 2021 bezahlt. Die AG hatte im Dezember gebucht (nur Betrachtung der Steuer):

   Steuern vom Einkommen und Ertrag an Steuerrückstellungen   21.000 €

4. Die AG hatte 2020 Vorauszahlungen für die Gewerbesteuer i. H. von 70.000 € geleistet und über das Konto Steuern vom Einkommen und Ertrag gebucht. Die Bilanzbuchhalterin Anka Mees ermittelt eine Steuerschuld von 75.860 €.

Lösungshinweis:

Der Solidaritätszuschlag bleibt unberücksichtigt. Die Fälle sind unabhängig voneinander zu bearbeiten.

Die Lösung finden Sie auf Seite 268.

Fall 53 Schadenersatzforderung
19 Punkte   ******   **45 Minuten**

1. Bei der Maschinenbau AG ging am 28.12.2020 folgender Brief ein:

   „Sehr geehrte Damen und Herren,

   wie ich jetzt erst erfahren habe, verletzen Sie mit der Produktion der Maschine XZ534 seit 2015 ein im September 2007 auf meinen Namen registriertes Patent. Ich fordere von Ihnen deshalb eine nachträgliche Lizenzgebühr von 12.000 € pro Jahr, also bis 31.12.2020 insgesamt 72.000 €. Außerdem fordere ich Sie auf, bis zum Abschluss eines Lizenzvertrags die Produktion der Maschine einzustellen.

   Mit freundlichen Grüßen"

   Erste Nachforschungen der Maschinenbau AG ergaben, dass die im Brief genannten Angaben wahrscheinlich korrekt sind. Die AG wird die Entschädigung voraussichtlich in der geforderten Höhe zahlen müssen. Mit einer Regulierung wird noch im Jahr 2021 gerechnet.

2. Außerdem hatte die AG bereits zum 31.12.2017 eine Rückstellung i. H. von 65.000 € für die Verletzung eines anderen Patents gebildet, da die AG mit einer Inanspruchnahme gerechnet hatte. Diese Rückstellung wurde 2018 auf 89.000 € aufgestockt. Nach diesem Zeitpunkt wurde das Patentrecht nicht mehr verletzt, da die Produktion der entsprechenden Maschine eingestellt wurde.

   Bis zum Tag der Bilanzaufstellung waren noch keine Ansprüche geltend gemacht worden. Die Maschinenbau AG schätzt, dass spätestens Mitte 2024 Ansprüche geltend gemacht werden.

Lösungshinweis:

Buchungen sind nicht vorzunehmen.

Der Abzinsungsfaktor ermittelt sich folgendermaßen:

Abzinsungsfaktor = $\dfrac{1}{(1+i)^n}$ (auf 6 Nachkommastellen runden)

Abzinsungssätze gemäß § 253 Abs. 2 HGB (unterstellte Werte, die tatsächlichen Werte werden nach der Rückstellungsabzinsungsverordnung – RückAbzinsV monatlich von der Deutschen Bundesbank ermittelt und veröffentlicht):

Restlaufzeiten	1 Jahr	2 Jahre	3 Jahre	4 Jahre	5 Jahre
Dezember 2020	3,75 %	3,90 %	4,07 %	4,22 %	4,36 %

Die Lösung finden Sie auf Seite 269.

Fall 54   Sozialplan
6 Punkte   *   15 Minuten

Die Abraham OHG sieht sich aufgrund der wirtschaftlichen Lage gezwungen, ihre Betriebsstätte in Frankfurt zu schließen. Ein Beschluss der Gesellschafter über die Schließung erfolgte bereits in einer Gesellschafterversammlung im Dezember 2020.

Der Betriebsrat wird von der Geschäftsführung aber erst im Januar 2021 informiert. Aufgrund der Verhandlungen mit dem Betriebsrat wird im Februar 2021 ein Sozialplan beschlossen, der Kosten i. H. von 280.000 € auslöst.

Die Abwicklung der Schließung und des Sozialplans erfolgt noch im Jahr 2021.

Lösungshinweis:

Buchungen sind nicht vorzunehmen.

Die Lösung finden Sie auf Seite 270.

VI. Verbindlichkeiten

Fall 55   Bilanzierung eines ausländischen Festdarlehens
17 Punkte   **   40 Minuten

Die Abraham OHG hatte am 1.4.2021 ein Darlehen i. H. von 1.500.000.000 Yen bei einer japanischen Bank aufgenommen. Dieses Darlehen mit einer Laufzeit von 10 Jahren wurde zu 92 % ausgezahlt. Der Nominalzinssatz beträgt 2 % p. a. Hierbei handelt es sich um eine marktübliche Verzinsung. Die Zinsen sind halbjährlich im Voraus fällig und wurden bisher immer pünktlich bezahlt. Das Darlehen ist am 1.4.2030 in einer Summe zurückzuzahlen.

Kurse je 100 Yen	Geld	Brief	Devisenkassamittelkurs
1.4.2020	0,8210 €	0,8240 €	0,8225 €
1.10.2020	0,8216 €	0,8246 €	0,8231 €
31.12.2020	0,8235 €	0,8265 €	0,8250 €
15.3.2021	0,8221 €	0,8251 €	0,8236 €

Die Lösung finden Sie auf Seite 270.

Fall 56 Bilanzierung eines Festdarlehens
15 Punkte ****** **35 Minuten**

Die Maschinenbau AG hatte zum 1.7.2020 ein Festdarlehen mit 5 Jahren Laufzeit bei einer Bank aufgenommen. Der Kredit über 800.000 € ist am Ende der Laufzeit in einer Summe zurückzuzahlen.

Vereinbarungsgemäß wurden bei der Auszahlung an die AG 5 % Disagio und 1 % Bearbeitungsgebühren von der Bank einbehalten. Außerdem hatte die Maschinenbau AG noch eine Vermittlungsprovision an Herrn Karsten Gellert i. H. von 2.000 € zzgl. 16 % USt bezahlt.

Die Zinsen von 5 % p. a. (marktüblich) werden am Ende eines Halbjahres fällig und sind erstmalig am 8.1.2021 gezahlt worden.

Bisher wurden folgende Buchungen durchgeführt:

Bank	752.000 €	
Zinsen und ähnliche Aufwendungen	48.000 €	
an Verbindlichkeiten gegenüber Kreditinstituten		800.000 €
Zinsen und ähnliche Aufwendungen	2.000 €	
Vorsteuer	380 €	
an Bank		2.380 €

Die Lösung finden Sie auf Seite 272.

Fall 57 Bilanzierung einer Valutaverbindlichkeit
10 Punkte ***** **25 Minuten**

Die Abraham OHG hatte am 1.12.2020 Waren im Wert von 6.000.000 Yen aus Japan erhalten. Der Wareneingang wurde korrekt gebucht. Der Geldkurs betrug am 1.12.2020 0,8236 € und der Briefkurs 0,8266 € je 100 Yen (Devisenkassamittelkurs 0,8251 €). Die Kurse hatten sich zum Bilanzstichtag 2020 wie folgt entwickelt:

Variante 1	Geld	0,8245 €	Brief	0,8275 €	Devisenkassamittelkurs	0,8260 €
Variante 2	Geld	0,8218 €	Brief	0,8248 €	Devisenkassamittelkurs	0,8233 €

Der Kurs ist bis zum Zeitpunkt der Zahlung der Ware am 10.1.2021 wieder auf seinen alten Stand zurückgekehrt.

Die Lösung finden Sie auf Seite 273.

Fall 58 Bilanzierung eines Tilgungsdarlehens
19 Punkte ** **45 Minuten**

Die Abraham OHG hatte am 1.1.2018 ein Tilgungsdarlehen i. H. von 6.000.000 € aufgenommen. Für diese Verbindlichkeit waren erstmals zum 30.6.2018 halbjährliche Tilgungsraten von 375.000 € zu zahlen.

Die Laufzeit des Darlehens beträgt 8 Jahre. Bei der Auszahlung wurde von der Bank ein Disagio von 4 % einbehalten.

Die Zinsen i. H. von nominal 6 % p. a. (marktüblich) auf die jeweilige Restschuld werden ebenfalls halbjährlich zum Halbjahresende fällig. Die Buchungen für 2018 und 2019 wurden korrekt durchgeführt. Die Raten wurden alle rechtzeitig bezahlt.

Die Lösung finden Sie auf Seite 274.

Fall 59 Abzinsung eines Darlehens
6 Punkte * **15 Minuten**

Die Maschinenbau AG hat zum 1.1.2020 bei einem befreundeten Unternehmen ein unverzinsliches Darlehen i. H. von 300.000 € mit 3 Jahren Laufzeit aufgenommen. Die Rückzahlung erfolgt zum 31.12.2022 in einer Summe.

Abzinsung	5,5 %
1 Jahr	0,947867
2 Jahr	0,898452
3 Jahre	0,851614
4 Jahre	0,807217

Die Lösung finden Sie auf Seite 276.

VII. Gewinn- und Verlustrechnung

Fall 60 Umsatzkostenverfahren
13 Punkte * **30 Minuten**

Die Maschinenbau AG möchte ihre Gewinn- und Verlustrechnung nach dem Gesamtkostenverfahren in eine Rechnung nach dem Umsatzkostenverfahren umgegliedert haben.

Zu diesem Zweck wurde ein Betriebsabrechnungsbogen mit Aufteilung der Aufwandspositionen auf die Bereiche Verwaltung, Vertrieb und Herstellung aufgestellt (Angaben in %).

	Verwaltungskosten	Vertriebskosten	Herstellungskosten
Materialaufwand	7	4	85
Personalaufwand	16	8	71
Abschreibungen	11	6	78
sonst. betriebl. Aufw.	26	21	46

Gesamtkostenverfahren (Angaben in T€)

1. Umsatzerlöse	45.800	9. Erträge aus and. Wertpapieren	2.650
2. Bestandsminderung	2.600	10. Zinserträge	1.430
3. aktivierte Eigenleistung	960	11. Zinsaufwendungen	5.340
4. sonst. betriebliche Erträge	6.350	12. Ergebnis gewöhnl. Geschäftstätigkeit	3.950
5. Materialaufwand	18.200	13. E & E Steuern	1.980
6. Personalaufwand	13.800	14. sonstige Steuern	95
7. Abschreibungen	8.800	15. Jahresüberschuss	1.875
8. sonst. betriebliche Aufwendungen	4.500		

Die Lösung finden Sie auf Seite 276.

Fall 61 Zuordnung in der GuV
15 Punkte * **35 Minuten**

Die Maschinenbau AG will für die nachfolgenden Vorgänge wissen, in welcher Höhe und in welche Position der Gewinn- und Verlustrechnung 2020 nach dem Gesamtkostenverfahren diese einzuordnen sind:

1. Aufwendungen i. H. von 18.772 € nach dem 5. Vermögensbildungsgesetz (Arbeitgeberanteil) für den Monat Mai 2020.

2. Aufwendungen für die Grundsteuer an die Stadt Düsseldorf i. H. von 9.460 € für 2021 (Zahlung Dezember 2020).

3. Diskontaufwendungen (863 €) und Spesen (10 €) für einen Wechsel, der am 26.3.2020 von der Hausbank angekauft wurde. Der Wechsel war am 15.7.2020 fällig und bezahlt worden.

4. Aufwendungen für die pauschale Lohnsteuer August 2020 i. H. von 7.658 € für Mitarbeiter der AG.

5. Für die zu spät eingereichte KSt-Erklärung 2018 musste die AG 2020 einen Verspätungszuschlag i. H. von 520 € bezahlen.

6. Bescheinigung einer inländischen Bank über Zinsen am 1.4.2020 von 4.260 € inkl. Kapitalertragsteuer für ein Termingeld vom 1.1.2020 bis zum 1.4.2020.

7. Die Bestände zweier Erzeugnisgruppen haben sich folgendermaßen entwickelt (kumuliertes Ergebnis):

	31.12.2019		31.12.2020	
	Menge	Preis/Stück	Menge	Preis/Stück
Erzeugnis 1	540	380 €	560	380 €
Erzeugnis 2	19	998 €	19	920 €

8. Eingang am 5.4.2020 von 7.630 € Zinsen für den Monat April 2020. Die Zinsen wurden für ein langfristiges Darlehen gezahlt, das einem Kunden gewährt worden war.

Lösungshinweis:

Der Solidaritätszuschlag bleibt unberücksichtigt. Buchungen sind nicht vorzunehmen.

Die Lösung finden Sie auf Seite 278.

VIII. Anhang, Lagebericht

Fall 62   Anhang
27 Punkte ** **65 Minuten**

Nehmen Sie Stellung zu den folgenden Aussagen zum Anhang der Maschinenbau AG (große Kapitalgesellschaft):

1. Eine für die AG hohe sonstige Rückstellung für einen Sozialplan soll im Anhang nicht erläutert werden.
2. Der Anhang ist ein freiwilliger Bericht, den die AG als zusätzliche Information zur Verfügung stellen kann.
3. Über ein Darlehen an den Vorsitzenden des Aufsichtsrats soll im Anhang nicht berichtet werden.
4. Für den Aufbau des Anhangs besteht grundsätzlich Gestaltungsfreiheit, es gibt also kein vorgegebenes Gliederungsschema.
5. Da sich die Besetzung des Vorstands nicht verändert hat, wird zu dieser Angabe auf den Anhang des Vorjahres verwiesen.
6. Um keine Absatzeinbußen hinnehmen zu müssen, die bei Veröffentlichung von Umsatzdaten durch Reaktionen der Mitbewerber – nachvollziehbar begründet – drohen, werden keinerlei Aufgliederungen der Umsatzerlöse im Anhang gemacht.
7. Da der überwiegende Teil der Aktionäre, Kunden und Lieferanten aus dem amerikanischen Raum stammt, soll der Anhang nur in englischer Sprache aufgestellt werden.

8. Die AG muss eine Kapitalflussrechnung im Anhang darstellen.

9. Die Entwicklung der einzelnen Posten des Anlagevermögens soll nicht in der Bilanz, sondern im Anhang dargestellt werden.

10. Die AG weist in der Gewinn- und Verlustrechnung einen hohen Betrag als außerordentlichen Ertrag aus. Eine Erläuterung im Anhang erfolgt nicht.

11. Im Anhang der AG werden die auf die Posten der Bilanz und der Gewinn- und Verlustrechnung angewandten Bilanzierungs- und Bewertungsmethoden angegeben.

12. Die AG hat für einen Geschäftspartner eine Bürgschaft übernommen. Dieses Haftungsverhältnis ist nicht in der Bilanz dargestellt und soll auch nicht im Anhang erscheinen.

13. Die Zahl der am Jahresende beschäftigten Arbeitnehmer wird – nach Gruppen getrennt – angegeben.

14. Auf der Hauptversammlung des letzten Geschäftsjahres wurde der Vorstand der AG von der Hauptversammlung ermächtigt, das Grundkapital um einen bestimmten Nennbetrag zu erhöhen (genehmigtes Kapital). Im Anhang findet sich dazu keine Angabe.

15. Aufgrund der Veräußerung eines Teilbetriebs sind die Vorjahreszahlen der Bilanz und Gewinn- und Verlustrechnung angepasst worden. Dies ist im Anhang angegeben und erläutert worden.

Die Lösung finden Sie auf Seite 279.

Fall 63   Lagebericht
6 Punkte   *   15 Minuten

Die Abraham OHG weist seit 5 Jahren im Jahresabschluss jeweils Umsatzerlöse zwischen 150 und 180 Mio. € aus. Im gleichen Zeitraum betrug die Bilanzsumme jeweils zwischen 50 und 60 Mio. €. Die durchschnittliche Mitarbeiterzahl lag im genannten Zeitraum immer über 10.000.

Prüfen Sie abweichend vom Hinweis zum PublG in der Einleitung (siehe Kapitel A. I. auf Seite 1) die Verpflichtung der OHG zur Aufstellung eines Lageberichts.

Die Lösung finden Sie auf Seite 280.

IX. Aufstellung, Prüfung, Offenlegung

Fall 64 Aufstellung und Offenlegung
8 Punkte * 20 Minuten

Bis wann muss der Jahresabschluss 2020 der Maschinenbau AG (große börsennotierte Kapitalgesellschaft) mit welchen Unterlagen aufgestellt und offen gelegt sein?

Die Lösung finden Sie auf Seite 281.

Fall 65 Prüfung
15 Punkte * 35 Minuten

Der Vorstand der Maschinenbau AG (große börsennotierte Kapitalgesellschaft) überlegt, ob die AG die Kosten für die Abschlussprüfung nicht einsparen kann, da in den letzten 5 Jahren die Prüfer keine Mängel festgestellt haben und stets ein uneingeschränkter Bestätigungsvermerk erteilt wurde.

1. Prüfen Sie, ob eine Verpflichtung zur Abschlussprüfung besteht.

2. Prüfen Sie, welche der folgenden Personen Abschlussprüfer bei der Maschinenbau AG sein könnte:

   a) Der vereidigte Buchprüfer Thomas Erichsen, der keine weiteren finanziellen oder persönlichen Verbindungen zur AG hat.

   b) Der Wirtschaftsprüfer Hans Wagner, dessen Frau 2 % der Anteile an der Maschinenbau AG besitzt.

   c) Die Steuerberaterin Ines Müller, die keine weiteren finanziellen oder persönlichen Verbindungen zur AG hat.

   d) Die Wirtschaftsprüferin Jasmin Groll, die im Aufsichtsrat der Maschinenbau AG sitzt.

   e) Die Wirtschaftsprüferin Tanja Schulze, die keine weiteren finanziellen oder persönlichen Verbindungen zur AG hat.

   f) Der Wirtschaftsprüfer Simo Hansen, der im abgelaufenen Geschäftsjahr zwei interne Revisionen bei der AG verantwortlich durchgeführt hat.

   g) Die Wirtschaftsprüferin Svenja Nissen, die im 8. aufeinander folgenden Jahr die Abschlussprüfung durchführen soll.

   h) Der Wirtschaftsprüfer Frank Thomsen, der im abgelaufenen Geschäftsjahr 4 Monate eine Krankheitsvertretung des Finanzvorstands der AG ausgeübt hat.

Die Lösung finden Sie auf Seite 281.

X. Internationale Rechnungslegung

Fall 66 Grundlagen 1
12 Punkte　　　　　　　　******　　　　　　　　**30 Minuten**

Erläutern Sie die folgenden grundsätzlichen Fragen zur internationalen Rechnungslegung.

1. Wer ist die normsetzende Institution neuer IFRS? Benennen und beschreiben Sie diese Institution.
2. Skizzieren Sie in Stichpunkten den Prozess der Entstehung eines neuen IFRS.
3. Stellen Sie dar, aus welchen Teilen das IFRS-Rechnungslegungssystem besteht.
4. Beschreiben Sie, wie ein neuer IFRS in Deutschland rechtsverbindlich wird.
5. Wer darf/muss in Deutschland einen Jahresabschluss nach den IFRS aufstellen und veröffentlichen und welche Folgen hat dies?

Die Lösung finden Sie auf Seite 282.

Fall 67 Grundlagen 2
8 Punkte　　　　　　　　*****　　　　　　　　**20 Minuten**

Erläutern Sie die folgenden grundsätzlichen Fragen zur internationalen Rechnungslegung.

1. Welches Hauptziel verfolgt die IFRS-Rechnungslegung? Vergleichen Sie dieses mit der HGB-Rechnungslegung.
2. Beschreiben Sie die der IFRS-Rechnungslegung zugrunde liegenden Annahmen.
3. Nennen Sie die qualitativen Eigenschaften eines IFRS-Abschlusses.

Die Lösung finden Sie auf Seite 284.

Fall 68 Bestandteile des Abschlusses
12 Punkte　　　　　　　　*****　　　　　　　　**30 Minuten**

Erläutern Sie die Bestandteile eines Abschlusses nach IFRS.

Die Lösung finden Sie auf Seite 284.

Fall 69 Kauf einer Maschine 1
12 Punkte　　　　　　　******　　　　　　　　　　**30 Minuten**

Beschreiben Sie, in welchen Schritten nach IFRS zu prüfen ist,

▶ ob es sich bei einer gekauften hochwertigen Maschine um einen bilanzfähigen Vermögenswert handelt,

▶ wie die Zugangsbewertung bei plangemäßer Zahlung der Maschine im Folgemonat zu erfolgen hat (geschätzter Restwert 10 % der Anschaffungskosten) und

▶ wie darauf aufbauend die planmäßige Folgebewertung (keine Neubewertung) funktioniert.

Die Lösung finden Sie auf Seite 286.

Fall 70 Kauf einer Maschine 2
12 Punkte　　　　　　　******　　　　　　　　　　**30 Minuten**

Die Maschinenbau AG schloss am 10.6.2020 einen Kaufvertrag über den Erwerb einer neuen Maschine zu folgenden Bedingungen ab:

▶ Kaufpreis 350.000 € zzgl. 19 % USt (inkl. Montage)

▶ Lieferung und Montage am 19.6.2020

▶ Bezahlung 60 Tage nach Montage ohne Abzüge oder 20 Tage nach Montage unter Abzug von 3 % Skonto

Die Maschine wurde am 19.6.2020 ordnungsgemäß geliefert und montiert. Die Bezahlung erfolgte am 2.7.2020 unter Abzug von Skonto.

Die betriebsgewöhnliche Nutzungsdauer der Maschine wurde zutreffend auf 10 Jahre geschätzt. Der Verbrauch des künftigen wirtschaftlichen Nutzens der Maschine wird am besten mit der linearen Abschreibung dargestellt.

Lösungshinweis:

Für den Bilanzansatz ist eine Folgebewertung nach dem Anschaffungskostenmodell durchzuführen.

Die Lösung finden Sie auf Seite 287.

Fall 71   Anschaffung einer Büromaschine
6 Punkte   *   **15 Minuten**

Am 15.12.2020 kaufte die Maschinenbau AG beim Bürohaus Schneider eine Büromaschine, die am 27.12.2020 geliefert wurde. Die Maschine hatte Anschaffungskosten von 300 €. Die Bezahlung der Maschine erfolgte am 30.12.2020 ohne Abzüge. Vergleichbare Fälle gibt es im Unternehmen nur in sehr geringem Umfang.

Die Büromaschine ist selbstständig nutzbar und hat eine betriebsgewöhnliche Nutzungsdauer von 6 Jahren. Der Verbrauch des künftigen wirtschaftlichen Nutzens der Maschine wird am besten mit der linearen Abschreibung dargestellt.

Lösungshinweis:

Für den Bilanzansatz ist eine Folgebewertung nach dem Anschaffungskostenmodell durchzuführen.

Die Lösung finden Sie auf Seite 288.

Fall 72   Herstellungskosten mit Neubewertung 1
12 Punkte   **   **30 Minuten**

Ein Unternehmen, das IFRS-Abschlüsse aufstellt, errichtet ein Produktionsgebäude zur eigenen Nutzung auf einem gemieteten fremden Grundstück. Dafür vereinbart das Unternehmen mit einem Generalunternehmer einen Festpreis für den Bau. Das auf dem Grundstück bisher stehende, nicht mehr nutzbare Gebäude lässt der Grundstücksmieter vorher abreißen. Dieser hat sich zusätzlich verpflichtet, das Gebäude am Ende der Mietzeit wieder vom Grundstück zu entfernen.

Beschreiben Sie kurz die Bilanzierungspflicht sowie die Zugangs- und Folgebewertung für das Grundstück. Beachten Sie dabei auch, dass das Unternehmen Gebäude nach der Neubewertungsmethode bewertet.

Die Lösung finden Sie auf Seite 289.

Fall 73   Herstellungskosten mit Neubewertung 2
15 Punkte   **   **35 Minuten**

Die Maschinenbau AG hat 2018 ein Produktionsgebäude zur eigenen Nutzung auf einem gemieteten fremden Grundstück errichtet (Fertigstellung 10.7.2018). Die Maschinenbau AG hat sich verpflichtet, das Gebäude am Ende der 20-jährigen Mietzeit wieder vom Grundstück zu entfernen. Die Herstellungskosten beliefen sich auf 1.800.000 €. Der Verbrauch des künftigen wirtschaftlichen Nutzens der Maschine wird am besten mit der linearen Abschreibung dargestellt.

Aufgrund der Abrissverpflichtung wird die lineare Abschreibung für die Jahre 2018 und 2019 i. H. von 45.000 € bzw. 90.000 € berechnet und gebucht.

Im Jahr 2020 soll (nach zuletzt 2017) die Anlagengruppe Gebäude nach der Neubewertungsmethode bewertet werden.

Wie ist zu verfahren, wenn für das Produktionsgebäude ein beizulegender Wert von

a) 1.600.000 €

b) 1.550.000 €

ermittelt wird?

Zusatzaufgabe:

Wie ist im Jahr 2023 in beiden Fällen zu verfahren, wenn die Neubewertung dann

a) eine Werterhöhung von 10.000 €,

b) eine Werterhöhung von 30.000 €,

c) eine Wertminderung von 10.000 € oder

d) eine Wertminderung von 30.000 €

ergibt?

Die Neubewertungsrücklage soll nach IAS 16.41 unverändert fortgeführt worden sein. Buchungen sind nicht vorzunehmen. Stellen Sie die Lösung tabellarisch nach folgendem Muster dar:

Neubewertung 2023	Werterhöhung 2020 25.000 €	Wertminderung 2020 25.000 €
Werterhöhung von 10.000 €		
Werterhöhung von 30.000 €		
Wertminderung von 10.000 €		
Wertminderung von 30.000 €		

Die Lösung finden Sie auf Seite 291.

Fall 74 Fremdkapitalkosten
8 Punkte * **20 Minuten**

Wie ändern sich die Herstellungskosten nach Aufgabe 72, wenn das Unternehmen für die Herstellung des Produktionsgebäudes (Herstellungsdauer 10 Monate) ein Darlehen aufnimmt?

Die Lösung finden Sie auf Seite 292.

Fall 75 Komponentenansatz
12 Punkte ** **30 Minuten**

Eine neue Maschine der Maschinenbau AG wurde am 18.10.2020 in Betrieb genommen. Der Kaufpreis der Maschine betrug 4.000.000 €. Zusätzlich waren noch folgende Kosten im Zusammenhang mit der Beschaffung angefallen:

- Erstellung eines neuen Fundaments für die Aufstellung der Anlage   50.000 €
- Routinemäßiger Neuanstrich der Produktionshalle   10.000 €
- Gutachten für die Umweltverträglichkeit der Anlage   10.000 €
- Transportkosten für die Anlieferung   10.000 €
- Aufbau und Probelauf   15.000 €
- Nettoertrag aus dem Verkauf der im Probelauf produzierten Waren   5.000 €

Alle Angaben sind Nettowerte.

Eine Verarbeitungseinheit der Maschine ist laut Sicherheitsvorschriften alle 4 Jahre zu erneuern. Die Kosten für die Erneuerung der Verarbeitungseinheit betragen zurzeit 800.000 €.

Die übrigen Bauteile der Maschine haben eine betriebsgewöhnliche Nutzungsdauer von 10 Jahren. Der Verbrauch des künftigen wirtschaftlichen Nutzens der Maschine wird am besten mit der linearen Abschreibung dargestellt.

Die Zahlung des Kaufpreises erfolgte unter Abzug von 2 % Skonto im Oktober 2020. Die übrigen Beträge wurden im November ohne Abzug bezahlt.

Lösungshinweis:

Für den Bilanzansatz ist eine Folgebewertung nach dem Anschaffungskostenmodell durchzuführen. Buchungen sind nicht anzugeben.

Die Lösung finden Sie auf Seite 293.

Fall 76 Softwarekauf
10 Punkte * **25 Minuten**

Die Maschinenbau AG kaufte am 15.2.2020 eine Software für die gesamte Personalabrechnung und -verwaltung. Der Kaufpreis der Software betrug 40.000 €. Nebenkosten sind nicht angefallen.

Die betriebsgewöhnliche Nutzungsdauer der Software wurde zutreffend mit 5 Jahren ermittelt. Der Verbrauch des künftigen wirtschaftlichen Nutzens der Software wird am besten mit der linearen Abschreibung dargestellt.

Die Zahlung der Software erfolgte unter Abzug von 3 % Skonto im März 2020.

Lösungshinweis:

Für den Bilanzansatz ist eine Folgebewertung nach dem Anschaffungskostenmodell durchzuführen.

Die Lösung finden Sie auf Seite 294.

Fall 77 Softwareherstellung
8 Punkte   **✱✱**   **20 Minuten**

Für die Lagerverwaltung hat die Maschinenbau AG selbst eine Software entwickelt. In diesem Zusammenhang sind folgende Zahlungen getätigt worden:

- Beratungsleistungen für die Auswahl des Verfahrens — 25.000 €
- Beratungsleistung für den Programmentwurf — 20.000 €
- Lohnkosten Programmierung — 120.000 €
- Lohnkosten für Test und Implementierung — 15.000 €
- Projektbezogene Finanzierungskosten — 5.000 €

Die Beratungsleistungen sind korrekterweise bereits in 2019 angefallen und als Aufwand erfasst worden. Alle anderen Positionen betreffen 2020.

Die Fertigstellung der Software war im Juli 2020. Die betriebsgewöhnliche Nutzungsdauer der Software wurde zutreffend mit 7 Jahren ermittelt. Der Verbrauch des künftigen wirtschaftlichen Nutzens der Software wird am besten mit der linearen Abschreibung dargestellt.

Lösungshinweis:

Für den Bilanzansatz ist eine Folgebewertung nach dem Anschaffungskostenmodell durchzuführen. Buchungen sind nicht anzugeben.

Die Lösung finden Sie auf Seite 296.

Fall 78 Kauf von Aktien
6 Punkte   **✱✱**   **15 Minuten**

Die Maschinenbau AG kauft am 15.3.2020 (Erfüllungstag) 10.000 Aktien der Industrie AG zum Kurs von 60 € je Aktie mit der Absicht, diese langfristig zu halten.

Gebühren fielen beim Kauf i. H. von 1,0 % des Kurswerts an. Diese Gebühren würden auch bei einem Verkauf der Aktien anfallen. Eine Dividende wurde bei der Industrie AG in 2020 weder beschlossen noch gezahlt.

Zum Bilanzstichtag ist der Kurs der Aktien auf 58 € je Aktie gesunken.

Lösungshinweis:

Die Posten im sonstigen Ergebnis sind ohne steuerliche Auswirkungen darzustellen. Buchungen sind nicht anzugeben.

Die Lösung finden Sie auf Seite 297.

Fall 79 Verkauf von Aktien
12 Punkte   ***   30 Minuten

Die Maschinenbau AG hatte im Jahr 2019 20.000 Aktien der Industrie AG zum Kurs von 50 € je Aktie mit der Absicht gekauft, diese langfristig zu halten. Gebühren fielen beim Kauf i. H. von 0,5 % des Kurswerts an.

Zum Jahresabschluss wurde die Aktie mit 52 € je Stück bewertet.

Am 25.5.2020 verkauft die Maschinenbau AG entgegen der ursprünglichen Absicht die Hälfte der Aktien zum Preis von 54 € je Aktie. Gebühren fielen beim Verkauf i. H. von 0,5 % des Kurswerts an.

Eine Dividende wurde bei der Industrie AG in 2020 weder beschlossen noch gezahlt.

Zum Bilanzstichtag ist der Kurs der Aktien weiter auf 58 € je Aktie gestiegen.

Lösungshinweis:

Beschreiben Sie die Erst- und Folgebewertung in 2019 und die Auswirkungen in 2020. Die Posten im sonstigen Ergebnis sind ohne steuerliche Auswirkungen darzustellen. Buchungen sind nicht anzugeben.

Die Lösung finden Sie auf Seite 298.

Fall 80 Fremdwährungsforderung
6 Punkte   *   15 Minuten

Die Maschinenbau AG lieferte am 18.12.2020 eine Maschine an die im Ausland sitzende CAR Company. Der Verkaufspreis beträgt 200.000 US-$. Die Zahlung ist vereinbarungsgemäß am 18.2.2021 ohne Abzüge erfolgt.

Der Devisenmittelkurs des US-$ hatte folgende Werte für 1 US-$:

18.12.2020	0,7280 €
31.12.2020	0,7320 €
18.2.2020	0,7310 €

Lösungshinweis:

Buchungen sind nicht anzugeben.

Die Lösung finden Sie auf Seite 299.

Fall 81 Fertigungsaufträge
10 Punkte ****** **25 Minuten**

Ein Unternehmen erhält einen 2-jährigen Fertigungsauftrag zu einem Festpreis für eine kundenspezifische Spezialmaschine. Die Leistung des Unternehmens führt zu einem Vermögenswert ohne alternative Nutzung und das Unternehmen verfügt über ein durchsetzbares Recht auf Zahlung für die bis dato ausgeführte Leistung.

Das positive wirtschaftliche Gesamtergebnis aus diesem Auftrag ist i. S. des IFRS 15 verlässlich abschätzbar. Am Ende der ersten Periode sind plangemäß 40 % der Gesamtkosten angefallen. Rechnungsstellungen an den Auftraggeber und Zahlungen von diesem sind noch nicht erfolgt.

Beschreiben Sie die Erfassung des Fertigungsauftrags im Abschluss der ersten Periode.

Die Lösung finden Sie auf Seite 300.

Fall 82 Vorräte 1
10 Punkte ****** **25 Minuten**

Ein Unternehmen hat für seinen IFRS-Abschluss zu beurteilen, wie der Ansatz

a) für die von Dritten bezogenen Waren und

b) die selbst hergestellten fertigen Erzeugnisse

zu erfolgen hat. In beiden Fällen handelt es sich um Massengüter, für die noch keine Verkaufsverträge bestehen.

Beschreiben Sie die Bilanzierungspflicht sowie die Zugangs- und Folgebewertung für die Vorräte.

Die Lösung finden Sie auf Seite 300.

Fall 83 Vorräte 2
12 Punkte ****** **30 Minuten**

Die Maschinenbau AG hat von ihrem Lieferanten im Jahr 2020 Stahlplatten ausschließlich zur Verarbeitung für den Maschinentyp „Gigant" bezogen:

Anfangsbestand	50 Tonnen (t)	800 €/t
16.1.2020	500 t	780 €/t
20.4.2020	800 t	810 €/t
15.8.2020	600 t	820 €/t
17.11.2020	700 t	800 €/t

Außerdem fielen beim Bezug je Tonne Stahl 50 € Transportkosten an.

Der Stahlbestand am Jahresende beträgt 150 t, wobei aufgrund der Lagerhaltung nicht festgestellt werden kann, aus welcher Lieferung der Bestand stammt. Aus diesem Grunde erfolgt die Bewertung der Rohstoffe bei der Maschinenbau AG nach dem einfachen Durchschnitt. Die Wiederbeschaffungskosten der Tonne Stahl betrugen inkl. Transportkosten zum 31.12.2020 840 €.

Alle Beträge sind Nettowerte.

Wie ist zu Verfahren, wenn bei dem Maschinentyp „Gigant"

a) die Verkaufspreise weiterhin über den Herstellungskosten liegen?

b) die Verkaufspreise unter die Herstellungskosten gesunken sind?

Lösungshinweis:

Buchungen sind nicht vorzunehmen.

Die Lösung finden Sie auf Seite 301.

Fall 84 Handelswaren
6 Punkte ****** **15 Minuten**

Zur Abrundung des Produktangebots bietet die Maschinenbau AG u. a. eine Schutzplane für die von der AG hergestellten Maschinen T500i an. Diese Schutzplanen werden von einem anderen Unternehmen gekauft und ohne Weiterverarbeitung verkauft. Die Anschaffungskosten betragen 2.000 € je Stück. Der Verkaufspreis betrug bisher 2.500 €.

Da der Hersteller der Planen ab Ende 2020 eine neue Variante der Plane mit verbesserten Eigenschaften produziert, kann der Lagerbestand von 150 Stück (alles Einkäufe aus 2020) nur noch mit einem Rabatt von 40 % verkauft werden.

Je Stück fallen für den Verkauf noch 100 € Vertriebskosten an.

Lösungshinweis:

Buchungen sind nicht anzugeben.

Die Lösung finden Sie auf Seite 302.

Fall 85   Schulden 1
10 Punkte   ******   **25 Minuten**

Ein Unternehmen das IFRS-Abschlüsse aufstellt, hat gebührenfrei ein 10-jähriges Tilgungsdarlehen mit 100 %iger Auszahlung und 10-jähriger marktüblicher Festzinsvereinbarung aufgenommen.

Beschreiben Sie die Bilanzierungspflicht sowie die Zugangs- und Folgebewertung für das Darlehen.

Die Lösung finden Sie auf Seite 303.

Fall 86   Schulden 2
8 Punkte   ******   **20 Minuten**

Die Maschinenbau AG nimmt zum 1.1.2020 ein 10-jähriges Tilgungsdarlehen i. H. von 12.000.000 € mit 100 %iger Auszahlung und 10-jähriger marktüblicher Festzinsvereinbarung auf. Die Tilgung erfolgt in 120 gleichen Raten jeweils zum Monatsende, die Zinsen sind monatlich mit den Tilgungen auf die Restschuld fällig. Gebühren für dieses Darlehen fallen nicht an. Das Darlehen, die Tilgungen und die Zinsen sind im Jahr 2020 korrekt gebucht worden.

Die Lösung finden Sie auf Seite 304.

C. Internes Kontrollsystem

Fall 1   Ziele des IKS
  7 Punkte   *   **17 Minuten**

Nennen Sie fünf Ziele des internen Kontrollsystems (IKS).

Die Lösung finden Sie auf Seite 305.

Fall 2   Risikoquellen 1
  8 Punkte   **   **20 Minuten**

Nennen Sie vier interne Risikoquellen eines Unternehmens und geben Sie je ein Beispiel hierzu.

Die Lösung finden Sie auf Seite 305.

Fall 3   Risikoquellen 2
  4 Punkte   **   **10 Minuten**

Die Maschinenbau AG plant den Verkauf ihrer Waren künftig auch in Asien zu betreiben und so die Absatzzahlen zu vergrößern.

Stellen Sie zwei interne oder externe Risikoquellen bei der Umsetzung dar.

Die Lösung finden Sie auf Seite 306.

Fall 4   Einrichtung Kontrollsystem
  3 Punkte   ***   **7 Minuten**

Auf welcher rechtlichen Grundlage lässt sich die Einrichtung eines internen Kontrollsystems ableiten? Wer ist dafür verantwortlich?

Die Lösung finden Sie auf Seite 306.

Fall 5 Risiken entgegenwirken
6 Punkte *** **15 Minuten**

Nennen Sie drei Maßnahmen, um Risiken im Unternehmen entgegenzuwirken.

Die Lösung finden Sie auf Seite 306.

Fall 6 Lagebericht im Hinblick auf das IKS
2 Punkte *** **5 Minuten**

Welche Gesellschaften müssen im Lagebericht die wesentlichen Merkmale des internen Kontroll- und Risikomanagementsystems im Hinblick auf den Rechnungslegungsprozess beschreiben?

Die Lösung finden Sie auf Seite 306.

Fall 7 Strategische Frühaufklärung
7,5 Punkte *** **18 Minuten**

Stellen Sie den Prozess der strategischen Frühaufklärung dar.

Die Lösung finden Sie auf Seite 307.

Fall 8 Methoden und Instrumente der Risikoerkennung
3 Punkte ** **7 Minuten**

Was sind geeignete Methoden und Instrumente der Risikoerkennung (3 Beispiele)?

Die Lösung finden Sie auf Seite 307.

Fall 9 Maßnahmen zur Wahrung der Betriebsgeheimnisse
3 Punkte ** 7 Minuten

Nennen Sie drei Maßnahmen zur Sicherung von Betriebsgeheimnissen.

Die Lösung finden Sie auf Seite 307.

Fall 10 Frauds
2 Punkte *** 7 Minuten

Nennen Sie zwei Beispiele für Frauds.

Die Lösung finden Sie auf Seite 307.

Fall 11 Risiken erkennen und Gegenmaßnahmen treffen
6 Punkte *** 14 Minuten

Die Maschinenbau AG forscht und entwickelt aktuell an einem neuen Fertigungsverfahren für die eigens produzierten Waren. Gleichzeitig hat sich Besuch aus China angekündigt, der notwendig ist, um den Verkauf der eigenen Produkte in China anzukurbeln.

Nennen Sie zwei Risiken und erläutern Sie, wie dem entgegengewirkt werden könnte.

Die Lösung finden Sie auf Seite 308.

Fall 12 Kennzahlen
8 Punkte * 19 Minuten

Die Maschinenbau AG möchte als Maßnahme die Kontrolle durch Kennzahlen wahrnehmen.

Nennen Sie vier Geschäftsprozesse und geben Sie für jeden Geschäftsprozess eine entsprechende Kennzahl an.

Die Lösung finden Sie auf Seite 308.

Fall 13   Überprüfung IKS
1 Punkt   *   **2 Minuten**

Wer ist unternehmensintern insbesondere für die Überprüfung der Wirksamkeit des IKS geeignet?

Die Lösung finden Sie auf Seite 308.

Fall 14   Maßnahmen des IKS
10 Punkte   **   **24 Minuten**

Nennen Sie fünf Maßnahmen des IKS und erklären Sie die Ziele dieser Maßnahmen.

Die Lösung finden Sie auf Seite 308.

D. Kommunikation, Führung und Zusammenarbeit

Fall 1 Kommunikation im Team zwischen den Abteilungen 1
  6 Punkte ** 14 Minuten

Als Mitarbeiter in der Personalabteilung der Maschinenbau AG werden Sie beauftragt, Überlegungen anzustellen, wie die Arbeitnehmer im Rahmen der Zufriedenheit mit ihrer Tätigkeit sowie ihrem Arbeitgeber befragt werden und welche Fragen gestellt werden könnten.

Nennen Sie drei Kriterien oder stellen Sie Fragen, die Sie bei einer solchen Evaluation für wichtig halten.

Begründen Sie Ihre Vorschläge.

Die Lösung finden Sie auf Seite 309.

Fall 2 Kommunikation im Team zwischen den Abteilungen 2
  3 Punkte * 7 Minuten

Nennen Sie drei typische Kommunikationssituationen im Unternehmen.

Die Lösung finden Sie auf Seite 309.

Fall 3 Konflikt und Stresssituationen
  6 Punkte *** 15 Minuten

Im Rahmen einer Mitarbeiterbefragung hat sich ergeben, dass die Mitarbeiter mit der kollegialen Zusammenarbeit nicht zufrieden sind.

Nennen Sie drei Möglichkeiten, um diesem Problem entgegenzutreten.

Die Lösung finden Sie auf Seite 310.

Fall 4 Kommunikation mit externen Partnern
  3 Punkte * 8 Minuten

Nennen Sie drei Kommunikationsformen sowie deren Definitionen im Rahmen eines Unternehmens mit externen Partnern.

Die Lösung finden Sie auf Seite 310.

Fall 5   Interkulturelle Anforderungen
4 Punkte   ***   **10 Minuten**

Sie arbeiten in einem amerikanischen Konzern, der Maschinenbau AG.

Nennen Sie zwei Probleme, die sich aufgrund dessen ergeben könnten und zeigen Sie auf, wie der Arbeitgeber diesen Problemen entgegenwirken könnte.

Die Lösung finden Sie auf Seite 310.

Fall 6   Erfolgskontrolle und Anpassung
2 Punkte   **   **5 Minuten**

Erklären Sie den Begriff „Return on Investment" in Bezug auf das Bildungscontrolling.

Die Lösung finden Sie auf Seite 311.

Fall 7   Prozesse der Personalbeschaffung
2,5 Punkte   **   **6 Minuten**

Nennen Sie drei Möglichkeiten der Personalbeschaffung.

Die Lösung finden Sie auf Seite 311.

Fall 8   Operative Personaleinsatzplanung
4,5 Punkte   **   **11 Minuten**

Welche Maßnahmen muss der Arbeitgeber bei der Personaleinsatzplanung berücksichtigen?

Nennen Sie drei Maßnahmen.

Die Lösung finden Sie auf Seite 311.

Fall 9 Berufsausbildung planen und durchführen
6 Punkte   ***   **15 Minuten**

Das Unternehmen plant, einen Auszubildenden zum Industriekaufmann einzustellen.

Nennen Sie drei Beispiele, was vom Unternehmen beachtet werden sollte.

Die Lösung finden Sie auf Seite 311.

Fall 10 Ausbildung, Abschlussprüfung
4 Punkte   ***   **10 Minuten**

Treffen Sie zwei Aussagen zum Thema Abschlussprüfungen i. S. des BBiG.

Die Lösung finden Sie auf Seite 312.

Fall 11 Personalentwicklung 1
4 Punkte   **   **10 Minuten**

Wie können Sie die Personalentwicklung fördern?

Nennen Sie ein Beispiel und begründen Sie dieses.

Die Lösung finden Sie auf Seite 312.

Fall 12 Arbeits-/Gesundheitsschutz
4 Punkte   **   **10 Minuten**

Nennen Sie zwei Möglichkeiten, wie ein Unternehmen den Arbeits- und Gesundheitsschutz gewährleisten kann.

Die Lösung finden Sie auf Seite 312.

TEIL D   Kommunikation, Führung und Zusammenarbeit

Fall 13   Betriebsarzt
4 Punkte   ∗∗∗   **10 Minuten**

Nennen Sie zwei Aufgaben eines Betriebsarztes.

Die Lösung finden Sie auf Seite 312.

Fall 14   Mitbestimmungsrechte
4 Punkte   ∗∗∗   **10 Minuten**

Nennen Sie zwei Gesetze, aus denen sich Mitbestimmungsrechte für die Arbeitnehmer ergeben.

Die Lösung finden Sie auf Seite 313.

Fall 15   Personalentwicklung 2
4 Punkte   ∗   **10 Minuten**

Erklären Sie die Begriffe „Training on the job" und „Training off the job".

Die Lösung finden Sie auf Seite 313.

E. Jahresabschluss aufbereiten und auswerten

Fall 1 Organisation 1⁽¹⁾
5 Punkte * **12 Minuten**

Die Aufbauorganisation eines Unternehmens kann durch ein Organigramm grafisch dargestellt werden.

a) Skizzieren Sie das Organigramm der Abraham OHG nach den folgenden Angaben:
   - Geschäftsführung
   - Stabsabteilung der Geschäftsführung: Recht
   - Fachbereiche: Handel, Verwaltung
   - Linienabteilungen:
     - Einkauf, Verkauf, beide dem Handel unterstellt
     - Rechnungswesen, Organisation, beide der Verwaltung unterstellt

b) Erklären Sie die Funktion einer Stabsstelle.

c) Die Maschinenbau AG ist nach dem Matrixsystem organisiert. Skizzieren Sie das Organigramm nach den folgenden Angaben:
   - Vorstand
   - Produktbereiche: Industriemaschinen, Haushaltsmaschinen, Büromaschinen
   - Abteilungen: Einkauf, Produktion, Vertrieb, Verwaltung

Die Lösung finden Sie auf Seite 313.

Fall 2 Organisation 2⁽¹⁾
5 Punkte ** **12 Minuten**

Im Rahmen der Organisation sind verschiedene Begriffe zu unterscheiden, die hier zu erklären sind:

a) Organisation, Disposition, Improvisation

b) Aufbauorganisation, Ablauforganisation

c) Stellen, Abteilungen

Die Lösung finden Sie auf Seite 314.

Fall 3 Organisation 3⁽¹⁾
2 Punkte   *   **5 Minuten**

Innerhalb der Organisation eines Unternehmens spielen Stellenbeschreibungen eine große Rolle.

Für die Mitarbeiterin der Maschinenbau AG, Frau Mees, soll eine solche Stellenbeschreibung erstellt werden. Nennen Sie fünf Themenbereiche, die geregelt werden müssen.

Die Lösung finden Sie auf Seite 315.

Fall 4 Strukturbilanz 1
19 Punkte   **   **45 Minuten**

Die Maschinenbau AG möchte aus den Angaben des Jahresabschlusses 2020 eine Strukturbilanz für die Jahre 2020 und 2019 erstellt haben. Aus diesen Bilanzen sollen dann folgende Kennzahlen für beide Jahre ermittelt werden (stille Reserven werden nicht berücksichtigt):

a) Anlagenintensität

b) Anlagendeckungsgrad I

c) Anlagendeckungsgrad II

d) Arbeitsintensität (Umlaufintensität)

e) Liquidität 2. Grades

f) Eigenkapitalquote

g) Verschuldungsgrad

h) Eigenkapitalrentabilität (nur für 2020)

i) Gesamtkapitalrentabilität (nur für 2020)

A. Bilanz (Angaben in T€)	2020	2019
Aktiva		
A. Anlagevermögen		
I. Sachanlagen	19.951	19.361
II. Finanzanlagen	2.178	2.286
B. Umlaufvermögen		
I. Vorräte	5.328	7.264
II. Forderungen	3.159	6.213
III. Wertpapiere	4.767	578
IV. liquide Mittel	998	471

Passiva

A.	Eigenkapital		
	I. gezeichnetes Kapital	4.500	3.600
	II. Kapitalrücklage	1.200	0
	III. Gewinnrücklagen	7.686	6.920
	IV. Bilanzgewinn	800	750
B.	Rückstellungen		
	1. Steuerrückstellungen	35	126
	2. sonstige Rückstellungen	2.196	1.953
C.	Verbindlichkeiten		
	1. Verbindlichkeiten ggü. Kreditinstituten	14.326	12.319
	davon < 1 Jahr	(3.728)	(6.378)
	davon > 5 Jahre	(8.475)	(4.591)
	2. Verbindlichkeiten aLL	2.496	5.978
	davon < 1 Jahr	(2.319)	(5.978)
	3. sonstige Verbindlichkeiten	3.142	4.527
	davon < 1 Jahr	(3.142)	(4.527)

B. GuV (Auszug – Angaben in T€)	2020	2019
Ergebnis der gewöhnl. Geschäftstätigkeit	2.088	2.027
Steuern vom Einkommen und Ertrag	- 897	- 911
Jahresüberschuss	1.191	1.116
Einstellungen Gewinnrücklagen	- 391	- 366
Bilanzgewinn	800	750

An Zinsen wurden im Jahr 2020 1.096 T€ und 2019 976 T€ gezahlt.

Der Gewinnverwendungsvorschlag für die Hauptversammlung der Maschinenbau AG sieht vor, den Bilanzgewinn des Geschäftsjahres 2020 ebenso wie 2019 zur Hälfte auszuschütten und zur Hälfte in die Gewinnrücklagen einzustellen.

Die Lösung finden Sie auf Seite 315.

Fall 5 Bewegungsbilanz 1
12 Punkte   ** **   **30 Minuten**

Die Maschinenbau AG möchte aus den Angaben des Jahresabschlusses 2020 eine Bewegungsbilanz erstellt haben, die dem folgenden Muster entspricht:

Mittelverwendung

A. Ausschüttung
B. Investition Anlagevermögen
C. Umlaufvermögenszunahme
D. Rückzahlung von Verbindlichkeiten

Mittelherkunft

A. Cashflow
B. Desinvestitionen Anlagevermögen (zu Buchwerten)
C. Umlaufvermögensabnahme
D. Kapitaleinlagen
E. Erhöhung der Verbindlichkeiten

A. Bilanz (Angaben in T€)	2020	2019
Aktiva		
A. Anlagevermögen		
I. Sachanlagen	42.879	46.482
II. Finanzanlagen	7.531	7.630
B. Umlaufvermögen		
I. Vorräte	29.765	34.629
II. Forderungen	16.527	18.490
III. liquide Mittel	8.731	4.567
Passiva		
A. Eigenkapital		
I. gezeichnetes Kapital	2.600	1.800
II. Kapitalrücklage	850	620
III. Gewinnrücklagen	9.216	8.716
IV. Jahresüberschuss	3.423	1.236
V. Gewinnvortrag	106	0
B. Rückstellungen		
1. Steuerrückstellungen	1.920	86
2. sonstige Rückstellungen	4.596	5.637
C. Verbindlichkeiten		
1. Verbindlichkeiten ggü. Kreditinstituten	69.451	82.461
2. Verbindlichkeiten aLL	8.375	5.317
3. sonstige Verbindlichkeiten	4.896	5.925

B. GuV (Angaben in T€)

		2020	2019
1.	Umsatzerlöse	122.046	115.924
2.	Bestandsminderung	- 3.652	- 1.832
3.	sonstige betriebliche Erträge	3.287	2.745
4.	Materialaufwand	- 46.579	- 43.376
5.	Personalaufwand	- 35.921	- 34.519
6.	Abschreibungen	- 14.543	- 13.982
7.	sonstige betriebliche Aufwendungen	- 12.763	- 13.841
8.	Ergebnis der gewöhnlichen Geschäftstätigkeit	11.875	11.119
9.	Finanzergebnis	- 5.603	- 8.900
10.	Steuern vom Einkommen und Ertrag	- 2.849	- 983
11.	Jahresüberschuss	3.423	1.236

Vom Jahresüberschuss 2019 wurden laut Beschluss der Hauptversammlung 500.000 € in die Gewinnrücklagen eingestellt. Der Restbetrag ist zur Ausschüttung verwendet bzw. auf das neue Geschäftsjahr vorgetragen worden.

C. Anlagenspiegel (Angaben in T€)

	gesamt	Sachanlagen	Finanz-anlagen
historische AK/HK	94.392	85.629	8.763
Zugänge	13.161	12.567	594
Abgänge	5.689	4.896	793
kum. Abschreibungen	51.454	50.421	1.033
Restbuchwert 31.12.2020	50.410	42.879	7.531
Restbuchwert 31.12.2019	54.112	46.482	7.630
Abschreibungen Geschäftsjahr	14.543	14.517	26

D. Verbindlichkeitenspiegel (Angaben in T€)

		Laufzeit < 1 Jahr	Laufzeit 1 bis 5 Jahre	Laufzeit > 5 Jahre
Verb. ggü. Kreditinstituten	2019	26.381	5.976	50.104
	2020	14.562	6.731	48.158
Verbindlichkeiten aLL	2019	5.317	0	0
	2020	8.375	0	0
sonstige Verbindlichkeiten	2019	5.925	0	0
	2020	4.896	0	0

Die Lösung finden Sie auf Seite 319.

Fall 6 Kennzahlen 1
7 Punkte * 17 Minuten

Die Maschinenbau AG möchte aus den Angaben der Strukturbilanz für 2020 folgende Kennzahlen ermittelt haben:

a) Fremdkapitalquote

b) Verschuldungsgrad

c) Vorratsintensität

d) Anlagendeckungsgrad II

e) Liquidität 2. Grades

f) absolutes Net Working Capital

g) relatives Net Working Capital

Strukturbilanz (Angaben in T€)			2020
Aktiva			
A.	Anlagevermögen		25.480
B.	Umlaufvermögen		
	I.	Vorräte	37.650
	II.	Forderungen	18.360
	III.	liquide Mittel	9.590
Passiva			
A.	Eigenkapital		16.140
B.	Verbindlichkeiten		
	1.	kurzfristig	25.330
	2.	mittelfristig	25.730
	3.	langfristig	23.880

Die Lösung finden Sie auf Seite 320.

Fall 7 Strukturbilanz 2
23 Punkte   ***   55 Minuten

Die Maschinenbau AG möchte aus dem Jahresabschluss 2020 eine Strukturbilanz erstellt und die folgenden Kennzahlen ermittelt haben:

a) Betriebsergebnis
b) Cashflow
c) Eigenkapitalrentabilität
d) Eigenkapitalquote
e) Investitionsquote des Sachanlagevermögens
f) Anlagenabnutzungsgrad des Sachanlagevermögens
g) Abschreibungsquote des Sachanlagevermögens
h) Liquidität 2. Grades
i) Debitorenumschlag (Umschlaghäufigkeit der Forderungen)
j) Debitorenziel (Kundenziel)
k) dynamischer Verschuldungsgrad

A. Bilanz (Angaben in T€)			2020	2019
Aktiva				
A.	Anlagevermögen			
	I.	immaterielle Vermögensgegenstände	350	370
	II.	Sachanlagen	17.230	19.740
	III.	Finanzanlagen	1.000	835
B.	Umlaufvermögen			
	I.	Vorräte	14.390	13.610
	II.	Forderungen	3.830	1.440
	III.	liquide Mittel	5.340	4.685
C.	Rechnungsabgrenzungsposten		170	190
	davon Disagio	(170)		(190)
Passiva				
A.	Eigenkapital			
	I.	gezeichnetes Kapital	200	180
	II.	Kapitalrücklage	3.620	3.470
	III.	Gewinnrücklagen	4.530	4.120
	IV.	Bilanzgewinn	260	200

B.	Rückstellungen		
	1. Steuerrückstellungen	110	40
	2. sonstige Rückstellungen	3.330	3.070
C.	Verbindlichkeiten		
	1. Verbindlichkeiten ggü. Kreditinstituten	20.360	21.480
	2. Verbindlichkeiten aLL	6.710	5.330
	3. sonstige Verbindlichkeiten	3.190	2.980

Unter den immateriellen Vermögensgegenständen ist ein Firmenwert mit 80.000 € (2020) bzw. 90.000 € (2019) aktiviert worden.

Ferner ergab eine Bewertung zu Zeitwerten, dass folgende stille Reserven vorhanden waren:

	2020	2019
Sachanlagen	528	636
Vorräte	484	468

Die Reserven aus den Sachanlagen werden sich voraussichtlich zur Hälfte mittel- und zur Hälfte langfristig auflösen. Bei den Vorräten erfolgt eine kurzfristige Realisierung.

Der Sonderposten mit Rücklageanteil dient der Finanzierung eines Lkw und wird kurzfristig aufgelöst.

B. Gewinn- und Verlustrechnung (in T€)	2020	2019
1. Umsatzerlöse (alle zu 19 %)	85.720	81.206
2. Bestandserhöhung	3.610	4.875
3. aktivierte Eigenleistungen	117	89
4. sonstige betriebliche Erträge	5.367	6.192
5. Materialaufwand	- 48.315	- 44.873
6. Personalaufwand	- 31.947	- 33.298
7. Abschreibungen	- 4.416	- 5.360
8. sonstige betriebliche Aufwendungen	- 7.308	- 6.144
9. Erträge aus anderen Finanzanlagen	30	30
10. Zinserträge	120	116
11. Zinsaufwendungen	- 1.978	- 2.063
12. Steuern vom Einkommen und Ertrag	- 480	- 370
13. Jahresüberschuss	520	400
14. Einstellungen Gewinnrücklagen	- 260	- 200
15. Bilanzgewinn	260	200

Der Bilanzgewinn 2019 ist wie vorgeschlagen i. H. von 50.000 € ausgeschüttet worden. Der Restbetrag wurde in die Gewinnrücklagen eingestellt. Der Bilanzgewinn 2020 soll laut Verwendungsvorschlag zu drei Viertel an die Aktionäre ausgeschüttet und zu einem Viertel einbehalten werden.

C. Anlagenspiegel (Angaben in T€)

	gesamt	imm. VGS	Sachanlagen	Finanz-anlagen
historische AK/HK	43.085	500	41.750	835
Zugänge	3.445	0	3.280	165
Abgänge	1.850	0	1.850	0
kum. Abschreibungen	26.100	150	25.950	0
Restbuchwert 31.12.2020	18.580	350	17.230	1.000
Restbuchwert 31.12.2019	20.945	370	19.740	835
Abschreibungen Geschäftsjahr	4.416	20	4.396	0

D. Verbindlichkeitenspiegel (Angaben in T€)

		Laufzeit < 1 Jahr	Laufzeit 1 bis 5 Jahre	Laufzeit > 5 Jahre
Verb. ggü. Kreditinstituten	2019	2.410	4.270	14.800
	2020	3.120	3.300	13.940
Verbindlichkeiten aLL	2019	3.620	1.710	0
	2020	5.220	1.490	0
sonstige Verbindlichkeiten	2019	2.980	0	0
	2020	3.190	0	0

Die Lösung finden Sie auf Seite 321.

Fall 8 Kennzahlen 2
10 Punkte * **24 Minuten**

Die Maschinenbau AG möchte aus den verdichteten Angaben des Jahresabschlusses 2020 folgende Kennzahlen ermittelt haben:

a) Rohergebnis

b) Betriebsergebnis

c) Ergebnis der gewöhnlichen Geschäftstätigkeit

d) Anlagendeckungsgrad II
e) Liquidität 2. Grades
f) Eigenkapitalrentabilität
g) Umsatzrentabilität
h) ROI
i) Personalaufwandsquote

A. Strukturbilanz (Angaben in T€) 2020

Aktiva

A.	Anlagevermögen		469.350
B.	Umlaufvermögen		
	I.	Vorräte	268.190
	II.	Forderungen	284.370
	III.	liquide Mittel	22.850

Passiva

A.	Eigenkapital (inklusive JÜ 2019)	128.570
	Vorjahr	*112.600*
B.	Verbindlichkeiten	
	Summe Vorjahr	*843.940*
	1. kurzfristig	368.540
	2. mittelfristig	427.830
	3. langfristig	119.820

B. Gewinn- und Verlustrechnung (Angaben in T€) 2020

1.	Umsatzerlöse	18.320.590
2.	sonstige betriebliche Erträge	2.768.330
3.	Materialaufwand	- 9.438.770
4.	Personalaufwand	- 5.596.420
5.	Abschreibungen	- 4.654.490
6.	sonstige betriebliche Aufwendungen	- 1.283.650
7.	Zinserträge	86.390
8.	Zinsaufwendungen	- 168.590
9.	E & E Steuern	- 18.370
10.	Jahresüberschuss	15.020

Die Lösung finden Sie auf Seite 325.

Fall 9 Kapitalflussrechnung
12 Punkte   ***   **30 Minuten**

Die Maschinenbau AG möchte aus den Angaben des Jahresabschlusses 2020 eine Kapitalflussrechnung für das Jahr 2020 nach der indirekten Methode erstellt haben.

A. Bilanz (Angaben in T€)		2020	20198
Aktiva			
A. Anlagevermögen			
I.	immaterielle Vermögensgegenstände	350	370
II.	Sachanlagen	17.230	19.740
III.	Finanzanlagen	1.000	835
B. Umlaufvermögen			
I.	Vorräte	14.390	13.610
II.	Forderungen	3.830	1.440
III.	liquide Mittel	5.340	4.685
C. Rechnungsabgrenzungsposten		170	190
davon Disagio		(170)	(190)
Passiva			
A. Eigenkapital			
I.	gezeichnetes Kapital	200	180
II.	Kapitalrücklage	3.620	3.470
III.	Gewinnrücklagen	4.590	4.180
IV.	Bilanzgewinn	260	200
B. Rückstellungen			
1.	Steuerrückstellungen	110	40
2.	sonstige Rückstellungen	3.270	3.010
C. Verbindlichkeiten			
1.	Verbindlichkeiten ggü. Kreditinstituten	20.360	21.480
2.	Verbindlichkeiten aLL	6.710	5.330
3.	sonstige Verbindlichkeiten	3.190	2.980

Unter den immateriellen Vermögensgegenständen ist ein Firmenwert mit 80.000 € (2020) bzw. 90.000 € (2019) aktiviert worden.

Ferner ergab eine Bewertung zu Zeitwerten, dass folgende stille Reserven vorhanden waren:

	2020	2019
Sachanlagen	528	636
Vorräte	484	468

Die Reserven aus den Sachanlagen werden sich voraussichtlich zur Hälfte mittel- und zur Hälfte langfristig auflösen. Bei den Vorräten erfolgt eine kurzfristige Realisierung.

Der Sonderposten mit Rücklageanteil dient der Finanzierung eines Lkw und wird kurzfristig aufgelöst.

B. Gewinn- und Verlustrechnung (in T€)	2020	2019
1. Umsatzerlöse (alle zu 19 %)	85.720	81.206
2. Bestandserhöhung	3.610	4.875
3. aktivierte Eigenleistungen	117	89
4. sonstige betriebliche Erträge	5.367	6.192
5. Materialaufwand	- 48.315	- 44.873
6. Personalaufwand	- 31.947	- 33.298
7. Abschreibungen	- 4.416	- 5.360
8. sonstige betriebliche Aufwendungen	- 7.308	- 6.144
9. Erträge aus anderen Finanzanlagen	30	30
10. Zinserträge	120	116
11. Zinsaufwendungen	- 1.978	- 2.063
12. Steuern vom Einkommen und Ertrag	- 480	- 370
13. Jahresüberschuss	520	400
14. Einstellungen Gewinnrücklagen	- 260	- 200
15. Bilanzgewinn	260	200

Der Bilanzgewinn 2019 ist wie vorgeschlagen i. H. von 50.000 € ausgeschüttet worden. Der Restbetrag wurde in die Gewinnrücklagen eingestellt. Der Bilanzgewinn 2020 soll laut Verwendungsvorschlag zu drei Viertel an die Aktionäre ausgeschüttet und zu einem Viertel einbehalten werden.

C. Anlagenspiegel (Angaben in T€)

	gesamt	imm. VGS	Sachanlagen	Finanz-anlagen
historische AK/HK	43.085	500	41.750	835
Zugänge	3.445	0	3.280	165
Abgänge	1.850	0	1.850	0
kum. Abschreibungen	26.100	150	25.950	0
Restbuchwert 31.12.2020	18.580	350	17.230	1.000
Restbuchwert 31.12.2019	20.945	370	19.740	835
Abschreibungen Geschäftsjahr	4.416	20	4.396	0

Der Abgang 2020 erfolgte zum Buchwert.

D. Verbindlichkeitenspiegel (Angaben in T€)

		Laufzeit < 1 Jahr	Laufzeit 1 bis 5 Jahre	Laufzeit > 5 Jahre
Verb. ggü. Kreditinstituten	2019	2.410	4.270	14.800
	2020	3.120	3.300	13.940
Verbindlichkeiten aLL	2019	3.620	1.710	0
	2020	5.220	1.490	0
sonstige Verbindlichkeiten	2019	2.980	0	0
	2020	3.190	0	0

Die Lösung finden Sie auf Seite 327.

Fall 10 Vergleichsrechnungen
6 Punkte * **15 Minuten**

Analysieren Sie die folgenden Kennzahlen der Maschinenbau AG in ihrem jeweiligen Zusammenhang.

1. Die Eigenkapitalquote der AG hat sich in den letzten fünf Jahren folgendermaßen entwickelt:

2016	34 %
2017	32 %
2018	31 %
2019	30 %
2020	28 %

2. Als Sollwert für 2020 war für die Kennzahl Umsatzrendite vor Ertragssteuern ein Wert für die AG von 2,0 % festgelegt worden. Durch den Jahresabschluss wird ein Istwert von 2,4 % ermittelt.
3. Die AG will die Finanzierung des Anlagevermögens mit drei vergleichbaren Mitbewerbern untersucht haben:

Kennzahl	AG	1	2	3
Anlagendeckungsgrad II	1,45	1,35	1,50	0,90

Die Lösung finden Sie auf Seite 328.

Fall 11   Bewegungsbilanz 2
8 Punkte * **20 Minuten**

Die Maschinenbau AG möchte aus den Angaben des Jahresabschlusses 2020 eine Bewegungsbilanz erstellt haben, die dem folgenden Muster entspricht.

Mittelverwendung		Mittelherkunft	
A.	Ausschüttung	A.	Cashflow
B.	Investition Anlagevermögen	B.	Umlaufvermögensabnahme
C.	Umlaufvermögenszunahme	C.	Kapitaleinlagen
D.	Rückzahlung von Verbindlichkeiten	D.	Erhöhung der Verbindlichkeiten

A. Bilanz (Angaben in T€)			2020	2019
Aktiva				
A.	Anlagevermögen			
	I.	Sachanlagen	63.269	60.368
		Zugänge des Geschäftsjahres	(21.327)	(24.318)
		Abgänge des Geschäftsjahres	(0)	(15.813)
B.	Umlaufvermögen			
	I.	Vorräte	31.653	26.218
	II.	Forderungen	29.714	38.416
	III.	liquide Mittel	2.948	3.568

Passiva

- A. Eigenkapital
  - I. gezeichnetes Kapital — 2.500 — 2.500
  - II. Kapitalrücklage — 1.800 — 1.800
  - III. Gewinnrücklagen — 8.260 — 6.591
  - IV. Bilanzgewinn — 1.065 — 1.304
- B. Rückstellungen
  - 1. Steuerrückstellungen — 269 — 528
  - 2. sonstige Rückstellungen — 1.822 — 3.278
- C. Verbindlichkeiten
  - 1. Verbindlichkeiten ggü. Kreditinstituten — 72.144 — 84.329
  - 2. Verbindlichkeiten aLL — 23.336 — 15.893
  - 3. sonstige Verbindlichkeiten — 16.388 — 12.347

B. GuV (Angaben in T€)	2020	2019
1. Umsatzerlöse	230.459	245.963
2. Bestandsminderung	- 267	- 536
3. sonstige betriebliche Erträge	3.014	3.461
4. Materialaufwand	- 81.741	- 86.921
5. Personalaufwand	- 115.277	- 120.551
6. Abschreibungen	- 18.426	- 19.654
7. sonstige betriebliche Aufwendungen	- 9.853	- 11.829
8. Ergebnis der gewöhnl. Geschäftstätigkeit	7.909	9.933
9. Finanzergebnis	- 3.620	- 4.632
10. Steuern vom Einkommen und Ertrag	- 2.159	- 2.693
11. Jahresüberschuss	2.130	2.608
12. Gewinnrücklagen	1.065	1.304
13. Bilanzgewinn	1.065	1.304

Durch Beschluss der Hauptversammlung wurde der Bilanzgewinn 2019 i. H. von 700 T€ ausgeschüttet. Der Restbetrag wurde den Gewinnrücklagen zugeführt.

Die Lösung finden Sie auf Seite 329.

TEIL E Jahresabschluss aufbereiten und auswerten

Fall 12 Interpretation von Kennzahlen
12 Punkte   *   **30 Minuten**

Beschreiben Sie die Aussagekraft der folgenden Kennzahlen.

a) Anlagenintensität

b) Eigenkapitalquote

c) Anlagendeckungsgrad II

d) Liquidität 2. Grades

e) Cashflow

f) Debitorenziel (Kundenziel)

Die Lösung finden Sie auf Seite 329.

Fall 13 Eigenkapitalrichtlinien
5 Punkte   **   **12 Minuten**

Nennen Sie die Ziele der Eigenkapitalrichtlinien für Kreditinstitute (Basel II und III) und geben Sie eine kurze inhaltliche Darstellung.

Die Lösung finden Sie auf Seite 331.

Fall 14 Rating
8 Punkte   **   **20 Minuten**

Erläutern Sie kurz den grundsätzlichen Ratingprozess eines Kreditinstitutes und unterscheiden Sie dabei auch internes und externes Rating.

Die Lösung finden Sie auf Seite 331.

Fall 15 Auswirkungen der Eigenkapitalrichtlinien
5 Punkte   *   **12 Minuten**

Erläutern Sie die Auswirkungen der Eigenkapitalrichtlinien für die kreditnachfragenden Unternehmen.

Die Lösung finden Sie auf Seite 332.

F. Finanzmanagement

Fall 1 Factoring 1
6 Punkte ✱✱ **15 Minuten**

Der Bilanzbuchhalter der Maschinenbau AG stellt fest, dass die Forderungen aus Lieferungen und Leistungen immer mehr zunehmen. Nach Rücksprache mit dem Vorstand soll ermittelt werden, welche Vorteile bzw. welche Nachteile mit Factoring verbunden sind.

Die Nord-Factoring-Bank AG bietet dem Unternehmen folgende Konditionen:

- Factoring-Gebühren: 1,8 % auf den Durchschnittsumsatz von 20 Mio. €,
- Sollzinsen: 11,0 % auf die in Anspruch genommenen Gelder,
- ankaufbare Forderungen: 75 % des durchschnittlichen Forderungsbestands von 2,0 Mio. €,
- 10 % der ankaufbaren Forderungen werden auf ein Sperrkonto überwiesen, worauf keine Zinsen gewährt werden.

Aufgabenstellung:

a) Ist die Umstellung auf Factoring empfehlenswert, wenn die sich dadurch ergebenden Kostenvorteile rund 750.000 € betragen?

b) Welche Kostenvorteile ergeben sich aus der Servicefunktion, die die Nord-Factoring-Bank AG auch übernehmen soll?

c) Die Nord-Factoring-Bank AG soll auch die Delkrederefunktion übernehmen. Was wird darunter verstanden?

d) Welche Art von Factoring liegt unter Berücksichtigung der obigen Angaben vor?

Die Lösung finden Sie auf Seite 333.

Fall 2 Abschreibungsgegenwerte
4 Punkte ✱ **10 Minuten**

Bei der Maschinenbau AG sind zu Beginn des 1. Jahres 10 Maschinen mit einer Nutzungsdauer von 4 Jahren und einem Wert von jeweils 40.000 € angeschafft worden. Die Maschinen werden linear abgeschrieben.

Das Unternehmen will die Abschreibungsrückflüsse für die Anschaffung weiterer Maschinen desselben Typs verwenden, um die erwartete Absatzsteigerung aufzufangen. Hierzu werden die Abschreibungsgegenwerte sofort reinvestiert. Nicht sofort reinvestierbare Abschreibungsreste werden in der Folgeperiode reinvestiert.

Aufgabenstellung:

a) Ermitteln Sie anhand einer Tabelle die Finanzierung der Maschinen aus den Abschreibungsgegenwerten bis zum Ende des 7. Jahres.

b) Überprüfen Sie das Ergebnis aus a) mithilfe des Kapazitätserweiterungsfaktors (Kapazitätsmultiplikator).

Die Lösung finden Sie auf Seite 333.

Fall 3   Investitionsentscheidung 1
4 Punkte   ***   **10 Minuten**

Die Maschinenbau AG mietet in den neuen Bundesländern eine Fabrikhalle für 5 Jahre. Nach Ablauf des Mietvertrags ist der Umzug in eine eigene Fabrikhalle geplant.

Der die Instandsetzung der Fabrikhalle überwachende Architekt empfiehlt dringend eine Wärmeisolierung der Halle für 40.000 €.

Der Kalkulationszinsfuß beträgt 10 %.

Aufgabenstellung:

Ist diese Investition vorteilhaft, wenn dadurch folgende Heizkostenersparnisse veranschlagt werden (rechnerische Begründung)?

	Heizkostenersparnis pro Jahr	Abzinsungsfaktor bei 10 %
1. Jahr	7.500 €	0,909091
2. Jahr	10.000 €	0,826446
3. Jahr	12.500 €	0,751315
4. Jahr	12.500 €	0,683013
5. Jahr	10.000 €	0,620921

Die Lösung finden Sie auf Seite 334.

Fall 4 Finanzierungsentscheidung
7 Punkte   **∗∗**   **17 Minuten**

Die Abraham OHG möchte zu Jahresbeginn eine Verpackungsmaschine je beschaffen, die eine betriebsgewöhnliche Nutzungsdauer von sieben Jahren haben wird und deren Anschaffungskosten 800.000 € betragen.

Als Finanzierungsmöglichkeiten stehen zur Wahl:

Ein Bankdarlehen in Höhe der Anschaffungskosten, das in 7 Jahresannuitäten zurückbezahlt wird. Der Nominalzinssatz beträgt 6 %.

Ein Leasingvertrag mit einer Grundmietzeit von 7 Jahren, einer jährlichen Leasingrate von 107.000 € und einem Ankaufbetrag von 75.000 € bei Wahrnehmung der Kaufoption zum Ende der Grundmietzeit.

Aufgabenstellung:

a) Berechnen Sie jeweils die Gesamtausgaben der Finanzierung für beide Alternativen, wenn von der Kaufoption Gebrauch gemacht wird (steuerliche Effekte sind nicht zu berücksichtigen).

b) Nennen Sie mindestens zwei Vorteile, die eine Entscheidung der Geschäftsführung für Leasing begründen könnten.

c) Nennen Sie zwei Vorteile, die für die Kreditfinanzierung sprächen.

d) Erklären Sie kurz das Verfahren „Sale and lease back".

Die Lösung finden Sie auf Seite 334.

Fall 5 Investitionsbeurteilung
7 Punkte   **∗∗**   **17 Minuten**

Hauke Mees, Gesellschafter der Maschinenbau AG, hat die Möglichkeit, für sein Unternehmen ein Kapital von 600.000 € in 6,5 %igen Anleihen anzulegen. Die Anleihen können zum Kurs von 96 % erworben werden. Die Rückzahlung erfolgt in 5 Jahren zum Nominalwert (Stückzinsen und Spesen werden vernachlässigt).

Herr Mees untersucht, ob es vorteilhafter ist, diese 600.000 € zur Beschaffung einer Betriebsanlage zu verwenden.

Es wird angenommen, dass es möglich ist, den Jahresabsatz der im Unternehmen hergestellten Erzeugnisse von 200.000 Stück auf 250.000 Stück auszudehnen. Dieses ergibt sich aus einem Gutachten.

Finanzmanagement

Folgende Daten stehen für eine Entscheidung über die Investition zur Verfügung:

Anschaffungsausgabe	600.000 €
Nutzungsdauer	5 Jahre
jährliche Fixkosten (einschl. Zins und Abschreibungen)	200.000 €
variable Kosten	20 €/Stück
erzielbarer Erlös	25 €/Stück

Aufgabenstellung:

a) Begründen Sie, welche Investition bei Anwendung der Gewinnvergleichsrechnung am vorteilhaftesten ist.

b) Berechnen Sie den Zeitraum, in dem die Anschaffungsausgabe für die geplante Sachinvestition über den Einzahlungsüberschuss wieder in den Betrieb zurückfließt. In den Fixkosten sind kalkulatorische Abschreibungen i. H. von 60 % der Anschaffungsausgaben enthalten. Alle anderen Kosten wie auch die Erlöse sind liquiditätsarm.

Die Lösung finden Sie auf Seite 335.

Fall 6   Factoring 2
6 Punkte   **   15 Minuten

Die Maschinenbau AG sieht sich trotz gut laufender Umsätze mit einem Liquiditätsproblem konfrontiert. Die Kunden nehmen sehr lange Zahlungsziele in Anspruch. Ein hoher Forderungsausfall ist daher zu verzeichnen, sodass die Kreditlinien bei der Hausbank bereits ausgeschöpft sind. Wegen kurzfristiger Liquiditätsengpässe kann das Unternehmen Skontierungsmöglichkeiten nicht ausnutzen.

Folgende Zahlen verdeutlichen die Situation:

Jahresumsatz	12,0 Mio. €
Außenstände (Jahresdurchschnitt)	2,0 Mio. €
Wareneinkauf	8,4 Mio. €
Forderungsausfälle im abgelaufenen Jahr (ohne USt)	50.000 €

Der Maschinenbau AG liegt von einer Factoring-Gesellschaft folgendes Angebot für ein (echtes) Factoring vor:

Bearbeitungsgebühr einschließlich Delkredereprovision von 1,1 % des Umsatzes.

Bevorschussung der angekauften Forderungen i. H. von 80 %. Die Factoring-Gesellschaft berechnet für die bevorschussten Beträge einen Zinssatz von 7,5 % p. a. Die durchschnittlichen Außenstände sind als Berechnungsgrundlage anzusehen.

Aufgabenstellung:

a) Nehmen Sie eine Kosten-Nutzen-Analyse des Factoring vor, indem Sie Aufwand und Ertrag des Factoring einander gegenüberstellen. Dabei ist davon auszugehen, dass durch das Factoring Verwaltungseinsparungen von 40.000 € entstehen und die Maschinenbau AG beim Wareneinkauf in vollem Umfang 3 % Skonto abziehen kann.

b) Erläutern Sie, warum Factoring für die Maschinenbau AG bei der gegebenen Ausgangslage und einer durchschnittlichen Inanspruchnahme von 1,4 Mio. € Lieferantenkredit im Jahr ein sinnvolles Finanzierungsinstrument sein kann.

c) Erklären Sie den Unterschied zwischen echtem und unechtem Factoring.

Die Lösung finden Sie auf Seite 336.

Fall 7 Unternehmensübernahme
7 Punkte   ★★★   **17 Minuten**

Die Abraham OHG beabsichtigt Ende des Jahres 2020 aus marktstrategischen Gründen die Übernahme eines Mitbewerbers am Markt. Der Übernahmepreis beläuft sich auf 60 Mio. €. Nach der Übernahme ist von der Abraham OHG aufgrund ihrer Analyse vorgesehen, in das erworbene Unternehmen folgende Summen zusätzlich zu investieren:

Jahr	Betrag
2020	12.000.000 €
2021	15.000.000 €
2022	8.000.000 €
2023	11.000.000 €
2024	10.000.000 €
2025	1.000.000 €

(aus Vereinfachungsgründen wird ein Abfluss jeweils zum Jahresende unterstellt)

Es wird erwartet, dass während der ersten 3 Jahre nach der Übernahme (2020 bis 2025) keine Gewinne ausgewiesen werden können. Jedoch geht die Abraham OHG davon aus, dass in den darauffolgenden Jahren mit Einnahmenüberschüssen gerechnet werden kann, die wie folgt prognostiziert werden:

Jahr	Betrag
2023	20.000.000 €
2024	21.000.000 €
2025	15.000.000 €

(aus Vereinfachungsgründen werden Zuflüsse jeweils zum Jahresende unterstellt)

Es wird damit gerechnet, dass am Ende des Jahres 2025 das übernommene Unternehmen keine Überschüsse mehr erzielen wird. Deshalb soll die Beteiligung zu diesem Zeitpunkt wieder abgestoßen werden. Der dann erwartete Verkaufserlös soll bei 75 Mio. € liegen.

Das Unternehmen kalkuliert mit einem Zinssatz von 9 %.

TEIL F — Finanzmanagement

Auszug aus einer finanzmathematischen Tabelle für n von 1 bis 10 Jahren bei 9 %:

n	Aufzinsungsfaktor q^n	Abzinsungsfaktor $\frac{1}{q^n}$	Barwertfaktor $\frac{q^n-1}{q^n(q-1)}$
1	1,090000	0,917431	0,917431
2	1,188100	0,841680	1,759111
3	1,295029	0,772183	2,531295
4	1,411582	0,708425	3,239720
5	1,538624	0,649931	3,889651
6	1,677100	0,596267	4,485919
7	1,828039	0,547034	5,032953
8	1,992563	0,501866	5,534819
9	2,171893	0,460428	5,995247
10	2,367364	0,422411	6,417658

Aufgabenstellung:

Erstellen Sie mithilfe der Kapitalwertmethode eine Entscheidungsgrundlage für die Geschäftsleitung, ob die Übernahme des Mitbewerbers innerhalb dieses Zeithorizonts eine lohnende Investition darstellt.

Die Lösung finden Sie auf Seite 337.

Fall 8   Innenfinanzierung
7 Punkte   ***   **17 Minuten**

Ende Januar 2020 legt der Vorstand der Maschinenbau AG den Aktionären folgende vorläufige Bilanz zum Ende des Geschäftsjahres 2020 vor.

Vorläufige Bilanz zum 31.12.2020 (in T€):

Aktiva		Passiva	
Sachanlagen		Eigenkapital	
1. bebaute Grundstücke	500	1. gezeichnetes Kapital	1.300
2. technische Anlagen u. Maschinen	700	2. Kapitalrücklage	400
		3. Jahresüberschuss	200
Umlaufvermögen		Rückstellungen	
1. Vorräte		1. Pensionsrückstellungen	170
Rohstoffe	1.000	2. Steuerrückstellungen	210
unfertige Erzeugnisse	100	3. sonstige Rückstellungen	180
fertige Erzeugnisse	500		

2. Forderungen aLL	1.600	Verbindlichkeiten	
3. Wertpapiere	100	1. gegenüber Kreditinstituten	490
4. flüssige Mittel	200	2. Verbindlichkeiten aLL	1.750
	4.700		4.700

Der Vorstand erläutert, dass der gegenüber den Vorjahren geringere Jahresüberschuss weitgehend auf Preisnachlässe zurückzuführen sei, da ein Mitbewerber durch Verlagerung der Fertigung arbeitsaufwendiger Bauteile nach Polen preislich attraktivere Angebote im Kundenkreis machte.

Er habe darüber nachgedacht, den gleichen Weg zu gehen, sei dann aber auf einen Automaten gestoßen, mit dem wesentliche Kostensenkungen bei der Fertigung von Bauteilen erzielt werden könnten. Der Automat koste 640 T€ (ohne USt), die betriebsindividuelle Nutzungsdauer betrage 8 Jahre. Die Hausbank sei bereit, ein langfristiges Darlehen von 450 T€ zu 9 % Zinsen gegen Sicherheitsübereignung des Automaten zu gewähren. Die Laufzeit des Darlehens betrage 6 Jahre, Tilgung und Zinsleistung jeweils am Jahresende. Drei ältere Maschinen würden überflüssig und könnten zum Buchwert von insgesamt 15 T€ (ohne USt) verkauft werden.

Da das Unternehmen in den letzten Jahren den Jahresüberschuss laut Hauptversammlungsbeschluss jeweils voll ausgeschüttet hatte, möchten die Aktionäre auch 2019 noch eine Ausschüttung von mindestens 100 T€ erhalten. Auf Gewinnverwendungsbeschluss des Vorstands wird demzufolge zu Beginn des Jahres 2020 ein Betrag von 100 T€ ausgezahlt (Vorabausschüttung).

Aufgabenstellung:

a) Welche Wege der Innenfinanzierung empfehlen Sie als Bilanzbuchhalter dem Vorstand, um den Fehlbetrag zwischen den Anschaffungskosten des Automaten i. H. von 640 T€ und dem Investitionsdarlehen der Hausbank i. H. von 450 T€ zu finanzieren und die Mittel zur Tilgung des Investitionsdarlehens der Hausbank aufzubringen?

b) Erläutern Sie noch eine weitere Möglichkeit der Innenfinanzierung über den Lagerbestand dieser AG, wenn Sie davon ausgehen, dass sich der Materialaufwand 2019 auf einen Betrag i. H. von 4.000 T€ belief und die Lagerumschlagshäufigkeit auf 5 steigt.

Ertragsteuerliche Auswirkungen sind nicht zu berücksichtigen!

Die Lösung finden Sie auf Seite 337.

Fall 9   Investitionsentscheidung 2
15 Punkte   *   **12 Minuten**

Die Abraham OHG bewertet eine Investitionsentscheidung nach mathematischen Methoden und hat folgende Investition zu analysieren. Dabei sollen Sie als Bilanzbuchhalter Hilfestellung leisten.

Finanzmanagement

Anschaffungswert: 90.000 €

1. Jahr:	Einzahlungen	120.000 €	Auszahlungen	100.000 €
2. Jahr:	Einzahlungen	180.000 €	Auszahlungen	120.000 €
3. Jahr:	Einzahlungen	200.000 €	Auszahlungen	160.000 €
4. Jahr:	Einzahlungen	150.000 €	Auszahlungen	160.000 €
5. Jahr:	Einzahlungen	150.000 €	Auszahlungen	140.000 €

Liquidationserlös: 0 €

Es ist buchhalterisch von einer linearen Abschreibung auszugehen.

Weitere nicht liquiditätswirksame Aufwendungen bzw. Erträge sind nicht im Zusammenhang mit dieser Investition zu verzeichnen und auch nicht zu erwarten.

Aufgrund einer Risikostrukturanalyse wurde eine Mindestverzinsung von 14 % ermittelt.

Sämtliche Zahlungen finden am Ende der jeweiligen Abrechnungsperiode statt.

Aufgabenstellung:

a) Beurteilen Sie, ob diese Investition nach der Kapitalwertmethode durchgeführt werden sollte.

b) Stellen Sie fest, ob die geplante Investitionsmaßnahme mithilfe der Gewinnvergleichsrechnung beurteilt werden kann (Begründung).

c) Stellen Sie die wesentlichen Unterschiede der Kapitalwertmethode und der Gewinnvergleichsrechnung dar.

Anlage: Faktoren bei 14 %

Jahr	Aufzinsung	Abzinsung	Barwertfaktor	Annuitäten-faktor	Endwertfaktor
1	1,140000	0,877193	0,877193	1,140000	1,000000
2	1,299600	0,769468	1,646661	0,607290	0,467290
3	1,481544	0,674972	2,321632	0,430731	0,290731
4	1,688960	0,592080	2,913712	0,343205	0,203205
5	1,925415	0,519369	3,433081	0,291284	0,151284
6	2,194973	0,455587	3,888668	0,257157	0,117157
7	2,502269	0,399637	4,288305	0,233192	0,093192
8	2,852586	0,350559	4,638864	0,215570	0,075570
9	3,251949	0,307508	4,946372	0,202168	0,062168
10	3,707221	0,269744	5,216116	0,191714	0,051714

Die Lösung finden Sie auf Seite 338.

Finanzmanagement TEIL F

Fall 10 Entscheidungsprozess
3 Punkte ✱✱ **8 Minuten**

Als Bilanzbuchhalter der Maschinenbau AG sollen Sie den Vorstand bei einer Investitionsentscheidung unterstützen.

Aufgabenstellung:

a) Stellen Sie bitte die logische Reihenfolge bis zu einer Investitionsentscheidung (Investitionsentscheidungsprozess) dar.

b) Stellen Sie bitte die verschiedenen Investitionsrechnungsverfahren dar und erläutern Sie insbesondere die wesentlichen Unterschiede zwischen den dynamischen und den statischen Verfahren.

Die Lösung finden Sie auf Seite 339.

Fall 11 Renditen
5 Punkte ✱✱ **12 Minuten**

Es überrascht die Geschäftsführung der Maschinenbau AG, dass trotz eines höheren Verschuldungsgrads (Fremdkapital / Eigenkapital) die Eigenkapital- und die Gesamtkapitalrenditen des Unternehmens nicht schlechter geworden sind.

Aufgabenstellung:

Erläutern Sie den Zusammenhang und stellen Sie die Beziehung an folgenden Daten dar:

Investitionsbedarf	100.000 €
Fremdfinanzierungszinssatz	7 %
Gewinn (vor Zinsen)	10 %
Eigenkapitalpotenzial	100.000 €

Fremdkapitalquote	EK-Rendite	GK-Rendite
25 %		
50 %		
75 %		

Die Lösung finden Sie auf Seite 340.

Fall 12   Festdarlehen
5 Punkte   ✱✱✱   **12 Minuten**

Die Maschinenbau AG benötigt einen langfristigen Kredit über 500.000 €.

Der Nominalzinssatz der Hausbank ist 7 %, bei 92 % Auszahlung und einer Laufzeit von 10 Jahren.

Die Tilgung erfolgt am Ende der gesamten Laufzeit in einer Summe (Festdarlehen).

Aufgabenstellung:

a) Berechnen Sie den Effektivzinssatz mithilfe des Restwertverteilungsfaktors.

b) Welche Besicherungsformen schlagen Sie für diesen Kredit vor?

Die Lösung finden Sie auf Seite 341.

Fall 13   Investitionsentscheidung 3
5 Punkte   ✱✱   **12 Minuten**

Die Maschinenbau AG beabsichtigt, eine neue Fräsmaschine anzuschaffen. Die Firma Peter Schmidtke OHG bietet die Maschine zu folgenden Bedingungen an:

Listenpreis (netto)	148.000 €
Rabatt	5 %
Skonto (bei Zahlung innerhalb von 14 Tagen)	2 %
Verpackung	114 €
Fracht	52 €
Lieferzeit	10 Wochen

Bei der Maschinenbau AG wird damit gerechnet, dass Kosten für die Installation der Fräsmaschine i. H. von 419 € und Kosten für Probeläufe von 669 € anfallen. Bei der Nutzungsdauer gehen die Schätzungen auseinander. Sie liegen zwischen 7 und 9 Jahren. Der Schrottwert der Fräsmaschine wird mit 4.500 €, die Abbruchkosten werden mit 980 € veranschlagt.

Die Maschine wird fremdfinanziert. Der bei der Maschinenbau AG verrechnete Zinssatz betrug im letzten Jahr allgemein 10 %. Der Kapitalmarktzins wird für absehbare Zeit auf 12 % bis 14 % geschätzt.

Aufgabenstellung:

a) Ermitteln Sie den Nettopreis der Fräsmaschine.

b) Stimmt der Nettopreis mit den Anschaffungskosten bzw. Anschaffungsausgaben überein (Begründung)?

c) Welche Nutzungsdauer empfehlen Sie für die Fräsmaschine?

d) Würden Sie einen Rest(erlös)wert bzw. Liquidationserlös der Fräsmaschine berücksichtigen, ggf. welchen?

e) Schlagen Sie den zu verwendenden Kalkulationszinssatz vor.

Die Lösung finden Sie auf Seite 341.

Fall 14   Kapitalbedarfsrechnung 1
5 Punkte   *   12 Minuten

Dem Bilanzbuchhalter der Maschinenbau AG sind folgende Einnahmen und Ausgaben gegeben:

Monat	Ausgaben T€	Einnahmen T€
Januar	100	0
Februar	80	20
März	50	70
April	100	100
Mai	100	70
Juni	60	100
Juli	60	110
August	60	240
September	80	90
Oktober	100	40
November	110	0
Dezember	80	20

Aufgabenstellung:

a) Ermitteln Sie den Kapitalbedarf jeden Monats rechnerisch.

b) Wie kann der Kapitalbedarf vermindert werden, ohne dass sich die Werte der Ausgaben und Einnahmen verändern?

c) Nehmen Sie kritisch zu der Berechnung von Liquiditätsgraden Stellung.

Die Lösung finden Sie auf Seite 342.

TEIL F   Finanzmanagement

Fall 15   Rendite
5 Punkte   *   **12 Minuten**

Die Firma Abraham OHG beabsichtigt, ein Investitionsobjekt im Volumen von 2 Mio. € zu erstellen. Es ist geplant, die Investition wie folgt zu finanzieren:

Eigenkapital	600.000 €
staatlich subventionierter Sonderkredit	500.000 €
Darlehen der Hausbank	900.000 €

Aufgabenstellung:

a) Ermitteln Sie, welche Rendite die Investition, ausgehend von der gesamten Finanzierungsstruktur, mindestens erbringen muss, wenn das Eigenkapital bislang zu 6,5 % angelegt war, der Sonderkredit zu 4,0 % verzinst wird und das Darlehen einen effektiven Zinssatz von 8,0 % besitzt.

b) Welche Problematik entsteht durch die Tilgung der Darlehen im Laufe der Jahre?

Die Lösung finden Sie auf Seite 343.

Fall 16   Kapitalbedarfsrechnung 2
5 Punkte   **   **12 Minuten**

Ein Unternehmen, das Küchengeräte herstellt, soll errichtet werden. Bei der Planung der Ausgaben ist zu berücksichtigen, dass

▶ ein Fabrikgebäude im Wert von 750.000 € gekauft wird,
▶ Maschinen im Wert von 550.000 € benötigt werden,
▶ Ausgaben für Roh-, Hilfs- und Betriebsstoffe von täglich 9.000 € anfallen,
▶ Betriebs- und Geschäftsausstattung im Wert von 350.000 € erforderlich ist,
▶ Ausgaben für Löhne und Gehälter i. H. von 10.000 € täglich entstehen,
▶ sonstige ausgabenwirksame Aufwendungen i. H. von 1.000 € täglich anfallen.

Die Roh-, Hilfs- und Betriebsstoffe lagern 30 Tage, die Fertigerzeugnisse 8 Tage. Der Fertigungsprozess umfasst 10 Tage. Die Gründung und Ingangsetzung des Geschäftsbetriebes verursacht Ausgaben von 10.000 €.

Aufgabenstellung:

a) Ermitteln Sie den Kapitalbedarf des Unternehmens, wenn für die Roh-, Hilfs- und Betriebsstoffe von den Lieferanten ein Ziel von 30 Tagen eingeräumt wird und die Fertigerzeugnisse binnen 10 Tagen bezahlt werden.

b) Wie verändert sich der Kapitalbedarf des Unternehmens, wenn die Roh-, Hilfs- und Betriebsstoffe binnen 10 Tagen zu bezahlen sind, den Kunden aber aus Wettbewerbsgründen ein Zahlungsziel von 30 Tagen eingeräumt werden muss?

c) In welcher Weise verändert sich der Kapitalbedarf aus a), wenn es sich als möglich erweist, die Lagerdauer der Roh-, Hilfs- und Betriebsstoffe zu dritteln sowie der Fertigungserzeugnisse zu vierteln?

Die Lösung finden Sie auf Seite 343.

Fall 17   Annuitätendarlehen
5 Punkte   **   **12 Minuten**

Bei der Abraham OHG soll eine neue Lagerhalle errichtet werden. Berechnungen ergeben, dass hierfür ein Kapitalbedarf von 800.000 € erforderlich ist.

Davon sollen 500.000 € durch Eigenmittel und 300.000 € durch einen Bankkredit finanziert werden.

Nach Rücksprache mit der Hausbank werden folgende Konditionen übermittelt:

Nominalzinssatz	8 %
Laufzeit	5 Jahre
Auszahlung	100 %
Darlehensform	Annuitätendarlehen

Aufgabenstellung:

a) Erstellen Sie für das Bankdarlehen den Tilgungsplan.

b) Die Gesamtkapitalrentabilität liegt in der Abraham OHG bei 12 %. Warum sollten unter Rentabilitätsgesichtspunkten weniger Eigenmittel eingesetzt werden?

Die Lösung finden Sie auf Seite 344.

Fall 18   Lohmann-Ruchti-Effekt
7 Punkte   **   **17 Minuten**

Im Rahmen einer betriebsinternen Fortbildungsveranstaltung für die Mitarbeiter der Finanzabteilung der Maschinenbau AG sollen Sie eine Power-Point-Präsentation zum Thema „Der Lohmann-Ruchti-Effekt" vorbereiten.

Aufgabenstellung:

Was würden Sie in Ihrer Präsentation ansprechen?

Die Lösung finden Sie auf Seite 344.

Fall 19 Investitionsentscheidungsprozess
12 Punkte *** **30 Minuten**

Die Maschinenbau AG plant eine Investition. Zwei Möglichkeiten sind gegeben:

	Investitionsobjekt I	Investitionsobjekt II
Anschaffungswert	98.000 €	98.000 €
Liquidationserlös	6.000 €	8.000 €
Nutzungsdauer	6 Jahre	6 Jahre
Überschüsse		18.000 €
1. Jahr	22.000 €	23.000 €
2. Jahr	20.000 €	25.000 €
3. Jahr	26.000 €	23.000 €
4. Jahr	25.000 €	23.000 €
5. Jahr	24.000 €	21.000 €
6. Jahr		20.000 €

Aufgabenstellung:

a) Ermitteln Sie mithilfe der internen Zinsfußmethode (rechnerisch), welches Investitionsobjekt das vorteilhaftere ist, wenn mit den Versuchszinssätzen P1 = 8 % und P2 = 12 % gerechnet wird und der Investor eine Mindestverzinsung von 10 % erwartet.

b) Wie ist die Vorteilhaftigkeit der Investition bei einer erwarteten Mindestverzinsung von 12 % zu beurteilen?

Die Lösung finden Sie auf Seite 346.

Fall 20 Anleihe
6 Punkte ** **15 Minuten**

Ein Unternehmen investiert in Industrieobligationen, die zu folgenden Konditionen ausgegeben werden:

Auszahlungskurs	96 %
Rückzahlungskurs	100 %
Nominalzinssatz	7 %
Laufzeit	10 Jahre

Aufgabenstellung:

a) Ermitteln Sie die einfache Effektivverzinsung der Industrieobligationen, wenn sie jährlich in gleichen Raten getilgt werden.

b) Wie entwickelt sich der einfache Effektivzinssatz, wenn die Industrieobligationen 4 Jahre tilgungsfrei sind und danach in gleichen jährlichen Raten getilgt werden?

c) Wie hoch wäre der einfache Effektivzinssatz, wenn die Konditionen aus b) gelten, der Rückzahlungskurs aber 104 % betragen würde?

Die Lösung finden Sie auf Seite 347.

Fall 21 Finanzierungsentscheidung
6 Punkte   **   15 Minuten

Die Maschinenbau AG beabsichtigt ein nicht mehr betriebsnotwendiges Grundstück zu veräußern. Der Verkaufspreis soll 3.000.000 € betragen.

Es hat sich ein einziger Interessent gemeldet, der verschiedene Finanzierungsalternativen anbietet:

Alternative A:

Bezahlung des vollen Kaufpreises von 3.000.000 € sofort bei Vertragsabschluss.

Alternative B:

Anzahlung von 1.000.000 € sofort bei Vertragsabschluss und **drei weitere** Zahlungen über jeweils 1.000.000 € am Ende eines jeden Jahres, beginnend am Ende des ersten Jahres.

Alternative C:

Anzahlung von 500.000 € sofort bei Vertragsabschluss und **sechs weitere** Zahlungen über 500.000 € zu den gleichen Modalitäten wie in Alternative B.

Aufgabenstellung:

Welche Alternative ist für die Maschinenbau AG zum jetzigen Zeitpunkt die günstigere, wenn mit einem Kalkulationszinsfuß von 12 % gerechnet wird? Begründen Sie Ihre Entscheidung rechnerisch. Dabei haben Sie die Wahl zwischen folgenden finanzmathematischen Faktoren:

	Kapitalwiedergewinnungsfaktor	Diskontierungssummenfaktor
3 Jahre und 12 %	0,416349	2,401831
6 Jahre und 12 %	0,243226	4,111407

Die Lösung finden Sie auf Seite 348.

Fall 22 Hauptversammlung
8 Punkte   ******   **20 Minuten**

Die Maschinenbau AG plant ihre Hauptversammlung, die am 20.6.2020 stattfinden soll.

Die folgenden Tagesordnungspunkte sind u. a. in der Einladung aufgeführt:

1. Umstellung von Inhaberaktien auf Namensaktien
2. Ermächtigung zur Ausgabe von Options- und Wandelanleihen und damit Schaffung eines bedingten Kapitals
3. Die Erhöhung des Grundkapitals aus Gesellschaftsmitteln mit entsprechender Satzungsänderung

Aufgabenstellung:

a) Unterscheiden Sie die Kapitalerhöhung aus Gesellschaftsmitteln von der ordentlichen Kapitalerhöhung (Kapitalerhöhung gegen Einlagen).

b) Erläutern Sie den Unterschied zwischen Optionsanleihe und Wandelschuldverschreibung hinsichtlich der Gläubiger oder Eigentümereigenschaft.

c) Beschreiben Sie den Unterschied zwischen Inhaber- und Namensaktien. Geben Sie zwei Gründe für eine Umstellung an.

Die Lösung finden Sie auf Seite 348.

Fall 23 Einzahlungs-Überschüsse
4 Punkte   ******   **10 Minuten**

Die Abraham OHG hat liquide Mittel im Übermaß zur Verfügung. Diese möchte sie in Mietwohnobjekte anlegen. Von einem Makler sind ihr zwei vergleichbare Mietwohnhäuser angeboten worden, deren Anschaffungsauszahlungen etwa gleich hoch sind. Nachstehend sind die zu erwartenden Einzahlungsüberschüsse dargestellt:

Jahre	Immobilie 1	Immobilie 2
1	20 T€	55 T€
2	25 T€	45 T€
3	55 T€	50 T€
4	75 T€	25 T€
5	15 T€	15 T€

Finanzmanagement   TEIL F

Aufgabenstellung:

a) Ermitteln Sie die gesamten Einzahlungsüberschüsse in den ersten 5 Jahren für jede Immobilie.

b) Begründen Sie aus Sicht der Investitionsrechnung, für welches Objekt Sie sich entscheiden würden, wenn nur die Investitionsüberschüsse betrachtet werden (keine Berechnungen).

Die Lösung finden Sie auf Seite 349.

Fall 24   Finanzierungsregeln
4 Punkte   ******   **10 Minuten**

Die Maschinenbau AG benötigt einen neuen Lkw. Der Nettokaufpreis (ohne USt) beträgt 250.000 €. Die betriebsindividuelle Nutzungsdauer wird auf 4 Jahre geschätzt.

Folgende Finanzierungsalternativen sind denkbar:

▶ Ausschöpfung des Kontokorrentkredits;

▶ Aufnahme eines Bankkredits über 250.000 € mit einer Laufzeit von vier Jahren und einer jährlichen Tilgung von 62.500 €.

Aufgabenstellung:

Beurteilen Sie die Finanzierungsmöglichkeiten unter dem Aspekt der goldenen Finanzierungsregel und der goldenen Bilanzregel.

Die Lösung finden Sie auf Seite 349.

Fall 25   Grundpfandrechte 1
4 Punkte   *****   **10 Minuten**

Hypothek und Grundschuld sind Grundpfandrechte. Aufgrund dieser Kreditsicherheiten können Grundstücke und grundstücksgleiche Rechte als Kreditsicherheiten verwendet werden. Die Auszubildende der Abraham OHG, Frau Elke Zillinger, hat in diesem Zusammenhang an den Gesellschafter, Herrn Martin Lange, einige Fragen.

Aufgabenstellung:

a) Was bedeuten die Bezeichnungen, dass eine Hypothek akzessorisch und eine Grundschuld abstrakt (fiduziarisch) ist?

b) Warum ist eine Hypothek nicht, aber eine Grundschuld durchaus für die Sicherung von Kontokorrentkrediten geeignet?

Die Lösung finden Sie auf Seite 350.

Fall 26 Cashflow
7 Punkte   ******   **17 Minuten**

Die Maschinenbau AG hat zum 31.12.2020 folgende Bilanz veröffentlicht (in T€):

Aktiva		Passiva	
Sachanlagen	800	gezeichnetes Kapital	1.000
Finanzanlagen	400	Kapitalrücklage	200
Vorräte	400	Gewinnrücklagen	100
Forderungen	500	Pensionsrückstellungen	260
Kasse/Bank	250	langfr. Fremdkapital	420
		kurzfr. Fremdkapital	370
	2.350		2.350

Die Gewinn- und Verlustrechnung per 31.12.2020 stellt sich wie folgt dar (in T€):

Umsatzerlöse	2.450
Aufwand für RHB	1.050
Löhne und Gehälter	800
Aufwand für Altersversorgung	120
Abschreibung auf Sachanlagen	200
sonstige betriebliche Aufwendungen	40
Zinsen und ähnliche Aufwendungen	100
Ergebnis der gewöhnlichen Geschäftstätigkeit	140
außerordentliche Erträge	280
außerordentliche Aufwendungen	120
außerordentliches Ergebnis	160
Steuern vom Einkommen und Ertrag	80
sonstige Steuern	20
Jahresüberschuss	200

Der Aufwand für Altersversorgung führte i. H. von 20 Mio. € zur Auszahlung an die im Ruhestand befindlichen Mitarbeiter, die Pensionsrückstellungen werden um 100 Mio. € erhöht.

Aufgabenstellung:

a) Berechnen Sie den Cashflow.

b) Zeigen Sie auf, welche Positionen der Bilanz zum 31.12.2020 sich durch die Angaben für 2021 ändern. Ermitteln Sie die neuen Beträge. Dabei gelten folgende Annahmen:

Vom Jahresüberschuss soll die Hälfte als Dividende ausgeschüttet werden.

Der Cashflow wurde im abgelaufenen Geschäftsjahr wie folgt verwendet:

- 70 % wurden in Sachanlagen investiert;
- 20 % wurden zum Abbau von kurzfristigen Verbindlichkeiten verwendet;
- 10 % wurden den liquiden Mitteln zugeführt.

c) Stellen Sie die Vorteile der Cashflow-Finanzierung gegenüber der Fremdfinanzierung dar.

Die Lösung finden Sie auf Seite 350.

Fall 27   Kostenvergleichsrechnung
10 Punkte   **   **24 Minuten**

Die Maschinenbau AG benötigt für den Fertigungsbereich Stahlbleche, die sie entweder durch einen Lieferanten für 25 € pro Stück beziehen oder selbst herstellen kann. Für die Eigenproduktion stehen zwei Maschinen alternativ zur Wahl:

	Maschine A	Maschine B
Anschaffungskosten:	48.000 €	120.000 €
Nutzungsdauer:	6 Jahre	6 Jahre
Leistungsmenge pro Jahr:	8.000 Stück	10.000 Stück
Gehälter:	10.000 €	10.000 €
sonstige fixe Kosten:	7.690 €	12.000 €
variable Kosten:		
Löhne:	44.000 €	16.000 €
Materialkosten:	80.000 €	90.000 €
sonstige variable Kosten:	6.000 €	6.000 €
Kalkulationszinsfuß:	8 %	8 %

Aufgabenstellung:

a) Ermitteln Sie die günstigste Alternative zwischen Fremdbezug, Maschine A und Maschine B mithilfe der Kostenvergleichsrechnung.

b) Bei welcher Stückzahl fallen bei Maschine A und bei Maschine B gleich hohe Kosten an?

Die Lösung finden Sie auf Seite 351.

Fall 28 Skonto
5 Punkte * **12 Minuten**

Die Zahlungsbedingungen eines Lieferanten der Maschinenbau AG lauten: „Bei Zahlung innerhalb 14 Tagen 3 % Skonto, 30 Tage netto". Um unter Abzug von Skonto zahlen zu können, muss ein Kontokorrentkredit zu einem Zinssatz von 10,5 % p. a. aufgenommen werden.

Aufgabenstellung:

a) Wie hoch ist der effektive Jahreszins?

b) Wie hoch ist der Finanzierungsgewinn oder der Finanzierungsverlust (in €) für eine Rechnung über 95.200 € (einschließlich 19 % USt)?

c) Welche wesentlichen Gemeinsamkeiten und Unterschiede haben Kontokorrent- und Avalkredit?

Die Lösung finden Sie auf Seite 352.

Fall 29 Grundpfandrechte 2
7 Punkte ** **17 Minuten**

Die Finanzabteilung der Maschinenbau AG hat zu prüfen, ob im Grundbuch eine Hypothek oder Grundschuld eingetragen werden soll, um einen Kontokorrentkredit abzusichern.

Aufgabenstellung:

a) Wo im Grundbuch stehen die Belastungen durch Grundpfandrechte?

b) Ist die Hypothek oder ist die Grundschuld zur Absicherung von Kontokorrentkrediten geeignet (Begründung)?

c) Erläutern Sie, was mit den Begriffen **akzessorisch** und **abstrakt** (fiduzarisch) im Zusammenhang mit Hypothek und Grundschuld gemeint ist.

Die Lösung finden Sie auf Seite 353.

Fall 30 Zinssicherung
5 Punkte ** **12 Minuten**

Für das aktive Zinsmanagement bieten sich Wertpapier-Derivate an, um

▶ die Zinskosten zu senken,

▶ die Zinserträge zu steigern und

▶ die Risiken zu minimieren.

Aufgabenstellung:

a) Erläutern Sie den Unterschied zwischen Caps und Swaps.

b) Die Maschinenbau AG hat eine Geldanlage mit variabler Verzinsung getätigt. Sie sollen der Geschäftsleitung vorschlagen, wie eine Zinsabsicherung erfolgen kann, wenn der Zinssatz eine vorher festgelegte Untergrenze unterschreitet.

Die Lösung finden Sie auf Seite 353.

Fall 31 Leasing
7 Punkte   **   17 Minuten

Die Abraham OHG plant Handelswaren über ein eigenes Vertriebsnetz zu veräußern. Hierfür sollen eigene Fahrzeuge der Mittelklasse angeschafft werden.

Der Listenpreis für einen Pkw beträgt 32.000 €. Der Händler ist bereit bei Abnahme von mindestens 10 Wagen und sofortiger Zahlung einen Preisnachlass von 10 % auf den Listenpreis einzuräumen. Die betriebliche Nutzungsdauer der Pkw wird mit 4 Jahren veranschlagt. Danach sollen die Fahrzeuge für 8.000 € (ohne Umsatzsteuer) pro Stück veräußert werden.

Als Finanzierungsalternativen stehen ein Bankkredit oder Leasing zur Wahl.

Bei Leasing beträgt die Leasingrate pro Monat und Fahrzeug 550 €. Außerdem fällt eine einmalige Sonderzahlung von 6.400 € pro Pkw an. Die Laufzeit des Leasingvertrags ist 48 Monate. Die Hausbank räumt uns einen Kredit zu folgenden Konditionen ein:

Auszahlung	97 %
Zinssatz:	6,5 % p. a.
Tilgung:	am Ende der Laufzeit von 4 Jahren

Aufgabenstellung:

a) Berechnen Sie die Anschaffungskosten bei Abnahme von 10 Fahrzeugen.

b) Entscheiden Sie, ob dem Unternehmen Leasing oder Fremdfinanzierung (Berücksichtigung von Bankkredit, Abschreibungen, Liquidationserlös) zu empfehlen ist, wenn 10 Wagen abgenommen werden. Berechnen Sie hierzu die Jahreskosten pro Fahrzeug. Wählen Sie die statische Berechnungsmethode.

c) Welche Auswirkungen hätte es auf die Finanzierungsalternativen, wenn die Abraham OHG nur 5 Fahrzeuge abnehmen würde?

Die Lösung finden Sie auf Seite 354.

Fall 32 Finanzplanung
7 Punkte   ******   **17 Minuten**

Die Maschinenbau AG hat in ihr Verkaufsprogramm einen neu entwickelten Schweißautomaten aufgenommen. Durch die Abteilung Fertigungssteuerung wurde ermittelt, dass für die Herstellung einer Anlage in Einzelfertigung durchschnittlich 4 Wochen erforderlich sind. Anschließend kann mit der Fertigung des nächsten Schweißautomaten begonnen werden.

Die Maschine wird zu einem Stückpreis von 210.000 € verkauft. Den Kunden wird ein Zahlungsziel von 4 Wochen eingeräumt, das auch eingehalten wird.

Durch die Controlling-Abteilung wurden folgende fertigungsbezogene durchschnittliche Ausgaben ermittelt:

1. Woche:	80.000 €
2. Woche:	25.000 €
3. Woche:	20.000 €
4. Woche:	15.000 €

Aufgabenstellung:

a) Erstellen Sie den Finanzplan in Tabellenform für einen Zeitraum von 12 Wochen.

b) Wie hoch ist der Kapitalbedarf?

c) Welche kurzfristige Finanzierungsmöglichkeit sehen Sie, um den Kapitalbedarf abzudecken?

Die Lösung finden Sie auf Seite 355.

Fall 33 Ersatzinvestition
5 Punkte   *****   **12 Minuten**

Die Maschinenbau AG steht vor der Frage, eine vorhandene CNC-Universalmaschine durch eine neue Maschine des gleichen Typs zu ersetzen. Die alte Maschine hat 200.000 € gekostet und ist seit 5 Jahren in Betrieb (maximale Nutzungsdauer: 8 Jahre). Die Anschaffungskosten der neuen Maschine belaufen sich auf 250.000 €. Ein Restwert bleibt bei der alten Maschine unberücksichtigt.

Aufgabenstellung:

Ist es sinnvoll, die alte Maschine zu ersetzen, wenn der Betrieb mit einem Kalkulationszinsfuß von 10 % rechnet und folgende Werte ermittelt wurden?

	Maschine alt	Maschine neu
sonstige fixe Kosten (Jahr):	40.000 €	30.000 €
variable Kosten (Jahr):	17.500 €	16.250 €

Die Lösung finden Sie auf Seite 355.

Fall 34   Finanzierungsarten
4 Punkte   ******   **10 Minuten**

Nachstehend finden Sie die stark vereinfachte Bilanz der Maschinenbau AG für das abgelaufene Geschäftsjahr (alle Angaben in Mio. €):

Aktiva			Passiva
Anlagevermögen	1.230,00	gezeichnetes Kapital	410,00
Vorräte	353,80	Kapitalrücklage	210,00
Forderungen	202,20	Gewinnrücklagen	140,00
liquide Mittel	114,00	Bilanzgewinn	40,00
		Pensionsrückstellungen	100,00
		sonstige Rückstellungen	60,00
		langfr. Fremdkapital	830,00
		kurzfr. Fremdkapital	110,00
	1.900,00		1.900,00

Zusätzliche Hinweise:

▶ Der Bilanzgewinn wurde in voller Höhe als Dividende ausgeschüttet.
▶ Der Jahresüberschuss betrug 160,00 Mio. €. Davon wurden 120,00 Mio. € thesauriert.
▶ Die sonstigen Rückstellungen sind kurzfristig.
▶ Die Fremdkapitalzinsen betrugen im vergangenen Geschäftsjahr laut Gewinn- und Verlustrechnung 11 Mio. €.
▶ Die Eigenkapitalquote beträgt im Branchendurchschnitt 18 %.
▶ Das Unternehmen plant eine Erweiterungsinvestition in einem Gesamtvolumen von 130 Mio. €.

Aufgabenstellung:

a) Prüfen Sie, ob die goldene Bilanzregel in der engen und der weiten Fassung im abgelaufenen Geschäftsjahr eingehalten wurde.
b) In welcher Höhe hat das Unternehmen offene Selbstfinanzierung betrieben?
c) In welchen Bilanzpositionen ist stille Selbstfinanzierung zu vermuten (Begründung)?
d) Wie hoch sind Eigenkapital- und Gesamtkapitalrentabilität?

e) Beurteilen Sie die Eigenkapitalquote des Unternehmens.

f) Prüfen Sie, ob und inwieweit die Rücklagen zur Finanzierung der geplanten Investition herangezogen werden können.

g) Bei einer Abteilungsleiterkonferenz schlägt der Leiter der Marketingabteilung vor, die geplante Investition durch eine Kapitalerhöhung aus Gesellschaftsmitteln zu finanzieren. Nehmen Sie zu diesem Vorschlag Stellung.

Die Lösung finden Sie auf Seite 356.

Fall 35   Kapitalerhöhung
10 Punkte   **   24 Minuten

In der Einladung zur Hauptversammlung der Maschinenbau AG ist ein Tagesordnungspunkt die Änderung der Satzung wegen einer Kapitalerhöhung i. H. von 50 % in Form des genehmigten Kapitals gemäß §§ 202 bis 206 AktG.

Aufgabenstellung:

Als Mitarbeiterin/Mitarbeiter der Finanzabteilung haben Sie die folgenden Fragen zu klären:

a) Worin bestehen Gemeinsamkeiten und Unterschiede zwischen der ordentlichen Kapitalerhöhung und der Kapitalerhöhung in Form des genehmigten Kapitals?

b) Der Kurs der Altaktien beträgt 58,00 €. Als Ausgabekurs für die jungen Aktien sind 43,00 € vorgesehen. Welchen rechnerischen Wert hat das Bezugsrecht?

c) Welche Bedeutung hat das Bezugsrecht?

Die Lösung finden Sie auf Seite 357.

Fall 36   Zession
8 Punkte   **   20 Minuten

Ein Kredit der Abraham OHG soll bei der Hausbank durch eine stille Zession besichert werden.

Im Kreditvertrag sind unter anderem die folgenden Klauseln zu finden:

„... Kommt ein Schuldner seinen Zahlungsverpflichtungen nicht fristgemäß nach oder bestehen anderweitige Zweifel an der Zahlungsfähigkeit des Schuldners, so behält sich die Bank das Recht vor, die stille Zession in eine offene Zession umzuwandeln. Zur Wahrung dieses Rechts bedarf es der schriftlichen Mitteilung an den Kreditnehmer, wobei eine Begründung nicht erforderlich ist. Die Zession ist in der Form der Mantelzession durchzuführen."

Aufgabenstellung:

a) Was wird unter einer Zession verstanden?

b) Warum hat die Abraham OHG mit der Hausbank eine stille Zession vereinbart?

c) Aus welchen Gründen hat die Hausbank die obige Klausel in den Vertrag aufgenommen?

d) Wodurch unterscheiden sich Mantel- und Globalzession?

Die Lösung finden Sie auf Seite 358.

Fall 37   Stille Gesellschaft
5 Punkte   *   **12 Minuten**

Die Abraham OHG plant den Bau eines Warenverteilzentrums für Unterhaltungselektronik in München. Der dafür erforderliche Kapitalbedarf soll durch Aufnahme des Kaufmanns Manfred Raddatz als stiller Gesellschafter abgedeckt werden.

Im Vertrag zwischen der Abraham OHG und Raddatz steht unter anderem:

„Der Kaufmann Manfred Raddatz (nachfolgend stiller Gesellschafter genannt) beteiligt sich an der Abraham OHG i. H. von 100.000 €. Die Beteiligung erfolgt in stiller Form (stille Gesellschaft gemäß §§ 230 bis 237 HGB und §§ 705 bis 740 BGB). Es wird ausdrücklich vereinbart, dass der stille Gesellschafter an den stillen Reserven des Unternehmens beteiligt ist. Des Weiteren wird dem stillen Gesellschafter das Recht eingeräumt, ausschließlich im Innenverhältnis, die Organisation des Warenverteilzentrums in leitender Funktion zu übernehmen. Der stille Gesellschafter ist mit 15 % am Jahresreingewinn beteiligt, wobei seine Arbeitsleistung damit abgegolten ist. Eine Verlustbeteiligung ist ausgeschlossen."

Aufgabenstellung:

a) Um welche Finanzierungsform handelt es sich?

b) Welche Art der stillen Gesellschaft liegt vor?

Die Lösung finden Sie auf Seite 359.

Fall 38   Kurssicherung
8 Punkte   **   **20 Minuten**

Die Maschinenbau AG beabsichtigt 40 Maschinen, mit einem Auftragsvolumen von 12.000.000 €, nach Südostasien zu exportieren. Der Käufer verlangt zwingend die Fakturierung in US-Dollar. Bei den Vertragsverhandlungen zeichnet es sich ab, dass der Vertrag nur dann zustande kommt, wenn die Maschinenbau AG dem Kunden einen Lieferantenkredit mit 12-monatiger Laufzeit einräumt. Nach Rücksprache mit der Finanzabteilung und der Hausbank ist davon auszugehen, dass der Kurs des US-Dollars in absehbarer Zeit fallen wird. Deshalb soll die Absicherung mithilfe von Off-Balancesheet-Instrumenten erfolgen.

a) Vergleichen Sie Devisentermingeschäft und Devisenoptionsgeschäft als Möglichkeiten der Kursabsicherung.

b) Die Produktionszeit für die 40 Maschinen wird mit 8 Monaten veranschlagt. Die Vorfinanzierung der Produktion sowie die Finanzierung des Lieferantenkredits sollen über die AKA erfolgen.

Ihre Aufgabe ist es, diese Finanzierungsmöglichkeit darzulegen.

Die Lösung finden Sie auf Seite 359.

Fall 39 Kapitalflussrechnung
10 Punkte ****** **24 Minuten**

Für den Jahresabschluss (31.12.2020) hat die Maschinenbau AG eine Kapitalflussrechnung erstellt (in T€):

1.	Jahresüberschuss	16.200,00
2.	Abschreibungen auf das Anlagevermögen	5.200,00
3.	Einzahlungen von Kunden	6.600,00
4.	sonstige Einzahlungen	1.200,00
5.	Auszahlungen an Beschäftigte	-14.200,00
6.	Auszahlungen an Lieferanten	-4.100,00
7.	sonstige Auszahlungen	-600,00
8.	**Mittelzufluss aus betrieblicher Tätigkeit**	10.300,00
9.	Einzahlungen aus Abgängen des Sachanlagevermögens	800,00
10.	Auszahlungen für Investitionen in das Sachanlagevermögen	-7.800,00
11.	Einzahlungen aus Abgängen des immateriellen Anlagevermögens	500,00
12.	Auszahlungen für Investitionen in das Finanzanlagevermögen	-700,00
13.	Auszahlungen für den Erwerb von Tochterunternehmen	-8.000,00
14.	**Mittelabfluss aus der Investitionstätigkeit**	-15.200,00
15.	Einzahlungen aus Eigenkapitalzuführung	6.000,00
16.	Auszahlungen an Unternehmenseigner und Minderheitengesellschafter	-1.000,00
17.	Einzahlungen aus der Aufnahme von Anleihen und Krediten	2.500,00
18.	Auszahlungen (Zinsen und Tilgung) für Anleihen und Kredite	-400,00
19.	**Mittelzufluss aus der Finanzierungstätigkeit**	7.100,00

20.	zahlungswirksame Veränderungen des Finanzmittelbestandes im Geschäftsjahr 2020	2.200,00
21.	wechselkursbedingte Veränderungen der liquiden Mittel	0,00
22.	Finanzmittelbestand am 1.1.2020	1.200,00
23.	**Finanzmittelbestand am Ende des Geschäftsjahres 2020**	3.400,00

Aufgabenstellung:

a) Berechnen Sie den Cashflow. Aus den Bilanzen der Maschinenbau AG ist zu entnehmen:

	Geschäftsjahr 2019	**Geschäftsjahr 2020**
Pensionsrückstellungen	3.500 T€	2.100 T€
kurzfristige Rückstellungen	800 T€	1.200 T€

b) Berechnen Sie die Nettokreditaufnahme.

c) Zeigen Sie auf, wofür der Zufluss an finanziellen Mitteln verwendet wurde.

Die Lösung finden Sie auf Seite 360.

Fall 40 Liquidität
10 Punkte   ★★   **24 Minuten**

Dem Anlagenspiegel der Maschinenbau AG sind die folgenden Informationen entnommen:

T€	Anschaffungs- bzw. Herstellungskosten (AK/HK) zum 1.1.01	Zugänge zu AK/HK	kumulierte Abschreibungen im Geschäftsjahr 01	Buchwert zum 31.12.01	Buchwert am 31.12.00	Abschreibungen im Geschäftsjahr 01
Anlagevermögen	6.000	1.300	3.200	4.100	5.600	400

Aus der Controllingabteilung erhalten Sie die folgenden Daten:
▶ Eigenkapitalquote 30 %,
▶ Deckungsgrad I (Eigenkapital / Anlagevermögen · 100) = 120 %,
▶ liquide Mittel: 5 % des Gesamtvermögens,
▶ kurzfristige Forderungen: 15 % des Gesamtvermögens,
▶ kurzfristige Verbindlichkeiten: 18 % des Gesamtkapitals.

TEIL F — Finanzmanagement

Aufgabenstellung:

a) Was wird unter Liquidität verstanden?

b) Wie hoch ist die Liquidität 1., 2. und 3. Grades? Runden Sie die Kennzahlen auf eine Stelle nach dem Komma.

c) Aus welchen Gründen ist der Aussagewert von Liquiditätskennzahlen eingeschränkt?

Die Lösung finden Sie auf Seite 361.

Fall 41   Selbstfinanzierung 1
12 Punkte   ******   **30 Minuten**

Es liegen Ihnen die Bilanzen der Maschinenbau AG für die letzten beiden Geschäftsjahre vor. Sie werden mit folgenden Arbeiten betraut:

a) Berechnen Sie die Veränderung der offenen Selbstfinanzierung gegenüber dem Vorjahr (in T€ und %).

b) Erörtern Sie die Vorteile der Finanzierung von Investitionen durch Selbstfinanzierung gegenüber der Kreditfinanzierung.

c) Führen Sie auf, wodurch stille Selbstfinanzierung zustande kommt.

d) In welchen Bilanzpositionen können sich Anteile von stiller Selbstfinanzierung befinden?

Bilanzen der Maschinenbau AG in T€:

Aktiva	Berichtsjahr	Vorjahr	Passiva	Berichtsjahr	Vorjahr
Anlagevermögen			gez. Kapital	5.000,00	5.000,00
immaterielles Vermögen	400,00	380,00	Kapitalrücklage	500,00	500,00
Sachanlagen	5.900,00	3.000,00	Gewinnrücklagen	3.000,00	2.500,00
Finanzanlagen	3.000,00	1.500,00	Bilanzgewinn	1.500,00	1.000,00
Umlaufvermögen			Pensionsrückst.	6.000,00	4.000,00
Vorräte	7.900,00	8.100,00	andere Rückst.	200,00	100,00
Forderungen	5.200,00	4.100,00			
Kassenbestand	100,00	120,00	langfr. Verb. ggü. Kreditinst.	6.500,00	5.000,00
Bankguthaben	2.500,00	1.800,00	Verb. aLL	1.500,00	750,00
			übrige kurzfr. Verbindlichk.	800,00	150,00
Summe Aktiva	25.000,00	19.000,00	**Summe Passiva**	25.000,00	19.000,00

Die Lösung finden Sie auf Seite 362.

Fall 42 Selbstfinanzierung 2
10 Punkte   **   24 Minuten

Im Rahmen eines Vortrags sollen Sie u. a. zu folgenden Themen referieren:

a) Die Merkmale der offenen Selbstfinanzierung

b) Möglichkeiten der Selbstfinanzierung der Aktiengesellschaft unter besonderer Berücksichtigung der Rücklagen

Die Lösung finden Sie auf Seite 363.

Fall 43 Rücklagen
10 Punkte   **   24 Minuten

In der Bilanz einer AG ist zu lesen (in €):

			Passiva
A.	Eigenkapital		
	I.	gezeichnetes Kapital	60.000.000
	II.	Kapitalrücklage	3.000.000
	III.	Gewinnrücklagen	
		1. gesetzliche Rücklage	1.000.000
		2. andere Gewinnrücklagen	500.000
	IV.	Verlustvortrag	8.000.000

Aus der Gewinn- und Verlustrechnung der AG ist zu entnehmen:

Jahresüberschuss   20.000.000 €

Vorstand und Aufsichtsrat machen von ihrem Einstellungsrecht nach § 58 Abs. 2 AktG Gebrauch. Danach können sie einen Teil des Jahresüberschusses, höchstens jedoch die Hälfte, in andere Gewinnrücklagen einstellen.

Aufgabenstellung:

Berechnen Sie die zu bildende gesetzliche Rücklage, die maximalen anderen Gewinnrücklagen, den Bilanzgewinn. Wie hoch ist die durch die Verwendung des Jahresüberschusses gebildete offene Selbstfinanzierung?

Lösungshinweis: Zur Lösung siehe auch Fall 42.

Die Lösung finden Sie auf Seite 364.

Fall 44 Annuitätenmethode
10 Punkte   ******   **24 Minuten**

Die Maschinenbau AG plant den Kauf eines neuen Spritzgussautomaten (A). Der Anschaffungspreis der Maschine liegt bei 320.000 €. Die Zahlungsbedingungen lauten: 50 % des Kaufpreises sofort bei Lieferung, 50 % am Ende des 1. Jahres. Außerdem fallen in t_0 an: Montagekosten und Kosten für Testlauf und Inbetriebnahme i. H. von 10.000,00 €.

Die Maschinenbau AG geht von einer Nutzungsdauer von 8 Jahren und einem Kalkulationszinsfuß von 10 % (i = 0,1) aus.

Es wird mit konstanten Einnahmeüberschüssen i. H. von 150.000,00 € pro Jahr und einem Liquidationserlös von 30.000,00 € am Ende des letzten Jahres gerechnet.

Für eine baugleiche Maschine (B) wurde bereits die Annuität berechnet. Diese beträgt 25.000,00 € pro Jahr.

Aufgabenstellung:

a) Berechnen Sie für die Maschine A die Annuität.

b) Beurteilen Sie die Vorteilhaftigkeit der beiden Maschinen.

c) Für welche Maschine sollte sich die Maschinenbau AG entscheiden (Begründung)?

d) Wie hoch ist der Kapitalwert (C_0) der Maschine B?

e) Ein Mitarbeiter der Finanzabteilung schlägt vor, den Kalkulationszinsfuß auf 20 % zu erhöhen, da hohe Zinsen vorteilhaft seien. Entkräften Sie diesen Vorschlag.

Die Lösung finden Sie auf Seite 366.

Fall 45 Investitionsrechnung
17 Punkte   *******   **40 Minuten**

Die Maschinenbau AG hat mit der Horch GmbH in Zwickau einen Vertrag über die Lieferung von flexiblen Leiterplatten abgeschlossen. Das Auftragsvolumen beträgt 200.000 Stück pro Jahr, die zu einem Festpreis von 15 € pro Stück abgenommen werden. Außerdem besteht eine Abnahmegarantie über einen Zeitraum von 5 Jahren.

Für die Durchführung des Auftrags muss die Maschinenbau AG drei Bestückungsautomaten erwerben. Der Anschaffungspreis für einen Automaten beläuft sich auf 450.000 €. Außerdem werden für Fracht, Montage und Fundamentierung insgesamt 25.000 € berechnet.

Die Controlling Abteilung hat ermittelt, dass mit jährlichen Auszahlungen von 1.900.000 € im ersten Jahr auszugehen ist. Es wird in den kommenden Jahren mit einer Verteuerung des Fertigungsmaterials gerechnet. Die Auszahlungen würden sich dadurch im besten Fall (best case) um jährlich 5 %, im schlechtesten Fall (worst case) um 20 % erhöhen.

Finanzmanagement

Nach dem Ablauf von 5 Jahren sollen die Automaten demontiert und verschrottet werden, wodurch noch einmal Kosten i. H. von 10.000 € anfallen.

Die Maschinenbau AG rechnet mit einem Kalkulationszinsfuß von 12 %.

Aufgabenstellung:

a) Beurteilen Sie mithilfe der Kapitalwertmethode die Investitionsmaßnahme und zwar für den günstigsten Fall und für den schlechtesten Fall.

Folgende finanzmathematische Faktoren stehen für die Berechnungen zur Auswahl:

Jahr	Aufzinsungsfaktor	Abzinsungsfaktor	Diskontierungs-summenfaktor
1	1,12	0,892857	0,892857
2	1,2544	0,797194	1,690051
3	1,404928	0,711780	2,401831
4	1,573519	0,635518	3,037349
5	1,762342	0,567427	3,604776

b) Erläutern Sie, wie sich eine Veränderung der von der Maschinenbau festgesetzten Mindestverzinsung auf die Ergebnisse zu a) auswirken würde? Mit welcher Investitionsrechnungsmethode kann die tatsächliche Verzinsung der Investitionsmaßnahmen ermittelt werden?

c) Welche Kritik lässt sich an den dynamischen Verfahren der Investitionsrechnung üben?

Die Lösung finden Sie auf Seite 367.

Fall 46 Kapitalwertmethode
12 Punkte *** **30 Minuten**

Die Maschinenbau AG plant den Kauf einer Kunststoffspritzgussmaschine zur Herstellung von Typenschildern für die Automobilindustrie.

Der Nettopreis beträgt 50.000 €. Die Maschine soll 3 Jahre genutzt und am Ende des dritten Jahres für 2.000 € verkauft werden. Es wird davon ausgegangen, dass 10.000 Stück pro Jahr gefertigt und zu einem Stückpreis von 10 € abgesetzt werden. An variablen Stückkosten werden 5 € angesetzt und die Fixkosten sind 20.000 € jährlich.

Für diese Investition wird ein Kalkulationszinsfuß von 10 % angenommen.

Aufgabenstellung:

a) Lohnt sich die Investition? Wenden Sie für die Berechnung die Kapitalwertmethode an, wobei für die Berechnung folgende finanzmathematische Faktoren zur Wahl stehen:

Jahr	Aufzinsungsfaktor	Abzinsungsfaktor	Diskontierungssummenfaktor	Kapitalwiedergewinnungsfaktor
1	1,1	0,909091	0,909091	1,1
2	1,21	0,826446	1,735537	0,57619
3	1,331	0,751315	2,486852	0,402115

b) Um wie viel € und % verändert sich der Kapitalwert, wenn der Stückdeckungsbeitrag um 10 % sinkt?

Die Lösung finden Sie auf Seite 369.

Fall 47 Finanzierungsentscheidung
17 Punkte　　　　　　　　***　　　　　　　　**40 Minuten**

Die Strukturbilanz der Maschinenbau AG für das abgelaufene Geschäftsjahr 02 sieht wie folgt aus:

Aktiva	Strukturbilanz (in T€)		Passiva
Anlagevermögen	6.000	Eigenkapital	3.000
Umlaufvermögen	9.000	Verbindlichkeiten	11.000
	15.000		15.000

Die Gewinn- und Verlustrechnung weist für das Geschäftsjahr 02 einen Jahresüberschuss von 590 T€, Abschreibungen von 60 T€ und Zinsaufwendungen von 80 T€ aus.

Die langfristigen Rückstellungen in 01 sind 120 T€ und in 02 betragen sie 70 T€. Die kurzfristigen Rückstellungen betragen in 01 60 T€ und in 02 90 T€.

Das Unternehmen plant für das kommende Jahr (Geschäftsjahr 03) Erweiterungsinvestitionen in einem Gesamtvolumen von 1.000 T€. Es ist beabsichtigt, die Investition durch den Cashflow des Geschäftsjahres 02 zu finanzieren. Ein eventueller Fehlbetrag soll durch ein langfristiges Bankdarlehen ausgeglichen werden. Die Kreditkonditionen der Bank sind: Nominalzinssatz 6 %, Disagio 3 %.

Der durchschnittliche Fremdkapitalzinssatz der Maschinenbau AG ist ebenfalls 6 %.

Finanzmanagement — TEIL F

Aufgabenstellung:

a) Reicht der Cashflow aus, um die geplanten Investitionen damit zu finanzieren?
b) Über welchen Betrag muss ggf. das Bankdarlehen lauten?
c) Berechnen Sie die Eigenkapitalquote und den Verschuldungsgrad für das Geschäftsjahr 02.
d) Welchen Einfluss auf die Kennzahlen ergeben sich, wenn das Unternehmen in Höhe des eventuellen Fehlbetrags das Bankdarlehen aufnimmt?
e) Berechnen Sie die Eigenkapital- und die Gesamtkapitalrentabilität.
f) Erläutern Sie, wie sich die Aufnahme des Bankdarlehens auf die Eigenkapitalrentabilität auswirkt?
g) Wie wirkt sich das Disagio auf die Effektivverzinsung des Bankdarlehens aus?
h) Im Umlaufvermögen befinden sich festverzinsliche Wertpapiere über 350 T€. Wie könnten die Wertpapiere zur Besicherung des Bankdarlehens herangezogen werden?

Die Lösung finden Sie auf Seite 370.

Fall 48 Finanzplan
17 Punkte   ✳✳✳   **40 Minuten**

Als Assistent/in des Finanzvorstands der Maschinenbau AG haben Sie im Rahmen der kurzfristigen Planungsrechnung die Aufgabe, den voraussichtlichen Kapitalbedarf für den Planungszeitraum von Juli bis September (3. Quartal) zu ermitteln.

Von der Abteilung Controlling erhalten Sie die folgenden Angaben und Planzahlen:

liquide Mittel (Kasse, Bankguthaben) Anfang Juli: 812.500,00 €

Umsatzerlöse:

25 % gehen im laufenden Monat unter Abzug von 2 % Kundenskonto ein,
75 % gehen nach 2 Monaten ein.

Umsatzerlöse im Mai:	800.200,00 €
Umsatzerlöse im Juni:	920.000,00 €
Planzahlen:	
Juli:	810.000,00 €
August:	660.000,00 €
September:	940.000,00 €

weitere zu erwartende Einzahlungen:

– aus Vermietung und Verpachtung:	monatlich	40.200,00 €
– Abgang von Vermögensgegenständen im Monat Juli:		60.000,00 €

Planzahlen für die Auszahlungen:

Fertigungsmaterial:	monatlich	220.000,00 €
Personalkosten:	monatlich	410.000,00 €
Steuern:	monatlich	20.000,00 €
Auszahlungen für bebaute Grundstücke:		
	Juli:	16.000,00 €
	August:	21.000,00 €
	September:	0,00 €
sonstige Auszahlungen:	monatlich	30.000,00 €
geplante Investitionen:		
	Juli:	180.000,00 €
	August:	200.000,00 €

weitere Angaben zu den Auszahlungen:

– zu erwartende Preissteigerungen beim Fertigungsmaterial 8 % ab September

– zu erwartende Lohnerhöhung ab August 5 %

– bei den Steuern werden im Juli zusätzlich 10.000,00 € fällig

Aufgabenstellung:

a) Erstellen Sie den Finanzplan für das 3. Quartal. Überschüsse oder Fehlbeträge sind in den jeweils nächsten Monat zu übernehmen. Der Überschuss am Ende des 2. Quartals betrug 270.000,00 €.

b) Berechnen Sie die Liquidität 1. Grades (Barliquidität) für Juli, wenn sich das kurzfristige Fremdkapital auf 1.250.000,00 € belief.

c) Welche Werte benötigen Sie noch, um die Liquidität 2. und 3. Grades zu ermitteln?

d) Warum haben Liquiditätskennzahlen nur einen begrenzten Aussagewert?

Die Lösung finden Sie auf Seite 371.

Fall 49 Kapitalbedarfsrechnung 3
12 Punkte   ***   **30 Minuten**

Die Maschinenbau AG plant eine neue Fertigungsstraße zu errichten. Hierfür sind insgesamt 20.000.000 € eingeplant. Es stehen Eigenmittel i. H. von 12.000.000 € zur Verfügung. Über die restlichen 8.000.000 € besteht eine verbindliche Kreditzusage der Hausbank.

Es wird von weiteren folgenden Daten ausgegangen:

Der Einkaufspreis der Fertigungsstraße beläuft sich auf 15.000.000 €. Hierauf gewährt uns der Hersteller einen Preisnachlass von 5 %. Hinzu kommen weitere 16.000 € für die Montage. Die Transportversicherung beträgt 0,05 % vom Einkaufspreis, die Fracht beläuft sich auf 4.000 €.

Von den Lieferanten des Fertigungsmaterials erhalten wir durchschnittlich ein Zahlungsziel von 30 Tagen.

Die Kunden bezahlen die gelieferten Erzeugnisse nach durchschnittlich 20 Tagen.

Von der Abteilung Arbeitsvorbereitung erhalten wir die folgenden Informationen:
- durchschnittliche Lagerdauer für Fertigungsmaterial 4 Tage,
- Produktionsdauer 5 Tage,
- durchschnittliche Lagerdauer Fertigerzeugnisse 3 Tage,
- pro Tag 60.000 € durchschnittlicher Fertigungsmaterialverbrauch,
- pro Tag 80.000 € durchschnittliche Fertigungslöhne,
- Materialgemeinkosten fallen 10 Tage vor Materialanlieferung an,
- Fertigungslöhne fallen bei Fertigungsbeginn an,
- Fertigungsgemeinkosten fallen 12 Tage vor Fertigungsbeginn an,
- Verwaltungs- und Vertriebsgemeinkosten fallen 16 Tage vor Materiallieferung an.

Von der Abteilung Controlling bekommen wir folgende Zuschlagsätze mitgeteilt:
- Materialgemeinkostenzuschlagsatz 16 %,
- Fertigungsgemeinkostenzuschlagsatz 120 %,
- Verwaltungs- und Vertriebsgemeinkostenzuschlagsatz 6 %.

Aufgabenstellung:

a) Berechnen Sie den Kapitalbedarf für das Anlage- und Umlaufvermögen.

b) Reichen die vorhandenen Mittel zur Kapitalbedarfsdeckung aus?

Die Lösung finden Sie auf Seite 373.

G. Steuerrecht

I. Abgabenordnung

Fall 1 Fristberechnung 1
7 Punkte   ******   **18 Minuten**

Die Abraham OHG erhielt am 6.3.2020 den am 2.3.2020 vom zuständigen Finanzamt Bonn-Außenstadt zur Post gegebenen Gewinnfeststellungsbescheid für 2018. Der Bescheid erging weder vorläufig noch unter dem Vorbehalt der Nachprüfung.

Die Feststellungserklärung war nach entsprechender Fristverlängerung am 20.9.2019 eingereicht worden. Der Feststellungsbescheid entsprach im Wesentlichen der eingereichten Erklärung. Allerdings wurden bestimmte Betriebsausgaben nicht anerkannt und auch einige Abschreibungen niedriger angesetzt als beantragt.

Der steuerliche Gewinn lag 30.000 € über dem von der OHG ermittelten Gewinn.

Der mit 25 % beteiligte Gesellschafter Lange hatte seine ESt-Erklärung für 2018 erst im Januar 2020 bei dem zuständigen Finanzamt Bonn-Innenstadt abgegeben. Er erhielt am 7.5.2020 seinen ESt-Bescheid mit Poststempel vom 30.4.2020.

Wegen des zu hohen Gewinns der OHG, der zwangsläufig seine Steuerschuld erhöhte, legte er per Fax am 15.5.2020 gegen seinen ESt-Bescheid beim zuständigen Finanzamt Einspruch ein und beantragte die Aussetzung der Vollziehung. Versehentlich wurde das Fax von Lange nicht unterschrieben.

Aufgabenstellung:

a) Hat der Einspruch Aussicht auf Erfolg? Bitte gehen Sie auch auf die Festsetzungsverjährung ein.

b) Wie wäre es, wenn der Gewinnfeststellungsbescheid unter Vorbehalt der Nachprüfung erlassen worden wäre?

Die Lösung finden Sie auf Seite 375.

Fall 2 Verspätete Abgabe von Erklärungen[1]
9 Punkte   ******   **22 Minuten**

Die Abraham OHG hatte im Jahr 2020 Probleme, den Personalbedarf in ihrer Finanzbuchhaltung optimal zu decken. Es wurden wiederholt unerfahrene Mitarbeiter eingestellt und eingearbeitet.

So kam es, dass die Einreichung der USt-Voranmeldungen sowie die entsprechenden Zahlungen mehrfach nicht pünktlich erfolgten. Im Laufe des Jahres ereigneten sich nachstehende Sachverhalte:

a) Abgabe der USt-Voranmeldung für Januar 2020 am Mittwoch, 12.2.2020. Der Erklärung lag ein Scheck i. H. von 4.900 € (= Zahllast) bei. Dauerfristverlängerung wurde nicht beantragt; diese war den Mitarbeitern völlig unbekannt.

b) Abgabe der USt-Voranmeldung für Februar 2020 am Donnerstag, 5.3.2020. Die Zahlung der Steuer i. H. von 13.358 € erfolgte am Mittwoch, 11.3.2020, per Scheck.

c) Abgabe der USt-Voranmeldung für Mai 2020 am Donnerstag, 11.6.2020. Es wurde ein Zahlungsbetrag i. H. von 13.143 € errechnet. Eigentlich sollte der Voranmeldung ein Scheck beigelegt werden. Dieses wurde jedoch versäumt, sodass der Scheck erst am nächsten Tag beim Finanzamt einging.

d) Einwurf der USt-Voranmeldung für Juni 2020 in den Briefkasten des Finanzamts am Freitag, 3.7.2020. Noch am gleichen Nachmittag warf eine Angestellte den Überweisungsträger mit dem zutreffenden Zahlungsbetrag von 14.529 € in den Briefkasten der Hausbank der OHG. Weil die Überweisung wegen des Wochenendes erst am darauf folgenden Montag bearbeitet wurde, erfolgte die Gutschrift auf dem Konto des Finanzamts erst am 8.7.2020.

e) Abgabe der USt-Voranmeldung für September 2020 am Donnerstag, 8.10.2020. Die Entrichtung der Steuer i. H. von 11.540 € erfolgte per Lastschrift, die Gutschrift ging am Freitag, 12.10.2020 auf dem Konto des Finanzamts ein.

Aufgabenstellung:

Prüfen und erläutern Sie, ob und ggf. in welcher Höhe steuerliche Nebenleistungen zu erheben waren.

Die Lösung finden Sie auf Seite 376.

Fall 3 Außenprüfung 1[(1)]
6 Punkte ⁎⁎⁎ 15 Minuten

Die Abraham OHG hatte ihre Feststellungserklärung für den VZ 2014 erst nach diversen Diskussionen mit dem Finanzamt am 22.12.2015 der zuständigen Finanzbehörde übergeben.

Das Finanzamt erließ am 16.6.2016 einen Gewinnfeststellungsbescheid unter Vorbehalt der Nachprüfung. Am 8.11.2019 ging bei der Abraham OHG eine Prüfungsanordnung ein. In dieser wurde mitgeteilt, dass bei der OHG eine Außenprüfung gemäß § 193 AO der einheitlichen und gesonderten Gewinnfeststellungen der Jahre 2014 bis 2016 durchgeführt werden sollte. Der Beginn war für den 6.12.2019 angesetzt.

Die Prüfungsanordnung enthielt alle gesetzlich vorgeschriebenen Bestandteile. Die Gesellschafter warteten mit Bangen auf die Prüfung und hofften, dass bis dahin die Verjährung eingetreten sein würde.

Am Morgen des 6.12.2019 kam der Prüfer, Herr Dr. Neff, in das Unternehmen, machte den Beginn der Prüfung aktenkundig und begann mit einer ersten Durchsicht der Belege. Gegen Mittag erklärte er, dass die weitere Prüfung unvorhergesehen zunächst verschoben werden müsse. Erst am 8.6.2020 erschien der Prüfer wieder im Unternehmen, um mit der Prüfung fortzufahren. Sie endete am 22.6.2020 mit der Schlussbesprechung. Es stellte sich ein steuerliches Mehrergebnis von 50.000 € heraus.

Aufgabenstellung:

a) Unterscheiden Sie die beiden Begriffe „Festsetzungsverjährung" und „Zahlungsverjährung". Gehen Sie auch auf den jeweiligen Fristlauf ein.

b) Führt die Verschiebung der Außenprüfung zu einer Verschiebung der Festsetzungsverjährung? Erläutern Sie den Fristlauf mit den gesetzlichen Vorschriften.

c) Wieviel Zeit hat das Finanzamt, nach Abschluss der Außenprüfung einen wirksam geänderten Gewinnfeststellungsbescheid zu erstellen?

d) Bis zu welchem Zeitpunkt wäre eine wirksame Selbstanzeige möglich?

Die Lösung finden Sie auf Seite 378.

Fall 4   Änderung von Steuerbescheiden 1
6 Punkte   ***   15 Minuten

Die Abraham OHG erhielt am 14.4.2020 den am 6.4.2020 zur Post gegebenen Gewinnfeststellungsbescheid der OHG für 2018, den die Gesellschafter sogleich ihrem angestellten Bilanzbuchhalter, Herrn Paulsen, zur Prüfung vorlegten.

Diesem Bescheid zufolge ergab sich ein – gegenüber der eingereichten Feststellungserklärung – um 7.500 € höherer Gewinn, weil das Finanzamt einige Betriebsausgaben nicht anerkannte und diverse Absetzungen niedriger ansetzte.

Der Bilanzbuchhalter und die Gesellschafter/Geschäftsführer waren entrüstet und beabsichtigten, gegen diesen Bescheid „irgendetwas" zu unternehmen. Herr Paulsen informierte die Gesellschafter/Geschäftsführer über die Möglichkeiten eines Antrags auf Änderung nach § 172 AO und eines Einspruchs nach § 347 AO sowie deren Auswirkungen.

Schließlich entschieden sich die Gesellschafter einstimmig für die Alternative des Einspruchs. Der Bilanzbuchhalter Paulsen formulierte diesen, unterschrieb ihn und reichte ihn am 11.5.2020 beim zuständigen Finanzamt ein.

Aufgabenstellung:

a) Erläutern Sie den Unterschied zwischen dem Antrag auf Änderung nach § 172 AO und dem Einspruch gemäß § 347 AO.

b) Nehmen Sie zu dem von dem Bilanzbuchhalter Paulsen eingelegten Einspruch Stellung.

Die Lösung finden Sie auf Seite 379.

Fall 5 Steuerstundung
5 Punkte * **12 Minuten**

Die Maschinenbau AG erhielt am 15.1.2020 (Tag der Bekanntgabe) nach einer Außenprüfung einen berichtigten KSt-Bescheid für das Jahr 2016. Aufgrund des Steuerbescheids war spätestens bis zum 15.2.2020 eine KSt-Nachzahlung i. H. von 45.129 € zu leisten.

Da sich die Maschinenbau AG zu diesem Zeitpunkt in akuten Liquiditätsschwierigkeiten befand, bat der Geschäftsführer, Herr Hauke Mees, das zuständige Finanzamt um Stundung dieser Nachzahlung bis zum 31.3.2020. Diesem Wunsch wurde entsprochen.

Aufgabenstellung:

Prüfen Sie mithilfe der gesetzlichen Bestimmungen, ob sich für die Maschinenbau AG neben der Körperschaftsteuerzahlung weitere Zahlungsverpflichtungen ergaben und wenn ja, in welcher Höhe.

Die Lösung finden Sie auf Seite 381.

Fall 6 Änderung von Steuerbescheiden 2
7 Punkte ** **17 Minuten**

Die Bilanzbuchhalterin der Maschinenbau AG, Frau Mees, erhielt am 21.10.2020 den endgültigen KSt-Bescheid für 2018. Da die Unternehmensleitung mit diesem Bescheid nicht einverstanden war, bereitete Frau Mees am 11.11.2020 folgendes Schreiben an das zuständige Finanzamt vor. Dieses Schreiben unterzeichnete der Geschäftsführer am gleichen Tag. Sofort wurde das Schreiben an das Finanzamt gefaxt.

„Sehr geehrte Damen und Herren,

gegen den KSt-Bescheid für den VZ 2018 wende ich mich aus drei Gründen und bitte um Abänderung:

1. Die Provisionserträge der AG sind leider durch mein Versehen mit 90.000 € angegeben worden. Richtig sind jedoch 9.000 €. Diesen Fehler hatte ich leider bei der Einreichung der Unterlagen übersehen. Ich bitte, diese offenbare Unrichtigkeit nach § 129 AO zu berichtigen und die Steuer entsprechend herabzusetzen.

2. Ich habe vergessen, bei der Gewinnermittlung das Konto ‚Werbeaufwand' abzuschließen und von den Erträgen abzusetzen. Der Saldo belief sich mit Wirkung vom 31.12.2018 auf 25.000 €. Ich beantrage hiermit, diesen Betrag vom ermittelten Gewinn abzuziehen.

3. Für die Geschäftsführung wurde am 11.6.2018 eine neue Büroeinrichtung erworben. In unserer Gewinnermittlung waren wir von einer Nutzungsdauer von 5 Jahren ausgegangen. Sie dagegen setzten eine Nutzungsdauer von 10 Jahren an und erhöhten unseren Gewinn entsprechend. Gegen die Bemessung der Nutzungsdauer lege ich ausdrücklich Einspruch ein.

Mit freundlichem Gruß

Maschinenbau AG

Weesbach

Vorstand."

Aufgabenstellung:

Prüfen Sie mithilfe der gesetzlichen Bestimmungen, um welche Rechtsmittel es sich jeweils handelt sowie deren Erfolgsaussichten.

Die Lösung finden Sie auf Seite 381.

Fall 7   Steuerfestsetzung
5 Punkte   *   12 Minuten

Im Rahmen des Festsetzungsverfahrens unterscheidet man zwischen Festsetzung unter Vorbehalt der Nachprüfung und vorläufiger Festsetzung.

Aufgabenstellung:

Erläutern Sie die Unterschiede anhand der gesetzlichen Regelungen.

Die Lösung finden Sie auf Seite 382.

Fall 8   Fristberechnung 2
6 Punkte   **   14 Minuten

Ben Becker (B) betreibt in München ein Wirtshaus. Seine USt-Jahreserklärung für das Kalenderjahr 2019 hat er Ende Juni 2020 beim zuständigen Finanzamt eingereicht. Das Finanzamt wich von der Erklärung ab und gab den Umsatzsteuerbescheid 2019 am Donnerstag, den 2.7.2020, mit einfachem Brief zur Post auf. Der Umsatzsteuerbescheid weist einen Nachzahlungsbetrag von 760 € aus. Der Bescheid ist B am 6.7.2020 zugegangen. B hat den Betrag am 15.8.2020 von seinem Bankkonto überwiesen. Der Betrag wurde am 18.8.2020 auf dem Konto des Finanzamts gutgeschrieben.

Aufgabenstellung:

a) Wann war die USt-Abschlusszahlung für 2019 fällig?

b) Prüfen Sie, ob steuerliche Nebenleistungen – und ggf. in welcher Höhe – zu zahlen sind.

Die Lösung finden Sie auf Seite 383.

Fall 9 Außenprüfung 2[(1)]
8 Punkte ****** **20 Minuten**

Die Reifenfabrik Schmidt und Schneider OHG erhielt vom zuständigen Finanzamt form- und fristgerecht eine Prüfungsanordnung. Danach sollen die Prüfer Spitz und Findig ab dem 25.10.2020 mit einer Betriebsprüfung beginnen.

Dieser Termin kommt dem Unternehmen aber sehr ungelegen, da sich die Büroräume voraussichtlich noch bis Ende November im Umbau befinden. Deshalb müssen die Buchhaltungsunterlagen solange in einem kleinen Keller gestapelt werden.

Außerdem spielen Prüfer Spitz und der geschäftsführende Gesellschafter Schneider im selben Verein Tennis. Spitz war erst kürzlich im Finale des Vereinsturniers knapp gegen Schneider nach einem langen und umstrittenen Match im Tiebreak des letzten und entscheidenden Satzes unterlegen.

Aufgabenstellung:

a) Kommt hier eine Verschiebung des Prüfungsbeginns wegen der Renovierungsarbeiten in Betracht?

b) Kann Schneider den Prüfer Spitz ablehnen?

c) Dürfen die Prüfer aufgrund der Prüfungsanordnung gegen die OHG auch die steuerlichen Verhältnisse der Gesellschafter mitprüfen?

d) Dürfen die Prüfer Feststellungen anlässlich der OHG-Prüfung, die die steuerlichen Verhältnisse eines Lieferanten betreffen, an das dafür zuständige Finanzamt weiterleiten?

e) Können Prüfer auch ohne vorherige Genehmigung des geschäftsführenden Gesellschafters Betriebsangehörige befragen?

Die Lösung finden Sie auf Seite 384.

Fall 10 Fristberechnung 3
8 Punkte ****** **20 Minuten**

Die Firma „Rast und Ruh Export und Import KG" betreibt in Bonn ihren Gewerbebetrieb. Komplementäre sind die Gesellschafter Rast und Ruh. Der Gesellschafter Feuer ist Kommanditist.

Durch den Gesellschaftsvertrag vom Februar 2006 wurde dem Gesellschafter Rast die alleinige Geschäftsführung übertragen.

Die Steuererklärungen der KG für das Wirtschaftsjahr (= Kalenderjahr) 2019 wurden im Mai 2020 beim zuständigen Betriebsfinanzamt Bonn eingereicht.

Das Finanzamt Bonn hat den Gewinn der KG einheitlich und gesondert mit 398.590 € festgestellt. Der Gewinnfeststellungsbescheid wurde am Freitag, 26.6.2020 (Datum des Gewinnfeststellungsbescheids), dem Komplementär und Geschäftsführer Rast mit einfachem Brief zugesandt.

Mit Schreiben vom 31.7.2020 hat der Kommanditist Feuer gegen den Gewinnfeststellungsbescheid Einspruch eingelegt. Das Einspruchsschreiben ist am 4.8.2020 beim Betriebsfinanzamt Bonn eingegangen. Der Gesellschafter Feuer hat seinen Einspruch mit der Begründung eingereicht, der Gewinn aus Gewerbebetrieb sei vom Finanzamt falsch ermittelt worden. Der festgestellte Gesamtgewinn i. H. von 398.590 € sei zu hoch.

Aufgabenstellung:

a) Zu welchem Zeitpunkt ist der Gewinnfeststellungsbescheid wirksam geworden? Stellen Sie die Fristenberechnung dar.

b) Bis zu welchem Zeitpunkt kann gegen den Gewinnfeststellungsbescheid Einspruch eingelegt werden? Stellen Sie die Fristenberechnung dar.

c) Ist der Einspruch des Gesellschafters Feuer gegen den Gewinnfeststellungsbescheid zulässig?

Die Lösung finden Sie auf Seite 384.

II. Einkommensteuer

Fall 11   Summe der Einkünfte 1 – Kapitaleinkünfte
14 Punkte   ***   34 Minuten

Der Gesellschafter der Abraham OHG, Herr Kai Schweers, wird für den VZ 2020 gemeinsam mit seiner Ehefrau Angela zur Einkommensteuer veranlagt.

Die Besteuerung der privaten und betrieblichen Kapitaleinkünfte ist ab 2009 grundsätzlich geändert worden (Einführung der Abgeltungsteuer, § 32d EStG).

Die Neuregelungen sind den Steuerpflichtigen auch in den Grundzügen durch die Erläuterungen ihrer Hausbanken nicht ausreichend erklärt worden. Eine Darstellung der Änderungen unter Hinweis auf die gesetzlichen Bestimmungen ist hiermit erforderlich.

Aufgabenstellung:

Erläutern Sie die ab 2009 geltenden Neuregelungen (Rechtsstand: VZ 2020) anhand der gesetzlichen Bestimmungen:

1. Das Teileinkünfteverfahren in 2020

   Aufgrund der umfassenden steuerlichen Neuerungen sollen deren Auswirkungen im Betriebsvermögen sowie im Privatvermögen anhand der gesetzlichen Vorschriften erläutert werden.

2. Grundzüge der Abgeltungsteuer ab 2009 – Änderungen für Kapitalanleger

    Die Neuregelungen sind in den zu beachtenden Grundzügen anhand der einschlägigen gesetzlichen Vorschriften darzustellen.

3. Folgende Sachverhalte sind danach für den VZ 2020 steuerlich zu würdigen:

    a) Die Eheleute haben im Dezember 2008 Aktien der A AG (Anteilsbesitz < 1 %) gekauft und diese insgesamt im November 2020 mit Gewinn veräußert.

    b) Wegen der erzielten Gewinne wurden in 2020 wiederum Aktien der A AG (Anteilsbesitz < 1 %) gekauft und ebenfalls mit Gewinn veräußert.

    c) Die Ehefrau von Kai Schweers gewährt ihm 2020 für seine Beteiligung an der OHG ein Darlehen zu einem marktüblichen Zinssatz von 3 %.

    d) Die Eheleute erhalten für ein gemeinsames Festgeldkonto in 2020 eine Zinsgutschrift.

Die Lösung finden Sie auf Seite 385.

Fall 12   Einkünfte aus Vermietung und Verpachtung[(1)]
25 Punkte   *   60 Minuten**

Die Gesellschafterin der Abraham OHG, Uta Johannsen, hatte mit Kaufvertrag vom 30.12.2019 in Würzburg ein Grundstück mit einem Einfamilienhaus, Baujahr 1970, erworben. Der Kaufpreis von 240.000 € entfiel zu $1/3$ auf das Grundstück und zu $2/3$ auf das Gebäude mit 150 qm Wohnfläche.

Die Finanzierung für dieses Objekt erfolgte ausschließlich aus eigenen Mitteln. Der Übergang des wirtschaftlichen Eigentums erfolgte am 1.2.2020.

Im Zusammenhang mit dem Erwerb hatte Frau Johannsen Grunderwerbsteuer in gesetzlicher Höhe sowie Notargebühren i. H. von brutto 1.000 € und 800 € Gerichtskosten zu zahlen.

Das Gebäude vermietete sie ab dem 1.2.2020 für 900 € zzgl. 200 € Nebenkosten an den Frauenarzt Dr. Holger Hürthen als Privatwohnung.

An Nebenkosten (Strom, Wasser, Grundsteuer ...) und sofort abziehbaren Erhaltungsaufwendungen fielen 2020 insgesamt 10.500 € an. Davon wurden im Jahr 2020 von Frau Johannsen 8.500 € bezahlt.

Im Laufe des Jahres 2020 ließ Frau Johannsen auf diesem Grundstück ein weiteres Gebäude errichten. Dabei handelte es sich um ein Zweifamilienhaus mit 180 qm Wohnfläche. Die Finanzierung dieser Herstellung erfolgte teilweise aus eigenen, teilweise aus fremden Mitteln.

Bereits vor Baubeginn gelang es ihr, das Haus ab Fertigstellung zu vermieten, und zwar als Privatwohnung an die Zahnärztin Dr. Annemarie Kombeitz und den Allgemeinarzt Roland Heiser für monatlich jeweils 1.100 € zzgl. 250 € Nebenkosten.

Die Verkäuferin hatte den Bauantrag für diese Immobilie bereits am 28.12.2016 gestellt. Aufgrund privater Probleme wurde mit dem Bau des Hauses aber erst Anfang 2020 durch Frau Johannsen begonnen.

Im Zusammenhang mit der Errichtung (Bezugsfertigkeit am 1.9.2020) sowie der Unterhaltung des Gebäudes fielen folgende Kosten an:

Architektenhonorar	30.776 €
+ 16 % USt	4.924 €
Rechnungen der Handwerker	615.517 €
+ 16 % USt	98.483 €
hiervon bezahlt bis 31.12.2020	550.000 €
Eintragungsgebühren der Hypothek	900 €
Hypothekenzinsen	2.000 €
Grundsteuer	600 €
Kosten für Anschluss des Gebäudes an die gemeindlichen Versorgungseinrichtungen	25.000 €
Kanalanstichgebühren an die Gemeinde	2.200 €
Strom, Wasser ab Bezugsfertigkeit	1.200 €
Straßenanliegerbeiträge	5.000 €

Frau Uta Johannsen hielt im VZ 2020 beide Immobilien in ihrem Privatvermögen.

Aufgabenstellung:

Ermitteln Sie aus den Sachverhalten die Einkunftsart sowie die Höhe dieser Einkünfte. Nutzen Sie dabei die steuerlichen Wahlrechte zugunsten der Steuerpflichtigen soweit wie möglich dahingehend aus, dass der erzielte Überschuss für 2020 möglichst gering ausfällt. Bauabzugssteuer wurde nicht einbehalten und abgeführt. Hierauf ist somit nicht einzugehen.

Die Lösung finden Sie auf Seite 388.

Fall 13 Gewinnverwendung einer OHG
12 Punkte ** **28 Minuten**

Der Handelsbilanzgewinn für das Jahr 2020 der Abraham OHG beträgt 1.900.000 €.

Laut Gesellschaftsvertrag erhält jeder Gesellschafter 5 % auf seine geleistete Einlage i. H. von jeweils 1.000.000 €. Der Rest wird im Verhältnis 6:4:3:2 auf die Gesellschafter Martin Lange, Uta Johannsen, Kai Schweers und Annelene Abraham aufgeteilt.

Frau Abraham war als alleinige Geschäftsführerin beschäftigt und erhielt dafür eine Vergütung i. H. von 150.000 €, die als Aufwand gebucht wurde.

Von Frau Johannsen wurde das Betriebsgelände in München gemietet. Die Aufwendungen beliefen sich auf 105.000 € und minderten den Handelsbilanzgewinn. Frau Johannsen hat keine Kosten für das Betriebsgelände nachgewiesen.

Es wurden im Laufe des Jahres 2020 folgende Privatentnahmen vorgenommen:

Lange	250.000 €
Johannsen	140.000 €
Schweers	160.000 €
Abraham	180.000 €

Bei der Berechnung des Handelsbilanzgewinns sind nachstehende Vorgänge berücksichtigt:

1. Am 17.6.2020 feierte Frau Annelene Abraham ein privates Fest auf Kosten der Firma. An Aufwendungen fielen an:

Speisen und Getränke	3.500 €
Äußerer Rahmen	1.400 €
Saalmiete	1.100 €
Gesamt	6.000 €

   Sämtliche Aufwendungen wurden von der Abraham OHG getragen und als Betriebsausgaben gebucht. Auf die Umsatzsteuer ist nicht einzugehen.

2. In der Zeit vom 13.10. bis zum 17.10.2020 war Herr Lange aus betrieblichen Gründen auf einer Messe in Düsseldorf. Er verließ seinen Heimatort Hamburg mit seinem privaten Pkw am 13.10.2020 um 20.00 Uhr und kehrte am 17.10.2020 um 11.00 Uhr wieder dorthin zurück. Die einfache Entfernung zwischen Hamburg und Düsseldorf beträgt 375 km.

   Er wies folgende Verpflegungskosten laut Beleg (ohne Vorsteuerausweis) nach:

13.10.	12,80 €
14.10.	76 €
15.10.	40 €
16.10.	131 €
17.10.	23 €

   Für vier Übernachtungen inkl. Frühstück fielen Hotelkosten von insgesamt (115 € × 4 Übernachtungen =) 460 € an. Außerdem musste Herr Lange Parkgebühren i. H. von 20 € entrichten. Von der Abraham OHG wurde ihm pauschal ein Betrag von 678 € erstattet.

3. Die Abraham OHG spendete am 12.11.2020 2.500 € an die CDU, weil sich die Gesellschafter „mehr Unternehmerfreundlichkeit" in den politischen Entscheidungen erhofften. Dieser Betrag wurde als Betriebsausgabe gebucht.

Aufgabenstellung:

Ermitteln Sie mithilfe der gesetzlichen Vorschriften den steuerlichen Gesamtgewinn der Abraham OHG und die einkommensteuerlichen Gewinnanteile der einzelnen Gesellschafter.

Die Gewerbesteuer bleibt hierbei unberücksichtigt.

Die Lösung finden Sie auf Seite 390.

Fall 14 Gewerbesteueranrechnung[1]
7 Punkte *** **18 Minuten**

Die ledige kinderlose Steuerpflichtige Edith Sievert, geboren am 11.12.1967, erzielte im Kalenderjahr 2020 einen Gewinn aus Gewerbebetrieb i. H. von 80.500 €. Weitere Einkünfte lagen nicht vor.

Der Gewerbeertrag betrug nach allen in Betracht kommenden Hinzurechnungen und Kürzungen 80.500 €. An abzugsfähigen Sonderausgaben fielen 22.000 € an. Der Gewerbesteuerhebesatz der hebeberechtigten Gemeinde beträgt 400 %.

Aufgabenstellung:

Errechnen Sie die festzusetzende Einkommensteuer für 2020. Auf die Höhe des Solidaritätszuschlags ist nicht einzugehen.

Die Lösung finden Sie auf Seite 392.

Fall 15 Überschussrechnung
11 Punkte ** **27 Minuten**

Heidi Lange war 2019 als Detektivin selbstständig tätig. Da sie aufgrund gesetzlicher Bestimmungen nicht buchführungspflichtig war, ermittelte sie für 2019 ihren Gewinn nach § 4 Abs. 3 EStG (Einnahmen-Überschussrechnung).

Sie erstellte folgende vorläufige Gewinnermittlung:

Einnahmen:

Umsatzerlöse 400.000 €.

In diesem Betrag waren folgende Sachverhalte enthalten:

1. Sie erhielt am 16.11.2020 den Auftrag, in den Monaten Dezember 2020 bis März 2021 eine Person zu beschatten. Vereinbart wurde ein Gesamthonorar von 20.000 €, wobei eine Anzahlung i. H. von 10.000 € im Dezember bar gezahlt wurde.

   Der Rest war am 31.3.2021 fällig. Das Gesamthonorar wurde bei Vertragsabschluss als Einnahme erfasst.

2. Seit 2019 bestand eine Restforderung gegenüber dem ehemaligen Klienten, Herrn Jens Ackermann aus Hamburg-Harburg, i. H. von 5.000 €. Im Oktober 2020 einigte man sich auf Teilzahlung von monatlich 200 €, fällig zum Monatsanfang mit Tilgungsbeginn im November 2020.

   Da Herr Ackermann im Dezember 2020 besonders liquide war, bezahlte er zusätzlich die Raten für Januar und Februar in einer Summe. Der Betrag von 600 € wurde dem Konto von Frau Lange am 29.12.2020 gutgeschrieben und den Einnahmen 2020 zugerechnet.

Ausgaben:

- Miete für Büroräume 12.000 €.
- Personalkosten 52.500 €.
- Bürobedarf 57.650 €.
- Am 10.1.2020 eröffnete ein Mitbewerber in der Nähe von Frau Langes Betrieb eine Zweigniederlassung.

  Um das Preisniveau einigermaßen halten zu können, konnte sie den Mitbewerber, Herrn Lukas Paulsen, gegen eine einmalige Zahlung von 20.000 € am 16.2.2020 davon überzeugen, dass ausreichende Gewinne nur dann zu erzielen sind, wenn beide Unternehmen identische Preise berechnen. Als die Staatsanwaltschaft von diesem Vorgang Kenntnis erlangt hatte, erhob sie Anklage.

  Das Gericht verurteilte Frau Lange schließlich wegen unerlaubter Preisabsprachen zu einer Geldstrafe von 10.000 €, die diese am 18.11.2020 an die Gerichtskasse überwies. In diesem Zusammenhang fielen zusätzlich Rechtsanwaltskosten i. H. von 5.000 € und Gerichtsgebühren i. H. von 750 € an. Sämtliche Zahlungen wurden als Betriebsausgaben behandelt.

- Am 17.12.2020 erwarb Frau Lange eine gebrauchte Computeranlage. Die Anschaffungskosten betrugen 12.000 €. Dieser Betrag wurde um 1.000 € gemindert, weil die alte Anlage, die bereits voll abgeschrieben war, in Zahlung gegeben wurde. Die Nutzungsdauer dieser neuen Anlage wurde auf 3 Jahre bei linearer Abschreibung veranschlagt. Der Betrag von 11.000 € wurde als Aufwand erfasst.
- Frau Lange hatte 2020 zwar ein eigenes Büro außerhalb ihrer Wohnung, einen Teil ihrer Arbeit verrichtete sie jedoch gelegentlich abends oder an den Wochenenden in ihrer Privatwohnung. Die auf dieses Zimmer entfallenden Aufwendungen, die sachlichen Kriterien eines Arbeitszimmers sind erfüllt, betrugen im VZ 2020 1.200 €. Diesen Betrag hatte Frau Lange als Betriebsausgaben behandelt.
- Sonstige unstreitige Ausgaben betrugen 25.500 €.

Aufgabenstellung:

Prüfen Sie die genannten Einnahmen und Ausgaben und nehmen Sie notwendige Korrekturen vor. Ermitteln Sie den tatsächlichen einkommensteuerlichen Gewinn.

Auf Umsatzsteuer und eventuell anfallende Gewerbesteuer ist nicht einzugehen.

Die Lösung finden Sie auf Seite 393.

Fall 16 Erbbaurecht
25 Punkte   ***   60 Minuten

Da Heidi Lange die Miete für ihre Büroräume auf Dauer zu teuer wurde, schloss sie am 11.6.2020 mit dem zuständigen Erzbistum einen Erbbaurechtsvertrag über das unbebaute Grundstück Hamburg, Alte Kirchstraße 17. Der Erbbaurechtsvertrag hat eine Laufzeit von 99 Jahren ab dem 1.7.2020. Der jährliche Erbbauzins beträgt 1.000 € und ist jeweils zum 1.7.

fällig. Zusätzlich hatte Frau Lange eine einmalige Erbbauzinszahlung zum 1.7.2020 i. H. von 10.000 € zu leisten.

Frau Lange beabsichtigte, auf dem Grundstück ein eingeschossiges Gebäude zu errichten, um ihre Tätigkeit als Detektivin künftig ausschließlich von dort auszuüben. Dies ist laut Vertrag ausdrücklich vorgesehen.

Mit der Errichtung des Gebäudes beauftragte Frau Lange die Baufirma „Fix & Fertig GmbH", weil deren Geschäftsführer Walter Windig ihr eine zügige und kostengünstige Fertigstellung des Gebäudes zusicherte. Der Bauantrag für das in Fertigbauweise errichtete Gebäude wurde am 1.8.2020 gestellt, Baubeginn war der 17.9.2020. Bereits am 17.12.2020 konnte Windig Frau Lange das Gebäude schlüsselfertig übergeben.

Von dem vereinbarten Festpreis i. H. von 750.000 € zahlte Frau Lange an die „Fix & Fertig GmbH" gemäß den vertraglichen Vereinbarungen 250.000 € bei Baubeginn am 17.9.2020, weitere 250.000 € nach Übergabe, durch Überweisung vom 29.12.2010 (Belastung ihres Kontos noch am selben Tag, Eingang auf dem Konto der GmbH am 5.1.2021). Die restlichen 250.000 € wurden, wie vereinbart, einen Monat nach Abnahme, am 18.1.2021 an die GmbH überwiesen. Außerdem zahlte Heidi Lange im Zusammenhang mit der Errichtung des Gebäudes an verschiedene Handwerker im Jahr 2020 insgesamt 5.000 €. Weitere Maßnahmen ergriff Frau Lange im Zusammenhang mit den Zahlungen nicht.

Zur Finanzierung der Bau- und Baunebenkosten und der Einmalzahlung der Erbbauzinsen nahm Frau Lange am 25.6.2020 ein Darlehen bei der örtlichen Sparkasse i. H. von 1.000.000 € auf. Das endfällige Darlehen hat eine Laufzeit von 10 Jahren. Die Zinsen sind zum 31. 12. eines jeden Jahres zu zahlen. Das Darlehen wurde Frau Lange am 1.7.2020 unter Einbehaltung eines marktüblichen Damnums i. H. von 50.000 € ausbezahlt. Die Zinsen für das Jahr 2020 i. H. von 35.000 € wurden von Heidi Lange versehentlich erst am 4.1.2021 überwiesen.

Aufgabenstellung:

a) Wie sind die einzelnen Zahlungen bei Heidi Lange steuerrechtlich zu behandeln?

b) Hätte Frau Lange im Zusammenhang mit den Zahlungen an die Handwerker noch weitere Maßnahmen ergreifen müssen? Gehen Sie bei der Lösung davon aus, dass keine der beteiligten Firmen Frau Lange eine Bescheinigung vorgelegt hat.

Auf die Grunderwerbsteuer und die Umsatzsteuer ist nicht einzugehen.

Die Lösung finden Sie auf Seite 394.

Fall 17   Gewinnermittlung 1
9 Punkte   ***   21 Minuten

Die Abraham OHG ermittelt zum 31.12.2020 einen vorläufigen Gewinn i. H. von 261.400 €.

Bei einer Überprüfung fallen dem Bilanzbuchhalter Ole Paulsen nachstehende Sachverhalte auf:

1. Am 15.10.2014 wurde von der Geschäftsleitung ein Darlehen über 250.000 €, Laufzeit 20 Jahre, bei der Kreditbank AG, Hamburg, aufgenommen. Aufgrund eines Disagios i. H. von

4 % wurden nur 240.000 € ausgezahlt. Dieses Damnum wurde im Jahre 2014 als aktiver Rechnungsabgrenzungsposten erfasst, im Jahre 2018 erfolgte allerdings bisher keine Berücksichtigung.

2. Im Jahr 2020 wurde ein unbebautes Grundstück, das 1996 für 150.000 € erworben worden war, zum Preis von 350.000 € verkauft. Dieser Veräußerungsgewinn wurde als „Sonstiger betrieblicher Ertrag" erfasst.

3. Im Jahr 2020 wurde aufgrund eines Bauantrags vom 18.11.2019 eine Lagerhalle errichtet, die zum 30.9.2020 fertig gestellt wurde. Die Herstellungskosten betrugen unstreitig 847.500 €. Die Abschreibung für 2020 wurde noch nicht erfasst.

4. Die OHG hatte am 1.11.2008 bei Finn Johannsen, dem volljährigen Sohn der Gesellschafterin Uta Johannsen, ein mit 7 % verzinsliches Darlehen i. H. von 100.000 € aufgenommen. Dieses soll in einer Summe am 31.10.2021 zurückgezahlt werden. Die Zinsen sind zum Jahresende fällig. Mit Urkunde vom 25.6.2020 hat Herr Johannsen seiner Mutter die Darlehensforderung unentgeltlich zugewandt. Die OHG überwies Zinsen am 30.12.2020 i. H. von 3.500 € an Finn Johannsen und 3.500 € an Uta Johannsen. Die Gesellschaft buchte 7.000 € als Zinsaufwand.

Aufgabenstellung:

Ermitteln Sie den steuerlichen Gewinn 2020. Dabei sind die Wahlrechte so auszuüben, dass sich ein möglichst niedriger Gewinn ergibt. Auf die Gewerbesteuer und die Umsatzsteuer ist nicht einzugehen. Rücklagen sollen vorrangig übertragen werden.

Die Lösung finden Sie auf Seite 396.

Fall 18 Gewinnermittlung 2
12 Punkte   **   30 Minuten

Die Gesellschafterin der Abraham OHG, Annelene Abraham, ist auch noch Gesellschafterin der Abraham Bauchtanz KG. An dieser KG mit Sitz in Hamburg sind Annelene Abraham als Komplementärin und Martin Abraham (ihr volljähriger Sohn) als Kommanditist am Gesellschaftskapital je zur Hälfte beteiligt. Eine Verzinsung der festen Kapitaleinlagekonten wurde vertraglich ausgeschlossen. Nach der im Gesellschaftsvertrag vereinbarten Gewinnverteilung entfallen auf die Komplementärin 50 % und auf den Kommanditisten 50 % des Gewinns.

Die KG weist in ihrer Handelsbilanz zum 31.12.2020 einen Gewinn i. H. von 300.000 € aus. Bei der Durchsicht der GuV-Rechnung (Gewinnermittlung nach § 4 Abs. 1/§ 5 EStG) stellt der Bilanzbuchhalter der KG, Herr F. Lorenz, für das Jahr 2020 folgende Vorgänge fest:

1. Annelene Abraham verursachte am 15.10.2020 auf der Fahrt mit dem privaten Pkw zum langjährigen Stammkunden, der Schrauben-GmbH, einen Unfall. Beim Einparken auf dem Parkplatz des Kunden beschädigte sie infolge eines Fahrfehlers den Wagen des Beschaffungsleiters, Herrn Jörg Hartleb, erheblich. Auch das eigene Fahrzeug erlitt Lackschäden. Die Schäden an beiden Fahrzeugen wurden am 22.10.2020 in der Werkstatt von Christoph Scheel aus Spenting repariert.

Frau Abraham wurden die Beträge für die auf sie ausgestellten Rechnungen von der KG ausbezahlt und als Entnahmen gebucht:

Rechnung vom 23.10.2020: Fahrzeug von Annelene Abraham:

Karosserie und Lackierarbeiten 4.500 € (brutto)

Rechnung vom 28.10.2020: Fahrzeug von Jörg Hartleb:

Karosserie und Lackierarbeiten 8.250 € (brutto)

= Auszahlungsbetrag 12.750 € (brutto)

2. Die zuständige Bundesbehörde in Berlin hatte gegen den Komplementär wegen der schadstoffhaltigen Luftverunreinigungen durch die KG ein Bußgeld i. H. von 25.000 € verhängt. Dieses wurde am 24.9.2020 von der KG bezahlt und als Betriebsabgabe behandelt.

Im Widerspruchsverfahren wurde die Geldbuße auf 20.000 € herabgesetzt. Der KG wurde daraufhin am 17.12.2020 ein Betrag i. H. von 5.000 € gutgeschrieben. Diesen erfasste die KG als periodenfremden Ertrag.

3. Martin Abraham ist seit mehreren Jahren Mitglied in der SPD. Da sich der Ortsverein der Partei aufgrund der politischen Lage in den ersten Monaten des Jahres 2020 in sehr großen Liquiditätsschwierigkeiten befand, spendete die KG einen Betrag i. H. von 25.000 € an die Partei und buchte diesen Vorgang als Betriebsausgabe.

4. Der Steuerberater Markus Meyer ist seit mehreren Jahren für die steuerlichen Belange der Abraham Bauchtanz KG verantwortlich. Am 29.5.2020 erstellte er der KG folgende Rechnung:

Aufstellung Jahresabschluss 2019	5.500 €
Erklärung zur Gewerbesteuer 2019	750 €
USt-Jahreserklärung 2019	250 €
Überschussermittlung Einkünfte aus V+V Martin Abraham 2019	2.500 €
Antrag auf Herabsetzung der ESt-Vorausz. der Gesellschafter 2020	500 €
gesamt	9.500 €
+ 19 % USt	1.805 €
Rechnungsbetrag	11.305 €

Die KG behandelte den Zahlungsbetrag (netto) als Betriebsausgaben; Vorsteuer wurde i. H. von 1.805 € geltend gemacht.

Aufgabenstellung:

a) Nehmen Sie Stellung zu den Sachverhalten 1 bis 4 in einkommensteuerrechtlicher Hinsicht unter Nennung der geltenden Vorschriften.

b) Erstellen Sie die steuerliche Gewinnfeststellung der KG für 2020. Auf die Gewerbesteuer ist nicht einzugehen.

Die Lösung finden Sie auf Seite 397.

Fall 19 Sonderbetriebseinnahmen
12 Punkte   ***   **30 Minuten**

An der Abraham OHG sind die vier bekannten Gesellschafter je zu einem Viertel beteiligt. Laut Gesellschaftsvertrag wird der Gewinn ausschließlich im Verhältnis der Festeinlagen verteilt.

Zum 31.12.2020 stellte die OHG folgenden handelsrechtlichen Jahresabschluss auf:

Aktiva		Passiva	
	€		€
Anlagevermögen		**Eigenkapital**	
Geschäftsausstattung	300.000	Kapital Lange	75.000
		Kapital Abraham	75.000
		Kapital Schweers	75.000
		Kapital Johannsen	75.000
		Jahresüberschuss	167.000
Umlaufvermögen		**Fremdkapital**	
Vorräte	200.000	Darlehen	170.000
Kasse, Bank	167.000	sonstige Verbindlichkeiten	100.000
sonstiges Vermögen	70.000		
	737.000		737.000

	€	€
Umsatzerlöse		1.510.000
Wareneinkauf		600.000
Rohertrag		910.000
Personalaufwand		450.000
Abschreibungen		110.000
sonstige betriebliche Aufwendungen		
– Werbekosten	44.900	
– Miete an Gesellschafterin Johannsen	120.000	
sonstige Aufwendungen	9.000	173.900
Betriebsergebnis		176.100
Zinsen für Darlehen	5.100	
Damnum	4.000	9.100
handelsrechtlicher Gewinn		167.000

Steuerlich sind folgende Sachverhalte zu würdigen:

1. Die OHG hat 2020 ihre Geschäftsräume von der Gesellschafterin Johannsen für eine monatliche Miete i. H. von 10.000 € (umsatzsteuerfrei) angemietet und als Aufwand gebucht. Frau Johannsen hat persönlich für diese Räume im Jahr 2019 die Grundsteuer i. H. von 5.000 € und Kosten für diverse Reparaturen i. H. von 13.000 € bezahlt. Das Grundstück mit den Geschäftsräumen (Bauantrag und Fertigstellung 1990) hat Frau Johannsen mit notariellem Kaufvertrag vom 20.12.2016 zu 560.000 € erworben. Dabei entfielen 160.000 € auf den Grund und Boden. Der Übergang von Besitz, Nutzungen und Lasten erfolgte am 1.1.2017.

2. In der Position „sonstige Aufwendungen" sind Aufwendungen für Geschenke von jeweils über 35 € i. H. von 1.000 € und Bewirtungskosten i. H. von 5.000 € (= 100 %) enthalten, für die ordnungsgemäße Belege vorliegen. Diese Aufwendungen sind einzeln und getrennt von den sonstigen Betriebsausgaben aufgezeichnet worden. Auf die Umsatzsteuer soll nicht eingegangen werden.

3. Der Gesellschafter Lange erhält laut Gesellschaftsvertrag für seine Geschäftsführertätigkeit 2020 ein monatliches Gehalt i. H. von 15.000 €. Die OHG bucht dieses Gehalt als Personalaufwand zusammen mit den übrigen Gehältern. Beiträge zur Sozialversicherung wurden auf Basis dieses Gehalts nicht geleistet.

4. Am 1.7.2020 hatte die OHG zur Finanzierung einer neuen Geschäftsausstattung ein Fälligkeitsdarlehen i. H. von 170.000 € aufgenommen, wobei hiervon nur 166.000 € zur Auszahlung kamen. Das einbehaltene Damnum i. H. von 4.000 € wurde von der OHG als Aufwand abgezogen. Die Laufzeit des Darlehens beträgt 5 Jahre.

Aufgabenstellung:

a) Beurteilen Sie die Sachverhalte 1 bis 4 einkommensteuerrechtlich. Auf die Gewerbesteuer ist nicht einzugehen.

b) Stellen Sie die steuerliche Gesamthandelsbilanz und Gewinn- und Verlustrechnungen der Abraham OHG auf. Auf den Vorsteuerabzug ist nicht einzugehen.

c) Erstellen Sie die steuerliche Sonderbilanz und die steuerliche Sonder-Gewinn- und Verlustrechnung der Gesellschafterin Johannsen.

d) Führen Sie die steuerliche Gewinnverteilung durch.

Die Lösung finden Sie auf Seite 399.

Fall 20 Summe der Einkünfte 2
12 Punkte   **   30 Minuten

Annelene Abraham war im Jahre 2020 mit 25 % an der Abraham OHG beteiligt. Der vorläufig ermittelte Jahresüberschuss für das Wirtschaftsjahr 2020 betrug 400.000 €. Das Wirtschaftsjahr entspricht dem Kalenderjahr. Das Betriebsvermögen beträgt seit Jahren rund 500.000 €.

In diesem Ergebnis sind folgende Sachverhalte berücksichtigt:

1. Da Frau Abraham als Geschäftsführerin der OHG tätig war, erhielt sie ein als Aufwand gebuchtes Jahresgehalt von 150.000 €.
2. Am 4.1.2018 kaufte die OHG als langfristige Anlage Anteile an einer AG für 75.000 €. Mit diesem Wert wurde die Beteiligung auch vorläufig bilanziert. Der Kurswert dieser Anlage betrug zum 31.12.2020 80.000 €.
3. Für eine am 28.12.2020 gelieferte gebrauchte Maschine, Rechnungsbetrag inkl. 16 % USt 58.000 €, 4 % Skontoabzug, Nutzungsdauer 8 Jahre, war zum 31.12.2020 noch keine AfA gebucht, da bei der Geschäftsleitung hinsichtlich der korrekten buchhalterischen Erfassung diverse Unklarheiten bestanden.
4. Im vorläufigen Jahresüberschuss der Abraham OHG war ein Gewinn i. H. von 50.000 € aus der Veräußerung eines 2003 gekauften unbebauten Grundstücks enthalten.

Frau Abrahams Ehemann Norbert arbeitete als leitender Angestellter der OHG; das Jahresgehalt von 52.100 € wurde von der OHG auf sein Bankkonto bei der Grundkreditbank AG überwiesen.

Nebenberuflich arbeitete Herr Abraham als freier Mitarbeiter bei diversen Lokalzeitungen. Für seine regelmäßig erschienenen Artikel erhielt er im Jahr 2020 an Vergütungen 55.000 €. An abzugsfähigen Ausgaben entstanden ihm dabei 5.500 €. Auf die Umsatzsteuer ist nicht einzugehen.

Außerdem flossen ihm 2020 Zinseinnahmen aus Sparanlagen nach Abzug der Abgeltungsteuer i. H. von 21.000 € zu. Freistellungsaufträge wurden erteilt.

Aufgabenstellung:

Ermitteln Sie die Summe der Einkünfte der Eheleute Abraham für den VZ 2020 unter der Annahme der Zusammenveranlagung. Dabei sind alle Wahlrechte zugunsten des niedrigsten Gewinns auszuüben. Auf die Gewerbesteuer ist nicht einzugehen.

Die Lösung finden Sie auf Seite 402.

Fall 21   Zinsschranke
7 Punkte   ******   **17 Minuten**

Die Moskito OHG, Bonn, entwickelt Impfstoffe für Tropenkrankheiten. An der Moskito OHG sind
- die Mosbacher AG, Köln, zu 75 %,
- die Kimmel GmbH, Attendorn, zu 15 % und
- die Torburger AG, Hamburg, zu 10 % beteiligt.

Die Gewinnverteilung der OHG richtet sich nach den Beteiligungsquoten. Alle Gesellschaften gehören jeweils einem Konzern an. Die sog. „Escape-Klausel" ist nicht erfüllt.

Die Moskito OHG hat im Jahr 2020 (Geschäftsjahr = Kalenderjahr) einen handelsbilanziellen Gewinn von 20.000.000 € erzielt (Gesamthandsbereich). In diesem Gewinn sind Zinsaufwendungen aus Bankdarlehen zur Finanzierung der erworbenen Patente i. H. von 3.100.000 € berücksichtigt. Aus einem Festgeldkonto hat die Moskito AG in 2017 Zinserträge von 100.000 € erzielt.

Die Mosbacher AG hat die Beteiligung an der Moskito OHG bei ihrer Hausbank in Köln teilweise fremdfinanziert. Im Jahr 2020 sind der Mosbacher AG dafür Zinsaufwendungen von 3.000.000 € entstanden.

Aufgabenstellung:

Ermitteln Sie die steuerliche Gewinnverteilung auf die Gesellschafter der Moskito OHG.

Auf gewerbesteuerliche Aspekte ist nicht einzugehen.

Die Lösung finden Sie auf Seite 403.

Fall 22 Thesaurierungsbegünstigung[1]
11 Punkte ****** **27 Minuten**

Die Abraham OHG, Hamburg, hat im Jahr 2020 einen handelsrechtlichen Jahresüberschuss vor Steuern von 100.000 € erzielt. Darin sind Tätigkeitsvergütungen an die Gesellschafter i. H. von 70.000 € enthalten, die als Personalaufwand gebucht worden sind. Alle Gesellschafter sind jeweils zu mehr als 10 % an der OHG beteiligt.

Der Gewerbesteuerhebesatz beträgt 400 %. Der durchschnittliche Einkommensteuersatz der Gesellschafter beläuft sich auf 30 %. Kirchensteuern sind nicht relevant.

Aufgabenstellung:

Ermitteln Sie die Gesamtsteuerbelastung des Unternehmens und der Gesellschafter alternativ für die Fälle:

a) keine Thesaurierung des Jahresüberschusses nach Steuern in 2020.

b) vollständige Thesaurierung des Jahresüberschusses nach Steuern in 2020 und Ausschüttung des Thesaurierungsbetrags im Jahr 2021.

Die Lösung finden Sie auf Seite 404.

Fall 23 Gewinnermittlung 3
12 Punkte ****** **30 Minuten**

Siegfried Schwarz ist als Komplementär und Bernhard Schwarz als Kommanditist an der S. Schwarz Maschinenbau KG mit einem Gesellschaftskapital i. H. von 400.000 € je zur Hälfte beteiligt. Eine Verzinsung der festen Kapitaleinlagekonten wurde vertraglich ausgeschlossen.

Nach der im Gesellschaftsvertrag vereinbarten Gewinnverteilung entfallen auf den Komplementär 50 % und auf den Kommanditisten ebenfalls 50 % des Gewinns. Die KG wies in ihrer Handelsbilanz zum 31.12.2020 einen Gewinn i. H. von 300.000 € aus.

Bei der Vorbereitung des Abschlusses für das Jahr 2020 stellte der Bilanzbuchhalter folgende Sachverhalte fest:

1. Tätigkeitsvergütung

   Der geschäftsführende Komplementär Siegfried Schwarz erhält eine monatliche Tätigkeitsvergütung i. H. von 7.000 €. Die KG hat dementsprechend in 2020 84.000 € als Aufwand gebucht.

2. Lagerplatz

   Die KG hat am 12.1. insgesamt 7.500 € Grundsteuern bezahlt. Davon entfallen 2.500 € auf den Lagerplatz Wilhelmstr. 112. Den Lagerplatz, ein unbebautes Grundstück, hat die KG seit Jahren von dem Kommanditisten Bernhard Schwarz für monatlich 1.000 € angemietet. Nach dem Mietvertrag ist die Miete am 3. Werktag eines Monats zur Zahlung fällig. Die Grundsteuer trägt nach den vertraglichen Vereinbarungen der Vermieter. Die KG hat die Grundsteuer zutreffend gebucht.

3. Eintritt Bruno Schwarz in die KG

   Der am 7.6.1970 geborene Kommanditist Bernhard Schwarz veräußerte am 5.1.2020 die Hälfte seines Anteils an der KG i. H. von 100.000 € zum Preis von 225.000 € an seinen Bruder Bruno. Dabei sind Veräußerungskosten i. H. von 10.000 € entstanden. Das Betriebsvermögen der KG enthielt am 31.12.2019 stille Reserven i. H. von 500.000 €, und zwar beim Grund und Boden 100.000 € und bei Gebäuden 200.000 €. Der originäre Geschäftswert betrug am Bilanztag 200.000 €. Nach der zeitanteiligen Änderung des Gesellschaftsvertrags erhält jeder Kommanditist nunmehr 25 % des Gewinns.

   In der Handelsbilanz der KG werden die bisherigen Buchwerte fortgeführt. Die KG schreibt ihre Gebäude mit einem AfA-Satz von 2 % ab.

Aufgabenstellung:

a) Ermitteln Sie den steuerpflichtigen Veräußerungsgewinn des Gesellschafters Bernhard Schwarz. Die Bildung steuerfreier Rücklagen ist nicht gewünscht.

b) Erstellen Sie für den eintretenden Gesellschafter Bruno Schwarz Ergänzungsbilanzen zum 5.1.2020 bzw. 31.12.2020.

c) Beurteilen Sie die Nr. 1 und 2 des Sachverhalts und erstellen Sie die einheitliche und gesonderte Gewinnfeststellung der KG für das Jahr 2020.

Die Lösung finden Sie auf Seite 406.

Fall 24 Gewinnermittlung 4
12 Punkte ** **30 Minuten**

An der S. Grün Maschinenbau Kommanditgesellschaft in Bonn sind
- Siegfried Grün als Komplementär mit 60 %,
- Andreas Grün als Kommanditist mit 40 %

beteiligt. Eine Verzinsung der festen Kapitaleinlagekonten wurde vertraglich ausgeschlossen. Nach der im Gesellschaftsvertrag vereinbarten Gewinnverteilung entfallen auf den Komplementär 60 % und auf den Kommanditisten 40 % des Gewinns. Andere Sondervereinbarungen sind im Gesellschaftsvertrag nicht vorgesehen.

Die KG weist in ihrer Handelsbilanz zum 31.12.2020 einen Jahresüberschuss mit 300.000 € aus.

a) Veräußerung Lindenallee 17

Grundstückseigentümerin ist seit 1990 die KG. Der Grund und Boden von 800 qm und das bis 31.12.2020 als Bürogebäude genutzte Gebäude wurden mit notariellem Vertrag vom 19.11.2020 mit Wirkung vom 31.12.2020 an den Komplementär zum Preis von 1.200.000 € veräußert. Der Erwerber beabsichtigt, das Grundstück zu privaten Wohnzwecken zu nutzen. Die Buchwerte betrugen zum Zeitpunkt der Veräußerung:

Grund und Boden	320.000 €
Gebäude	240.000 €

Die KG hat in 2020 eine Rücklage gemäß § 6b EStG (Sonderposten mit Rücklageanteil) i. H. von 640.000 € gebucht (Veräußerungspreis - Buchwerte).

Nach dem Gutachten eines vereidigten Sachverständigen betrug der Verkehrswert für Grund und Boden sowie das Gebäude zum Zeitpunkt der Veräußerung insgesamt 1.400.000 €.

b) EDV-Anlage

Die KG hatte am 14.1.2017 Computer für 12.000 € erworben. Sie schreibt die Hardware auf die Nutzungsdauer von 4 Jahren linear ab. Gleichzeitig hatte die KG für 700 € Standardsoftware erworben, die mit einem Aufwand von 5.000 € im Betrieb weiterentwickelt und an die betrieblichen Gegebenheiten angepasst wurde.

Am 5.1.2020 ließ die KG durch die Fa. Office World ihre Computeranlage nachrüsten. Die Aufwendungen betrugen netto 2.000 €.

Durch die Aufrüstung verlängert sich die Nutzungsdauer der betrieblichen Hardware um ein Jahr.

Ebenfalls am 5.1.2020 hatte die KG ein Lohnbuchhaltungsprogramm für 320 € (netto) ebenfalls von der Fa. Office World erworben. Die im Jahr 2019 beschlossenen Änderungen im sozialversicherungs- und im lohnsteuerlichen Bereich mit Wirkung ab dem Jahr 2020 sind so weitreichend, dass die zu Jahresanfang erworbene Software nur bis zum Jahresende 2019 eingesetzt werden konnte. Deshalb hat die KG am 10.12.2010 wieder ein auf den neuen Rechtsstand des Jahres 2021 aktualisiertes Lohnbuchhaltungsprogramm für 400 € (netto) erworben.

Die KG hat alle in 2020 an die Fa. Office World gezahlten Beträge den Betriebsausgaben zugerechnet.

Aufgabenstellung:

Ermitteln bzw. erstellen Sie

a) Lindenallee 17:
   aa) den steuerlich maßgebenden Veräußerungsgewinn.
   ab) die Höhe der Rücklage nach § 6b Abs. 3 EStG.
   ac) die Gewinnauswirkungen.

b) EDV-Anlage:
   ba) den Buchwert der Hardware zum 31.12.2020.
   bb) die Gewinnauswirkung.
   bc) den Buchwert der Software zum 31.12.2020.
   bd) die Gewinnauswirkung.

c) den steuerlichen Gewinn der KG für das Jahr 2020.

d) die Gewinnverteilung der KG für das Jahr 2020.

Die Lösung finden Sie auf Seite 408.

Fall 25 Summe der Einkünfte 3
7 Punkte ** 18 Minuten

Der Einzelunternehmer Erwin Bauer, Spedition in Bonn, ermittelt seinen Gewinn nach § 5 EStG und ist zum vollen Vorsteuerabzug berechtigt.

Aus dem Entwurf des Jahresabschlusses auf den 31.12.2020 ergibt sich ein vorläufiger Gewinn 2020 von 261.400 €.

Noch nicht beachtet und – sofern nichts Gegenteiliges angegeben ist – nicht gebucht wurden folgende Sachverhalte:

1. Im Mai 2020 wurde im Einzelunternehmen eine selbst entwickelte Speditionssoftware fertig gestellt.

   An Kosten für die Entwicklung sind angefallen:

   – Kauf der Software Planex Anfang Mai für 2.400 € (von Erwin Bauer persönlich bezahlt, daher nicht gebucht). Die Nutzungsdauer beträgt 3 Jahre.

   – 350 Arbeitsstunden eines Angestellten des Einzelunternehmens von Erwin Bauer, der in 2019 einen Bruttoarbeitslohn von 60 € pro Stunde erhielt.

   – Kosten für die Testläufe der selbst entwickelten Speditionssoftware: geschätzt mit 5.000 €.

2. 2019 wurde eine neue Lagerhalle errichtet, die zum 15.10.2020 fertig gestellt wurde (Bauantrag September 2018).

   Die Herstellungskosten haben 930.000 € betragen. Die AfA für 2020 ist noch nicht gebucht.

   Zu ihrer Finanzierung wurde ein unbebautes Grundstück, das 2002 zur Betriebserweiterung für 280.000 € erworben wurde, zum Preis von 400.000 € veräußert. Den Veräußerungsgewinn von 120.000 € möchte E. Bauer nach Möglichkeit „steuerfrei" vereinnahmen bzw. übertragen (gebucht wurde der Veräußerungsgewinn über „sonstige betriebliche Erträge").

Aufgabenstellung:

Ermitteln Sie unter Berücksichtigung obiger Sachverhalte den niedrigstmöglichen Gewinn für 2020. Dabei ist auf die Gewerbesteuer nicht einzugehen.

Die Lösung finden Sie auf Seite 412.

III. Körperschaftsteuer

Fall 26 Ermittlung des zu versteuernden Einkommens 1
12 Punkte ****** **30 Minuten**

Im vorläufigen Jahresabschluss der Maschinenbau AG zum 31.12.2020 wird ein Jahresüberschuss von 110.000 € zzgl. eines Gewinnvortrags aus 2017 i. H. von 55.000 € ausgewiesen.

In der GuV 2020 sind 120.000 € KSt-Vorauszahlungen enthalten, die als Steuern vom Einkommen und Ertrag gebucht wurden. Das Wirtschaftsjahr der AG entspricht dem Kalenderjahr.

Im Ergebnis des Jahres 2019 sind folgende Sachverhalte enthalten:

1. Die Firma Hansen-Öle hatte am 27.8.2020 der Maschinenbau AG insgesamt 30.000 Liter Heizöl zum Preis von 16.000 € zzgl. 16 % USt berechnet. Laut Rechnung erfolgte die Lieferung am 14.8.2020 mit zwei Lieferscheinen. Nach dem ersten Lieferschein wurden 20.000 Liter an den Geschäftssitz der AG und 10.000 Liter an die Privatwohnung des mehrheitlich beteiligten Gesellschafters ausgeliefert.

   Die Buchung erfolgte bei der GmbH folgendermaßen:

Heizkosten	16.000 €	
Vorsteuer	2.560 €	
an Kreditoren		18.560 €

   Die Rechnung wurde vollständig von der Maschinenbau AG bezahlt. Für die Lieferung an den Gesellschafter vereinnahmte die AG 1.190 € (inkl. USt).

2. Im Jahr 1998 hatte eine Duisburger Bank als Großgläubigerin der Maschinenbau AG anhand eines vorgelegten Sanierungsplans vorläufig auf einen Teil ihrer Forderungen verzichtet. Die Maschinenbau AG musste sich ihrerseits schriftlich dazu verpflichten, einen Teil ihrer späteren Gewinne zur Tilgung der erlassenen Forderungen zu verwenden. Der Sanierungsgewinn aus dem Veranlagungszeitraum 1998 war gemäß § 3 Nr. 66 EStG i. d. F. 1999 von der Körperschaftsteuer freigestellt worden. Am 17.12.2020 überwies die Maschinenbau AG einen Betrag von 50.000 € an die Bank gegen Einlösung von Besserungsscheinen. Diese Schuldentilgung und weitere damit im unmittelbaren Zusammenhang stehende Aufwendungen i. H. von 1.000 € behandelte die Maschinenbau AG als sofort abzugsfähige Betriebsausgaben.

Aufgabenstellung:

a) Wie sind steuerlich zu würdigen

   aa) die Steuerpflicht der AG bei der Körperschaftsteuer?

   ab) die Heizöllieferung an den Gesellschafter?

   ac) die Zahlung auf Besserungsscheine?

b) Weiterhin sind endgültig zu ermitteln

   ba) das zu versteuernde Einkommen 2020.

   bb) die KSt-Schuld und die KSt-Rückstellung zum 31.12.2020.

Auf den Solidaritätszuschlag und die Gewerbesteuer ist bei der Bearbeitung aller Sachverhalte nicht einzugehen.

Die Lösung finden Sie auf Seite 413.

Fall 27   Ermittlung des zu versteuernden Einkommens 2
17 Punkte   ***   **40 Minuten**

Die Maschinenbau AG erstellt ihre Jahresabschlüsse nach handelsrechtlichen Gesichtspunkten gemäß § 238 ff. HGB.

Im vorläufigen Jahresabschluss zum 31.12.2019 wird ein Jahresüberschuss von 315.000 € zzgl. eines Gewinnvortrags aus 2018 i. H. von 550.000 € ausgewiesen.

Bei der Durchsicht der Unterlagen stellen Sie folgende Sachverhalte fest:

1. Die Maschinenbau AG war 2020 mit einem Anteil von 49,5 % an der Thomarowski GmbH mit Sitz in Schwerin beteiligt. Die Thomarowski GmbH, deren Wirtschaftsjahr auch dem Kalenderjahr entspricht, beschloss für das Geschäftsjahr 2020 am 4.2.2021 die Ausschüttung des Bilanzgewinns. Am 16.2.2021 wurde der Maschinenbau AG eine Nettodividende i. H. von 14.700 € dem Bankkonto gutgeschrieben. Nachweise über die Einbehaltung der Kapitalertragsteuer liegen ebenfalls vor. Der gutgeschriebene Betrag wurde von der Maschinenbau AG als Beteiligungsertrag nach einigen Überlegungen für das Jahr 2019 gebucht.

2. Im Jahr 2020 verkaufte die Thomarowski GmbH der Maschinenbau AG Zulieferteile. Insgesamt bezahlte die AG für die Warenlieferungen 100.000 € netto. Anderen Abnehmern hätte die GmbH für entsprechende Verkäufe 125.000 € netto in Rechnung gestellt. Die Maschinenbau AG ist zu 15 % an der Thomarowski GmbH beteiligt, die diesen Sachverhalt steuerlich korrekt behandelt hat.

3. Im Juli 2020 startete die AG eine Werbeaktion. Das Ziel war doppelt ausgerichtet: Einerseits sollten die bestehenden wichtigen Geschäftsbeziehungen durch eine kleine Geste gefestigt werden, andererseits sollten neue Geschäftskontakte geknüpft werden. Jedem bedeutsamen Geschäftspartner wurde daher ein persönliches Präsent im Wert von jeweils 35 € zugewandt. Auf die Umsatzsteuer soll an dieser Stelle nicht näher eingegangen werden. Zusätzlich begann man mit einer Werbeoffensive in Tageszeitungen und im Radio.

   An Aufwendungen entstanden für die Präsente 25.000 € und für die Medienwerbung 100.000 €. Beide Beträge wurden dem Konto „Werbeaufwand" belastet. Dies gilt versehentlich auch für die Aufwendungen für Präsente von 25.000 €.

4. Die KSt-Vorauszahlung von 200.000 € wurde als Steueraufwand gebucht.

5. Folgende Sachverhalte waren zum 31.12.2020 buchhalterisch noch nicht erfasst:

   Im Jahr 2020 fielen folgende Säumniszuschläge bzw. Verspätungszuschläge an:

Säumniszuschläge zu den KSt-Vorauszahlungen:	4.000 €
Verspätungszuschläge zu USt-Voranmeldungen:	2.500 €
Säumniszuschläge zur Lohnsteuer:	1.500 €

   Die Finanzbuchhaltung hat sämtliche Kosten auf einem neutralen Konto gebucht, das sich nicht auf die Höhe des Gewinns ausgewirkt hat.

Aufgabenstellung:

Ermitteln Sie das zu versteuernde Einkommen der Maschinenbau AG für den VZ 2020 und die Höhe der Körperschaftsteuer-Rückstellung bzw. der Körperschaftsteuererstattung.

Auf den Solidaritätszuschlag und die Gewerbesteuer ist nicht einzugehen.

Die Lösung finden Sie auf Seite 415.

Fall 28   Ermittlung des zu versteuernden Einkommens 3
15 Punkte   ***   35 Minuten

Die Maschinenbau AG mit Sitz in Nürnberg wurde Anfang 2020 gegründet. Für das Geschäftsjahr 2020, das zusammen mit dem Kalenderjahr endet, wies die AG einen vorläufigen Gewinn i. H. von 55.000 € aus.

TEIL G Steuerrecht

Bei der Erstellung der KSt-Erklärung fallen folgende Sachverhalte auf:

1. Die AG hatte einen nicht steuerbaren Zuschuss der EU von 14.500 € in der Handelsbilanz als sonstigen Ertrag gebucht.

2. Im Jahre 2020 hatte die Maschinenbau AG einen Prozess geführt. Von einem Gericht in München wurde die AG zu einer Geldbuße i. H. von 7.500 € verurteilt. An Verfahrenskosten fielen zusätzlich 5.200 € an.

   Die AG ist in 2020 verstärkt in China tätig gewesen. China verhängte eine Geldbuße von umgerechnet 4.000 €. Gegen diese Buße hat das Unternehmen lange protestiert, auch weil sie im Wesentlichen der deutschen Rechtsordnung widerspricht – leider ohne Erfolg. Sämtliche Kosten wurden gewinnmindernd erfasst.

3. Die Maschinenbau AG zahlte 2020 an Aufsichtsratsvergütungen insgesamt 6.000 €, die als Aufwand gebucht wurden. Zusätzlich wurden tatsächlich entstandene Reisekosten von 500 € erstattet.

4. Edith Sievert erhielt 2020 ein Gesellschafter-Geschäftsführergehalt i. H. von 200.000 €. Aus Erfahrungswerten ist bekannt, dass für ein derartig strukturiertes Unternehmen höchstens 150.000 € Gehalt angemessen sind.

5. Die Gesellschaft gewährte dem Sohn von Edith Sievert am 1.7.2020 ein zinsloses Darlehen i. H. von 20.000 €, das erst am 1.1.2021 zurückzuzahlen ist. Der marktübliche Zinssatz lag im Jahre 2020 bei 6 %.

6. Es fielen Verspätungszuschläge in folgender Höhe an:

Verspätungszuschläge für KSt:	1.150 €
Verspätungszuschläge für GewSt:	150 €
Außerdem ergaben sich Aussetzungszinsen für eine strittige KSt-Vorauszahlung i. H. von:	260 €
An KSt-Vorauszahlungen wurden gezahlt:	50.000 €

   Alle Zahlungen wurden dem Erfolgskonto Steueraufwendungen belastet.

Aufgabenstellung:

Ermitteln Sie das zu versteuernde Einkommen und die zunächst zu bildende KSt-Rückstellung.

Auf den Solidaritätszuschlag ist ebenso wie auf die Gewerbesteuer nicht einzugehen.

Die Lösung finden Sie auf Seite 417.

Fall 29 Körperschaft- und Umsatzsteuer
12 Punkte ** **30 Minuten**

In der vorläufigen Steuerbilanz der Maschinenbau AG zum 31.12.2020 (Wirtschaftsjahr entspricht dem Kalenderjahr) wurde ein Jahresüberschuss von 809.070 € ausgewiesen. Dabei fallen Ihnen folgende Sachverhalte auf:

1. Die Gesellschaft besitzt seit 1999 ein in den Sachanlagen mit dem zutreffenden Wert ausgewiesenes Einfamilienhaus in Duisburg, das im Wirtschaftsjahr 2020 vom Gesellschafter Mees unentgeltlich zu eigenen Wohnzwecken genutzt wurde. Das Haus wurde im Jahr 1999 von einem Privatmann erworben. Schriftliche Vereinbarungen hinsichtlich der Überlassung des Grundstücks an Mees bestehen zwischen ihm und der AG nicht. Auch eine Erfassung als steuerpflichtiger Arbeitslohn erfolgte nicht. Die für vergleichbare Objekte in der Umgebung erzielbare Miete betrug jährlich 30.000 €.

2. In der Gewinn- und Verlustrechnung für 2020 wurden u. a. nachstehende Beträge als Aufwendungen gebucht:

   KSt-Vorauszahlungen für 2020: 500.000 €

   Geschenke an Kunden (netto): 10.000 €

   Die jeweiligen Anschaffungskosten der Geschenke an die aus den Buchungsbelegen ersichtlichen Empfänger, die alle Kunden der AG sind, betrugen ohne die anteilige USt von 19 % mehr als 35 €. Die Vorsteuer von 1.900 € wurde geltend gemacht.

3. Im Jahr 2020 fielen inländische – angemessene – Bewirtungskosten i. H. von 23.800 € an. Die Beträge von 20.000 € wurden als Betriebsausgaben und 3.800 € als Vorsteuern (nur 19 %) geltend gemacht.

Aufgabenstellung:

a) Prüfen Sie den Sachverhalt der Wohnungsüberlassung und die Tatbestände der Kundengeschenke und der Bewirtungskosten in umsatzsteuerrechtlicher Hinsicht.

b) Stellen Sie dar, inwieweit die genannten Sachverhalte

   ba) den Jahresabschluss ändern,

   bb) das zu versteuernde Einkommen ändern.

Auf den Solidaritätszuschlag und Auswirkungen auf die Gewerbesteuer ist nicht einzugehen.

Die Lösung finden Sie auf Seite 419.

Fall 30 Gesellschafterdarlehen
19 Punkte   ***   45 Minuten

Neben seiner Beteiligung an der Maschinenbau AG hält Hauke Mees seit Jahren einen Anteil von 30 % an der Klamm GmbH. Die übrigen 70 % hält Herr P. Leite, der zugleich auch Geschäftsführer der GmbH ist.

Im Jahr 2014 befand sich die Klamm GmbH in einer wirtschaftlich schwierigen Lage. Um eine drohende Insolvenz abzuwenden, verzichtete Hauke Mees auf Drängen des Gesellschafter-Geschäftsführers, Herrn P. Leite, am 1.7.2014 auf die Rückzahlung eines Darlehens, das er der Gesellschaft im Jahr 2011 zur Finanzierung verschiedener Investitionen zu marktüblichen Zinsen zur Verfügung gestellt hatte. Der ursprüngliche Darlehensbetrag belief sich auf 200.000 €, zum

Zeitpunkt des Verzichts valutierte das Darlehen noch mit 150.000 €. Alle Zinsen wurden bis zum Verzichtszeitpunkt pünktlich gezahlt und von der Klamm GmbH zutreffend gebucht.

Die Verbindlichkeit wurde vom Buchhalter der GmbH zum 1.7.2014 erfolgswirksam ausgebucht. Aufgrund der Situation der Klamm GmbH war der Teilwert der Darlehensforderung am 1.7.2014 mit 0 € anzunehmen. Ein fremder Gläubiger hätte der Gesellschaft zu diesem Zeitpunkt kein Kapital mehr zur Verfügung gestellt. Der Verzicht wurde unter der Bedingung vereinbart, dass die Darlehensforderung bei Erreichen eines handelsrechtlichen Jahresüberschusses nach Abzug der Verbindlichkeit von mindestens 100.000 € wieder „aufleben" sollte. Außerdem sollten in diesem Fall für die Zeit des Verzichts die marktüblichen Zinsen von 5 % p.a. nachgezahlt werden.

Im Rahmen der Abschlusserstellung des Jahres 2020 wurde vom Buchhalter der GmbH eine Verbindlichkeit i. H. von 176.250 € (Darlehensbetrag 150.000 € zzgl. 26.250 € Zinsen) erfolgswirksam eingebucht. Weitere Folgen wurden aus dem Vorfall bisher nicht gezogen.

Aufgabenstellung:

Wie ist die Wiedereinbuchung der Verbindlichkeit zum 31.12.2020 steuerlich zu würdigen?

Die Lösung finden Sie auf Seite 420.

Fall 31 Steuerliche Behandlung eines Vereins[(1)]
10 Punkte   **   **24 Minuten**

Der Gesellschafter der Abraham OHG, Herr Martin Lange, ist 1. Vorsitzender eines eingetragenen Vereins zur Sanierung der Altstadt Kölns. Dieser Verein ist gemäß § 1 Abs. 1 Nr. 4 KStG ein steuerpflichtiger Verein und erzielte 2020 folgende Einnahmen und Ausgaben:

1. Ende Dezember wurde das dem Verein gehörende Grundstück nebst Gebäude gegen eine sofortige Bezahlung von 100.000 € veräußert. Der noch nicht im Wege der AfA abgesetzte Restwert des Gebäudes betrug zum Zeitpunkt der Veräußerung 60.000 €. Die Anschaffungskosten des Grund und Boden hatten 10.000 € betragen. Der Verein hatte dieses Objekt am 25.2.1987 für insgesamt 85.000 € erworben.

2. Mieteinnahmen aus der Vermietung eines bebauten Grundstücks im Inland i. H. von 26.000 €. Die zulässige AfA betrug 6.000 €. An Hausaufwendungen entstanden 2020 12.500 €. Hiervon hat der Verein 9.000 € erst im März 2021 entrichtet.

Aufgabenstellung:

a) Ermitteln Sie das zu versteuernde Einkommen des Vereins im VZ 2020 und die festzusetzende Körperschaftsteuer.

b) Wie hoch wäre bei den gleichen Sachverhalten das zu versteuernde Einkommen und die festzusetzende Körperschaftsteuer einer GmbH für den VZ 2020?

Die Lösung finden Sie auf Seite 421.

IV. Gewerbesteuer

Fall 32 Zerlegung
12 Punkte   **   **30 Minuten**

Die Abraham OHG unterhält neben dem Sitz in Hamburg seit mehreren Jahren in den Städten Berlin, Frankfurt am Main und München jeweils eine Betriebsstätte. Die Gewerbesteuererklärung 2020 enthält folgende Angaben:

Steuerlicher Gewinn 2020:	1.500.000 €
Schuldentgelte (lt. GuV):	96.000 €

Der Gesamtumsatz der Abraham OHG betrug 2020 352.000.000 €. Er verteilte sich auf die vier Standorte wie folgt:

Hamburg	200.500.000 €
Berlin	15.500.000 €
Frankfurt am Main	75.500.000 €
München	60.500.000 €

Die gesamten Arbeitslöhne der Abraham OHG im Jahr 2020 beliefen sich auf 265.802.018 €. Davon entfielen auf die einzelnen Standorte:

Hamburg	159.480.629 €
Berlin	13.290.236 €
Frankfurt am Main	53.160.587 €
München	39.870.566 €

Die Hebesätze der Städte betragen:

Hamburg	470 %
Berlin	410 %
Frankfurt am Main	460 %
München	490 %

Aufgabenstellung:

a) Ermitteln Sie den einheitlichen Gewerbesteuermessbetrag.

b) Führen Sie die Zerlegung des einheitlichen Gewerbesteuermessbetrags durch und ermitteln Sie die Gewerbesteuerzahllast der Abraham OHG für das Jahr 2020 (Vorauszahlungen auf die Gewerbesteuer wurden wie in den vorangegangenen Veranlagungszeiträumen nicht geleistet).

Die Lösung finden Sie auf Seite 422.

Fall 33 Einheitlicher Messbetrag 1
14 Punkte *** **33 Minuten**

Zur Ermittlung des Gewerbesteuermessbetrags für das Wirtschaftsjahr 2020 der Maschinenbau AG hat der Bilanzbuchhalter Ole Paulsen, der gerade seine Prüfung erfolgreich absolviert hat, die nachfolgenden Sachverhalte noch zu berücksichtigen:

1. Der nach körperschaftsteuerlichen Vorschriften ermittelte Gewinn aus Gewerbebetrieb betrug 103.520 €.

2. Mit Wirkung zum 1.12.2008 hatte die Maschinenbau AG ein Geschäftsgrundstück in München auf Leibrentenbasis von dem Privatier Kai Voss aus Großhansdorf erworben. Die regelmäßigen monatlichen Rentenzahlungen i. H. von 5.000 € wurden mit einem Zinsanteil von insgesamt 39.000 € als Aufwand bei der Gewinnermittlung berücksichtigt.

3. An der Gesellschaft ist Jens-Peter Zillmer aus Schleswig, Diplom-Informatiker mit Einkünften aus § 18 EStG, seit dem 1.1.1999 mit einer Einlage von 50.000 € als stiller Gesellschafter beteiligt. Ein Anteil an den stillen Reserven ist laut Vertrag vom 30.11.1998 ausdrücklich ausgeschlossen worden. Die Beteiligung war vom zuständigen Finanzamt als notwendiges Betriebsvermögen seiner Kanzlei erfasst worden. An Herrn Zillmer erfolgte die Barauszahlung seines Gewinnanteils für 2020 i. H. von 7.500 € bereits zum 31.12.2020. Der Gewinnanteil wurde in steuerlich zulässiger Weise bei der Gewinnermittlung der AG berücksichtigt.

4. Für den geleasten Fuhrpark hat die AG im Jahr 2020 150.800 € gezahlt und in der GuV als Aufwand erfasst.

5. Für das Kontokorrentkonto sind 2020 15.258 € an Überziehungszinsen angefallen. Ferner hat die AG in 2020 für ein langfristiges Darlehen 60.700 € Zinsen gezahlt. Beides ist in der GuV als Zinsaufwand erfasst.

6. Der zuletzt festgestellte Einheitswert des Betriebsgrundstücks beträgt zu 140 % 196.000 €. Eine Grundsteuerbefreiung liegt nicht vor.

Aufgabenstellung:

Ermitteln Sie für die Maschinenbau AG den einheitlichen Gewerbesteuermessbetrag für das Jahr 2020. Der Solidaritätszuschlag bleibt außen vor.

Die Lösung finden Sie auf Seite 424.

Fall 34 Messbetrag nach dem Gewerbeertrag
6 Punkte * **15 Minuten**

Die Abraham GmbH hat 2020 laut Steuerbilanz einen Gewinn i. H. von 1.500.500 € ermittelt.

Bei der Ermittlung der gewerbesteuerlich relevanten Vorgänge sind folgende Sachverhalte noch zu berücksichtigen:

1. Zur Finanzierung von Renovierungsarbeiten nahm die Abraham GmbH bei der Privatbank AG ein endfälliges Hypothekendarlehen i. H. von 500.000 € mit einer Laufzeit von 10 Jahren auf. Dieses Darlehen wurde am 1.7.2020 mit einem Betrag von 490.000 € ausgezahlt. Das Disagio i. H. von 10.000 € wurde für 2020 als aktive Rechnungsabgrenzung gebucht.
2. Mit Wirkung vom 1.8.2020 wurde von einem Münchener Unternehmen die gesamte EDV-Anlage geleast. Es fielen monatliche Zahlungen i. H. von 12.000 € an, die mit einer Ausnahme zum 30. des entsprechenden Monats gezahlt wurden. Lediglich die Dezemberzahlung erfolgte am 7.1.2021 und wurde dem einkommensteuerlichen Gewinn für 2021 abgezogen.
3. Von einem Bekannten des Gesellschafters Lange hatte die GmbH am 12.9.2014 ein Darlehen zu marktüblicher Verzinsung erhalten. Nachdem die GmbH ihre Liquiditätssituation verbessern konnte, wurde das Darlehen am 15.10.2020 vollständig getilgt. Für 2020 wurden Zinsen i. H. von 25.200 € gezahlt und als Aufwand gebucht.

Aufgabenstellung:

Ermitteln Sie den Gewerbeertrag.

Die Lösung finden Sie auf Seite 425.

Fall 35   Einheitlicher Messbetrag 2
11 Punkte   ***   **27 Minuten**

Die Gesellschafterin der Abraham OHG, Frau Annelene Abraham, ist nebenher zu 50 % an der Abraham Bauchtanz OHG mit Sitz in Hamburg beteiligt. Diese Gesellschaft erzielt im Jahr 2020 einen steuerlichen Gewinn i. H. von 275.800 €.

Folgende Sachverhalte sind gewerbesteuerlich bei der Bauchtanz OHG noch zu berücksichtigen:

1. Die OHG hatte im Jahr 2012 ein Darlehen i. H. von 2.500.000 € zu folgenden Bedingungen aufgenommen:

Laufzeit:	10 Jahre
Zinssatz:	8 % fest für die gesamte Laufzeit, ohne Tilgung
Tilgung:	in einer Summe am Ende der vereinbarten Laufzeit des Darlehens
Auszahlungskurs:	96 %

    Die Darlehensauszahlung wurde ordnungsgemäß gebucht.

2. Von der Maschinenbau AG hatte die OHG am 3.7.2019 eine computergesteuerte Fertigungsmaschine für die Dauer von insgesamt 24 Monaten gemietet. Im Jahr 2020 wurden Mietzahlungen i. H. von 36.000 € geleistet.
3. Seit dem 1.1.2012 ist die OHG an der Zillmer & Petersen KG beteiligt. Von dem Gewinn dieser KG des Jahres 2020 sind der OHG 45.980 € zuzurechnen. Diesen buchte sie als Beteiligungsertrag.

4. Die OHG betreibt seit 2002 ihren Betrieb auf einem eigenen Betriebsgrundstück, das ausschließlich selbst genutzt wird. Der zuletzt festgestellte Einheitswert beläuft sich auf 120.000 €.

5. Die gesamten Arbeitslöhne der OHG im Jahr 2020 belaufen sich auf 805.000 €.

Aufgabenstellung:

a) Ermitteln Sie den einheitlichen Gewerbesteuermessbetrag für 2020.

b) Die OHG plant, einen Teil ihrer Produktion von Hamburg nach Schwerin zu verlegen. Ermitteln Sie dabei die Gewerbesteuerentlastung aufgrund der teilweisen Verlegung der Produktion. Gehen Sie dabei vom unter a) ermittelten Gewerbeertrag aus. Es ist geplant, dass etwa $1/3$ des Personals an den neuen Standort wechselt. Die beiden Gesellschafter werden jeweils ca. zu 50 % an beiden Standorten tätig sein.

Die Gewerbesteuer-Hebesätze betragen:	Hamburg	470 %
	Schwerin	420 %

Die Lösung finden Sie auf Seite 425.

Fall 36 Gewerbesteuerrückstellung 1
12 Punkte *** **30 Minuten**

Die Maschinenbau AG ermittelte einen vorläufigen Gewinn für 2020 von 1.460.489 €.

Als Betriebsausgaben sind unter anderem gebucht:

1. Gewerbesteuer-Vorauszahlungen für 2020 i. H. von 88.600 €.
2. Gewerbesteuer-Nachzahlung für 2007 i. H. von 17.520 € (hinterzogene Steuerbeträge).
3. Zinsen i. H. von 85.243 € für ein langfristiges Darlehen.
4. Miete für eine Lagerhalle, die von der Ohlsen KG aus Hamburg gemietet wurde. An Mietzahlungen fielen in 2020 25.200 € an.
5. Miete für eine Computeranlage, die von der Firma EDV-Betreuung Professionell GmbH aus Schleswig gemietet wurde. An Mietzahlungen fielen in 2020 350.000 € an.
6. Ferner ist seit dem 1.7.2020 Frau Rosa Munde als Privatperson typisch stille Gesellschafterin (Höhe der Beteiligung: 300.000 €). Der auf diese Beteiligung entfallende Gewinnanteil beträgt 35.645 €.

Für das Betriebsgrundstück der AG wurde zuletzt ein Einheitswert von: 1.540.000 € (= 140 %) festgestellt. Eine Grundsteuerbefreiung liegt nicht vor.

Folgende Hebesätze sind zu beachten:

Düsseldorf	440 %
Duisburg	510 %
Dresden	450 %

Im Wirtschaftsjahr 2020 betrug die Summe der Arbeitslöhne in den drei Standorten 8.500.708,16 €. Sie verteilte sich auf die Betriebsstätten wie folgt:

Düsseldorf	5.100.122,12 €
Duisburg	2.550.299,01 €
Dresden	850.287,03 €

In den drei Standorten wurden folgende Beträge als Ausbildungsvergütungen gezahlt:

Düsseldorf	180.520,10 €
Duisburg	86.452,20 €
Dresden	44.263,12 €

Außerdem zahlte die AG ihren Vorstandsmitgliedern Tantiemen i. H. von 500.000 €.

Aufgabenstellung:

Ermitteln Sie die Gewerbesteuerrückstellung 2020.

Die Lösung finden Sie auf Seite 428.

Fall 37 Gewerbesteuerrückstellung 2
12 Punkte ** 30 Minuten

Die Altmann GmbH betreibt in Wuppertal und Düsseldorf ein Malergeschäft. Die vorläufige GuV-Rechnung weist für 2020 einen Jahresüberschuss von 305.320 € und einen Umsatz von 3.500.000 € aus.

Dazu wird Folgendes festgestellt:

1. Mieten

    Im Mietaufwand enthalten sind 7.200 € an den Gesellschafter Altmann. Davon entfallen auf einen von ihm angemieteten Pkw 6.000 € und auf die ebenfalls von ihm angemietete Garage 1.200 €.

    Altmann ist mit 30 % an der GmbH beteiligt. Er ist als Geschäftsführer der GmbH tätig und übt keine andere Tätigkeit aus.

2. Gewinnanteil

    Die GmbH ist seit dem 1.1.2020 an einer OHG als stille Gesellschafterin mit einer Einlage von 200.000 € beteiligt.

    Für das Wirtschaftsjahr 2020 wurden am 7.4.2021 als Gewinnanteil 11.780 € (nach Abzug der KESt 4.000 € und des SolZ mit 220 €) an die GmbH überwiesen und bei Eingang gebucht: Bank 11.780 an Beteiligungsertrag 11.780 €. In 2020 wurde lediglich die Zahlung der Einlage mit 200.000 € gebucht.

3. Löhne und Gehälter

Insgesamt wurden 1.006.800 € als Aufwand gebucht. Davon entfallen auf Wuppertal 684.600 € und auf Düsseldorf 322.200 €. Für den ausschließlich in Wuppertal tätigen geschäftsführenden Gesellschafter Altmann sind 240.000 € Gehalt und zusätzlich eine einmalige Tantieme von 40.000 €, die aufgrund des guten Jahresergebnisses gewährt wurde, enthalten. Beide Vergütungen sind angemessen.

4. Steueraufwand

Die GewSt-Vorauszahlungen für 2020 betrugen 48.000 € und die KSt-Vorauszahlungen 120.000 €.

5. Die GewSt-Hebesätze betragen für Wuppertal 490 % und für Düsseldorf 440 %.

Aufgabenstellung:

a) Beurteilen Sie vorstehende Sachverhalte 1 bis 4 in gewerbesteuerlicher Hinsicht.

b) Berechnen Sie die Gewerbesteuer-Rückstellung.

Die Lösung finden Sie auf Seite 430.

Fall 38   Gewerbeertrag
8 Punkte   **   20 Minuten

Die Ludwig-Buchner-GmbH betreibt in Bonn einen Buchhandel. Gesellschafter der GmbH sind zu je 50 % Hans Alber und Max Keller, die zivilrechtlich wirksam auch zu Geschäftsführern der GmbH bestellt sind.

Das Wirtschaftsjahr entspricht dem Kalenderjahr. In der Handelsbilanz zum 31.12.2020, die mit der nach steuerlichen Grundsätzen aufzustellenden Bilanz identisch ist, wird ein Jahresüberschuss von 1.000.000 € ausgewiesen. Das zu versteuernde Einkommen der GmbH i. S. des § 7 KStG wurde zutreffend mit 1.500.000 € ermittelt. Ein Verlustabzug wurde dabei nicht vorgenommen.

Im Jahresüberschuss 2020 sind folgende Erträge und Aufwendungen enthalten:

1. Rentenschuld

Das der GmbH gehörende und von ihr allein genutzte Grundstück Beethovenstraße 3 in Bonn (Einheitswert 2.000.000 €) hat sie im Wj. 2005 auf Rentenbasis (Zusage einer Leibrente an den Veräußerer) erworben. Der in den Rentenzahlungen enthaltene „Zinsaufwand" wurde zutreffend i. H. von 30.000 € als Betriebsausgabe gebucht.

Der Rentenberechtigte ist am 31.12.2020 überraschend gestorben. Die GmbH hat deshalb den Rentenbarwert zum 31.12.2020 i. H. von 500.000 € zugunsten des Jahresüberschusses 2020 gewinnerhöhend aufgelöst.

2. Stiller Gesellschafter

   An der GmbH ist seit 2000 der Bruder des Gesellschafters Alber, Günther Alber, als stiller Gesellschafter beteiligt. Den Gewinn des stillen Gesellschafters i. H. von 70.000 € hat die GmbH bei der Ermittlung des Jahresüberschusses gewinnmindernd behandelt.

3. Gewinnanteil an der Xaver Unertl OHG

   Der im Jahresüberschuss der GmbH enthaltene Gewinnanteil aus der Beteiligung an der Xaver Unertl OHG setzt sich wie folgt zusammen:

a)	Anteil am laufenden Gewinn	150.000 €
b)	Anteil am Gewinn aus der Veräußerung eines Teilbetriebs durch die OHG i. S. des § 16 Abs. 1 Nr. 1 EStG	200.000 €
c)	Gesamtbetrag	350.000 €

4. Dividende der Moris AG

   Die GmbH hat am 25.2.2020 eine Gewinnausschüttung von der Moris AG (Hamburg) erhalten, an der sie seit mehreren Jahren mit 11 % des Nennkapitals beteiligt ist. Die Ausschüttung betrug (vor Abzug von Kapitalertragsteuer und Solidaritätszuschlag) 30.000 €. Bei der Ermittlung des zu versteuernden Einkommens der GmbH wurde zutreffend berücksichtigt, dass 95 % der Ausschüttung gemäß § 8b Abs. 1 i. V. mit Abs. 5 KStG steuerfrei zu vereinnahmen sind. Die Finanzierung der Beteiligung erfolgte über langfristiges Darlehen für das im Jahr 2020 Zinsen i. H. von 8.000 € aufgewendet wurden.

5. Gewerbeverlust 2019

   Bei der GewSt-Veranlagung 2019 für die GmbH wurde ein verbleibender Gewerbeverlust i. H. von 150.000 € gesondert festgestellt (§ 10a Satz 6 GewStG).

Aufgabenstellung:

Nehmen Sie Stellung zu den vorstehenden Sachverhalten hinsichtlich ihrer Auswirkung auf die Ermittlung des Gewerbeertrags 2020 und begründen Sie die Lösungen mit den geltenden Rechtsgrundlagen.

Die Lösung finden Sie auf Seite 431.

Fall 39 GewSt-Messbetrag, -rückstellung
10 Punkte   ***   24 Minuten

Die Gerhard Noppen OHG betreibt in Bonn, Oxfordstraße 11, einen Großhandel mit Lebensmitteln. Außerdem unterhielt sie bis zum 31.12.2020 ebenfalls in Bonn, Beethovenstraße 14, eine Konditorei mit Cafébetrieb, die vom Lebensmittelgroßhandel organisatorisch getrennt geführt (u. a. eigenes Personal, getrennte Buchführung) wurde und dem Lebensmittelgroßhandel gegenüber völlig selbstständig war.

An der OHG sind Herr Gerhard Noppen und Frau Brigitte Wohlhüter zu je 50 % als Gesellschafter beteiligt.

Der Lebensmittelgroßhandel wird auf dem dem Gesellschafter Gerhard Noppen gehörenden, von diesem angemieteten Grundstück (Oxfordstraße 11) betrieben. Das Grundstück Beethovenstraße 14, in dem die Konditorei und das Café unterhalten wurden, befand sich im Eigentum der OHG.

Das Wirtschaftsjahr der OHG stimmt mit dem Kalenderjahr überein. In der Handelsbilanz der OHG zum 31.12.2020, die mit der nach steuerlichen Grundsätzen aufgestellten Bilanz identisch ist, wird ein Jahresüberschuss von 1.500.000 € ausgewiesen. Darin sind folgende Erträge und Aufwendungen enthalten:

1. Veräußerung der Konditorei und des Cafés

   Aus dem Verkauf dieses Betriebs, bei dem der Erwerber sämtliche Aktiva und Passiva übernommen hat, hat die OHG einen Veräußerungsgewinn von 500.000 € erzielt, der im Jahresüberschuss 2020 von 1.500.000 € enthalten ist.

2. Mietaufwendungen für das Grundstück Bonn, Oxfordstraße 11

   In der GuV-Rechnung der OHG sind als Aufwand für das vom Gesellschafter Gerhard Noppen angemietete Grundstück 200.000 € gebucht worden. Dieser Gesellschafter hat aus der Verpachtung seines Grundstückes einen nach den Grundsätzen des § 5 EStG ermittelten Gewinn für das Wirtschaftsjahr 2020 i. H. von 150.000 € erzielt, der steuerlich bisher nicht erfasst ist.

3. Darlehenszinsen

   Für den Erwerb mehrerer Lkw für den Lebensmittelgroßhandel hat die OHG im Wirtschaftsjahr 2020 ein Darlehen mit einer Laufzeit von 3 Jahren i. H. von 600.000 € aufgenommen. Die dafür als Aufwand gebuchten Entgelte haben im Wirtschaftsjahr 2020 betragen:

   a) laufende Zinsen 43.600 €
   b) Damnum-Anteil für 2020 6.000 €

4. Wechselkredit

   Den Erwerb von aus Kroatien importierten Konserven mit Paprikaschoten hat die OHG durch die Hingabe eines Wechsels i. H. von 200.000 € finanziert, der eine Laufzeit von 6 Monaten hat (5.1.2020 bis 1.7.2020). Der Lieferant hat der OHG für diesen Wechselkredit Basiszinsen i. H. von 6.000 € in Rechnung gestellt, die diese als Aufwand gebucht hat.

5. Grundstücke Bonn, Oxfordstraße 11 und Beethovenstraße 14

   Für diese Grundstücke, die sich seit vielen Jahren im Eigentum des Gesellschafters Gerhard Noppen bzw. der OHG befinden, wurden folgende Einheitswerte festgestellt:

   a) Oxfordstraße 11 2.000.000 €
   b) Beethovenstraße 14 1.500.000 €

6. Rentenaufwand

   Die Konditorei und das damit verbundene Café hatte die OHG im Wirtschaftsjahr 2010 von H. Muess, der sich danach zur Ruhe setzte, gegen die Zusage einer Leibrente erworben. Die bei der OHG im Wirtschaftsjahr 2020 als Aufwand gebuchten Rentenzahlungen belaufen sich auf 80.000 € (Barwert 31.12.2019: 260.000 €; Barwert 31.12.2020: 210.000 €).

7. Gewerbesteueraufwand 2020

Für das Wirtschaftsjahr 2020 wurden bisher weder GewSt-Vorauszahlungen geleistet noch eine GewSt-Rückstellung gebildet.

Aufgabenstellung:

a) Nehmen Sie Stellung zu den vorstehenden Sachverhalten hinsichtlich ihrer steuerlichen Auswirkungen auf die Ermittlung des Gewerbeertrages.

b) Ermitteln Sie den Gewerbesteuermessbetrag.

c) Ermitteln Sie die GewSt-Rückstellung und damit die Gewerbesteuerschuld für den Erhebungszeitraum 2020.

Gehen Sie dabei von einem Hebesatz (§ 16 GewStG) von 460 % aus.

Die Lösung finden Sie auf Seite 433.

V. Umsatzsteuer

Fall 40   Innergemeinschaftliche Lieferung
12 Punkte   ***   30 Minuten

Für die Abraham OHG kam es zu folgenden Geschäftsvorfällen:

1. Die Abraham OHG genießt seit einigen Jahren einen guten Ruf bei dänischen Privatpersonen und konnte daher in den letzten Jahren ihre Marktstellung in Dänemark kontinuierlich ausbauen.

   Im Jahr 2019 wurden Waren für umgerechnet 350.000 DKK an entsprechende Abnehmer geliefert, 2020 waren bis Juni bereits Waren im Wert von 400.000 DKK an dänische Privatpersonen verkauft worden.

   Am 22.6.2020 lieferte die OHG mit eigenem Lkw Kabelstränge im Wert von 10.000 € (70.000 DKK) an die Privatperson Peter Haugaard in Apenrade (Dänemark).

   Für Herrn Haugaard war es der erste Versandumsatz aus Deutschland seit mehreren Jahren.

2. Die Firma Sand A/S, ein Kunde aus Kopenhagen (Dänemark), bestellte bei der Abraham OHG ein spezielles Kabel im Gesamtwert von 52.000 € netto (laut Katalog der Abraham OHG). Dabei gab sie ihre dänische USt-IdNr. an. Da die Abraham OHG das Kabel nicht vorrätig hatte, musste sie es bei ihrem Lieferanten, der Kabelspezial AG mit Sitz in Kiel, bestellen. Vereinbarungsgemäß lieferte die Kabelspezial AG das Kabel am 22.6.2020 direkt mit eigenem Lkw nach Kopenhagen. Die Abraham OHG trat mit ihrer dänischen USt-IdNr. auf. Anlässlich dieses Geschäftsvorfalls kam es zu folgenden Rechnungen (auszugsweise dargestellt):

Von Kabelspezial AG an Abraham OHG:	Kiel, 29.6.2020
Spezialkabel	35.000 €
zzgl. 19 % USt	6.650 €
Rechnungsbetrag	41.650 €

Von Abraham OHG an Sand A/S:	Hamburg, 26.6.2020
Spezialkabel	52.000 €
USt	0 €
Rechnungsbetrag	52.000 €

Die Abraham OHG zahlte den Bruttorechnungsbetrag am 16.7.2020 an Kabelspezial und erhielt von Sand A/S die Rechnungssumme am 23.7.2020.

Aufgabenstellung:

Beurteilen Sie sämtliche Geschäftsvorfälle umsatzsteuerrechtlich.

Die Lösung finden Sie auf Seite 435.

Fall 41 Sonstige Leistung
10 Punkte   **   24 Minuten

1. Die Maschinenbau AG hatte am 31.8.2017 eine neue Computeranlage erworben (betriebsgewöhnliche Nutzungsdauer: 5 Jahre). Der Kaufpreis hatte netto 22.500 € (zzgl. 16 % USt) betragen. Dieses Wirtschaftsgut wurde ausschließlich für die Verwaltung der Mietwohnhäuser genutzt.

   Im Zuge einer Umstrukturierung wurde die Verwaltung der Mietwohngrundstücke zum 1.5.2020 an eine Immobilienfirma übergeben, sodass die Anlage seitdem den gewöhnlichen – umsatzsteuerpflichtigen – gewerblichen Zwecken der Maschinenbau AG dient.

2. Die Maschinenbau AG hatte Rechtsstreitigkeiten mit einem französischen Lieferanten. Zur endgültigen Klärung der Streitigkeit wurde ein Gerichtsverfahren, das am 18.5.2020 in Paris stattfand, anberaumt.

   Auf Empfehlung eines französischen Geschäftsfreunds wurde der Pariser Rechtsanwalt Jean Matthieu mit der Verteidigung beauftragt. Das Verfahren verlief für die Maschinenbau AG nachteilig. Trotzdem berechnete Monsieur Matthieu der AG einen Betrag von 5.500 €. Die Rechnung, die keinen Ausweis der Umsatzsteuer enthält, ging der Maschinenbau AG am 15.6.2020 zu.

3. Die Maschinenbau AG beauftragte das belgische Transportunternehmen van Troog mit Sitz in Antwerpen, Maschinen von Hamburg zu einer Messe nach Utrecht, Niederlande, zu beför-

dern. Bei der Auftragserteilung teilte die Maschinenbau AG dem belgischen Unternehmen ihre USt-IdNr. nicht mit.

Nachdem der Transport am 13.8.2020 durchgeführt worden war, berechnete van Troog laut Rechnung vom 3.9.2020 der Maschinenbau AG 4.000 € zzgl. 16 % USt i. H. von 760 €. Am 8.10.2020 überwies die Maschinenbau AG 4.000 € nach Belgien, weil sie der Meinung war, keine Umsatzsteuer zu schulden.

Nach Erhalt der Mahnung entrichtete die Maschinenbau AG am 10.12.2020 auch den noch ausstehenden Betrag von 760 €.

Aufgabenstellung:

Beurteilen Sie die Sachverhalte umsatzsteuerrechtlich.

Die Lösung finden Sie auf Seite 436.

Fall 42 Lieferung und sonstige Leistung 1
10 Punkte   **   24 Minuten

1. Die Abraham OHG beauftragte im April 2020 das dänische Bauunternehmen Ostergaard aus Sonderborg, mit dem sie schon seit mehreren Jahren in Geschäftsbeziehung steht und von dem die dänische USt-IdNr. vorliegt, in ihrer Hamburger Betriebsstätte neue Fenster und Türen einzubauen.

   Vereinbarte Gegenleistung war die Lieferung von Waren im Wert von 25.000 € (netto). Am 27.4.2020, unmittelbar nachdem die Fenster und Türen eingebaut worden waren, ließ die OHG die Waren mit eigenem Lkw direkt nach Dänemark transportieren.

2. Im November 2020 nahm in Hamburg-Harburg ein neues Einzelhandelsgeschäft für Unterhaltungselektronik namens Media-GmbH den Geschäftsbetrieb auf. Sofort bahnte es mit der Abraham OHG eine Geschäftsbeziehung an, indem es nahezu den gesamten Warenbestand dort bestellte. Es handelte sich um ein Auftragsvolumen i. H. von 120.000 € zzgl. 16 % USt = 139.200 €.

   In der Zeit vom 5. bis 9.11.2020 lieferte die Abraham OHG die bestellten Gegenstände durch eigene Mitarbeiter. Da die Media-GmbH den Gesamtbetrag nicht sofort zahlen konnte, gewährte die Abraham OHG einen Kredit mit einer Laufzeit von 2 Jahren, sodass die Media-GmbH seitdem monatlich 6.250 € zahlt. Insgesamt wird sie also 150.000 € zahlen müssen.

   Die Laufzeit wurde vom 1.12.2020 bis zum 30.11.2022 vereinbart, wobei die Zahlungen immer zum Monatsende fällig sind. Diese Vereinbarungen wurden rechtsgültig in einem ordnungsgemäßen Kreditvertrag vereinbart. Tatsächlich konnte die Abraham OHG am 31.12.2020 den ersten Zahlungseingang i. H. von 6.250 € verzeichnen.

Aufgabenstellung:

Beurteilen Sie die Sachverhalte umsatzsteuerrechtlich.

Die Lösung finden Sie auf Seite 438.

Fall 43 Innenumsatz
5 Punkte ****** **12 Minuten**

Am 18.5.2020 transportierte die Maschinenbau AG zum ersten Mal Waren von der Duisburger Betriebsstätte in ihr Lager nach Mailand. Ebenso wurde ein bereits vollständig abgeschriebener Gabelstapler zum Abladen der Gegenstände nach Mailand gebracht. Der Transport erfolgte durch eine Kölner Spedition. Diese nahm den Gabelstapler nach erfolgreicher Lieferung wieder mit nach Duisburg.

Die Spedition erstellte folgende auszugsweise dargestellte Rechnung:

Transport von Gegenständen aller Art und eines Gabelstaplers von Duisburg nach Mailand	2.500 €
zzgl. 19 % Umsatzsteuer	475 €
zu zahlen	2.975 €

Die Waren hatten einen Gesamtwert von 125.000 €, was laut Beleg seitens der Maschinenbau AG bestätigt wurde.

Der Gabelstapler hatte einen Teilwert von 10.000 €.

Aufgabenstellung:

Beurteilen Sie den Sachverhalt für alle Beteiligten umsatzsteuerrechtlich.

Die Lösung finden Sie auf Seite 440.

Fall 44 Private Nutzung eines betrieblichen Pkw
6 Punkte ***** **15 Minuten**

Der Gesellschafter der Abraham OHG, Herr Lange, besitzt einen Pkw, der 2020 zu 75 % betrieblich und zu 25 % privat genutzt wurde. Auf dieses Fahrzeug entfielen für 2020 folgende Aufwendungen:

Ersatzteile und planmäßige Reparaturen	3.000 €
Benzin, Öl	2.000 €
Kfz-Steuer und Kfz-Versicherung	2.000 €
Planmäßige AfA (der Kauf erfolgte unter Vorsteuerabzug)	6.000 €

Fahrten zwischen Wohnung und Betriebsstätte liegen nicht vor. Das Fahrzeug wurde von Herrn Lange im Januar 2020 angeschafft. Die Netto-Anschaffungskosten betrugen 30.000 €. Herr Lange machte zutreffend die in Rechnung gestellten Vorsteuern beim Finanzamt geltend.

Aufgabenstellung:

Beurteilen Sie diesen Sachverhalt umsatzsteuerrechtlich.

Auf die umsatzsteuerliche Beurteilung des Anschaffungsvorgangs ist dabei nicht näher einzugehen.

Die Lösung finden Sie auf Seite 441.

Fall 45 Vermittlungsleistung
12 Punkte   *   30 Minuten**

1. Um die Geschäftskontakte nach Frankreich zu intensivieren, beauftragte die Maschinenbau AG den französischen Unternehmer Michel Perrier mit Sitz in Paris, Kontakte zu potenziellen französischen Kunden aufzunehmen. Beide Geschäftspartner vereinbarten, dass Monsieur Perrier die Waren der Maschinenbau AG im fremden Namen und für fremde Rechnung vermittelt, wobei er für jedes Umsatzgeschäft eine Provision i. H. von 15 % erhält. Am 5.11.2020 erfolgte der erste Geschäftsabschluss:

   Monsieur Perrier vermittelte ein Geschäft mit einem Nettoumsatz von 250.000 € an das Unternehmen Brolac mit Sitz in Marseille. Die Lieferung der Ware erfolgte am 23.11.2020 mit eigenen Lkw der Maschinenbau AG. Die AG hatte bei der Auftragserteilung ihre deutsche USt-IdNr. angegeben. Am 30.11.2020 erhielt die Maschinenbau AG von Monsieur Perrier eine Rechnung über einen Nettobetrag von 37.500 € zzgl. 16 % USt, die sie am 17.12.2020 per Überweisung im gesetzlich vorgeschriebenen Maße zahlt.

2. Die Maschinenbau AG ist regelmäßig auf der Suche nach neuen Lieferanten. Sie beauftragt daher ständig Kommissionäre, überall in Europa nach möglichen neuen Geschäftspartnern Ausschau zu halten und neue Geschäftsbeziehungen zu knüpfen. So ist die Einzelunternehmerin Heike Ohl aus Freiburg zuständig für Italien, Österreich und die Schweiz. Am 19.6.2020 erwarb sie im eigenen Namen, jedoch für Rechnung der Maschinenbau AG, Stahlteile beim Unternehmen Schweizer Schwermetall S.A. mit Sitz in Zürich. Nach Abschluss des Kaufvertrags versandte die S.A. am 29.6.2020 im Auftrag von Frau Ohl die Stahlteile direkt zur Maschinenbau AG. Die deutsche Einfuhrumsatzsteuer übernahm vereinbarungsgemäß die S.A. Am 30.6.2020 erhielt Frau Ohl folgende auszugsweise dargestellte Rechnung:

Kaufpreis netto	220.000 €
19 % Umsatzsteuer	41.800 €
Rechnungsbetrag	261.800 €

Am 2.7.2020 stellte Frau Ohl der Maschinenbau AG auszugsweise folgende Rechnung aus:

Kaufpreis netto	220.000 €
+ 16 % Provision	35.200 €
Gesamtsumme	255.200 €
19 % Umsatzsteuer	48.488 €
Rechnungsbetrag	303.688 €

TEIL G Steuerrecht

Aufgabenstellung:

Beurteilen Sie beide Vermittlungsleistungen nach umsatzsteuerrechtlichen Maßstäben.

Die Lösung finden Sie auf Seite 441.

Fall 46 Entschädigungszahlungen
11 Punkte   **   27 Minuten

1. Prüfungen ergaben, dass ein Angestellter der Abraham OHG im Juni 2020 Barverkäufe i. H. von 3.000 € zwar erfasst, das Bargeld aber nicht in die Kasse eingelegt hatte. Als die Geschäftsleitung davon erfuhr, wurde diesem Mitarbeiter fristlos gekündigt. Man sah jedoch von einer Anzeige ab, da er versicherte, er werde den Betrag umgehend zurückzahlen.

   Tatsächlich zahlte er am 17.9.2020 einen Betrag von 500 € ein. Danach verschwand er jedoch mit unbekanntem Aufenthalt, sodass die OHG keine Aussicht mehr hat, den Restbetrag zurückzuerhalten.

2. Die Abraham OHG bestellte am 26.6.2020 beim Schreinermeister Härke aus Peine (Hannover) einen wertvollen Büroschrank. Es wurde vereinbart, dass Härke den Schrank auf Kosten und Gefahr der Abraham OHG durch die Stader Spedition Böckmann nach Hamburg versenden lässt. Vorher hatte Härke zusätzlich im Namen und im Auftrag der Abraham OHG eine Transportversicherung abgeschlossen. Er erstellte bereits im Voraus folgende auszugsweise dargestellte Rechnung:

Büroschrank	15.000 €
Transportkosten	1.000 €
Summe	16.000 €
zzgl. 19 % Umsatzsteuer	3.040 €
Rechnungsbetrag	19.040 €

   Während des Transports am 2.7.2020 verunglückte das Transportfahrzeug. Dabei wurde der Schrank zerstört. Am 17.9.2020 zahlte die Versicherung im Namen der Abraham OHG an Schreinermeister Härke 16.000 €.

Aufgabenstellung:

Beurteilen Sie diese Sachverhalte umsatzsteuerrechtlich.

Die Lösung finden Sie auf Seite 443.

Fall 47 Vermietungsleistung
6 Punkte   *   15 Minuten

Die Abraham OHG hatte ihr 6.750 qm großes Verwaltungsgebäude 2010 nach eigenen Plänen neu errichten lassen, sodass es zum 1.1.2011 in Betrieb genommen wurde. Die berechnete Umsatzsteuer von 750.000 € wurde von der OHG vollständig als Vorsteuer abgezogen.

Die Abraham OHG hatte im Jahr 2019 die Kapazität etwas reduziert. Dadurch wurde eine Etage im Verwaltungsgebäude nicht mehr für den gewerblichen Betrieb genutzt. Die frei gewordenen Räume umfassten 450 qm. Diese vermietet die Abraham OHG seit dem 1.1.2020 an den Rechtsanwalt Stefan Klaus, der eine Hälfte für seine Kanzlei, die andere Hälfte für seine Privatwohnung verwendet. Im Einvernehmen mit Herrn Klaus möchte die OHG weitestgehend von der Option nach § 9 UStG Gebrauch machen. Der Quadratmeterpreis beträgt für die Kanzlei 15 € und für die Privatwohnung 10 € (jeweils brutto).

Aufgabenstellung:

Beurteilen Sie den Sachverhalt umsatzsteuerrechtlich.

Die Lösung finden Sie auf Seite 444.

Fall 48 Vorsteuerabzug
10 Punkte   **   24 Minuten

Aufgrund eines günstigen Angebots, das der Abraham OHG überraschend zugetragen wurde, entschlossen sich die Gesellschafter der Abraham OHG im Juni 2020 ein Geschäftshaus zur Kapitalanlage zu erwerben und zu vermieten. Durch notariellen Kaufvertrag vom 15.6.2020 erwarben sie das Grundstück Dresden, Hauptstr. 1, mit aufstehendem Gebäude zum Preis von 1.000.000 €. Der Übergang von Besitz, Gefahr, Nutzen und Lasten wurde zum 1.7.2020 vereinbart. In dem Notarvertrag wurde erklärt, man wolle auf eine Umsatzsteuerbefreiung des Verkaufs verzichten.

Das Gebäude befindet sich in einer ausgesprochen guten Geschäftslage und konnte nur zu einem derart günstigen Preis erworben werden, weil es stark renovierungsbedürftig war.

Noch im Juni beauftragte die OHG deshalb Herrn Walter Windig, den Geschäftsführer der Baufirma „Fix & Fertig GmbH" aus Pilsen (Tschechien), die auf die Sanierung von Gewerbeimmobilien spezialisiert ist, die notwendigen Arbeiten an dem Gebäude vorzunehmen.

Bereits am 1.8.2020 rief Herr Windig bei der OHG an und teilte mit, die Arbeiten seien abgeschlossen. Noch am selben Tag nahmen die Gesellschafter die Leistungen ab. Am 7.9. erteilte die „Fix & Fertig GmbH" der OHG die nachstehend auszugsweise dargestellte und ansonsten ordnungsgemäße Rechnung:

„Ihre Gewerbeimmobilie Dresden, Hauptstr. 1 ...

Lieferung und Einbau von Fenstern mit Doppelverglasung in allen Etagen:	50.000 €
Erneuerung der Decken und andere diverse Trockenbauarbeiten:	10.000 €
Rechnungsbetrag netto:	60.000 €
Umsatzsteuer 16 %:	9.600 €
Rechnungsbetrag brutto:	69.600 €

Wir bitten um Überweisung ohne Abzug innerhalb von 4 Wochen.

Mit freundlichen Grüßen

gez. Windig"

Die OHG beabsichtigte, das Gebäude schnellstmöglich zu 100 % steuerpflichtig an andere Unternehmer zu vermieten.

Aufgabenstellung:

a) Beurteilen Sie den Sachverhalt umsatzsteuerlich.

b) Welche Änderungen ergeben sich, wenn die OHG das Gebäude ab dem 1.7.2020 zunächst wie beabsichtigt nutzt und am 8.7.2021 an einen Privatmann veräußert?

Gehen Sie davon aus, dass die von der „Fix & Fertig GmbH" durchgeführten Arbeiten weder zu nachträglichen Anschaffungs- oder Herstellungskosten auf das Gebäude, noch zur Entstehung eines neuen Wirtschaftsguts geführt haben.

Die Lösung finden Sie auf Seite 445.

Fall 49 Innergemeinschaftlicher Erwerb
9 Punkte ⁂⁂⁂ 22 Minuten

Die Maschinenbau AG bestellte am 23.2.2020 beim niederländischen Lieferanten van Hoog mit Sitz in Amsterdam ein Spezialgerät. Da van Hoog dieses Gerät nicht vorrätig hatte, bestellte er es seinerseits beim Unternehmen Dupont mit Sitz in Paris.

Am 3.3.2020 holte van Hoog den Liefergegenstand mit eigenem Lkw bei Dupont ab und beförderte ihn direkt zur Maschinenbau AG nach Düsseldorf. Alle drei beteiligten Unternehmen verwendeten die USt-IdNr. ihres Heimatlandes.

Der Maschinenbau AG wurde am 14.4.2020 von van Hoog ein Nettobetrag ohne Umsatzsteuerausweis in Rechnung gestellt. Diesen Rechnungsbetrag bezahlte die Gesellschaft am 24.6.2020 per Banküberweisung.

Aufgabenstellung:

Beurteilen Sie diesen Sachverhalt umsatzsteuerrechtlich.

Die Lösung finden Sie auf Seite 447.

Fall 50 Forderungsausfall
7 Punkte ****** **17 Minuten**

Die Maschinenbau AG verkaufte der Müller KG mit Sitz in Hannover am 11.2.2020 eine Maschine zu einem Bruttobetrag von 35.700 €. Diese Maschine wurde mit eigenen Lkws nach Hannover gebracht. Als Sicherheit für diese Forderung hatte sich die AG von der Müller KG einen Transporter zur Sicherung übereignen lassen.

Nach diversen fruchtlosen Zahlungserinnerungen und Mahnungen veräußerte die Maschinenbau AG den Transporter am 11.6.2020 an die Abraham OHG für 29.750 €.

Am 30.6.2020 wurde über das Vermögen der Müller KG das Insolvenzverfahren eröffnet. In diesem Zusammenhang gab die Maschinenbau AG die Differenz zwischen Rechnungsbetrag und Veräußerungserlös des Transporters dem Insolvenzverwalter als Restforderung an. Am 4.11.2020 wurde das Insolvenzverfahren abgeschlossen und endete mit einer Insolvenzquote von 25 %, worüber die AG am 26.11.2020 informiert wurde. Entsprechend erfolgte am 17.12.2020 ein Zahlungseingang von 1.487,50 €.

Aufgabenstellung:

Beurteilen Sie diesen Fall umsatzsteuerrechtlich allein aus der Sicht der Maschinenbau AG.

Die Lösung finden Sie auf Seite 448.

Fall 51 Lieferung und sonstige Leistung 2
13 Punkte ******* **32 Minuten**

1. Die Maschinenbau AG kaufte von der Maschinenfabrik Bröge in Hamburg eine Spezialmaschine für die Herstellung von Mikrochips. Der Kaufpreis i. H. von 500.000 € zzgl. 95.000 € Umsatzsteuer ist wie folgt zu entrichten:

Kaufpreis einschl. Zubehör	500.000 €
Umsatzsteuer 19 %	95.000 €
Kaufpreis	595.000 €
abzgl. der in Zahlung genommenen gebrauchten Maschine	150.000 €
Umsatzsteuer 19 %	28.500 €
Bruttowert der gebrauchten Maschine	178.500 €
verbleibende Restzahlung	416.500 €

Die gebrauchte alte Maschine wurde aufgrund der bisherigen sehr guten Geschäftsbeziehung für 178.500 € in Zahlung genommen, obwohl der gemeine Wert nachgewiesen nur 142.800 € beträgt.

2. Die Abraham OHG gewährt laut Betriebsvereinbarung seit mehreren Jahren allen Mitarbeitern einen Rabatt i. H. von 10 % für ihre Handelswaren.

Am 16.11.2020 verkaufte sie an die langjährige Angestellte Heike Gerkowski einen speziellen Fernseher der Marke Yachi aus Japan zu einem Preis von 5.474 € (üblicher Endpreis) - 547,40 € = 4.926,60 €. Die Abraham OHG hatte dieses spezielle Gerät extra für ihre Mitarbeiterin direkt beim Hersteller Yamamoto in Tokio bestellt und bezogen. Der Nettopreis betrug umgerechnet 3.800 €.

Da der Fernseher per Luftfracht angeliefert wurde, entstanden zusätzlich 350 € an Frachtkosten, die die Abraham OHG ebenfalls zu übernehmen hatte. Die Abraham OHG zahlte am Flughafen in Hamburg die Einfuhrumsatzsteuer i. H. von 664 € und erhielt dafür vom Zoll den entsprechenden Beleg.

3. Anlässlich des 18-jährigen Betriebsjubiläums veranstaltete die Abraham OHG am 22.2.2020 ein Betriebsfest in einem renommierten Lokal.

Es gab ein edles Abendessen mit anschließender Tanzparty, bei der die Mitarbeiter kostenlos alle verfügbaren Getränke konsumieren konnten. An der Veranstaltung nahmen 250 Arbeitnehmer teil. An Aufwendungen entstanden der Abraham OHG insgesamt 71.400 € brutto, die belegmäßig nachgewiesen sind.

Aufgabenstellung:

Beurteilen Sie die Sachverhalte umsatzsteuerrechtlich.

Die Lösung finden Sie auf Seite 450.

Fall 52 Geschäfte mit ausländischen Unternehmen
15 Punkte   ***   36 Minuten

1. Die Abraham OHG erhielt am 8.6.2020 20 Container Batterien vom Hersteller Andre SA aus Metz (französische USt-IdNr.) angeliefert. Der Nettopreis betrug umgerechnet 58.000 €. Bereits am 23.6.2020 gelang der Weiterverkauf. Acht Container wurden an das Schweizer Unternehmen Düli in Zürich für netto 45.000 € verkauft. Acht weitere Container gingen für netto 42.000 € an das dänische Unternehmen Smör in Kopenhagen. Der Rest wurde schließlich von diversen deutschen Kunden für insgesamt 15.000 € erworben. Die Abraham OHG übernahm jeweils die Versendung mit eigenen Lkw. Der Verkauf erfolgte unter Nennung der deutschen USt-IdNr.

2. Vom Kunden Haffskjold mit Sitz in Oslo erhielt die Abraham OHG den Auftrag, mehrere Lautsprecheranlagen zu liefern. Am 28.5.2020 wurde ein eigener Lkw beladen und nach Norwegen geschickt. An der Grenze zahlte der Fahrer, Herr Stefan Boisen, im Namen der Abraham OHG die norwegische Einfuhrumsatzsteuer i. H. von umgerechnet 2.500 €. In Oslo stellte Herr Boisen jedoch fest, dass Haffskjold Insolvenz angemeldet hatte. Erleichtert nahm er jedoch zur Kenntnis, dass das benachbarte Unternehmen Dahl auch Interesse an den Lautsprecheranlagen anmeldete. Nach kurzen Verhandlungen einigte man sich auf einen Kaufpreis von umgerechnet 35.000 €. Somit lieferte Boisen die Anlagen direkt an Dahl.

Lohnsteuer   TEIL G

Aufgabenstellung:

Beurteilen Sie die Sachverhalte umsatzsteuerrechtlich.

Die Lösung finden Sie auf Seite 452.

VI. Lohnsteuer

Fall 53   Bewertung von Sachbezügen[(1)]
8 Punkte   **   18 Minuten

Im Zuge einer im Januar 2021 durchgeführten Lohnsteuer-Außenprüfung für 2020 bei der Abraham OHG wurden nachfolgende Feststellungen getroffen:

1. Die Abraham OHG besitzt 20 vermietete Wohnungen (jeweils 35 qm). Die Mieter zahlten 2020 monatlich jeweils 500 € Miete. Zwei Angestellte der AG zahlten im gleichen Zeitraum für eine Wohnung jedoch nur monatlich 300 €.

2. Alle Mitarbeiter des Unternehmens erhielten 2020 in der betriebseigenen Kantine an 260 Tagen eine besonders zubereitete Mahlzeit im Wert von jeweils 7 €, für die sie nur einen Betrag von 2,60 € selbst zu zahlen hatten.

3. Der Betriebsrat der Abraham OHG hatte für die Mitarbeiter beim Gastspiel vom Zirkus Krone eine Eintrittsermäßigung von 20 % erreicht. Der Arbeitgeber wirkte an dieser Ermäßigung nicht mit. 20 Mitarbeiter kauften Karten zum Preis von jeweils 30 € für 24 €.

4. In der Zeit vom 18. 5. bis 22.5.2020 rief die zuständige Gewerkschaft zum (erfolglosen) Streik auf. Im Gegenzug sperrten die Arbeitgeber des Einzel- und Großhandels die gesamte Belegschaft aus. Dieses betraf auch die Mitarbeiter der Abraham OHG. Die Aussperrung führte dazu, dass für diese Woche kein Anspruch auf Lohn- und Gehaltszahlung bestand. Als Ausgleich zahlte die Gewerkschaft ihren Mitgliedern jeweils 600 € Unterstützung.

5. Es wurde eine Betriebsveranstaltung durchgeführt. Die Veranstaltung ging über 2 Tage. Es nehmen insgesamt 100 Personen daran teil, davon 80 Arbeitnehmer und 20 Partner von Arbeitnehmern. Die Partner selbst sind nicht in dem Unternehmen beschäftigt. Die Kosten betragen insgesamt 9.000 € zzgl. 16 % Umsatzsteuer. Alle Aufwendungen wurden als Betriebsausgabe behandelt; lohnsteuerliche Konsequenzen wurden nicht gezogen.

Aufgabenstellung:

Ermitteln Sie, in welcher Höhe steuerpflichtiger Arbeitslohn entstanden ist. Auf den Solidaritätszuschlag und die Kirchensteuer ist nicht einzugehen. Der Arbeitgeber will – soweit dies möglich ist – eine Lohnsteuerpauschalierung mit einem festen Steuersatz durchführen.

Die Lösung finden Sie auf Seite 453.

Fall 54 Private Nutzung eines betrieblichen Pkw
10 Punkte * **24 Minuten**

Der geschäftsführende Gesellschafter der Maschinenbau AG, Herr Hauke Mees, fährt einen betrieblichen Pkw, den ihm die AG seit 2019 unentgeltlich für Privatfahrten und für Fahrten zwischen Wohnung und Arbeitsstätte zur Verfügung stellt. Entsprechende Vereinbarungen wurden im Arbeitsvertrag getroffen. Laut Buchhaltung liegen zum 31.12.2020 folgende Daten über den Pkw vor:

Anschaffungspreis des Pkw am 24.5.2019 lt. Rechnung:

Listenpreis (einschließlich werkseitig eingebautes Navigationssystem, dessen Wert 2.000 € beträgt) netto	45.000 €
- 10 % Rabatt auf Listenpreis	4.500 €
	40.500 €
zzgl. 19 % Umsatzsteuer	7.695 €
	48.195 €
Listenpreis brutto 1.1.2020	50.000 €

Der Pkw wird auf 6 Jahre linear abgeschrieben. Es ergaben sich 2020 bezüglich des Pkw Aufwendungen i. H. von 20.000 € (inkl. eventuell angefallener Umsatzsteuer und einschließlich AfA).

Laut ordnungsgemäßem Fahrtenbuch benutzte Herr Mees das Fahrzeug im Jahr 2020 für folgende Strecken:

Dienstliche Fahrten	35.000 km
Fahrten zwischen Wohnung und Arbeitsstätte	20.000 km
Private Fahrten	25.000 km

Die einfache Entfernung zwischen seiner Wohnung und der Arbeitsstätte beträgt 50 km.

Aufgabenstellung:

a) Ermitteln Sie die möglichen lohnsteuerlichen Berechnungsmöglichkeiten der Sachbezüge.
b) Errechnen Sie sodann die möglichen Berechnungsgrundlagen der Lohnsteuer.
c) Wählen Sie die günstigste Methode unter der Prämisse aus, dass Herr Mees dem höchsten Einkommensteuersatz unterliegt.

Die Umsatzsteuersenkung in der 2. Jahreshälfte 2020 ist nicht zu berücksichtigen.

Die Lösung finden Sie auf Seite 454.

TEIL G — Lohnsteuer

Fall 55 Lohnsteuerliche Behandlung von Reisekosten
7 Punkte ****** **18 Minuten**

Herr Norbert Abraham ist Außendienstmitarbeiter bei der Abraham OHG. In dieser Tätigkeit unternahm er im Jahr 2020 einige dienstliche Fahrten mit seinem privaten Pkw.

Erstattungen vom Arbeitgeber hatte er dafür nicht erhalten. Er weist für 2020 folgende Fahrten nach:

5.2.2020	Kundenbesuch in Pinneberg Einfache Entfernung 24 km Abfahrt Wohnung: 7.00 Uhr Ankunft Pinneberg: 7.30 Uhr Abfahrt Pinneberg: 15.00 Uhr Rückkehr Wohnung: 15.30 Uhr Abraham hat einen Beleg über ein eigenes Essen über 12,50 €.
4.3. bis 5.2.2020	Messe in Berlin Einfache Entfernung 305 km Abfahrt Wohnung am 4.6. um 6.15 Uhr Rückkehr Wohnung am 5.6. um 8.00 Uhr Abraham sind folgende Kosten entstanden: Übernachtung inkl. Frühstück 204,80 € Verpflegung 4.6. 45 € Verpflegung 5.6. 30 € Parkplatz Berlin 35 €
3.5.2020	Kundenbesuch in Hannover Einfache Entfernung 120 km Abfahrt Wohnung um 6.00 Uhr Rückkehr Wohnung um 22.00 Uhr
8.6. bis 9.6.2020	Kundenbesuch in Neumünster (Teilnahme an einer beruflichen Abendveranstaltung) Einfache Entfernung 75 km Abfahrt Wohnung am 8.10. um 17.00 Uhr Rückkehr Wohnung am 9.10. um 3.00 Uhr Keine Übernachtung; dafür hat der Arbeitnehmer auf Einladung des Geschäftsfreundes gut gegessen. Am 8.6. und am 9.6.2020 wird keine weitere Dienstreise ausgeführt.

Aufgabenstellung:

Berechnen Sie für Herrn Abraham den höchstmöglichen Betrag, den die Abraham OHG ihm steuerfrei ersetzen kann. Fahrtkostenersatz erfolgt pauschal. Eine Behinderung liegt nicht vor.

Die Lösung finden Sie auf Seite 456.

Fall 56 Steuerfreier Arbeitslohn 1
9 Punkte * **22 Minuten**

Für den Arbeitnehmer der Abraham OHG, Herrn Jens Ackermann, ergaben sich im Juni 2020 folgende lohnsteuerrechtlich bedeutsame Sachverhalte:

1. Er arbeitete nur wochentags wie folgt:

   An 4 Tagen von 22 Uhr bis 6 Uhr

   An 8 Tagen von 6 Uhr bis 14 Uhr

   An 8 Tagen von 14 Uhr bis 22 Uhr

   Dabei setzte sich sein Arbeitslohn wie folgt zusammen:

Laufender Arbeitslohn	3.200 €
Zuschläge für Nachtarbeit	600 €
	3.800 €

2. Aufgrund der Geburt seiner Tochter im Juni 2020 erhielt er vom Arbeitgeber eine Geburtsbeihilfe i. H. von 300 € (Barzahlung).

3. Herr Ackermann erhielt von der OHG für Juni pauschal 10 € für Kontoführungsgebühren.

4. Durch schnelle Reparatur eines betrieblichen Gabelstaplers bewahrte Herr Ackermann sein Unternehmen vor einem großen Schaden. Er erhielt daher am 13.6.2020 vom Arbeitgeber 500 € überwiesen.

5. Weil Herr Ackermann vor 25 Jahren seine Ausbildung im Unternehmen der Abraham OHG begonnen hatte, schenkte ihm der Arbeitgeber am 2.6.2020 einen Fernseher im Wert von 1.500 €.

6. Der Arbeitgeber zahlte Urlaubsgeld von 400 €.

7. Im Juni 2020 wurde in der Abteilung des Herrn Ackermann ein Kaffeeautomat angeschafft. Würde man die Anschaffungskosten auf die Belegschaft aufteilen, so entfielen auf Ackermann 150 €.

Aufgabenstellung:

Ermitteln Sie, inwieweit steuerpflichtiger Arbeitslohn angefallen ist.

Die Lösung finden Sie auf Seite 458.

Fall 57 Lohnsteuer-Außenprüfung 1
7 Punkte ** 17 Minuten

Das zuständige Betriebsstättenfinanzamt hat bei der Abraham OHG am 11.1.2020 eine Lohnsteuer-Außenprüfung durchgeführt. Prüfungszeitraum war das Jahr 2019. Der Prüfer, Herr Egon Steinbach, stellte das Folgende fest:

1. Die ledige Alleingesellschafterin Uta Johannsen, die in der OHG das Marketing leitet, bezieht nach einem Gesellschafterbeschluss eine monatliche Vergütung i.H. von 10.000 €. Diese Vergütung wurde von der OHG lohnsteuerpflichtig erfasst.

2. Der Prokurist Stephan Unger, der seit dem 1.4.1990 bei der Abraham OHG angestellt ist, erhielt von der Geschäftsleitung zu seinem 60. Geburtstag am 13.7.2019 in Anerkennung seiner Verdienste um die OHG zwei Gutscheine für eine Pauschalreise nach New York im Wert von zusammen 5.000 €.

   Dazu erhielt er eine Barleistung vom Arbeitgeber i.H. von 1.000 €. Die OHG buchte diesen Sachverhalt als „freiwillige soziale Aufwendungen". Weitere Schritte wurden nicht unternommen.

3. Die Abraham OHG möchte ihre Umsatzzahlen steigern. Daher hat die Geschäftsleitung alle Mitarbeiter dazu aufgerufen, verstärkt im Bekanntenkreis für ihre Produkte zu werben.

   Die Mitarbeiterin Martina Zillmer, die hauptsächlich im Sekretariat tätig ist, erreicht aufgrund ihrer Überzeugungskraft von allen Mitarbeitern die meisten Vertragsabschlüsse im Bekanntenkreis. Als Anerkennung zahlte die OHG Frau Zillmer am 29.12.2019 10.000 €. Die OHG buchte diesen Sachverhalt auf der Aufwandsseite als „freiwillige soziale Aufwendungen". Weitere Schritte wurden nicht unternommen.

4. Die OHG hat im Juli 2018 ein neues Fahrzeug von BMW erworben und in ihr Betriebsvermögen überführt, das der Gesellschafterin Uta Johannsen zur Nutzung überlassen wurde. Den bis dahin genutzten Audi veräußerte die OHG am 3.9.2019 an die Buchhalterin Nicole Petersen für 15.000 € netto. Laut Schwacke-Liste beläuft sich der Wert dieses Autos, das unfallfrei ist und auch sonst keine Schäden aufweist, auf 20.000 € netto. Ein Händler würde das Fahrzeug jedoch nur für 18.000 € ankaufen.

Aufgabenstellung:

Prüfen Sie, ob und ggf. in welcher Höhe steuerpflichtiger Arbeitslohn vorliegt.

Die Lösung finden Sie auf Seite 459.

TEIL G Steuerrecht

Fall 58 Steuerfreier Arbeitslohn 2
10 Punkte ∗∗ **24 Minuten**

Bei der „Rolf GmbH" in Bonn ist Norbert Nies als Arbeitnehmer beschäftigt. Sein Bruttoarbeitslohn beträgt monatlich 6.000 €; seine tarifvertraglich geregelte Arbeitszeit beträgt wöchentlich 38 Stunden.

1. Norbert Nies musste aus betrieblichen Gründen seine Arbeitszeit am 24. Dezember um 22.00 Uhr beginnen und am 25. Dezember um 6.00 Uhr beenden.

2. Die GmbH hat ihrem Arbeitnehmer Norbert Nies am 1.12.2020 ein Darlehen i. H. von 24.000 € gewährt. Die Laufzeit beträgt 3 Jahre. Vereinbart wurde ein Effektivzins von 2 %. Der marktübliche Zinssatz für ein solches Darlehen beträgt 6 %. Ein Fall der Anwendung des Rabattfreibetrags nach § 8 Abs. 3 EStG liegt nicht vor.

3. Der im Außendienst tätige Arbeitnehmer Bernd erhält von seinem Arbeitgeber ein Handy gestellt. Dieses Handy darf der Arbeitnehmer auch privat nutzen. Das Handy bleibt im Eigentum der Firma.

   Im Monat August 2020 ist Bernd in Thailand im Urlaub und lernt die attraktive Chai kennen. Nach seinem Urlaub fallen 800 € (brutto) für die Privatgespräche an Telefonkosten an.

4. Der Arbeitgeber mistet seine alten PCs aus. Diese haben nur noch einen Wert von 150 €. Er verschenkt sie an seine Arbeitnehmer. Lohnsteuerliche Folgen wurden hieraus nicht gezogen.

Aufgabenstellung:

a) In welcher Höhe kann die GmbH ihrem Arbeitnehmer Norbert Nies Lohnzuschläge für Dezember 2020 steuerfrei ausbezahlen?

b) Ergeben sich aus der Darlehensgewährung für Dezember 2020 steuerpflichtige Lohnteile – ggf. in welcher Höhe? Die Vormonate sind zutreffend behandelt worden.

c) Wie muss das Unternehmen die privaten Telefonkosten von Arbeitnehmer Bernd versteuern?

d) Ist die lohnsteuerliche Behandlung der PC-Schenkungen richtig?

Die Lösung finden Sie auf Seite 460.

Fall 59 Lohnsteuer-Außenprüfung 2
10 Punkte ∗∗ **24 Minuten**

Das zuständige Betriebsstättenfinanzamt hat bei der Fa. S. Grün Maschinenbau Kommanditgesellschaft (= KG) in Bonn am 20.5.2021 eine Lohnsteuer-Außenprüfung umfassend einen Zeitraum bis zum 31.12.2020 durchgeführt.

Der Außenprüfer hat folgende Sachverhalte festgestellt:

1. Aufwandskonto 4130 freiwillige soziale Leistungen

   Buchung am 11.6.2020

   Text: Erholungsbeihilfen

   An 15 Arbeitnehmer hat die KG Erholungsbeihilfen wie folgt gezahlt:

an zehn Arbeitnehmer mit Steuerklasse III (Ehemann je 200 €, Ehefrau je 100 €)	3.000 €
für 12 auf den Lohnsteuerkarten eingetragene Kinder je 100 €	1.200 €
an 5 Arbeitnehmer mit Steuerklasse I je 200 €	1.000 €
Summe	5.200 €

2. Aufwandskonto 4360 Versicherungen

   Buchung am 10.12.2020

   Text: Unfallversicherung

   Die KG hat für ihre 20 Arbeitnehmer außerdem eine Gruppenversicherung abgeschlossen, in der die Arbeitnehmer gemeinsam versichert sind. Es werden sämtliche Unfallrisiken (am Arbeitsplatz, bei Reisen und im privaten Bereich) abgedeckt. Im Schadensfall ist der einzelne Arbeitnehmer unmittelbar bezugsberechtigt. Von der KG ist ein jährlicher Betrag wie folgt zu entrichten:

Versicherungsbeitrag	1.000 €
+ 19 % Versicherungssteuer	190 €
zusammen	1.190 €

3. Zehn Arbeitnehmer haben im Monat November einen Benzingutschein für das Betanken des privateigenen Pkw erhalten. Im Zeitpunkt der Übergabe hat der Gutschein einen Wert von 40 €. Neben dem laufenden Gehalt werden keine (weiteren) Sachbezüge vom Arbeitgeber gewährt. Eine Lohnversteuerung unterblieb. Auf dem Gutschein ist Folgendes vermerkt: „Gutschein über den Bezug von Diesel an der ABC-Tankstelle; maximal zum Wert von 40 €."

Aufgabenstellung:

a) Welche Versteuerung muss gewählt werden, damit den Arbeitnehmern die Erholungsbeihilfe in voller Höhe zufließt?

b) Unterstellt wird, dass der Arbeitnehmer einen unmittelbaren Anspruch gegen die Versicherung hat. Kann eine Lohnversteuerung durch eine Lohnsteuerpauschalierung erfolgen?

c) Führen die Benzingutscheine zu steuerpflichtigem Arbeitslohn?

Bei der Berechnung von Abzugsbeträgen ist aus Vereinfachungsgründen nicht auf den Solidaritätszuschlag und die Kirchensteuer einzugehen.

Die Lösung finden Sie auf Seite 462.

VII. Steuern mit Auslandsbezug

Fall 60 Ausländische Einkünfte
5 Punkte ** **12 Minuten**

Die im Inland unbeschränkt steuerpflichtige ledige, kinderlose Gesellschafterin der Maschinenbau AG, Frau Wiebke Bracker, hatte 2003 ein Grundstück in den USA geerbt. Daraus erzielte sie 2020 Einkünfte i. H. von umgerechnet 25.000 €. Ohne diese Einkünfte betrug ihr inländisches zu versteuerndes Einkommen 72.500 €.

Aufgabenstellung:

Wie hoch ist die deutsche Einkommensteuer 2020?

Die Lösung finden Sie auf Seite 463.

Fall 61 Beschränkte Steuerpflicht
12 Punkte ** **27 Minuten**

Der deutsche Staatsangehörige Richard Peters lebt seit 20 Jahren in Groningen (Niederlande). Er ist dort bei einem niederländischen Anlagenbauunternehmen als Ingenieur beschäftigt. Seine Einkünfte (nach deutschem Steuerrecht) aus dieser Tätigkeit haben im Kalenderjahr 2020 85.000 € betragen.

Aus einem Sparkonto bei der Deutschen Bank in Duisburg erzielte er 2020 Zinseinnahmen von 15.300 €.

Weiterhin ist Herr Peters seit März 2015 an der Maschinenbau AG mit Aktien i. H. von 10 % des Grundkapitals beteiligt. Die Maschinenbau AG beschloss am 16.3.2020 eine Gewinnausschüttung für das Jahr 2019 vorzunehmen. Am 2.4.2020 wurden Herrn Peters 11.835 € auf sein Konto bei der Rabo-Bank in Groningen überwiesen.

Im Juni 2020 entschloss sich Herr Peters kurzfristig, seine Aktien zu veräußern. Am 29.6.2020 konnte er die Papiere aufgrund eines besonders günstigen Kursverhältnisses zum Preis von 76.800 € an der Frankfurter Börse verkaufen. Er hatte sie zum damaligen Kurswert von 35.200 € erworben.

Von dem Erlös erwarb Herr Peters ein Zweifamilienhaus (Baujahr 1978) in Bottrop, das er ab dem 1.7.2020 für monatlich 2.000 € warm vermietete. Im Zusammenhang mit der Vermietung entstanden ihm unstreitige Werbungskosten von 7.000 €.

Aufgabenstellung:

a) Beurteilen Sie die Steuerpflicht von Richard Peters im Veranlagungszeitraum 2019.

b) Wie sind die Einkünfte von Richard Peters im Jahr 2020 in Deutschland steuerlich zu behandeln? Auf Fragen im Zusammenhang mit Doppelbesteuerungsabkommen ist dabei NICHT einzugehen.

Die Lösung finden Sie auf Seite 464.

Fall 62   Doppelbesteuerung
10 Punkte **✱✱** **24 Minuten**

Der in Kiel wohnhafte Georg Kline (ledig) betreibt in Hamburg einen Gebrauchtwagenhandel. In einem ausländischen Staat, mit dem kein Doppelbesteuerungsabkommen besteht, betreibt er eine Zweigniederlassung, in der er ebenfalls Gebrauchtfahrzeuge verkauft.

Für das Kalenderjahr 2020 sind folgende Sachverhalte gegeben:

Gewinn aus inländischem Gebrauchtwagenhandel (ohne Zweigniederlassung)	137.400 €
Gewinn aus ausländischem Gebrauchtwagenhandel	
nach inländischen Gewinnermittlungsvorschriften	24.300 €
nach ausländischen Gewinnermittlungsvorschriften	32.600 €
gezahlte ausländische Steuer auf den ausländischen Gebrauchtwagenhandel (entspricht der der deutschen Einkommensteuer)	5.390 €
Einkünfte aus Vermietung und Verpachtung für eine Eigentumswohnung in Lübeck	3.940 €
Verlustanteil aus der Beteiligung an einer inländischen KG	- 10.740 €
abzugsfähige Sonderausgaben	8.200 €

Ein Antrag auf Steuerabzug nach § 34c Abs. 2 EStG ist nicht gestellt worden.

Aufgabenstellung:

Ermitteln Sie die für den Veranlagungszeitraum 2020 festzusetzende Einkommensteuer.

Auf gewerbesteuerliche Aspekte ist nicht einzugehen.

Die Lösung finden Sie auf Seite 465.

Fall 63 Außensteuerrecht
12 Punkte *** **30 Minuten**

Der ledige Tennisprofi Walter Wolly lebt seit seiner Geburt in Hamburg. Im Laufe der Jahre hat er es mit seinem Sport zu einem ansehnlichen Vermögen und Einkommen gebracht. Da er seine Steuerbelastung in Deutschland für unerträglich hält, gibt er im Jahr 2018 seine Wohnung in Hamburg auf und zieht in eine Villa nach Andorra. In Andorra muss er überhaupt keine Einkommensteuer zahlen.

Im Jahr 2020 erzielt er folgende Einkünfte.

Einkünfte aus Vermietung und Verpachtung einer Eigentumswohnung in München: 14.400 €

Eine Einliegerwohnung in seiner Villa in Andorra hat er an seinen Trainer vermietet.
Die Einkünfte beliefen sich auf: 12.000 €

Gewinnanteile aus seiner Beteiligung an einer von ihm in 2015 mitgegründeten
OHG, die in Hamburg eine Tennisschule betreibt: 17.400 €

Während einer Verletzungspause hat Wolly 2 Monate als Geschäftsführer einer
Sportmarketing-GmbH gearbeitet. Für die Tätigkeit hat er 9.000 €
bezogen. Die GmbH hat die Lohnsteuer ordnungsgemäß abgeführt.

Preisgelder aus Tunieren in Deutschland i. H. von 24.000 €
Der Veranstalter hat davon 4.800 € an Steuerabzug einbehalten.

Preisgelder aus Turnieren in Frankreich und England: 35.000 €

Aufgabenstellung:

Ermitteln Sie die ggf. (noch) in Deutschland zu zahlenden Einkommensteuern für 2020.

Die Lösung finden Sie auf Seite 467.

H. Kosten- und Leistungsrechnung

Fall 1 Abgrenzungen in der Ergebnistabelle
10 Punkte   *   **24 Minuten**

Bei der Maschinenbau AG fallen im Monat August folgende Aufwendungen und Erträge an:

Umsatzerlöse	3.400 T€
Bestandsveränderungen	+ 400 T€
aktivierte Eigenleistungen	100 T€
Mieterträge	80 T€
Erträge aus der Auflösung von Wertbericht. zu Forderungen	25 T€
Erträge aus dem Abgang von Vermögensgegenständen	30 T€
Erträge aus der Herabsetzung von Rückstellungen	75 T€
Zinserträge	55 T€
Aufwendungen für Rohstoffe	800 T€
Aufwendungen für Hilfsstoffe	150 T€
Fremdinstandhaltung (für Maschinen)	50 T€
Löhne	1.000 T€
Gehälter	750 T€
Arbeitgeberanteil zur Sozialversicherung	350 T€
Abschreibungen auf Sachanlagen	320 T€
Büromaterial	20 T€
Versicherungsbeiträge	70 T€
Verluste aus dem Abgang von Vermögensgegenständen	70 T€
Steuern	100 T€
Zinsaufwendungen	40 T€

An kalkulatorischen Kosten werden verrechnet:

kalkulatorische Abschreibungen	200 T€
kalkulatorische Zinsen	90 T€

TEIL H Kosten- und Leistungsrechnung

Aufgabenstellung:

Aus den Aufwendungen und Erträgen sind in einer Ergebnistabelle nach folgendem Muster das Gesamtergebnis, das neutrale Ergebnis und das Betriebsergebnis zu ermitteln.

Rechnungskreis I			Rechnungskreis II					
GuV-Rechnung			neutrales Ergebnis				Betriebsergebnis	
			Abgrenzung		Kostenrechn. Korrekturen			
Konto	Aufw. T€	Ertrag T€	Aufw. T€	Ertr. T€	betriebliche Aufw. T€	verrechn. Kosten T€	Kosten T€	Leistungen T€

Die Lösung finden Sie auf Seite 469.

Fall 2 Kalkulatorische Abschreibung
4 Punkte * **10 Minuten**

Die Maschinenbau AG schreibt einen Lkw zu 30 % zeitabhängig und zu 70 % leistungsabhängig kalkulatorisch ab. Die Nutzungsdauer des Lkw, der bei ganzjährigem Einsatz im Lade- und Kurzstreckenverkehr eingesetzt wird, beträgt 8 Jahre, die maximale Kilometerleistung 400.000 km. Anschaffungswert 105.000 €. Index im Anschaffungsjahr 105, im Wiederbeschaffungsjahr 140. Im zweiten Nutzungsjahr hat der Lkw insgesamt 82.000 km zurückgelegt. Das Geschäftsjahr der Maschinenbau AG stimmt mit dem Kalenderjahr überein.

Aufgabenstellung:

Die kalkulatorische Abschreibung am Ende des 2. Nutzungsjahres ist zu ermitteln.

Die Lösung finden Sie auf Seite 470.

Fall 3 Ermittlung kalkulatorischer Zinsen
8 Punkte * **20 Minuten**

Die folgende Tabelle enthält Werte aus der Jahresbilanz zum 31.12.01 und die Planzahlen zum 30. 6. und zum 31. 12. des laufenden Geschäftsjahres 02. Der banküblich Zinssatz für langfristige Kapitalanlagen ist 6 %. Das Unternehmen rechnet bei der Investitionsrechnung mit einem Kalkulationszinssatz von 7 %. In der Geschäftsbuchführung werden Zinsaufwendungen i. H. von 3.000 € anfallen.

Vermögen	31.12.01 €	30.6.02 €	31.12.02 €
Grundstücke und Gebäude	120.000	118.000	122.000
Maschinen	202.000	200.000	198.000
Geschäftsausstattung	49.000	48.000	53.000
Vorräte	190.000	200.000	210.000
Forderungen	205.000	200.000	195.000
Zahlungsmittel	48.000	50.000	52.000
gesamt	814.000	816.000	830.000

Die Beträge für Grundstücke und Gebäude enthalten ein für die Erweiterung des Betriebsgeländes zugekauftes Vorratsgrundstück im Wert von 20.000 €.

Eigenkapital und Schulden	31.12.01 €	30.6.02 €	31.12.02 €
Eigenkapital	414.000	446.000	400.000
Grundschuld	202.000	200.000	198.000
Verbindlichkeiten aLL	148.000	150.000	152.000
erhaltene Anzahlungen	50.000	20.000	80.000
gesamt	814.000	816.000	830.000

Aufgabenstellung:

a) Das betriebsnotwendige Kapital ist zu ermitteln.

b) Die kalkulatorischen Zinsen sind zu errechnen.

c) Die Abgrenzung ist in einer Ergebnistabelle entsprechend Fall 1 durchzuführen.

Die Lösung finden Sie auf Seite 470.

Fall 4 Vor- und Nachverrechnung
5 Punkte   *   12 Minuten

Die Maschinenbau AG zahlt jährlich zusammen mit dem Novembergehalt ein Weihnachtsgeld i. H. von 50 % eines Monatslohns bzw. eines Monatsgehalts an die Mitarbeiter. Zu Beginn des Jahres wurde mit einem Gesamtbetrag von brutto 840.000 € gerechnet. Tatsächlich ausgezahlt wurden 835.000 €.

Der Arbeitgeberanteil zur Sozialversicherung soll hier 20 % betragen.

Aufgabenstellung:

Die monatliche Abgrenzung jeweils in den Monaten Januar und Dezember sowie die Zahlung im November sind mit ihrem Einfluss auf das Gesamtergebnis, das neutrale Ergebnis und das Betriebsergebnis der 3 genannten Monate in einer Ergebnistabelle entsprechend Fall 1 darzustellen.

Die Lösung finden Sie auf Seite 471.

Fall 5 Einfacher Betriebsabrechnungsbogen
15 Punkte * **36 Minuten**

Folgende Kosten und Leistungen haben in der Betriebsstätte Dresden der Maschinenbau AG zum Betriebsergebnis für den Monat Juli geführt.

	Kosten €	Leistungen €
500 Umsatzerlöse		770.000
521 Bestandsmehrung an unfertigen Erzeugnissen		10.000
522 Bestandsminderung an fertigen Erzeugnissen	5.000	
600 Fertigungsmaterial	211.600	
602 Aufwendungen für Hilfsstoffe	56.000	
603 Aufwendungen für Betriebsstoffe	9.000	
620 Fertigungslöhne	158.000	
628 Hilfslöhne	43.000	
630 Gehälter	78.000	
640 AG-Anteil zur Sozialversicherung	48.500	
kalkulatorische Abschreibungen	117.000	
670 Mietaufwendungen	15.000	
680 Büromaterial	6.500	
690 Versicherungsprämien	1.500	
692 Gebühren, Beiträge	6.000	
700 betriebliche Steuern	8.000	
Summe	763.100	780.000

Kostenstellen:

10 Beschaffung, 20 Fertigung, 30 Verwaltung, 40 Vertrieb

Rechnungseingänge Juli (Auszug):

Beleg-Nummer	Beleg-Datum	Konto-Nummer	KST Nr.	Gegenkonto	Betrag €
10897	3.7.	680	10	4409	260
10899	8.7.	680	20	4409	640
10905	12.7.	680	30	4467	1.300
10926	14.7.	680	40	4467	2.200
10935	22.7.	680	40	4409	2.100
					6.500

Kostenartenliste 2, Juli (Hilfs- und Betriebsstoffaufwendungen nach Kostenstellen):

Konto-Nr.	Kostenstelle	€	Summen €
Hilfsstoffaufwendungen 602	10	800	
	20	54.400	
	30	500	
	40	300	56.000
Betriebsstoffaufwendungen 603	10	600	
	20	8.100	
	30	150	
	40	150	9.000

Kostenartenliste 3, Juli (Löhne und Gehälter):

Konto-Nr.	Lohn-/Gehaltsart	Kostenstelle	Summen je KST €	Summe je Kostenart €
Hilfslöhne 628	02	10	2.800	
		20	40.200	
		30	0	
		40	0	43.000
Gehälter 630	01	10	9.000	
		20	41.000	
		30	22.000	
		40	6.000	78.000

Kostenartenliste 4, kalkulatorische Abschreibungen im Geschäftsjahr:

Kostenstelle	monatliche Abschreibung €	Summe €
10	6.000	
20	85.000	
30	11.000	
40	15.000	117.000

Verzeichnis der Schlüssel:

Bezugsgrundlage	Beschaffung 10	Fertigung 20	Verwaltung 30	Vertrieb 40	gesamt
Anzahl Mitarbeiter	4	85	5	3	97
qm	300	1.000	120	80	1.500
Anteile Steuern	1	2	6	1	10
Anteile Versicherungen	2	11	1	1	15
Anteile Gebühren/Beitr.	2	5	4	1	12
Normalzuschlagssätze	12 %	200 %	7 %	4 %	

Aufgabenstellung:

a) Der Betriebsabrechnungsbogen ist zu erstellen. Die Sozialkosten sind nach der Anzahl der Mitarbeiter je Bereich, die Mieten sind nach qm und die Steuern, die Versicherungsbeiträge sowie die Gebühren und Beiträge sind nach den vorgegebenen Schlüsseln zu verteilen.

b) Die Herstellkosten des Umsatzes sind zu ermitteln.

c) Die Ist-Zuschlagssätze (Rundung auf eine Stelle nach dem Komma) sind zu ermitteln.

d) Die Über- bzw. die Unterdeckung in den Kostenstellen ist zu ermitteln.

Die Lösung finden Sie auf Seite 472.

Fall 6 Kostenträgerzeitrechnung
17 Punkte ** 40 Minuten

In der Betriebsstätte Dresden der Maschinenbau AG werden die Produkte A und B gefertigt. Die Betriebsabrechnung hat auf der Grundlage des Betriebsabrechnungsbogens unter Fall 5 die folgenden Beträge ermittelt:

	Produkt A €	Produkt B €	gesamt €
Fertigungsmaterial	148.000	63.600	211.600
Fertigungslöhne	104.000	54.000	158.000
Bestandsveränderungen:			
Mehrung fertige Erzeugnisse	7.000	3.000	10.000
Minderung unfertige Erzeugnisse	3.000	2.000	5.000
Verkaufspreis je Stück (netto)	1.020	1.300	
Umsatzmenge	500	200	

	Istgemeinkosten lt. BAB (€)	Normalzuschlagssätze (%)
Materialbereich	26.460	12
Fertigungsbereich	287.040	200
Verwaltungsbereich	45.550	7
Vertriebsbereich	29.450	4

Aufgabenstellung:

a) Die Kostenträgerzeitrechnung mit den u. a. Spalten ist zu erstellen. Aus der Rechnung sollen mindestens die folgenden Werte hervorgehen: Herstellkosten des Umsatzes, Istzuschlagssätze mit zwei Nachkommastellen, Selbstkosten, Betriebsergebnis, Kostenüberdeckung bzw. Kostenunterdeckung gesamt, Umsatzergebnisse der Produkte.

Die Verwaltungsgemeinkosten und die Vertriebsgemeinkosten sollen auf die Herstellkosten des Umsatzes bezogen werden. Die Istzuschlagssätze sind dem BAB unter Fall 5 zu entnehmen.

Spalten in der Kostenträgerzeitrechnung:

Kalkulationsschema	Istkosten		Normalkosten			Abweichung
	€	%	%	A	B	€
Fertigungsmaterial Material-GK usw.						

b) Die rechnerische Behandlung der Mehr- und Minderbestände ist zu begründen.

c) Welche Informationen liefert die Kostenträgerzeitrechnung nach Produktgruppen?

d) Der Beschäftigungsgrad hat sich erheblich geändert. Dürfen bzw. sollen die Normalgemeinkostenzuschlagssätze umgehend angepasst werden?

Die Lösung finden Sie auf Seite 474.

Fall 7 Bezugskalkulation
2 Punkte * 5 Minuten

Der Lieferer berechnet: Rechnungspreis lt. Eingangsrechnung netto 800,00 €, 5 % Rabatt, 2 % Skonto. Für Bezugskosten fallen netto 25,20 € an.

Aufgabenstellung:

Die Bezugskalkulation ist zu erstellen.

Die Lösung finden Sie auf Seite 475.

Fall 8 Verkaufskalkulation im Handel
6 Punkte * 14 Minuten

Bezugspreis 770,00 €. Das Unternehmen rechnet mit 25 % Handlungskosten, kalkuliert einen Gewinn von 10 % und gewährt 3 % Skonto sowie 5 % Rabatt.

Aufgabenstellung:

a) Ermitteln Sie den Nettoverkaufspreis.

b) Ermitteln Sie die Handelsspanne.

c) Ermitteln Sie den Kalkulationszuschlag.

d) Ermitteln Sie den Kalkulationsfaktor.

Die Lösung finden Sie auf Seite 476.

Fall 9 Zuschlagskalkulation
10 Punkte * 24 Minuten

Der Kostenrechner der Maschinenbau AG erstellt am 8.8.02 die Nachkalkulation für den Auftrag Nummer 33 480, Spezialvorrichtung für die Waggonbau GmbH, Nürnberg.

An Einzelkosten sind auf den Auftrag verschrieben worden:

Fertigungsmaterial (Materialeinzelkosten)	20.500 €
Fertigungslöhne (Lohneinzelkosten) der Schmiede	6.000 €
Fertigungslöhne der Dreherei	7.000 €
Fertigungslöhne der Schlosserei	4.000 €
Fertigungslöhne der Montage	1.000 €
Sondereinzelkosten der Fertigung	800 €
Sondereinzelkosten des Vertriebs	3.000 €

Zuschlagssätze für die Verrechnung der Gemeinkosten:

Materialgemeinkosten	20 %
Fertigungsgemeinkosten Schmiede	270 %
Fertigungsgemeinkosten Dreherei	280 %
Fertigungsgemeinkosten Schlosserei	220 %
Fertigungsgemeinkosten Montage	200 %
Verwaltungsgemeinkosten	10 %
Vertriebsgemeinkosten	20 %

Die Spezialvorrichtung wird zu einem Festpreis von 125.000 € plus 19 % USt abgerechnet.

Aufgabenstellung:

a) Die Nachkalkulation ist zu erstellen. Dabei sind die Materialkosten, die Fertigungskosten, die Herstellkosten, die Selbstkosten und das Auftragsergebnis darzustellen.

b) Die Begriffe Einzelkosten, Sondereinzelkosten der Fertigung, Sondereinzelkosten des Vertriebs und Gemeinkosten sind zu definieren.

Zu jedem der vier Begriffe sind zwei Beispiele zu nennen.

Die Lösung finden Sie auf Seite 477.

Fall 10   Zweistufige Divisionskalkulation
2 Punkte * 5 Minuten

Die Maschinenbau AG möchte das Produktsortiment diversifizieren und hat deshalb einen kleinen Betrieb aufgekauft, in dem hochwertige Spezialfolien hergestellt werden.

Im Abrechnungsmonat werden 200.000 m Folie hergestellt. Dabei sind in dem Betrieb insgesamt 300.000 € an Herstellkosten angefallen.

Für Verwaltungs- und Vertriebsgemeinkosten sind insgesamt weitere 40.000 € angefallen. Es wird mit einem Gewinnzuschlag von 10 % gerechnet.

Aufgabenstellung:

Der Verkaufspreis für 1 m Spezialfolie ist zu kalkulieren.

Die Lösung finden Sie auf Seite 478.

Fall 11   Mehrstufige Divisionskalkulation
10 Punkte * 24 Minuten

Die Maschinenbau AG fertigt u. a. eine Vorrichtung für die Erweiterung der Auflagefläche bei Drehmaschinen. Die Herstellung erfolgt in zwei Stufen.

In der Abrechnungsperiode wurden in der ersten Stufe 100 Vorrichtungen gefertigt, in der zweiten Stufe 60 Vorrichtungen. Die gesamten Herstellkosten der ersten Stufe betrugen 200.000 €, die der zweiten Stufe 60.000 €. An Verwaltungsgemeinkosten sind 20.000 € und an Vertriebsgemeinkosten sind 40.000 € angefallen. Verkauft wurden 50 Vorrichtungen. Zu Beginn der Abrechnungsperiode lagen keine Lagerbestände an Vorrichtungen vor.

TEIL H — Kosten- und Leistungsrechnung

Aufgabenstellung:

a) Die Selbstkosten pro Vorrichtung der abgesetzten Menge sind zu ermitteln.

b) Die Herstellkosten pro Vorrichtung in der ersten Stufe sind zu ermitteln.

c) Die Herstellkosten der nicht verkauften Vorrichtungen sind zu ermitteln.

d) Der Wert der unfertigen und der fertigen Vorrichtungen am Lager ist zu ermitteln.

e) Die Unterschiede zwischen der einstufigen, der zweistufigen und der mehrstufigen Divisionskalkulation sind zu erklären.

Die Lösung finden Sie auf Seite 478.

Fall 12 Einstufige Äquivalenzziffernkalkulation
9 Punkte * **22 Minuten**

Die Maschinenbau AG stellt Bohrmaschinen mit unterschiedlichen Leistungsstufen her. Folgende Daten stehen für die Kalkulation zur Verfügung:

Leistungsstufe	Stückzahl	Fertigungsmaterial insgesamt
I	1.000	10.000 €
II	2.000	30.000 €
III	1.000	20.000 €
	4.000	60.000 €

An Fertigungslöhnen fallen insgesamt 110.000 €, an Gemeinkosten fallen 370.000 € an. Das Unternehmen rechnet mit 10 % Gewinn auf die Selbstkosten, 3 % Kundenskonto, 20 % Wiederverkäuferrabatt und 19 % Umsatzsteuer.

Aufgabenstellung:

Mithilfe der Äquivalenzziffernkalkulation sind je Leistungsstufe die Selbstkosten gesamt und je Stück zu berechnen. Das Fertigungsmaterial soll Grundlage für die Zurechnung der übrigen Kosten sein.

Der Bruttoverkaufspreis für eine Bohrmaschine der Leistungsgruppe I ist zu ermitteln.

Die Lösung finden Sie auf Seite 479.

Fall 13 Mehrstufige Äquivalenzziffernkalkulation
10 Punkte * **24 Minuten**

Die Maschinenbau AG prüft die Übernahme eines Unternehmens, in dem 3 Produkte hergestellt werden, die nach dem Verfahren der mehrstufigen Äquivalenzziffernkalkulation abgerechnet werden. Folgende Mengen und Werte der letzten Abrechnungsperiode wurden vorgelegt:

Produkt	gefertigte Stückzahl	Verhältnis der Materialkosten	Verhältnis der Lohnkosten	Verhältnis der sonstigen Kosten
I	600	1,0	1,5	1,2
II	300	2,0	1,0	1,5
III	200	1,5	1,8	1,0
Gesamtkosten		5.500 €	6.240 €	4.110 €

Das Unternehmen rechnet mit 12 % Gewinnzuschlag.

Aufgabenstellung:

a) Die Selbstkosten je Stück der 3 Produkte sind zu ermitteln.

b) Der Nettoverkaufspreis je Stück der 3 Produkte ist zu ermitteln.

c) Die Äquivalenzziffern zur unmittelbaren Errechnung der Selbstkosten je Stück sind festzustellen.

d) Die Voraussetzung für die Verwendung der Äquivalenzziffern zur unmittelbaren Errechnung der Selbstkosten ist anzugeben.

e) Die Unterschiede zwischen einstufiger und mehrstufiger Äquivalenzziffernkalkulation sind anzugeben.

Die Lösung finden Sie auf Seite 480.

Fall 14 Unterschiedliche Kalkulationsverfahren
5 Punkte * **12 Minuten**

Definieren Sie die folgenden Kalkulationsverfahren und geben Sie an, in welchen Industriebetrieben diese Verfahren jeweils sinnvoll angewendet werden:

a) Einstufige Divisionskalkulation

b) Mehrstufige Divisionskalkulation

c) Äquivalenzziffernkalkulation

d) Zuschlagskalkulation

Die Lösung finden Sie auf Seite 482.

TEIL H Kosten- und Leistungsrechnung

Fall 15 Kuppelkalkulation nach dem Restwertverfahren
6 Punkte * **15 Minuten**

Ein Chemiebetrieb stellt ein Hauptprodukt und zwei Nebenprodukte in Kuppelproduktion her.

Von dem Hauptprodukt wurden in einer Abrechnungsperiode 10.000 kg zum Verkaufspreis von insgesamt 800.000 € verkauft, von dem Nebenprodukt X 4.000 kg für insgesamt 240.000 € und von dem Nebenprodukt Y 2.000 kg für insgesamt 90.000 €.

Für die Kuppelproduktion sind in der gleichen Abrechnungsperiode insgesamt 980.000 € an Kosten entstanden, für die Weiterverarbeitung von Produkt X sind 210.000 € und für die Weiterverarbeitung von Produkt Y sind 60.000 € angefallen.

Aufgabenstellung:

a) Die Herstellkosten je Einheit des Hauptprodukts sind zu ermitteln.

b) Der Begriff „Kuppelprodukt" ist zu definieren.

c) Es sind Beispiele für die Anwendung der Kuppelkalkulation zu nennen.

d) Es ist darzustellen, wann bei der Kalkulation von Kuppelprodukten die Restwertmethode angewendet wird.

Die Lösung finden Sie auf Seite 482.

Fall 16 Kuppelkalkulation als Verteilungsrechnung
6 Punkte * **15 Minuten**

Der Chemiebetrieb stellt die Kuppelprodukte A, B und C her. Die folgenden Daten der Abrechnungsperiode stehen der Kostenrechnung zur Verfügung:

Produkt	hergestellte Einheiten	Marktpreis €	Kosten der Abrechnungsperiode €
A	18.000	90,00	
B	24.000	72,00	
C	25.600	45,00	
			3.500.000

Aufgabenstellung:

a) Die Selbstkosten je Einheit sind für jedes der Produkte zu ermitteln.

b) Es ist darzustellen, in welchen Fällen die Verteilungsrechnung angewandt wird.

c) Die Methoden der Verteilungsrechnung sind zu erläutern und deren Nachteile sind darzustellen.

Die Lösung finden Sie auf Seite 483.

Fall 17 Maschinenstundensatzrechnung
15 Punkte   **   36 Minuten

Die Maschinenbau AG führt einen Auftrag aus, der jeweils 5 Std. der Kapazität der Maschine A, 4 Std. der Kapazität der Maschine B und 3 Std. der Kapazität der Maschine C in Anspruch nimmt. Neben den über Maschinenstundensätze verrechneten Kosten fallen Materialeinzelkosten i. H. von 6.000 € an, auf die 15 % Materialgemeinkosten verrechnet werden. Außerdem fallen 350 € Lohneinzelkosten als Kostenstellenkosten und 530 € Sondereinzelkosten der Fertigung für Konstruktionsarbeiten an. Auf die Lohneinzelkosten ist ein Zuschlag von 110 % für die Restfertigungsgemeinkosten der Kostenstelle zu verrechnen. Auf die Herstellkosten II (einschl. Sondereinzelkosten) werden 15 % Verwaltungsgemeinkosten und 20 % Vertriebsgemeinkosten verrechnet. Der Auftrag wurde zu einem Festpreis von 12.500 € hereingenommen.

Betriebswirtschaftliche Grunddaten der Maschinen:

Maschine	A	B	C
Wiederbeschaffungswert	120.000 €	100.000 €	80.000 €
Nutzungsdauer	10 Jahre	10 Jahre	10 Jahre
kalkulatorischer Zinssatz	9 %	9 %	9 %
Instandhaltungsfaktor	0,45	0,40	0,50
Raumbedarf	60 qm	50 qm	45 qm
kalkulatorische Jahresmiete	120 €/qm	120 €/qm	120 €/qm
Energiekosten	3,50 €/Std.	3,50 €/Std.	3,50 €/Std.
Werkzeugkosten	3,00 €/Std.	2,80 €/Std.	2,00 €/Std.
Kleinmaterial	0,60 €/Std.	0,50 €/Std.	0,40 €/Std.
Lohnkosten	30 €/Std.	30 €/Std.	30 €/Std.

Daten zur Laufzeit der Maschinen:

	Ausfallstunden jährlich	Arbeitsstunden jährlich
52 Wochen à 38,5 Std.	123	2.002
16 Tage à 7,7 Std. für Abwesenheit	77	
10 Feiertage à 7,7 Std.	231	
30 Urlaubstage à 7,7 Std.	46	
1 Std. Reinigung je Woche	95	
95 Std./Jahr Ausfall wegen Reparatur	30	
30 Std./Jahr sonstige Ausfallzeiten		
Gesamtzeiten	602	2.002

Aufgabenstellung:

a) Die Jahreslaufzeit der Maschinen ist zu ermitteln.

b) Die Maschinenstundensätze für die Maschinen sind zu errechnen.

c) Die Selbstkosten des Auftrags und das Auftragsergebnis sind zu kalkulieren.

Die Lösung finden Sie auf Seite 484.

Fall 18 Handelskalkulation
7,5 Punkte   *   **18 Minuten**

Die Abraham OHG kauft Elektroherde vom Typ Super-Cooker für 1.000 € netto ein. Der Lieferant gewährt der OHG 5 % Rabatt und 2 % Skonto. An Bezugskosten fallen pro Gerät 9 € an.

Die OHG rechnet mit 30 % Handlungskosten, kalkuliert einen Gewinn von 10 % und gewährt ihren Kunden 5 % Rabatt sowie 3 % Skonto bei einem Umsatzsteuersatz von 19 %. In die Kalkulation ist eine Vertriebsprovision von 2,5 % einzubeziehen.

Aufgabenstellung:

Zu ermitteln sind

a) der Bezugs- oder Einstandspreis,

b) die Selbstkosten und der Bruttoverkaufspreis,

c) die Höhe des Bezugspreises für einen Elektroherd, der für 1.000 € netto verkauft werden kann,

d) der Kalkulationszuschlag bei einem Bezugspreis von 900 €.

Die Lösung finden Sie auf Seite 485.

Fall 19 Teilkostenrechnung
10 Punkte   **   **24 Minuten**

Im Monat Mai war die Produktionskapazität zu 90 % ausgelastet, im Juni nur noch zu 70 %. Die Produkte wurden ohne Lagerhaltung sofort verkauft. Verkaufserlös 160 € je Einheit. Aus der Betriebsabrechnung liegen folgende Zahlen vor:

Produktions- und Absatzmenge: im Mai 6.000 Stück, im Juni 5.000 Stück.

Gesamtkosten: im Mai 840.000 €, im Juni 750.000 €.

Aufgabenstellung:

a) Die variablen und die fixen Gesamtkosten und die variablen und fixen Stückkosten der jeweils letzten Produktionseinheit des Monats Juni sind zu ermitteln.
b) Der Gewinn und der Deckungsbeitrag der Monate Mai und Juni sind zu errechnen. Die Gewinnveränderung ist zu begründen.
c) Es ist zu errechnen und zu begründen, bis auf welchen Betrag – bei langfristiger Betrachtung, ausgehend von der Auslastung im Juni – der Nettoverkaufspreis je Stück fallen darf.
d) Es ist zu kalkulieren, auf wie viele Einheiten der Absatz bei dem bisherigen Verkaufspreis zurückgehen darf, ohne dass es zu einem Verlust kommt.
e) Es besteht die Möglichkeit, zu niedrigeren Preisen weitere Einheiten in osteuropäische Länder zu verkaufen. Es ist zu kalkulieren, welcher Erlös je Stück mindestens erzielt werden muss.
f) Die Grundbedingungen für die zusätzliche Fertigung für die osteuropäischen Länder sind darzustellen.

Die Lösung finden Sie auf Seite 486.

Fall 20 Break-Even-Analyse und Preisuntergrenze
7 Punkte ** **17 Minuten**

Für einen Teilbereich der Maschinenbau AG liegt die folgende Aufstellung der variablen Kosten für das Produkt D vor:

Fertigungsmaterial	200 €
Materialgemeinkosten	10 €
Fertigungslöhne	180 €
Fertigungsgemeinkosten	150 €
variable Herstellkosten	540 €
variable Vertriebskosten	18 €
variable Selbstkosten	558 €
Fixkosten	600.000 €
Preis pro Einheit	1.058 €
Maximale Kapazität	2.000 Stück
derzeitige Auslastung	88 %
längerfristige durchschnittliche Auslastung	80 %

Aufgabenstellung:

a) Die Break-Even-Menge ist zu berechnen.

b) Der Betriebsgewinn und der Stückgewinn der derzeitigen Auslastung sind mittels der Deckungsbeitragsrechnung zu ermitteln.

c) Die kurzfristige und die langfristige Preisuntergrenze bei längerfristig durchschnittlicher Auslastung sind anzugeben und zu begründen.

Die Lösung finden Sie auf Seite 488.

Fall 21 Optimale Sortimentsgestaltung
16 Punkte ✱✱ **38 Minuten**

Die Maschinenbau AG stellt Werkbänke in drei verschiedenen Typen her. Für die Produktionsreihe Werkbänke wurden die folgenden monatlichen Mengen und Werte ermittelt:

	Typ A	Typ B	Typ C
maximale Absatzmenge in Stück	400	100	300
Preis pro Stück in €	5,00	6,00	4,00
variable Kosten €/Stück	4,00	4,40	3,20
Fertigungszeit im Engpass Min/Stück	20	40	10

Die monatlichen Fixkosten des Fertigungsbereichs betragen 900 €. Im Engpass ist die Kapazität auf 200 Stunden begrenzt.

Aufgabenstellung:

a) Zu ermitteln sind die je Typ zu fertigenden Stückzahlen, die unter Berücksichtigung der Kapazität im Engpass zu einem optimalen Betriebsergebnis führen.

b) Die Veränderung der Produktreihenfolge und des Gesamterfolgs sind darzustellen für den Fall, dass die Maschinenbau AG zusätzlich eine Werkbank des Typs D fertigt, auf die die folgenden Daten zutreffen:

Absatzmenge 200 Stück, Preis je Stück 5 €, variable Kosten je Stück 2 €, Fertigungszeit im Engpass 15 Min.

c) Der Begriff des Deckungsbeitrags ist zu erläutern. Die Vorteile der Deckungsbeitragsrechnung gegenüber der Vollkostenrechnung sind darzustellen.

Die Lösung finden Sie auf Seite 489.

Fall 22 Kalkulation von Zusatzaufträgen und Fremdbezug
7 Punkte ****** **17 Minuten**

Die Maschinenbau AG hat eine Produktionsstätte in Rostock übernommen. Dort wird zunächst nur das Produkt A gefertigt. Die Maschinenbau AG rechnet mit einer jährlichen Absatzmenge von 40.000 Stück bei einem Nettoverkaufspreis von 46 €, variablen Stückkosten von 30 € und einem Fixkostenblock von 400.000 €. Da die Kapazität mit der Herstellung von Produkt A nicht voll genutzt wird, plant die Maschinenbau AG die Herstellung eines zweiten Produkts. Davon sollen jährlich 20.000 Stück zu einem Nettoverkaufspreis i. H. von 30 € je Stück verkauft werden. Die variablen Kosten pro Stück sollen 20 € betragen. Dieses Produkt B könnte allerdings auch ein benachbarter Betrieb in Rostock für 22 €/Stück an die Maschinenbau AG liefern.

Ein Großabnehmer würde jährlich 6.000 Stück von Produkt A zum Preis von 37 €/Stück abnehmen. Diese 6.000 Stück könnten ohne eine Erweiterung der Kapazität zusätzlich zu den o. a. 40.000 Stück verkauft werden.

Aufgabenstellung:

a) Die Selbstkosten je Stück und die Nutzenschwelle vor Aufnahme des zweiten Produkts sind zu berechnen.

b) Der Gesamtgewinn aus den Produkten A und B bei Eigenfertigung und bei Fremdbezug ist zu ermitteln.

c) Weisen Sie rechnerisch nach, ob sich die Fertigung von zusätzlich 6.000 Stück von Produkt A zum Verkaufspreis von 37 € lohnt.

Die Ergebnisse sind zu kommentieren.

Die Lösung finden Sie auf Seite 491.

Fall 23 Deckungsbeitragsrechnung
5 Punkte ***** **12 Minuten**

Die Maschinenbau AG stellt u. a. elektrische Handkreissägen her. Die Absatzmöglichkeiten haben sich infolge eines konjunkturellen Abschwungs und der verschärften Konkurrenz wesentlich verschlechtert. Auch die Vorratsfertigung auf Lager beinhaltet ein großes Risiko, da sowohl der technische Fortschritt als auch die Dauer des Konjunkturtiefs nicht berechenbar sind. Um die für monatlich 1.200 Kreissägen ausgelegte Fertigungskapazität nutzen zu können, soll der Verkaufspreis von 230 € auf 200 € gesenkt werden. Die Fixkosten betragen 120.000 € pro Monat, die variablen Kosten je Kreissäge belaufen sich auf 120 €.

TEIL H — Kosten- und Leistungsrechnung

Aufgabenstellung:

Die Richtigkeit der Entscheidung für eine Senkung der Verkaufspreise ist zu prüfen. Dazu sind

a) der Deckungsbeitrag und der Beitrag je Einheit zum Gesamtgewinn des Unternehmens bei einem Verkaufspreis von 230 € und von 200 € zu prüfen.

b) der gesamte Deckungsbeitrag und der gesamte Beitrag zum Erfolg des Unternehmens sind zu errechnen bei

— Einschränkung der produzierten Menge auf 1.000 Einheiten,

— vorübergehender Einstellung der Produktion.

c) Nennen Sie weitere Möglichkeiten der Bewirtschaftung und die Folgen einer Einschränkung oder gar vorübergehenden Einstellung der Produktion für die nahe und ferne Zukunft auch im Hinblick auf den Bestand an Maschinen und Facharbeitern.

Die Lösung finden Sie auf Seite 493.

Fall 24   Preis-Mengen-Politik
10 Punkte 　　　　　　　　******　　　　　　　　　　　　　　　**24 Minuten**

Die Maschinenbau AG kann maximal 5.000 Einheiten des Produkts N herstellen. In den vergangenen Monaten wurden die folgenden Durchschnittswerte festgestellt:

Kostenstelle	Einzelkosten je 1.000 Einheiten €	variable Gemeinkosten je 1.000 Einheiten €	fixe Kosten €
Material	200.000	25.000	
Fertigung	100.000	20.000	
Verwaltung/Vertrieb			
Fixkostenblock			55.000

Die variablen Kosten verhalten sich proportional zur Ausbringung.

Hergestellt wurden 4.500 Einheiten bei einem Angebotspreis von 445 € je Einheit.

Aufgabenstellung:

a) Die Gesamtkosten für 1.000 Einheiten sind zu errechnen.

b) Die Nutzenschwelle ist zu ermitteln.

c) Die gewinnmaximale Ausbringungsmenge und der maximal erzielbare Betriebsgewinn sind zu ermitteln.

d) Die kurzfristige Preisuntergrenze ist festzustellen.

e) Die optimale Ausbringungsmenge (Betriebsoptimum) und deren Stückkosten sind zu errechnen.

f) Es ist zu prüfen, bei welcher Anzahl gefertigter Einheiten pro Monat ein Betriebsgewinn von 400.000 € erzielt werden kann.

Die Lösung finden Sie auf Seite 494.

Fall 25   Mehrstufige Deckungsbeitragsrechnung
4 Punkte   *   10 Minuten

Ein Unternehmen fertigt 5 Produkte. Die folgende Tabelle enthält die zugehörigen Werte in T€:

Produkt	Erzeugnisgruppe I		Erzeugnisgruppe II		
	A	B	C	D	E
Umsatzerlöse	4.000	5.000	8.000	6.000	4.000
variable Kosten	2.100	3.000	4.500	3.200	2.300
Erzeugnisfixkosten	200	210	350	300	200

Die Erzeugnisgruppenfixkosten der Erzeugnisgruppe I belaufen sich auf 1.000 T€, die der Erzeugnisgruppe II auf 4.000 T€. Die Unternehmensfixkosten betragen 4.200 T€.

Aufgabenstellung:

a) Die Deckungsbeiträge der verschiedenen Stufen sind zu ermitteln.

b) Der Betriebserfolg ist zu ermitteln.

Die Lösung finden Sie auf Seite 495.

Fall 26   Flexible Normalkostenrechnung
8 Punkte   **   19 Minuten

Die Normalgemeinkosten der Kostenstelle Lackiererei wurden für den Monat Januar bei einer erwarteten Beschäftigung von 3.000 Stunden mit 30.000 € angesetzt. Die Kosten enthalten 12.000 € fixe Kosten.

Im Ist sind im Januar insgesamt 26.000 € Kosten angefallen. Istbeschäftigung: 2.700 Stunden.

Aufgabenstellung:

Zu errechnen sind

a) der Verrechnungssatz für die proportionalen Normalgemeinkosten,

b) der Verrechnungssatz für die fixen Normalgemeinkosten,

c) der Normalgemeinkostensatz für die Normalbeschäftigung,

d) die verrechneten Normalgemeinkosten,

e) die Gesamtabweichung,

f) die Beschäftigungsabweichung,

g) die Verbrauchsabweichung.

Die Lösung finden Sie auf Seite 495.

Fall 27   Starre Plankostenrechnung
5 Punkte   **   12 Minuten

Für die Dreherei der Maschinenbau AG wurde die Planbeschäftigung für ein Jahr mit 30.000 Stunden angesetzt, die Plankosten wurden mit 297.000 € festgelegt. Die Istbeschäftigung lag bei 24.000 Stunden und 264.000 € Istkosten.

Aufgabenstellung:

a) Der Plankostensatz ist zu ermitteln.

b) Die verrechneten Plankosten sind zu ermitteln.

c) Die Abweichung ist zu ermitteln.

Die Lösung finden Sie auf Seite 496.

Fall 28   Variatorrechnung[1]
2,5 Punkte   *   6 Minuten

In einer Kostenstelle fallen 8.000 € variable Kosten an. Die Plankosten der Kostenstelle betragen 20.000 €.

Aufgabenstellung:

a) Der Variator ist zu ermitteln.

b) Der Begriff „Variator" ist zu definieren.

Die Lösung finden Sie auf Seite 497.

Fall 29   Grenzplankostenrechnung
7,5 Punkte   **   18 Minuten

Die Maschinenbau AG hat für die Presserei die folgenden Werte geplant:

1. Kapazitätsplanung	Planbeschäftigungsgrad:	100 %
	Planbezugsgröße:	10.000 Std.
	Plankosten gesamt:	68.000 €
	Plankosten fix:	28.000 €
2. Engpassplanung	Planbeschäftigungsgrad:	80 %
	Plankosten gesamt:	60.000 €
	Plankosten fix:	28.000 €
3. Istbeschäftigung	Istbeschäftigungsgrad:	70 %
	Istkosten gesamt:	57.400 €
	Istkosten fix:	28.000 €

Aufgabenstellung:

Im Rahmen der Kapazitätsplanung und der Engpassplanung sind mithilfe der Grenzplankostenrechnung zu ermitteln:

a) der Plankostenverrechnungssatz,

b) die verrechneten Plankosten bei Istbeschäftigung,

c) die Verbrauchsabweichungen.

Die Lösung finden Sie auf Seite 497.

Fall 30   Kostenverhalten
13 Punkte   ***   31 Minuten

Die Kostenanalyse analysiert die Kosteneinflussfaktoren und teilt die Kosten nach dem Verhalten bei Änderungen des Beschäftigungsgrads in fixe Kosten, variable Kosten und Mischkosten ein.

Aufgabenstellung:

a) Mindestens vier mögliche Kosteneinflussfaktoren sind zu nennen.

b) Die Begriffe fixe Kosten, variable Kosten und Mischkosten sind zu definieren.

c) Anhand von Beispielen sind die Kosten aufzuzählen, die bei der betrieblichen Nutzung einer Produktionsmaschine entstehen. Die genannten Beispiele sind den unter b) genannten Begriffen zuzuordnen.

d) Die drei Verfahren, der Kostenauflösung in fixe und variable Bestandteile, sind zu beschreiben.

e) Anhand von Beispielen ist darzustellen, ob Einzelkosten und Gemeinkosten fixe oder variable Kosten sind.

f) Der Begriff Kostenremanenz ist zu erklären.

Die Lösung finden Sie auf Seite 498.

Fall 31   Kurzfristige Erfolgsrechnung
11 Punkte 　　　　　　　　　　　　**　　　　　　　　　　　　**26 Minuten**

Der Maschinenbau AG liegen für den Monat Mai folgende Werte aus der Betriebsabrechnung vor:

Produktgruppe	I	II	III
produzierte Menge	30	20	25
Absatzmenge	32	16	22
Absatzpreis/Stück	95.000 €	50.000 €	40.000 €
Herstellkosten/Stück	60.000 €	40.000 €	28.000 €
Herstellkosten der Altbestände	57.000 €	38.000 €	27.000 €

Die AG verrechnet 10 % Verwaltungsgemeinkosten und 18 % Vertriebsgemeinkosten auf die Herstellkosten des Umsatzes.

Aufgabenstellung:

Das Betriebsergebnis soll nach dem Gesamtkostenverfahren und nach dem Umsatzkostenverfahren ermittelt werden.

Die Lösung finden Sie auf Seite 499.

Fall 32   Abweichungsanalysen 1
10 Punkte 　　　　　　　　　　　　***　　　　　　　　　　　　**23 Minuten**

Für die Betriebsstätte in Dresden ist eine Leistung von 7.200 Stunden je Abrechnungsperiode geplant. Der Plankostenverrechnungssatz wurde mit 88 €/Std. ermittelt. Die Basisplankosten sind zu 36 % fix und zu 64 % variabel.

Nach Ablauf der Periode ergibt sich eine Leistung von 6.800 Stunden. Die Kosten betragen 92 €/Std.

Aufgabenstellung:

Zu ermitteln und zu kommentieren sind

a) die Gesamtabweichung,

b) die Verbrauchsabweichung,

c) die Beschäftigungsabweichung,

d) die Nutzkosten und die Leerkosten.

Die Lösung finden Sie auf Seite 501.

Fall 33 Abweichungsanalysen 2
14 Punkte   ***   **34 Minuten**

Im Abrechnungsmonat lag eine Istbeschäftigung von 48.000 Arbeitsstunden vor. Die Planbeschäftigung beträgt 64.000 Arbeitsstunden.

Außerdem liegen die folgenden Daten zur Abrechnungsperiode vor:

Kostenart	Variator	Plankosten gesamt	Plankosten fix	Istkosten zu Istpreisen	Istkosten zu Planpreisen	Preisabweichung
Material	9	4.000	?	3.400	3.300	?
Lohn	?	1.000	800	1.000	1.000	?
übrige Kosten	?	2.000	1.000	1.800	?	- 100

Aufgabenstellung:

Zu ermitteln sind

a) der Beschäftigungsgrad,

b) die fixen und die variablen Anteile an den Plankosten für Material,

c) die Variatoren für den Lohn und für die übrigen Kosten, $\frac{200 \times 10}{1000,-} = 2$ $\frac{1000 \times 10}{2000,-} = 5$

d) die Sollkosten,

e) die Istkosten zu Planpreisen,

f) die Preisabweichungen nach Kostenartengruppen und gesamt,

g) die Verbrauchsabweichungen nach Kostenartengruppen und gesamt,

h) die Beschäftigungsabweichung,

i) die verrechneten Plankosten,

j) die Gesamtabweichung.

Die Lösung finden Sie auf Seite 502.

Fall 34 Prozesskostenrechnung 1
7 Punkte   **   **17 Minuten**

Die Vollkostenrechnung berücksichtigt nicht den Beschäftigungsgrad und arbeitet mit fragwürdigen Schlüsseln und Zuschlagssätzen. Die Teilkostenrechnung kennt nur eine unzureichende Gemeinkostenverrechnung. Deshalb prüft die Maschinenbau AG die Einführung der Prozesskostenrechnung.

Aufgabenstellung:

Zu erläutern sind

a) das Wesen der Prozesskostenrechnung,

b) die hauptsächlichen Anwendungsgebiete,

c) die Ziele der Prozesskostenrechnung.

Zu definieren sind die Begriffe

d) Prozesskostensatz,

e) leistungsmengeninduzierte Prozesskosten (lmi),

f) leistungsmengenneutrale Prozesskosten (lmn),

g) Kostentreiber.

Die Lösung finden Sie auf Seite 504.

Fall 35 Prozesskostenrechnung 2
4 Punkte   **   **10 Minuten**

In der Kostenrechnung liegen die folgenden Werte vor:

Teilprozesse		Cost Driver	Imi – Prozessmenge	Teilprozesskosten in €		
				gesamt	davon lmi	davon lmn
1	Angebote einholen	Anzahl Angebote	200	6.000	4.000	2.000
2	Bestellungen ausführen	Anzahl Bestellungen	400	2.800	2.400	400
3	Material annehmen	Anzahl Lieferungen	600	4.800	4.200	600
4	Abteilung leiten	–	–	9.000	–	9.000
Summe der Kosten				22.600	10.600	12.000

Die Lösung finden Sie auf Seite 505.

Fall 36 Zielkostenrechnung (Target Costing)
20 Punkte   ***   **48 Minuten**

Die Maschinenbau AG will ein neuartiges Werkzeug herstellen, das aus fünf Baugruppen besteht. Der besondere Kundennutzen besteht in der Betriebssicherheit und dem Bedienungskomfort. Die Standardkosten der fünf Baugruppen betragen:

Baugruppe 1	5.000 €
Baugruppe 2	4.000 €
Baugruppe 3	9.000 €
Baugruppe 4	4.000 €
Baugruppe 5	3.000 €

Die Zielkosten für das Produkt dürfen insgesamt 23.000 € nicht überschreiten.

Eine Marktanalyse hinsichtlich der Einschätzung des Nutzens der Betriebssicherheit und des Bedienungskomforts brachte folgende Ergebnisse:

	Betriebssicherheit	Bedienungskomfort
Baugruppe 1	21 %	15 %
Baugruppe 2	18 %	12 %
Baugruppe 3	12 %	33 %
Baugruppe 4	22 %	18 %
Baugruppe 5	27 %	22 %
	100 %	100 %

Die Kunden bewerten die Produktfunktionen Betriebssicherheit und Bedienungskomfort im Verhältnis 70:30.

Aufgabenstellung:

Die Zielkostenindices je Baugruppe sind für die Produktfunktionen Betriebssicherheit und Bedienungskomfort einzeln und auch gesamt zu ermitteln.

Die Zielkosten der Baugruppen sind zu ermitteln.

Es ist festzustellen, bei welchen Baugruppen Kosten eingespart werden können, ohne die Chancen am Markt zu beeinträchtigen.

Die Lösung finden Sie auf Seite 505.

Fall 37 Kostenmanagement
6 Punkte   ******   **15 Minuten**

Das Kostenmanagement dient dem Controlling von Geschäftsprozessen und deren Bewertung.

Aufgabenstellung:

a) Die Aufgaben des Kostenmanagements sind zu nennen.

b) Die Voraussetzungen für ein wirksames Kostenmanagement sind zu nennen.

Die Lösung finden Sie auf Seite 507.

Fall 38 Qualitätskriterien[1]
5 Punkte   *******   **12 Minuten**

Die Qualität eines Kostenrechnungsverfahrens kann an bestimmten Kriterien gemessen werden.

Aufgabenstellung:

Es sind die Kriterien zu nennen, die die Qualität der Kostenrechnung beeinflussen.

Die Lösung finden Sie auf Seite 507.

Fall 39 Eignung von Kostenrechnungsverfahren
8 Punkte   *******   **20 Minuten**

Folgende Kostenrechnungssysteme lassen sich unterscheiden:
- Istkostenrechnung
- Normalkostenrechnung
- Plankostenrechnung
- Einstufige Deckungsbeitragsrechnung
- Mehrstufige Deckungsbeitragsrechnung
- Grenzplankostenrechnung
- Deckungsbeitragsrechnung mit relativen Einzelkosten

Kosten- und Leistungsrechnung — TEIL H

Aufgabenstellung:

Geben Sie an, welche(s) Kostenrechnungssystem(e) besonders geeignet ist/sind für:

a) Erfolgsplanung
b) Wirtschaftlichkeitsberechnungen im Rahmen der Planung
c) Preisfindung
d) Erfolgskontrolle
e) Kontrolle der Wirtschaftlichkeit
f) Nachweis der Selbstkosten bei öffentlichen Aufträgen
g) Nachweis bei Versicherungsfällen
h) Vorlage bei Kreditverhandlungen

Die Lösung finden Sie auf Seite 508.

Fall 40 Mehrstufiger Betriebsabrechnungsbogen
17,5 Punkte * **42 Minuten**

Die Einzelangaben entnehmen Sie bitte dem Betriebsabrechnungsbogen auf den folgenden beiden Seiten.

Kostenarten	gesamt	allgemeine Kostenstellen	
		Pförtner	Fuhrpark
Hilfsstoffaufwendungen	19.997	100	200
Betriebsstoffaufwendungen	7.177	50	300
Fremdinstandhaltung	1.400	0	500
Hilfslöhne	29.694	3.994	4.500
Gehälter	49.000	0	0
Abschreibungen	63.438	1.000	6.000
Mieten	12.800		
Büromaterial	2.000	0	0
Betriebssteuern	5.494	0	194
Summe Primärkosten	191.000		
Umlage Pförtner			
Umlage Fuhrpark			
Istgemeinkosten			
Normalgemeinkosten			

TEIL H — Kosten- und Leistungsrechnung

Fertigungsmaterial				
Fertigungslöhne				
Herstellkosten des Umsatzes (Ist)				
Istgemeinkostensatz				
Normalgemeinkostensatz				
Über- bzw. Unterdeckung				
qm	1.600		5	80
Anzahl Mitarbeiter	50		2	2
Schlüssel Fuhrpark	10		0	0

| Materialbereich | Fertigungskostenstellen || Verwaltungs-bereich | Vertriebsbereich |
	Dreherei	Fräserei		
1.000	10.000	8.000	397	300
300	3.000	2.600	500	427
400	300	100	0	100
10.000	5.000	3.000	3.200	0
12.000	4.000	4.000	14.000	15.000
11.310	19.788	16.340	4.000	5.000
500	0	0	800	700
500	400	400	3.000	1.000
400.000				
	12.000	10.000		
10 %	385 %	400 %	6 %	6,5 %
300	500	435	150	130
10	14	10	6	6
2	0	0	1	7

In der Abrechnungsperiode sind angefallen:
- 81.000 € Bestandsmehrungen an unfertigen Erzeugnissen
- 30.000 € Bestandsminderungen an fertigen Erzeugnissen

Es wird unterstellt, dass die Verwaltungs- und Vertriebsgemeinkosten von den umgesetzten Erzeugnissen verursacht worden sind.

Die Mieten werden nach qm verteilt.

Die Umlage der Allgemeinen Kostenstellen erfolgt nach dem Stufenverfahren. Die Kostenstelle Pförtner wird nach Anzahl der Mitarbeiter umgelegt. Die Kostenstelle Fuhrpark wird nach Anteilen der Nutzung entsprechend dem vorgegebenen Schlüssel umgelegt.

Aufgabenstellung:

Der Betriebsabrechnungsbogen ist zu vervollständigen.

Die Herstellkosten des Umsatzes, die Istgemeinkosten und die Über- und Unterdeckungen sind zu ermitteln.

Die Lösung finden Sie auf Seite 509.

I. Lösungen

1. Geschäftsvorfälle erfassen und zu Abschlüssen führen

Lösung zu Fall 1   6 Punkte

Bei dem Patent handelt es sich um einen immateriellen Vermögensgegenstand bzw. ein immaterielles Wirtschaftsgut (H 5.5 „Immaterielle Wirtschaftsgüter" EStH).

Durch die Nutzung des Patents im eigenen Betrieb handelt es sich nach § 247 Abs. 2 HGB sowie R 6.1 Abs. 1 EStR um Anlagevermögen. Da das Patent selbst entwickelt und somit nicht entgeltlich erworben wurde, besteht hier ein Bilanzierungswahlrecht nach § 248 Abs. 2 Satz 1 HGB. Aufgrund der generellen Aufgabenstellung (Ausweis eines möglichst niedrigen Gewinns) erfolgt keine Aktivierung. Steuerlich besteht nach § 5 Abs. 2 EStG ein Aktivierungsverbot.

Weitere Buchungen sind nicht vorzunehmen.

Zusatzaufgabe:

Wenn das Patent für einen Kunden entwickelt worden wäre, würde es sich nicht um einen Vermögensgegenstand des Anlagevermögens, sondern um ein fertiges Erzeugnis (Umlaufvermögen; § 247 Abs. 2 HGB im Umkehrschluss, R 6.1 Abs. 2 EStR) handeln. Für diese Vermögensgegenstände gilt § 248 Abs. 2 HGB sowie § 5 Abs. 2 EStG nicht, sodass das Patent nach § 253 Abs. 1 HGB bzw. § 6 Abs. 1 Nr. 2 Satz 1 EStG mit seinen Herstellungskosten i. H. von 283.500 € zu aktivieren und unter der Position § 266 Abs. 2 B.I.3 HGB „fertige Erzeugnisse und Waren" auszuweisen wäre.

Buchung:

fertige Erzeugnisse und Waren an Bestandsveränderungen   283.500 €

Würde das Wahlrecht des § 248 Abs. 2 Satz 1 HGB dahingehend ausgeübt werden, dass eine Aktivierung erfolgen würde, wäre die Ermittlung der Herstellungskosten wie dargestellt. Die Aktivierungsbuchung würde im Gesamtkostenverfahren gegen „andere aktivierte Eigenleistungen" erfolgen.

Lösung zu Fall 2   19 Punkte

Es liegt ein Finanzierungsleasingvertrag vor; in diesem Fall ein Vollamortisationsvertrag mit Kaufoption. Für die Entscheidung der Bilanzierung ist das BMF-Schreiben vom 19.4.1971, BStBl 1971 I S. 264 (ertragsteuerliche Behandlung von Leasing-Verträgen über bewegliche Wirtschaftsgüter) ausschlaggebend.

Die Bilanzierung muss beim Leasingnehmer erfolgen, weil die Grundmietzeit 50 % der betriebsgewöhnlichen Nutzungsdauer beträgt und der Restbuchwert am Ende der Grundmietzeit mit

(52.110 / 6 · 3 =) 26.055 € (bei fiktiver linearer AfA) größer ist als der Kaufpreis bei Optionsausübung (25.000 €).

Da der Leasingnehmer zu bilanzieren hat, muss er nach § 253 Abs. 1 Satz 1 HGB den Vermögensgegenstand höchstens mit den Anschaffungskosten, vermindert um die Abschreibungen nach Abs. 3 ansetzen, weil es sich um einen abnutzbaren beweglichen Vermögensgegenstand des Anlagevermögens handelt.

Die Anschaffungskosten setzen sich nach § 255 Abs. 1 HGB aus dem Listenpreis und den Anschaffungsnebenkosten zusammen.

Der Abschreibungsplan muss nach § 253 Abs. 3 Satz 2 HGB die Anschaffungs- oder Herstellungskosten auf die Geschäftsjahre verteilen, in denen der Vermögensgegenstand voraussichtlich genutzt werden kann. Als Methoden kommen dafür grundsätzlich die lineare, die degressive, die progressive oder die Leistungsabschreibung in Betracht.

Da nach der Aufgabenstellung der voraussichtliche Werteverzehr der degressiven Abschreibung nach den steuerrechtlichen Vorschriften entspricht, können diese Regelungen auch für die Berechnung der handelsrechtlichen Abschreibung angesetzt werden. Die Abschreibung berechnet gemäß § 7 Abs. 2 EStG, also mit dem 2,5-fachen linearen Satz, höchstens 25 %. Daraus ergibt sich ein Abschreibungssatz von 25 % (100 % / 6 Jahre · 2,5 = 41,7 %, höchstens 25 %). Die Abschreibung im Anschaffungsjahr ist zeitanteilig zu berechnen (§ 7 Abs. 1 Satz 4 EStG).

Listenpreis	52.110 €
Nebenkosten	2.643 €
Anschaffungskosten	54.753 €
Abschreibung 25 %, davon $^6/_{12}$	- 6.844 €
Bilanzansatz zum 31.12.2020 (§ 266 Abs. 2 A.II.3 HGB)	47.909 €

In Höhe des Listenpreises ist eine Verbindlichkeit unter der Position § 266 Abs. 3 C.8 HGB „sonstige Verbindlichkeiten" auszuweisen und über die Grundmietzeit zu tilgen.

Leasingraten (36 · 1.540 € =)	55.440 €
abzgl. der Verbindlichkeit (Listenpreis)	- 52.110 €
gesamter Aufwandsanteil	3.330 €

Die Aufteilung des Aufwandsanteils erfolgt nach der digitalen Methode (Zinsstaffelmethode); eine lineare Verteilung wäre rechtlich möglich, führt aber nicht zum steuerlich niedrigsten Gewinn.

Addition der Zahlungstermine:

Insgesamt: 1 + 2 + 3 + ... + 36 = 666 (Nenner) oder

$$\frac{1 + 36}{2} \cdot 36 = 666$$

2020: 36 + 35 + 34 + 33 + 32 + 31 = 201 (Zähler) oder

$$\frac{31 + 36}{2} \cdot 6 = 201$$

Aufwand 2020: 3.330 € · 201 / 666 = 1.005 €

Der restliche Anteil der Raten (6 · 1.540 - 1.005 = 8.235 €) ist als Tilgung der Verbindlichkeit zu behandeln.

Verbindlichkeit	52.110 €
Tilgung	8.235 €
Bilanzansatz zum 31.12.2020 (§ 266 Abs. 3 C.8 HGB)	43.875 €

Die Einmalzahlung i. H. von 5.994 € wird nach der gleichen Regelung wie der Aufwandsanteil behandelt, wobei der Restbetrag als aktiver Rechnungsabgrenzungsposten verbleibt.

gesamte Einmalzahlung	5.994 €
Einmalzahlung 2020 (5.994 € · 201 / 666 =)	- 1.809 €
Bilanzansatz zum 31.12.2020 (§ 266 Abs. 2 C. HGB)	4.185 €

Buchungen:

andere Anlagen/BGA	54.753 €	
an sonstige Verbindlichkeiten		52.110 €
an sonstiger betrieblicher Aufwand		2.643 €
aktiver Rechnungsabgrenzungsposten	4.185 €	
an sonstige betriebliche Aufwendungen		4.185 €
Abschreibungen an andere Anlagen/BGA		6.844 €
sonstige Verbindlichkeiten	8.235 €	
an sonstige betriebliche Aufwendungen		8.235 €

LÖSUNG

Lösung zu Fall 3 25 Punkte

Nach Bearbeitung der Vorgänge zeigt das Anlagengitter der Maschinenbau AG folgendes Bild (inklusive Rechenschritte, die Angaben in Klammern weisen auf die entsprechenden Fälle hin):

Angaben in €	Grundstücke	Maschinen	geleistete Anzahlungen/Anlagen im Bau
historische AK/HK	5.200.000	12.276.000	= 0
	= 0	1.584.000	848.000
	= 5.200.000	13.860.000	= 848.000
Zugänge			(3) 156.000
			(5) 920.700
	= 0	= 0	= 1.076.700
Abgänge		(6) 120.000	
	= 0	= 120.000	= 0

Umbuchungen	(3) 384.000 = 384.000	(5) 1.540.700 = 1.540.700	(3) - 384.000 (5) - 1.540.700 = - 1.924.700
Zuschreibungen	(1) 100.000 = 100.000	= 0	= 0
kumulierte Abschreibungen[1]	1.860.000 - 0 + 74.360 = 1.934.360	8.884.251 (6) - 92.886 + 1.577.872 = 10.369.237	0 - 0 +0 = 0
Restbuchwert 31.12.2020[2]	5.200.000 + 0 - 0 + 384.000 + 100.000 - 1.934.360 = 3.749.640	13.860.000 + 0 - 120.000 + 1.540.700 + 0 - 10.369.237 = 4.911.463	848.000 + 1.076.700 - 0 - 1.924.700 + 0 - 0 = 0
Restbuchwert 31.12.2019	= 3.340.000	= 4.975.749	= 848.000
Abschreibungen Geschäftsjahr	(2) 20.000 (3) 4.800 (4) 49.560 = 74.360	(5) 141.231 (6) 7.872 (7) 1.428.769 = 1.577.872	= 0

[1] Die kumulierten Abschreibungen berechnen sich:
  kum. Abschreibungen 2019
  - Abschreibungen auf Abgänge
  + Abschreibungen 2020
  = kum. Abschreibungen 2020
  Zuschreibungen des Vorjahres sind hier nicht zu berücksichtigen.

[2] Der Restbuchwert berechnet sich:
  Bestand 1.1.2020
  + Zugänge 2020
  - Abgänge 2020
  +/- Umbuchungen 2020
  + Zuschreibungen 2020
  - kum. Abschreibungen 2020
  = Restbuchwert 2020

Zu 1.

Es ist gemäß § 253 Abs. 5 Satz 1 HGB eine Zuschreibung von 100.000 € vorzunehmen.

Zu 2.

Die Abschreibung erfolgt nach § 7 Abs. 5 Satz 1 Nr. 1 EStG mit 2,5 % (22. Jahr), damit ergeben sich 20.000 €.

Zu 3.

Die Differenz zwischen den gesamten Herstellungskosten und den bereits erfassten Herstellungskosten aus 2019 i. H. von 156.000 € ist als Zugang bei den Anlagen im Bau darzustellen. Die gesamten Herstellungskosten werden dann umgebucht. Die Abschreibung errechnet sich nach § 7 Abs. 4 Satz 1 Nr. 1 EStG mit 3 % (384.000 · 3 % / 12 · 5 = 4.800 €).

Zu 5.

Die Differenz zwischen den gesamten Herstellungskosten und den bereits erfassten Herstellungskosten aus 2019 i. H. von 920.700 € ist als Zugang bei den geleisteten Anzahlungen darzustellen. Die gesamten Herstellungskosten werden dann umgebucht. Die Abschreibung errechnet sich nach § 7 Abs. 1 EStG mit 10 % zeitanteilig (1.540.700 · 10 % / 12 · 11 = 141.231 €).

Zu 6.

Die Abschreibung des Geschäftsjahres ergibt sich als Differenz zwischen den genannten Restbuchwerten (34.986 - 27.114 = 7.872 €). In Höhe der Anschaffungskosten abzgl. des Restbuchwerts sind die kumulierten Abschreibungen zu senken (120.000 - 27.114 = 92.886 €).

LÖSUNG

Lösung zu Fall 4   13 Punkte

Bei den genannten Gütern handelt es sich um abnutzbare bewegliche Vermögensgegenstände des Anlagevermögens. Für diese ist nach § 256 Satz 2 HGB in Verbindung mit § 240 Abs. 3 HGB die Bildung eines Festwerts zulässig. Diese Bewertungsvereinfachung ist alle 3 Jahre durch eine körperliche Bestandsaufnahme zu überprüfen. Ein neuer Festwert muss angesetzt werden, wenn der ermittelte Bestand den bisherigen Festwert um mehr als 10 % übersteigt (steuerrechtlich: R 5.4 Abs. 3 EStR).

Die Zugänge des Geschäftsjahres bzw. die Zugänge der nachfolgenden Wirtschaftsjahre sind so lange zu aktivieren, bis der neue Festwert erreicht ist.

1. 44.600 € - 42.182 € = 2.418 €

   2.418 € = 5,7 % von 42.182 €

   Da der Inventurwert den bisherigen Festwert um nicht mehr als 10 % übersteigt, kann der bisherige Wert beibehalten werden (steuerrechtlich: R 5.4 Abs. 3 EStR).

   Eine Buchung ist nicht erforderlich.

2. 98.900 € - 89.272 € = 9.628 €

   9.628 € = 10,8 % von 89.272 €

   Der Festwert muss erhöht werden, indem die als Aufwand erfassten Zugänge nachträglich aktiviert werden. Die Zugänge in 2020 betragen 7.700 €, sodass der Festwert 2021 nur bis zu einem Betrag von (89.272 € + 7.700 € =) 96.972 € aufgestockt werden kann. Zusätzlich sind die ersten Zugänge 2021 bei ihrer Anschaffung zu aktivieren, bis der Wert von 98.900 € erreicht ist.

   Buchung:

andere Anlagen/BGA (Festwert)	7.700 €	
an sonstige betriebliche Aufwendungen		7.700 €

3. 134.600 € - 137.972 € = -3.372 €.

Da der Inventurwert unter den Festwert gesunken ist, muss der niedrigere Wert nach dem Vorsichtsprinzip angesetzt werden (steuerrechtlich Wahlrecht nach R 5.4 Abs. 3 EStR, aber Ansatz des niedrigeren Werts nach Aufgabenstellung).

Die Senkung des Festwerts wird durch eine außerplanmäßige Abschreibung erreicht.

Buchung:

Abschreibungen (außerplanmäßig)	3.372 €
an andere Anlagen/BGA (Festwert)	3.372 €

Bilanzansatz 31.12.2020
andere Anlagen/BGA (§ 266 Abs. 2 A.II.3 HGB):

Messestand	42.182 €
Kassenterminals	96.972 €
Büroeinrichtungen	134.600 €
gesamt	273.754 €

Lösung zu Fall 5   23 Punkte

Beim Grund und Boden handelt es sich um einen nicht abnutzbaren unbeweglichen Vermögensgegenstand des Anlagevermögens (§ 247 Abs. 2 HGB, R 6.1 Abs. 2 EStR). Dieser ist nach § 253 Abs. 1 Satz 1 HGB mit den Anschaffungskosten, vermindert um etwaige Abschreibungen nach Abs. 3 Satz 5, zu bewerten.

Ein Gebäude ist ein abnutzbarer unbeweglicher Vermögensgegenstand des Anlagevermögens, der höchstens mit den Anschaffungskosten, vermindert um die Abschreibungen nach § 253 Abs. 3 Sätze 1 und 2 HGB, anzusetzen ist (§ 253 Abs. 1 Satz 1 HGB).

Die Anschaffungskosten (nicht die Werte lt. Kaufvertrag, da diese keine Anschaffungsnebenkosten enthalten) werden im Verhältnis der Verkehrswerte auf den Grund und Boden und das Gebäude aufgeteilt (steuerrechtlich: H 7.3 EStH).

	Gebäude	Grund und Boden	Summe
Verkehrswerte	770.000 €	396 · 2.500 = 990.000 €	1.760.00 €
Anschaffungskosten	700.000 €*	900.000 €	1.600.00 €

* Berechnung: 770.000 € / 1.760.000 € · 1.600.000 € = 700.000 €

Das Gebäude ist planmäßig abzuschreiben.

Der Abschreibungsplan muss nach § 253 Abs. 3 Satz 2 HGB die Anschaffungs- oder Herstellungskosten auf die Geschäftsjahre verteilen, in denen der Vermögensgegenstand voraussichtlich genutzt werden kann. Als Methoden kommen dafür grundsätzlich die lineare, die degressive, die progressive oder die Leistungsabschreibung in Betracht.

Da in diesem Fall ein linearer Werteverzehr vorliegt, ist das Gebäude nach der linearen Methode abzuschreiben. Die Abschreibung berechnet sich nach der geschätzten Nutzungsdauer. Daraus ergibt sich ein Abschreibungssatz von 3 % (100 % / 33 $\frac{1}{3}$ Jahre = 3 %). Dieser ist nach § 7 Abs. 4 Satz 1 Nr. 1 EStG auch für das Steuerrecht anzuwenden. Die Abschreibung im Anschaffungsjahr ist zeitanteilig zu berechnen; dies gilt nach § 7 Abs. 1 Satz 4 EStG auch für das Steuerrecht.

	Abschreibung	Gebäude	Grund und Boden
AK		700.000 €	900.000 €
2017	3 %, davon $^{10}/_{12}$	- 17.500 €	
2018	3 %, davon $^{9}/_{12}$	- 15.750 €	
Restbuchwert zum 30.9.2018		666.750 €	900.000 €
Verkaufspreis		800.000 €	1.020.000 €
aufgedeckte stille Reserve		133.250 €	120.000 €

Die aufgedeckten stillen Reserven von insgesamt 253.250 € könnten steuerrechtlich in eine Rücklage nach R 6.6 Abs. 5 Satz 1 EStR eingestellt werden, da die Voraussetzungen der R 6.6 Abs. 1 EStR vorliegen. Handelsrechtlich ist dies nicht möglich. Somit wurde aufgrund der generellen Aufgabenstellung, ein möglichst gleiches Ergebnis in Handels- und Steuerbilanz darzustellen, auf das Wahlrecht verzichtet, sodass der Verkaufsvorgang in 2018 handels- und steuerrechtlich zu einem Ertrag führte.

Die Anschaffungskosten für das neue unbebaute Grundstück berechnen sich nach § 255 Abs. 1 HGB:

Kaufpreis (6.000 · 160 € =)	960.000 €
Anschaffungsnebenkosten	79.600 €
Anschaffungskosten	1.039.600 €

Der Grund und Boden ist mit einem Wert von 1.039.600 € zum 31.12.2020 in der Bilanz unter der Position § 266 Abs. 2 A.II.1 HGB anzusetzen.

Das Gebäude ist planmäßig abzuschreiben.

Der Abschreibungsplan muss nach § 253 Abs. 3 Satz 2 HGB die Anschaffungs- oder Herstellungskosten auf die Geschäftsjahre verteilen, in denen der Vermögensgegenstand voraussichtlich genutzt werden kann. Als Methoden kommen dafür grundsätzlich die lineare, die degressive, die progressive oder die Leistungsabschreibung in Betracht.

Da in diesem Fall ein linearer Werteverzehr vorliegt, ist das Gebäude nach der linearen Methode abzuschreiben. Die Abschreibung berechnet sich nach der geschätzten Nutzungsdauer. Daraus ergibt sich ein Abschreibungssatz von 3 % (100 % / 33 $\frac{1}{3}$ Jahre = 3 %). Dieser ist nach § 7 Abs. 4 Satz 1 Nr. 1 EStG auch für das Steuerrecht anzuwenden. Die Abschreibung im Anschaffungsjahr ist zeitanteilig zu berechnen; dies gilt nach § 7 Abs. 1 Satz 4 EStG auch für das Steuerrecht.

Herstellungskosten	2.560.000 €
Abschreibung 3 %, davon $^{1}/_{12}$	- 6.400 €
Bilanzansatz 31.12.2020	2.553.600 €

Die Bilanzierung erfolgt unter der Position § 266 Abs. 2 A.II.1 HGB.

Buchungen:

Grundstücke ... (Grund und Boden) an Bank	1.039.600 €
Grundstücke ... (Gebäude) an Bank	2.560.000 €
Abschreibungen an Grundstücke ... (Gebäude)	6.400 €

Hinweis: Würde steuerlich eine Rücklage nach R 6.6 EStR gebildet werden, müssten in der Handelsbilanz passive latente Steuern nach § 274 Abs. 1 Satz 1 HGB ausgewiesen werden.

Lösung zu Fall 6   19 Punkte

Es liegt ein Finanzierungsleasingvertrag vor; in diesem Fall ein Vollamortisationsvertrag ohne Optionsrecht. Für die Entscheidung der Bilanzierung ist das BMF-Schreiben vom 19.4.1971, BStBl 1971 I S. 264 (ertragsteuerliche Behandlung von Leasing-Verträgen über bewegliche Wirtschaftsgüter) ausschlaggebend. Die Bilanzierung muss beim Leasingnehmer erfolgen, weil es sich um eine Spezialmaschine handelt.

Da der Leasingnehmer zu bilanzieren hat, muss er nach § 253 Abs. 1 Satz 1 HGB den Vermögensgegenstand höchstens mit den Anschaffungskosten, vermindert um die Abschreibungen nach Abs. 3 ansetzen, weil es sich um einen abnutzbaren beweglichen Vermögensgegenstand des Anlagevermögens handelt.

Die Anschaffungskosten setzen sich nach § 255 Abs. 1 HGB aus dem Listenpreis und den Anschaffungsnebenkosten zusammen. Der Abschreibungsplan muss nach § 253 Abs. 3 Satz 2 HGB die Anschaffungs- oder Herstellungskosten auf die Geschäftsjahre verteilen, in denen der Vermögensgegenstand voraussichtlich genutzt werden kann. Als Methoden kommen dafür grundsätzlich die lineare, die degressive, die progressive oder die Leistungsabschreibung in Betracht.

Da nach der Aufgabenstellung der voraussichtliche Werteverzehr der degressiven Abschreibung nach den steuerrechtlichen Vorschriften entspricht, können diese Regelungen auch für die Berechnung der handelsrechtlichen Abschreibung angesetzt werden. Die Abschreibung berechnet sich nach § 7 Abs. 2 EStG mit dem 2,5-fachen linearen Satz, höchstens 25 %. Daraus ergibt sich ein Abschreibungssatz von 25 % (100 % / 6 Jahre · 2,5 = 41,7 %, höchstens 25 %). Die Abschreibung im Anschaffungsjahr ist zeitanteilig zu berechnen.

Listenpreis	364.500 €
Nebenkosten	17.600 €
Anschaffungskosten	382.100 €
Abschreibung 25 %, davon $^9/_{12}$	- 71.644 €
Bilanzansatz zum 31.12.2020 (§ 266 Abs. 2 A.II.2 HGB)	310.456 €

In Höhe des Listenpreises ist eine Verbindlichkeit unter der Position § 266 Abs. 3 C.8 HGB „sonstige Verbindlichkeiten" auszuweisen und über die Grundmietzeit zu tilgen.

Leasingraten (20 · 19.800 € =)	396.000 €
abzgl. der Verbindlichkeit (Listenpreis)	- 364.500 €
gesamter Aufwandsanteil	31.500 €

Die Aufteilung des Aufwandsanteils erfolgt nach der digitalen Methode (Zinsstaffelmethode); eine lineare Verteilung wäre rechtlich möglich, führt aber nicht zum steuerlich niedrigsten Gewinn.

Addition der Zahlungstermine:

Insgesamt: 1 + 2 + 3 + ... + 20 = 210 (Nenner) oder

$$\frac{1+20}{2} \cdot 20 = 210$$

2020: 20 + 19 + 18 = 57 (Zähler) oder Berechnung nach Formel (siehe oben)

Aufwand 2019: 31.500 € · 57/210 =	8.550 €

Der restliche Anteil der Raten (3 · 19.800 - 8.550 = 50.850 €) ist als Tilgung der Verbindlichkeit zu behandeln.

Verbindlichkeit	364.500 €
Tilgung	- 50.850 €
Bilanzansatz zum 31.12.2020 (§ 266 Abs. 3 C.8 HGB)	313.650 €

Die Einmalzahlung von 5.250 € wird nach der gleichen Regelung wie der Aufwandsanteil behandelt; der Restbetrag verbleibt als aktiver Rechnungsabgrenzungsposten.

gesamte Einmalzahlung	5.250 €
Einmalzahlung Anteil für 2019 (5.250 € · $^{57}/_{210}$ =)	- 1.425 €
Bilanzansatz zum 31.12.2019 ARAP (§ 266 Abs. 2 C. HGB)	3.825 €

Buchungen:

technische Anlagen/Maschinen	382.100 €	
an sonstige Verbindlichkeiten		364.500 €
an sonstige betriebliche Aufwendungen		17.600 €
Abschreibungen an technische Anlagen/Maschinen		71.644 €
aktiver Rechnungsabgrenzungsposten	3.825 €	
an sonstige betriebliche Aufwendungen		3.825 €
sonstige Verbindlichkeiten	50.850 €	
an sonstige betriebliche Aufwendungen		50.850 €

TEIL I — Lösungen

Lösung zu Fall 7   6 Punkte

Bei dem Sachverhalt handelt es sich um den Erwerb eines Belieferungsrechts, also um einen unechten Zuschuss nach R 6.5 Abs. 1 Satz 3 EStR. Dieser unterliegt gemäß Abschn. 10.2 Abs. 2 UStAE der Umsatzsteuer, da ein Leistungsaustausch vorliegt. Das Recht ist als immaterieller Vermögensgegenstand zu bilanzieren.

Es handelt sich dabei um einen abnutzbaren Vermögensgegenstand des Anlagevermögens (§ 247 Abs. 2 HGB, R 6.1 Abs. 1 EStR), der höchstens mit den Anschaffungskosten, vermindert um die Abschreibungen nach § 253 Abs. 3 HGB, anzusetzen ist (§ 253 Abs. 1 Satz 1 HGB).

Bei der Abschreibung ist eine Nutzungsdauer von 8 Jahren und aufgrund des linearen Werteverzehrs die lineare Abschreibungsmethode zugrunde zu legen. Dies gilt auch steuerrechtlich (§ 7 Abs. 1 Sätze 1 und 2 EStG). Außerdem ist zeitanteilig abzuschreiben, dies gilt nach § 7 Abs. 1 Satz 4 EStG auch für das Steuerrecht.

Anschaffungskosten	200.000 €
lineare Abschreibung 12,5 %, davon $^{7}/_{12}$	- 14.583 €
Bilanzansatz 31.12.2020	185.417 €

Die Bilanzierung erfolgt als immaterieller Vermögensgegenstand unter der Position § 266 Abs. 2 A.I.1 HGB.

Buchungen:

Konzessionen …	200.000 €	
Vorsteuer	38.000 €	
an Bank		238.000 €
Abschreibungen an Konzessionen …		14.583 €

Lösung zu Fall 8   13 Punkte

Es handelt sich bei der Maschine um einen abnutzbaren beweglichen Vermögensgegenstand des Anlagevermögens, der höchstens mit den Anschaffungskosten, vermindert um die Abschreibungen nach § 253 Abs. 3 HGB, anzusetzen ist (§ 253 Abs. 1 Satz 1 HGB).

Zur Ermittlung der Anschaffungskosten ist der Kaufpreis nach § 255 Abs. 1 Satz 3 HGB um die Anschaffungskostenminderung (Skonto) zu reduzieren.

Der Abschreibungsplan muss nach § 253 Abs. 3 Satz 2 HGB die Anschaffungs- oder Herstellungskosten auf die Geschäftsjahre verteilen, in denen der Vermögensgegenstand voraussichtlich genutzt werden kann. Als Methoden kommen dafür grundsätzlich die lineare, die degressive, die progressive oder die Leistungsabschreibung in Betracht.

Da nach der Aufgabenstellung der voraussichtliche Werteverzehr der degressiven Abschreibung nach den steuerrechtlichen Vorschriften entspricht, können diese Regelungen auch für die Berechnung der handelsrechtlichen Abschreibung angesetzt werden. Die Abschreibung berechnet sich nach § 7 Abs. 2 EStG, mit dem 2,5-fachen linearen Satz, höchstens 25 %. Daraus ergibt sich ein Abschreibungssatz von 25 % (100 % / 10 Jahre · 2,5 = 25 %, höchstens 25 %). Die Abschreibung im Anschaffungsjahr ist zeitanteilig zu berechnen und zwar ab dem Zeitpunkt, in dem diese in einem betriebsbereiten Zustand ist (Abschluss der Montage, R 7.4 Abs. 1 Satz 3 EStR).

Kaufpreis	350.000 €
abzgl. 3 % Skonto	- 10.500 €
Anschaffungskosten	339.500 €
Abschreibung 25 %, davon $^6/_{12}$	- 42.438 €
Bilanzansatz zum 31.12.2020 (§ 266 Abs. 2 A.II.2 HGB)	297.062 €

Buchungen:

technische Anlagen/Maschinen	350.000 €	
Vorsteuer	56.000 €	
an Verbindlichkeiten aLL		406.000 €
Verbindlichkeiten aLL	406.000 €	
an technische Anlagen/Maschinen		10.500 €
an Vorsteuer		1.680 €
an Bank		393.820 €
Abschreibungen an technische Anlagen/Maschinen		42.438 €

LÖSUNG

Lösung zu Fall 9   15 Punkte

Bei allen Maschinen handelt es sich um abnutzbare bewegliche Vermögensgegenstände des Anlagevermögens, die höchstens mit den Anschaffungskosten, vermindert um die Abschreibungen nach § 253 Abs. 3 HGB, anzusetzen sind (§ 253 Abs. 3 Satz 1 HGB).

Zur Ermittlung der Anschaffungskosten ist der Kaufpreis nach § 255 Abs. 1 Satz 2 HGB um die Anschaffungsnebenkosten zu erhöhen und nach § 255 Abs. 1 Satz 3 HGB um die Anschaffungskostenminderung (Skonto) zu reduzieren. Dabei ist ein Skontoabzug erst im Zeitpunkt der tatsächlichen Inanspruchnahme zu erfassen (H 6.2 „Skonto" EStH).

Der Abschreibungsplan muss nach § 253 Abs. 3 Satz 2 HGB die Anschaffungs- oder Herstellungskosten auf die Geschäftsjahre verteilen, in denen der Vermögensgegenstand voraussichtlich genutzt werden kann. Als Methoden kommen dafür grundsätzlich die lineare, die degressive, die progressive oder die Leistungsabschreibung in Betracht.

Da in diesem Fall ein linearer Werteverzehr vorliegt, kann handelsrechtlich nur die lineare Abschreibung angesetzt werden. Dies gilt aufgrund der gewünschten Einheitsbilanz auch für das Steuerrecht. Die Abschreibung berechnet sich nach der geschätzten Nutzungsdauer. Daraus ergibt sich ein Abschreibungssatz von 12,5 % (100 % / 8 Jahre = 12,5 %). Die Abschreibung im Anschaffungsjahr ist zeitanteilig zu berechnen; dies gilt nach § 7 Abs. 1 Satz 4 EStG auch für das Steuerrecht.

Steuerlich wäre nach § 7 Abs. 2 EStG die degressive Abschreibung zulässig. Da hierdurch der steuerliche Aktivwert geringer wäre, würden passive latente Steuern nach § 274 Abs. 1 Satz 1 HGB entstehen.

Die Maschinen stellen selbstständig nutzbare Wirtschaftsgüter des Anlagevermögens dar. Bei Anschaffungskosten von nicht mehr als 800 € können diese im Jahr der Anschaffung voll als Betriebsausgaben abgesetzt werden (§ 6 Abs. 2 EStG). Bei der Berechnung dieser Grenze wird der erfolgsneutral zu behandelnde Zuschuss nach R 6.5 Abs. 2 EStR berücksichtigt (R 6.13 Abs. 2 EStR analog). Dadurch, dass im Jahr 2020 bereits andere Wirtschaftsgüter von der AG als GWG behandelt wurden, kann die AG nach § 6 Abs. 2a Satz 5 EStG in diesem Jahr keinen Sammelposten bilden. Diese steuerlichen Regelungen können nach dem Grundsatz der Wesentlichkeit auch in der Handelsbilanz analog angewandt werden (§ 252 Abs. 2 HGB).

1.	Anschaffungskosten		6.000 €
	abzgl. Zuschuss nach R 6.5 EStR		- 5.650 €
	Bemessungsgrenze für § 6 Abs. 2 EStG		350 €
	abzgl. Sofortabschreibung		- 350 €
	Bilanzansatz zum 31.12.2020 (§ 266 Abs. 2 A.II.3 HGB)		0 €
	Buchungen:		
	andere Anlagen/BGA	6.000 €	
	Vorsteuer	960 €	
	an Verbindlichkeiten aLL		6.960 €
	Bank an andere Anlagen/BGA		5.650 €
	GWG an andere Anlagen/BGA		350 €
	Abschreibungen an GWG		350 €
2.	vorläufige Anschaffungskosten		815 €
	Abschreibung 12,5 %, davon $^{1}/_{12}$		- 8 €
	Bilanzansatz zum 31.12.2020 (§ 266 Abs. 2 A.II.3 HGB)		807 €
	Buchungen:		
	andere Anlagen/BGA	815 €	
	Vorsteuer	130,40 €	
	an Verbindlichkeiten aLL		945,40 €
	Abschreibungen an andere Anlagen/BGA		8 €

3.
Kaufpreis	790 €
zzgl. Anschaffungsnebenkosten	20 €
abzgl. 3 % Skonto	- 24 €
Anschaffungskosten	786 €
abzgl. Sofortabschreibung	- 786 €
Bilanzansatz zum 31.12.2020 (§ 266 Abs. 2 A.II.3 HGB)	0 €

Buchungen:

GWG	786 €	
Vorsteuer	126 €	
an Kasse		912 €
Abschreibungen an GWG		786 €

LÖSUNG

Lösung zu Fall 10 23 Punkte

Die Aktien sind hier nicht abnutzbare Vermögensgegenstände des Anlagevermögens, die höchstens mit den Anschaffungskosten, vermindert um die Abschreibungen nach Abs. 3, anzusetzen sind (§ 253 Abs. 1 Satz 1 HGB).

Zur Ermittlung der Anschaffungskosten ist der Kaufpreis der Aktien nach § 255 Abs. 1 HGB um die Anschaffungsnebenkosten zu erhöhen (vgl. H 6.2 „Nebenkosten" EStH).

Kaufpreis (3.000 · 40 € =)	120.000 €
zzgl. Anschaffungsnebenkosten (2 % von 120.000 =)	2.400 €
Anschaffungskosten	122.400 €

Die Buchung der Nebenkosten ist zu korrigieren.

Die Dividende ist als Ertrag aus anderen Wertpapieren in Höhe der Bruttodividende zu erfassen (§ 20 Abs. 8 i.V. mit § 20 Abs. 1 Nr. 1 Satz 1 EStG). Die Kapitalertragsteuer ist als Steueraufwand zu buchen.

	je Aktie	3.000 Aktien
Bardividende	0,80 €	2.400 €
abzgl. 25 % Kapitalertragsteuer	- 0,20 €	- 600 €
Nettodividende (Bankgutschrift)	0,60 €	1.800 €

Hier ist das Teileinkünfteverfahren anzuwenden. Nach § 3 Nr. 40 Buchst. d Satz 1 EStG sind 40 % der Gewinnausschüttung steuerfrei. Außerdem sollten der steuerfreie und der steuerpflichtige Anteil auf gesonderten Konten erfasst werden.

Für die Bilanzierung der Kapitalerhöhung ist zuerst der Buchwert eines Bezugsrechts zu errechnen:

$$\frac{\text{Buchwert Aktie} \cdot \text{Kurswert Bezugsrecht}}{\text{Kurswert Aktie}} = \frac{40{,}8 \cdot 1{,}4}{47{,}6} = 1{,}20 \,€$$

In Höhe des Buchwerts des Bezugsrechts vermindert sich der Buchwert der Altaktien:

Buchwert vor Kapitalerhöhung	40,80 €
abzgl. Buchwert Bezugsrecht	- 1,20 €
Buchwert nach Kapitalerhöhung	39,60 €

Für eine junge Aktie werden 20 Bezugsrechte benötigt, somit können 150 Aktien erworben werden. Die Anschaffungskosten der jungen Aktien setzen sich aus der Zuzahlung von 15 € und den Buchwerten von 20 Bezugsrechten zusammen.

15 € Zuzahlung + 20 · 1,20 € Buchwert =	39,00 €

Für den Erwerb der jungen Aktien muss eine Gesamtzahlung von (150 junge Aktien · 15 € Zuzahlung =) 2.250 € geleistet werden.

Die höheren Kurse zum Bilanzstichtag werden nicht berücksichtigt, da ansonsten unrealisierte Gewinne ausgewiesen würden. Dieses wäre ein Verstoß gegen das Vorsichtsprinzip (§ 252 Abs. 1 Nr. 4 HGB).

Bilanzansatz:

3.000 Altaktien zu 39,60 €	118.800 €
150 junge Aktien zu 39,00 €	5.850 €
Bilanzansatz zum 31.12.2020 (§ 266 Abs. 2 A.III.5 HGB)	124.650 €

Buchungen:

Wertpapiere des Anlagevermögen	2.400 €	
an sonstige betriebliche Aufwendungen		2.400 €
Bank	1.800 €	
Steuern vom Einkommen und Ertrag	600 €	
an Erträge aus anderen Wertpapieren (steuerfrei)		960 €
an Erträge aus anderen Wertpapieren (steuerpflichtig)		1.440 €
Wertpapiere des Anlagevermögens an Bank		2.250 €

Lösung zu Fall 11   25 Punkte

Beim Grund und Boden handelt es sich um einen nicht abnutzbaren unbeweglichen Vermögensgegenstand des Anlagevermögens (§ 247 Abs. 2 HGB). Dieser ist gemäß § 253 Abs. 1 Satz 1

HGB mit den Anschaffungskosten, ggf. vermindert um die Abschreibungen nach Abs. 3 Satz 5, zu bewerten.

Ein Gebäude ist ein abnutzbarer unbeweglicher Vermögensgegenstand des Anlagevermögens, der höchstens mit den Anschaffungskosten, vermindert um die Abschreibungen nach § 253 Abs. 3 Sätze 1 und 2 HGB, anzusetzen ist (§ 253 Abs. 1 Satz 1 HGB).

Der Abschreibungsplan muss nach § 253 Abs. 3 Satz 2 HGB die Anschaffungs- oder Herstellungskosten auf die Geschäftsjahre verteilen, in denen der Vermögensgegenstand voraussichtlich genutzt werden kann. Als Methoden kommen dafür grundsätzlich die lineare, die degressive, die progressive oder die Leistungsabschreibung in Betracht.

Da in diesem Fall ein linearer Werteverzehr vorliegt, ist das Gebäude nach der linearen Methode abzuschreiben. Die Abschreibung berechnet sich nach der geschätzten Nutzungsdauer. Daraus ergibt sich ein Abschreibungssatz von 5 % (100 % / 20 Jahre = 5 %). Dieser kann nach § 7 Abs. 4 Satz 2 EStG auch für das Steuerrecht angewendet werden. Die Abschreibung im Anschaffungsjahr ist zeitanteilig zu berechnen; dies gilt nach § 7 Abs. 4 Satz 1 i.V. mit Abs. 1 Satz 4 EStG auch für das Steuerrecht.

	Abschreibung (ggf. anteilig)	Gebäude	Grund und Boden
AK		600.000 €	200.000 €
2010	5 %, davon $9/12$	- 22.500 €	
2011 bis 2019	5 %	- 270.000 €	
Restbuchwert 31.12.2019		307.500 €	
2020[1]	5 %, davon $2/12$	- 5.000 €	
Restbuchwert Anfang März 2020		302.500 €	
davon 20 %		60.500 €	

[1] Dieser Betrag wird nicht gebucht

Die Abbruchkosten und der Restbuchwert des abgebrochenen Gebäudeteils stellen sofort abziehbare Betriebsausgaben dar und sind als sonstige betriebliche Aufwendungen bzw. als außerplanmäßige Abschreibung zu erfassen (so auch für das Steuerrecht H 6.4 Fall 2 EStH).

Die neue Bemessungsgrundlage für die Abschreibung im Jahr 2020 errechnet sich nach dem Restbuchwert des Gebäudes zzgl. der nachträglichen Herstellungskosten (H 7.3 EStH); dabei sind diese so zu berücksichtigen, als wären sie zu Beginn des Jahres aufgewendet worden (R 7.4 Abs. 9 Satz 3 EStR). Außerdem ist die außerplanmäßige Abschreibung von 60.500 € erst ab dem folgenden Wirtschaftsjahr zu berücksichtigen (§ 11c Abs. 2 Satz 1 EStDV). Diese Regelungen können auch handelsrechtlich angewandt werden.

Da sich die Nutzungsdauer von 20 Jahren nicht verlängert hat, muss die Restnutzungsdauer in Monaten ermittelt werden.

Nutzungsdauer	240 Monate
April 2010 bis Dezember 2019	- 117 Monate
Restnutzungsdauer	123 Monate

	Gebäude	Grund und Boden
Restbuchwert 31.12.2019	307.500 €	200.000 €
nachträgliche Herstellungskosten	392.500 €	
Bemessungsgrundlage Abschreibung	700.000 €	
außerplanmäßige Abschreibung	- 60.500 €	
	639.500 €	
Abschreibung 2020 ($^{12}/_{123}$ von 700.000 €)	- 68.293 €	
Bilanzumsatz zum 31.12.2020	571.207 €	200.000 €

Buchungen:

Abschreibungen (außerplanmäßig)	60.500 €	
an Grundstücke ... (Gebäude)		60.500 €
sonstiger betrieblicher Aufwand	67.500 €	
Vorsteuer	12.825 €	
an Bank		80.325 €
Grundstücke ... (Gebäude)	392.500 €	
Vorsteuer	62.800 €	
an Bank		455.300 €
Abschreibungen an Grundstücke ... (Gebäude)	68.293 €	

Lösung zu Fall 12   13 Punkte

1. Eine Aktivierung dieses Computerprogramms ist nach § 248 Abs. 2 Satz 1 HGB möglich, steuerlich nach § 5 Abs. 2 EStG nicht zulässig. Die Bewertung erfolgt nach § 253 Abs. 1 Satz 1 HGB mit den Herstellungskosten, vermindert um die Abschreibungen nach Abs. 3 Sätze 1 und 2. Der die Herstellungskosten übersteigende Betrag und die Vorsteuer sind gegen den Ertrag zu korrigieren.

   Der Abschreibungsplan muss nach § 253 Abs. 3 Satz 2 HGB die Anschaffungs- oder Herstellungskosten auf die Geschäftsjahre verteilen, in denen der Vermögensgegenstand voraussichtlich genutzt werden kann. Als Methoden kommen dafür grundsätzlich die lineare, die degressive, die progressive oder die Leistungsabschreibung in Betracht.

   Da in diesem Fall ein linearer Werteverzehr vorliegt, ist die Software nach der linearen Methode abzuschreiben. Die Abschreibung berechnet sich nach der geschätzten Nutzungsdauer. Daraus ergibt sich ein Abschreibungssatz von 25 % (100 % / 4 Jahre = 25 %). Die Abschreibung im Anschaffungsjahr ist zeitanteilig zu berechnen.

Im Steuerrecht darf, wie erwähnt, ein Aktivposten für dieses Computerprogramm nach § 5 Abs. 2 EStG nicht angesetzt werden, sodass sich hier eine Abweichung zwischen Handels- und Steuerbilanz ergibt.

Herstellungskosten i. S. des § 255 Abs. 2 und 2a HGB	20.000 €
lineare Abschreibung 25 %, davon $^6/_{12}$	- 2.500 €
Bilanzansatz 31.12.2020 (§ 266 Abs. 2 A.I.1 HGB)	17.500 €

sonstige betriebliche Erträge	10.160 €	
an selbst geschaffene Schutzrechte ...		6.000 €
an Vorsteuer		4.160 €
Abschreibungen an selbst geschaffene Schutzrechte		2.500 €

2. Es handelt sich bei dem Kommunikationsprogramm um einen abnutzbaren Vermögensgegenstand des Anlagevermögens, der höchstens mit den Anschaffungskosten, vermindert um die Abschreibungen nach § 253 Abs. 3 HGB, anzusetzen ist (§ 253 Abs. 1 Satz 1 HGB).

   Der Abschreibungsplan muss nach § 253 Abs. 3 Satz 2 HGB die Anschaffungs- oder Herstellungskosten auf die Geschäftsjahre verteilen, in denen der Vermögensgegenstand voraussichtlich genutzt werden kann. Als Methoden kommen dafür grundsätzlich die lineare, die degressive, die progressive oder die Leistungsabschreibung in Betracht.

   Da in diesem Fall ein linearer Werteverzehr vorliegt, ist die Software nach der linearen Methode abzuschreiben. Die Abschreibung berechnet sich nach der geschätzten Nutzungsdauer. Daraus ergibt sich ein Abschreibungssatz von 20 % (100 % / 5 Jahre = 20 %). Dieser ist nach § 7 Abs. 1 Satz 1 EStG auch für das Steuerrecht anzuwenden. Die Abschreibung im Anschaffungsjahr ist zeitanteilig zu berechnen; dies gilt nach § 7 Abs. 1 Satz 4 EStG auch für das Steuerrecht.

Anschaffungskosten	18.000 €
lineare Abschreibung 20 %, davon $^4/_{12}$	- 1.200 €
Bilanzansatz 31.12.2020 (§ 266 Abs. 2 A.I.2 HGB)	16.800 €

Buchungen:

Konzessionen ...	18.000 €	
Vorsteuer	2.880 €	
an Verbindlichkeiten aLL		20.880 €
Abschreibungen an Konzessionen		1.200 €

3. Es handelt sich bei dem Grafikprogramm um einen abnutzbaren Vermögensgegenstand des Anlagevermögens, der höchstens mit den Anschaffungskosten, vermindert um die Abschreibungen nach § 253 Abs. 3 HGB, anzusetzen ist (§ 253 Abs. 1 Satz 1 HGB). Zur Ermittlung der Anschaffungskosten ist der Kaufpreis nach § 255 Abs. 1 HGB um die Anschaffungskostenminderung zu reduzieren.

Kaufpreis	400 €
abzgl. Skonto	- 8 €
Anschaffungskosten	392 €

Da die Anschaffungskosten nicht mehr als 800 € betragen, ist die Software wie ein Trivialprogramm zu behandeln (R 5.5 Abs. 1 Satz 3 EStR), das als abnutzbares bewegliches und selbstständig nutzbares Wirtschaftsgut gilt. Somit können die Anschaffungskosten im Jahr der Anschaffung voll als Betriebsausgaben abgesetzt werden (§ 6 Abs. 2 Satz 1 EStG). Diese steuerlichen Regelungen können nach dem Grundsatz der Wesentlichkeit auch in der Handelsbilanz analog angewandt werden (§ 252 Abs. 2 HGB).

Anschaffungskosten	392 €
abzgl. Sofortabschreibung	- 392 €
Bilanzansatz zum 31.12.2020 (§ 266 Abs. 2 A.I.2 HGB)	0 €

Buchungen:

GWG	400 €	
Vorsteuer	76 €	
an Verbindlichkeiten aLL		476 €
Verbindlichkeiten aLL	476 €	
an GWG		8 €
an Vorsteuer		2 €
an Bank		466 €
Abschreibungen an GWG		392 €

LÖSUNG

Lösung zu Fall 13   **10 Punkte**

Das Darlehen ist ein nicht abnutzbarer Vermögensgegenstand des Anlagevermögens, der höchstens mit den Anschaffungskosten, ggf. vermindert um die Abschreibungen nach Abs. 3 Sätze 5 und 6, anzusetzen ist (§ 253 Abs. 1 Satz 1 HGB).

Durch die niedrige Verzinsung unterhalb des Marktzinses liegt für dieses Darlehen zum Bewertungsstichtag ein niedrigerer beizulegender Wert (hier Barwert) vor. Aufgrund der vorübergehenden Wertminderung besteht handelsrechtlich ein Abwertungswahlrecht und steuerlich ein Abwertungsverbot (§ 6 Abs. 1 Nr. 2 Satz 2 EStG). Der Abzinsungssatz errechnet sich aus der Differenz zwischen dem Nominalzinssatz und dem Marktzins. In diesem Fall ergibt sich für die Abzinsung ein Zinssatz von (9 % Marktzins - 5 % Darlehenszins =) 4 % und eine Restlaufzeit am Abschlussstichtag von 4 Jahren. Daraus folgt ein Abzinsungsfaktor von ($1{,}04^{-4}$ =) 0,854804.

Darlehenssumme	300.000 €
Bilanzansatz (300.000 € · 0,854804 =)	- 256.441 €
Abschreibung auf Finanzanlagen	43.559 €

Die Bilanzierung erfolgt unter der Position § 266 Abs. 2 A.III.6 HGB.

Die Zinsen für das Jahr 2020 sind als Erträge aus Ausleihungen zu erfassen (§ 275 Abs. 2 Nr. 10 HGB). Die Kapitalertragsteuer ist in diesem Fall nicht abzuführen.

$$\frac{300.000 \, € \cdot 5}{100} = 15.000 \, €$$

Die Zinsen für Januar 2021, die bis zum 31.12.2020 gezahlt sind, müssen als transitorische Rechnungsabgrenzung über die Position „passiver Rechnungsabgrenzungsposten" erfasst werden.

$$\frac{300.000 \, € \cdot 5 \cdot 30}{100 \cdot 360} = 1.250 \, €$$

Buchungen:

Abschreibung auf Finanzanlagen an sonstige Ausleihungen	43.559 €
Bank an Erträge aus Ausleihungen	15.000 €
Bank an passiver Rechnungsabgrenzungsposten	1.250 €

LÖSUNG

Lösung zu Fall 14   17 Punkte

Es handelt sich bei dem Lkw um einen abnutzbaren beweglichen Vermögensgegenstand des Anlagevermögens (§ 247 Abs. 2 HGB), der höchstens mit den Anschaffungskosten, vermindert um die Abschreibungen nach § 253 Abs. 3 Sätze 1 und 2 HGB, anzusetzen ist (§ 253 Abs. 1 Satz 1 HGB).

Da es sich bei diesem Vorgang um einen Tausch mit Zuzahlung und verdecktem Rabatt handelt, setzen sich die Anschaffungskosten nach § 255 Abs. 1 Satz 1 HGB wie folgt zusammen (steuerrechtlich: § 6 Abs. 6 Satz 1 EStG):

gemeiner Wert des hingegebenen Wirtschaftsguts	33.558 €
zzgl. geleistete Zuzahlung	157.318 €
abzgl. abziehbare Vorsteuer (lt. Rechnung)*	- 31.293 €
Anschaffungskosten	159.583 €

Die Anschaffungskosten des Lkw sind um (164.700 - 159.583 =) 5.117 € zu hoch erfasst und müssen geändert werden.

Der Abschreibungsplan muss nach § 253 Abs. 3 Satz 2 HGB die Anschaffungs- oder Herstellungskosten auf die Geschäftsjahre verteilen, in denen der Vermögensgegenstand voraussichtlich genutzt werden kann. Als Methoden kommen dafür grundsätzlich die lineare, die degressive, die progressive oder die Leistungsabschreibung in Betracht.

Da nach der Aufgabenstellung der voraussichtliche Wertverzehr der arithmetisch degressiven Abschreibung entspricht, können diese Regelungen nur für die Berechnung der handelsrechtlichen Abschreibung angesetzt werden, da diese Methode steuerrechtlich nicht zulässig ist.

Die Abschreibung berechnet sich also folgendermaßen:

Addition der Abschreibungstermine:

Insgesamt: 1 + 2 + 3 ... + 8 = 36 (Nenner) oder

$\dfrac{1+8}{2} \cdot 8 = 36$

Im ersten Jahr ist der höchste Wert (8) als Zähler zu verwenden. Dieser Wert sinkt nachfolgend jährlich ab.

Anschaffungskosten	159.583 €
Abschreibung $^8/_{36}$	- 35.463 €
Bilanzansatz zum 31.12.2020 (§ 266 Abs. 2 A.II.3 HGB)	124.120 €

Da steuerrechtlich nur die lineare Abschreibung nach § 7 Abs. 1 EStG oder die geometrisch degressive Abschreibung nach § 7 Abs. 2 EStG möglich ist, ergibt sich hier zwingend eine Abweichung zwischen Handels- und Steuerbilanz.

Die Zahlungen für die Kfz-Steuer und die Kfz-Versicherung stellen laufenden Aufwand des Wirtschaftjahres dar und sind korrekt erfasst.

* Hinweis: Der gebrauchte Lkw wurde zu einem höheren Preis als dem gemeinen Wert in Zahlung genommen. Insoweit liegt ein verdeckter Preisnachlass vor, der das Entgelt für die Lieferung des Neuwagens mindern müsste. Allerdings ist der in der Rechnung ausgewiesene Wert maßgebend. Für die Berichtigung der um 817 € (= 5.117 € / 1,19) zu hoch ausgewiesenen Umsatzsteuer in der Abrechnung der Schmidt GmbH ist es erforderlich, dass zuerst die Rechnung geändert wird (Abschn. 10.5 Abs. 5 UStAE).

Buchungen:

sonstige betriebliche Erträge an andere Anlagen/BGA	5.117 €
Abschreibung an andere Anlagen/BGA	35.463 €

Lösung zu Fall 15   17 Punkte

Es handelt sich bei der Maschine um einen abnutzbaren beweglichen Vermögensgegenstand des Anlagevermögens, der höchstens mit den Anschaffungskosten, vermindert um die Abschreibungen nach § 253 Abs. 3 Sätze 1 und 2 HGB, anzusetzen ist (§ 253 Abs. 1 Satz 1 HGB).

Zur Ermittlung der Anschaffungskosten ist der Kaufpreis gemäß § 255 Abs. 1 Satz 2 HGB um die Anschaffungsnebenkosten zu erhöhen und um die Anschaffungskostenminderung (§ 255 Abs. 1 Satz 3 HGB) zu reduzieren. Außerdem sind alle Werte in € zu buchen (§ 254 HGB), sodass der Kaufpreis und die Skontonutzung umzurechnen sind. Nach dem Wortlaut bezieht sich § 256a Satz 1 HGB nur auf die Bewertung am Abschlussstichtag. Mehrheitlich wird aber bereits eine Zugangsbewertung zum Devisenkassamittelkurs befürwortet. Somit ist für die Ermittlung der

Anschaffungskosten der Devisenkassamittelkurs vom 5.10.2020 zu verwenden. Ebenso ist dieser für die Zahlung am 20.10.2020 zu nutzen.

Die Wechselkursänderungen berühren die Anschaffungskosten nicht, sondern nur die Höhe der Verbindlichkeit.

Kaufpreis (200.000 £ · 1,5060 € =)	301.200 €
Anschaffungsnebenkosten	30.867 €
Anschaffungskostenminderung (200.000 £ · 2 % · 1,5060 =)	- 6.024 €
Anschaffungskosten	326.043 €

Der Abschreibungsplan muss nach § 253 Abs. 3 Satz 2 HGB die Anschaffungs- oder Herstellungskosten auf die Geschäftsjahre verteilen, in denen der Vermögensgegenstand voraussichtlich genutzt werden kann. Als Methoden kommen dafür grundsätzlich die lineare, die degressive, die progressive oder die Leistungsabschreibung in Betracht.

Da nach der Aufgabenstellung der voraussichtliche Werteverzehr der degressiven Abschreibung nach den steuerrechtlichen Vorschriften entspricht, können diese Regelungen auch für die Berechnung der handelsrechtlichen Abschreibung angesetzt werden. Die Abschreibung berechnet sich also nach § 7 Abs. 2 EStG mit dem 2,5-fachen linearen Satz, höchstens 25 %. Daraus ergibt sich ein Abschreibungssatz von 25 % (100 % / 10 Jahre · 2,5 = 25 %, höchstens 25 %). Die Abschreibung im Anschaffungsjahr ist zeitanteilig zu berechnen.

Bemessungsgrundlage für Abschreibungen	326.043 €
Abschreibung 25 %, davon $^3/_{12}$	- 20.378 €
Bilanzansatz zum 31.12.2020 (§ 266 Abs. 2 A.II.2 HGB)	305.665 €

Bei der Bezahlung entsteht durch den bei der Bezahlung gestiegenen Kurs ein Kursverlust:

Kaufpreis	200.000 £
Anschaffungskostenminderung (200.000 £ · 2 % =)	4.000 £
Anschaffungskosten	196.000 £
Kursdifferenz (1,5070 bei Zahlung - 1,5060 bei Kauf =)	0,001
Kursverlust	196 €

Der Kursverlust ist neben den sonstigen betrieblichen Aufwendungen auszuweisen. Nach § 277 Abs. 5 Satz 2 HGB ist dieser gesondert in einem Davon-Vermerk darzustellen.

Buchungen:

technische Anlagen und Maschinen	301.200 €	
an Verbindlichkeiten aLL		301.200 €
technische Anlagen und Maschinen an Kasse		30.867 €
Verbindlichkeiten aLL	301.200 €	
sonstige betriebliche Aufwendungen	196 €	
an technische Anlagen und Maschinen		6.024 €
an Bank		295.372 €
Abschreibung an technische Anlagen und Maschinen		20.378 €

Lösung zu Fall 16   10 Punkte

Die Zahlung über das Reinvermögen des Elektrogroßhandels hinaus stellt den Erwerb eines Geschäfts- oder Firmenwerts nach § 246 Abs. 1 Satz 4 HGB dar. Die Anschaffungskosten ermitteln sich zum Zeitpunkt der Übernahme folgendermaßen:

1.	Vermögen	18.540.000 €
	Schulden	13.260.000 €
	Reinvermögen	5.280.000 €
2.	Kaufpreis	6.540.000 €
	Reinvermögen	5.280.000 €
	Anschaffungskosten Geschäfts- oder Firmenwert	1.260.000 €

Es handelt sich beim Geschäfts- oder Firmenwert um einen abnutzbaren Vermögensgegenstand des Anlagevermögens, der höchstens mit den Anschaffungskosten, vermindert um die Abschreibungen nach § 253 Abs. 3 HGB, anzusetzen ist (§ 253 Abs. 1 Satz 1 HGB).

Steuerrechtlich ist nur eine lineare Abschreibung nach § 7 Abs. 1 Sätze 1 und 2 EStG möglich. Bei der Abschreibung ist nach § 7 Abs. 1 Satz 3 EStG eine betriebsgewöhnliche Nutzungsdauer von 15 Jahren zugrunde zu legen. Außerdem ist nach § 7 Abs. 1 Satz 4 EStG zeitanteilig abzuschreiben. Dies soll nach der Aufgabenstellung auch handelsrechtlich gelten. § 253 Abs. 3 Sätze 3 und 4 HGB greifen nur, wenn keine Abschreibungsdauer gegeben ist.

Anschaffungskosten	1.260.000 €
lineare Abschreibung 6 $^2/_3$ %, davon $^8/_{12}$	- 56.000 €
Bilanzansatz 31.12.2020	1.204.000 €

Die Bilanzierung erfolgt unter der Position § 266 Abs. 2 A.I.3 HGB.

Bei der Zahlung i. H. von 300.000 € handelt es sich um den Erwerb eines Wettbewerbsverbots. Dieses Recht ist als immaterieller Vermögensgegenstand zu bilanzieren.

Es handelt sich dabei um einen abnutzbaren Vermögensgegenstand des Anlagevermögens, der höchstens mit den Anschaffungskosten, vermindert um die Abschreibungen nach § 253 Abs. 3 Sätze 1 und 2 HGB, anzusetzen ist (§ 253 Abs. 1 Satz 1 HGB). Bei der Abschreibung ist eine Nutzungsdauer von 5 Jahren zugrunde zu legen.

Der Abschreibungsplan muss nach § 253 Abs. 3 Satz 2 HGB die Anschaffungs- oder Herstellungskosten auf die Geschäftsjahre verteilen, in denen der Vermögensgegenstand voraussichtlich genutzt werden kann. Als Methoden kommen dafür grundsätzlich die lineare, die degressive, die progressive oder die Leistungsabschreibung in Betracht.

Da in diesem Fall ein linearer Werteverzehr vorliegt, ist das Wettbewerbsverbot nach der linearen Methode abzuschreiben. Die Abschreibung berechnet sich nach der geschätzten Nutzungsdauer. Daraus ergibt sich ein Abschreibungssatz von 20 % (100 % / 5 Jahre = 20 %). Dieser ist nach § 7 Abs. 1 Satz 1 EStG auch für das Steuerrecht anzuwenden. Die Abschreibung im Anschaffungsjahr ist zeitanteilig zu berechnen; dies gilt nach § 7 Abs. 1 Satz 4 EStG auch für das Steuerrecht.

Anschaffungskosten	300.000 €
lineare Abschreibung 20 %, davon $^8/_{12}$	- 40.000 €
Bilanzansatz 31.12.2020	260.000 €

Die Bilanzierung erfolgt unter der Position § 266 Abs. 2 A.I.2 HGB.

Buchungen:

Geschäfts- oder Firmenwert an Bank	1.260.000 €
Anteile an verbundenen Unternehmen an Bank	5.280.000 €
Abschreibungen an Geschäfts- oder Firmenwert	56.000 €
Konzessionen ... an Bank	300.000 €
Abschreibungen an Konzessionen ...	40.000 €

Lösung zu Fall 17   27 Punkte

Die festverzinslichen Wertpapiere sind hier nicht abnutzbare Vermögensgegenstände des Anlagevermögens, die höchstens mit den Anschaffungskosten, ggf. vermindert um die Abschreibungen nach § 253 Abs. 3 Sätze 5 und 6 HGB, anzusetzen sind (§ 253 Abs. 1 Satz 1 HGB).

Zur Ermittlung der Anschaffungskosten nach § 255 Abs. 1 Satz 2 HGB ist der Kaufpreis um die Anschaffungsnebenkosten zu erhöhen.

Kaufpreis (600.000 € · 97,5 % =)	585.000 €
zzgl. Anschaffungsnebenkosten (1,5 % von 600.000 =)	9.000 €
Anschaffungskosten	594.000 €

Für den Zeitraum vom 1.12.2019 bis zum 23.3.2020 (114 Zinstage) sind dem Verkäufer die Zinsen aus dem Wertpapier zu erstatten (Stückzinsen).

$$\frac{600.000 \, € \cdot 5 \cdot 114}{100 \cdot 360} = 9.500 \, €$$

Die gezahlten Stückzinsen sind über die Position „sonstige Vermögensgegenstände" zu erfassen.

Die Zinsen vom 1.12.2020 sind als Ertrag aus anderen Wertpapieren in Höhe der Bruttozinsen abzgl. der bereits gezahlten Stückzinsen zu erfassen (vgl. H 20.2 „Stückzinsen" EStH). Die Kapitalertragsteuer ist als Steueraufwand zu buchen.

Bruttozinsen (600.000 € · 5 % =)	30.000 €
abzgl. 25 % Kapitalertragsteuer	- 7.500 €
Nettozinsen (Bankgutschrift)	22.500 €

Der Verkauf vom 18.12.2020 führt zu einer Realisation von Kursverlusten, da der Börsenkurs unter die Anschaffungskosten gesunken war.

Verkaufspreis (300.000 € · 97 % =)	291.000 €
abzgl. Nebenkosten (1,5 % von 300.000 =)	- 4.500 €
Verkaufserlös	286.500 €
Buchwert	- 297.000 €
sonstiger betrieblicher Aufwand	- 10.500 €

Außerdem sind beim Verkauf Stückzinsen für 18 Tage (1.12.2020 bis 18.12.2020) zu beachten, die in diesem Fall vom Käufer an die Abraham OHG zu zahlen sind.

$$\frac{300.000\ € \cdot 5 \cdot 18}{100 \cdot 360} = 750\ €$$

Auch die Stückzinsen unterliegen der 25 %igen Kapitalertragsteuer und sind als Ertrag aus anderen Wertpapieren zu erfassen.

Bruttostückzinsen	750 €
abzgl. 25 % Kapitalertragsteuer	- 188 €
Nettostückzinsen (Bankgutschrift)	562 €

Die Zinsen, die bis zum 31.12.2020 angefallen sind, müssen als antizipative Rechnungsabgrenzung (sonstige Forderungen) über die Position „sonstige Vermögensgegenstände" erfasst werden.

$$\frac{300.000\ € \cdot 5 \cdot 30}{100 \cdot 360} = 1.250\ €$$

Die Bilanzierung erfolgt unter der Position § 266 Abs. 2 B.II.4 HGB.

Der niedrigere Kurs zum Bilanzstichtag kann nach § 253 Abs. 3 Satz 6 HGB berücksichtigt werden (Wahlrecht), da es sich voraussichtlich um eine vorübergehende Wertminderung handelt.

Allerdings kann nach § 6 Abs. 1 Nr. 2 Satz 2 EStG ein niedrigerer Teilwert nur angesetzt werden, wenn es sich um eine voraussichtlich dauernde Wertminderung handelt, dies ist bei festverzinslichen Wertpapieren des Anlagevermögens grundsätzlich nicht gegeben (siehe auch BMF-Schreiben vom 2.9.2016).

Ein handelsrechtlicher Wertansatz nach § 253 Abs. 3 Satz 6 HGB wäre also nicht für die Steuerbilanz maßgeblich. Somit ist nach Aufgabenstellung auf eine Abschreibung zu verzichten, da die Handels- und die Steuerbilanz möglichst übereinstimmen sollen.

Bilanzansatz am 31.12.2020 (§ 266 Abs. 2 A.III.5 HGB)		297.000 €
Buchungen:		
Wertpapiere des Anlagevermögens	594.000 €	
sonstige Vermögensgegenstände	9.500 €	
an Bank		603.500 €
Bank	22.500 €	
Steuern vom Einkommen und Ertrag	7.500 €	
an Erträge aus anderen Wertpapieren		20.500 €
an sonstige Vermögensgegenstände		9.500 €
Bank	287.062 €	
Steuern vom Einkommen und Ertrag	188 €	
sonstige betriebliche Aufwendungen	10.500 €	
an Erträge aus anderen Wertpapieren		750 €
an Wertpapiere des Anlagevermögens		297.000 €
sonstige Vermögensgegenstände	1.250 €	
an Erträge aus anderen Wertpapieren		1.250 €

LÖSUNG

Lösung zu Fall 18 8 Punkte

Bei der Stanzmaschine handelt es sich um einen abnutzbaren beweglichen Vermögensgegenstand des Anlagevermögens, der höchstens mit den Herstellungskosten, vermindert um die Abschreibungen gemäß § 253 Abs. 3 Sätze 1 und 2 HGB, anzusetzen ist (§ 253 Abs. 1 Satz 1 HGB).

Als Bewertungsmaßstab ist nicht von vergleichbaren Einkaufspreisen, sondern von den Herstellungskosten auszugehen. Außerdem handelt es sich um zu aktivierende Eigenleistungen und nicht um Umsatzerlöse.

Der Abschreibungsplan muss nach § 253 Abs. 3 Satz 2 HGB die Anschaffungs- oder Herstellungskosten auf die Geschäftsjahre verteilen, in denen der Vermögensgegenstand voraussichtlich genutzt werden kann. Als Methoden kommen dafür grundsätzlich die lineare, die degressive, die progressive oder die Leistungsabschreibung in Betracht.

Da in diesem Fall die Leistungseinheiten ermittelt werden können, sind diese auch für die Abschreibung anzuwenden, da auf diese Weise der Wertverzehr sehr genau dargestellt werden kann. Steuerrechtlich ist diese Methode nach § 7 Abs. 1 Satz 6 EStG ebenfalls zulässig.

Abschreibung je Leistungseinheit (5.400 € / 450.000 =)	0,012 €
Herstellungskosten	5.400 €
Leistungsabschreibung (48.000 · 0,012 € =)	- 576 €
Restbuchwert zum 31.12.2020	4.824 €

Die Bilanzierung erfolgt unter der Position § 266 Abs. 2 A.II.2 HGB i. H. von 4.824 €.

Buchungen:

Umsatzerlöse	9.600 €	
an technische Anlagen und Maschinen		4.200 €
an andere aktivierte Eigenleistungen		5.400 €
Abschreibungen an technische Anlagen		576 €

Lösung zu Fall 19 — 17 Punkte

Beim Grund und Boden handelt es sich um einen nicht abnutzbaren unbeweglichen Vermögensgegenstand des Anlagevermögens. Dieser ist gemäß § 253 Abs. 1 Satz 1 HGB mit den Anschaffungskosten, vermindert um etwaige Abschreibungen nach Abs. 3 Satz 5, zu bewerten. Zur Ermittlung der Anschaffungskosten ist der Kaufpreis nach § 255 Abs. 1 HGB um die Nebenkosten zu erhöhen. Zu den Anschaffungskosten gehören auch die Erschließungsbeiträge, soweit es sich um einen erstmaligen Anschluss handelt (steuerrechtlich: H 6.4 EStH).

Kaufpreis (2.430 qm · 250 € =)	607.500 €
Beurkundung Kaufvertrag	2.100 €
Eintragung Eigentümer	900 €
Grunderwerbsteuer	21.262 €
Erschließungsbeiträge	17.000 €
Anschaffungskosten	648.762 €

Die Bilanzierung erfolgt unter der Position § 266 Abs. 2 A.II.1 HGB i. H. von 648.762 €.

Die Beträge für die Beglaubigung der Grundschuldbestellung und die Eintragung der Grundschuld stellen keine Anschaffungskosten dar, da sie der Finanzierung des Grund und Bodens dienen. Die Buchungen sind insoweit korrekt erfasst worden.

Die Bilanzierung eines Gebäudes kann erst erfolgen, wenn die Baumaßnahme abgeschlossen ist. Bis zu diesem Zeitpunkt sind die Teilherstellungskosten als Anlagen im Bau zu erfassen. Zu den Herstellungskosten des neuen Gebäudes gehört auch die Entschädigungszahlung an die Technik GmbH für die vorzeitige Räumung des Grundstücks (H 6.4 „Entschädigungs- oder Abfindungszahlungen" EStH). Eine Abschreibung ist handels- wie steuerrechtlich erst mit Fertigstellung des Gebäudes möglich; die Buchung der Abschreibung ist also zu stornieren, da sie unzulässig war.

Anlagen im Bau:	
bisher gebucht	411.600 €
Erschließungsbeiträge	- 17.000 €
Entschädigungszahlung	25.000 €
Bilanzansatz zum 31.12.2020 (§ 266 Abs. 2 A.II.4 HGB)	419.600 €

Buchungen:

Grundstücke ... (Grund und Boden) an Bank		607.500 €
Grundstücke ... (Grund und Boden)	3.000 €	
an sonstige betriebliche Aufwendungen		3.000 €
Grundstücke ... (Grund und Boden) an Bank		21.262 €
Anlagen im Bau an sonstige betriebliche Aufwendungen		25.000 €
Grundstücke ... (Grund und Boden)	17.000 €	
Anlagen im Bau	394.600 €	
an Grundstücke ... (Gebäude)		411.600 €
Grundstücke ... (Gebäude) an Abschreibungen		12.348 €

LÖSUNG

Lösung zu Fall 20   6 Punkte

Die Aktien sind in diesem Fall nicht abnutzbare Vermögensgegenstände des Anlagevermögens (§ 247 Abs. 2 HGB), die höchstens mit den Anschaffungskosten, vermindert um die Abschreibungen nach § 253 Abs. 3 HGB, anzusetzen sind (§ 253 Abs. 1 Satz 1 HGB).

Anschaffungskosten (200 · 1.224 € =)	244.800 €
beizulegender Wert 31.12.2019 (200 · 1.000 · 102 % =)	− 204.000 €
Abschreibung 2019 nach § 253 Abs. 3 Satz 5 HGB	40.800 €
beizulegender Wert je Stück (234.600 € / 200 =)	1.020 €

Der gestiegene Kurs zum 31.12.2019 führt zu einem Wertaufholungsgebot nach § 253 Abs. 5 Satz 1 HGB bzw. § 6 Abs. 1 Nr. 2 Satz 3 i. V. m. Nr. 1 Satz 4 EStG. Die AG muss eine Zuschreibung auf den gestiegenen Börsenpreis, aber höchstens auf die Anschaffungskosten vornehmen.

Anschaffungskosten		244.800 €
beizulegender Wert aus 2019		204.000 €
Zuschreibung 2020		40.800 €
Wertpapiere des Anlagevermögens	40.800 €	
an sonstige betriebliche Erträge		40.800 €

Die Bilanzierung erfolgt unter der Position § 266 Abs. 2 A.III.5 HGB i. H. von 244.800 €.

Lösung zu Fall 21   15 Punkte

Bei dem unbebauten Grundstück handelt es sich um einen nicht abnutzbaren unbeweglichen Vermögensgegenstand des Anlagevermögens. Dieser ist gemäß § 253 Abs. 1 Satz 1 HGB mit den Anschaffungskosten, vermindert um etwaige Abschreibungen nach Abs. 3 Satz 5, zu bewerten. Zur Ermittlung der Anschaffungskosten sind zum einen der Rentenbarwert (Kaufpreis) zu ermitteln und zum anderen nach § 255 Abs. 1 HGB die Nebenkosten hinzuzuaddieren.

In Höhe der Rentenverpflichtung ist eine Verbindlichkeit auszuweisen. Da eine Gegenleistung nicht mehr zu erwarten ist (der Grundstückskaufvertrag wurde von Frau Müller erfüllt), ist die Rentenverpflichtung nach § 253 Abs. 2 Satz 3 HGB entsprechend den Abzinsungsregeln für Rückstellungen mit ihrem Barwert anzusetzen.

Für die Berechnung des Rentenbarwerts sind die Rentenzahlungen auf den Zeitpunkt des Kaufs abzuzinsen. Als Zinssatz ist nach § 253 Abs. 2 Satz 4 HGB der von der Deutschen Bundesbank ermittelte und monatlich bekannt gegebene Abzinsungszinssatz zu verwenden. Für die Laufzeit der Abzinsung ist auf die 23 Jahre Zahlungspflicht nach den Sterbetafeln (Lebenserwartung 85 Jahre - Alter 62 Jahre) abzustellen, somit ist der Rentenbarwertfaktor i. H. von 13,018334 zu verwenden. Eine Anwendung des § 253 Abs. 2 Satz 2 HGB (Pauschalierung der Laufzeit auf 15 Jahre) ist hier nach § 264 Abs. 2 HGB nicht möglich, da dies zu einer wesentlichen Abweichung führt.

Für das Steuerrecht sieht § 6 Abs. 1 Nr. 3 EStG eigentlich einen Zinssatz von 5,5 % vor, aber nach R 6.2 Satz 1 EStR kann der Barwert auch abweichend vom BewG nach versicherungsmathematischen Grundsätzen, also wie im Handelsrecht berechnet werden. Somit ergeben sich keine Abweichungen.

Rentenbarwert = Verbindlichkeit (60.000 € Jahreszahlung · 13,018334 =)	781.100 €
Anschaffungsnebenkosten (781.100 € · 10 % =)	78.110 €
Anschaffungskosten	859.210 €

Da es sich um einen nicht abnutzbaren Vermögensgegenstand handelt, sind keine planmäßigen Abschreibungen vorzunehmen. Für eine außerplanmäßige Abschreibung liegen keine Informationen vor.

Der Bilanzansatz (§ 266 Abs. 2 A.II.1 HGB) zum 31.12.2020 beträgt 859.210 €.

Die Zahlung der ersten Rente im Januar 2020 ist in vollem Umfang als Aufwand zu erfassen.

Zum Jahresende ist der Barwert der Rentenverpflichtung neu zu berechnen. Die Laufzeit beträgt jetzt nur noch 22 Jahre und der Zinssatz 5,25 %, daraus ergibt sich ein Rentenbarwertfaktor i. H. von 12,868104.

Rentenbarwert = Verbindlichkeit (60.000 € Jahreszahlung · 12,868104 =)	772.086 €

Der Bilanzansatz (§ 266 Abs. 3 C.4 HGB) zum 31.12.2020 beträgt 772.086 €.

Die Differenz, um die die Verbindlichkeit gesunken ist, ist gegen den Rentenaufwand zu erfassen.

Rentenaufwand im Januar	60.000 €
Aufwandminderung durch Bewertung (781.100 € - 772.086 € =)	9.014 €
sonstige betriebliche Aufwendungen (§ 275 Abs. 2 Nr. 8 HGB)	50.986 €

Buchungen:

Grundstücke … (Grund und Boden) an Verbindlichkeiten	781.100 €
Grundstücke … (Grund und Boden) an Bank	78.110 €
sonstige betriebliche Aufwendungen an Bank	60.000 €
Verbindlichkeiten an Sonstige betriebliche Aufwendungen	9.014 €

Lösung zu Fall 22   6 Punkte

Bei den Büroschränken handelt es sich um abnutzbare bewegliche Vermögensgegenstände des Anlagevermögens, die höchstens mit den Anschaffungskosten, vermindert um die Abschreibungen nach § 253 Abs. 3 HGB, anzusetzen sind (§ 253 Abs. 1 Satz 1 HGB).

Die Büroschränke stellen selbstständig nutzbare Wirtschaftsgüter des Anlagevermögens dar. Bei Anschaffungskosten von mehr als 250 €, aber nicht mehr als 1.000 €, ist das Wirtschaftsgut in einen Sammelposten zu buchen und über 5 Jahre abzuschreiben (§ 6 Abs. 2a EStG). Diese steuerliche Regelung kann nach dem Grundsatz der Wesentlichkeit (§ 252 Abs. 2 HGB) auch in der Handelsbilanz analog angewandt werden. Bei der Berechnung der Abschreibung wird die tatsächliche Nutzungsdauer ebenso wenig berücksichtigt, wie die unterschiedlichen Anschaffungszeitpunkte. Aufgrund § 6 Abs. 2a Satz 5 EStG ist im vorliegenden Fall eine Bewertung nach § 6 Abs. 2 EStG ausgeschlossen.

Anschaffungskosten	2.700 €
Abschreibung $^{1}/_{5}$	- 540 €
Bilanzansatz Sammelposten (Büroschränke) zum 31.12.2020 (§ 266 Abs. 2 A.II.3 HGB)	2.160 €

Lösung zu Fall 23   15 Punkte

Es handelt sich bei den Maschinen um abnutzbare bewegliche Vermögensgegenstände des Anlagevermögens, die höchstens mit den Anschaffungskosten, vermindert um die Abschreibungen nach § 253 Abs. 3 Sätze 1 und 2 HGB, anzusetzen sind (§ 253 Abs. 1 Satz 1 HGB).

Der Abschreibungsplan muss nach § 253 Abs. 3 Satz 2 HGB die Anschaffungs- oder Herstellungskosten auf die Geschäftsjahre verteilen, in denen der Vermögensgegenstand voraussichtlich genutzt werden kann. Als Methoden kommen handelsrechtlich dafür grundsätzlich die lineare, die degressive, die progressive oder die Leistungsabschreibung in Betracht.

Laut Aufgabenstellung wird für die Handels- und Steuerbilanz die lineare Abschreibung angesetzt. Die Abschreibung berechnet sich nach der geschätzten Nutzungsdauer. Daraus ergibt sich ein Abschreibungssatz von 12,5 % (100 % / 8 Jahre = 12,5 %). Die Abschreibung im Anschaffungsjahr ist zeitanteilig zu berechnen; dies gilt nach § 7 Abs. 1 Satz 4 EStG auch für das Steuerrecht.

Der niedrigere beizulegende Wert muss nach § 253 Abs. 3 Satz 5 HGB angesetzt werden, wenn es sich um eine voraussichtlich dauernde Wertminderung handelt. Ansonsten darf die Wertminderung nicht berücksichtigt werden. Im Handelsrecht ist eine voraussichtlich dauernde Wertminderung anzunehmen, wenn die Grundlage für die Wertminderung ein besonderes Ereignis ist (hier Feststellung des Konstruktionsfehlers) und der beizulegende Wert bei einem abnutzbaren Vermögensgegenstand während eines erheblichen Teils der Restnutzungsdauer (h. M. Hälfte, teilweise Begrenzung auf höchstens 5 Jahre) unter den fortgeführten Anschaffungskosten liegen würde.

Steuerrechtlich darf nach § 6 Abs. 1 Nr. 1 Satz 2 EStG der niedrigere Teilwert ebenfalls nur bei einer dauernden Wertminderung angesetzt werden. Eine dauernde Wertminderung ist für die Wirtschaftsgüter des abnutzbaren Anlagevermögens nach dem BMF-Schreiben vom 2.9.2016 gegeben, wenn der Wert des jeweiligen Wirtschaftsguts zum Bilanzstichtag mindestens für die halbe Restnutzungsdauer unter dem planmäßigen Restbuchwert liegt.

Restbuchwerte Maschine A

Jahr	Abschreibung	Restbuchwert
2017	7.500 €	112.500 €
2018	15.000 €	97.500 €
2019	15.000 €	82.500 €
2020	**15.000 €**	**67.500 €**
2021	15.000 €	52.500 €
2022	15.000 €	37.500 €
2023	15.000 €	22.500 €
2024	15.000 €	7.500 €
2025	7.499 €	1 €

Der ermittelte Teilwert von 40.000 € zum 31.12.2020 liegt bei einer Restnutzungsdauer von 4,5 Jahren nur ein Jahr unter dem planmäßigen Restbuchwert. Somit liegt weder für die Handelsbilanz noch für die Steuerbilanz eine dauernde Wertminderung vor und eine außerplanmäßige Abschreibung ist unzulässig.

Die Bilanzierung erfolgt unter der Position § 266 Abs. 2 A.II.2 HGB i. H. von 67.500 €.

Restbuchwerte Maschine B

Jahr	Abschreibung	Restbuchwert
2019	10.000 €	150.000 €
2020	**20.000 €**	**130.000 €**
2021	20.000 €	110.000 €
2022	20.000 €	90.000 €
2023	20.000 €	70.000 €
2024	20.000 €	50.000 €
2025	20.000 €	30.000 €
2026	20.000 €	10.000 €
2027	9.999 €	1 €

Der beizulegende Wert von 45.000 € zum 31.12.2020 liegt bei einer Restnutzungsdauer von 6,5 Jahren 4 Jahre unter dem planmäßigen Restbuchwert. Somit liegt sowohl für die Handelsbilanz als auch für die Steuerbilanz eine dauernde Wertminderung vor und es muss eine außerplanmäßige Abschreibung erfolgen.

Restbuchwert nach planmäßiger Abschreibung	130.000 €
außerplanmäßige Abschreibung	- 85.000 €
beizulegender Wert	45.000 €

Die Bilanzierung erfolgt unter der Position § 266 Abs. 2 A.II.2 HGB i. H. von 45.000 €.

LÖSUNG

Lösung zu Fall 24   15 Punkte

Bei den Kleinmaschinen handelt es sich um bewegliche Vermögensgegenstände des Umlaufvermögens, die höchstens mit den Herstellungskosten, vermindert um die Abschreibungen nach § 253 Abs. 4 HGB, anzusetzen sind (§ 253 Abs. 1 Satz 1 HGB).

Die Herstellungskosten berechnen sich nach § 255 Abs. 2 HGB folgendermaßen:

Materialkosten		162 €
Fertigungseinzelkosten	30 €	
Fertigungsgemeinkosten (220 % von 30 € =)	66 €	
Sondereinzelkosten der Fertigung	24 €	
Fertigungskosten		120 €
Herstellungskosten je Stück		282 €

Der beizulegende Wert dieser Kleinmaschinen kann ermittelt werden, indem nach der retrograden Methode alle bis zum Verkauf im März 2021 noch anfallenden Aufwendungen bzw. Rabatte vom Nettoverkaufspreis abgezogen werden.

Nettoverkaufspreis	400 €
abzgl. Wiederverkäuferrabatt 20 %	- 80 €
abzgl. Aufwendungen für Verwaltung und Vertrieb	- 22 €
beizulegender Wert je Stück nach § 253 Abs. 4 Satz 2 HGB	298 €

Da der beizulegende Wert über den Herstellungskosten liegt, ist in der Handelsbilanz keine Abschreibung vorzunehmen.

Nach R 6.8 Abs. 2 Satz 3 ff. EStR kann bei Wirtschaftsgütern des Vorratsvermögens, die zum Absatz bestimmt sind, der niedrigere Teilwert angesetzt werden, wenn der Wert z. B. durch Lagerung, Änderung des modischen Geschmacks gemindert ist. Ein ähnlicher Fall ist die Wertminderung wegen technischer Weiterentwicklung, sodass diese Vorschrift hier angewendet werden darf.

Bei der Berechnung des Teilwerts ist zusätzlich zu den Aufwendungen auch noch der durchschnittliche Unternehmergewinn vom Verkaufspreis abzusetzen.

beizulegender Wert nach § 253 Abs. 4 Satz 2 HGB	298 €
abzgl. durchschnittlicher Unternehmergewinn	- 80 €
Teilwert je Stück i. S. des § 6 Abs. 1 Nr. 1 Satz 3 EStG	218 €

Da der Teilwert (voraussichtlich dauernde Wertminderung) unter den Herstellungskosten liegt, kann dieser in der Steuerbilanz angesetzt werden (§ 6 Abs. 1 Nr. 2 Satz 2 EStG). Nach der Aufgabenstellung darf diese Abschreibung nicht erfolgen.

Die Bilanzierung erfolgt unter der Position § 266 Abs. 2 B.I.3 HGB i. H. von (282 € · 100 Stück =) 28.200 €.

Lösung zu Fall 25   10 Punkte

Der Kassen-Istbestand und die Bankguthaben sind mit ihren Nennwerten im Umlaufvermögen der Bilanz anzusetzen. Die Sorten werden handelsrechtlich nach § 256a Satz 1 HGB mit dem Devisenkassamittelkurs am Bilanzstichtag bewertet.

Ankauf (10.000 DKK · 7,50 =)	750 €
Bewertung 31.12.2020 (10.000 DKK · 7,48 =)	- 748 €
Kursverlust (sonstige betriebliche Aufwendungen)	2 €

Für die Steuerbilanz ist diese Abschreibung nicht beachtlich, da es sich nicht um eine voraussichtlich dauernde Wertminderung handelt.

Der Kassen-Sollbestand ist zum Abschlussstichtag an den Istbestand anzugleichen. Dazu ist nach der Korrektur fehlerhafter oder unterlassener Buchungen die Differenz auszubuchen.

Kassen-Sollbestand	4.975 €
Korrektur durch Umbewertung der DKK	- 2 €
Korrektur der unterlassenen Buchung Briefmarken	- 50 €
Sollbestand neu	4.923 €
Istbestand	- 4.826 €
Differenz (Kassenfehlbetrag → sonst. betriebl. Aufwendungen)	97 €

Unter der Position „Kassenbestand, Bundesbankguthaben, ..." dürfen nur Vermögensgegenstände ausgewiesen werden, die für den Zahlungsverkehr zur Verfügung stehen, sodass das gesperrte ausländische Guthaben aus dieser Position ausgebucht werden muss und unter den sonstigen Vermögensgegenständen bilanziert wird.

Bankguthaben insgesamt	836.529 €
gesperrtes ausländisches Guthaben	- 29.508 €
freies Bankguthaben	807.021 €
Kassen-Istbestand	4.826 €
Bilanzansatz 31.12.2020 (Position § 266 Abs. 2 B.IV HGB)	811.847 €

Die Bilanzierung des gesperrten ausländischen Guthabens erfolgt unter der Position § 266 Abs. 2 B.II.4 HGB i. H. von 29.508 €.

Buchungen:

sonstige betriebliche Aufwendungen (Kursverlust) an Kasse	2 €
sonstige betriebliche Aufwendungen (Porto) an Kasse	50 €
sonstige betriebliche Aufwendungen (Kassenfehlbetrag) an Kasse	97 €

Die Erfassung des gesperrten Bankguthabens unter den sonstigen Vermögensgegenständen kann als Umbuchung oder als neue Zuordnung des vorhandenen Kontos erfolgen.

LÖSUNG

Lösung zu Fall 26   13 Punkte

Bei den genannten Gütern handelt es sich um gleichartige Vermögensgegenstände des Vorratsvermögens, die höchstens mit den Anschaffungskosten, vermindert um die Abschreibungen nach § 253 Abs. 4 HGB, anzusetzen sind (§ 253 Abs. 1 Satz 1 HGB).

Für diese Vermögensgegenstände ist nach § 256 Satz 1 HGB für die Ermittlung der Anschaffungskosten die Unterstellung von Verbrauchsfolgen statthaft.

Die Anwendung des Perioden-Lifo-Verfahrens (§ 6 Abs. 1 Nr. 2a EStG) unter Berücksichtigung von Layern ist laut R 6.9 Abs. 4 EStR zugelassen. Allerdings ist nach R 6.9 Abs. 6 Satz 2 EStR jeder einzelne Layer mit dem Teilwert zu vergleichen. Dies ist auch handelsrechtlich möglich.

TEIL I — Lösungen

1. Da der Endbestand im abgelaufenen Wirtschaftsjahr auf 60 Stück gestiegen ist, muss aus den ersten Zugängen des Jahres 2020 ein weiterer Layer gebildet werden. Alle Layer sind mit dem gesunkenen Marktpreis von 1.250 € anzusetzen.

Layer 1	20 Stück	1.250 € je Stück	25.000 €
Layer 2	15 Stück	1.250 € je Stück	18.750 €
Layer 3	20 Stück	1.250 € je Stück	25.000 €
Layer 4	5 Stück	1.250 € je Stück	6.250 €
Gesamt	60 Stück	Bilanzansatz 31.12.2020	75.000 €

Altbestand	- 72.150 €
Bestandserhöhung	2.850 €

In Höhe des Mehrbestands von 2.850 € ist eine Erhöhung des Warenbestands zu buchen.

2. Da der Endbestand von 27 Stück im Jahr 2019 auf 14 Stück in 2020 gesunken ist, müssen die Minderbestände ausgehend vom letzten Layer gekürzt werden (steuerrechtlich: R 6.9 Abs. 4 EStR). Danach verbleiben:

Layer 1	10 Stück	438 € je Stück	4.380 €
Layer 2	4 Stück	440 € je Stück*	1.760 €
Gesamt	14 Stück	Bilanzansatz 31.12.2020	6.140 €

In der Höhe des Minderbestands von (11.848 € - 6.140 € =) 5.708 € ist eine Senkung des Warenbestands zu buchen.

* Der Wert von 440 € ist nur in der Handelsbilanz anzusetzen; für die Steuerbilanz muss eine Korrektur auf 441 € erfolgen, da es sich nicht um eine voraussichtlich dauernde Wertminderung handelt.

Die Bilanzierung erfolgt unter der Position § 266 Abs. 2 B.I.3 HGB i. H. von 81.140 €.

Buchungen:

fertige Erzeugnisse und Waren	2.850 €	
an Aufwendungen für bezogene Waren		2.850 €
Aufwendungen für bezogene Waren	5.708 €	
an fertige Erzeugnisse und Waren		5.708 €

Lösung zu Fall 27 13 Punkte

Bei Forderungen handelt es sich um Vermögensgegenstände des Umlaufvermögens, die höchstens mit den Anschaffungskosten, vermindert um die Abschreibungen nach § 253 Abs. 4 HGB, anzusetzen sind (§ 253 Abs. 1 Satz 1 HGB).

Als Anschaffungskosten ist grundsätzlich der Nennbetrag der Forderung in € auszuweisen (§ 254 HGB). Nach dem Wortlaut bezieht sich § 256a HGB nur auf die Bewertung am Abschlussstichtag. Mehrheitlich wird aber bereits eine Zugangsbewertung zum Devisenkassamittelkurs befürwortet. In diesem Fall sind die 500.000 sfr am Entstehungstag (20.12.2020) also mit dem Devisenkassamittelkurs in € umzurechnen.

Anschaffungskosten (500.000 sfr · 61,900 € / 100 =)   309.500 €

Ein niedrigerer Devisenkassamittelkurs am Bilanzstichtag (§ 256a Satz 1 HGB) muss nach dem Niederstwertprinzip immer angesetzt werden; ein höherer Kurs darf dagegen nach dem Realisationsprinzip eigentlich nicht bilanziert werden (§ 252 Abs. 1 Nr. 4 HGB). Hier gilt aber die Ausnahmeregelung des § 256a Satz 2 HGB (Restlaufzeit unter 1 Jahr), sodass auch ein höherer Kurs anzusetzen ist.

Außerdem darf eine Forderung höchstens mit dem Wert angesetzt werden, der ihr nach § 253 Abs. 4 Satz 2 HGB beizulegen ist. Daraus ergibt sich, dass das Skontorisiko bei der Bewertung zu berücksichtigen ist, da nur ein Zahlungseingang von 490.000 sfr erwartet wird. Weitere Risiken sind hier nicht zu beachten.

1. Der gestiegene Devisenkassamittelkurs muss handelsrechtlich angesetzt werden.

    Anschaffungskosten (500.000 sfr · 61,900 / 100 =)   309.500,00 €

    beizulegender Wert
    (Skontoberücksichtigung: 490.000 sfr · 61,900 / 100 =)   303.310,00 €

    Abschreibung nach § 253 Abs. 4 Satz 2 HGB   - 6.190,00 €

    Fremdwährungsumrechnung (490.000 sfr · 62,410 / 100 =)   305.809,00 €

    Kursgewinn nach § 256a HGB   2.499,00 €

2. Der gesunkene Devisenkassamittelkurs muss handelsrechtlich angesetzt werden.

    Anschaffungskosten (500.000 sfr · 61,900 / 100 =)   309.500,00 €

    beizulegender Wert
    (Skontoberücksichtigung: 490.000 sfr · 61,900 / 100 =)   303.310,00 €

    Abschreibung nach § 253 Abs. 4 Satz 2 HGB   - 6.190,00 €

    Fremdwährungsumrechnung (490.000 sfr · 61,340 / 100 =)   300.566,00 €

    Kursverlust nach § 256a HGB   - 2.744,00 €

Die Abschreibungen auf den beizulegenden Wert sind auch steuerrechtlich zu berücksichtigen. Die Kursänderungen aus der Währungsumrechnung können steuerrechtlich nach § 6 Abs. 1 Nr. 2 Satz 2 EStG nicht berücksichtigt werden.

Die Abschreibungen und der Kursverlust sind als sonstige betriebliche Aufwendungen auszuweisen. Der Kursverlust ist nach § 277 Abs. 5 Satz 2 HGB in einem Davon-Vermerk darzustellen. Der Kursgewinn ist ein sonstiger betrieblicher Ertrag (Ausweis in einem Davon-Vermerk, § 277 Abs. 5 Satz 2 HGB.)

Die Bilanzierung erfolgt unter der Position § 266 Abs. 2 B.II.1 HGB entweder i. H. von

Variante 1: 305.809 € oder

Variante 2: 300.566 €.

Lösung zu Fall 28   27 Punkte

Eine Computeranlage ist ein abnutzbarer beweglicher Vermögensgegenstand des Anlagevermögens, der höchstens mit den Anschaffungskosten, vermindert um die Abschreibungen nach § 253 Abs. 3 Sätze 1 und 2 HGB, anzusetzen ist (§ 253 Abs. 1 Satz 1 HGB).

Die Waren sind Vermögensgegenstände des Umlaufvermögens.

Für die Handelsbilanz handelt es sich um übliche Vorgänge des laufenden Geschäftsjahres bzw. Folgejahres.

Da alle genannten Wirtschaftsgüter infolge höherer Gewalt (R 6.6 Abs. 2 EStR) gegen Entschädigung aus dem Betriebsvermögen ausscheiden und kurzfristig eine Ersatzbeschaffung erfolgt bzw. geplant ist, könnte steuerrechtlich die Richtlinie 6.6 Abs. 1 EStR angewandt werden. Aufgrund der Aufgabenstellung erfolgt eine Übertragung der aufgedeckten stillen Reserven.

Computeranlage:

Handelsrechtlich:

Der Abgang der Computeranlage und der Neukauf stellen handelsrechtlich zwei getrennte Vorgänge dar.

Der Abschreibungsplan muss nach § 253 Abs. 3 Satz 2 HGB die Anschaffungs- oder Herstellungskosten auf die Geschäftsjahre verteilen, in denen der Vermögensgegenstand voraussichtlich genutzt werden kann. Als Methoden kommen dafür grundsätzlich die lineare, die degressive, die progressive oder die Leistungsabschreibung in Betracht.

Da in diesem Fall ein linearer Werteverzehr vorliegt, kann handelsrechtlich nur die lineare Abschreibung angesetzt werden. Die Abschreibung berechnet sich nach der geschätzten Nutzungsdauer. Daraus ergibt sich ein Abschreibungssatz von 20 % (100 % / 5 Jahre = 20 %). Die Abschreibung im Anschaffungsjahr ist zeitanteilig zu berechnen.

Anschaffungskosten	4.800 €
Abschreibung 20 %, davon $1/12$	- 80 €
Bilanzansatz zum 31.12.2020 (§ 266 Abs. 2 A.II.3 HGB)	4.720 €

Steuerrechtlich:

Da die Entschädigung für die Computeranlage nicht in vollem Umfang für den Kauf einer Ersatzanlage verwendet wurde, können die aufgedeckten stillen Reserven auch nur anteilig auf das neue Wirtschaftsgut übertragen werden (H 6.6 Abs. 3 EStH).

Entschädigung	6.000 €
Buchwert	- 5.000 €
aufgedeckte stille Reserve	1.000 €
Anschaffungskosten Ersatzwirtschaftsgut	4.800 €

Übertragbare stille Reserven:

$$\frac{1.000\,€ \cdot 4.800\,€}{6.000\,€} = 800\,€$$

Steuerrechtlich sind die Voraussetzungen für die lineare Abschreibung nach § 7 Abs. 1 Sätze 1 und 2 EStG erfüllt. Daraus ergibt sich ein Abschreibungssatz von 20 % (100 % / 5 Jahre = 20 %). Die Abschreibung im Anschaffungsjahr ist nach § 7 Abs. 1 Satz 4 EStG zeitanteilig zu berechnen.

Anschaffungskosten	4.800 €
abzgl. Übertragung der stillen Reserven	- 800 €
Bemessungsgrenze nach R 7.3 Abs. 4 EStR	4.000 €
Abschreibung 20 %, davon $1/_{12}$	- 67 €
Bilanzansatz zum 31.12.2020	3.933 €

Waren:

Handelsrechtlich:

Auch bei den Waren sind der Abgang und die Neubeschaffung handelsrechtlich zwei getrennte Vorgänge.

Steuerrechtlich:

Bei der Entschädigungszahlung für den entgangenen Gewinn handelt es sich nicht um eine Entschädigung i. S. von R 6.6 EStR, sodass dieser Betrag voll als Ertrag des laufenden Jahres zu erfassen ist. Die Zahlung für den Warenwert ist dagegen eine Entschädigung im Sinne der Richtlinie (H 6.6 Abs. 1 EStH).

Da bis zum Bilanzstichtag noch keine Ersatzwirtschaftsgüter angeschafft, aber bestellt wurden, kann in Höhe der aufgedeckten stillen Reserven i. H. von (540.000 € Zahlung - 500.000 € Buchwert =) 40.000 € ein Sonderposten mit Rücklageanteil nach R 6.6 Abs. 4 Satz 1 EStR gebildet werden.

Entschädigung für Aufräumarbeiten:

Bei der Zahlung für die Aufräumarbeiten handelt es sich um einen Ertrag des laufenden Jahres. Dies gilt auch steuerrechtlich (H 6.6 Abs. 1 EStH).

Buchungen:

Computeranlage:

Abschreibungen (außerplanmäßig) an andere Anlagen/BGA		5.000 €
Bank an sonstige betriebliche Erträge		6.000 €
andere Anlagen/BGA	4.800 €	
Vorsteuer	912 €	
an Verbindlichkeiten aLL		5.712 €
Abschreibungen an andere Anlagen/BGA		80 €

Waren:

Abschreibungen (unüblich)	500.000 €	
an fertige Erzeugnisse und Waren		500.000 €
Bank an sonstige betriebliche Erträge		621.000 €

Entschädigung für Aufräumarbeiten:

Bank an sonstige betriebliche Erträge	2.500 €

Lösung zu Fall 29 — 21 Punkte

Die Aktien sind hier Vermögensgegenstände des Umlaufvermögens (§ 247 Abs. 2 HGB im Umkehrschluss, R 6.1 Abs. 2 EStR, die höchstens mit den Anschaffungskosten, vermindert um die Abschreibungen nach § 253 Abs. 4 HGB, anzusetzen sind (§ 253 Abs. 1 Satz 1 HGB).

Zur Ermittlung der Anschaffungskosten ist der Kaufpreis gemäß § 255 Abs. 1 HGB um die Anschaffungsnebenkosten zu erhöhen.

1. Kauf:

Kaufpreis 18. 10. (2.000 · 560 € =)	1.120.000 €
zzgl. Anschaffungsnebenkosten (1,5 % von 1.120.000 =)	16.800 €
Anschaffungskosten 18. 10.	1.136.800 €

Zahlung der Dividende:

Die Dividende ist als zinsähnlicher Ertrag in Höhe der Bruttodividende zu erfassen. Die Kapitalertragsteuer ist als Steueraufwand zu buchen.

	je Aktie	2.000 Aktien
Nettodividende (Bankgutschrift)	12,00 €	24.000 €
zzgl. 25 % Kapitalertragsteuer	4,00 €	8.000 €
Bardividende	16,00 €	32.000 €

Hier ist das Teileinkünfteverfahren anzuwenden. Nach § 3 Nr. 40 Buchst. d Satz 1 EStG sind 40 % der Gewinnausschüttung steuerfrei. Der steuerfreie und der steuerpflichtige Anteil sind auf gesonderten Konten zu erfassen.

2. Kauf:

Anschaffungskosten 6. 11.	1.766.100 €

Durchführung der Kapitalerhöhung:

Durch die Kapitalerhöhung aus Gesellschaftsmitteln entstehen bei der OHG keine weiteren Anschaffungskosten, da die neuen Aktien ohne Zuzahlung an die Altaktionäre ausgegeben werden (Berichtigungsaktien). Das höhere gezeichnete Kapital entsteht meistens durch eine Umbuchung der Gewinnrücklagen.

Die bisherigen Anschaffungskosten verteilen sich jetzt nur auf eine größere Stückzahl, sodass die Anschaffungskosten je Stück sinken. Bei einer Kapitalerhöhung im Verhältnis 10:1 erhält die Abraham OHG für die (2.000 + 3.000 =) 5.000 Aktien, die sie vor der Erhöhung hatte, 500 zusätzliche Aktien.

3. Kauf:

Kaufpreis 16. 12. (1.000 · 570 € =)	570.000 €
zzgl. Anschaffungsnebenkosten (1,5 % von 570.000 =)	8.550 €
Anschaffungskosten 16. 12.	578.550 €
Berechnung der durchschnittlichen Anschaffungskosten:	
Anschaffungskosten 18. 10.	1.136.800 €
Anschaffungskosten 6. 11.	1.766.100 €
Anschaffungskosten 16. 12.	578.550 €
gesamte Anschaffungskosten	3.481.450 €
Stückzahl	6.500 Aktien
durchschnittliche Anschaffungskosten	535,61 € je Aktie

Der Börsenkurs von 565 € je Aktie am Bilanzstichtag darf nach dem Realisationsprinzip (§ 252 Abs. 1 Nr. 4 HGB) nicht berücksichtigt werden.

Der Bilanzansatz (§ 266 Abs. 2 B.III.2 HGB) beträgt 3.481.450 €.

Buchungen:

sonstige Wertpapiere an Bank		1.136.800 €
Bank	24.000 €	
Steuern vom Einkommen und Ertrag	8.000 €	
an sonstige Zinsen und ähnliche Erträge (steuerfrei)		12.800 €
an sonstige Zinsen und ähnliche Erträge (steuerpfl.)		19.200 €
sonstige Wertpapiere an Bank		1.766.100 €
sonstige Wertpapiere an Bank		578.550 €

Lösung zu Fall 30   29 Punkte

Bei der sich zum Bilanzstichtag 2020 noch innerhalb des Herstellungsprozesses befindlichen Maschine handelt es sich um ein unfertiges Erzeugnis der Maschinenbau AG.

Dieser Vermögensgegenstand des Umlaufvermögens ist höchstens mit den Herstellungskosten, vermindert um die Abschreibungen nach § 253 Abs. 4 HGB, anzusetzen (§ 253 Abs. 1 Satz 1 HGB).

Die Herstellungskosten berechnen sich nach § 255 Abs. 2 HGB. Dabei sind sowohl die handels- als auch die steuerrechtlichen Wahlrechte so auszuüben, dass der Gewinn möglichst niedrig wird.

▶ Bei allen Gehältern sind die freiwilligen sozialen Abgaben nicht zu berücksichtigen (vgl. § 6 Abs. 1 Nr. 1b EStG). Nach der Aufgabenstellung einen möglichst niedrigen Gewinn auszuweisen, unterbleibt die Einbeziehung dieser Kosten.

▶ Die kalkulatorischen Abschreibungen sind durch die bilanziellen Abschreibungen zu ersetzen. Dabei ist zu beachten, dass nur steuerrechtlich nach R 6.3 Abs. 4 EStR das Wahlrecht besteht, nur die fiktiven linearen Abschreibungen anzusetzen, unabhängig von der Höhe der tatsächlichen Abschreibungen. Da ein gleicher Ansatz für die Handels- und Steuerbilanz gebildet werden soll, ist die tatsächliche Abschreibung zu verwenden.

▶ Die Verwaltungsgemeinkosten werden nicht aktiviert.

Die Körperschaftsteuer und die kalkulatorischen Kosten dürfen bei der Berechnung der Herstellungskosten nicht angesetzt werden (steuerrechtlich: R 6.3 Abs. 6 EStR und H 6.3 EStH).

Außerdem dürfen nach § 255 Abs. 2 Satz 4 HGB die Vertriebskosten nicht in die Herstellungskosten einbezogen werden.

Kostenart	Betrag in €	Material	
Gehälter Lager	189.000	$^2/_3$	157.500
ges. soziale Abgaben	47.250		
Gehälter Prüfer	149.200	$^0/_1$	0
ges. soziale Abgaben	37.300		
Gehälter Verwaltung	430.080	$^1/_{32}$	16.800
ges. soziale Abgaben	107.520		
Raumkosten	785.230	$^2/_{17}$	92.380
Energie	513.600	$^2/_{16}$	64.200
Sachversicherungen	205.200	$^2/_{19}$	21.600
bil. Abschreibung			98.540
sonst. Aufwendungen	589.680	$^3/_{21}$	84.240
Summe			535.260

Gemeinkostenzuschlagssatz Material:

Materialeinzelkosten 615.410 €

Materialgemeinkosten 535.260 €

$$\frac{535.260 \text{ €} \cdot 100}{615.410 \text{ €}} = 86{,}98\,\%$$

Berechnung der Materialkosten:

Bei den Materialkosten sind nur die Aufwendungen für die Anschaffungskosten nach § 255 Abs. 1 HGB, also nach Skontoabzug zu berücksichtigen.

Materialeinzelkosten (21.900 € - 2 % Skonto =)	21.462 €
Materialgemeinkosten (86,98 % von 21.462 =)	18.668 €
Materialkosten	40.130 €

Kostenart	Betrag in €	Fertigung	
Gehälter Lager ges. soziale Abgaben	189.000 47.250	$1/3$	78.750
Gehälter Prüfer ges. soziale Abgaben	149.200 37.300	$1/1$	186.500
Gehälter Verwaltung ges. soziale Abgaben	430.080 107.520	$2/32$	33.600
Raumkosten	785.230	$8/17$	369.520
Energie	513.600	$9/16$	288.900
Sachversicherungen	205.200	$11/19$	118.800
bil. Abschreibung			420.690
sonst. Aufwendungen	589.680	$9/21$	252.720
Summe			1.749.480

Gemeinkostenzuschlagssatz Fertigung:

Fertigungseinzelkosten 685.340 €

Fertigungsgemeinkosten 1.749.480 €

$$\frac{1.749.480 \, € \cdot 100}{685.340 \, €} = 255{,}27 \, \%$$

Berechnung der Fertigungskosten:

Bei den Fertigungskosten sind die Löhne und die zusätzlich gezahlten Zuschläge anzusetzen.

Fertigungseinzelkosten (Löhne + Zuschläge)	18.666 €
Fertigungsgemeinkosten (255,27 % von 18.666 =)	47.649 €
Sondereinzelkosten der Fertigung	4.800 €
Fertigungskosten	71.115 €

Die Berechnung der Verwaltungs- und Vertriebskosten wird nicht benötigt.

Berechnung der Herstellungskosten:

Materialkosten	40.130 €
Fertigungskosten	71.115 €
Herstellungskosten	111.245 €

Die Bilanzierung erfolgt unter der Position unfertige Erzeugnisse § 266 Abs. 2 B.I.2 HGB i. H. von 111.245 €.

Buchung:

unfertige Erzeugnisse an Bestandserhöhung 111.245 €

Lösung zu Fall 31   23 Punkte

Forderungen sind Vermögensgegenstände des Umlaufvermögens, die höchstens mit den Anschaffungskosten, vermindert um die Abschreibungen nach § 253 Abs. 4 HGB, anzusetzen sind (§ 253 Abs. 1 Satz 1 HGB). Dabei müssen zweifelhafte Forderungen auf ihren wahrscheinlichen Wert abgeschrieben werden (Einzelwertberichtigung nach § 252 Abs. 1 Nr. 3 HGB). Diese Korrektur erfolgt nur vom Nettowert der Forderung, da in Höhe der Umsatzsteuer kein Risiko gegeben ist. Uneinbringliche Forderungen sind abzuschreiben. Die Umsatzsteuer ist nach § 17 Abs. 2 Nr. 1 Satz 1 UStG zu korrigieren. Zusätzlich zu diesen Einzelbetrachtungen findet bei Forderungen, die noch nicht der Einzelbewertung unterlagen, eine pauschale Betrachtung des Kreditrisikos durch die Pauschalwertberichtigung statt (§ 252 Abs. 2 HGB).

1. Der Teil, auf den im Vergleich verzichtet wurde, stellt eine uneinbringliche Forderung dar, der ausgebucht werden muss.

Bruttoausfall (40 % von 14.637 € =)	5.855 €
abzgl. 19 % Umsatzsteuer	- 935 €
Nettoausfall	4.920 €

2. Da sich der gesamte Vorgang in 2021 abspielt, liegt hier keine Wertaufhellung nach § 252 Abs. 1 Nr. 4 HGB vor, sodass eine Einzelkorrektur nicht möglich ist.

3. Da die Forderung vermutlich zu 75 % ausfallen wird, ist eine Korrektur im Rahmen von 75 % der Nettoforderung durchzuführen. Der Insolvenzantrag im Februar 2021 stellt eine neue Tatsache dar, die bei der Bilanzaufstellung noch nicht berücksichtigt werden darf, sodass eine Umsatzsteuerkorrektur nach Abschn. 17.1 Abs. 16 UStAE nicht erfolgen kann.

Bruttoforderung	9.044 €
abzgl. 19 % Umsatzsteuer	- 1.444 €
Nettoforderung	7.600 €
davon 75 % Ausfall	5.700 €

4. Berechnung der Pauschalwertberichtigung:

Forderungsbestand laut Debitorenliste (19 %: 506.773, 16 %: 493.998)	1.020.771 €
berichtigte Forderungen (14.637 + 9.044 = 19 %)	- 23.681 €
abzgl. ausländische Forderung	- 20.000 €
Bruttozwischensumme (19 %: 483.092, 16 %: 493.998)	977.090 €
Nettozwischensumme (483.092 / 1,19 = 405.960, 493.998 / 1,16 = 425.860)	831.820 €
zzgl. ausländische Forderung	20.000 €
Nettoforderungsbestand	851.820 €

Ausfallrisiko (3 % von 851.820 =)	25.555 €	
aber höchstens in Höhe der noch ausstehenden Forderungen i. H. von (28.560 / 1,16 =)		24.621 €
Skontorisiko (1 % von 851.720 =)	8.518 €	
aber höchstens in Höhe der tatsächlichen Inanspruchnahme		7.825 €
Zinsrisiko (997.090 · 9 % · 12 / 360 =)		2.991 €
Inkassorisiko		500 €
Pauschalwertberichtigung		35.937 €
Bestand Pauschalwertberichtigung		- 37.126 €
Auflösung Pauschalwertberichtigung		- 1.189 €

Nach der Verfügung der OFD Rheinland vom 6.11.2008 ist das Zinsrisiko steuerrechtlich nicht zu berücksichtigen, da grundsätzlich keine dauernde Wertminderung vorliegt. Die Pauschalwertberichtigung weicht somit zwischen Handels- und Steuerbilanz voneinander ab.

Berechnung des Bilanzansatzes:

Forderungsbestand laut Debitorenliste	1.020.771 €
abzgl. Abschreibung	- 5.855 €
abzgl. Einzelwertberichtigung	- 5.700 €
abzgl. Pauschalwertberichtigung	- 35.937 €
Bilanzansatz zum 31.12.2020 (§ 266 Abs. 2 B.II.1 HGB)	973.279 €

Buchungen:

1.	sonstige betriebliche Aufwendungen	4.920 €	
	Umsatzsteuer	935 €	
	an Forderungen		5.855 €
3.	sonst. betriebl. Aufw. (Zuführung zu EWB)	5.700 €	
	an Forderungen (Einzelwertberichtigung)		5.700 €
4.	Forderungen (Pauschalwertberichtigung)	1.189 €	
	an sonst. betriebl. Erträge (Auflösung PWB)		1.189 €

LÖSUNG

Lösung zu Fall 32   19 Punkte

Bei den genannten Gütern handelt es sich um Vermögensgegenstände des Vorratsvermögens. Für diese ist nach § 256 Satz 2 i.V. mit § 240 Abs. 4 HGB die Bewertung mit dem gewogenen

Durchschnitt statthaft. Ebenso sieht das Steuerrecht in R 6.8 Abs. 3 EStR in solchen Fällen eine Durchschnittsbewertung vor.

1. Die Elektromotoren können nur nach dem einfachen Durchschnitt bewertet werden, da die Abgänge nicht bekannt sind.

Anfangsbestand	550 Stück · 362 € je Motor =	199.100 €
5.2.2020	500 Stück · 365 € je Motor =	182.500 €
6.4.2020	300 Stück · 363 € je Motor =	108.900 €
30.5.2020	600 Stück · 362 € je Motor =	217.200 €
18.7.2020	450 Stück · 368 € je Motor =	165.600 €
21.10.2020	550 Stück · 364 € je Motor =	200.200 €
3.12.2020	500 Stück · 363 € je Motor =	181.500 €
Summe	3.450 Stück	1.255.000 €

Durchschnitt (1.255.000 € / 3.450 Stück =)	363,77 €

Da der Marktpreis von 363 € niedriger ist als die durchschnittlichen Anschaffungskosten von 363,77 €, muss er nach § 253 Abs. 4 Satz 1 HGB angesetzt werden.

Der Wert von 363 € ist nur in der Handelsbilanz anzusetzen; für die Steuerbilanz muss eine Korrektur auf 363,77 € erfolgen, da es sich nicht um eine voraussichtlich dauernde Wertminderung handelt.

Anfangsbestand	550 Stück · 362 € je Motor =	199.100 €
Endbestand	800 Stück · 363 € je Motor =	- 290.400 €
Aufwendungen für Roh-, Hilfs- und Betriebsstoffe		- 91.300 €

Die Bilanzierung erfolgt i. H. von 290.400 € unter der Position § 266 Abs. 2 B.I.1 HGB.

2. Die zugekauften Bauteile Z500 sollen nach der Aufgabenstellung nach dem gleitenden Durchschnittsverfahren bilanziert werden. Dazu sind die Zugänge und Abgänge chronologisch zu verrechnen.

Anfangsbestand	80 Bauteile · 568,00 € je Stück =	45.440 €
23.1.2020	- 60 Bauteile · 568,00 € je Stück =	34.080 €
Zwischensumme	20 Bauteile	11.360 €
22.2.2020	+ 120 Bauteile · 570,00 € je Stück =	68.400 €
Zwischensumme	140 Bauteile · 569,71 € je Stück =	79.760 €
14.4.2020	- 130 Bauteile · 569,71 € je Stück =	74.062 €
Zwischensumme	10 Bauteile	5.698 €
17.7.2020	+ 90 Bauteile · 566,00 € je Stück =	50.940 €
Zwischensumme	100 Bauteile · 566,38 € je Stück =	56.638 €
19.9.2020	- 50 Bauteile · 566,38 € je Stück =	28.319 €
Zwischensumme	50 Bauteile	28.319 €

5.10.2020	+ 100 Bauteile · 569,00 € je Stück =	56.900 €
Zwischensumme	150 Bauteile · 568,13 € je Stück =	85.219 €
3.11.2020	- 90 Bauteile · 568,13 € je Stück =	51.132 €
Summe	60 Bauteile	34.087 €

Durchschnitt (34.087 € / 60 Stück =)		568,12 €

Der höhere Marktpreis von 571 € darf nicht angesetzt werden.

Anfangsbestand	80 Bauteile	45.440 €
Endbestand	60 Bauteile	- 34.087 €
Aufwendungen für Roh-, Hilfs- und Betriebsstoffe		11.353 €

Die Bilanzierung erfolgt i. H. von 34.087 € unter der Position § 266 Abs. 2 B.I.1 HGB.

Buchungen:

1.	Roh-, Hilfs- und Betriebsstoffe	91.300 €	
	an Aufwendungen für RHB-Stoffe		91.300 €
2.	Aufwendungen für RHB-Stoffe	11.353 €	
	an Roh-, Hilfs- und Betriebsstoffe		11.353 €

LÖSUNG

Lösung zu Fall 33   21 Punkte

Die Industrieobligationen sind hier Vermögensgegenstände des Umlaufvermögens (§ 247 Abs. 2 HGB im Umkehrschluss, R 6.1 Abs. 2 EStR), die höchstens mit den Anschaffungskosten, vermindert um die Abschreibungen nach § 253 Abs. 4 HGB, anzusetzen sind (§ 253 Abs. 1 Satz 1 HGB, § 6 Abs. 1 Nr. 2 Satz 1 EStG).

Bewertung zum 31.12.2019:

Kaufpreis (300.000 € · 96 % =)	288.000 €
zzgl. Anschaffungsnebenkosten (1 % von 300.000 =)	3.000 €
Bilanzansatz 2019	291.000 €

Die Zinsen vom 1.8.2020 sind als sonstige Zinsen in Höhe der Bruttozinsen zu erfassen. Die anteiligen Zinsen für 2019 müssen bereits als Ertrag über die sonstigen Vermögensgegenstände abgegrenzt sein (300.000 € · 6 % / 12 Monate · 5 Monate = 7.500 €). Die Kapitalertragsteuer ist als Steueraufwand zu buchen.

Bruttozinsen (300.000 € · 6 % =)	18.000 €
abzgl. 25 % Kapitalertragsteuer	- 4.500 €
Nettozinsen (Bankgutschrift)	13.500 €

Der Verkauf im August führt in diesem Fall zu einer Realisation von Kursverlusten, da der Börsenkurs unter Beachtung der Nebenkosten zum Zeitpunkt des Verkaufs unter den letzten Bilanzansatz gesunken war.

Verkaufspreis (200.000 € · 97 % =)	194.000 €
abzgl. Nebenkosten (1 % von 200.000 =)	- 2.000 €
Verkaufserlös	192.000 €
Buchwert	- 194.000 €
sonstige betriebliche Aufwendungen	- 2.000 €

Außerdem sind beim Verkauf Stückzinsen für 16 Tage (1.8. bis 16.8.) zu beachten, die in diesem Fall vom Käufer an die Maschinenbau AG zu zahlen sind.

$$\frac{200.000 \, € \cdot 6 \cdot 16}{100 \cdot 360} = 533 \, €$$

Auch die Stückzinsen unterliegen der 25 %igen Kapitalertragsteuer und sind als sonstige Zinsen und ähnliche Erträge zu erfassen.

Bruttostückzinsen	533 €
abzgl. 25 % Kapitalertragsteuer	- 133 €
Nettostückzinsen (Bankgutschrift)	400 €

Die Zinsen, die bis zum 31.12.2020 (150 Tage) angefallen sind, müssen als antizipative Rechnungsabgrenzung (sonstige Forderungen) über die Position „sonstige Vermögensgegenstände" erfasst werden.

$$\frac{100.000 \, € \cdot 6 \cdot 150}{100 \cdot 360} = 2.500 \, €$$

Die Bilanzierung i. H. von 2.500 € erfolgt unter der Position § 266 Abs. 2 B.II.4 HGB.

Wenn bei einem Vermögensgegenstand der Verkauf kurze Zeit nach dem Bilanzstichtag geplant ist, ist als Bilanzansatz der Börsen- oder Marktpreis abzgl. der Veräußerungskosten anzusetzen, wenn dieser die Anschaffungskosten unterschreitet. Dies gilt nicht für die Steuerbilanz (siehe BFH-Urteil vom 8.6.2011), sodass hier ein unterschiedlicher Ansatz in Handels- und Steuerbilanz unvermeidlich ist.

Kurswert (100.000 € · 96,5 % =)	96.500 €
abzgl. Nebenkosten (1 % von 100.000 =)	- 1.000 €
Börsenpreis zum 31.12.2020 (§ 266 Abs. 2 B.III.2 HGB)	95.500 €
Buchwert	- 97.000 €
Abschreibungen auf Wertpapiere des Umlaufvermögens	- 1.500 €

Buchungen:

Bank	13.500 €	
Steuern vom Einkommen und Ertrag	4.500 €	
an sonstige Zinsen und ähnliche Erträge		10.500 €
an sonstige Vermögensgegenstände		7.500 €
Bank	192.400 €	
Steuern vom Einkommen und Ertrag	133 €	
sonstige betriebliche Aufwendungen	2.000 €	
an sonstige Zinsen und ähnliche Erträge		533 €
an sonstige Wertpapiere		194.000 €
sonstige Vermögensgegenstände	2.500 €	
an sonstige Zinsen und ähnliche Erträge		2.500 €
Abschr. auf Wertpapiere des Umlaufvermögens	1.500 €	
an sonstige Wertpapiere		1.500 €

LÖSUNG

Lösung zu Fall 34 8 Punkte

Bei den genannten Kühlschränken handelt es sich um Vermögensgegenstände des Vorratsvermögens (§ 247 Abs. 2 HGB, R 6.1 Abs. 2 EStR), die höchstens mit den Anschaffungskosten, vermindert um die Abschreibungen nach § 253 Abs. 4 HGB, anzusetzen sind (§ 253 Abs. 1 Satz 1 HGB).

Für diese Vermögensgegenstände ist nach § 241 Abs. 3 HGB die zeitverschobene Inventur zulässig. Der Termin 15.10. liegt innerhalb des im Gesetz genannten Bereichs von 3 Monaten vor dem Bilanzstichtag.

Bei der zeitverschobenen Inventur ist zu beachten, dass der Wert am Bilanzstichtag durch Fortschreibung zu ermitteln sein muss. Dabei ist der niedrigere Marktpreis am Inventurstichtag zu beachten. Der Marktpreis am Bilanzstichtag wird nicht berücksichtigt.

Wert am 15.10.2020 (8 Stück · 405 € Marktpreis =)		3.240 €
Zugänge:		
Einkaufspreis	4.950 €	
abzgl. 2 % Skonto	- 99 €	
Anschaffungskosten i. S. des § 255 Abs. 1 HGB)	4.851 €	4.851 €

Abgänge:

Nettoverkaufspreis (4.674,80 € / 1,16 =)	4.030 €	
Einstandspreis (4.030 € / 130 % =)	3.100 €	- 3.100 €
Wert am 31.12.2020		4.991 €

Die Bilanzierung erfolgt i. H. von 4.991 € unter der Position § 266 Abs. 2 B.I.3 HGB.

Lösung zu Fall 35   8 Punkte

Wechsel sind Vermögensgegenstände des Umlaufvermögens (§ 247 Abs. 2 HGB, R 6.1 Abs. 2 EStR), die höchstens mit den Anschaffungskosten, vermindert um die Abschreibungen nach § 253 Abs. 4 HGB, anzusetzen sind (§ 253 Abs. 1 Satz 1 HGB). Als beizulegender Wert ist bei einem Wechsel immer der Barwert anzusetzen. Die Berechnung der Zinsen erfolgt nach der europäischen Zinsmethode, d. h. die Tage werden kalendergenau berechnet, und als Teiler wird 360 verwendet.

1. Bei diesem Wechsel handelt es sich um einen Handelswechsel. Die Restlaufzeit beträgt am Bilanzstichtag noch 49 Tage.

$$\frac{90.000\,€ \cdot 6 \cdot 49}{100 \cdot 360} = 735\,€$$

Barwert am 31.12.2020 (90.000 - 735 =) 89.265 €

Die Bilanzierung erfolgt i. H. von 89.265 € unter der Position § 266 Abs. 2 B.II.1 HGB.

2. Bei diesem Wechsel handelt es sich um einen Finanzwechsel. Die Restlaufzeit beträgt am Bilanzstichtag noch 86 Tage.

$$\frac{180.000\,€ \cdot 6 \cdot 86}{100 \cdot 360} = 2.580\,€$$

Barwert am 31.12.2020 (180.000 - 2.580 =) 177.420 €

Die Bilanzierung erfolgt i. H. von 177.420 € unter der Position § 266 Abs. 2 B.III.2 HGB.

Lösung zu Fall 36   19 Punkte

1. Bei den Toastern handelt es sich um Vermögensgegenstände des Vorratsvermögens (§ 247 Abs. 2 HGB, R 6.1 Abs. 2 EStR), die höchstens mit den Anschaffungskosten, vermindert um die Abschreibungen gemäß § 253 Abs. 4 HGB, anzusetzen sind (§ 253 Abs. 1 Satz 1 HGB).

Für diese Vermögensgegenstände ist nach § 256 Satz 2 i.V. mit § 240 Abs. 4 HGB die Berechnung der Anschaffungskosten mit dem gewogenen Durchschnitt statthaft. In diesem Fall kann die Bewertung nur nach dem einfachen Durchschnitt erfolgen.

Anfangsbestand	20 Stück 39,50 € je Stück	790 €
8.3.2020	60 Stück 41,00 € je Stück	2.460 €
25.6.2020	50 Stück 40,50 € je Stück	2.025 €
10.10.2020	45 Stück 42,00 € je Stück	1.890 €
7.12.2020	30 Stück 41,00 € je Stück	1.230 €
Summe	205 Stück	8.395 €
Durchschnitt (8.395 € / 205 Stück =)		40,95 €

Da der Marktpreis von 40,50 € niedriger ist als die durchschnittlichen Anschaffungskosten von 40,95 €, muss nach § 253 Abs. 4 Satz 1 HGB der Marktpreis angesetzt werden.

Der Wert von 40,50 € ist nur in der Handelsbilanz anzusetzen; für die Steuerbilanz muss eine Korrektur auf 40,95 € erfolgen, da es sich nicht um eine voraussichtlich dauernde Wertminderung handelt (§ 6 Abs. 1 Nr. 2 Satz 2 EStG).

Endbestand	18 Stück · 40,50 € je Stück =	729 €
Anfangsbestand	20 Stück · 39,50 € je Stück =	- 790 €
Aufwendungen für bezogene Waren		- 61 €

Die Bilanzierung erfolgt i. H. von 729 € unter der Position § 266 Abs. 2 B.I.3 HGB.

2. Bei den Farblaserdruckern handelt es sich um gleichartige Vermögensgegenstände des Vorratsvermögens (§ 247 Abs. 2 HGB, R 6.1 Abs. 2 EStR), die höchstens mit den Anschaffungskosten, vermindert um die Abschreibungen nach § 253 Abs. 4 HGB, anzusetzen sind (§ 253 Abs. 1 Satz 1 HGB, § 6 Abs. 1 Nr. 2 Satz 1 EStG).

Für diese Vermögensgegenstände ist nach § 256 Satz 1 HGB für die Ermittlung der Anschaffungskosten die Unterstellung von Verbrauchsfolgen statthaft. Steuerrechtlich ist nach § 6 Abs. 1 Nr. 2a EStG nur das Lifo-Verfahren zulässig. Die Anwendung des Perioden-Lifo-Verfahrens ist laut R 6.9 Abs. 4 EStR zugelassen. Ebenso kann nach der gleichen Vorschrift ein Ansatz nach dem Perioden-Lifo-Verfahren mit Layer berechnet werden. Dies ist auch handelsrechtlich möglich.

15.4.2020	4 Drucker	8.450 € je Stück	33.800 €
21.7.2020	3 Drucker	8.470 € je Stück	25.410 €
Summe (Layer 1)	7 Drucker		59.210 €
Durchschnitt (59.210 € / 7 Stück =)			8.458,57 €

Beide Lifo-Verfahren führen hier zum gleichen Ergebnis. Der höhere Marktpreis von 8.460 € darf nicht angesetzt werden.

Die Bilanzierung erfolgt i. H. von 59.210 € unter der Position § 266 Abs. 2 B.I.3 HGB.

3. Bei den Mobiltelefonen handelt es sich um gleichartige Vermögensgegenstände des Vorratsvermögens, die höchstens mit den Anschaffungskosten, vermindert um die Abschreibungen

gemäß § 253 Abs. 4 HGB, anzusetzen sind (§ 253 Abs. 1 Satz 1 HGB). Da der Marktpreis von 78 € niedriger ist als die Anschaffungskosten von 80 €, muss er nach § 253 Abs. 4 Satz 1 HGB angesetzt werden.

Bestand zu Marktpreisen	46 Stück · 78 € je Stück =	3.588 €
Bestand zu AK	46 Stück · 80 € je Stück =	- 3.680 €
Abschreibung nach § 253 Abs. 3 Satz 1 HGB		- 92 €

Nur Steuerrecht:

Nach R 6.8 Abs. 2 Sätze 3 ff. EStR kann bei Wirtschaftsgütern des Vorratsvermögens, die zum Absatz bestimmt sind, der niedrigere Teilwert angesetzt werden, wenn der Wert z. B. durch Lagerung oder Änderung des modischen Geschmacks gemindert ist. Ein ähnlicher Fall ist die Wertminderung wegen technischer Weiterentwicklung, sodass diese Regelung hier angewendet werden darf.

Zur Berechnung des Teilwerts ist die Formelmethode der oben genannten Vorschrift zu verwenden, dabei bedeuten Y1 = durchschnittlicher Unternehmergewinn in Prozent, Y2 = Rohgewinnaufschlagrest und W = Prozentsatz an Kosten vom Rohgewinnaufschlagrest, der noch nach dem Bilanzstichtag anfällt.

$$\frac{Z \text{ (noch erzielbarer Verkaufspreis)}}{1 + Y1 + Y2 \cdot W} =$$

$$\frac{160 \,€}{1 + 15\,\% + (150\,\% - 15\,\%) \cdot 70\,\%} = 76{,}37 \,€$$

Bestand zu Teilwerten	46 Stück · 76 € je Stück =	3.496 €
Bestand zu Marktpreisen	46 Stück · 78 € je Stück =	- 3.588 €
zusätzliche steuerrechtliche Abschreibung		- 92 €

Die Bilanzierung erfolgt i. H. von 3.588 € unter der Position § 266 Abs. 2 B.I.3 HGB.

Lösung zu Fall 37   19 Punkte

Forderungen sind Vermögensgegenstände des Umlaufvermögens (§ 247 Abs. 2 HGB, R 6.1 Abs. 2 EStR), die höchstens mit den Anschaffungskosten, vermindert um die Abschreibungen nach § 253 Abs. 4 HGB, anzusetzen sind (§ 253 Abs. 1 Satz 1 HGB, § 6 Abs. 1 Nr. 2 Satz 1 EStG).

Dabei müssen zweifelhafte Forderungen auf ihren wahrscheinlichen Wert abgeschrieben werden (Einzelwertberichtigung). Diese Korrektur erfolgt nur vom Nettowert der Forderung, da in Höhe der Umsatzsteuer kein Ausfallrisiko gegeben ist. Uneinbringliche Forderungen sind abzuschreiben. Die Umsatzsteuer ist zu korrigieren.

Zusätzlich zu diesen Einzelbetrachtungen findet bei Forderungen, die noch nicht der Einzelbewertung unterlagen, eine pauschale Betrachtung des Forderungsbestands durch die Pauschalwertberichtigung statt.

1. Da das Insolvenzverfahren mangels Masse abgelehnt wurde, liegt hier eine uneinbringliche Forderung vor. Die Buchung muss korrigiert werden, weil es sich nicht um Abschreibungen auf Finanzanlagen handelt.

Bruttoausfall	35.700 €
abzgl. 19 % Umsatzsteuer	- 5.700 €
Nettoausfall	30.000 €

2. Da für die Forderung eine Bankbürgschaft besteht, ist eine Abschreibung nicht möglich. Auch eine Abzinsung kann nicht durchgeführt werden, weil die Stundung zu marktüblichen Konditionen erfolgte. Allerdings muss der Betrag der Stundungszinsen hälftig abgegrenzt werden.

3. Der gestiegene beizulegende Wert der Forderung zum 31.12.2020 führt zu einem Wertaufholungsgebot nach § 253 Abs. 5 HGB. Die AG muss eine Zuschreibung höchstens auf die Anschaffungskosten vornehmen. Außerdem ist die Umsatzsteuerverbindlichkeit (15 %!) wieder einzubuchen.

Bruttoforderung (41.610,28 DM =) 21.275 €

daraus 15 % Umsatzsteuer 2.775 €

4. Berechnung des Forderungsbestands als Ausgangswert für die Pauschalwertberichtigung:

Forderungsbestand laut Debitorenliste	1.706.579 €
Fall 3	+ 21.275 €
Bruttoforderungsbestand	1.727.854 €
Nettoforderungsbestand (1.706.579 € / 1,19 =)	1.434.100 €
Nettoforderungsbestand (21.275 € / 1,15 =)	+ 18.500 €
Nettoforderungsbestand Gesamt	1.452.600 €
Ausfallrisiko (2 % von 1.452.600 € =)	29.052 €
Zinsrisiko	800 €
Inkassorisiko (0,4 % von 1.727.854 € =)	6.911 €
Pauschalwertberichtigung	36.763 €
Bestand Pauschalwertberichtigung	- 28.486 €
Erhöhung Pauschalwertberichtigung	8.277 €

Nach der Verfügung der OFD Rheinland vom 6.11.2008 ist das Zinsrisiko steuerrechtlich nicht zu berücksichtigen, da grundsätzlich keine dauernde Wertminderung vorliegt. Die Pauschalwertberichtigung weicht somit zwischen Handels- und Steuerbilanz voneinander ab.

Berechnung des Bilanzansatzes:

Bruttoforderungsbestand	1.727.854 €
abzgl. Pauschalwertberichtigung	- 36.763 €
Bilanzansatz zum 31.12.2020 (§ 266 Abs. 2 B.II.1 HGB)	1.691.091 €

Buchungen:

1. sonstige betriebliche Aufwendungen 30.000 €
   Umsatzsteuer 5.700 €
   an Abschreibungen auf Finanzanlagen 35.700 €
2. sonstige Zinsen und ähnliche Erträge 357 €
   an passive Rechnungsabgrenzung 357 €
3. Forderungen aLL 21.275 €
   an sonstige betriebliche Erträge 18.500 €
   an Umsatzsteuer 2.775 €
4. sonst. betriebl. Aufw. (Zuführung zu PWB) 8.277 €
   an Forderungen (Pauschalwertberichtigung) 8.277 €

Lösung zu Fall 38   17 Punkte

Die Bürgschaftsübernahme durch die OHG hat einen betrieblichen Hintergrund. Gemäß § 251 HGB ist grundsätzlich unter der Bilanz auf die Bürgschaftsverpflichtung hinzuweisen. Aufgrund der drohenden Inspruchnahme ist zum 31.12.2020 vorrangig zu dem Hinweis eine Rückstellung für ungewisse Verbindlichkeiten gemäß § 249 Abs. 1 Satz 1 HGB i.V. mit R 5.7 Abs. 2 EStR zu bilden.

Eine Rückstellung ist zu bilden, weil

▶ eine Verbindlichkeit gegenüber einem Dritten vorliegt (hier: der Bank),
▶ die Verpflichtung vor dem Bilanzstichtag entstanden ist (die ernsten Zahlungsschwierigkeiten der Docs Music GmbH sind in 2020 entstanden und die Bürgschaft besteht bereits) und
▶ mit einer Inspruchnahme aus dieser ungewissen Verbindlichkeit sowohl der Entstehung als auch der Höhe nach ernsthaft zu rechnen ist.

Gemäß § 253 Abs. 1 Satz 2 HGB ist die Rückstellung dabei in Höhe des Erfüllungsbetrages anzusetzen, der nach vernünftiger kaufmännischer Beurteilung notwendig ist. Das gilt gemäß § 5 Abs. 1 Satz 1 EStG grundsätzlich auch für das Steuerrecht (Maßgeblichkeitsgrundsatz). Eine Abzinsung ist nicht vorzunehmen, weil die Laufzeit am Bilanzstichtag weniger als ein Jahr beträgt (§ 253 Abs. 2 Satz 1 HGB bzw. § 6 Abs. 1 Nr. 3a Buchst. e EStG).

Ein Bürge haftet bei einer selbstschuldnerischen Bürgschaft immer in der verbürgten Höhe. Die Höhe der Insolvenzquote ist für die Berechnung der Rückstellung unbeachtlich, sodass auf die

OHG, jedenfalls nach den Verhältnissen zum 31.12.2020, eine Zahlungsverpflichtung von 75.000 € zukommt.

Mit der Befriedigung des Gläubigers durch die OHG als Bürgen geht die Forderung der Sparkasse (Gläubigerin) gegen die Docs Music GmbH (Hauptschuldnerin) auf die OHG über (§ 774 Abs. 1 Satz 1 BGB). Es sind deshalb die Rückgriffsrechte als eigenständige Forderung zu aktivieren und im Umlaufvermögen auszuweisen. Da die Aktivierung aufgrund des Realisationsprinzips (§ 252 Abs. 1 Nr. 4 HGB) erst im Zeitpunkt der tatsächlichen Zahlung möglich ist, ist der zu erwartende Zahlbetrag von 11.250 € (75.000 € × 15 %) bei der Bewertung der Rückstellung zu berücksichtigen (§ 6 Abs. 1 Nr. 3a Buchst. c EStG), sodass 63.750 € (75.000 € - 11.250 €) zu passivieren sind (BFH-Beschluss vom 12.6.2013 - X B 191/12).

Erforderliche Buchung:

sbA an Rückstellungen 63.750 €

Es ergibt sich eine Minderung des Jahresüberschusses von 63.750 €.

Lösung zu Fall 39   23 Punkte

Entwicklung des gezeichneten Kapitals:

Das gezeichnete Kapital ist nach § 272 Abs. 1 Satz 2 HGB mit dem Nennwert auszuweisen. Vor der Kapitalerhöhung existierten bei der Maschinenbau AG 20.000.000 Aktien. Bei einer Erhöhung von 20:1 kommen 1.000.000 junge Aktien dazu.

Bilanzansatz 31.12.2019	100.000.000 €
zzgl. 1.000.000 Aktien zu 5 € Nennwert	5.000.000 €
Bilanzansatz 31.12.2020	105.000.000 €

Entwicklung der Kapitalrücklage:

Der Betrag, der bei der Ausgabe von Aktien über den Nennwert hinaus erzielt wird, ist in die Kapitalrücklage einzustellen (§ 272 Abs. 2 Nr. 1 HGB). Damit muss die Kapitalrücklage in diesem Fall um 2,50 € je junge Aktie aufgestockt werden.

Bilanzansatz 31.12.2019	5.985.320 €
zzgl. 1.000.000 Aktien mit einem Agio von 2,50 €	2.500.000 €
Bilanzansatz 31.12.2020	8.485.320 €

Entwicklung der Gewinnrücklagen:

1. gesetzliche Rücklage

Die gesetzliche Rücklage muss erhöht werden, da sie und die Kapitalrücklage zusammen (8.485.320 € + 1.968.450 € = 10.453.770 €) nicht mehr als 10 % des gezeichneten Kapitals (10.500.000 €) ausmachen (§ 150 Abs. 2 AktG). Die Erhöhung erfolgt üblicherweise nur in dem Umfang, bis die 10 %-Grenze erreicht ist.

Bilanzansatz 31.12.2019	1.968.450 €
Zuführung aus dem Jahresüberschuss 2020	46.230 €
Bilanzansatz 31.12.2020 (10.500.000 - 8.485.320 =)	2.014.680 €

2. andere Gewinnrücklagen

Bilanzansatz 31.12.2019		58.398.740 €
Bilanzgewinn 2019	18.650.000 €	
Ausschüttung (20.000.000 Aktien · 0,77 =)	- 15.400.000 €	
Restbetrag	3.250.000 €	
Zuführung aus dem JÜ 2019 durch HV-Beschluss		3.250.000 €
Zuführung aus dem Jahresüberschuss 2020		3.500.000 €
Bilanzansatz 31.12.2020		65.148.740 €

Entwicklung des Bilanzgewinns (§ 158 AktG):

Bilanzansatz 31.12.2019	18.650.000 €
Ausschüttung (20.000.000 Aktien · 0,77 =)	- 15.400.000 €
Zuführung zu den anderen Gewinnrücklagen	- 3.250.000 €
Zwischensumme	0 €
Jahresüberschuss 2020 vor Körperschaftsteuer	44.030.000 €
Körperschaftsteuer (15 %)	- 6.604.500 €
Jahresüberschuss 2020	37.425.500 €
Zuführung zu der gesetzlichen Rücklage	- 46.230 €
Zuführung zu den anderen Gewinnrücklagen	- 3.500.000 €
Bilanzansatz 31.12.2020	33.879.270 €

Bilanzposition § 266 Abs. 3 HGB

A. Eigenkapital

I.	gezeichnetes Kapital	105.000.000 €
II.	Kapitalrücklage	8.485.320 €
III.	Gewinnrücklagen	
	1. gesetzliche Rücklage	2.014.680 €
	2. andere Gewinnrücklagen	65.148.740 €
IV.	Bilanzgewinn	33.879.270 €

Lösung zu Fall 40 17 Punkte

Die Aktien sind nicht als Vermögensgegenstände auszuweisen, sondern i. H. des Nennwerts nach § 272 Abs. 1a Satz 1 HGB offen vom gezeichneten Kapital abzusetzen.

Der über den Nennwert hinausgehende Wert ist hier mit den Gewinnrücklagen zu verrechnen (§ 272 Abs. 1a Satz 2 HGB). Die Anschaffungsnebenkosten sind Aufwand des laufenden Jahres (§ 272 Abs. 1a Satz 3 HGB).

Eigene Anteile (10.000 · 5 € =)	50.000 €
Minderung Gewinnrücklagen (10.000 · 260 €)	2.600.000 €

Bei einem Verkauf ist in Höhe des Nennwerts die Position eigene Anteile zu senken (§ 272 Abs. 1b Satz 1 HGB). Bis zur Höhe der beim Kauf verwendeten Gewinnrücklagen je Aktie ist diese wieder zu erhöhen (§ 272 Abs. 1b Satz 2 HGB). Ein höherer Verkaufspreis ist in die Kapitalrücklage einzustellen (§ 272 Abs. 1b Satz 3 HGB). Die Nebenkosten sind Aufwand des laufenden Geschäftsjahres (§ 272 Abs. 1b Satz 4 HGB).

1. Verkauf:

eigene Anteile (1.000 · 5 € =)	5.000 €
Gewinnrücklage (1.000 · 260 € =)	260.000 €
Kapitalrücklage (1.000 · 7 € =)	7.000 €
Aufwand (1.000 · 272 € · 2 % =)	− 5.440 €
Banküberweisung	266.560 €

2. Verkauf:

eigene Anteile (2.000 · 5 € =)	10.000 €
Gewinnrücklage (2.000 · 258 € =)	516.000 €
Aufwand (2.000 · 263 € · 2 % =)	− 10.520 €
Banküberweisung	515.480 €

Eine Bewertung zum 31.12.2020 erfolgt nicht.

Bilanzpositionen § 266 Abs. 3 HGB

A.	Eigenkapital			
	I.	gezeichnetes Kapital	2.000.000 €	
		- eigene Anteile	35.000 €	1.965.000 €
	II.	Kapitalrücklage		7.000 €
	III.	Gewinnrücklagen		6.176.000 €

Buchungen:

sonstiger betrieblicher Aufwand	2.000 €	
eigene Anteile	50.000 €	
andere Gewinnrücklagen	2.600.000 €	
an sonstige Wertpapiere		2.652.000 €
Bank	266.560 €	
sonstiger betrieblicher Aufwand	5.440 €	
an eigene Anteile		5.000 €
an Gewinnrücklagen		260.000 €
an Kapitalrücklagen		7.000 €
Bank	515.480 €	
sonstige betriebliche Aufwendungen	10.520 €	
an eigene Anteile		10.000 €
an Gewinnrücklagen		516.000 €

Lösung zu Fall 41   17 Punkte

Die Berechnung der ausstehenden Einlagen zum 31.12.2020 wird folgendermaßen durchgeführt:

Name	Anteil	Einzahlung	ausstehende Einlagen
H. Mees	4.500.000 €	- 2.250.000 €	
28.11.2020		- 825.000 €	1.425.000 €
E. Sievert	3.900.000 €	- 1.950.000 €	
15.11.2020		- 375.000 €	1.575.000 €
W. Bracker	1.500.000 €	- 750.000 €	
20.12.2020		- 375.000 €	375.000 €
Streubesitz	5.100.000 €	- 5.100.000 €	0 €
gesamt	15.000.000 €	11.625.000 €	3.375.000 €

Die ausstehenden Einlagen auf das gezeichnete Kapital sind nach § 272 Abs. 1 Satz 3 HGB offen vom gezeichneten Kapital abzusetzen. Der verbleibende Betrag ist als eingefordertes Kapital auszuweisen:

Passivseite

A. Eigenkapital

I. gezeichnetes Kapital 15.000.000 €

nicht eingeforderte Einlagen 2.475.000 €

eingefordertes Kapital 12.525.000 €

Zusätzlich ist der eingeforderte, aber noch nicht eingezahlte Betrag unter den Forderungen gesondert auszuweisen und entsprechend zu bezeichnen.

Aktivseite

B. Umlaufvermögen

II. Forderungen und sonstige Vermögensgegenstände

eingeforderter, aber nicht eingezahlter Betrag 900.000 €

Berechnung der Zinsforderungen zum 31.12.2020:

Nach § 63 Abs. 2 AktG haben Aktionäre, die den eingeforderten Betrag nicht rechtzeitig einzahlen, diesen vom Eintritt der Fälligkeit an mit 5 % p. a. zu verzinsen.

Datum	Name	Einzahlung	Verzinsung	Zinsen
15.11.2020	E. Sievert	375.000 €	keine Verzinsung	0 €
28.11.2020	H. Mees	825.000 €	keine Verzinsung	0 €
20.12.2020	W. Bracker	375.000 €	20 Tage	1.042 €
5.1.2021	H. Mees	300.000 €	30 Tage*	1.250 €
15.1.2021	E. Sievert	600.000 €	30 Tage*	2.500 €
gesamt				4.792 €

* bis Jahresende

Die Zinsen sind zum 31.12.2020 unter der Position Forderungen gegenüber Gesellschafter i. H. von 4.792 € auszuweisen.

Lösung zu Fall 42   17 Punkte

Über die Kapitalkonten II sind alle Gewinnanteile sowie Einlagen und Entnahmen des Jahres zu erfassen.

Daraus ergeben sich folgende Veränderungen der Kapitalkonten II für den Jahresabschluss 2020:

		Kapitalkonto II
M. Lange	Stand 1.1.2020	250.000 €
	Entnahmen Gehalt	- 60.000 €
	„Gehaltszahlungen" summiert	60.000 €
	Gewinn Verzinsung Kapitalkonto I	45.000 €
	Gewinn Verzinsung Kapitalkonto II	7.500 €
	Sachentnahme	- 3.154 €
	Stand 31.12.2020	299.346 €
A. Abraham	Stand 1.1.2020	300.000 €
	Entnahmen Gehalt	- 60.000 €
	„Gehaltszahlungen" summiert	60.000 €
	Gewinn Verzinsung Kapitalkonto I	45.000 €
	Gewinn Verzinsung Kapitalkonto II	9.000 €
	Geldentnahme	- 200.000 €
	Stand 31.12.2020	154.000 €
K. Schweers	Stand 1.1.2020	120.000 €
	Entnahmen Gehalt	- 45.000 €
	„Gehaltszahlungen" summiert	45.000 €
	Gewinn Verzinsung Kapitalkonto I	45.000 €
	Gewinn Verzinsung Kapitalkonto II	3.600 €
	Sacheinlage	390.000 €
	Stand 31.12.2020	558.600 €
U. Johannsen	Stand 1.1.2020	230.000 €
	Entnahmen Gehalt	- 45.000 €
	„Gehaltszahlungen" summiert	45.000 €
	Gewinn Verzinsung Kapitalkonto I	45.000 €
	Gewinn Verzinsung Kapitalkonto II	6.900 €
	Stand 31.12.2020	281.900 €

Die „Gehaltszahlungen" sind nach Aufgabenstellung als Entnahmen und nach den Bedingungen des Gesellschaftsvertrags als Vorweggewinn zu behandeln. Damit sind 210.000 € des Gewinns verteilt.

Als nächstes erhält jeder Gesellschafter 9 % Verzinsung auf sein Kapitalkonto I.

500.000 € · 9 % = 45.000 € je Gesellschafter

Bei vier Gesellschaftern sind weitere 180.000 € des Gewinns verwendet. Damit bleiben für die Verzinsung des Kapitalkontos II nur noch (417.000 € - 210.000 € - 180.000 € =) 27.000 € zur Verteilung nach. Bei einem Gesamtbestand von 900.000 € auf den Kapitalkonten II ergibt sich eine Verzinsung von 3 % je Gesellschafter.

Martin Lange	250.000 € · 3 % =	7.500 €
Annelene Abraham	300.000 € · 3 % =	9.000 €
Kai Schweers	120.000 € · 3 % =	3.600 €
Uta Johannsen	230.000 € · 3 % =	6.900 €

Bei der Gesellschafterin A. Abraham ist noch eine Geldentnahme von 200.000 € zu beachten.

Die Sacheinlage des Gesellschafters K. Schweers ist in diesem Falle nicht mit dem Teilwert, sondern mit den um die Abschreibung verminderten Anschaffungskosten i.H. von (430.000 € - 40.000 € =) 390.000 € anzusetzen, da die Einlage innerhalb von 3 Jahren nach der Anschaffung erfolgt (§ 6 Abs. 1 Nr. 5 Satz 1 und 2 EStG).

Die Sachentnahme des Gesellschafters M. Lange hat nach § 6 Abs. 1 Nr. 4 Satz 1 EStG mit dem Teilwert i. H. von 2.650 € zu erfolgen. Hierbei ist zu berücksichtigen, dass es sich nach § 1 Abs. 1 Nr. 1 i.V. mit § 3 Abs. 1b Satz 1 Nr. 1 UStG um einen umsatzsteuerpflichtigen Vorgang (unentgeltliche Leistung) handelt. Die Umsatzsteuer i. H. von (2.650 € · 19 % =) 504 € ist ebenfalls eine Privatentnahme.

LÖSUNG

Lösung zu Fall 43   10 Punkte

Für Pensionsverpflichtungen (ungewisse Verbindlichkeiten) sind nach § 249 Abs. 1 Satz 1 HGB Rückstellungen zu bilden.

Rückstellungen sind gemäß § 253 Abs. 1 Satz 2 HGB in Höhe des nach vernünftiger kaufmännischer Beurteilung notwendigen Erfüllungsbetrags anzusetzen. Bei Altersversorgungsverpflichtungen gibt es eine Sonderregelung, wenn sich deren Höhe ausschließlich nach dem beizulegenden Zeitwert von Wertpapieren i. S. des § 266 Abs. 2 A.III.5 HGB bestimmt.

Bei einer wertpapiergebundenen Pensionszusage ohne garantierten Mindestbetrag kommt es für die Höhe der Altersversorgungsverpflichtung nur auf die angelegten Wertpapiere an. Da hier kein Mindestbetrag vereinbart wurde, erfolgt die Bewertung der Rückstellung nach § 253 Abs. 1 Satz 3 HGB nach dem beizulegenden Zeitwert dieser Wertpapiere. Dieser beträgt nach der Aufgabenstellung 2.500 €, sodass sich ein vorläufiger Bilanzansatz von 2.500 € für die Pensionsrückstellung ergibt.

Da es sich bei den Wertpapieren um Deckungsvermögen i. S. von § 246 Abs. 2 Satz 2 HGB handelt, sind diese nach § 253 Abs. 1 Satz 4 HGB mit dem beizulegenden Wert in der Bilanz anzusetzen (auch wenn dieser Wert die Anschaffungskosten übersteigt) und dann mit der Rückstellung zu verrechnen.

Anschaffungskosten der Wertpapiere	2.400 €
beizulegender Wert der Wertpapiere	2.500 €
Kursgewinn	100 €

Bei dem Kursgewinn handelt es sich um einen unrealisierten Gewinn, der eigentlich nach § 252 Abs. 1 Nr. 4 HGB nicht ausgewiesen werden dürfte. Aber hier geht die ausdrückliche Regelung des § 253 Abs. 1 Satz 4 HGB vor.

In diesem Fall sind die Rückstellung und das Deckungsvermögen gleich hoch, sodass sich nach der Verrechnung in beiden Fällen ein Bilanzansatz von 0 € ergibt.

Bilanzansatz der Wertpapiere (§ 266 Abs. 2 A.III.5 HGB)	0 €
Bilanzansatz der Rückstellung (§ 266 Abs. 3 B.1 HGB)	0 €

Buchungen:

Aufwendungen für Altersversorgung an Pensionsrückstellungen	2.500 €
Wertpapiere des Anlagevermögens an sonstige betriebliche Erträge	100 €
Pensionsrückstellungen an Wertpapiere des Anlagevermögens	2.500 €

Lösung zu Fall 44   6 Punkte

Die ungewissen Verbindlichkeiten für die Jahresabschlusskosten sind nach § 249 Abs. 1 Satz 1 HGB als Rückstellungen zu erfassen. Diese sind gemäß § 253 Abs. 1 Satz 2 HGB mit dem notwendigen Erfüllungsbetrag anzusetzen, der sich nach vernünftiger kaufmännischer Beurteilung ergibt. Dabei kann es sich allerdings nur um die Nettowerte handeln.

Aufstellung Jahresabschluss und Erstellung der Steuererklärungen (37.700 / 1,16 =)	32.500 €
Prüfung des Jahresabschlusses (26.564 / 1,16 =)	22.900 €
Veröffentlichung des Jahresabschlusses (7.772 / 1,16 =)	6.700 €
Durchführung der Hauptversammlung	26.000 €
Summe sonstige Rückstellungen (§ 266 Abs. 3 B.3 HGB)	88.100 €

Steuerrechtlich ist die Rückstellung um die Kosten für die Durchführung der Hauptversammlung zu reduzieren (H 5.7 Abs. 4 EStH).

Buchung:

sonstige betriebliche Aufwendungen	88.100 €	
an sonstige Rückstellungen		88.100 €

Lösung zu Fall 45   6 Punkte

Für ungewisse Verbindlichkeiten aus gesetzlichen oder vertraglichen Gewährleistungen sind nach § 249 Abs. 1 Satz 1 HGB Rückstellungen zu bilden. Diese sind gemäß § 253 Abs. 1 Satz 2 HGB mit dem notwendigen Erfüllungsbetrag anzusetzen, der sich nach vernünftiger kaufmännischer Beurteilung ergibt. Garantierückstellungen sind entweder als Einzelrückstellungen zu bilden, wenn bereits Ansprüche geltend gemacht wurden, oder als Pauschalrückstellungen, wenn ein allgemeines Haftungsrisiko nachgewiesen werden kann (so auch für das Steuerrecht H 5.7 Abs. 5 EStH). Hier sind beide Fälle gegeben.

Im Fall Steen ist eine Einzelrückstellung in Höhe des bekannten Risikos zu erfassen, also ein Betrag von (28.000 € · 25 % =) 7.000 €.

Bei der Pauschalrückstellung kann der Durchschnittswert der vergangenen Jahre, bezogen auf den Restumsatz, angesetzt werden. Daraus ergibt sich ein Rückstellungsbetrag von (39.640.000 € · 0,6 % =) 237.840 €.

Die Bilanzierung erfolgt unter der Position § 266 Abs. 3 B.3 HGB i. H. von (7.000 € + 237.840 € =) 244.840 €.

Buchung:

sonstige betriebliche Aufwendungen	244.840 €	
an sonstige Rückstellungen		244.840 €

Lösung zu Fall 46   19 Punkte

Für ungewisse Verbindlichkeiten, zu denen die Jubiläumsverpflichtungen zählen, sind nach § 249 Abs. 1 Satz 1 HGB Rückstellungen zu bilden. Diese sind gemäß § 253 Abs. 1 Satz 2 HGB mit dem notwendigen Erfüllungsbetrag anzusetzen, der sich nach vernünftiger kaufmännischer Beurteilung ergibt. Bei Jubiläumsrückstellungen müssen Abzinsungen vorgenommen werden, da sie einen Zinsanteil enthalten.

Für die Handelsbilanz ist kein bestimmtes Verfahren für die Ermittlung der Rückstellungswerte vorgeschrieben. Allerdings ist das steuerliche Pauschalwertverfahren unter den Voraussetzungen des § 5 Abs. 4 EStG in der Handelsbilanz nicht zulässig. Aufgrund der Bewertungsstetigkeit (§ 252 Abs. 1 Nr. 6 HGB) ist die Bewertung nach dem Teilwertverfahren beizubehalten, auch wenn dies nicht zum niedrigsten Gewinn führt.

In der Steuerbilanz ist zwingend das Pauschalwertverfahren zu verwenden, sodass die Werte zwischen Handels- und Steuerbilanz hier abweichen.

Handelsbilanz:

Sven Thiesen

Rückstellung	31.12.2020	1.685 €
Rückstellung	31.12.2019	1.600 €
Aufwand		85 €

Anja Knecht

Rückstellung	31.12.2020	465 €
Rückstellung	31.12.2019	440 €
Aufwand		25 €

Steuerbilanz:

Sven Thiesen

Rückstellung	31.12.2020	1.390 €
Rückstellung	31.12.2019	1.300 €
Aufwand		90 €

Anja Knecht

Rückstellung	31.12.2020	335 €
Rückstellung	31.12.2019	300 €
Aufwand		35 €

Die Bilanzierung 2020 erfolgt unter der Position § 266 Abs. 3 B.3 HGB i. H. von (1.685 + 465 =) 2.150 €.

Lösung zu Fall 47   21 Punkte

1. Die Pensionszusage darf nach § 6a Abs. 2 Nr. 1 EStG erstmals in der Bilanz zum 31.12.2019 gebildet werden, da Z zur Mitte dieses Jahres das 27. Lebensjahr vollendet hat. Da 2019 das Erstjahr der Passivierung ist, kann die AG nach § 6a Abs. 4 Satz 3 EStG die Rückstellung mit 10.500 € (ohne Verteilung) oder mit 3.500 € (Verteilung auf drei Jahre) ansetzen. Die Steigerung in 2020 beträgt mehr als 25 %. Somit kann eine weitere Verteilung vorgenommen werden (§ 6a Abs. 4 Satz 4 EStG). Der sich ergebende Minimalansatz zum 31.12.2020 beträgt 8.500 € (3.500 € + 3.500 € + 1.500 €) und der Maximalwert 15.000 €.

2. Nach § 249 Abs. 1 Satz 1 HGB sind Rückstellungen für erteilte Pensionszusagen zu bilden. Die Bewertung erfolgt nach § 253 Abs. 1 Satz 2 sowie Abs. 2 Satz 2 HGB mit dem abgezinsten Erfüllungsbetrag, hier also mit 72.000 €. Dieser Betrag ist mit dem Zeitwert (§ 253 Abs. 1 Satz 4 HGB) der Rückdeckungsversicherung zu saldieren (§ 246 Abs. 2 Satz 2 HGB). In der Handelsbilanz werden somit 3.000 € (72.000 € - 69.000 €) passiviert.

   Die handelsrechtliche Passivierungspflicht gilt dem Grunde nach auch im Steuerrecht (§ 5 Abs. 1 Satz 1 EStG). Der Ansatz erfolgt jedoch nach § 6a Abs. 3 Satz 1 EStG mit dem Teilwert. Dies ist zum 31.12.2019 unterblieben. Da eine Bilanzberichtigung nach § 4 Abs. 2 Satz 1 EStG ausscheidet, weil laut Angabe die Veranlagung 2019 nicht mehr änderbar ist, wird die Korrektur grundsätzlich in der Schlussbilanz zum 31.12.2020 vorgenommen (R 4.4 Abs. 1 Satz 9 EStR). Jedoch darf nach § 6a Abs. 4 Satz 1 EStG eine Pensionsrückstellung in einem Wirtschaftsjahr höchstens um den Unterschied zwischen dem Teilwert am Ende des aktuellen Jahres (63.000 €) und am Ende des Vorjahres (54.000 €) erhöht werden. In der Steuerbilanz zum 31.12.2020 darf daher die Pensionsrückstellung nur i. H. von 9.000 € passiviert werden.

Eine Saldierung mit der Rückdeckungsversicherung ist nach § 5 Abs. 1a Satz 1 EStG sowie H 6a Abs. 23 „Getrennte Bilanzierung" EStH nicht zulässig, sodass diese nach § 6 Abs. 1 Nr. 2 Satz 1 EStG mit 65.000 € zu aktivieren ist.

Lösung zu Fall 48   15 Punkte

Für ungewisse Verbindlichkeiten aus Urlaubsansprüchen des vergangenen Jahres sind nach § 249 Abs. 1 Satz 1 HGB Rückstellungen zu bilden.

Diese sind gemäß § 253 Abs. 1 Satz 2 HGB mit dem notwendigen Erfüllungsbetrag anzusetzen, der sich nach vernünftiger kaufmännischer Beurteilung ergibt. In die Rückstellung sind folgende Beträge einzubeziehen:

	Angela Schweers	Norbert Abraham
Bruttoentgelt	78.864 €	77.520 €
zzgl. Gehaltssteigerung	2.400 €	2.040 €
lohnabhängige Nebenkosten		
VL	480 €	324 €
Weihnachtsgeld	5.985 €	4.544 €
Summe Lohn und Gehalt	87.729 €	84.428 €
AG-Anteil an der Sozialvers.	19.300 €	15.450 €
Beiträge zur Berufsgenossenschaft	650 €	700 €
Summe soziale Aufwendungen	19.950 €	16.150 €

In der Steuerbilanz sind das jährlich vereinbarte Weihnachtsgeld, die vermögenswirksamen Leistungen und die Gehaltssteigerung ab 1.1.2020 nicht zu berücksichtigen.

Für die Berechnung der Rückstellungshöhe sind die oben errechneten Beträge handelsrechtlich grundsätzlich auf die tatsächlichen Arbeitstage zu verteilen und mit dem Resturlaub zu multiplizieren. Steuerrechtlich erfolgt die Bewertung anhand der regulären Arbeitstage.

	Angela Schweers	Norbert Abraham
Summe Lohn und Gehalt	87.729 €	84.428 €
	/ 220 · 12	/ 260 · 16
Rückstellung Lohn und Gehalt	4.785 €	5.196 €
Summe soziale Abgaben	19.950 €	16.150 €
	/ 220 · 12	/ 260 · 16
Rückstellung soziale Abgaben	1.088 €	994 €

Eine Abzinsung nach § 253 Abs. 2 Satz 1 HGB ist hier nicht erforderlich, da der Ausgleich der Rückstellung im Folgejahr erfolgt (Februar 2021).

Die Bilanzierung erfolgt unter der Position § 266 Abs. 3 B.3 HGB i. H. von 12.063 €.

Buchung:

Löhne und Gehälter	9.981 €	
soziale Abgaben	2.082 €	
an sonstige Rückstellungen		12.063 €

Lösung zu Fall 49   8 Punkte

Für ungewisse Verbindlichkeiten aus Schadenersatzforderungen und Prozesskosten sind nach § 249 Abs. 1 Satz 1 HGB Rückstellungen zu bilden. Dabei kommt es nicht darauf an, dass bereits eine Klage erhoben wurde; eine wahrscheinliche Klage ist als Rückstellungsgrund ausreichend. Die Rückstellung ist auch nach § 5 Abs. 1 Satz 1 EStG steuerbilanziell zu bilden.

Die Rückstellung ist gemäß § 253 Abs. 1 Satz 2 HGB mit dem notwendigen Erfüllungsbetrag anzusetzen, der sich nach vernünftiger kaufmännischer Beurteilung ergibt. Aufgrund des juristischen Gutachtens muss mit einer eventuellen Zahlung von 27.678 € gerechnet werden, sodass dieser Betrag für den Schadenersatz anzusetzen ist.

Die Bilanzierung erfolgt unter der Position § 266 Abs. 3 B.3 HGB i. H. von 36.078 €.

Eine Abzinsung nach § 253 Abs. 2 Satz 1 HGB ist hier nicht erforderlich, da der Ausgleich der Rückstellung im Folgejahr erfolgt. Entsprechendes gilt im Steuerrecht (§ 6 Abs. 1 Nr. 3a Buchst. e EStG).

Buchungen:

sonstige betriebliche Aufwendungen	27.678 €	
an sonstige Rückstellungen		27.678 €
sonstige betriebliche Aufwendungen	8.400 €	
an sonstige Rückstellungen		8.400 €

Lösung zu Fall 50   6 Punkte

Für unterlassene Instandhaltungen sind nach § 249 Abs. 1 Satz 2 Nr. 1 HGB Rückstellungen zu bilden, wenn die Instandhaltungen innerhalb der ersten 3 Monate nach dem Bilanzstichtag nachgeholt werden (vgl. R 5.7 Abs. 11 EStR). Erfolgt die Nachholung nach dieser Frist, darf keine Rückstellung gebildet werden.

Rückstellungen sind gemäß § 253 Abs. 1 Satz 2 HGB mit dem notwendigen Erfüllungsbetrag anzusetzen, der sich nach vernünftiger kaufmännischer Beurteilung ergibt.

Sie können allerdings nur gebildet werden, soweit die wirtschaftliche Verursachung im abgelaufenen Wirtschaftsjahr liegt. Somit können für die beiden Maschinen C und D, die am 3.1.2021 beschädigt wurden, keine Rückstellungen bilanziert werden. Es handelt sich in diesen Fällen nicht um wertaufhellende Tatsachen gemäß § 252 Abs. 1 Nr. 4 HGB, da die Schadensfälle im Jahr 2021 passierten (wertbegründende Tatsachen). Ebenso kann für die Maschinen B und E keine Rückstellung gebildet werden, weil die Instandhaltung nicht innerhalb von 3 Monaten durchgeführt werden soll.

Es kann also nur für die Maschine A eine Rückstellung angesetzt werden (Pflichtrückstellung). Die Bilanzierung erfolgt unter der Position § 266 Abs. 3 B.3 HGB i. H. von 16.500 €.

Buchung:

sonstige betriebliche Aufwendungen	16.500 €	
an sonstige Rückstellungen		16.500 €

Lösung zu Fall 51   4 Punkte

Grundsätzlich werden schwebende Geschäfte in der Bilanz nicht dargestellt. Eine Ausnahme ergibt sich dann, wenn aus dem schwebenden Geschäft ein Verlust droht. Für diesen Fall sieht § 249 Abs. 1 Satz 1 HGB die Bildung einer Rückstellung vor.

Rückstellungen sind gemäß § 253 Abs. 1 Satz 2 HGB mit dem notwendigen Erfüllungsbetrag anzusetzen, der sich nach vernünftiger kaufmännischer Beurteilung ergibt.

Bei Einkaufsgeschäften ergibt sich ein drohender Verlust, wenn der vereinbarte Einkaufspreis höher ist, als der entsprechende Marktpreis am Beschaffungsmarkt zum Bilanzstichtag. In diesem Fall ist der Preis von 800 € je Tonne laut Kaufvertrag auf 770 € je Tonne zum 31.12.2020 gesunken, sodass eine Rückstellung zu bilden ist.

Einkaufspreis laut Kaufvertrag (500 t · 800 € je Tonne =)	400.000 €
Einkaufspreis zum Bilanzstichtag (500 t · 770 € je Tonne =)	385.000 €
drohender Verlust	15.000 €

Der Bilanzansatz (§ 266 Abs. 3 B.3 HGB) zum 31.12.2020 beträgt 15.000 €.

Nach § 5 Abs. 4a Satz 1 EStG darf eine Rückstellung für drohende Verluste für die Steuerbilanz nicht gebildet werden. Diese abweichende Passivierung führt zu aktiven latenten Steuern nach § 274 Abs. 1 Satz 2 HGB.

Lösung zu Fall 52 17 Punkte

Für ungewisse Verbindlichkeiten aus Steuernachzahlungen sind nach § 249 Abs. 1 Satz 1 HGB Rückstellungen zu bilden. Gemäß § 253 Abs. 1 Satz 2 HGB sind sie mit dem notwendigen Erfüllungsbetrag anzusetzen, der sich nach vernünftiger kaufmännischer Beurteilung ergibt, das entspricht in diesem Fall den selbst ermittelten steuerlichen Zahlungen.

1. Die Steuerzahlungen für die Körperschaftsteuer werden immer unter der Position § 275 Abs. 2 Nr. 14 HGB „Steuern vom Einkommen und Ertrag" gebucht, auch wenn es sich um aperiodische Aufwendungen handelt. Ein außerordentlicher Aufwand liegt insoweit nicht vor.
2. Für die Ermittlung der KSt-Rückstellung ist die tarifliche KSt zu ermitteln und um die Vorauszahlungen zu kürzen. Da der Steuersatz 2020 einheitlich 15 % beträgt, spielt die geplante Ausschüttung für die Höhe der KSt-Schuld keine Rolle.

tarifliche KSt (840.360 € · 15 % =)	126.054 €
Vorauszahlungen	- 118.000 €
KSt-Rückstellung 2020 (§ 266 Abs. 3 B.2 HGB)	8.054 €

3. Bei der Grunderwerbsteuer handelt es sich nicht um Aufwand des Geschäftsjahres, sondern um Anschaffungsnebenkosten, die mit dem Grundstück zu aktivieren sind. Außerdem steht hier der Betrag und die Fälligkeit fest, sodass keine Rückstellung, sondern eine sonstige Verbindlichkeit zu erfassen ist (§ 266 Abs. 3 C.8 HGB).
4. Die ermittelte Steuerschuld ist in Höhe des Betrags in die Steuerrückstellung einzustellen, um den die berechnete Steuer die Vorauszahlungen übersteigt.

berechnete GewSt	75.860 €
Vorauszahlungen	- 70.000 €
GewSt-Rückstellung 2020 (§ 266 Abs. 3 B.2 HGB)	5.860 €

Buchungen:

1.	Steuern vom Einkommen und Ertrag	1.560 €	
	an außerordentliche Aufwendungen		1.560 €
2.	Steuern vom Einkommen und Ertrag	8.054 €	
	an Steuerrückstellungen		8.054 €
3.	Steuerrückstellungen	21.000 €	
	an Steuern vom Einkommen und Ertrag		21.000 €
	Grundstücke … (Grund und Boden)	21.000 €	
	an sonstige Verbindlichkeiten		21.000 €
4.	Steuern vom Einkommen und Ertrag	5.860 €	
	an Steuerrückstellungen		5.860 €

Lösung zu Fall 53   19 Punkte

Für ungewisse Verbindlichkeiten aus Patentrechtsverletzungen sind nach § 249 Abs. 1 Satz 1 HGB Rückstellungen zu bilden. Diese Rückstellungen sind gemäß § 253 Abs. 1 Satz 2 HGB mit dem notwendigen Erfüllungsbetrag anzusetzen, der sich nach vernünftiger kaufmännischer Beurteilung ergibt. Steuerrechtlich dürfen gemäß § 5 Abs. 3 Satz 1 EStG Rückstellungen wegen Patentrechtsverletzungen erst gebildet werden, wenn der Rechtsinhaber Ansprüche geltend gemacht hat oder mit einer Inanspruchnahme ernsthaft zu rechnen ist.

1. Die Verletzung des registrierten Patentrechts kann zu einem Schadenersatz von 72.000 € führen. In Höhe dieses Betrags ist sowohl auf Basis des Handels- als auch des Steuerrechts eine sonstige Rückstellung zu bilden.

   Die Bilanzierung erfolgt unter der Position § 266 Abs. 3 B.3 HGB.

   Buchung:

   sonstige betriebliche Aufwendungen   72.000 €
      an sonstige Rückstellungen   72.000 €

   Da mit einer Regulierung in 2021 gerechnet wird, erfolgt keine Abzinsung.

2. Die AG hatte mit einer Inanspruchnahme gerechnet, die Rückstellung war deshalb sowohl handels- als auch steuerrechtlich korrekt gebildet und erhöht worden. Da es sich dabei aber um eine Rückstellung nach § 5 Abs. 3 Satz 1 Nr. 2 EStG handelt, ist diese in der Bilanz des dritten auf ihre erstmalige Bildung (2017) folgenden Wirtschaftsjahres (2020) aufzulösen, wenn keine Ansprüche geltend gemacht worden sind (§ 5 Abs. 3 Satz 2 EStG). Der Aufstockungsbetrag ist nicht als einzelne Rückstellung zu werten, sodass hier keine neue Frist beginnt (R 5.7 Abs. 10 EStR).

   In diesem Fall sind keine Ansprüche geltend gemacht worden, sodass die Rückstellung in vollem Umfang steuerrechtlich aufzulösen ist. Diese Annullierung ist für die Handelsbilanz nicht nachzuvollziehen, weil es sich dort immer noch um eine ungewisse Verbindlichkeit handelt. Die steuerliche Auflösung erfolgt außerhalb der Bilanz.

   Da nach Schätzung der AG eine Inanspruchnahme spätestens Mitte 2024 erfolgt, ist die Rückstellung nach § 253 Abs. 2 Satz 1 HGB abzuzinsen. Der Zinssatz ergibt sich nach § 253 Abs. 2 Satz 4 HGB.

   Veröffentlicht werden allerdings nur ganzjährige Werte, sodass hier entweder nach dem Vorsichtsprinzip der niedrigere Zinssatz (3 Jahre, 4,07 %; 4 Jahre, 4,22 % = 4,07 %) oder ein durch Interpolation ermittelter Zinssatz zu verwenden ist. Möglich wäre auch der Zinssatz des Jahres, das näher am Erfüllungszeitpunkt liegt. Da die Inanspruchnahme aber Mitte 2024 erfolgt, hilft diese Variante hier nicht weiter.

   Da die Interpolation den genaueren Wert liefert, soll diese angewandt werden.

Zinssatz = 4,07 % + 180/360 · (4,22 - 4,07) = 4,15 %

Abzinsungsfaktor = $\dfrac{1}{(1+i)^n}$ = $\dfrac{1}{(1+0{,}0415)^{3{,}5}}$ = 0,867346

Rückstellungsbetrag = 89.000 € · 0,867346 = 77.194 €

Der Abzinsungsbetrag (89.000 € - 77.194 € =) 11.806 € ist nach § 277 Abs. 5 Satz 1 HGB gesondert (als Davon-Vermerk) unter der Position sonstige Zinsen und ähnliche Erträge (§ 275 Abs. 2 Nr. 11 HGB) auszuweisen.

Die Bilanzierung erfolgt unter der Position § 266 Abs. 3 B.3 HGB i. H. von 77.194 €.

Lösung zu Fall 54   6 Punkte

Für ungewisse Verbindlichkeiten aus Sozialplänen sind nach § 249 Abs. 1 Satz 1 HGB Rückstellungen zu bilden, wenn es sich bei der Beschlussfassung nicht um eine wertbegründende Tatsache gehandelt hat. Diese Rückstellungen sind gemäß § 253 Abs. 1 Satz 2 HGB mit dem notwendigen Erfüllungsbetrag anzusetzen, der sich nach vernünftiger kaufmännischer Beurteilung ergibt.

Steuerrechtlich dürfen gemäß R 5.7 Abs. 9 EStR Rückstellungen wegen Sozialplanverpflichtungen erst gebildet werden, wenn der Unternehmer den Betriebsrat über die geplante Betriebsänderung nach § 111 Satz 1 des Betriebsverfassungsgesetzes unterrichtet hat oder der Betriebsrat erst nach dem Bilanzstichtag, aber vor der Aufstellung oder Feststellung der Bilanz unterrichtet wird und der Unternehmer sich bereits vor dem Bilanzstichtag zur Betriebsänderung entschlossen hat, eine zur Aufstellung eines Sozialplans verpflichtende Maßnahme durchzuführen.

In diesem Fall haben sich die Gesellschafter bereits im Dezember 2020, also vor dem Bilanzstichtag, zur Schließung der Betriebsstätte entschlossen (Sozialplan verpflichtende Maßnahme) und der Betriebsrat ist vor der Aufstellung der Bilanz (15.3.2021) informiert worden. Somit muss eine Rückstellung für 2020 sowohl handels- als auch steuerrechtlich gebildet werden.

Die Höhe der Rückstellung ergibt sich aus den Kosten des Sozialplanes, da diese vor der Bilanzaufstellung bekannt waren (Wertaufhellung nach § 252 Abs. 1 Nr. 4 HGB). Eine Abzinsung kommt nicht in Betracht, da der Vorgang in 2021 abgeschlossen wird. Die Rückstellung (§ 266 Abs. 3 B.3 HGB) beträgt somit 280.000 €.

Lösung zu Fall 55   17 Punkte

Verbindlichkeiten sind nach § 253 Abs. 1 Satz 2 HGB mit ihrem Erfüllungsbetrag anzusetzen. Bei Valutaverbindlichkeiten erfolgt eine Umrechnung zum Devisenkassamittelkurs am Tag der Entstehung. Nach dem Wortlaut bezieht sich § 256a HGB nur auf die Bewertung am Abschlussstichtag. Mehrheitlich wird aber bereits eine Zugangsbewertung zum Devisenkassamittelkurs befürwortet. Ein höherer Devisenkassamittelkurs am Bilanzstichtag ist nach dem Höchstwertprinzip (§ 252 Abs. 1 Nr. 4 HGB) anzusetzen. Für die Steuerbilanz ist dies durch den Verweis von § 6 Abs. 1 Nr. 3 EStG auf § 6 Abs. 1 Nr. 2 EStG nicht möglich, da es sich nicht um eine dauernde Wertänderung handelt (vgl. BMF-Schreiben vom 2.9.2016).

1.4.2020	1.500.000.000 Yen · 0,8225 € / 100 =	12.337.500 €
31.12.2020	1.500.000.000 Yen · 0,8250 € / 100 =	12.375.000 €
Aufwand 2020		37.500 €

Für die Steuerbilanz ist der Wert von 12.337.500 € anzusetzen. Eine Abzinsung der Verbindlichkeit kommt nicht in Frage, da diese marktüblich verzinst wird. Der Aufwand ist gesondert (als Davon-Vermerk) unter den sonstigen betrieblichen Aufwendungen (§ 275 Abs. 2 Nr. 8 HGB) auszuweisen.

Bilanzansatz 2020 (§ 266 Abs. 3 C.2 HGB)	12.375.000 €

Da der Ausgabebetrag dieses Darlehens niedriger ist als der Rückzahlungsbetrag, darf das Disagio nach § 250 Abs. 3 HGB als aktiver Rechnungsabgrenzungsposten ausgewiesen werden. Nach einkommensteuerrechtlichen Vorschriften (H 6.10 „Damnum" EStH) muss dieser Posten gebildet werden. Aufgrund der möglichst einheitlichen Werte zwischen Handels- und Steuerbilanz ist der Rechnungsabgrenzungsposten zu bilden.

Das Disagio muss somit auf die Laufzeit des Darlehens verteilt werden. In diesem Fall ist nur eine lineare Aufteilung möglich, da es sich um ein Festdarlehen handelt (H 5.6 „Auflösung von Rechnungsabgrenzungsposten im Zusammenhang mit Zinsaufwand" EStH). Der Jahresanteil ist als Zinsaufwand zu erfassen.

1.500.000.000 Yen · 0,8225 € / 100 · 8 % =	987.000 €
Aufwandsanteil 2020 10 % von 987.000 €, 9/12	- 74.025 €
Bilanzansatz 2020 (§ 266 Abs. 2 C. HGB)	912.975 €

Die Nominalzinsen des Darlehens sind ebenfalls zum Devisenkassamittelkurs umzurechnen und als Zinsaufwand zu erfassen. Die Zahlungen zum 1. 10. sind zur Hälfte nach § 250 Abs. 1 Satz 1 HGB abzugrenzen.

Zahlung zum 1.4.2020:

1.500.000.000 Yen · 0,8225 € / 100 · 2 % / 2 =		123.375 €

Zahlung zum 1.10.2020:

1.500.000.000 Yen · 0,8231 € / 100 · 2 % / 2 =	123.465 €	
davon ist die Hälfte Aufwand aus 2021	61.732 €	
somit verbleiben für 2020		61.733 €
Zinsaufwand 2020		185.108 €

Die Bilanzierung des aktivierten Zinsanteils erfolgt unter der Position § 266 Abs. 2 C. HGB i. H. von 61.732 €.

Buchungen:

Darlehen:

Bank	11.350.500 €	
aktiver Rechnungsabgrenzungsposten	987.000 €	
an Verbindlichkeiten ggü. Kreditinstituten		12.337.500 €
sonstiger betrieblicher Aufwand	37.500 €	
an Verbindlichkeiten ggü. Kreditinstituten		37.500 €

Disagio:

Zinsen und ähnliche Aufwendungen	74.025 €	
an aktiver Rechnungsabgrenzungsposten		74.025 €

Zinsen:

Zinsen und ähnliche Aufwendungen an Bank		123.375 €
Zinsen und ähnliche Aufwendungen an Bank		123.645 €
aktiver Rechnungsabgrenzungsposten	61.732 €	
an Zinsen und ähnliche Aufwendungen		61.732 €

Lösung zu Fall 56 15 Punkte

Verbindlichkeiten sind nach § 253 Abs. 1 Satz 2 HGB mit ihrem Erfüllungsbetrag anzusetzen. Eine Abzinsung kommt wegen der marktüblichen Verzinsung nicht in Frage.

Bilanzansatz 2020 (§ 266 Abs. 3 C.2 HGB) 800.000 €

Da der Ausgabebetrag dieses Darlehens niedriger als der Rückzahlungsbetrag ist, darf der Unterschiedsbetrag nach § 250 Abs. 3 HGB als aktiver Rechnungsabgrenzungsposten ausgewiesen werden. Nach einkommensteuerrechtlichen Vorschriften (H 6.10 EStH) muss dieser Posten gebildet werden. Aufgrund der möglichst einheitlichen Werte zwischen Handels- und Steuerbilanz ist der Rechnungsabgrenzungsposten zu bilden. Die Zahlung an Herrn K. Gellert i. H. von 2.320 € stellt laufenden (sonstigen betrieblichen) Aufwand des Jahres dar (auch steuerrechtlich nach H 6.10 EStH).

Das Disagio muss über die Laufzeit des Darlehens verteilt werden. Bei einem Festdarlehen ist nur eine lineare Aufteilung möglich (H 5.6 „Auflösung von Rechnungsabgrenzungsposten im Zusammenhang mit Zinsaufwand" EStH). Der Jahresanteil für das Disagio ist als Zinsaufwand, der Anteil für die Bearbeitungsgebühren als sonstiger betrieblicher Aufwand zu erfassen.

Rückzahlungsbetrag	800.000 €
Auszahlungsbetrag (800.000 € · 94 % =)	- 752.000 €
Unterschiedsbetrag	48.000 €
Zinsanteil (800.000 € · 5 % =)	40.000 €
Jahresanteil (40.000 € · 20 %, davon die Hälfte =)	- 4.000 €
aktiver Rechnungsabgrenzungsposten 2020	36.000 €
Gebührenanteil (800.000 € · 1 % =)	8.000 €
Jahresanteil (8.000 € · 20 %, davon die Hälfte =)	- 800 €
aktiver Rechnungsabgrenzungsposten 2020	7.200 €

Da die Zinsen für das Darlehen nicht in dem Jahr gezahlt wurden, in dem der Aufwand angefallen ist, muss eine antizipative Rechnungsabgrenzung vorgenommen werden. Der Ausweis der Verbindlichkeit ist sowohl unter den Verbindlichkeiten gegenüber Kreditinstituten als auch unter den sonstigen Verbindlichkeiten möglich.

Zinsen (800.000 € · 5 %, davon die Hälfte =)   20.000 €

Buchungen:

sonstige betriebliche Aufwendungen	2.000 €	
an Zinsen und ähnliche Aufwendungen		2.000 €
aktiver Rechnungsabgrenzungsposten	43.200 €	
sonstige betriebliche Aufwendungen	800 €	
an Zinsen und ähnliche Aufwendungen		44.000 €
Zinsen und ähnliche Aufwendungen	20.000 €	
an Verbindlichkeiten gegenüber Kreditinstituten		20.000 €
(oder an sonstige Verbindlichkeiten)		

Lösung zu Fall 57   10 Punkte

Verbindlichkeiten sind nach § 253 Abs. 1 Satz 2 HGB mit ihrem Erfüllungsbetrag anzusetzen. Bei Valutaverbindlichkeiten erfolgt eine Umrechnung zum Devisenkassamittelkurs am Tag der Entstehung.

Eine Abzinsung nach § 6 Abs. 1 Nr. 3 EStG kommt wegen der Kurzfristigkeit nicht in Frage.

6.000.000 Yen · 0,8251 € / 100 Yen =   49.506 €

1. Ein höherer Devisenkassamittelkurs am Bilanzstichtag ist nach dem Höchstwertprinzip (§ 252 Abs. 1 Nr. 4 HGB) anzusetzen.

    6.000.000 Yen · 0,8260 € / 100 Yen = 49.560 €

Die Differenz i. H. von 54 € ist ein Kursverlust, der nach § 277 Abs. 5 Satz 2 HGB gesondert (als Davon-Vermerk) unter den sonstigen betrieblichen Aufwendungen zu erfassen ist.

Die Bilanzierung erfolgt 2020 unter der Position § 266 Abs. 3 C.4 HGB i. H. von 49.560 €.

Steuerrechtlich darf dieser Wert nach § 6 Abs. 1 Nr. 3 i. V. mit Nr. 2 EStG nicht angesetzt werden, da es sich hier nicht um eine dauernde Wertänderung handelt. In der Steuerbilanz sind für diese Verbindlichkeit somit 49.506 € anzusetzen.

2. Der zum Bilanzstichtag 2020 gesunkene Kurs darf grundsätzlich nicht angesetzt werden, da ansonsten ein Ausweis von nicht realisierten Gewinnen erfolgen würde (Verstoß gegen § 252 Abs. 1 Nr. 4 HGB). Hier gilt aber die Ausnahmeregelung des § 256a Satz 2 HGB (Restlaufzeit unter 1 Jahr), sodass auch ein niedrigerer Kurs anzusetzen ist.

6.000.000 Yen · 0,8233 € / 100 Yen = 49.398 €

Bilanzansatz 2020 (§ 266 Abs. 3 C.4 HGB) 49.398 €

Der Kursgewinn i. H. von 108 € ist nach § 277 Abs. 5 Satz 2 HGB gesondert (als Davon-Vermerk) unter den sonstigen betrieblichen Erträgen zu erfassen.

Buchungen:

1.	sonstige betriebliche Aufwendungen	54 €	
	an Verbindlichkeiten aLL		54 €
2.	Verbindlichkeiten aLL	108 €	
	an sonstige betriebliche Erträge		108 €

Lösung zu Fall 58   19 Punkte

Verbindlichkeiten sind nach § 253 Abs. 1 Satz 2 HGB mit ihrem Erfüllungsbetrag anzusetzen.

Darlehensbetrag 1.1.2018	6.000.000 €
Tilgung 2018 zwei Raten zu je 375.000 €	- 750.000 €
Bilanzansatz 2018	5.250.000 €
Tilgung 2019 zwei Raten zu je 375.000 €	- 750.000 €
Bilanzansatz 2019	4.500.000 €

Die 6 % Zinsen für 2020 sind jeweils halbjährlich auf die entsprechende Restschuld zu berechnen und über die Position „Zinsen und ähnliche Aufwendungen" zu erfassen.

Stand 1.1.2020	4.500.000 €	Zinsen 1. Hj.	135.000 €
Tilgung 6/2020	- 375.000 €		
Restbetrag 1.7.2020	4.125.000 €	Zinsen 2. Hj.	123.750 €
Tilgung 12/2020	- 375.000 €		
Bilanzansatz 2020	3.750.000 €	Summe	258.750 €

Das Darlehen wird zum 31.12.2020 i. H. von 3.750.000 € unter der Position § 266 Abs. 3 C.2 HGB bilanziert.

Eine Abzinsung kommt wegen der marktüblichen Verzinsung nicht in Frage.

Da der Ausgabebetrag dieses Darlehens niedriger ist als der Rückzahlungsbetrag, darf das Disagio nach § 250 Abs. 3 HGB als aktiver Rechnungsabgrenzungsposten ausgewiesen werden. Nach einkommensteuerrechtlichen Vorschriften (H 6.10 „Damnum" EStH) muss dieser Posten gebildet werden. Aufgrund der möglichst einheitlichen Werte zwischen Handels- und Steuerbilanz ist der Rechnungsabgrenzungsposten zu bilden. Bei einem Tilgungsdarlehen muss das Disagio linear digital über die Laufzeit verteilt werden (H 5.6 „Auflösung von Rechnungsabgrenzungsposten im Zusammenhang mit Zinsaufwand" EStH). Der Jahresanteil ist als Zinsaufwand zu erfassen.

Rückzahlungsbetrag	6.000.000 €
Auszahlungsbetrag (6.000.000 € · 96 % =)	- 5.760.000 €
Unterschiedsbetrag	240.000 €

Addition der Zahlungstermine:

Insgesamt: 1 + 2 + 3 + … + 16 = 136 (Nenner) oder

$$\frac{1 + 16}{2} \cdot 16 = 136$$

2018: 16 + 15 = 31 (Zähler)

Zinsaufwand 2018	240.000 € · 31/136 =	- 54.706 €
2018: 14 + 13 = 27 (Zähler) Zinsaufwand 2019	240.000 € · 27/136 =	- 47.647 €
Bestand aktiver Rechnungsabgrenzungsposten 1.1.2020		137.647 €
2020: 12 + 11 = 23 (Zähler) Zinsaufwand 2020	240.000 € · 23/136 =	- 40.588 €
akt. Rechnungsabgrenzungsposten (§ 266 Abs. 2 C. HGB)		97.059 €

Buchungen:

Verbindlichkeiten gegenüber Kreditinstituten an Bank		750.000 €
Zinsen und ähnliche Aufwendungen an Bank		258.750 €
Zinsen und ähnliche Aufwendungen	40.588 €	
an aktiver Rechnungsabgrenzungsposten		40.588 €

Lösung zu Fall 59 — 6 Punkte

Verbindlichkeiten sind nach § 253 Abs. 1 Satz 2 HGB mit ihrem Erfüllungsbetrag anzusetzen.

Das Darlehen wird zum 31.12.2020 i. H. von 300.000 € unter der Position § 266 Abs. 3 C.8 HGB bilanziert.

Steuerrechtlich muss allerdings nach § 6 Abs. 1 Nr. 3 EStG eine Abzinsung erfolgen, da es sich um ein unverzinsliches Darlehen handelt. Die Abzinsung erfolgt sofort bei Darlehensaufnahme für 3 Jahre.

300.000 € · 0,851614 =   255.484 €

Zum Bilanzstichtag erfolgt dann wieder eine Zuschreibung auf (300.000 € · 0,898452 =) 269.536 €.

Diese Regelung gilt allerdings nur für das Steuerrecht, sodass in diesem Sachverhalt keine Übereinstimmung mit dem Handelsrecht erreicht werden kann.

Bank an sonstige Verbindlichkeiten   300.000 €

Lösung zu Fall 60 — 13 Punkte

Zuerst müssen die Aufwendungen nach den prozentualen Angaben des Betriebsabrechnungsbogens verteilt werden. Bei den Herstellungskosten ist zu beachten, dass diese um die Bestandsminderungen und aktivierten Eigenleistungen zu korrigieren sind.

	gesamt	Herstellungskosten	
Materialaufwand	18.200.000	85 %	15.470.000
Personalaufwand	13.800.000	71 %	9.798.000
Abschreibungen	8.800.000	78 %	6.864.000
sonst. betriebl. Aufw.	4.500.000	46 %	2.070.000

	Herstellungskosten
Zwischensumme	34.202.000
zzgl. Bestandsminderungen	2.600.000
abzgl. aktivierte Eigenleistungen	- 960.000
gesamt	35.842.000

	gesamt	Vertriebskosten	
Materialaufwand	18.200.000	4 %	728.000
Personalaufwand	13.800.000	8 %	1.104.000
Abschreibungen	8.800.000	6 %	528.000
sonst. betriebl. Aufw.	4.500.000	21 %	945.000
gesamt			3.305.000

	gesamt	Verwaltungskosten	
Materialaufwand	18.200.000	7 %	1.274.000
Personalaufwand	13.800.000	16 %	2.208.000
Abschreibungen	8.800.000	11 %	968.000
sonst. betriebl. Aufw.	4.500.000	26 %	1.170.000
gesamt			5.620.000

Die restlichen Prozentpunkte müssen in anderen Bereichen angefallen sein und gehören deshalb zu den sonstigen betrieblichen Aufwendungen.

	gesamt	sonst. betriebl. Aufwendungen	
Materialaufwand	18.200.000	4 %	728.000
Personalaufwand	13.800.000	5 %	690.000
Abschreibungen	8.800.000	5 %	440.000
sonst. betriebl. Aufw.	4.500.000	7 %	315.000
gesamt			2.173.000

Da sich die übrigen Positionen nicht verändern, ergibt sich folgende Gewinn- und Verlustrechnung nach dem Umsatzkostenverfahren (Angaben in T€):

1. Umsatzerlöse	45.800	8. Erträge aus and. Wertpapieren	2.650
2. Herstellungskosten	35.842	9. Zinserträge	1.430
3. Bruttoergebnis	9.958	10. Zinsaufwendungen	5.340
4. Vertriebskosten	3.305	11. Ergebnis gewöhnl. Geschäftstätigkeit	3.950
5. Verwaltungskosten	5.620	12. E & E Steuern	1.980
6. sonst. betriebliche Erträge	6.350	13. sonstige Steuern	95
7. sonst. betriebliche Aufwendungen	2.173	14. Jahresüberschuss	1.875

Lösung zu Fall 61   15 Punkte

1. Die Aufwendungen gehören in vollem Umfang zu den Löhnen und Gehältern 2020 (§ 275 Abs. 2 Nr. 6a HGB).

2. Die Aufwendungen für die Grundsteuer sind grundsätzlich unter der Position 16. „sonstige Steuern" auszuweisen.

   In diesem Fall gehören die 9.460 € allerdings nicht in die Gewinn- und Verlustrechnung 2020, sondern sind als aktiver Rechnungsabgrenzungsposten auszuweisen, da es sich um einen im Voraus bezahlten Aufwand handelt. Kein Ansatz in der GuV 2020.

3. Die Diskontaufwendungen sind in vollem Umfang unter der Position „sonstige Zinsen und ähnliche Aufwendungen" auszuweisen. Die Spesen sind als Kosten des Geldverkehrs „sonstige betriebliche Aufwendungen".

   § 275 Abs. 2 Nr. 13 HGB 863 €, § 275 Abs. 2 Nr. 8 HGB 10 €

4. Die Aufwendungen gehören komplett zu den Löhnen und Gehältern.

   § 275 Abs. 2 Nr. 6a) HGB 7.658 €

5. Die Aufwendungen für den Verspätungszuschlag gehören als Gebühren unter die Position 8. „sonstige betriebliche Aufwendungen". Ein Ausweis unter den Steueraufwendungen ist nicht zulässig.

   § 275 Abs. 2 Nr. 8 HGB 520 €

6. Der Zinsertrag gehört unter die Position 11. „sonstige Zinsen und ähnliche Erträge" der Gewinn- und Verlustrechnung 2020.

   Außerdem sind bei dieser Geldanlage 25 % Kapitalertragsteuer auf den Zinsertrag (4.260 € · 25 % = 1.065 €) angefallen, die als Steuern vom Einkommen und Ertrag erfasst werden müssen.

   § 275 Abs. 2 Nr. 11 HGB 4.260 €, § 275 Abs. 2 Nr. 14 HGB 1.065 €

7. Die Bestände zweier Erzeugnisgruppen haben sich folgendermaßen entwickelt:

	31.12.2019	31.12.2020	
	Wert	Wert	Differenz
Erzeugnis 1	205.200 €	212.800 €	7.600 €
Erzeugnis 2	18.962 €	17.480 €	- 1.482 €
Bestandserhöhung			6.118 €

   § 275 Abs. 2 Nr. 2 HGB 6.118 €

8. Die Zinserträge sind für ein langfristiges Darlehen, also für eine Ausleihung des Finanzanlagevermögens, gezahlt worden. Somit sind die Zinsen unter der Position „Erträge aus anderen Wertpapieren und Ausleihungen des Finanzanlagevermögens" auszuweisen.

   § 275 Abs. 2 Nr. 10 HGB 7.630 €

Lösung zu Fall 62   27 Punkte

1. Rückstellungen, die in der Bilanz unter dem Posten „sonstige Rückstellungen" nicht gesondert ausgewiesen werden, sind nach § 285 Satz 1 Nr. 12 HGB zu erläutern, wenn sie einen nicht unerheblichen Umfang haben. Es handelt sich hier also um eine Pflichtangabe im Anhang, die nicht unterbleiben darf.

2. Die gesetzlichen Vertreter einer Kapitalgesellschaft haben nach § 264 Abs. 1 Satz 1 HGB den Jahresabschluss um einen Anhang zu erweitern, der mit der Bilanz und der Gewinn- und Verlustrechnung eine Einheit bildet (sog. erweiterter Jahresabschluss). Es handelt sich also beim Anhang nicht um einen freiwilligen Bericht, sondern um einen Pflichttext.

3. Für die Mitglieder des Aufsichtsrats sind nach § 285 Satz 1 Nr. 9 Buchst. c HGB die gewährten Kredite unter Angabe der Zinssätze, der wesentlichen Bedingungen und der ggf. im Geschäftsjahr zurückgezahlten Beträge anzugeben. Es handelt sich hier also um eine Pflichtangabe im Anhang, die nicht unterbleiben darf.

4. Es ist richtig, dass für den Aufbau des Anhangs grundsätzlich Gestaltungsfreiheit besteht, es also kein vorgegebenes Gliederungsschema gibt. Die geforderten Angaben des § 285 HGB brauchen auch nicht in der im Gesetz genannten Reihenfolge dargestellt zu werden. Auch das Stetigkeitsgebot (§ 265 Abs. 1 HGB) gilt für den Anhang nicht. Aufgrund der Fülle der Informationen sollte der Anhang allerdings gegliedert und diese Gliederung auch möglichst beibehalten werden. Die Angaben zu einzelnen Posten der Bilanz oder Gewinn- und Verlustrechnung sind nach § 284 Abs. 1 HGB in der Reihenfolge der Bilanz bzw. Gewinn- und Verlustrechnung darzustellen.

5. Nach § 285 Satz 1 Nr. 10 HGB sind alle Mitglieder des Geschäftsführungsorgans mit dem Familiennamen und mindestens einem ausgeschriebenen Vornamen, einschließlich des ausgeübten Berufs und bei börsennotierten Gesellschaften auch der Mitgliedschaft in Aufsichtsräten und anderen Kontrollgremien i. S. des § 125 Abs. 1 Satz 5 des Aktiengesetzes zu benennen. Es handelt sich hier also um eine Pflichtangabe im Anhang, die nicht unterbleiben darf, selbst wenn sich gegenüber dem Vorjahr nichts geändert hat.

6. Die Aufgliederung der Umsatzerlöse nach Tätigkeitsbereichen sowie nach geographisch bestimmten Märkten ist nach § 285 Satz 1 Nr. 4 HGB unter bestimmten Bedingungen Pflicht. Die Aufgliederung der Umsatzerlöse kann allerdings nach § 286 Abs. 2 HGB unterbleiben, soweit die Aufgliederung nach vernünftiger kaufmännischer Beurteilung geeignet ist, der Kapitalgesellschaft einen erheblichen Nachteil zuzufügen. Da hier ein solcher Nachteil droht, braucht keine Aufgliederung zu erfolgen.

7. Der Anhang ist nach § 264 Abs. 1 Satz 1 i.V. mit § 244 HGB in deutscher Sprache aufzustellen. Dies schließt nicht aus, dass der Anhang zusätzlich auch in anderen Sprachen erfolgen darf und bei der hier gegebenen Struktur zusätzlich in englischer Sprache veröffentlicht werden sollte. Eine deutsche Fassung ist allerdings Pflicht.

8. Eine Kapitalflussrechnung ist für Einzelabschlüsse nach § 264 Abs. 1 Satz 2 HGB vorgeschrieben, soweit die Gesellschaft kapitalmarktorientiert ist. Dies ist für die Maschinenbau AG gegeben, da die Aktien an der Frankfurter Börse gehandelt werden (siehe Kapitel A.I. auf Seite 1). Es handelt sich also um eine Pflichtangabe.

9. Die Entwicklung der einzelnen Posten des Anlagevermögens braucht nach § 268 Abs. 2 Satz 1 HGB nicht in der Bilanz dargestellt zu werden, sondern kann alternativ auch im Anhang erfolgen. Die Vorgehensweise ist in Ordnung.

10. Da ein hoher Betrag nicht von untergeordneter Bedeutung für die Beurteilung der Ertragslage ist, muss die AG den als außerordentlichen Ertrag in der Gewinn- und Verlustrechnung ausgewiesenen Posten hinsichtlich seines Betrags und seiner Art im Anhang erläutern (§ 277 Abs. 4 Satz 2 HGB).

11. Nach § 284 Abs. 2 Nr. 1 HGB müssen im Anhang die auf die Posten der Bilanz und der Gewinn- und Verlustrechnung angewandten Bilanzierungs- und Bewertungsmethoden angegeben werden. Die Vorgehensweise ist in Ordnung.

12. Die Bürgschaft ist ein in § 251 HGB genanntes Haftungsverhältnis und muss deshalb nach § 268 Abs. 7 HGB jeweils gesondert im Anhang angegeben werden. Die ebenfalls mögliche Angabe in der Bilanz ist nach Aufgabenstellung nicht erfolgt. Es handelt sich hier also um eine Pflichtangabe im Anhang, die nicht unterbleiben darf.

13. Die Angabe der Zahl der beschäftigten Arbeitnehmer ist nach § 285 Satz 1 Nr. 7 HGB – nach Gruppen getrennt – anzugeben. Allerdings handelt es sich nicht um die Anzahl am Jahresende, sondern um den Jahresdurchschnitt, sodass andere Werte anzugeben sind.

14. Ein genehmigtes Kapital ist im Anhang nach § 160 Abs. 1 Nr. 4 AktG anzugeben. Es handelt sich um eine Pflichtangabe, die nicht unterbleiben darf.

15. Die Vorgehensweise der Anpassung der Vorjahreszahlen der Bilanz und Gewinn- und Verlustrechnung aufgrund der Veräußerung eines Teilbetriebs und die entsprechende Erläuterung ist nach § 265 Abs. 2 Satz 3 HGB korrekt.

Lösung zu Fall 63 — 6 Punkte

Die OHG könnte nach § 264a Abs. 1 i.V. mit § 264 Abs. 1 Satz 1 HGB zur Aufstellung eines Lageberichts verpflichtet sein. Nach den Angaben der Einleitung (siehe Kapitel A.I. auf Seite 1) sind allerdings alle vier Gesellschafter der OHG natürliche Personen, sodass eine Verpflichtung nach dem HGB nicht besteht.

Die OHG könnte nach dem PublG zur Aufstellung verpflichtet sein. Die OHG hat seit 5 Jahren zwei der drei Kriterien (Umsatzerlöse und durchschnittliche Arbeitnehmerzahl) nach § 1 Abs. 1 PublG überschritten und ist damit nach § 2 Abs. 1 PublG zur Rechnungslegung nach dem PublG verpflichtet. Somit muss die OHG einen Jahresabschluss nach § 242 HGB aufstellen. Ein Lagebericht ist allerdings nach § 5 Abs. 2 PublG durch eine Personenhandelsgesellschaft (wie die OHG) nicht aufzustellen.

Die OHG ist also nicht zur Aufstellung eines Lageberichts verpflichtet.

Lösung zu Fall 64 8 Punkte

Der Jahresabschluss (Bilanz, Gewinn- und Verlustrechnung, Anhang) und der Lagebericht sind von den gesetzlichen Vertretern in den ersten 3 Monaten des Geschäftsjahres für das vergangene Geschäftsjahr aufzustellen (§ 264 Abs. 1 Satz 3 HGB), also hier bis zum 31.3.2021.

Die gesetzlichen Vertreter von großen börsennotierten Kapitalgesellschaften i. S. von § 264d HGB (Unternehmen, die einen organisierten Markt i. S. des § 2 Abs. 5 des Wertpapierhandelsgesetzes durch von ihr ausgegebene Wertpapiere i. S. des § 2 Abs. 1 Satz 1 des Wertpapierhandelsgesetzes in Anspruch nehmen) haben nach § 325 Abs. 4 Satz 1 HGB für diese den Jahresabschluss beim Betreiber des elektronischen Bundesanzeigers elektronisch unverzüglich nach der Vorlage an die Gesellschafter, jedoch spätestens vor Ablauf des 4. Monats des dem Abschlussstichtag nachfolgenden Geschäftsjahres einzureichen, also hier spätestens am 30.4.2021 (bei einer nicht börsennotierten AG wären es 12 Monate nach § 325 Abs. 1a Satz 1 HGB). Zusätzlich muss die Maschinenbau AG folgende Unterlagen beim elektronischen Bundesanzeiger einreichen:

▶ Bestätigungsvermerk oder dem Vermerk über dessen Versagung,

▶ Lagebericht,

▶ Bericht des Aufsichtsrats,

▶ Erklärung zum Corporate Governance Kodex (§ 161 AktG),

▶ soweit sich dies aus dem eingereichten Jahresabschluss nicht ergibt, der Vorschlag für die Verwendung des Ergebnisses und der Beschluss über seine Verwendung unter Angabe des Jahresüberschusses oder Jahresfehlbetrags.

Lösung zu Fall 65 15 Punkte

1. Nach § 316 Abs. 1 Satz 1 HGB besteht eine Verpflichtung zur Abschlussprüfung. Die Ergebnisse der Abschlussprüfungen der Vorjahre spielen für diese Verpflichtung keine Rolle.

2. Mögliche Abschlussprüfer:

    a) Nach § 319 Abs. 1 Satz 1 HGB können Abschlussprüfer nur Wirtschaftsprüfer sein. Ein vereidigter Buchprüfer darf also nicht zum Abschlussprüfer der Maschinenbau AG bestellt werden.

    b) Der Wirtschaftsprüfer könnte nach § 319 Abs. 1 Satz 1 HGB als Abschlussprüfer bestellt werden. Allerdings besteht nach § 319 Abs. 3 Satz 1 Nr. 1 i.V. mit § 319 Abs. 3 Satz 2 HGB ein Ausschlussgrund, sodass er nicht zum Abschlussprüfer der Maschinenbau AG bestellt werden darf.

c) Nach § 319 Abs. 1 Satz 1 HGB können Abschlussprüfer nur Wirtschaftsprüfer sein. Eine Steuerberaterin darf also nicht zur Abschlussprüferin der Maschinenbau AG bestellt werden.

d) Die Wirtschaftsprüferin könnte nach § 319 Abs. 1 Satz 1 HGB als Abschlussprüferin bestellt werden. Allerdings besteht nach § 319 Abs. 3 Satz 1 Nr. 2 HGB ein Ausschlussgrund, sodass sie nicht zur Abschlussprüferin der Maschinenbau AG bestellt werden darf.

e) Die Wirtschaftprüferin kann nach § 319 Abs. 1 Satz 1 HGB als Abschlussprüferin der Maschinenbau AG bestellt werden, da sie keine weiteren finanziellen oder persönlichen Verbindungen zur AG hat.

f) Der Wirtschaftsprüfer könnte nach § 319 Abs. 1 Satz 1 HGB als Abschlussprüfer bestellt werden. Allerdings besteht nach § 319 Abs. 3 Satz 1 Nr. 3 Buchst. b HGB ein Ausschlussgrund, sodass er nicht zum Abschlussprüfer der Maschinenbau AG bestellt werden darf.

g) Die Wirtschaftsprüferin könnte nach § 319 Abs. 1 Satz 1 HGB als Abschlussprüferin bestellt werden. Allerdings besteht nach § 319a Abs. 1 Satz 1 Nr. 4 HGB ein Ausschlussgrund, sodass sie nicht zur Abschlussprüferin der Maschinenbau AG bestellt werden darf.

h) Der Wirtschaftsprüfer könnte nach § 319 Abs. 1 Satz 1 HGB als Abschlussprüfer bestellt werden. Allerdings besteht nach § 319 Abs. 3 Satz 1 Nr. 3 Buchst. c HGB ein Ausschlussgrund, sodass er nicht zum Abschlussprüfer der Maschinenbau AG bestellt werden darf.

Lösung zu Fall 66 — 12 Punkte

1. Die normsetzende Institution der IFRS ist das International Accounting Standards Board (IASB).

   Die gesellschaftsrechtliche Organisation des IASB erfolgt über eine Stiftung (IFRS Foundation) mit Sitz in Delaware, USA, also keine staatliche Organisation. Die Stiftung hat zwei Organe: Das IASB, mit Sitz in London, ist das Geschäftsführungsorgan und für den Erlass der Standards zuständig. Die Trustees der Stiftung (zurzeit 22 Personen aus verschiedenen internationalen Unternehmen/Organisationen) kontrollieren den IASB und bestimmen deren Mitglieder. Daneben besteht das IFRS Interpretations Committee, welches die Aufgabe hat, die Anwendung der Standards zu beobachten und in Einzelfragen, die in den Standards nicht explizit geregelt sind, eine Interpretation zur Anwendung zu geben. Allerdings entscheidet das IASB über die Veröffentlichung und damit das Wirksamwerden der Interpretationen.

2. Die Entstehung eines neuen IFRS findet in einem formalisierten Prozess statt, der einer interessierten Öffentlichkeit die Möglichkeit zur Beteiligung bietet. Nach Bearbeitung eines Vorhabens im IASB und der Abstimmung mit dem Rahmenkonzept erhält die Öffentlichkeit die Möglichkeit zur Kommentierung des Diskussionspapiers (Draft Statement of Principles). Danach erfolgt wieder eine Bearbeitung im IASB und die Erstellung eines Entwurfs (Exposure

Draft). Auch dieser wird wieder veröffentlicht und kann kommentiert werden. Am Ende steht dann die Verabschiedung des Standards durch das IASB. Es handelt sich bei dem Verfahren zwar um einen privatwirtschaftlichen Vorgang (es ist kein staatliches Parlament an der Entscheidung beteiligt), aber um ein sehr öffentliches Verfahren (in englischer Sprache).

3. Das IFRS-Gesamtwerk besteht aus dem Rahmenkonzept (Framework), den Standards (IAS und IFRS) sowie den Interpretationen (SIC und IFRIC).

   Das Rahmenkonzept enthält die konzeptionellen Grundlagen der IFRS. Auf diese ist, obwohl es grundsätzlich unverbindlich ist, immer dann zurückzugreifen, wenn in den einzelnen Standards oder Interpretationen, die grundsätzlich Vorrang haben, keine Regelung getroffen ist. Außerdem dient das Rahmenkonzept dem IASB als Grundlage für die Erarbeitung neuer Standards. Es kann aber z. B. zwingend zu beachten sein, wenn ein Standard hierauf verweist.

   Die IFRS sind vom IASB verabschiedete Standards, die sich mit Einzelproblemstellungen der Rechnungslegung bzw. Berichterstattung befassen, z. B. IAS 16 Sachanlagen. Die Standards werden in der Reihenfolge ihrer zeitlichen Entstehung nummeriert. Die IFRS werden für Anwender innerhalb der EU durch das sog. Endorsementverfahren (siehe 4.) verbindlich.

   Die Interpretationen regeln Einzelfragen, die in den Standards nicht explizit geregelt sind. Daneben erläutern und ergänzen sie die Standards und sind genauso verbindlich wie diese.

4. Da es sich bei den IFRS um privatrechtliche Normen handelt, sind diese mit ihrer Verabschiedung durch das IASB in Deutschland nicht rechtsverbindlich. Um möglichst eine in der EU einheitliche Rechtsverbindlichkeit zu erreichen, werden die IFRS sowie die Interpretationen nicht durch jeden einzelnen Staat in nationales Recht umgesetzt, sondern durch eine EU-Verordnung unmittelbar für alle Beitrittsländer der Europäischen Union in der jeweiligen Amtssprache verbindlich. Dieser sog. Endorsement-Prozess erfolgt im Rahmen eines besonderen EU-Rechtsetzungsverfahren, der Komitologie. Dabei ist die EU-Kommission in der Verordnung EG 1606/2002 ermächtigt worden, in einem vereinfachten Verfahren Änderungsverordnungen zur Übernahmeverordnung der IFRS (EG 1126/2008; zuletzt geändert durch EU 2016/2067) zu erlassen.

5. In Deutschland können Unternehmen einen Einzelabschluss nach IFRS aufstellen und veröffentlichen. Sie müssen dann aber für die Bemessung der Ausschüttung einen HGB-Abschluss und für die Bemessung der Steuer eine Steuerbilanz erstellen. Für einen solchen IFRS-Abschluss gelten zusätzlich einige Bestimmungen des HGB (vgl. § 325 Abs. 2a HGB).

   Anders verhält es sich beim Konzernabschluss. Hier sind alle kapitalmarktorientierten Mutterunternehmen verpflichtet, ihren Konzernabschluss für Wirtschaftsjahre, die nach dem 31.12.2004 beginnen (zum Teil besteht eine Übergangsregelung), in Übereinstimmung mit den IFRS zu erstellen (§ 315a Abs. 1 und 2 HGB). Ein Unternehmen ist kapitalmarktorientiert, wenn es durch ausgegebene Wertpapiere einen organisierten Markt im Sinne des Wertpapierhandelsgesetzes in Anspruch nimmt oder dies beantragt hat. Die nicht kapitalmarktorientierten Mutterunternehmen dürfen ihren Konzernabschluss nach IFRS aufstellen (§ 315a Abs. 3 HGB). Für alle gilt, dass sie dann keinen zusätzlichen Konzernabschluss nach HGB aufstellen müssen (befreiender Konzernabschluss nach IFRS), aber dass bestimmte Vorschriften des HGB zusätzlich zu beachten sind.

Lösung zu Fall 67   8 Punkte

1. Die Hauptaufgabe des IFRS-Abschlusses ist es, den Adressaten des Abschlusses (insbesondere den Investoren, F. 9 ff.) Informationen, die den tatsächlichen Verhältnissen entsprechen, IAS 1.15 ff., über die Vermögens-, Finanz- und Ertragslage sowie die Cashflows und deren jeweiligen Veränderungen zu geben (F. 15 ff.), damit diese auf der Grundlage der Daten wirtschaftliche Entscheidungen treffen können (IAS 1.9). Dieses Ziel stimmt zwar grundsätzlich mit dem HGB überein, wird aber hier im Gegensatz zu den IFRS durch die vorrangig zu beachtenden Vorschriften zum Gläubigerschutz (Vorsichtsprinzip) stark eingeschränkt.

2. Den IFRS liegen das Konzept der Periodenabgrenzung (F. 22) und das der Unternehmensfortführung (F. 23) als Annahmen zugrunde.

   Die Prämisse der Unternehmensfortführung (going concern, IAS 1.25 f.) besagt, dass bei der Aufstellung des Abschlusses von der Annahme auszugehen ist, dass das Unternehmen in einem überblickbaren Zeithorizont fortgeführt wird. Dies gilt solange, bis entgegengesetzte Erkenntnisse vorliegen, z. B. die Unternehmensleitung beabsichtigt das Unternehmen aufzulösen. Bei erheblichen Zweifeln an der Fortführungsfähigkeit (innerhalb von 12 Monaten nach dem Abschlussstichtag) ergeben sich entsprechende Angabepflichten.

   Das Konzept der Periodenabgrenzung (accrual basis of accounting, IAS 1.27 f.) besagt, dass Auswirkungen von Geschäftsvorfällen in der Periode erfolgswirksam zu erfassen sind, zu der sie wirtschaftlich gehören. Die Zahlungsflüsse werden durch transistorische und antizipative Posten periodengerecht nach ihrer wirtschaftlichen Verursachung zugeordnet. Die periodengerechte Erfolgsermittlung kann nach IFRS zu anderen Ergebnissen führen als nach dem HGB, da die Einschränkungen durch das Vorsichtprinzip (Realisationsprinzip) nicht so stark sind.

3. Das Rahmenkonzept enthält vier qualitative Anforderungen (F. 24):
   - Verständlichkeit (understandability, F. 25)
   - Relevanz (relevance, F. 26 ff.)
   - Verlässlichkeit (reliability, F. 31 ff.)
   - Vergleichbarkeit (comparability, F. 39 ff.)

Lösung zu Fall 68   12 Punkte

Ein vollständiger IFRS-Abschluss besteht aus (IAS 1.10)
- einer Bilanz (balance sheet, IAS 1.54 ff.),
- einer Darstellung von Gewinn oder Verlust (statement of profit or loss) und sonstigem Ergebnis (statement of other comprehensive income, IAS 1.81 ff.),

- einer Eigenkapitalveränderungsrechnung (statement of changes in equity, IAS 1.106 ff.),
- einer Kapitalflussrechnung (cash-flow statement, IAS 1.111),
- einem Anhang (notes, IAS 1.112 ff.) und
- Vergleichsinformationen (IAS 1.38 ff.).

Für die Bilanz gibt es in den IFRS kein festes Gliederungsschema, auch Konto- oder Staffelform ist nicht vorgeschrieben. Grundsätzlich ist nur nach kurz- und langfristigen Vermögenswerten (assets) sowie nach kurz- und langfristigen Schulden (liabilities) zu gliedern. Es ist nur ein Mindestumfang an Positionen vorgegeben (IAS 1.54); weitere Positionen, Überschriften und Zwischensummen können angegeben werden (IAS 1.55). Rechnungsabgrenzungsposten werden nicht gesondert, sondern innerhalb der Vermögenswerte und Schulden ausgewiesen. Welche Vermögenswerte und Schulden in welche Position einfließen, ist in unterschiedlichen Standards geregelt. Die Verantwortlichkeit für eine sachgerechte Bilanzstruktur liegt beim bilanzierenden Unternehmen, welches dabei allerdings beachten muss, dass die Bilanz hauptsächlich dem Anleger zur Information dienen soll.

Auch für die Gewinn- und Verlustrechnung gibt es kein konkretes Gliederungsschema. Die Darstellung kann nach dem Gesamt- (nature of expense method) oder Umsatzkostenverfahren (function of expense method) erfolgen. Es ist nur ein Mindestumfang an Positionen vorgegeben (IAS 1.82 f.); weitere Positionen, Überschriften und Zwischensummen können angegeben werden (IAS 1.85). Es gibt keine außerordentlichen Erträge oder Aufwendungen (IAS 1.87).

In der Eigenkapitalveränderungsrechnung sind bestimmte Eigenkapitalbestandteile ausgehend von ihrem Vorjahreswert und den Veränderungen in der abgelaufenen Periode darzustellen. Auch hier ist wieder ein Mindestumfang vorgegeben. Für den formalen Aufbau gibt es eine weitgehende Gestaltungsfreiheit.

Die Kapitalflussrechnung erläutert die Veränderung des Finanzmittelfonds (Zahlungsmittel und Zahlungsmitteläquivalente) in einer Periode. Sie ist in die Bereiche betriebliche Tätigkeit (operating activities), Investitionstätigkeit (investing activities) und Finanzierungstätigkeit (financing activities) zu gliedern (IAS 7.10). Eine weitergehende Gliederungsvorschrift existiert nicht. Die Darstellung kann nach IAS 7.18 in direkter oder indirekter Methode erfolgen. Empfohlen wird die direkte Methode (IAS 7.19).

Der Anhang ist Pflichtbestandteil des IFRS-Abschlusses. Es sind deutlich mehr Informationen zu geben, als nach HGB-Vorschriften. Für den Anhang gibt es kein festes Gliederungsschema, aber es ist eine systematische Darstellung mit Querverweisen zwischen den Posten der Bilanz, Gewinn- und Verlustrechnung und der Kapitalflussrechnung zu den dazugehörigen Angaben des Anhangs gefordert. Für den Aufbau gibt es einen Vorschlag in den IFRS (IAS 1.114).

In bestimmten Fällen (wenn das Eigen- oder Fremdkapital des Unternehmens öffentlich gehandelt wird oder entsprechende Emissionen in die Wege geleitet sind) ist der Anhang noch um eine Segmentsberichterstattung (segment reporting) zu erweitern (IAS 14), die je nach Abhängigkeit der Chancen und Risiken strukturiert ist. Liegen die Chancen und Risiken im Wesentlichen in der Art der Produkte oder Dienstleistungen, so erfolgt die Berichterstattung zuerst nach Geschäftssegmenten (primäres Berichtsformat) und dann nach geografischen Segmenten (sekundäres Berichtsformat). Liegen Chancen und Risiken im Wesentlichen an der Tätigkeit in unterschiedlichen Regionen, so erfolgt die Berichterstattung zuerst nach geografischen Segmenten (primäres Berichtsformat) und dann nach Geschäftssegmenten (sekundäres Berichtsformat). Für die Angaben zum primären Berichtsformat gelten umfangreichere Mindestvorschriften als beim sekundären.

Lösung zu Fall 69   12 Punkte

Zuerst erfolgt die Prüfung, ob es sich überhaupt um einen Vermögenswert handelt, der zu bilanzieren ist. Ein Vermögenswert ist eine Ressource, die aufgrund von Ereignissen der Vergangenheit in der Verfügungsmacht des Unternehmens steht, und von der erwartet wird, dass dem Unternehmen aus ihr künftiger wirtschaftlicher Nutzen zufließt (F. 49 (a)). Die gekaufte Maschine erfüllt alle drei Bedingungen und ist daher ein Vermögenswert (asset).

Ein Vermögenswert wird in der Bilanz angesetzt, wenn es wahrscheinlich ist, dass der künftige wirtschaftliche Nutzen dem Unternehmen zufließen wird, und wenn seine Anschaffungs- oder Herstellungskosten (cost) oder ein anderer Wert verlässlich bewertet werden können (IAS 16.7). Die Maschine erfüllt auch diese Erfassungskriterien, sodass sie dem Grunde nach unter den Sachanlagen (langfristige Vermögenswerte) zu bilanzieren ist.

Die Erstbewertung (measurement at recognition) der Maschine erfolgt zu den Anschaffungskosten (purchase cost, IAS 16.15). Wie diese ermittelt werden ist nicht generell geregelt, sondern dem entsprechenden Standard zu entnehmen. Die Anschaffungs- oder Herstellungskosten einer Sachanlage umfassen (IAS 16.16):

a) den Erwerbspreis einschließlich Einfuhrzölle und nicht erstattungsfähiger Umsatzsteuern nach Abzug von Rabatten, Boni und Skonti;

b) alle direkt zurechenbaren Kosten, die anfallen, um den Vermögenswert zu dem Standort und in den erforderlichen, vom Management beabsichtigten, betriebsbereiten Zustand zu bringen (z. B. Installations- und Montagekosten);

c) die erstmalig geschätzten Kosten für den Abbruch und die Beseitigung des Gegenstands und die Wiederherstellung des Standorts, an dem er sich befindet; die Verpflichtung, die ein Unternehmen entweder bei Erwerb des Gegenstands oder als Folge eingeht, wenn es ihn während einer gewissen Periode zu anderen Zwecken als zur Herstellung von Vorräten benutzt hat.

Jeder Bestandteil einer Sachanlage, dessen Anteil an den gesamten Anschaffungskosten wesentlich ist, soll gesondert abgeschrieben werden (Komponentenansatz, IAS 16.43 ff.). Da hier keine Angaben vorliegen, muss von einer einheitlichen Anlage ausgegangen werden.

Für die Folgebewertung (measurement after recognition) nach dem Anschaffungskostenmodell (cost model) gilt, dass nach dem Ansatz als Vermögenswert eine Sachanlage zu ihren Anschaffungskosten abzgl. der kumulierten Abschreibungen (accumulated depreciation) anzusetzen ist (IAS 16.30).

Der Abschreibungsbetrag eines Vermögenswerts wird nach Abzug seines Restwerts, da dieser hier wesentlich scheint, von den Anschaffungskosten ermittelt (IAS 16.53). Der Abschreibungsbetrag ist planmäßig über die Nutzungsdauer zu verteilen (IAS 16.50). Dabei ist die voraussichtliche betriebliche Nutzungsdauer (useful life) zu schätzen (IAS 16.56). Sie darf die wirtschaftliche Nutzungsdauer (economic life) nicht überschreiten.

Die Abschreibungsmethode hat dem erwarteten Verlauf des Verbrauchs des künftigen wirtschaftlichen Nutzens des Vermögenswerts durch das Unternehmen zu entsprechen (IAS 16.60). Somit ist eine bestimmte Methode nicht vorgegeben. Je nach Vermögenswert kann die lineare, die degressive oder die leistungsabhängige Abschreibung verwendet werden (IAS 16.62). Das Unternehmen wählt die Methode aus, die am genauesten den erwarteten Verlauf des Verbrauchs des künftigen wirtschaftlichen Nutzens des Vermögenswerts widerspiegelt (IAS 16.62). Diese Methode ist von Periode zu Periode stetig anzuwenden, es sei denn, dass sich der erwartete Verlauf des Verbrauchs jenes künftigen wirtschaftlichen Nutzens ändert (IAS 16.62).

Die Abschreibung eines Vermögenswerts beginnt, wenn er zur Verfügung steht, d. h. wenn er sich an seinem Standort und in dem vom Management beabsichtigten betriebsbereiten Zustand befindet (IAS 16.55).

Weicht der Restbuchwert nach IFRS vom Wert der Steuerbilanz ab, sind erfolgswirksam latente Steuern zu erfassen.

Der Restwert, die Nutzungsdauer und die Abschreibungsmethode eines Vermögenswerts sind mindestens zum Ende jedes Geschäftsjahres zu überprüfen (IAS 16.51, 16.61).

Die Bilanzierung erfolgt unter den Sachanlagen (IAS 1.54 (a)).

Lösung zu Fall 70   12 Punkte

Bei der Maschine handelt es sich um einen Vermögenswert, der zu bilanzieren ist, da es sich um eine Ressource handelt, die aufgrund von Ereignissen der Vergangenheit in der Verfügungsmacht des Unternehmens steht, und von der erwartet wird, dass dem Unternehmen aus ihr künftiger wirtschaftlicher Nutzen zufließt (F. 49 (a)).

Für die Maschine ist ein Vermögenswert in der Bilanz anzusetzen, da es wahrscheinlich ist, dass dem Unternehmen ein künftiger wirtschaftlicher Nutzen zufließen wird und die Anschaffungskosten verlässlich bewertet werden können (IAS 16.7).

Die Erstbewertung der Maschine erfolgt zu den Anschaffungskosten (IAS 16.15). Die Anschaffungskosten der Maschine umfassen in diesem Fall den Erwerbspreis nach Abzug von Skonto (IAS 16.16).

Jeder Bestandteil einer Sachanlage, dessen Anteil an den gesamten Anschaffungskosten wesentlich ist, soll gesondert abgeschrieben werden (Komponentenansatz, IAS 16.43 ff.). Da hier keine Angaben vorliegen, muss von einer einheitlichen Anlage ausgegangen werden.

Kaufpreis	350.000 €
abzgl. 3 % Skonto	- 10.500 €
Anschaffungskosten	339.500 €

Für die Folgebewertung nach dem Anschaffungskostenmodell gilt, dass nach dem Ansatz als Vermögenswert eine Sachanlage zu ihren Anschaffungskosten abzgl. der kumulierten Abschreibungen anzusetzen ist (IAS 16.30).

Der Abschreibungsbetrag ist planmäßig über die Nutzungsdauer zu verteilen (IAS 16.50). Dabei ist die voraussichtliche betriebliche Nutzungsdauer zu schätzen (IAS 16.56). Hier sind laut Aufgabenstellung zutreffend 10 Jahre geschätzt worden.

Die Abschreibungsmethode hat dem erwarteten Verlauf des Verbrauchs des künftigen wirtschaftlichen Nutzens des Vermögenswerts durch das Unternehmen zu entsprechen (IAS 16.60). Dies ist nach der Aufgabenstellung die lineare Methode.

Die Abschreibung eines Vermögenswerts beginnt, wenn er zur Verfügung steht, d. h. wenn er sich an seinem Standort und in dem vom Management beabsichtigten betriebsbereiten Zustand befindet (IAS 16.55). Dies ist hier der 19.6.2020, also ist die Maschine ab Juni 2020 abzuschreiben.

Anschaffungskosten	339.500 €
Abschreibung 10 %, davon $^{7}/_{12}$	- 19.804 €
Bilanzansatz zum 31.12.2020 (IAS 1.54 (a))	319.696 €

Buchungen:

Sachanlagen	350.000 €	
Vorsteuer	66.500 €	
an Verbindlichkeiten aLL		416.500 €
Verbindlichkeiten aLL	416.500 €	
an Sachanlagen		10.500 €
an Vorsteuer		1.995 €
an Zahlungsmittel		404.005 €
Abschreibungen an Sachanlagen		19.804 €

Lösung zu Fall 71   6 Punkte

Bei der Maschine handelt es sich um einen Vermögenswert, der zu bilanzieren ist, da es sich um eine Ressource handelt, die aufgrund von Ereignissen der Vergangenheit in der Verfügungsmacht des Unternehmens steht, und von der erwartet wird, dass dem Unternehmen aus ihr künftiger wirtschaftlicher Nutzen zufließt (F. 49 (a)).

Für die Maschine ist grundsätzlich ein Vermögenswert in der Bilanz anzusetzen, da es wahrscheinlich ist, dass dem Unternehmen ein künftiger wirtschaftlicher Nutzen zufließen wird und die Anschaffungskosten verlässlich bewertet werden können (IAS 16.7).

Im HGB-Abschluss dürfte diese Büromaschine als geringwertiges Wirtschaftsgut im Jahr 2020 als Aufwand erfasst worden sein. Die Erfassung als Aufwand des Geschäftsjahres ist nach dem

Grundsatz der Wesentlichkeit (F. 30) auch für den IFRS-Abschluss gültig. Somit braucht die eigentlich notwendige Aktivierung nach IAS 16 nicht zu erfolgen (IAS 8.8). Ein genauer Grenzwert ist in den Standards nicht vorgegeben, bei der Höhe von 300 € und nur wenigen vergleichbaren Fällen liegt aber eindeutig eine Unwesentlichkeit vor.

Die Anschaffungskosten i. H. von 300 € sind auch im IFRS-Abschluss als Aufwand zu erfassen. Ein Bilanzansatz erfolgt nicht.

Buchungen:

Abschreibungen	300 €	
Vorsteuer	57 €	
an Verbindlichkeiten aLL		357 €
Verbindlichkeiten aLL an Zahlungsmittel		357 €

Lösung zu Fall 72   12 Punkte

Zuerst erfolgt die Prüfung, ob es sich überhaupt um einen Vermögenswert handelt, der zu bilanzieren ist. Ein Vermögenswert ist eine Ressource, die aufgrund von Ereignissen der Vergangenheit in der Verfügungsmacht des Unternehmens steht, und von der erwartet wird, dass dem Unternehmen aus ihr künftiger wirtschaftlicher Nutzen zufließt (F. 49 (a)). Das Produktionsgebäude erfüllt alle drei Bedingungen und ist daher ein Vermögenswert (asset).

Ein Vermögenswert wird in der Bilanz angesetzt, wenn es wahrscheinlich ist, dass der künftige wirtschaftliche Nutzen dem Unternehmen zufließen wird, und wenn seine Anschaffungs- oder Herstellungskosten (cost) oder ein anderer Wert verlässlich bewertet werden können (IAS 16.7). Das Produktionsgebäude erfüllt auch diese Erfassungskriterien, sodass es dem Grunde nach unter den Sachanlagen (langfristige Vermögenswerte) zu bilanzieren ist.

Die Erstbewertung (measurement at recognition) erfolgt nach den Herstellungskosten (production costs, IAS 16.15). Die Ermittlung der Herstellungskosten für selbst erstellte Sachanlagen folgt denselben Grundsätzen, die auch beim Erwerb von Sachanlagen angewandt werden (IAS 16.22).

Somit gehören zu den Herstellungskosten des Gebäudes die direkt zurechenbaren Kosten (IAS 16.16 (b)), wie der Festpreis und eventuell zusätzlich anfallende Gebühren (z. B. Baugenehmigung). Die Abrisskosten für das bestehende Gebäude sind als Kosten der Standortvorbereitung ebenfalls direkt zurechenbare Kosten und gehören damit zu den Herstellungskosten (IAS 16.17 (b)). Dazu gehören auch die Kosten für Leistungen der Arbeitnehmer, die direkt aufgrund der Herstellung des Gebäudes anfallen (z. B. für die Betreuung des Generalunternehmers durch die Immobilienabteilung; IAS 16.17 (a)). Die Kosten für die Beseitigung des Gebäudes am Ende der Mietzeit des Grundstücks sind, falls eine verlässliche Schätzung der Höhe der Verpflichtung möglich ist, ebenfalls Herstellungskosten des Gebäudes (in gleicher Höhe ist dann eine Rückstellung zu bilden und abzuzinsen; IAS 16.16 (c)).

Jeder Bestandteil einer Sachanlage, dessen Anteil an den gesamten Herstellungskosten wesentlich ist, soll gesondert abgeschrieben werden (Komponentenansatz, IAS 16.43 ff.). Da hier keine Angaben vorliegen, muss von einer einheitlichen Anlage ausgegangen werden.

Da hier nach der Aufgabenstellung die Neubewertungsmethode (revaluation model, IAS 16.31 ff.) angewandt werden soll, erfolgt die Folgebewertung grundsätzlich durch eine Neubewertung des Vermögenswerts. Die Neubewertung hat bei Gebäuden grundsätzlich alle 3 oder 5 Jahre zu erfolgen, da sich hier der beizulegende Zeitwert meist nur geringfügig ändert (IAS 16.34). In den Jahren, in den keine Neubewertung erfolgt, wird der Vermögenswert analog nach dem Anschaffungskostenmodell planmäßig abgeschrieben (IAS 16.31, siehe Lösung Fall 69).

Zu berücksichtigen ist, dass bei einer Neubewertung eines Gebäudes die ganze Gruppe der Sachanlagen, zu denen der Gegenstand gehört, neu zu bewerten ist (IAS 16.36).

Führt eine erstmalige Neubewertung zu einer Erhöhung des Buchwerts des Gebäudes, ist die Wertsteigerung erfolgsneutral direkt in das Eigenkapital unter die Position Neubewertungsrücklage (revaluation surplus) einzustellen (IAS 16.39). Außerdem sind erfolgsneutrale latente Steuern zu buchen.

Führt eine erstmalige Neubewertung zu einer Verringerung des Buchwerts eines Vermögenswerts, ist die Wertminderung im Ergebnis zu erfassen (IAS 16.40).

Bei einer nachfolgenden Neubewertung kommen unterschiedliche Fälle bei Wertänderungen in Betracht:

a) Werterhöhung bei gebildeter Neubewertungsrücklage: Die Rücklage ist aufzustocken (IAS 16.39).

b) Werterhöhung bei vorheriger ergebniswirksamer Wertminderung: Die in der Vergangenheit ergebniswirksam erfasste Abwertung wird rückgängig gemacht. Ein übersteigender Betrag wird in die Neubewertungsrücklage eingestellt (IAS 16.39).

c) Wertminderung ohne früher gebildete Neubewertungsrücklage: Die Wertminderung ist im Ergebnis zu erfassen (IAS 16.40).

d) Wertminderung mit früher gebildeter Neubewertungsrücklage: Die Neubewertungsrücklage ist vorrangig aufzulösen. Nur eine die Rücklage übersteigende Wertminderung wird ergebniswirksam erfasst (IAS 16.40).

Die Bilanzierung des Gebäudes erfolgt nach IAS 1.54 (a) unter den Sachanlagen.

Weicht der Restbuchwert nach IFRS vom Wert der Steuerbilanz ab, sind, abgesehen von den Fällen der Bildung oder Auflösung der Neubewertungsrücklage, erfolgswirksam latente Steuern zu erfassen.

Der Ansatz einer Neubewertungsrücklage ist im HGB-Abschluss nicht möglich.

Lösung zu Fall 73   15 Punkte

Die Erstbewertung erfolgte 2018 nach den Herstellungskosten (IAS 16.15). In den Jahren in denen keine Neubewertung erfolgt, wird das Gebäude analog nach Anschaffungskostenmodell planmäßig abgeschrieben.

Im Jahr 2020 soll nach der Aufgabenstellung die Neubewertungsmethode angewandt werden (IAS 16.31 ff.) und zwar nicht nur für das Produktionsgebäude, sondern entsprechend IAS 16.36 ff. für die ganze Anlagengruppe Gebäude gleichzeitig. Die letzte Neubewertung ist 2017 erfolgt, also vor 3 Jahren. Diese Zeitspanne zwischen zwei Neubewertungen ist nach IAS 16.34 bei Gebäuden grundsätzlich zulässig, da sich bei diesen Anlagegütern der beizulegende Zeitwert in einem Jahr nur geringfügig ändert.

Ohne die Neubewertung würde sich folgender Restbuchwert für das Produktionsgebäude ergeben:

Herstellungskosten	1.800.000 €
Abschreibung 5 %, davon $^6/_{12}$	- 45.000 €
Abschreibung 5 %	- 90.000 €
Restbuchwert 2018	1.665.000 €
Abschreibung 5 % von 1.800.000 €	- 90.000 €
Restbuchwert 2019 vor Neubewertung	1.575.000 €

a) Beträgt der für die Neubewertung ermittelte beizulegende Wert 1.600.000 €, so übersteigt er den Restbuchwert des Anlageguts vor der Neubewertung. Diese Wertsteigerung ist direkt in das Eigenkapital unter die Position Neubewertungsrücklage einzustellen (IAS 16.39). Außerdem sind erfolgsneutrale latente Steuern zu erfassen, die aber lt. Aufgabenstellung nicht gebucht werden sollen.

Der Ansatz einer Neubewertungsrücklage ist im HGB-Abschluss nicht möglich.

Abschreibungen an Sachanlagen	90.000 €
Sachanlagen an Neubewertungsrücklage	25.000 €

b) Beträgt der für die Neubewertung ermittelte beizulegende Wert 1.550.000 €, so unterschreitet er den Restbuchwert des Anlageguts vor der Neubewertung. Diese Wertminderung ist im Ergebnis zu erfassen (IAS 16.40). Außerdem sind erfolgswirksam latente Steuern zu erfassen, die aber nach der Aufgabenstellung nicht gebucht werden sollen.

Abschreibungen an Sachanlagen	90.000 €
Abschreibungen an Sachanlagen (Neubewertung)	25.000 €

Die Bilanzierung des Gebäudes erfolgt nach IAS 1.54 (a) unter den Sachanlagen.

Zusatzaufgabe:

Neubewertung 2023	Werterhöhung 2020 25.000 €	Wertminderung 2020 25.000 €
Werterhöhung von 10.000 €	Die Neubewertungsrücklage ist um 10.000 € zu erhöhen.	Es sind 10.000 € zuzuschreiben.
Werterhöhung von 30.000 €	Die Neubewertungsrücklage ist um 30.000 € zu erhöhen.	Es sind 25.000 € zuzuschreiben. Außerdem ist eine Neubewertungsrücklage i. H. von 5.000 € zu bilden.
Wertminderung von 10.000 €	Die Neubewertungsrücklage ist um 10.000 € zu vermindern.	Es sind 10.000 € abzuschreiben.
Wertminderung von 30.000 €	Die Neubewertungsrücklage ist um 25.000 € zu vermindern. Außerdem sind 5.000 € abzuschreiben.	Es sind 30.000 € abzuschreiben.

Lösung zu Fall 74 8 Punkte

Grundsätzlich sind Fremdkapitalkosten (borrowing cost) in der Periode als Aufwand zu erfassen, in der sie angefallen sind (IAS 23.1, 23.8). Dies gilt aber nicht für Fremdkapitalkosten, die direkt dem Erwerb, dem Bau oder der Herstellung eines qualifizierten Vermögenswerts zugeordnet werden können (IAS 23.1).

Also sind Fremdkapitalkosten, die direkt der Herstellung eines qualifizierten Vermögenswerts (qualifying asset) zugeordnet werden können, als Teil der Anschaffungs- oder Herstellungskosten (cost) dieses Vermögenswerts zu aktivieren (IAS 23.8). Fremdkapitalkosten, die direkt der Herstellung eines qualifizierten Vermögenswerts zugeordnet werden können, sind solche, die vermieden worden wären, wenn die Ausgaben für den qualifizierten Vermögenswert nicht getätigt worden wären (IAS 23.10). Wenn ein Unternehmen speziell für die Beschaffung eines bestimmten qualifizierten Vermögenswerts Mittel aufnimmt, können die Fremdkapitalkosten, die sich direkt auf diesen qualifizierten Vermögenswert beziehen, ohne Weiteres bestimmt werden (IAS 23.10). Ein qualifizierter Vermögenswert ist ein Vermögenswert, für den ein längerer (beträchtlicher) Zeitraum erforderlich ist, um ihn in seinen beabsichtigten gebrauchsfähigen Zustand zu versetzen (IAS 23.5). Dies ist hier gegeben.

Die Fremdkapitalkosten werden dann als Teil der Anschaffungs- oder Herstellungskosten des Vermögenswerts aktiviert, wenn wahrscheinlich ist, dass dem Unternehmen hieraus künftiger wirtschaftlicher Nutzen erwächst und die Kosten verlässlich bewertet werden können (IAS 23.9). Beide Bedingungen sind hier erfüllt, sodass eine Aktivierung erfolgen muss.

Mit der Aktivierung der Fremdkapitalkosten als Teil der Herstellungskosten eines qualifizierten Vermögenswerts ist gemäß IAS 23.17 dann zu beginnen, wenn

a) Ausgaben für den Vermögenswert anfallen;

b) Fremdkapitalkosten anfallen (IAS 23.6) und

c) die erforderlichen Arbeiten begonnen haben, um den Vermögenswert für seinen beabsichtigten Gebrauch herzurichten.

Die Aktivierung von Fremdkapitalkosten ist zu beenden, wenn alle Arbeiten, die erforderlich sind, um den qualifizierten Vermögenswert für seinen beabsichtigten Gebrauch herzurichten, im Wesentlichen abgeschlossen sind (IAS 23.22).

Wurden Fremdmittel speziell für die Beschaffung eines qualifizierten Vermögenswerts aufgenommen, so ist die Höhe der für diesen Vermögenswert aktivierbaren Fremdkapitalkosten zu bestimmen, indem von den Fremdkapitalkosten, die aufgrund dieser Fremdkapitalaufnahme in der Periode tatsächlich angefallen sind, etwaige Anlageerträge aus der vorübergehenden Zwischenanlage dieser Mittel abgezogen werden (IAS 23.12).

Da hier die Fremdkapitalkosten direkt dem Bau des Gebäudes zugeordnet werden können, erhöhen sich die Herstellungskosten um den Betrag, um den die Fremdkapitalkosten für die 10 Monate Bauzeit die etwaigen Anlageerträge aus vorübergehender Geldanlage übersteigen.

Lösung zu Fall 75   12 Punkte

Bei der Maschine handelt es sich um einen Vermögenswert, der zu bilanzieren ist, da sie eine Ressource darstellt, die aufgrund von Ereignissen der Vergangenheit in der Verfügungsmacht des Unternehmens steht, und von der erwartet wird, dass dem Unternehmen aus ihr künftiger wirtschaftlicher Nutzen zufließt (F 49 (a)).

Für die Maschine ist grundsätzlich ein Vermögenswert in der Bilanz anzusetzen, da es wahrscheinlich ist, dass dem Unternehmen ein künftiger wirtschaftlicher Nutzen zufließen wird und die Anschaffungskosten verlässlich bewertet werden können (IAS 16.7).

Die Erstbewertung der Maschine erfolgt zu den Anschaffungskosten (IAS 16.15). Zu den Anschaffungskosten gehören der Kaufpreis abzgl. Skonto sowie die direkt zurechenbaren Kosten, wobei die Kosten für den Probelauf um die Erträge aus den dort produzierten Waren zu mindern sind (IAS 16.16 f.).

Kaufpreis	4.000.000 €
Fundament	50.000 €
Gutachten	10.000 €
Transport	10.000 €
Aufbau und Probelauf	15.000 €
Nettoertrag produzierte Waren	- 5.000 €
Skonto	- 80.000 €
Anschaffungskosten	4.000.000 €

Die Kosten für den routinemäßigen Anstrich der Halle sind laufende Instandhaltungskosten und gehören nicht zu den Anschaffungskosten (IAS 16.12).

Für die Folgebewertung nach dem Anschaffungskostenmodell gilt, dass nach dem Ansatz als Vermögenswert eine Sachanlage zu ihren Anschaffungskosten abzgl. der kumulierten Abschreibungen anzusetzen ist (IAS 16.30). Der Abschreibungsbetrag ist planmäßig über die Nutzungsdauer zu verteilen (IAS 16.50). Dabei ist die voraussichtliche betriebliche Nutzungsdauer zu schätzen (IAS 16.56).

Die Abschreibungsmethode hat dem erwarteten Verlauf des Verbrauchs des künftigen wirtschaftlichen Nutzens des Vermögenswerts durch das Unternehmen zu entsprechen (IAS 16.60). Dies ist nach der Aufgabenstellung die lineare Methode.

Die Abschreibung eines Vermögenswerts beginnt, wenn er zur Verfügung steht, d. h. wenn er sich an seinem Standort und in dem vom Management beabsichtigten betriebsbereiten Zustand befindet (IAS 16.55). Dies ist hier der Oktober 2020, also ist die Maschine ab diesem Monat abzuschreiben.

Jeder Bestandteil einer Sachanlage, dessen Anteil an den gesamten Anschaffungskosten wesentlich ist, soll gesondert abgeschrieben werden (Komponentenansatz, IAS 16.43 ff.).

In diesem Fall gibt es zwei Bestandteile, die getrennt voneinander abzuschreiben sind:

Die Verarbeitungseinheit, die laut Sicherheitsbestimmungen alle 4 Jahre ausgetauscht werden muss, hat auch nur eine Nutzungsdauer von 4 Jahren. Als Abschreibungsbasis dienen die Kosten, die für den Austausch erforderlich sind.

Anschaffungskosten	800.000 €
Abschreibung 25 %, davon $^3/_{12}$	- 50.000 €
Bilanzansatz Verarbeitungseinheit zum 31.12.2020 (IAS 1.54 (a))	750.000 €

Der Rest der Maschine kann nach IAS 16.45 für die Abschreibung zusammengefasst werden, da eine einheitliche Nutzungsdauer von 10 Jahren und ein linearer Werteverzehr besteht.

Anschaffungskosten	3.200.000 €
Abschreibung 10 %, davon $^3/_{12}$	- 80.000 €
Bilanzansatz Rest zum 31.12.2020 (IAS 1.54 (a))	3.120.000 €
Summe Bilanzansatz	3.870.000 €

Ein Komponentenansatz ist im HGB nicht vorgesehen.

Lösung zu Fall 76 — 10 Punkte

Bei der Software handelt es sich um einen Vermögenswert, der zu bilanzieren ist, da sie eine Ressource darstellt, die aufgrund von Ereignissen der Vergangenheit in der Verfügungsmacht des Unternehmens steht, und von der erwartet wird, dass dem Unternehmen aus ihr künftiger wirtschaftlicher Nutzen zufließt (F 49 (a)).

Bei der Software handelt es sich um einen immateriellen Vermögenswert (intangible asset, IAS 38.9 f.), da die Bedingungen Identifizierbarkeit, Verfügungsgewalt über eine Ressource und Bestehen eines künftigen wirtschaftlichen Nutzens gegeben sind (IAS 38.11 ff.).

Für die Software ist grundsätzlich ein Vermögenswert in der Bilanz anzusetzen, da es wahrscheinlich ist, dass dem Unternehmen ein künftiger wirtschaftlicher Nutzen zufließen wird und die Anschaffungskosten verlässlich bewertet werden können (IAS 38.21).

Die Erstbewertung der Software erfolgt zu den Anschaffungskosten (IAS 38.24). Dabei ist der Kaufpreis um den Skontobetrag zu vermindern (IAS 38.27).

Kaufpreis	40.000 €
Skonto	- 1.200 €
Anschaffungskosten	38.800 €

Für die Folgebewertung nach dem Anschaffungskostenmodell gilt, dass nach dem Ansatz als Vermögenswert ein immaterieller Vermögenswert zu seinen Anschaffungskosten abzgl. der kumulierten Abschreibungen anzusetzen ist (IAS 38.74). Die Software ist aufgrund technischer Änderungen nur begrenzt nutzbar (IAS 38.88), sodass sie abgeschrieben werden muss (IAS 38.89). Der Abschreibungsbetrag ist planmäßig über die Nutzungsdauer zu verteilen (IAS 38.97). Dabei ist die voraussichtliche betriebliche Nutzungsdauer unter Einbeziehung unterschiedlicher Faktoren zu ermitteln (IAS 38.90).

Die Abschreibungsmethode hat dem erwarteten Verlauf des Verbrauchs des künftigen wirtschaftlichen Nutzens des Vermögenswerts durch das Unternehmen zu entsprechen (IAS 38.98). Dies ist nach der Aufgabenstellung die lineare Methode.

Die Abschreibung eines Vermögenswerts beginnt, wenn er zur Verfügung steht, d. h. wenn er sich an seinem Standort und in dem vom Management beabsichtigten betriebsbereiten Zustand befindet (IAS 38.97). Dies ist hier der Februar 2020, also ist die Software ab diesem Monat abzuschreiben.

Anschaffungskosten	38.800 €
Abschreibung 20 %, davon $^{11}/_{12}$	- 7.113 €
Bilanzansatz zum 31.12.2020 (IAS 1.54 (c))	31.687 €

Buchungen:

immaterielle Vermögenswerte	40.000 €	
Vorsteuer	7.600 €	
an Verbindlichkeiten aLL		47.600 €
Verbindlichkeiten aLL	47.600 €	
an immaterielle Vermögenswerte		1.200 €
an Vorsteuer		228 €
an Zahlungsmittel		46.172 €
Abschreibungen	7.113 €	
an immaterielle Vermögenswerte		7.113 €

Lösung zu Fall 77   8 Punkte

Bei der Software handelt es sich um einen Vermögenswert, der zu bilanzieren ist, da sie eine Ressource darstellt, die aufgrund von Ereignissen der Vergangenheit in der Verfügungsmacht des Unternehmens steht, und von der erwartet wird, dass dem Unternehmen aus ihr künftiger wirtschaftlicher Nutzen zufließt (F 49 (a)).

Bei der Software handelt es sich um einen immateriellen Vermögenswert (intangible asset, IAS 38.9 f.), da die Bedingungen Identifizierbarkeit, Verfügungsgewalt über eine Ressource und Bestehen eines künftigen wirtschaftlichen Nutzens gegeben sind (IAS 38.11 ff.).

Für die Software ist grundsätzlich ein Vermögenswert in der Bilanz anzusetzen, da es wahrscheinlich ist, dass dem Unternehmen ein künftiger wirtschaftlicher Nutzen zufließen wird und die Herstellungskosten verlässlich bewertet werden können (IAS 38.21).

Die Erstbewertung der Software erfolgt zu den Herstellungskosten (IAS 38.24). Zu diesen gehören nicht die Beratungsleistungen für die Auswahl des Verfahrens, da diese Forschungsaufwand darstellen (IAS 38.55 f.). Selbst wenn es kein Forschungsaufwand wäre, wäre eine Erfassung bei den Herstellungskosten genauso nicht möglich, wie bei der Beratungsleistung für den Programmentwurf, da beide Dienstleistungen bereits in 2019 als Aufwand erfasst wurden (IAS 38.71). Die Lohnkosten, die für das Projekt angefallen sind, stellen Herstellungskosten dar (IAS 38.66). Die Finanzierungskosten sind nach IAS 23.8 ff. ebenfalls Herstellungskosten.

Lohnkosten Programmierung	120.000 €
Lohnkosten für Test und Implementierung	15.000 €
projektbezogene Finanzierungskosten	5.000 €
Herstellungskosten	140.000 €

Für die Folgebewertung nach dem Anschaffungskostenmodell gilt, dass nach dem Ansatz als Vermögenswert ein immaterieller Vermögenswert zu seinen Herstellungskosten abzgl. der kumulierten Abschreibungen anzusetzen ist (IAS 38.74). Die Software ist aufgrund technischer Änderungen nur begrenzt nutzbar (IAS 38.88), sodass sie abgeschrieben werden muss (IAS 38.89). Der Abschreibungsbetrag ist planmäßig über die Nutzungsdauer zu verteilen (IAS 38.97). Dabei ist die voraussichtliche betriebliche Nutzungsdauer unter Einbeziehung unterschiedlicher Faktoren zu ermitteln (IAS 38.90).

Die Abschreibungsmethode hat dem erwarteten Verlauf des Verbrauchs des künftigen wirtschaftlichen Nutzens des Vermögenswerts durch das Unternehmen zu entsprechen (IAS 38.98). Dies ist nach der Aufgabenstellung die lineare Methode.

Die Abschreibung eines Vermögenswerts beginnt, wenn er zur Verfügung steht, d. h. wenn er sich an seinem Standort und in dem vom Management beabsichtigten betriebsbereiten Zustand befindet (IAS 38.97). Dies ist hier der Juli 2020, also ist die Software ab diesem Monat abzuschreiben.

Herstellungskosten	140.000 €
Abschreibung 14 $^2/_7$ %, davon $^6/_{12}$	- 10.000 €
Bilanzansatz zum 31.12.2020 (IAS 1.54 (c))	130.000 €

Lösung zu Fall 78   6 Punkte

Bei den Aktien handelt es sich um einen Vermögenswert, der zu bilanzieren ist, da sie eine Ressource darstellen, die aufgrund von Ereignissen der Vergangenheit in der Verfügungsmacht des Unternehmens stehen, und von denen erwartet wird, dass dem Unternehmen aus ihnen künftiger wirtschaftlicher Nutzen zufließt (F 49 (a)).

Bei den Aktien handelt es sich um einen finanziellen Vermögenswert (IAS 32.11), der langfristig gehalten werden soll. Die Eingruppierung erfolgt in Finanzinvestitionen, die das Unternehmen als zur Veräußerung verfügbar bestimmt hat (available for sale), da sie weder bis zur Endfälligkeit zu haltende Finanzinvestitionen sind, noch beim erstmaligen Ansatz als erfolgswirksam zum beizulegenden Zeitwert zu bewerten bestimmt wurden, noch Kredite und Forderungen sind.

Für die Aktien ist grundsätzlich ein Vermögenswert in der Bilanz anzusetzen, wenn das Unternehmen Vertragspartner des Finanzinstruments wird (IFRS 9.3.1.1). Letzteres ist durch den Kauf passiert.

Ein marktüblicher Kauf eines finanziellen Vermögenswerts ist entweder zum Handels- oder zum Erfüllungstag anzusetzen (IFRS 9.3.1.2). Da hier nur der Erfüllungstag gegeben ist, ist dieser zu verwenden. Beim erstmaligen Ansatz eines finanziellen Vermögenswerts hat ein Unternehmen diesen zu klassifizieren (IFRS 9.3.1.1) und hier mit ihrem beizulegenden Zeitwert zu bewerten (IFRS 9.5.1.1). Dieser setzt sich in diesem Fall aus dem Kaufpreis und den Gebühren (Transaktionskosten), die für den Kauf gezahlt wurden, zusammen.

Kaufpreis (10.000 · 60,00 € =)	600.000 €
Gebühren (600.000 € · 1,0 % =)	6.000 €
beizulegender Zeitwert	606.000 €

Zur Veräußerung verfügbare finanzielle Vermögenswerte werden nach dem erstmaligen Ansatz zu deren beizulegendem Zeitwert bewertet, ohne die Transaktionskosten, die u.U. beim Verkauf oder einer anders gearteten Veräußerung anfallen, in Abzug zu bringen (IFRS 9.5.2.2).

Ein Verlust aus einem zur Veräußerung verfügbaren finanziellen Vermögenswert ist im sonstigen Ergebnis zu erfassen, bis der finanzielle Vermögenswert ausgebucht wird (IFRS 9.5.7.1).

beizulegender Zeitwert (10.000 · 58,00 € =)	580.000 €
bisheriger Wert	- 606.000 €
Verlust	- 26.000 €
Bilanzansatz zum 31.12.2020 (IAS 1.54 (d))	580.000 €

Nach HGB erfolgt ebenfalls die erfolgswirksame Behandlung.

Lösung zu Fall 79   12 Punkte

Bei den Aktien handelt es sich um einen Vermögenswert, der zu bilanzieren ist, da sie eine Ressource darstellen, die aufgrund von Ereignissen der Vergangenheit in der Verfügungsmacht des Unternehmens stehen, und von denen erwartet wird, dass dem Unternehmen aus ihnen künftiger wirtschaftlicher Nutzen zufließt (F 49 (a)).

Bei den Aktien handelt es sich um einen finanziellen Vermögenswert (IAS 32.11), der langfristig gehalten werden soll. Die Eingruppierung erfolgt in Finanzinvestitionen, die das Unternehmen als zur Veräußerung verfügbar bestimmt hat (available for sale), da sie weder bis zur Endfälligkeit zu haltende Finanzinvestitionen sind, noch beim erstmaligen Ansatz als erfolgswirksam zum beizulegenden Zeitwert zu bewerten bestimmt wurden, noch Kredite und Forderungen sind.

Für die Aktien ist grundsätzlich ein Vermögenswert in der Bilanz anzusetzen, wenn das Unternehmen Vertragspartner des Finanzinstruments wird (IFRS 9.3.1.1). Letzteres ist durch den Kauf in 2019 passiert.

Ein marktüblicher Kauf eines finanziellen Vermögenswerts ist entweder zum Handels- oder zum Erfüllungstag anzusetzen (IFRS 9.3.1.2). Da hier nur der Erfüllungstag gegeben ist, ist dieser zu verwenden. Beim erstmaligen Ansatz eines finanziellen Vermögenswerts hat ein Unternehmen diesen zu ihrem beizulegenden Zeitwert zu bewerten (IFRS 9.5.1). Dieser setzt sich in diesem Fall aus dem Kaufpreis und den Gebühren (Transaktionskosten), die für den Kauf gezahlt wurden, zusammen.

Kaufpreis (20.000 · 50,00 € =)	1.000.000 €
Gebühren (1.000.000 € · 0,5 % =)	5.000 €
beizulegender Zeitwert	1.005.000 €

Zur Veräußerung verfügbare finanzielle Vermögenswerte werden nach dem erstmaligen Ansatz zu deren beizulegendem Zeitwert bewertet, ohne die Transaktionskosten, die u.U. beim Verkauf oder einer anders gearteten Veräußerung anfallen, in Abzug zu bringen (IFRS 9.5.2.1).

Ein Gewinn aus einem zur Veräußerung verfügbaren finanziellen Vermögenswert ist solange im sonstigen Ergebnis zu erfassen, bis der finanzielle Vermögenswert ausgebucht wird (IFRS 9.5.7.1).

beizulegender Zeitwert (20.000 · 52,00 € =)	1.040.000 €
bisheriger Wert	- 1.005.000 €
Gewinn	35.000 €
Bilanzansatz zum 31.12.2019 (IAS 1.54 (d))	1.040.000 €

Durch den Verkauf von 10.000 Aktien realisiert die Maschinenbau AG einen Gewinn.

Verkaufspreis (10.000 · 54,00 € =)	540.000 €
Verkaufsgebühren (540.000 € · 0,5 % =)	- 2.700 €
Verkaufserlös	537.300 €
anteiliger beizulegender Zeitwert 31.12.2019	- 520.000 €
Gewinn	17.300 €

Dieser Gewinn ist in voller Höhe in der Gewinn- und Verlustrechnung auszuweisen.

Ein Ausweis des Kursgewinns zum 31.12.2019 ist nach HGB nicht möglich. Bewertungsobergrenze sind nach § 252 Abs. 1 Nr. 4 HGB die Anschaffungskosten.

Lösung zu Fall 80 — 6 Punkte

Bei der Forderung handelt es sich um einen Vermögenswert, der zu bilanzieren ist, da sie eine Ressource darstellt, die aufgrund von Ereignissen der Vergangenheit in der Verfügungsmacht des Unternehmens steht, und von der erwartet wird, dass dem Unternehmen aus ihr künftiger wirtschaftlicher Nutzen zufließt (F 49 (a)).

Bei der Forderung handelt es sich um einen nicht derivativen finanziellen Vermögenswert.

Für Forderungen ist grundsätzlich ein Vermögenswert in der Bilanz anzusetzen, wenn mindestens eine Vertragspartei den Vertrag erfüllt hat (IFRS 9.3.1.1). Letzteres ist durch die Lieferung der Maschinenbau AG passiert.

Beim erstmaligen Ansatz eines finanziellen Vermögenswerts hat ein Unternehmen diesen zu ihrem beizulegenden Zeitwert zu bewerten (IFRS 9.5.1.1). Dieser besteht in diesem Fall aus dem Kaufpreis. Allerdings ist der Kaufpreis in US-$ vereinbart, sodass die Forderung in die funktionale Währung, also Euro zum Liefertag umzurechnen ist (IAS 21.21).

Kaufpreis (200.000 US-$ · 0,7280 €/US-$ =)	145.600 €

Forderungen sind zum Bilanzstichtag unter Anwendung der Effektivzinsmethode zu fortgeführten Anschaffungskosten zu bewerten (IFRS 9.5.2.1). Dies sind in diesem Fall 200.000 US-$. Eine Einzelwertberichtigung ist ebenfalls nicht notwendig (IFRS 9.5.4.1).

Allerdings sind Fremdwährungsforderungen zu jedem Bilanzstichtag zum Stichtagskurs umzurechnen (IAS 21.23 (a)). Der Kurs zum Zahltag (18.2.2021) spielt keine Rolle.

beizulegender Zeitwert (200.000 US-$ · 0,7320 €/US-$ =)	146.400 €
bisheriger Wert	- 145.600 €
Gewinn	800 €

Der Gewinn ist in dem Jahr zu erfassen, in dem er entsteht (IAS 21.28).

Bilanzansatz zum 31.12.2020 (IAS 1.54 (h))	146.400 €

Eine Erfassung des Kursgewinns ist nach HGB nicht möglich. Bewertungsobergrenze sind die Anschaffungskosten.

Lösung zu Fall 81   10 Punkte

Ein Fertigungsauftrag i. S. des IFRS 15 ist ein Vertrag über die kundenspezifische Fertigung eines Gegenstands, der hinsichtlich Technologie und Funktion abgestimmt ist (IFRS 15.9). Bei dem Auftrag über die Spezialmaschine handelt es sich um einen Fertigungsauftrag (construction contract) im Sinne des Standards, da die Bedingungen des IFRS 15.35 erfüllt sind.

Ist das Ergebnis einer Leistungsverpflichtung, wie im Fall vorgegeben, verlässlich zu schätzen, so sind die Auftragserlöse und Auftragskosten in Verbindung mit diesem Fertigungsauftrag entsprechend dem Leistungsfortschritt am Bilanzstichtag jeweils als Erträge und Aufwendungen zu erfassen (IFRS 15.46).

Von der Unternehmung ist der Transaktionspreis zu ermitteln. Hierbei handelt es sich gemäß IFRS 15.47 Satz 2 um den Betrag der Gegenleistung, zu dem ein Unternehmen im Austausch für die gelieferten Güter bzw. erbrachten Dienstleistungen berechtigt ist. Der Transaktionspreis schließt dabei nicht nur die vereinbarte fixe Vergütung, sondern auch variable Bestandteile ein (vgl. IFRS 15.48(a)). Auch eine Schätzung des variablen Vergütungsbestandteils hindert nicht an der Einbeziehung in den Transaktionspreis, sofern das Unternehmen im Austausch gegen die Bereitstellung der Güter bzw. Dienstleistungen hierzu berechtigt ist.

Für die Ermittlung des Transaktionspreises ist weiterhin zu prüfen, ob der Vertrag eine wesentliche Finanzierungskomponente enthält. In diesem Falle ist der Betrag der vertraglich vereinbarten Gegenleistung um die in der Gegenleistung enthaltene Finanzierungskomponente zu bereinigen. Irrelevant für die Herausrechnung einer in der Gegenleistung enthaltenen Finanzierungskomponente ist eine explizit vertraglich geregelte Finanzierungskomponente (vgl. IFRS 15.60). Sowohl der fixe als auch der variable Vergütungsbestandteil sind hinsichtlich des Vorliegens einer Finanzierungskomponente zu untersuchen: Nach IFRS 15.62(c) liegt eine Finanzierungskomponente im Vertrag nicht vor, wenn ein Unterschied zwischen einem Barpreis und der vereinbarten Gegenleistung aus anderen Gründen als der Finanzierung des Kunden besteht.

Lösung zu Fall 82   10 Punkte

Zuerst erfolgt die Prüfung, ob es sich überhaupt um einen Vermögenswert handelt, der zu bilanzieren ist. Ein Vermögenswert ist eine Ressource, die aufgrund von Ereignissen der Vergangenheit in der Verfügungsmacht des Unternehmens steht, und von der erwartet wird, dass dem Unternehmen aus ihr künftiger wirtschaftlicher Nutzen zufließt (F. 49 (a)). Die Vorräte (inventories) erfüllen alle drei Bedingungen und sind daher Vermögenswerte (assets).

Ein Vermögenswert wird in der Bilanz angesetzt, wenn es wahrscheinlich ist, dass der künftige wirtschaftliche Nutzen dem Unternehmen zufließen wird, und wenn seine Anschaffungs- oder Herstellungskosten (cost) oder ein anderer Wert verlässlich bewertet werden können (F. 89).

Die Vorräte erfüllen auch diese Erfassungskriterien, sodass sie dem Grunde nach zu bilanzieren sind.

Die Zugangsbewertung der Waren erfolgt zu den Anschaffungskosten, die der Fertigen Erzeugnisse zu den Herstellungskosten (IAS 2.10 ff.).

Die Anschaffungs- oder Herstellungskosten von Vorräten von Massengütern sind nach dem first in – first out-Verfahren (periodisches oder permanentes Fifo-Verfahren) oder nach der Durchschnittsmethode (periodisches oder permanentes Durchschnittsverfahren) zu ermitteln (IAS 2.25). Ein Unternehmen muss für alle Vorräte, die von ähnlicher Beschaffenheit und Verwendung für das Unternehmen sind, das gleiche Kosten-Zuordnungsverfahren anwenden. Für Vorräte von unterschiedlicher Beschaffenheit oder Verwendung können unterschiedliche Zuordnungsverfahren gerechtfertigt sein (IAS 2.25). Hier kann sich auf jeden Fall das Verfahren für die Waren und die Fertigen Erzeugnisse unterscheiden.

Vorräte sind mit dem niedrigeren Wert aus Anschaffungs- oder Herstellungskosten und Nettoveräußerungswert (net realisable value) zu bewerten (IAS 2.9). Die Abwertung der Vorräte auf den niedrigeren Nettoveräußerungswert folgt der Ansicht, dass Vermögenswerte nicht mit höheren Beträgen angesetzt werden dürfen, als bei ihrem Verkauf oder Gebrauch voraussichtlich zu realisieren sind (IAS 2.28).

Der Nettoveräußerungswert ist der geschätzte, im normalen Geschäftsgang erzielbare Verkaufserlös abzgl. der geschätzten Kosten bis zur Fertigstellung und der geschätzten notwendigen Vertriebskosten (IAS 2.6). Somit sind für den Nettoveräußerungswert sowohl bei den Waren als auch bei den fertigen Erzeugnissen die kalkulierten Verkaufspreise abzgl. der noch anfallenden notwendigen Vertriebskosten unter den Vorräten (IAS 1.54 (g)) anzusetzen. Ist der Wert niedriger als die Anschaffungs- bzw. Herstellungskosten, so hat in dem Umfang eine Abschreibung (depreciation) zu erfolgen.

Der Ausweis erfolgt beim Gesamtkostenverfahren (nature of expense method) unter den Veränderungen des Bestands an Fertigerzeugnissen und unfertigen Erzeugnissen bzw. Aufwendungen für Waren (IAS 1.102) sowie beim Umsatzkostenverfahren (function of expense method) unter den Umsatzkosten (IAS 1.103).

Lösung zu Fall 83   12 Punkte

Bei den Stahlplatten handelt es sich um Rohstoffe, die als Vorräte einen Vermögenswert darstellen, weil sie eine Ressource sind, die aufgrund von Ereignissen der Vergangenheit in der Verfügungsmacht des Unternehmens steht und von der erwartet wird, dass dem Unternehmen aus ihr künftiger wirtschaftlicher Nutzen zufließt (F. 49 (a)).

Ein Vermögenswert wird in der Bilanz angesetzt, wenn es wahrscheinlich ist, dass der künftige wirtschaftliche Nutzen dem Unternehmen zufließen wird, und wenn seine Anschaffungs- oder Herstellungskosten oder ein anderer Wert verlässlich bewertet werden können (F. 89). Die Vorräte erfüllen auch diese Erfassungskriterien, sodass sie dem Grunde nach zu bilanzieren sind.

Die Zugangsbewertung der Rohstoffe erfolgt zu den Anschaffungskosten (IAS 2.9). Dazu gehören neben dem Kaufpreis auch die Transportkosten (IAS 2.10). Da die Anschaffungskosten aufgrund der Lagerung für den Endbestand nicht direkt ermittelt werden können, können sie nach der Durchschnittsmethode berechnet werden (IAS 2.25).

Anfangsbestand*	50 Tonnen	(t)	800 €/t	40.000 €
16.1.2020		500 t	780 €/t	390.000 €
20.4.2020		800 t	810 €/t	648.000 €
15.8.2020		600 t	820 €/t	492.000 €
17.11.2020		700 t	800 €/t	560.000 €
Transportkosten**		2.600 t	50 €/t	130.000 €
Summen		2.650 t		2.260.000 €

* In dem Betrag von 800 € je Tonne sind die Transportkosten schon enthalten, da der Anfangsbestand des Jahres schon im Vorjahr beschafft worden sein muss.
** Die Transportkosten können auch bei jedem Kauf mitberechnet werden; da sie aber das ganze Jahr gleich sind, kann auch der Zuschlag in einer Summe erfolgen.

Der Durchschnittspreis beträgt 852,83 € je Tonne Stahl. Daraus ergäbe sich ein Bilanzansatz von (852,83 € · 150 t =) 127.924,50 €.

Allerdings sind die Wiederbeschaffungskosten mit 840 € je Tonne niedriger als die durchschnittlichen Anschaffungskosten.

a) Rohstoffe, die für die Herstellung von Vorräten bestimmt sind, werden nicht auf einen unter ihren Anschaffungskosten liegenden Wert abgewertet, wenn die Fertigerzeugnisse, in die sie eingehen, voraussichtlich zu den Herstellungskosten oder darüber verkauft werden können (IAS 2.32). Da der Maschinentyp „Gigant" über den Herstellungskosten verkauft werden kann, erfolgt keine Abwertung der Rohstoffe.

   Ein analoger Ansatz ist im HGB-Abschluss nicht möglich.

b) Ist bei den Erzeugnissen, für die die Rohstoffe verwendet werden, der Verkaufspreis unter die Herstellungskosten gesunken, so werden auch die Rohstoffe abgewertet. Unter diesen Umständen können die Wiederbeschaffungskosten der Stoffe die beste verfügbare Bewertungsgrundlage für den Nettoveräußerungswert sein (IAS 2.32).

   In diesem Fall b) werden die Rohstoffe nur mit 126.000 € bewertet. Die Differenz ist auszubuchen.

Der Bilanzansatz erfolgt in beiden Fällen unter den Vorräten (IAS 1.54 (g)).

LÖSUNG

Lösung zu Fall 84   6 Punkte

Bei den Planen handelt es sich um Handelswaren, die als Vorräte einen Vermögenswert darstellen, weil sie eine Ressource darstellen, die aufgrund von Ereignissen der Vergangenheit in der

Verfügungsmacht des Unternehmens steht und von der erwartet wird, dass dem Unternehmen aus ihr künftiger wirtschaftlicher Nutzen zufließt (F. 49 (a)).

Ein Vermögenswert wird in der Bilanz angesetzt, wenn es wahrscheinlich ist, dass der künftige wirtschaftliche Nutzen dem Unternehmen zufließen wird, und wenn seine Anschaffungs- oder Herstellungskosten oder ein anderer Wert verlässlich bewertet werden können (F. 89). Die Vorräte erfüllen auch diese Erfassungskriterien, sodass sie dem Grunde nach zu bilanzieren sind.

Die Zugangsbewertung der Handelswaren erfolgt zu den Anschaffungskosten (IAS 2.9).

Anschaffungskosten (150 · 2.000 € =)   300.000 €

Vorräte sind zum Abschluss mit dem niedrigeren Wert aus Anschaffungs- oder Herstellungskosten und Nettoveräußerungswert zu bewerten (IAS 2.9). Die Abwertung der Vorräte auf den niedrigeren Nettoveräußerungswert folgt der Ansicht, dass Vermögenswerte nicht mit höheren Beträgen angesetzt werden dürfen, als bei ihrem Verkauf oder Gebrauch voraussichtlich zu realisieren sind (IAS 2.28).

Der Nettoveräußerungswert ist der geschätzte, im normalen Geschäftsgang erzielbare Verkaufserlös abzgl. der geschätzten notwendigen Vertriebskosten (IAS 2.6).

bisheriger Verkaufspreis	2.500 €
40 % Rabatt	- 1.000 €
Vertriebskosten	- 100 €
Nettoveräußerungswert	1.400 €

Da der Nettoveräußerungswert unter den Anschaffungskosten liegt, ist dieser anzusetzen. Der Bilanzansatz zum 31.12.2020 beträgt (150 Stück · 1.400 € =) 210.000 € und wird unter den Vorräten ausgewiesen (IAS 1.54 (g)).

LÖSUNG

Lösung zu Fall 85   10 Punkte

Zuerst erfolgt die Prüfung, ob es sich überhaupt um eine Schuld handelt, die zu bilanzieren ist. Eine Schuld ist eine gegenwärtige Verpflichtung des Unternehmens, die aus Ereignissen der Vergangenheit entsteht und deren Erfüllung für das Unternehmen erwartungsgemäß mit einem Abfluss von Ressourcen mit wirtschaftlichem Nutzen verbunden ist (F. 49 (b)). Das Darlehen erfüllt alle drei Bedingungen und ist daher eine Schuld (liability).

Eine Schuld wird grundsätzlich in der Bilanz angesetzt, wenn es wahrscheinlich ist, dass sich aus der Erfüllung einer gegenwärtigen Verpflichtung ein direkter Abfluss von Ressourcen ergibt, die wirtschaftlichen Nutzen enthalten, und dass der Erfüllungsbetrag verlässlich bewertet werden kann (F. 91). Zusätzlich gilt bei einer finanziellen Verbindlichkeit (financial liability), dass ein Unternehmen diese in seiner Bilanz anzusetzen hat, wenn es Vertragspartei des Finanzinstruments wird (IAS 39.14). Bei einem Darlehen ist das Unternehmen Vertragspartei mit der Folge geworden, dass die rechtliche Verpflichtung zur Zahlung von flüssigen Mitteln (Raten) besteht, sodass das Darlehen dem Grunde nach zu bilanzieren ist.

Beim erstmaligen Ansatz einer finanziellen Verbindlichkeit hat ein Unternehmen diese zu ihrem beizulegenden Zeitwert (fair value) zu bewerten (IAS 39.43, bei einem Darlehen i. d. R. der Transaktionspreis, IAS 39.A64).

Nach ihrem erstmaligen Ansatz sind Darlehen unter Anwendung der Effektivzinsmethode (effective interest method) zu fortgeführten Anschaffungskosten zu bewerten (IAS 39.47). Dies gilt bei Darlehen ungeachtet der Absicht, dieses bis zur Endfälligkeit zu halten (IAS 39. A 68).

Als fortgeführte Anschaffungskosten einer finanziellen Verbindlichkeit wird der Betrag bezeichnet, mit dem eine finanzielle Verbindlichkeit beim erstmaligen Ansatz bewertet wurde, abzgl. Tilgungen, zzgl. oder abzgl. der kumulierten Amortisation einer etwaigen Differenz zwischen dem ursprünglichen Betrag und dem bei Endfälligkeit rückzahlbaren Betrag unter Anwendung der Effektivzinsmethode sowie abzgl. einer etwaigen Minderung (entweder direkt oder mithilfe eines Wertberichtigungskontos) für Wertminderungen oder Uneinbringlichkeit (IAS 39.9).

Da hier keine Gebühren und kein Disagio angefallen sind bzw. anfallen, führt die Bewertung nach der Effektivzinssatzmethode zu keinen Änderungen, sodass die fortgeführten Anschaffungskosten aus dem erstmaligen Ansatz abzgl. der Tilgungen bestehen.

Der Ausweis erfolgt als finanzielle Verbindlichkeit (IAS 1.54 (m)). Die Tilgungsraten, die innerhalb der nächsten 12 Monate zu erbringen sind, sind als kurzfristige Verbindlichkeiten auszuweisen (IAS 1.71). Der Rest sind langfristige Verbindlichkeiten (IAS 1.61).

LÖSUNG

Lösung zu Fall 86   8 Punkte

Das Tilgungsdarlehen ist eine Schuld, da es sich um eine gegenwärtige Verpflichtung des Unternehmens, die aus Ereignissen der Vergangenheit entstanden und deren Erfüllung für das Unternehmen erwartungsgemäß mit einem Abfluss von Ressourcen mit wirtschaftlichem Nutzen verbunden ist, handelt (F.49 (b)).

Das Darlehen ist ein Finanzinstrument i. S. von IAS 39, da es sich um einen nicht derivativen finanziellen Vermögenswert mit festen oder bestimmbaren Zahlungen handelt, der nicht in einem aktiven Markt notiert ist (IAS 39.9).

Dieses Darlehen ist auch als finanzielle Verbindlichkeit zu bilanzieren, da die Maschinenbau AG Vertragspartei des Finanzinstruments (Darlehens) geworden ist (IAS 39.14).

Beim erstmaligen Ansatz einer finanziellen Verbindlichkeit hat ein Unternehmen diese zu ihrem beizulegenden Zeitwert zu bewerten (IAS 39.43, bei einem Darlehen i. d. R. der Transaktionspreis, IAS 39.A64).

Nach ihrem erstmaligen Ansatz sind Darlehen unter Anwendung der Effektivzinsmethode zu fortgeführten Anschaffungskosten zu bewerten (IAS 39.47). Dies gilt bei Darlehen ungeachtet der Absicht, dieses bis zur Endfälligkeit zu halten (IAS 39.A68).

Als fortgeführte Anschaffungskosten einer finanziellen Verbindlichkeit wird der Betrag bezeichnet, mit dem eine finanzielle Verbindlichkeit beim erstmaligen Ansatz bewertet wurde, abzgl. Tilgungen, zzgl. oder abzgl. der kumulierten Amortisation einer etwaigen Differenz zwischen dem ursprünglichen Betrag und dem bei Endfälligkeit rückzahlbaren Betrag unter Anwendung der Effektivzinsmethode sowie abzgl. einer etwaigen Minderung (entweder direkt oder mithilfe eines Wertberichtigungskontos) für Wertminderungen oder Uneinbringlichkeit (IAS 39.9).

Da hier keine Gebühren und kein Disagio angefallen sind bzw. anfallen, führt die Bewertung nach der Effektivzinssatzmethode zu keinen Änderungen, sodass die fortgeführten Anschaffungskosten aus dem erstmaligen Ansatz abzgl. der Tilgungen bestehen.

Tilgungsrate (12.000.000 € / 120 =)	100.000 €
Transaktionspreis	12.000.000 €
Tilgungen 2020 (12 · 100.000 =)	- 1.200.000 €
Bilanzansatz 2020	10.800.000 €

Der Ausweis erfolgt als finanzielle Verbindlichkeit (IAS 1.54 (m)). Die Tilgungsraten, die innerhalb der nächsten 12 Monate zu erbringen sind, sind als kurzfristige Verbindlichkeiten auszuweisen (IAS 1.71). Der Rest sind langfristige Verbindlichkeiten (IAS 1.61).

II. Internes Kontrollsystem

Lösung zu Fall 1   7 Punkte

Ziele eines IKS:

1. Zuverlässigkeit von betrieblichen Informationen
2. Erhöhte Funktionalität betrieblicher Prozesse
3. Gewährleistung der Aussagefähigkeit der Rechnungslegung
4. Sicherstellung der Einhaltung der bestehenden rechtlichen Vorgaben
5. Schutz des Wissens des Unternehmens

Lösung zu Fall 2   8 Punkte

Interne Risikoquellen eines Unternehmens können u. a. sein:

1. **Wirtschaftliche Quellen:** Fehlerhafte Jahresabschlüsse, unwahre Lageberichte und verspätete Buchungserfassung
2. **Menschliche Quellen:** Spekulation mit Firmengeldern und Diebstahl
3. **Prozessuale Quellen:** Fehlende Steuerung und Kontrolle führt zu Fehlern in der Produktion
4. **Missbrauch:** Zahlung untertariflicher Löhne und Datendiebstahl zu unternehmenseigenen Zwecken

Lösung zu Fall 3 — 4 Punkte

Bei der Umsetzung des Verkaufs in Asien könnte u. a. Korruptionsgefahr bestehen.

Politische Einflüsse und Kollision mit den politischen Interessen von Mitbewerbern aus anderen Staaten können zudem Auswirkung auf die Umsetzung haben.

Lösung zu Fall 4 — 3 Punkte

Laut § 91 Abs. 2 AktG hat der Vorstand geeignete Maßnahmen einzuführen und ein Überwachungssystem zu erstellen.

Lösung zu Fall 5 — 6 Punkte

Maßnahmen, um Risiken im Unternehmen entgegenzuwirken:

1. Kein Mitarbeiter kann alleine entscheiden, die Entscheidung muss immer durch eine weitere Person genehmigt werden.
2. Es müssen Leitlinien für das Unternehmen erstellt und die Mitarbeiter hierin entsprechend geschult werden.
3. Außerdem könnte eine Auditierung durch externe Unternehmen durchgeführt werden, um Risiken aufzudecken.

Lösung zu Fall 6 — 2 Punkte

Nur kapitalmarktorientierte Kapitalgesellschaften müssen die Merkmale des internen Kontroll- und Risikomanagementsystems im Hinblick auf den Rechnungslegungsprozess beschreiben.

Lösung zu Fall 7 7,5 Punkte

Prozess der strategischen Frühaufklärung:

1. Beobachtung der definierten Bereiche und Erfassung der schwachen Signale
2. Analyse der schwachen Signale
3. Relevanzbeurteilung von Frühaufklärungssignalen
4. Formulierung von Reaktionsstrategien
5. Implementierung und Kontrolle des Prozesses

Lösung zu Fall 8 3 Punkte

Geeignete Methoden und Instrumente der Risikoerkennung sind z. B.:

1. Risikomanagement-Fragebogen
2. SWOT-Analyse
3. Gap-Analyse

Lösung zu Fall 9 3 Punkte

Maßnahmen zur Sicherung von Betriebsgeheimnissen sind beispielsweise:

1. Versand von verschlüsselten E-Mails
2. Speicherung wichtiger Daten an einem besonders gesicherten Ort
3. Regelmäßig veränderte Passwörter vergeben

Lösung zu Fall 10 2 Punkte

Beispiele für Frauds:

1. Unterschlagungen
2. Bilanzmanipulationen

Lösung zu Fall 11   6 Punkte

Der Entwicklungsbereich sollte durch Zutrittskontrolle gesichert sein, damit das Betriebsgeheimnis intern bleibt und die Gäste aus China dort nicht hineinkommen.

Die verantwortlichen Mitarbeiter könnten in Versuchung geführt werden, nicht allein die Interessen des Arbeitgebers zu vertreten. Die Mitarbeiter sollten vorher über die Maßnahmen informiert und instruiert werden.

Lösung zu Fall 12   8 Punkte

1. Bestellwesen: Kennzahl zur Beschaffungshäufigkeit
2. Einkauf: Bezugskostenquote
3. Qualität der Lieferanten: Rückstandsquote
4. Lagerbewertung: Umschlagsdauer

Lösung zu Fall 13   1 Punkt

Die interne Revision ist die geeignete Abteilung zur Überprüfung der Wirksamkeit des IKS.

Lösung zu Fall 14   10 Punkte

Maßnahmen des IKS:

1. **Detektive Kontrollen:** Aufdeckende Maßnahmen zur Prüfung, ob die Vorgänge korrekt ausgeführt wurden, und Vorbeugung von Fehlern.
2. **Zugriffsbeschränkungen:** Regelung des Zugangs zu Daten und Räumen, zur Wahrung der Sicherheit von Daten und Vorbeugung vom Missbrauch der Daten sowie die Vermeidung von Industriespionage.
3. **Funktionstrennungen:** Bearbeitung eines Geschäftsvorfalls durch mehrere Mitarbeiter in aufeinanderfolgenden Schritten; Ziel ist die Aufdeckung von Fehlern und Kontrolle durch eine weitere Instanz

4. **Einheitlichkeit der Berichtstools:** Zurverfügungstellung von vergleichbaren Informationen bei mehreren Unternehmensteilen; Ziel ist der Vergleich und die Einhaltung von gleichen Qualitätsstandards über alle Abteilungen

5. **Präventive Maßnahmen:** Vorbeugende Maßnahmen zur Vermeidung von Fehlern und Einschränkung von Risiken

III. Kommunikation, Führung und Zusammenarbeit

Lösung zu Fall 1   6 Punkte

Mögliche Überlegungen und Fragen, mit denen die Zufriedenheit der Arbeitnehmer mit ihrer Tätigkeit sowie ihrem Arbeitgeber überprüft werden könnten:

1. Anonymität der Befragten muss gewährleistet sein, um eine ehrliche Beantwortung zu ermöglichen.

2. Als Frage 1 beispielsweise: Wie wichtig ist Ihnen die Flexibilität der Arbeitszeit (z. B. Skala 1 bis 10)? Mit dieser Frage kann herausgefunden werden, wie wichtig dieser Aspekt dem Arbeitnehmer ist und damit ergibt sich als Schlussfolge für den Arbeitgeber, ob hier ggf. etwas verändert werden sollte.

3. Als Frage 2 beispielsweise: Sind Sie mit der Ausstattung Ihres Arbeitsplatzes zufrieden (Skala siehe oben)? Diese Frage ist wichtig, um herauszufinden, ob es noch zusätzlicher Mittel bedarf, um die Effektivität des Mitarbeiters zu steigern.

Lösung zu Fall 2   3 Punkte

Typische Kommunikationssituationen im Unternehmen:

1. Beratungen, Austausch mit Fachkräften

2. Besprechungen, gemeinsamer Gedankenaustausch

3. Diskussionen, Meinungs- und Gedankenaustausch

Lösung zu Fall 3 — 6 Punkte

Die Mitarbeiter sind mit der kollegialen Zusammenarbeit unzufrieden.

Möglichkeiten, um diesem Problem entgegenzutreten:

1. Die jeweiligen Abteilungen anonym befragen, wo genau die Probleme liegen könnten.
2. Besprechungen unter den jeweiligen Arbeitnehmern untereinander anberaumen, um die Missverständnisse auszuräumen und somit den Zusammenhalt zu stärken.
3. Eine Betriebsveranstaltung durchführen, vorrangig um das „Teambuilding" zu stärken.

Lösung zu Fall 4 — 3 Punkte

Kommunikationsformen:

1. **Kundenmanagement:** Gewinnung von Kunden und Pflege der Bestandskunden.
2. **Lieferantenmanagement:** Ziel dieser Kommunikationsform ist eine hohe Beschaffungseffizienz
3. **Reklamationsmanagement:** Wiederherstellung der Kundenzufriedenheit trotz negativer Vorfälle.

Lösung zu Fall 5 — 4 Punkte

Probleme, die sich aufgrund der Arbeit bei einem amerikanischen Konzern ergeben könnten, und potenzielle Lösungsvorschläge:

1. **Zeitverschiebung:**

   Hier könnte der Arbeitgeber flexible Arbeitszeit anbieten, damit auch mit den USA kommuniziert werden könnte.

2. **Sprachbarrieren:**

   Der Arbeitgeber könnte den Arbeitnehmern einen Englischkurs anbieten, um diese abzubauen.

Lösung zu Fall 6   2 Punkte

Mit dem „Return on Investment" wird der ökonomische Nutzen des Auftraggebers einer Bildungsmaßnahme ermittelt.

Lösung zu Fall 7   2,5 Punkte

Möglichkeiten der Personalbeschaffung, z. B.:

1. Anzeige schalten
2. Headhunter beauftragen
3. Akquise durch die Mitarbeiter (Prämie an Mitarbeiter, wenn Empfehlung)

Lösung zu Fall 8   4,5 Punkte

Folgende Maßnahmen muss der Arbeitgeber bei der Personaleinsatzplanung berücksichtigen:

1. Urlaubsplanung, Vertretung der Mitarbeiter untereinander
2. Einhaltung der Schutzgesetze beachten (z. B. Arbeitszeit und Pausen usw.)
3. Bei Krankheit eines Arbeitnehmers Vertretung gewährleisten

Lösung zu Fall 9   6 Punkte

Bei der Einstellung eines Auszubildenden zum Industriekaufmann muss beispielsweise Folgendes beachtet werden:

1. Das Unternehmen muss die Anforderungen an den Ausbildungsbetrieb erfüllen (Einhaltung Ausbildungsordnung, Schutzgesetze usw.).
2. Das Unternehmen muss die zeitliche Einteilung in den jeweiligen Abteilungen festsetzen, damit alle Wissensgebiete um die Ausbildung abgedeckt werden können.
3. Das Unternehmen muss die an der Ausbildung Mitwirkenden im Unternehmen definieren.

Lösung zu Fall 10 — 4 Punkte

Das BBiG besagt beispielsweise Folgendes:

1. Ausbildende können die Übermittlung der Ergebnisse der Abschlussprüfung verlangen (§ 37 BBiG).
2. Auszubildende müssen für die Abschlussprüfung vom Arbeitgeber freigestellt werden (§ 15 BBiG).

Lösung zu Fall 11 — 4 Punkte

Zur Förderung der Personalentwicklung sollten z. B. Fortbildungen, speziell auf den Mitarbeiter zugeschnitten, stattfinden. Der Bedarf könnte in einem jeweiligen Personalgespräch stattfinden. Das gewährleistet einen qualifizierteren Mitarbeiter und auch der Mitarbeiter selbst ist zufriedener, wenn er das eigene Wissen vergrößern kann.

Lösung zu Fall 12 — 4 Punkte

Möglichkeiten, wie ein Unternehmen den Arbeits- und Gesundheitsschutz gewährleisten kann, z. B.:

1. Zusammenarbeit mit der Berufsgenossenschaft, Besichtigung der jeweiligen Arbeitsplätze durch einen Mitarbeiter der Berufsgenossenschaft und anschließende Umsetzung der Vorschläge
2. Betriebliche Ersthelfer festlegen und entsprechend schulen (lassen)

Lösung zu Fall 13 — 4 Punkte

Der Betriebsarzt hat beispielsweise folgende Aufgaben:

1. Der Betriebsarzt muss dem Betriebsrat auf dessen Verlangen Bericht erstatten und diesen beraten.
2. Der Betriebsarzt ist Mitglied des Arbeitsschutzausschusses.

Lösung zu Fall 14   4 Punkte

Gesetze, aus denen sich Mitbestimmungsrechte für die Arbeitnehmer ergeben, z. B.:

1. DrittelbG
2. BetrVG

Lösung zu Fall 15   4 Punkte

Unter „Training on the job" versteht man eine Weiterbildung im bisherigen Tätigkeitsbereich.

Unter „Training off the job" versteht man eine Weiterbildung in bisher nicht bekannten Tätigkeitsbereichen bzw. in räumlicher Distanz zum eigentlichen Arbeitsplatz.

IV. Jahresabschluss aufbereiten und auswerten

Lösung zu Fall 1   5 Punkte

a) Zu skizzieren ist hier ein Stabliniensystem:

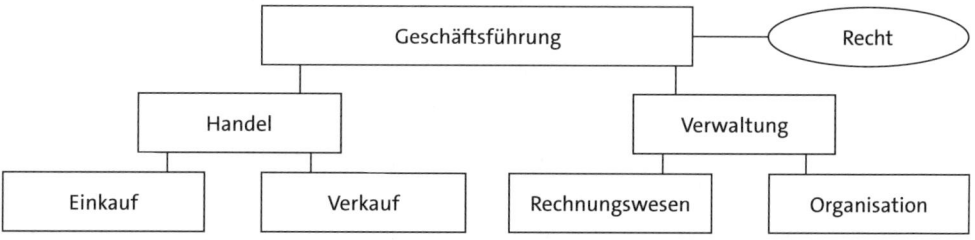

b) Eine **Stabsstelle** ist eine Stelle in der Aufbauorganisation, die nur beratende Funktion wahrnimmt und Entscheidungsunterlagen vorbereitet. Die Stabsstellen besitzen keine Weisungsbefugnis gegenüber anderen Stellen.

c) Matrixorganisation:

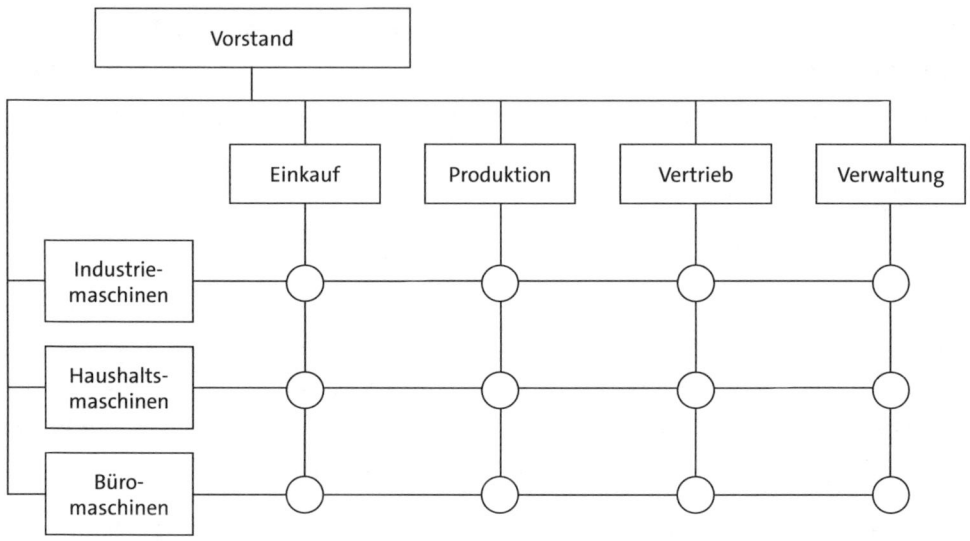

Lösung zu Fall 2   5 Punkte

a) **Organisation** ist die Schaffung von generellen Regelungen für sich immer wiederholende Tätigkeiten. Sie führt zu einem stabilen Rahmen für den Unternehmensablauf, der gewährleistet, dass gleiche Vorgänge immer gleich gelöst werden.

Unter Disposition ist die fallweise Regelung von Sachverhalten im Rahmen eines vorgegebenen Entscheidungsspielraums zu verstehen.

Improvisation ist das Reagieren im Rahmen ungeplanter Vorgänge, hauptsächlich beim Auftreten von unvorhersehbaren oder unerwarteten Ereignissen.

b) Die **Aufbauorganisation** stellt die organisatorische Struktur der Stellen und Abteilungen zueinander dar. Sie befasst sich mit den Problemen der Instanzen.

Die **Ablauforganisation** ist die systematisierte Darstellung von Arbeitsprozessen in einer Unternehmung. Sie befasst sich mit der Problematik der Arbeitsabläufe.

c) Eine **Stelle** entsteht durch die Zusammenfassung von Funktionen zum Aufgabenbereich einer einzigen Person. Sie ist die kleinste organisatorische Instanz eines Unternehmens.

Abteilungen entstehen durch die Zusammenfassung von Stellen unter einer einheitlichen Leitung.

Lösung zu Fall 3 — 2 Punkte

In einer Stellenbeschreibung sollten folgende Themenbereiche geregelt werden:
- Bezeichnung der Stelle
- Rang der Stelle
- Vorgesetzter
- Unterstellte Mitarbeiter
- Vertretungsregelungen
- Ziel der Stelle
- Aufgaben der Stelle
- Zusammenarbeit mit anderen Stellen
- Informationsfluss
- Anforderungen an den Stelleninhaber
- Bewertungsmaßstäbe für die Leistung

Lösung zu Fall 4 — 19 Punkte

Strukturbilanz (Angaben in T€)	2020	2019
Aktiva Summe	36.381	36.173
A. Anlagevermögen	22.129	21.647
B. Umlaufvermögen		
Vorräte	5.328	7.264
Forderungen	3.159	6.213
liquide Mittel (inkl. Wertpapiere)	5.765	1.049
Passiva Summe	36.381	36.173
A. Eigenkapital	13.786	10.895
B. Verbindlichkeiten		
1. kurzfristig (< 1 Jahr)	11.820	19.337
2. mittelfristig (1–5 Jahre)	2.300	1.350
3. langfristig (> 5 Jahre)	8.475	4.591

TEIL I — Lösungen

Zur Berechnung der Strukturbilanz:

Beim Eigenkapital ist jeweils nur die Hälfte des Bilanzgewinns anzusetzen, da die andere Hälfte ausgeschüttet werden soll.

Bei den kurzfristigen Verbindlichkeiten sind neben dem jeweiligen Ausschüttungsbetrag und den Verbindlichkeiten < 1 Jahr auch die Steuer- und sonstigen Rückstellungen auszuweisen.

Berechnung der Kennzahlen:

a) **Anlagenintensität**

$$\frac{\text{Anlagevermögen} \cdot 100}{\text{Gesamtvermögen}}$$

2020 $\dfrac{22.129 \cdot 100}{36.381} = 60{,}83\,\%$

2019 $\dfrac{21.647 \cdot 100}{36.173} = 59{,}84\,\%$

b) **Anlagendeckungsgrad I** (kann auch in % ausgedrückt werden)

$$\frac{\text{Eigenkapital}}{\text{Anlagevermögen}}$$

2020 $\dfrac{13.786}{22.129} = 0{,}62$

2019 $\dfrac{10.895}{21.647} = 0{,}50$

c) **Anlagendeckungsgrad II** (kann auch in % ausgedrückt werden)

$$\frac{\text{Eigenkapital} + \text{langfristiges Fremdkapital}}{\text{Anlagevermögen}}$$

2020 $\dfrac{13.786 + 8.475}{22.129} = 1{,}01$

2019 $\dfrac{10.895 + 4.591}{21.647} = 0{,}72$

d) **Arbeitsintensität** (Umlaufintensität)

$$\frac{\text{Umlaufvermögen} \cdot 100}{\text{Gesamtvermögen}}$$

2020 $\quad \dfrac{(5.328 + 3.159 + 5.765) \cdot 100}{36.381} = 39,17\,\%$

2019 $\quad \dfrac{(7.264 + 6.213 + 1.049) \cdot 100}{36.173} = 40,16\,\%$

e) **Liquidität 2. Grades** (kann auch in % ausgedrückt werden)

$$\frac{\text{liquide Mittel} + \text{Forderungen}}{\text{kurzfristiges Fremdkapital}}$$

2020 $\quad \dfrac{5.765 + 3.159}{11.820} = 0,75$

2019 $\quad \dfrac{1.049 + 6.213}{19.337} = 0,38$

f) **Eigenkapitalquote**

$$\frac{\text{Eigenkapital} \cdot 100}{\text{Gesamtkapital}}$$

2020 $\quad \dfrac{13.786 \cdot 100}{36.381} = 37,89\,\%$

2019 $\quad \dfrac{10.895 \cdot 100}{36.173} = 30,12\,\%$

g) **Verschuldungsgrad**

$$\frac{\text{Fremdkapital} \cdot 100}{\text{Eigenkapital}}$$

2020 $\quad \dfrac{(11.820 + 2.300 + 8.475) \cdot 100}{13.786} = 163,90\,\%$

2019 $\quad \dfrac{(19.337 + 1.350 + 4.591) \cdot 100}{10.895} = 232,01\,\%$

Hinweis zu den Rentabilitätsberechnungen: Bei den Berechnungen der Rentabilitäten ist zu beachten, dass bei Vergleichen von Unternehmen verschiedener Rechtsformen (AG – OHG) oder verschiedener Steuerrechtskreise (Deutschland – Frankreich) der Jahresüberschuss grundsätzlich um die Ertragsteuern n zu erhöhen ist und somit ein Ergebnis vor Ertragsteuern n anzusetzen ist. Da hier nur ein Unternehmen betrachtet wird, wird vom Jahresüberschuss ausgegangen und zusätzlich die Berechnung mit dem Gewinn vor Steuern dargestellt.

Beim eingesetzten Kapital ist zu beachten, dass das Kapital am Periodenende nicht im gesamten Zeitraum zur Verfügung stand. Im Allgemeinen wird für die Analyse ein Durchschnittswert aus dem Betrag am Periodenanfang und Periodenende verwendet. Zum Teil wird auch vereinfachend vom Wert am Periodenende ausgegangen.

h) **Eigenkapitalrentabilität**

$$\frac{\text{Jahresüberschuss} \cdot 100}{\text{durchschn. Eigenkapital}}$$

2020 $\quad \dfrac{1.191 \cdot 100}{(13.786 + 10.895) / 2} = 9{,}65\,\%$

$$\frac{\text{Gewinn vor Steuern} \cdot 100}{\text{durchschn. Eigenkapital}}$$

2020 $\quad \dfrac{2.088 \cdot 100}{12.341} = 16{,}92\,\%$

i) **Gesamtkapitalrentabilität**

$$\frac{(\text{Jahresüberschuss} + \text{Fremdkapitalzinsen}) \cdot 100}{\text{durchschn. Gesamtkapital}}$$

2020 $\quad \dfrac{(1.191 + 1.096) \cdot 100}{(36.381 + 36.173) / 2} = 6{,}30\,\%$

$$\frac{(\text{Gewinn vor Steuern} + \text{Fremdkapitalzinsen}) \cdot 100}{\text{durchschn. Gesamtkapital}}$$

2020 $\quad \dfrac{(2.088 + 1.096) \cdot 100}{36.277} = 8{,}78\,\%$

Lösung zu Fall 5 — 12 Punkte

Mittelverwendung			Mittelherkunft		
Ausschüttung		630	Cashflow		17.966
Jahresüberschuss 2019	1.236		Jahresüberschuss 2020	3.423	
Einst. Gewinnrückl.	- 500		Abschreibungen	14.543	
Gewinnvortrag	- 106		Cashflow	17.966	
Ausschüttung	630				
Investition Anlageverm.		13.161	Desinvestition Anlageverm.		2.320
Sachanlagen	12.567		Sachanlagen	*1.653	
Finanzanlagen	594		Finanzanlagen	*667	
Anlagevermögen	13.161		Anlagevermögen	2.320	
Zunahme Umlaufvermögen		4.164	Abnahme Umlaufvermögen		6.827
liquide Mittel	4.164		Vorräte	4.864	
Umlaufvermögen	4.164		Forderungen	1.963	
			Umlaufvermögen	6.827	
			Kapitaleinlagen		1.030
			gezeichnetes Kapital	800	
			Kapitalrücklagen	230	
			Kapitaleinlagen	1.030	
Rückzahlung Verb.		14.039	Erhöhung Verb.		3.851
Verb. ggü. Kreditin.	13.010		Verb. aLL	3.058	
sonst. Verb.	1.029		erh. Rückstellungen	793	
Verbindlichkeiten	14.039		Verbindlichkeiten	3.851	
Summe		31.994	Summe		31.994

* Berechnung =
  Restbuchwert 2019 + Zugänge - Abschreibungen des Geschäftsjahres - Restbuchwert 2020

Lösung zu Fall 6   7 Punkte

a) **Fremdkapitalquote**

$$\frac{\text{Fremdkapital} \cdot 100}{\text{Gesamtkapital}}$$

$$\frac{74.940 \cdot 100}{91.080} = 82,28\,\%$$

b) **Verschuldungsgrad**

$$\frac{\text{Fremdkapital} \cdot 100}{\text{Eigenkapital}}$$

$$\frac{74.940 \cdot 100}{16.140} = 464,31\,\%$$

c) **Vorratsintensität**

$$\frac{\text{Vorräte} \cdot 100}{\text{Gesamtvermögen}}$$

$$\frac{37.650 \cdot 100}{91.080} = 41,34\,\%$$

d) **Anlagendeckungsgrad II** (kann auch in % ausgedrückt werden)

$$\frac{\text{Eigenkapital} + \text{langfristiges Fremdkapital}}{\text{Anlagevermögen}}$$

$$\frac{16.140 + 23.880}{25.480} = 1,57$$

e) **Liquidität 2. Grades** (kann auch in % ausgedrückt werden)

$$\frac{\text{liquide Mittel} + \text{Forderungen}}{\text{kurzfristiges Fremdkapital}}$$

$$\frac{9.590 + 18.360}{25.330} = 1,10$$

f) Absolutes Net Working Capital

Umlaufvermögen - kurzfristiges Fremdkapital
65.600 - 25.330 = 40.270 €

g) Relatives Net Working Capital

$$\frac{\text{Umlaufvermögen} \cdot 100}{\text{kurzfristiges Fremdkapital}}$$

$$\frac{65.600 \cdot 100}{25.330} = 258{,}98\,\%$$

LÖSUNG

Lösung zu Fall 7   23 Punkte

Strukturbilanz (Angaben in T€)			2020
Aktiva Summe			43.072
A.	Anlagevermögen		19.028
	immaterielle Vermögensgegenstände (ohne FW)	270	
	Sachanlagen	17.758	
	Sachanlagen	17.230	
	stille Reserven Sachanlagen	528	
	Finanzanlagen	1.000	
B.	Umlaufvermögen		
	Vorräte		14.874
	Vorräte	14.390	
	stille Reserven Vorräte	484	
	Forderungen		3.830
	liquide Mittel		5.340
Passiva Summe			43.072
A.	Eigenkapital		8.671
	gezeichnetes Kapital	200	
	Kapitalrücklage	3.620	
	Gewinnrücklagen	4.530	
	Bilanzgewinn 2020 25 %	65	
	Eigenkapital stille Reserven 50 %	506	
	abzgl. Firmenwert	- 80	
	abzgl. Disagio	- 170	

B. Verbindlichkeiten
  1. kurzfristig 15.407
Verb. ggü. Kreditinstituten	3.120
Verbindlichkeiten aLL	5.220
sonstige Verbindlichkeiten	3.190
Steuerrückstellungen	110
sonstige Rückstellungen	3.330
Bilanzgewinn 2020 75 %	195
stille Reserven Vorräte (latente Steuern) 50 %	242
  2. mittelfristig (1 bis 5 Jahre) 4.922
Verb. ggü. Kreditinstituten	3.300
Verbindlichkeiten aLL	1.490
stille Reserven Sachanlagen (lat. Steuern) 25 %	132
  3. langfristig (> 5 Jahre) 14.072
Verb. ggü. Kreditinstituten	13.940
stille Reserven Sachanlagen (lat. Steuern) 25 %	132

Berechnung des Eigenkapitals für 2020:

A. Eigenkapital 8.192

gezeichnetes Kapital	180
Kapitalrücklage	3.470
Gewinnrücklagen	4.120
Bilanzgewinn 2019 75 %	150
Eigenkapital stille Reserven 50 %	552
abzgl. Firmenwert	- 90
abzgl. Disagio	- 190

Berechnung der Kennzahlen:

a) **Betriebsergebnis**

Umsatzerlöse	85.720
Bestandserhöhung	3.610
aktivierte Eigenleistung	117
sonstige betriebliche Erträge	5.367
Materialaufwand	- 48.315
Personalaufwand	- 31.947

Abschreibungen	- 4.416
sonstige betriebliche Aufwendungen	- 7.308
Betriebsergebnis	2.828

b) **Cashflow**

Jahresüberschuss	520
zzgl. Abschreibungen	4.416
Cashflow	4.936

c) **Eigenkapitalrentabilität** (siehe Hinweis Lösung Fall 4)

$$\frac{\text{Jahresüberschuss} \cdot 100}{\text{durchschn. Eigenkapital}}$$

$$\frac{520 \cdot 100}{(8.671 + 8.192) / 2} = 6{,}17\,\%$$

$$\frac{\text{Gewinn vor Steuern} \cdot 100}{\text{durchschn. Eigenkapital}}$$

$$\frac{1.000 \cdot 100}{8.432} = 11{,}86\,\%$$

d) **Eigenkapitalquote**

$$\frac{\text{Eigenkapital} \cdot 100}{\text{Gesamtkapital}}$$

$$\frac{8.671 \cdot 100}{43.072} = 20{,}13\,\%$$

e) **Investitionsquote des Sachanlagevermögens**

$$\frac{\text{Nettoinvestitionen (Zugänge - Abgänge zu RBW)} \cdot 100}{\text{Sachanlagevermögen zu historischen AK/HK}}$$

Abgänge zu RBW =
Restbuchwert 2019 + Zugänge - Abschreibungen des Geschäftsjahres - Restbuchwert 2020

Abgänge zu RBW =
19.740 + 3.280 - 4.396 - 17.230 = 1.394 T€

$$\frac{(3.280 - 1.394) \cdot 100}{41.750} = 4{,}52\,\%$$

f) **Anlagenabnutzungsgrad des Sachanlagevermögens**

$$\frac{\text{kumulierte Abschreibungen} \cdot 100}{\text{Sachanlagevermögen zu historischen AK/HK}}$$

$$\frac{25.950 \cdot 100}{41.750} = 62{,}16\,\%$$

g) **Abschreibungsquote des Sachanlagevermögens**

$$\frac{\text{Abschreibungen des Geschäftsjahres} \cdot 100}{\text{Sachanlagevermögen zu historischen AK/HK}}$$

$$\frac{4.396 \cdot 100}{41.750} = 10{,}53\,\%$$

h) **Liquidität 2. Grades** (kann auch in % ausgedrückt werden)

$$\frac{\text{liquide Mittel + Forderungen}}{\text{kurzfristiges Fremdkapital}}$$

$$\frac{5.340 + 3.830}{15.407} = 0{,}60$$

i) **Debitorenumschlag**

$$\frac{\text{Umsatzerlöse + USt}}{\text{durchschn. Debitorenbestand}}$$

$$\frac{85.720 + 85.720 \cdot 19\,\%}{(3.830 + 1.440)/2} = 38{,}71$$

j) **Debitorenziel**

$$\frac{360}{\text{Debitorenumschlag}} \quad \text{oder} \quad \frac{\text{durchschn. Debitorenbestand} \cdot 360}{\text{Umsatzerlöse + USt}}$$

$$\frac{360}{38{,}71} = 9{,}30 \text{ Tage} \quad \text{oder} \quad \frac{(3.830 + 1.440)/2 \cdot 360}{85.720 + 85.720 \cdot 19\,\%} = 9{,}30 \text{ Tage}$$

k) **Dynamischer Verschuldungsgrad**

Fremdkapital	34.401
abzgl. monetäres Umlaufvermögen (3.830 + 5.340 =)	- 9.170
Effektivverschuldung	25.231

$$\frac{\text{Effektivverschuldung}}{\text{Cashflow}}$$

$$\frac{25.231}{4.936} = 5{,}11 \text{ Jahre}$$

Lösung zu Fall 8   10 Punkte

a) **Rohergebnis**

Umsatzerlöse	18.320.590
sonstige betriebliche Erträge	2.768.330
Materialaufwand	- 9.438.770
Rohergebnis	11.650.150

b) **Betriebsergebnis**

Umsatzerlöse	18.320.590
sonstige betriebliche Erträge	2.768.330
Materialaufwand	- 9.438.770
Personalaufwand	- 5.596.420
Abschreibungen	- 4.654.490
sonstige betriebliche Aufwendungen	- 1.283.650
Betriebsergebnis	115.590

c) **Ergebnis der gewöhnlichen Geschäftstätigkeit**

Betriebsergebnis	115.590
Finanzergebnis (86.390 - 168.590 =)	- 82.200
Ergebnis der gewöhnlichen Geschäftstätigkeit	33.390

d) **Anlagendeckungsgrad II** (kann auch in % ausgedrückt werden)

$$\frac{\text{Eigenkapital + langfristiges Fremdkapital}}{\text{Anlagevermögen}}$$

$$\frac{128.570 + 119.820}{469.350} = 0{,}53$$

e) **Liquidität 2. Grades** (kann auch in % ausgedrückt werden)

$$\frac{\text{liquide Mittel + Forderungen}}{\text{kurzfristiges Fremdkapital}}$$

$$\frac{22.850 + 284.370}{368.540} = 0{,}83$$

f) **Eigenkapitalrentabilität** (siehe Hinweis Lösung Fall 4)

$$\frac{\text{Jahresüberschuss} \cdot 100}{\text{durchschn. Eigenkapital}}$$

$$\frac{15.020 \cdot 100}{(128.570 + 112.600) / 2} = 12,46\,\%$$

$$\frac{\text{Gewinn vor Steuern} \cdot 100}{\text{durchschn. Eigenkapital}}$$

$$\frac{33.390 \cdot 100}{120.585} = 27,69\,\%$$

g) **Umsatzrentabilität** (siehe Hinweis Lösung Fall 4)

$$\frac{\text{Jahresüberschuss} \cdot 100}{\text{Umsatz}}$$

$$\frac{15.020 \cdot 100}{18.320.590} = 0,08\,\%$$

$$\frac{\text{Gewinn vor Steuern} \cdot 100}{\text{Umsatz}}$$

$$\frac{33.390 \cdot 100}{18.320.590} = 0,18\,\%$$

h) **ROI** (siehe Hinweis Lösung Fall 4)

$$\frac{\text{Jahresüberschuss} \cdot 100}{\text{Umsatz}} \cdot \frac{\text{Umsatz}}{\text{durchschn. Gesamtkapital}}$$

$$\frac{15.020 \cdot 100}{18.320.590} \cdot \frac{18.320.590}{(1.044.760 + 956.540)/2}$$

$0,0820 \cdot 18,3087 = 1,50\,\%$

$$\frac{\text{Gewinn vor Steuern} \cdot 100}{\text{Umsatz}} \cdot \frac{\text{Umsatz}}{\text{durchschn. Gesamtkapital}}$$

$$\frac{33.390 \cdot 100}{18.320.590} \cdot \frac{18.320.590}{1.000.650}$$

$0,1823 \cdot 18,3087 = 3,34\,\%$

i) **Personalaufwandsquote**

$$\frac{\text{Personalaufwand} \cdot 100}{\text{Umsatzerlöse}}$$

$$\frac{5.596.420 \cdot 100}{18.320.590} = 30,55\,\%$$

LÖSUNG

Lösung zu Fall 9   12 Punkte

Nr.		Position	Wert
1.		Jahresüberschuss	520
2.	+	Abschreibungen auf das Anlagevermögen	4.416
3.	+	Zunahme der Rückstellungen	330
4.	–	zahlungsunwirksame Erträge (Bestandserhöhung + aktivierte Eigenleistung) [– 3.610 – 117]	– 3.727
5.	+	sonstige zahlungsunwirksame Aufwendungen (Zinsaufwand Disagio)	20
6.	+	Abnahme der Vorräte, Forderungen aus Lieferungen und Leistungen (ohne Bestandserhöhung) [– 780 – 2.390 + 3.610]	440
7.	+	Zunahme der Verbindlichkeiten aus Lieferungen und Leistungen und sonstigen Verbindlichkeiten [1.380 + 210]	1.590
8.	=	**Cashflow aus laufender Geschäftstätigkeit**	**3.589**
9.		Einzahlungen aus Abgängen des Sachanlagevermögens (zur Berechnung siehe Lösung Fall 7 e)	1.394
10.	–	Auszahlungen für Investitionen in das Sachanlagevermögen (ohne aktivierte Eigenleistung) [– 3.280 + 117]	– 3.163
11.	–	Auszahlungen für Investitionen in das Finanzanlagevermögen	– 165
12.	=	**Cashflow aus der Investitionstätigkeit**	**– 1.934**
13.		Einzahlungen aus Kapitalerhöhungen [20 + 150]	170
14.	–	Auszahlungen an Gesellschafter	– 50
15.	–	Auszahlungen aufgrund der Tilgung von Krediten	– 1.120
16.	=	**Cashflow aus der Finanzierungstätigkeit**	**– 1.000**
17.		Zahlungswirksame Veränderungen des Finanzmittelfonds (Summe aus 8., 12. und 16.)	655
18.	+	Finanzmittelfonds am Anfang der Periode	4.685
19.	=	**Finanzmittelfonds am Ende der Periode**	**5.340**

Lösung zu Fall 10   6 Punkte

1. Die Eigenkapitalquote der AG, also der Anteil des Eigenkapitals am Gesamtkapital, ist im Zeitvergleich der letzten 5 Jahre ständig niedriger geworden. Da sich die Eigenkapitalquote aus dem Verhältnis von Eigenkapital zu Gesamtkapital ergibt, kann hier keine abschließende Aussage über den Verlauf der absoluten Zahlen getroffen werden. Es kann sein, dass

   a) das Eigenkapital bei gleichem oder höherem Fremdkapital gesunken ist,

   b) das Fremdkapital bei gleichem oder niedrigerem Eigenkapital gestiegen ist,

   c) das sowohl das Eigen- als auch das Fremdkapital gestiegen sind, wobei das Fremdkapital stärker gewachsen ist,

   d) das sowohl das Eigen- als auch das Fremdkapital gesunken sind, wobei das Eigenkapital stärker abgenommen hat.

   Die Kennzahl gibt Aufschluss über die Kreditwürdigkeit eines Unternehmens. Auch hier kann keine absolute Aussage getroffen werden, aber tendenziell hat sich mit der Abnahme der Eigenkapitalquote die Kreditwürdigkeit der AG verschlechtert.

2. Die Umsatzrendite der AG ist im Ist höher als im Soll; der Planwert wurde also übertroffen. Allerdings muss jetzt geprüft werden, warum der Wert gegenüber der Planung gestiegen ist. Da auch hier wieder zwei Werte, nämlich Jahresüberschuss vor Steuern und Umsatz ins Verhältnis gesetzt werden, kann keine Aussage über die absolute Entwicklung der Zahlen getroffen werden. Es sind alle Positionen der GuV-Rechnung auf Abweichungen zu prüfen. Der Erhöhung der Umsatzrendite kann z. B. auf Einsparungen bei den Material- oder Personalaufwendungen, Umsatzausweitungen, verbessertem Finanzergebnis oder Erträgen aus Anlagenverkäufen beruhen.

3. Hier soll die Finanzierung des Anlagevermögens im Unternehmensvergleich analysiert werden. Der Anlagendeckungsgrad II dient der Analyse der statischen Liquidität und soll grundsätzlich größer oder mindestens gleich 1 sein, also das Anlagevermögen durch Eigenkapital und langfristiges Fremdkapital gedeckt (fristenkongruent finanziert) sein. Durch die sehr unterschiedlichen Strukturen die das Anlagevermögen und das Fremdkapital haben können, ist eine absolute Aussage zur Liquiditätslage über diese Kennzahl nicht zu treffen, es geht bei der fristenkongruenten Finanzierung vielmehr um die Signalisierung der Kreditwürdigkeit. Da die Banken auf die Einhaltung der Kennzahl achten, besteht hier ein faktischer Zwang zur Einhaltung der Vorgabe. Bei der AG und den beiden ersten Mitbewerbern ist die Grundbedingung der Kennzahl erfüllt. Bei Unternehmen 3 liegt der Wert deutlich unter 1, sodass hier die Kreditwürdigkeitsprüfung in diesem Punkt negativ ausfällt.

Lösung zu Fall 11 8 Punkte

Mittelverwendung			Mittelherkunft		
Ausschüttung		700	Cashflow		20.556
Bilanzgewinn 2019	1.304		Jahresüberschuss 2020	2.130	
Einst. Gewinnrückl.	- 604		Abschreibungen	18.426	
Ausschüttung	700		Cashflow	20.556	
Investition Anlageverm.		21.327	Abnahme Umlaufvermögen		9.322
			Forderungen	8.702	
Zunahme Umlaufvermögen		5.435	liquide Mittel	620	
Vorräte	5.435		Umlaufvermögen	9.322	
Umlaufvermögen	5.435				
			Kapitaleinlagen		0
Rückzahlung Verb.		13.900			
Verb. ggü. Kreditin.	12.185		Erhöhung Verb.		11.484
Steuerrückst.	259		Verb. aLL	7.443	
sonst. Rückst.	1.456		sonst. Verb.	4.041	
Verbindlichkeiten	13.900		Verbindlichkeiten	11.474	
Summe		41.362	Summe		41.362

Lösung zu Fall 12 12 Punkte

a) **Anlagenintensität**

Die Anlagenintensität dient der Beschreibung der Struktur des Vermögens. Eine hohe Anlagenintensität deutet auf ein anlagenintensives Unternehmen hin, dies muss aber nicht zwangsläufig so sein. Tendenziell gilt, dass ein Unternehmen mit hoher Anlagenintensität weniger flexibel auf Veränderungen reagieren kann und deshalb das Unternehmensrisiko mit wachsender Intensität zunimmt. Ein Unternehmensvergleich ist nur innerhalb der gleichen Branche sinnvoll, aber auch dort durch verschiedene Einflüsse, wie z. B. Abschreibungsverhalten, selbst erstellte immaterielle Vermögensgegenstände des Anlagevermögens oder Leasing, nur bedingt aussagekräftig. Änderungen der Abschreibungs- und/oder Investitionspolitik können bei einem Zeitvergleich zu Fehlinterpretationen führen.

b) **Eigenkapitalquote**

Die Eigenkapitalquote, also der Anteil des Eigenkapitals am Gesamtkapital, beschreibt die Struktur des Kapitals. Die Kennzahl gibt Aufschluss über die Kreditwürdigkeit eines Unternehmens, dies gilt insbesondere im Zeitvergleich. Je höher die Eigenkapitalquote ist, umso kreditwürdiger ist das Unternehmen, da dem Gläubiger im Insolvenzfall dann ein umso größerer Anteil am Vermögen zur Verfügung steht. Ein Unternehmensvergleich ist aufgrund der unterschiedlichen Kapitalstrukturen nur innerhalb der gleichen Branche sinnvoll.

c) **Anlagendeckungsgrad II**

Der Anlagendeckungsgrad II dient der Analyse der statischen Liquidität und soll grundsätzlich größer oder mindestens gleich 1 sein, also das Anlagevermögen durch Eigenkapital und langfristiges Fremdkapital gedeckt (fristenkongruent finanziert) sein. Durch die sehr unterschiedlichen Strukturen, die das Anlagevermögen und das Fremdkapital haben können, ist eine absolute Aussage zur Liquiditätslage über diese Kennzahl nicht zu treffen, es geht bei der fristenkongruenten Finanzierung vielmehr um die Signalisierung der Kreditwürdigkeit. Da die Banken auf die Einhaltung der Kennzahl achten, besteht hier ein faktischer Zwang zur Einhaltung der Vorgabe. Ein Unternehmensvergleich ist nur eingeschränkt möglich und sinnvoll. Beim Zeitvergleich können Interpretationsfehler durch geändertes Managementverhalten entstehen.

d) **Liquidität 2. Grades**

Auch die Liquidität 2. Grades dient der Analyse der statischen Liquidität. Dabei wird geprüft, ob die Liquiden Mittel und die Forderungen ausreichen, um die kurzfristigen Verbindlichkeiten zu decken. Auch hier ist aufgrund der unterschiedlichen Struktur der Positionen eine Aussage zur tatsächlichen Liquidität – auch im Zeitvergleich – nicht möglich. Ein Unternehmensvergleich ist nur eingeschränkt möglich und sinnvoll.

e) **Cashflow**

Der Cashflow stellt im Rahmen der dynamischen Liquidität eine wichtige finanzwirtschaftliche Strömungsgröße dar. Eine Hauptschwierigkeit ist allerdings die in Literatur und Praxis uneinheitliche Meinung über Funktion und Umfang des Cashflows. Hier geht es vor allem um die Frage, ob es sich beim Cashflow um eine Ertrags- und/oder eine Finanzkennzahl handelt. Durch diese Unklarheit in Funktion und Umfang ist auch die Berechnung nicht einheitlich. Grundsätzlich ist anerkannt, dass der Cashflow sowohl direkt (progressiv = Ertragseinzahlungen - Aufwandsauszahlungen) als auch indirekt (retrograd = Jahreserfolg + auszahlungslose Aufwendungen - einzahlungslose Erträge) ermittelt werden kann. In der Praxis wird die indirekte Methode bevorzugt und zum Teil stark vereinfacht, indem zum Jahreserfolg die Abschreibungen hinzuaddiert werden.

f) **Debitorenziel (Kundenziel)**

Die Kennzahl Debitorenziel gibt Auskunft über das durchschnittliche Zahlungsverhalten der Kunden, also darüber, wie lange es durchschnittlich in Tagen dauert, bis ein Kunde die Forderung des Unternehmens bezahlt. Je niedriger der Wert ist, umso schneller werden die Umsatzerlöse zu liquiden Mitteln. Dieser Wert sollte sowohl im Zeit-, als auch im Unternehmensvergleich möglichst niedrig sein.

Lösung zu Fall 13 — 5 Punkte

Die Eigenkapitalrichtlinien sollen für eine bessere Eigenkapitalausstattung von Kreditinstituten im Verhältnis zu ihrem Risikogeschäft sorgen. Diese Anforderung wird durch Überprüfungs- und Offenlegungsregelungen unterstützt.

Die Mindestkapitalanforderung verpflichtet die Kreditinstitute, differenziert nach unterschiedlichen Risiken (Kreditrisiko, Marktrisiko und operationelles Risiko), ihre Geschäfte mit Eigenkapital zu unterlegen. Diese Regelung begrenzt somit die Risikoübernahmemöglichkeiten eines Kreditinstituts und soll so die Eingehung von bestandsgefährdenden Risiken verhindern.

Der aufsichtsrechtliche Überprüfungsprozess ergänzt die quantitativen Mindestkapitalanforderungen der Säule 1 um ein qualitatives Element. Es geht hauptsächlich darum, das Gesamtrisiko eines Instituts und die wesentlichen Einflussfaktoren auf dessen Risikosituation zu identifizieren und bankenaufsichtlich zu würdigen. Durch den regelmäßigen Dialog zwischen der Bankenaufsicht und den einzelnen Kreditinstituten soll es zu einer kontinuierlichen Verbesserung des Risikosteuerungsprozesses und der Risikotragfähigkeit kommen.

Die Marktdisziplin, d. h. die Erweiterung der Offenlegungspflichten der Kreditinstitute, soll die disziplinierenden Kräfte der Märkte zusätzlich zu den Anforderungen der Säulen 1 und 2 nutzen. Dem liegt der Gedanke zugrunde, dass nur gut informierte Marktteilnehmer in ein Kreditinstitut investieren.

Zusätzlich zu diesen durch Basel II bestehenden Regelungen verpflichtet Basel III die nationalen Gesetzgeber, Regelungen für die Vergütungspolitik zu erlassen, um falschen Anreizregelungen, z. B. bezogen auf einen möglichst hohen kurzfristigen Ertrag, entgegenzuwirken.

Gesamtziel der Regulierungen soll eine Stabilisierung des Finanzsektors sein.

Lösung zu Fall 14 — 8 Punkte

Externes Rating findet nicht durch das kreditgebende Institut, sondern durch einen Dritten statt. Zum einen können dies z. B. die bekannten Ratingagenturen Fitch, Moody's oder Standard & Poor's sein. Diese Unternehmen befassen sich hauptsächlich mit dem Rating von großen Unternehmen und Staaten, die Wertpapiere auf den Kapitalmärkten emittiert haben. Daneben gibt es noch eine ganze Reihe von kleineren Dienstleistern, die sich mit Ratings befassen. Die Ratingberichte von Dritten dürfen aber nicht das Rating durch das kreditgebende Institut (internes Rating) ersetzen, sondern sie dürfen es nur ergänzen.

Ziel des Ratings ist es, die Ausfallwahrscheinlichkeit eines Kreditnehmers zu ermitteln. Dafür werden sowohl quantitative Faktoren (Hard Facts) als auch qualitative Faktoren (Soft Facts) analysiert.

Quantitative Faktoren: Den Kern eines Ratingverfahrens bildet die Analyse des Jahresabschlusses des Kreditnehmers. Die ermittelten Kennzahlen aus dem Jahresabschluss werden sowohl im Zeit- als auch im Branchenvergleich betrachtet. Liefert der Kreditnehmer auch Planzahlen, so erfolgt auch ein Soll-Ist-Abgleich. Auch unterjährige Daten können die Qualität des Ratings verbessern. Wichtig für eine gute Bewertung ist neben den Daten selbst deren Aktualität und Genauigkeit.

Qualitative Faktoren: Hier spielen z. B. die Markt- und Wettbewerbssituation, die Managementqualität und die Organisationsstrukturen eine Rolle. Zum Teil werden diese Informationen bei den Kreditnehmern mit Fragebögen oder Interviews der Geschäftsleitung abgefragt oder durch Vorlage von Dokumenten eingeholt. Diese Faktoren sollen das Bild von der Bonität des Kreditnehmers unterstützen und die Möglichkeit bieten, wichtige Informationen der Kreditexperten in die Bewertung einfließen zu lassen.

Die Ergebnisse der Auswertung werden dann in einer Ratingnote zusammengefasst. Diese Note kann dann noch in besonderen, für einen Dritten nachvollziehbaren Fällen manuell geändert werden (Overruling).

Das eigentliche Verfahren ist zwar zwischen den einzelnen Kreditinstituten bzw. Institutsgruppen unterschiedlich, aber man hat sich darauf verständigt, dass das Ergebnis in eine sog. Ratingstufe, hinter der eine Ausfallwahrscheinlichkeit steht, eingruppiert werden kann. So entspricht z. B. eine Ratingnote 7 (von 18) bei einer Sparkasse einer Ausfallwahrscheinlichkeit von 0,9 %.

LÖSUNG

Lösung zu Fall 15   5 Punkte

Die Eigenkapitalrichtlinien können für die kreditnachfragenden Unternehmen in unterschiedlicher Form Auswirkungen haben.

Der Prozess bei der Kreditvergabe ist jetzt fast immer um den Vorgang des Ratings erweitert worden. Die anderen Faktoren, die auch bisher eine Rolle spielten, wie z. B. aktueller Liquiditätsstatus und Sicherheiten, sind weiterhin von Bedeutung, vor allem da Sicherheiten dem Kreditinstitut die Möglichkeit geben, den Kredit mit weniger Eigenkapital unterlegen zu müssen. Für die Menge des zu unterlegenden Eigenkapitals spielt das Ergebnis des Ratings ebenfalls eine Rolle. Grundsätzlich kann man sagen, je besser das Ratingergebnis, umso weniger Eigenkapitalunterlegung. Da die Unterlegung mit Eigenkapital für das Kreditinstitut Kosten darstellt, bedeutet dies tendenziell je schlechter das Ratingergebnis und die Sicherheiten, umso teurer der Kredit. Auch die Kosten für die Durchführung des Ratings werden in die Kreditkosten einfließen.

Auch bisher hat schon eine Kreditwürdigkeitsprüfung stattgefunden, aber durch das Ratingverfahren ist diese strukturiert und vereinheitlicht worden. Das jetzt durchzuführende Rating weitet die Kreditwürdigkeitsprüfung zudem weiter aus und erfordert laufende aktuelle und detaillierte Informationen des Kreditnehmers.

Der Zugang zu Krediten wird durch das verpflichtende Rating für Kunden mit schlechter Bonität schwieriger. Von einer allgemeinen „Kreditklemme" kann aufgrund der bisher vorliegenden Zahlen aber nicht gesprochen werden. Eine Ausnahme gilt für Existenzgründer, da diese keine vergangenheitsbezogenen Daten vorlegen können und auch das Ausfallrisiko im Vergleich zu bestehenden Unternehmen größer ist. Hier hat sich der Zugang zu Krediten tendenziell verschlechtert.

V. Finanzmanagement

Lösung zu Fall 1   6 Punkte

a)   1,8 % Factoringgebühren auf 20 Mio. € Umsatz   = 360.000 €

      11 % Sollzinsen von den in Anspruch genommenen Geldern

      (75 % von 2,0 Mio. = 1,5 Mio.; abzgl. 10 % von 1,5 Mio.)   = 148.500 €

      Gesamtkosten des Factoring   508.500 €

Dem stehen gegenüber Kostenvorteile von 750.000 €. Somit ist Factoring zu empfehlen, weil dadurch durchschnittliche Kostenreduzierungen von 241.500 € erreichbar sind.

b) Die Kostenvorteile bei Übernahme der Servicefunktion ergeben sich aus dem Wegfall der Debitorenbuchhaltung sowie des Mahn- und Inkassowesens.

c) Bei der Delkrederefunktion übernimmt die Factoring-Bank das Forderungsausfallrisiko. Um das Risiko zu streuen, kaufen Factoring-Institute nur Forderungsgesamtheiten auf und nicht ausgewählte einzelne Forderungen.

d) Es sind alle drei Funktionen erfüllt. In diesem Falle handelt es sich um echtes Factoring.

Lösung zu Fall 2   4 Punkte

a) Tabelle bis zum Ende des siebten Jahres

Jahr	Anzahl der Maschinen			Abschreibung pro Jahr in €	Reinvestition in €	verbleibender Rest in €
	Zugang	Abgang	Bestand			
1	0	0	10	100.000	80.000	20.000
2	2	0	12	120.000	120.000	20.000
3	3	0	15	150.000	160.000	10.000
4	4	0	19	190.000	200.000	0
5	5	10	14	140.000	120.000	20.000
6	3	2	15	150.000	160.000	10.000
7	4	3	16	160.000	160.000	10.000

b) Berechnung mithilfe des Kapazitätserweitungsfaktors = KEF

$$KEF = \frac{2n}{n+1} = \frac{2 \cdot 4}{4+1} = \frac{8}{5} = 1{,}6$$

Maschinenanzahl = 1,6 · 10 = 16 Maschinen

Hinweis: Aufgrund der Nichtteilbarkeit von Maschinen kann ein Rest übrig bleiben.

Lösung zu Fall 3   4 Punkte

Die jährlichen Heizkostenersparnisse werden abgezinst, zusammengerechnet und von den Anschaffungskosten abgezogen:

Jahr 1	6.818,18 €
Jahr 2	8.264,46 €
Jahr 3	9.391,44 €
Jahr 4	8.537,66 €
Jahr 5	6.209,21 €
Summe	**39.220,95 €**
- Anschaffung	40.000,00 €
	- 779,05 €

Die Investition ist nicht vorteilhaft, weil die Summe der jährlich abgezinsten Heizkostenersparnisse die Anschaffungskosten unterschreitet.

Lösung zu Fall 4   7 Punkte

a) **Gesamtausgaben der Finanzierung**

Leasing: 7 · 107.000 € + 75.000 €   = 824.000 €

Kredit: Die Gesamtausgaben entsprechen den Annuitäten. Die Annuität wird mit dem Kapitalwiedergewinnungsfaktor (KWF) berechnet.

$$KWF = \frac{q^n (q - 1)}{q^n - 1}$$

$$KWF = \frac{1{,}06^7 (1{,}06 - 1)}{1{,}06^7 - 1}$$

KWF = 0,17913499

KD = 800.000 · 0,17913499 = 143.307,99 €

Annuität für 7 Jahre: 7 · 143.307,99 = 1.003.155,93 €

Ergebnis: Die Gesamtausgaben bei Kreditfinanzierung sind um 1.003.155,93 - 824.000 = 179.155,93 € höher als bei Leasing.

b) **Vorteile des Leasing**

- Keine Veränderung der Bilanzstruktur
- Kein Kapitaleinsatz zur Anlagefinanzierung erforderlich
- Keine Erhöhung des Fremdkapitals bzw. FK-Anteils
- Besondere Kreditsicherheiten sind nicht erforderlich; Beleihungsgrenze entfällt, daher Schonung der Besicherungsmöglichkeiten der Abraham OHG

c) **Vorteile der Kreditfinanzierung**

Die Abraham OHG ist rechtlich Eigentümerin der Maschine. Ersatz- und Zubehörteile sowie nachträgliche Veränderungen gehören ihr, bei vorzeitigem Ausscheiden erzielt sie den möglichen Veräußerungserlös.

Durch die Wahl der Abschreibungsart kann die Höhe des Aufwands (Gewinns) beeinflusst werden.

d) Bei „**Sale and lease back**" ist der zukünftige Leasingnehmer zunächst Eigentümer des Objektes. Er verkauft das Objekt an eine Leasinggesellschaft und least es dann von dieser Gesellschaft (zurück).

Lösung zu Fall 5   7 Punkte

a) Mit 600.000 € konnten, bei einem Kurs von 96, Anleihen von nominal 625 T€ erworben werden.

6,5 % Zinsen von 625.000 €		40.625 €
Kursgewinn (625.000 - 600.000) / 5		5.000 €
Gesamtertrag p. a.		45.625 €
Anlageinvestition:		
Umsatzerlöse (Mehrabsatz)	50.000 · 25 €	= 1.250.000 €
- variable Kosten p. a.	50.000 · 20 €	= 1.000.000 €
- Fixkosten p. a.		200.000 €
Gewinn p. a.		50.000 €

Da die Anlageinvestition nach der Gewinnvergleichsrechnung den höheren Gewinn erbringt, ist diese Investition gegenüber der Kapitalanlage vorzuziehen.

b) Die Wiedergewinnungszeit für diese neue Betriebsanlage errechnet sich aus der Anschaffungsauszahlung, geteilt durch den durchschnittlichen Einzahlungsüberschuss.

Umsatzerlöse p. a. = Einzahlungen von	1.250.000 €
- Auszahlungen (40 % der Fixkosten)	80.000 €
variable Kosten	1.000.000 €
= Einzahlungsüberschuss p. a.	170.000 €

600.000 € / 170.000 = 3,53 Jahre

Lösung zu Fall 6   6 Punkte

a) Angaben in T€:

Aufwand			Ertrag
Bearbeitungsgebühr (1,1 % des Umsatzes)	132	Skontoerträge (3 % vom Wareneinkauf)	252
Soll-Zinsen (7,5 % von 80 % der durchschnittlichen Außenstände)	120	Debitorenausfälle	50
		Verwaltungskosten	40
	252		342
Vorteil des Factoring	90		

b) Durch Factoring würde das in den Außenständen gebundene Kapital erheblich reduziert. Die Maschinenbau AG würde somit über Liquidität i. H. von 1,6 Mio. € (80 %) verfügen. Damit könnte der Lieferantenkredit vollständig abgebaut werden. Die restlichen 200.000 € stünden für andere Finanzierungszwecke zur Verfügung (z. B. Rückführung von Bankkrediten). Liquiditätsengpässe aufgrund schleppender Zahlungsweise könnten nicht mehr entstehen. Das Forderungsausfallrisiko i. H. von 50.000 € geht auf den Factor über. Außerdem ergeben sich noch Verwaltungskosteneinsparungen von 40.000 €.

Ein zusätzlicher Vorteil für die Maschinenbau AG wäre, dass 3 % Skonto in Anspruch genommen werden können und sich die allgemeine Bonität durch Nicht-Inanspruchnahme von Zahlungszielen erhöht.

c) Beim echten Factoring wird das Forderungsausfallrisiko mit übernommen, das bei unechtem Factoring zulasten des Factornehmers geht.

Lösung zu Fall 7   7 Punkte

Jahr	Einnahmen (T€)	Ausgaben (T€)	Überschüsse (T€)	Abzinsungs-faktor	Barwert (T€)
1	0	12.000	- 12.000	0,917431	- 11.009,17
2	0	15.000	- 15.000	0,841680	- 12.625,20
3	0	8.000	- 8.000	0,772183	- 6.177,46
4	20.000	11.000	9.000	0,708425	6.375.83
5	21.000	10.000	11.000	0,649931	7.149,25
6	15.000	1.000	14.000	0,596267	8.347,74
6	75.000	0	75.000	0,596267	44.720,03
Barwerte					36.781,02
- Anschaffungsauszahlung					60.000,00
= Kapitalwert					- 23.218,98

Die Investition ist nicht sinnvoll, da sich ein negativer Kapitalwert ergibt und sich damit eine Verzinsung von weniger als 9 % abzeichnet.

Lösung zu Fall 8   7 Punkte

a) Empfehlungen

1. Um den Fehlbetrag zwischen Anschaffungskosten des Automaten und dem Darlehen der Hausbank aufzubringen, werden

   - der restliche Jahresüberschuss einbehalten und in eine Gewinnrücklage eingestellt   100 T€
   - die alten Maschinen verkauft   15 T€
   - z. B. von den Wertpapieren verkauft   75 T€

   190 T€

2. Die Abschreibungsgegenwerte können zur Tilgung verwendet werden.

$$\frac{640}{8} = 80\ T€ \qquad \frac{450}{6} = 75\ T€$$

   Voraussetzung: Die kalkulierten Abschreibungen müssen durch die erzielten Verkaufspreise der Produkte hereingeholt werden.

b) **Finanzierung aus Kapitalfreisetzung durch Rationalisierung im Lager**

Eine Möglichkeit ist, den Lagerumschlag des Rohstofflagers von derzeit 4.000 T€ = 4 · 1.000 T€ bei gleichbleibendem Materialeinsatz auf 5-mal zu erhöhen 4.000 T€ = 5 · 800 T€.

Dadurch könnte die Kapitalbindung im Lagerbestand um 200 T€ verringert werden.

Lösung zu Fall 9   15 Punkte

a) Lösungstabelle:

Jahr	14 %	Überschuss Objekt	Barwert Objekt
1	0,877193	20.000	17.543
2	0,769468	60.000	46.168
3	0,674972	40.000	26.998
4	0,592080	- 10.000	- 5.921
5	0,519369	10.000	5.193
Barwert			89.981
Anschaffungsauszahlung			90.000
Kapitalwert			- 19

Die Investition ist nicht vorteilhaft, da der Kapitalwert negativ ist.

b) Die Gewinnvergleichsrechnung kann sinnvoll nur eingesetzt werden, wenn zwei oder mehrere Investitionsvarianten zu beurteilen sind. Da in diesem Sachverhalt nur ein Investitionsgut zu beurteilen ist, kann eine Entscheidung mit dieser Methode nicht getroffen werden. Derartiges wäre nur möglich, wenn das Unternehmen einen Mindestgewinn vorgibt und dieser mit dem Ergebnis der Gewinnvergleichsrechnung zu vergleichen ist.

c) Die Gewinnvergleichsrechnung stellt ein statisches Investitionsrechnungsverfahren dar. Der Zeitfaktor bleibt unberücksichtigt. Es wird bei den statischen Verfahren der Investitionsrechnung (Kostenvergleichsrechnung, Gewinnvergleichsrechnung, Rentabilitätsrechnung; Amortisationsrechnung) nur das 1. Jahr betrachtet und unterstellt: Ist die geplante Investitionsmaßnahme im 1. Jahr vorteilhaft/unvorteilhaft, dann wird sie das auch in den Folgejahren sein.

Bei den dynamischen Verfahren (Kapitalwertmethode, interne Zinsfußmethode, Annuitätenmethode) wird der Zeitfaktor (Anfall der Überschüsse in unterschiedlichen Perioden) durch Abzinsung auf den Zeitpunkt t_0, berücksichtigt. Durch Anwendung des Abzinsungsfaktors (AbF) wird der Zinseszinseffekt berücksichtigt. Die dynamischen Verfahren sind somit wesentlich genauer als die statischen Verfahren.

Lösung zu Fall 10   3 Punkte

a) Der **Investitionsentscheidungsprozess** gliedert sich in mehrere Teilbereiche:

Anregungsphase:
- Anregung der Investition
- Beschreibung des Investitionsproblems

Suchphase:
- Festlegung der Bewertungskriterien
- Festlegung der Begrenzungsfaktoren
- Ermittlung der Investitionsalternativen

Entscheidungsphase:
- Vorauswahl der Investitionsalternativen
- Festlegung der Investitionsalternativen
- Bestimmung der vorteilhaftesten Investitionsalternative

b) Im Rahmen des Investitionsentscheidungsprozesses ist vor allem die Optimierung des Kapitalbedarfs ein entscheidender Gesichtspunkt. Diese Ermittlung ergibt sich aus Investitionsrechnungen. Dabei handelt es sich um Verfahren, bei denen festgestellt wird, ob ein Investitionsobjekt den allgemeinen Vorstellungen des Investors entspricht. Die Investitionsrechnungen unterteilen sich in statische und dynamische Verfahren.

Die statischen Investitionsrechnungen sind relativ einfach zu handhaben, ihr Aussagewert ist aber beschränkt. Merkmale sind:
- Sie beziehen sich auf eine Periode
- Sie beziehen sich auf Kosten und Erträge

Zu den statischen Investitionsrechnungen gehören:
- Kostenvergleichsrechnung
- Gewinnvergleichsrechnung
- Rentabilitätsrechnung
- Amortisationsrechnung

Die dynamischen Investitionsrechnungen sind relativ schwer zu handhaben. Ihr Aussagewert ist aber wesentlich besser als bei den statischen Methoden. Merkmale sind:
- Sie beziehen sich auf sämtliche Nutzungsperioden
- Sie beziehen sich auf Einzahlungen und Auszahlungen
- Sie basieren auf finanzmathematischen Grundlagen

Zu den dynamischen Methoden gehören:

- Kapitalwertmethode
- Interne Zinsfuß-Methode
- Annuitätenmethode

Lösung zu Fall 11 5 Punkte

	Fall 1	Fall 2	Fall 3
Gesamtkapital	100.000 €	100.000 €	100.000 €
Fremdkapitalquote	25 %	50 %	75 %
Fremdkapital	25.000 €	50.000 €	75.000 €
Eigenkapital	75.000 €	50.000 €	25.000 €
Gewinn vor FK-Zinsen	10.000 €	10.000 €	10.000 €
- 7 % FK-Zinsen	1.750 €	3.500 €	5.250 €
Gewinn nach FK-Zinsen	8.250 €	6.500 €	4.750 €
EK-Rentabilität (%)	11,00	13,00	19,00

Die Fremdkapitalquote gibt an, mit wie viel % Fremdkapital die Investition finanziert wurde.

Die Eigenkapitalrendite berechnet sich nach der Formel:

R_{EK} = Gewinn · 100 / EK

Für den 1. Fall ergibt sich somit:

R_{EK} = 8.250 · 100 / 75.000 = 11

Für die Fälle 2 und 3 gilt derselbe Rechenweg.

Der Gewinn von 10 % spiegelt die Kapitalrendite der Investition wider.

Somit ist die Gesamtkapitalrendite aus der Investition 10 %. Da der FK-Zinssatz mit 7 % unter der Gesamtkapitalrendite liegt, steigt mit zunehmender Verschuldung die EK-Rentabilität. Dies wird als Leverage-Effekt (Hebeleffekt) bezeichnet.

Lösung zu Fall 12   5 Punkte

a) **Berechnung der Effektivverzinsung**

   Der Restwertverteilungsfaktor (RVF) errechnet sich nach der Formel

   $$RVF = \frac{i}{(1+i)^n - 1} = \frac{0{,}07}{(1{,}07)^{10} - 1} = 0{,}0723775$$

   $$i = \frac{p}{100} = 0{,}07$$

   Da es sich um ein Festdarlehen handelt, muss hier nicht für „n" die mittlere Laufzeit (t_m) eingesetzt werden.

   Der Effektivzinssatz ist dann:

   $$r = \frac{7 + (100 - 92) \cdot RVF}{92} \cdot 100 = 8{,}238\,\%$$

   $r \sim 8{,}2\,\%$

b) **Kreditbesicherung**

   Für langfristige Bankdarlehen kommen i. d. R. Grundpfandrechte in Frage, d. h. als Besicherung für obigen Kredit bieten sich Grundschuld bzw. Hypothek an (vgl. auch die Erläuterungen in diesem Lehrbuch).

Lösung zu Fall 13   5 Punkte

a)

	Listenpreis	148.000 €
−	Rabatt (5 % von 148.000 €)	7.400 €
−	Skonto (2 % von 140.600 €)	2.812 €
=	Zieleinkaufspreis	137.788 €
+	Verpackung	114 €
+	Fracht	52 €
=	Nettopreis	137.954 €

b) Nettopreis und Anschaffungskosten stimmen nicht überein, da zu den Anschaffungskosten noch weitere Kosten bzw. Ausgaben gehören. Zusätzlich sind die Installations- und Probelaufkosten zu berücksichtigen.

   Somit belaufen sich die Anschaffungskosten auf 139.042 €.

Generell gilt:

    Anschaffungspreis (netto)
- Anschaffungspreisminderungen
+ Anschaffungsnebenkosten
= Anschaffungskosten

c) Aus Gründen der Vorsicht sollte die Nutzungsdauer mit dem niedrigsten Schätzwert, also mit 7 Jahren angesetzt werden, insbesondere weil Erfahrungswerte fehlen.

d) Für das Anlagegut ergibt sich ein Liquidationserlös aus der Differenz zwischen Schrottwert und den Abbruchkosten, somit also ein Betrag i. H. von 3.520 €.

e) Aus Gründen der Vorsicht sollte als Kalkulationszinssatz der Kapitalmarktzins, der in absehbarer Zeit als verbindlich gilt, angesetzt werden. Er sollte also in jedem Fall 4 % übersteigen.

Lösung zu Fall 14   5 Punkte

a)

	Ausgaben		Einnahmen		
	monatlich (T€)	kumuliert (T€)	monatlich (T€)	kumuliert (T€)	Bedarf (T€)
Januar	100	100	0	0	100
Februar	80	180	20	20	160
März	50	230	70	90	140
April	100	330	100	190	140
Mai	100	430	70	260	170
Juni	60	490	100	360	130
Juli	60	550	110	470	80
August	60	610	240	710	- 100
September	80	690	90	800	- 110
Oktober	100	790	40	840	- 50
November	110	900	0	840	60
Dezember	80	980	20	860	120

b) Der Kapitalbedarf kann vermindert werden, wenn es irgendwie möglich gemacht wird, Ausgaben auf einen späteren Zeitpunkt zu verlagern, z. B. Stundungen zu erreichen oder Einnahmen früher zu erhalten.

c) Die Liquiditätsberechnungen, nämlich die Barliquidität (Liquidität 1. Grades), Liquidität auf kurze Sicht (Liquidität 2. Grades) und Liquidität auf mittlere Sicht (Liquidität 3. Grades) beziehen sich auf einen Zeitpunkt. Unmittelbar davor oder nach diesem Zeitpunkt kann die Liquidität völlig anders aussehen.

Lösung zu Fall 15 — 5 Punkte

a) Die Rendite, die die Investition erbringen muss, ergibt sich aus dem adäquaten Kalkulationszinsfuß. Dieser wird als gewogenes Mittel der Finanzierungskosten errechnet.

Eigenkapital	= 600.000 € zu 6,5 % · 30 %	= 1,95 %
Sonderkredit	= 500.000 € zu 4,0 % · 25 %	= 1,00 %
Darlehen	= 900.000 € zu 8,0 % · 45 %	= 3,60 %
		6,55 %

Die Investition muss mindestens eine Rendite von 6,56 % erbringen.

b) Durch eine ungleichmäßige Tilgung der Darlehen während der Gesamtlaufzeit ergeben sich Schwankungen in den relativen Gewichten der Teilfinanzierungen und somit eine Änderung des Kalkulationszinsfußes. Sollte die Finanzierungsstruktur für die gesamte Laufzeit konstant bleiben, stellt sich dieses Problem nicht.

Lösung zu Fall 16 — 5 Punkte

a)
Gebäude	750.000 €
Maschine	550.000 €
BGA	350.000 €
Gründung und Ingangsetzung	10.000 €
Anlagekapitalbedarf	1.660.000 €
Roh-, Hilfs- und Betriebsstoffe 9.000 · (30 + 10 + 8 + 10 - 30)	252.000 €
Löhne und Gehälter 10.000 · (10 + 8 + 10)	280.000 €
sonstige Ausgaben 1.000 · (30 + 10 + 8 + 10)	58.000 €
Umlaufkapitalbedarf	590.000 €
Gesamtkapitalbedarf	2.250.000 €

b)
Anlagekapitalbedarf	1.660.000 €
Roh-, Hilfs- und Betriebsstoffe 9.000 · (30 + 30 + 8 + 10 - 10)	612.000 €
Löhne und Gehälter 10.000 · (30 + 8 + 10)	480.000 €
sonstige Ausgaben 1.000 · (30 + 30 + 8 + 10)	78.000 €
Umlaufkapitalbedarf	1.170.000 €
Gesamtkapitalbedarf	2.830.000 €

c) Anlagekapitalbedarf 1.660.000 €
   Roh-, Hilfs- und Betriebsstoffe 9.000 · (10 + 10 + 2 + 10 - 30) 18.000 €
   Löhne und Gehälter 10.000 · (10 + 2 + 10) 220.000 €
   sonstige Ausgaben 1.000 · (10 + 10 + 8 + 10) 38.000 €
   Umlaufkapitalbedarf 276.000 €
   Gesamtkapitalbedarf 1.936.000 €

Lösung zu Fall 17   5 Punkte

a) Tilgungsplan

Der Kapitalwiedergewinnungsfaktor (KWF) ist bei 8 % und 5 Jahren:

KWF = 0,250456454

Es ergibt sich dann eine Annuität von

A = 3000.000 € · 0,250456454 ~ 75.136,94 €

Jahr	Kredit am Jahresanfang	Annuität	Zinsen	Tilgung	Kredit am Jahresende
01	300.000,00 €	75.136,94 €	24.000,00 €	51.136,94 €	248.863,06 €
02	248.863,06 €	75.136,94 €	19.909,05 €	55.227,89 €	193.635,17 €
03	193.635,17 €	75.136,94 €	15.490,81 €	59.646,12 €	133.989,05 €
04	133.989,05 €	75.136,94 €	10.719,12 €	64.417,81 €	69.571,24 €
05	69.517,24 €	75.136,94 €	5.565,70 €	69.571,24 €	0,00 €

b) Liegt die Gesamtkapitalrentabilität über dem FK-Zinssatz, dann erhöht sich die Eigenkapitalrentabilität bei zunehmender Verschuldung. Dieser Sachverhalt wird als Leverage-Effekt (Hebeleffekt) bezeichnet.

Lösung zu Fall 18   7 Punkte

Historischer Hintergrund:

Historisch gesehen wäre die Bezeichnung Marx-Engels-Effekt genauer, da der Effekt bereits im Jahre 1867 in einem Briefwechsel zwischen Karl Marx und Friedrich Engels angesprochen wurde. Erst im Jahre 1953 stellten Ernst Lohmann und Hans Ruchti den Effekt dar. In der Literatur hat sich jedoch der Begriff Lohmann-Ruchti-Effekt durchgesetzt.

Voraussetzungen:

- Die kalkulatorischen Abschreibungen müssen in die Verkaufspreise eingerechnet sein;
- die Produkte müssen mindestens zu Selbstkosten verkauft werden;
- alle Forderungen sind zu Einzahlungen geworden;
- die freigesetzten Abschreibungsgegenwerte fließen bereits vor Ende der Nutzungsdauer, also bevor das Sachanlagegut zu ersetzen ist, in das Unternehmen zurück.

Effekte:

Der Lohmann-Ruchti-Effekt umfasst den Kapitalfreisetzungseffekt und den Kapazitätserweiterungseffekt.

- Kapitalfreisetzungseffekt:

    Die in den Verkaufspreisen enthaltenen kalkulatorischen Abschreibungen fließen über die Umsatzerlöse in das Unternehmen zurück und stehen für Finanzierungszwecke zur Verfügung.

- Kapazitätserweiterungseffekt:

    Durch sofortige Reinvestition der Abschreibungsgegenwerte in Sachanlagen erhöht sich die Periodenkapazität der Unternehmung, da die durch Abschreibungsgegenwerte erworbenen Anlagen wieder abgeschrieben werden und dadurch zusätzliche Wirtschaftsgüter gekauft werden können usw.

Kritische Würdigung:

Folgende Kritikpunkte könnten u. a. angeführt werden:

- zusätzliches Anlagevermögen (z. B. Maschinen) erfordert zusätzliches Anlage- (z. B. Maschinenhallen) und Umlaufvermögen (z. B. Rohstoffe);
- die Marktsituation bleibt unberücksichtigt (z. B. ist zusätzlicher Bedarf vorhanden? Überangebot könnte zu sinkenden Verkaufspreisen führen);
- unbegrenzte Teilbarkeit der Anlagen ist Voraussetzung; ist jedoch nicht immer gegeben (z. B. Petrochemie).

Lösung zu Fall 19 12 Punkte

a)

Jahr	P1 8%	Überschuss Objekt 1	Barwert Objekt 1	Überschuss Objekt 2	Barwert Objekt 2
1	0,925926	18.000 €	16.667 €	23.000 €	21.296 €
2	0,857339	22.000 €	18.861 €	25.000 €	21.433 €
3	0,793832	20.000 €	15.877 €	23.000 €	18.258 €
4	0,735030	26.000 €	19.111 €	23.000 €	16.906 €
5	0,680583	25.000 €	17.015 €	21.000 €	14.292 €
6	0.630170	24.000 €	15.124 €	20.000 €	12.603 €
Summe			102.655 €		104.788 €
Liquidationserlös	0,630170	6.000 €	3.781 €	8.000 €	5.041 €
Barwert			106.436 €		109.829 €
Anschaffungswert			98.000 €		98.000 €
Co_1			8.436 €		11.829 €

Jahr	P2 12%	Überschuss Objekt 1	Barwert Objekt 1	Überschuss Objekt 2	Barwert Objekt 2
1	0,892857	18.000 €	16.071 €	23.000 €	20.536 €
2	0,797194	22.000 €	17.538 €	25.000 €	19.930 €
3	0,711780	20.000 €	14.236 €	23.000 €	16.371 €
4	0,635518	26.000 €	16.523 €	23.000 €	14.617 €
5	0,567427	25.000 €	14.186 €	21.000 €	11.916 €
6	0,506631	24.000 €	12.159 €	20.000 €	10.133 €
Summe			90.713 €		93.503 €
Liquidationserlös	0,506631	6.000 €	3.040 €	8.000 €	4.053 €
Barwert			93.753 €		93.556 €
Anschaffungswert			98.000 €		98.000 €
Co_2			- 4.247 €		- 444 €

Beurteilung Objekt 1:

$$r = P1 - Co_1 \cdot \frac{P2 - P1}{Co_2 - Co_1}$$

$$r = 8 - 8.436 \cdot \frac{12 - 8}{-4.247 - 8.436}$$

$r = 8 + 2{,}66 \sim \mathbf{10{,}66\,\%}$

Beurteilung Objekt 2:

$$r = P1 - Co_1 \cdot \frac{P2 - P1}{Co_2 - Co_1}$$

$$r = 8 - 11.829 \cdot \frac{12 - 8}{-444 - 11.829}$$

$r = 8 + 3{,}86 \sim \mathbf{11{,}86\,\%}$

Beide Objekte liegen über dem Kalkulationszinsfuß von 10 %. Die vorteilhaftere ist jedoch die zweite Investitionsalternative mit einem internen Zinsfuß von 11,86 %.

b) Bei einer erwarteten Mindestverzinsung von 12 % ist keine Alternative als vorteilhaft anzusehen.

Lösung zu Fall 20   6 Punkte

a) Effektive Verzinsung bei Tilgung in gleichen jährlichen Raten:

Da das Darlehen nicht am Ende der gesamten Laufzeit getilgt wird (endfälliges Darlehen), muss mit der mittleren Laufzeit (t_m) die Effektivverzinsung berechnet werden.

Folgende Variablen gelten für die nachfolgende Formel:

Z = Zinssatz (Zinsen von 100)

R = Rückzahlungskurs (100)

K = Auszahlungskurs

t_m = mittlere Laufzeit

$t_m = (t_f + t_R + 1) / 2$

t_f = tilgungsfreie Zeit

t_R = Restlaufzeit

$$\frac{Z + (R - K) / t_m}{K} \cdot 100 = r$$

$$\frac{7 + 4 / 5{,}5}{96} \cdot 100 = 8{,}05\,\%$$

b) Effektive Verzinsung bei vier tilgungsfreien Jahren und anschließender Tilgung in gleichen jährlichen Raten:

$$\frac{7 + 4 / 7{,}5}{96} \cdot 100 = 7{,}85\,\%$$

c) Effektive Verzinsung bei vier tilgungsfreien Jahren und anschließender Tilgung in gleichen jährlichen Raten bei einem Rückzahlungskurs von 104 %:

$$\frac{7 + 8 / 7{,}5}{96} \cdot 100 = 8{,}40\,\%$$

Lösung zu Fall 21   6 Punkte

Alternative A:

Der Verkäufer erhält **3.000.000 €**

Alternative B:

Unter Verwendung des Diskontierungssummenfaktors ergibt sich folgende Rechnung:

1.000.000 + 1.000.000 · 2,401831 = **3.401.831 €**

Alternative C:

Wiederum unter Verwendung des Diskontierungssummenfaktors:

500.000 + 500.000 · 4,111407 = **2.555.703,50 €**

Ergebnis: Die Alternative B ist allen anderen vorzuziehen.

Lösung zu Fall 22   8 Punkte

a) Bei der Kapitalerhöhung aus Gesellschaftsmitteln fließt der Gesellschaft kein neues, frisches Kapital zu. Es verändert sich lediglich die Struktur des Eigenkapitals. Geeignete Rücklagen werden in Grundkapital umgewandelt. Bei der Kapitalerhöhung gegen Einlagen fließen der Maschinenbau AG durch die Emission von neuen Aktien neue liquide Mittel von außen zu.

b) Bei der Optionsanleihe bleibt der Inhaber der Anleihe bei Ausübung seines Bezugsrechts auf Aktien weiterhin Gläubiger. Er ist nach Erhalt der Aktien sowohl Eigentümer als auch Gläubiger. Bei der Wandelanleihe wird durch Ausübung der Wandlung aus dem Gläubiger ein Anteilseigner, Fremdkapital wird zu Eigenkapital.

c) Bei Inhaberaktien erfolgt die Eigentumsübertragung allein durch Einigung und Übergabe. Derartiges geschieht heutzutage in der Praxis i.d.R. durch Umbuchungen auf den Wertpapierdepots. Bei Namensaktien gelten hinsichtlich der Eigentumsübergang strengere Bestimmungen:

Es muss jeder Kauf oder Verkauf im Aktienbuch der AG festgehalten werden. In diesem Aktienbuch sind alle Aktionäre aufgeführt. Gründe für die Umstellung von Inhaber- auf Namensaktien können u.a. sein:

Handelt es sich bei den ausgegebenen Aktien nur um Namensaktien, sind der Aktiengesellschaft alle Aktionäre und der genaue Anteilsbesitz bekannt. Feindliche Übernahmen sind relativ leicht erkennbar, sodass einfacher entgegengesteuert werden kann. Ebenso ist ganz allgemein ein genauer Überblick über die gesamte Aktionärsstruktur möglich. Sämtliche Aktionäre können dementsprechend auch punktuell von der Gesellschaft angesprochen, informiert und betreut werden.

Lösung zu Fall 23   4 Punkte

a) Mit beiden Mietwohnobjekten wird laut Prognose während der 5 Jahre insgesamt ein Einzahlungsüberschuss i.H. von 190.000 € erzielt.

b) Aus Gründen der Investitionsrechnung ist die zweite Immobilie vorteilhafter, da sie in den ersten Jahren höhere Einzahlungsüberschüsse erreicht.

Lösung zu Fall 24   4 Punkte

Die **goldene Finanzierungsregel** beinhaltet den Grundsatz der Fristenkongruenz. Langfristige Investitionen sind mit langfristigem Kapital und kurzfristige Anlagen sind mit kurzfristigem Kapital zu finanzieren.

Die **goldene Bilanzregel** ist die Konkretisierung der goldenen Finanzierungsregel. Es handelt sich hierbei um den Deckungsgrad I (AV ≥ EK ≥ 100 %) bzw. den Deckungsgrad II (AV ≥ EK + FK_{lang} ≥ 100 %).

Der **Kontokorrentkredit** ist unter Beachtung der goldenen Finanzierungs- und der goldenen Bilanzregel für die Finanzierung des Lkw ungeeignet.

Selbst wenn die Kontokorrentlinie noch nicht ausgeschöpft sein sollte handelt es sich um kurzfristiges Fremdkapital.

Beim **Bankkredit** stimmen Kredithöhe und Laufzeit des Kredits überein. Diese Alternative entspricht den Finanzierungsregeln.

Lösung zu Fall 25 — 4 Punkte

a) Der Begriff „Akzessorität der Hypothek" bedeutet, dass die Hypothek vom Bestand einer Forderung abhängig ist. Der Anspruch aus der Hypothek ist vom Bestehen des persönlichen Anspruchs abhängig. Die Grundschuld dagegen ist „abstrakt", d. h. sie ist nicht vom Bestehen einer Forderung abhängig. Der Anspruch aus der Grundschuld ist nicht vom Bestehen des persönlichen Anspruchs abhängig.

b) Die Hypothek ist aufgrund ihrer Akzessorität an die Forderung gebunden. Jede zwischenzeitliche Tilgung des Kontokorrentkredits führt automatisch zu einer Verringerung der Hypothek. Lebt der Kredit wieder auf, entsteht die Hypothek nicht automatisch neu, sondern muss neu eingetragen werden. Im Gegensatz dazu ist die abstrakte Grundschuld zu sehen. Bei diesem Grundpfandrecht bewirkt eine zwischenzeitliche Tilgung des Kontokorrentkredits nicht eine Verringerung der Grundschuld. Sie bleibt bestehen.

Lösung zu Fall 26 — 7 Punkte

a) Berechnung des Cashflows (in T€):

Jahresüberschuss	200
Abschreibung auf Sachanlagen	200
Zuführung zu Pensionsrückstellungen	100
Cashflow	500

b) Folgende Änderungen werden sich ergeben (in T€):

Sachanlagen:	800	
	− 200 (AfA)	
	+ Investitionen: 70 % von 500 = 350	950
Kasse/Bank:	250	
	+ 10 % von 500 = 50	300
Gewinnrücklagen:	100	
	+ thesaurierter Jahresüberschuss 100	200

Pensionsrückstellungen:		260	
	+ Zuführung 100		360
kurzfristiges Fremdkapital:		370	
	+ 100 (Dividende)		
	− 20 % von 500 = 100		370

c) Die Vorteile der Finanzierung über den Cashflow gegenüber der Fremdfinanzierung sind u. a.:

- Die Kreditwürdigkeit steigt, da sich die Substanz des Unternehmens erhöht.
- Es müssen keine weiteren Sicherheiten gestellt werden.
- Positive Auswirkungen auf die Liquidität, da keine zusätzliche Zins- und Tilgungsleistungen anfallen

LÖSUNG

Lösung zu Fall 27   10 Punkte

a) **Berechnung der Stückkosten**

	Fremdbezug	Maschine A	Maschine B
Abschreibungen		8.000 €	20.000 €
kalkul. Zinsen		1.920 €	4.800 €
Gehälter		10.000 €	10.000 €
sonst. fixe Kosten		7.690 €	12.000 €
fixe Kosten/Jahr		27.610 €	46.800 €
fixe Kosten/Stück		3,45 €	4,68 €
variable Kosten/Jahr		130.000 €	112.000 €
variable Stückkosten		16,25 €	11,20 €
Gesamtkosten pro Stück	25,00 €	19,70 €	15,88 €

Ergebnis: Maschine B ist die günstigste Alternative.

b) **Berechnung der kritischen Menge (kostengleichen Ausbringungsmenge)**

$K_A = K_B$

$K_A = 16{,}25x + 27.610\ €$

$K_B = 11{,}20x + 46.800\ €$

$16{,}25x + 27.610\ € = 11{,}2x + 46.800\ €$

$x = 3.800$

Ergebnis: Bei 3.800 Stück sind die Kosten von Maschine A und Maschine B gleich.

Lösung zu Fall 28 5 Punkte

a) **Berechnung des effektiven Jahreszinses**

Zahlungsziel:	30 Tage
Zahlungsfrist bei Skontogewährung:	14 Tage
Laufzeit des Lieferantenkredits:	16 Tage
Rechnungsbetrag:	95.200,00 €
3 % Skonto:	2.856,00 €
Kreditbedarf:	92.344,00 €

$$\text{Jahreszinssatz} = \frac{\text{Skontobetrag} \cdot 100 \cdot 360}{\text{Kapitalbedarf} \cdot \text{Laufzeit des Kredits}}$$

$$\text{Jahreszinssatz} = \frac{2.856 \cdot 100 \cdot 360}{92.344 \cdot 16} = \frac{102.816.000}{1.477.504} \approx 69{,}59\,\%$$

Ergebnis: Der effektive Jahreszins des Lieferantenkredits beträgt ca. 69,59 %.

b) **Berechnung des Finanzierungserfolgs**

$$\text{Zinsen} = \frac{92.344 \cdot 10{,}5 \cdot 16}{360 \cdot 100} = \frac{15.513.792}{36.000} \approx 430{,}94\,€$$

Bruttoskonto	2.856,00 €
- 19 % Vorsteuer	456,00 €
Nettoskonto	2.400,00 €
Skontoertrag	2.400,00 €
- Kreditzinsen	430,94 €
Finanzierungsgewinn	1.969,06 €

c) **Gemeinsamkeiten und Unterschiede von Kontokorrentkredit und Avalkredit**

Sowohl Kontokorrent- als auch Avalkredit sind kurzfristige Fremdfinanzierungsinstrumente. Der wesentliche Unterschied besteht darin, dass der Avalkredit keine Geldleihe, sondern eine Kreditleihe ist, d. h. es fließen erst dann Geldmittel, wenn der Kreditnehmer seinen Leistungen gegenüber Dritten nicht nachkommt. Die Bank geht eine Eventualverbindlichkeit in Form einer Bürgschaft oder Garantie ein.

Lösung zu Fall 29 — 7 Punkte

a) Die Veränderungen und Löschungen der Grundpfandrechte stehen in Abteilung 3 des Grundbuchs.

b) Die (Sicherungs- und Verkehrs-)Hypothek ist mit einer bestehenden Forderung fest verbunden (Akzessorietät). Jede Rückzahlung führt zu einer Verringerung der Hypothek und damit der grundbuchmäßigen Sicherung. Da es sich beim Kontokorrentkredit um einen Kredit mit ständig wechselnder Höhe handelt ist die Hypothek zur Absicherung grundsätzlich nicht geeignet.

Da die Grundschuld nicht an eine Forderung gebunden ist, eignet sie sich zur Besicherung eines Kontokorrentkredits, da die Veränderung des Kredits sich nicht auf die grundbuchmäßige Besicherung auswirkt. Sie bleibt bestehen.

c) Akzessorisch bedeutet, dass die Hypothek an eine Forderung gebunden ist (siehe oben). Verringert sich die Kreditsumme, so verringert sich auch die Höhe der Hypothek (vgl. aber auch Höchstbetragshypothek).

Die Grundschuld ist nicht an das Bestehen einer Forderung gebunden, d. h. sie ist abstrakt (fiduzarisch).

Lösung zu Fall 30 — 5 Punkte

a) **Cap:** Zinssicherungsinstrument, das dem Kreditnehmer mit variabler Finanzierungsbasis eine gesicherte Kalkulationsgrundlage zu Maximalkosten schafft. Gegen Zahlung einer Prämie erhält der Kreditnehmer Ausgleichszahlungen, wenn der Zinssatz über die vereinbarte Obergrenze (Strike) steigt. Damit werden die Finanzierungskosten auf die vereinbarte Zinsobergrenze begrenzt. Man ist somit gegen steigende Zinsen abgesichert, profitiert aber weiterhin von niedrigen bzw. fallenden Zinsen.

Swap: Hierbei werden Festsatzzinsen gegen variable Zinsen getauscht. Bank A kommt beispielsweise günstig an kurzfristige, Bank B günstig an langfristige Mittel, und beide benötigen jeweils das Gegenteil. Jeder Partner beschafft sich jeweils, was er günstig bekommen kann. Anschließend wird ein Swap vereinbart. Als Konsequenz erhält jeder die benötigten Mittel zu einem günstigeren Zinssatz, als er selbst am Markt hätte bekommen können.

b) Es bietet sich ein **Floor** an. Dies ist ein Zinssicherungsinstrument, das dem Investor, der eine variable Verzinsung hat, ein Mindestzinsniveau absichert. Ein Ertragsausfall wird somit ausgeschlossen. Gegen Zahlung einer Prämie werden Ausgleichszahlungen geleistet, wenn die Zinsen unter eine vereinbarte Untergrenze sinken. Damit wird ein Ertragsminimum in Höhe der Untergrenze abgesichert.

Lösung zu Fall 31   7 Punkte

a) Anschaffungspreis: 32.000 €
   - Anschaffungspreisminderung: 3.200 €
   Anschaffungskosten: 28.800 €

b) **Leasing**
   Leasingraten: 48 · 550 =   26.400 €
   Sonderzahlung: 6.400 €
   Gesamtkosten Leasing: 32.800 €

   Bankkredit
   Anschaffungskosten (siehe a)):   28.800 €
   Disagio: 3 % von 28.800 =   864 €
   Zinsen: 6,5 % von 28.800 =   1.872 €
   Abschreibungen (linear):   7.200 €
                                                                    38.736 €
   - Liquidationserlös: 8.000 €
   Gesamtkosten Fremdfinanzierung: 30.736 €
   Ergebnis: Es ist Fremdfinanzierung zu empfehlen.

c) Kreditbedarf: 32.000 €
   Disagio: 3 % von 32.000 =   960 €
   Zinsen: 6,5 % von 32.000 =   2.080 €
   Abschreibungen: 8.000 €
   Gesamtkosten Fremdfinanzierung   43.040 €
   - Liquidationserlös: 8.000 €
   Gesamtkosten Fremdfinanzierung: 35.040 €
   Leasing (unverändert):   32.800 €
   Ergebnis: Bei Abnahme von 5 Fahrzeugen wäre Leasing zu empfehlen.

Lösung zu Fall 32   7 Punkte

a) **Finanzplan** (alle Angaben in T€):

Wochen	01	02	03	04	05	06
Ausgaben	80	25	20	15	80	25
kumulierte Ausgaben	80	105	125	140	220	245
Einnahmen	0	0	0	0	0	0
kumulierte Einnahmen	0	0	0	0	0	0
Kapitalbedarf	80	105	125	140	220	245

Wochen	07	08	09	10	11	12
Ausgaben	20	15	80	25	20	15
kumulierte Ausgaben	265	280	360	385	405	420
Einnahmen	0	210	0	0	0	210
kumulierte Einnahmen	0	210	210	210	210	420
Kapitalbedarf	265	70	150	175	195	0

b) **Kapitalbedarf:**

   1. bis 7. Woche: 265 T€; 8. bis 11. Woche: 195 T€

c) **Kurzfristige Finanzierungsmöglichkeiten** zur Deckung des Kapitalbedarfs, z. B.:
   - Kontokorrentkredit
   - Lombardkredit (in Form des Effektenlombards)

Lösung zu Fall 33   5 Punkte

Die alte Maschine ist dann zu ersetzen, wenn die Kosten der neuen Maschine niedriger sind.

	Maschine (alt)	Maschine (neu)
Abschreibungen	25.000 €	31.250 €
kalkulatorische Zinsen (10 % von $^A/_2$)	10.000 €	12.500 €
sonstige fixe Kosten	40.000 €	30.000 €
fixe Kosten insgesamt	75.000 €	73.750 €
variable Kosten insges.	17.500 €	16.250 €
Gesamtkosten	92.500 €	90.000 €

Ergebnis: Der Ersatz der alten Maschine durch die neue lohnt sich.

Lösung zu Fall 34 4 Punkte

a) **Goldene Bilanzregel, enge Fassung:**

Anlagevermögen soll voll mit Eigenkapital finanziert werden:

AV ≤ EK

Eigenkapital: 760 Mio. € (der Bilanzgewinn zählt zum kurzfristigen Fremdkapital, da er ausgeschüttet wurde).

Anlagevermögen: 1.230 Mio. €

Daraus ergibt sich, dass die goldene Finanzregel in der engen Fassung nicht eingehalten wurde.

Goldene Bilanzregel, weite Fassung:

Anlagevermögen soll mit Eigenkapital und langfristigem Fremdkapital gedeckt werden:

AV ≤ EK + FK_{lang}

Eigenkapital:	760 Mio. €
Pensionsrückstellungen:	100 Mio. €
übriges langfr. FK:	830 Mio. €
EK + FK_{lang}:	1.690 Mio. €
Anlagevermögen:	1.230 Mio. €

Ergebnis: Die goldene Bilanzregel in der weiten Fassung wurde eingehalten.

b) Offene Selbstfinanzierung (offen, da aus der Bilanz zu ersehen): Gewinne (Jahresüberschüsse) werden vollständig oder teilweise nicht ausgeschüttet, sondern verbleiben im Unternehmen (Gewinnthesaurierung oder kurz Thesaurierung). Dadurch erhöht sich das Eigenkapital. Bei Kapitalgesellschaften werden die thesaurierten Gewinne den Gewinnrücklagen zugewiesen.

Die Gewinnrücklagen betragen bei der Maschinenbau AG 140 Mio. €. Das entspricht der offenen Selbstfinanzierung.

c) Stille Selbstfinanzierung ist im Gegensatz zur offenen Selbstfinanzierung aus der Bilanz nicht zu ersehen. Stille Selbstfinanzierung erfolgt durch Bildung stiller Reserven. Diese entstehen durch Unterbewertung von Vermögensteilen (z. B. tatsächliche Wertminderung der Sachanlagen ist niedriger als die Abschreibungen) und/oder der Überbewertung von Schulden (z. B. Bildung überhöhter Rückstellungen).

Somit kann stille Selbstfinanzierung in den Bilanzpositionen Anlagevermögen und Rückstellungen vermutet werden.

d) EK-Rentabilität = (Jahresüberschuss · 100) / Eigenkapital

r_{EK} = (160 · 100) / 760 ~ **21,05 %**

GK-Rentabilität = ((Jahresüberschuss + FK-Zinsen) · 100) / Gesamtkapital

r_{GK} = ((160 + 11) · 100) / 1.900 = **9,0 %**

e) EK-Quote = (EK · 100) / Gesamtkapital

EK-Quote = (760 · 100) / 1.900 = **40,0 %**

Die EK-Quote ist mit 40 % überdurchschnittlich hoch.

Vorteile (z. B.):

- geringe Liquiditätsbelastung durch Zins und Tilgung
- Wahrung der finanziellen Flexibilität (bei Bedarf kann problemlos zusätzliches FK aufgenommen werden)
- Wahrung der wirtschaftlichen Unabhängigkeit (kein Einfluss auf die Unternehmenspolitik durch FK-Geber)

Nachteil:

- Sinkende EK-Rentabilität (vgl. Leverage-Effekt)

f) Die Rücklagen können nicht zur Finanzierung der geplanten Investition herangezogen werden. Die Passivseite ist das abstrakte Spiegelbild der Aktivseite, d. h. die Rücklagen sind in Positionen der Aktivseite enthalten. Insofern können nur liquide Mittel zur Finanzierung herangezogen werden.

Sollten die gesamten liquiden Mittel i. H. von 114 Mio. € zur Finanzierung herangezogen werden, droht dem Unternehmen ein erhebliches Liquiditätsproblem. Welcher Teil der liquiden Mittel zur Finanzierung der Investition herangezogen werden kann, müsste durch eine detaillierte Finanzplanung geprüft werden.

g) Bei der Kapitalerhöhung aus Gesellschaftsmitteln handelt es sich um eine Kapitalerhöhung ohne Geldmittelzufluss. Es werden freie Rücklagen in gezeichnetes Kapital umgewandelt. Insofern handelt es sich lediglich um einen Passivtausch. Die Altaktionäre haben Anspruch auf den Bezug von Gratisaktien (Berichtigungsaktien). Da sich die Anzahl der Aktien erhöht, wird der Kurswert der Aktien sinken. Dadurch kann eine breitere Streuung der Aktien erreicht werden.

Lösung zu Fall 35   10 Punkte

a) **Ordentliche Kapitalerhöhung:**

- Normalform der Kapitalerhöhung
- konkreter Finanzierungsanlass

- Ausgabe junger Aktien
- Altaktionären steht Bezugsrecht zu
- Drei-Viertel-Mehrheitsbeschluss des bei der Abstimmung anwesenden Kapitals
- notarielle Beurkundung
- Anmeldung des Beschlusses zur Eintragung im Handelsregister
- Eintragung der Durchführung der Kapitalerhöhung im Handelsregister

Genehmigtes Kapital:
- kein aktueller Finanzierungsanlass
- Vorstand erhält die Genehmigung, die Kapitalerhöhung zu einem von ihm frei wählbaren Zeitpunkt durchzuführen; kann dadurch günstige Kapitalmarktsituation ausnutzen
- Genehmigung für längstens 5 Jahre
- auf maximal 50 % des bisherigen Grundkapitals beschränkt
- ansonsten siehe ordentliche Kapitalerhöhung

b) $B = (K_a - K_n) / (a{:}n + 1)$

$B \rightarrow$ rechnerischer Wert des Bezugsrechts;

$K_a \rightarrow$ Kurswert der Altaktien;

$K_n \rightarrow$ Kurswert der neuen (jungen) Aktien;

$a{:}n \rightarrow$ Bezugsverhältnis.

$B = (58 - 43) / (2{:}1 + 1)$

$B = 15 / 3 = 5{,}00\ €$

c) **Bedeutung des Bezugsrechts:**

Altaktionär soll keine Stimmrechtsnachteile haben (i. d. R. pro Aktie eine Stimme; Stimmen verteilen sich auf eine größere Aktienanzahl);

Altaktionär soll keine Vermögensnachteile haben (durch Ausgabe neuer Aktien sinkt üblicherweise der Kurs der Altaktien)

Lösung zu Fall 36   8 Punkte

a) **Zession:** Der Kreditnehmer (Zedent) tritt Forderungen an den Kreditgeber (Zessionar) ab (vgl. §§ 398 ff. BGB).

b) Der Vorteil der stillen Zession besteht darin, dass die Kunden der Abraham OHG nichts von der Forderungsabtretung erfahren. Somit sind Imageprobleme ausgeschlossen.

c) Bei der offenen Zession werden die Kunden über die Forderungsabtretung informiert. Sie können mit befreiender Wirkung nur noch an die Bank bezahlen. Die Bank erhält somit Informationen über die Zahlungsfähigkeit der Kunden. Die offene Zession ist für die Bank sicherer.

d) **Mantelzession:** Der Kreditnehmer verpflichtet sich laufend Forderungen in einer bestimmten Gesamthöhe abzutreten, wobei Rechungskopien und Debitorenlisten einzureichen sind, um die Höhe ermitteln zu können.

Globalzession: Abtretung der Forderungen eines genau bestimmten Kundenkreises (z. B. Kunden bestimmter Buchstabengruppen, Kunden in bestimmten Regionen, Kunden bestimmter Branchen).

Lösung zu Fall 37   5 Punkte

Es handelt sich um Außenfinanzierung in Form der Beteiligungsfinanzierung.

Es liegt eine atypisch stille Gesellschaft vor. Sie unterscheidet sich von der typisch stillen Gesellschaft dadurch, dass der stille Gesellschafter an den stillen Reserven des Unternehmens beteiligt ist und er im Innenverhältnis Leitungsfunktionen übernehmen kann. Ansonsten tritt der stille Gesellschafter, wie bei der typisch stillen Gesellschaft, nach außen hin nicht in Erscheinung.

Lösung zu Fall 38   8 Punkte

a) **Devisentermingeschäft:**

Die Maschinenbau AG verkauft die US-Dollar per Termin an eine Bank, sofort bei Entstehen der Forderung an den Kunden. Bei Abschluss des Termingeschäfts werden Betrag, Erfüllungszeitpunkt und Kurs bindend vereinbart. Die Maschinenbau AG hat dadurch eine feste Kalkulationsbasis, da sie weiß, wie viel € sie für die US-Dollar bekommt.

Devisenoptionsgeschäft:

Die Maschinenbau AG erwirbt durch den Kauf einer Devisenverkaufsoption das Recht, die US-Dollar zu einem festgelegten Basispreis zu verkaufen. Am Fälligkeitstermin der Forderung kann die Maschinenbau AG entscheiden, ob sie die Option ausübt, d. h. die US-Dollar verkauft oder darauf verzichtet.

b) **AKA Ausfuhr-Kreditgesellschaft mbH:**

Spezialbank für die Exportfinanzierung mit Sitz in Frankfurt am Main. Ihre Aufgabe ist die Unterstützung der deutschen und europäischen Exportwirtschaft durch die Finanzierung von kurz-, mittel-, und langfristigen Exportgeschäften.

AKA-Kredite:

Es stehen verschiedene Kreditformen zur Verfügung. Diese sind eingeteilt in sog. Plafonds (Plafond A, C, D, E). Kredite aus dem Plafond A stehen speziell für die Refinanzierung von anfallenden Kosten während der Produktionszeit bzw. für Forderungen aus den vom Exporteur eingeräumten Zahlungszielen (Lieferantenkredit), mit mindestens 12-monatiger Laufzeit, zur Verfügung. Allerdings muss bei Krediten aus dem Planfond A der Kreditnehmer 10% bis 20% selbst finanzieren. Über die Plafonds C, D und E werden Bestellerkredite finanziert.

Für die Maschinenbau AG kommt somit der Plafond A in Frage. Vorteil: Verbesserung der Liquidität, da das Unternehmen die Produktion nicht vollständig selbst finanzieren und nicht auf den Zahlungseingang warten muss.

Lösung zu Fall 39   10 Punkte

a) **Berechnung des Cashflows:**

	Jahresüberschuss	16.200,00 T€
+	Abschreibungen	5.200,00 T€
−	Verminderung der langfristigen Rückstellungen	1.400,00 T€
	Cashflow	20.000,00 T€

b) **Nettokreditaufnahme:**

	Einzahlungen aus Aufnahme von Anleihen und Krediten	2.500,00 T€
−	Auszahlungen für Anleihen und Kredite	400,00 T€
	Nettokreditaufnahme	2.100,00 T€

c) **Zahlungsmittelzufluss und Verwendung:**

Zahlungsmittelzufluss laut Kapitalflussrechnung	
Zahlungsmittelzufluss aus laufender Geschäftstätigkeit	10.300,00 T€
Einzahlung aus Sachanlagenabgang	800,00 T€
Einzahlung aus Abgang immaterielles Anlagevermögen	500,00 T€
Einzahlungen aus Eigenkapitalzuführung	6.000,00 T€
Netto-Kreditaufnahme	2.100,00 T€
Finanzierung insgesamt	19.700,00 T€

Finanzmanagement TEIL I

Verwendung der finanziellen Mittel:

Investitionen in Sachanlagen	- 7.800,00 T€
Investitionen in Finanzanlagen	- 700,00 T€
Investitionen in Tochterunternehmen	- 8.000,00 T€
Investitionen insgesamt	- 16.500,00 T€
Auszahlung an Unternehmenseigner	- 1.000,00 T€
Zunahme der liquiden Mittel	- 2.200,00 T€
Verwendung insgesamt	- 19.700,00 T€

LÖSUNG

Lösung zu Fall 40   10 Punkte

a) Ausgehend von der Bilanz ist **Liquidität die Eigenschaft von Vermögensteilen, als Zahlungsmittel verwendet oder in Zahlungsmittel umgewandelt zu werden.**

Wird davon ausgegangen, dass Illiquidität ein Insolvenzgrund ist (vgl. §§ 17, 18 InsO), ergibt sich die folgende Definition:

Liquidität ist die Fähigkeit eines Unternehmens, seine Verbindlichkeiten fristgerecht und uneingeschränkt erfüllen zu können.

b) Bei der Lösung ist zu beachten, dass die Aktivseite und die Passivseite einer Bilanz zahlenmäßig identisch sind. Demnach entspricht das Gesamtvermögen dem Gesamtkapital.

Lösungsschritt 1: Berechnung des Eigenkapitals (EK)

Die Formel für die Berechnung des Deckungsgrads I lautet:

DI = EK / AV · 100

Durch Umstellung der Formel ergibt sich:

EK = (120 · 4.100) / 100 = 4.920 T€

Lösungsschritt 2: Berechnung des Gesamtkapitals (GK)

Die EK-Quote gibt den prozentualen Anteil des EKs am GK an. Daraus ergibt sich:

GK = 4.920 / 30 · 100 = 16.400 T€

TEIL I — Lösungen

Lösungsschritt 3: Berechnung der liquiden Mittel, der kurzfristigen Forderungen, der kurzfristigen Verbindlichkeiten und des Umlaufvermögens

liquide Mittel	= 5 % von 16.400 T€	= 820 T€
kurzfristige Forderungen	= 15 % von 16.400 T€	= 2.460 T€
kurzfristige Verbindlichkeiten	= 18 % von 16.400 T€	= 2.952 T€
Umlaufvermögen	= Gesamtvermögen - Anlagevermögen	
Umlaufvermögen	= 16.400 T€ - 4.100 T€	= 12.300 T€

Lösungsschritt 4: Berechnung der Liquiditätsgrade

Liquidität I = liquide Mittel / kurzfristige Verbindlichkeiten · 100

Liquidität I = 820 / 2.952 · 100 ~ 27,8 %

Liquidität II = (liquide Mittel + kurzfristige Forderungen) / kurzfr. Verbindlichkeiten · 100

Liquidität II = (820 + 2.460) / 2.952 · 100 ~ 111,1 %

Liquidität III = Umlaufvermögen / kurzfristige Verbindlichkeiten · 100

Liquidität III = 12.300 / 2.952 · 100 ~ 416,7 %

c) Der Aussagewert der Kennzahlen ist aus folgenden Gründen eingeschränkt:

1. Die Fälligkeitszeitpunkte der kurzfristigen Forderungen und Verbindlichkeiten gehen aus der Bilanz nicht hervor.

2. Die Bilanz gibt keine Auskunft über das konkrete Ausfallrisiko, das mit den kurzfristigen Forderungen verbunden ist.

3. Die in der Bilanz ausgewiesenen kurzfristigen Forderungen und Verbindlichkeiten beinhalten nicht alle zu leistenden Ein- und Auszahlungen.

4. Eine Unterbewertung von Positionen des Umlaufvermögens führt zu schlechteren Liquiditätskennzahlen.

5. Inwieweit Vermögenspositionen mit fremden Rechten belegt sind, ist aus der Bilanz nicht zu ersehen (Eigentumsvorbehalt, Sicherheitsübereignung, Verpfändung, Abtretung).

6. Die Möglichkeiten des Betriebs zur Beschaffung oder Verlängerung kurzfristiger Kredite sind nicht erkennbar.

Lösung zu Fall 41   12 Punkte

a) Berichtsjahr: 3.000 T€

Vorjahr: 2.500 T€

Erhöhung in T€ = 3.000 - 2.500 = **500 T€**

Erhöhung in % = 100 / 2.500 · 500 = **20 %**

b) Die Selbstfinanzierung hat u. a. die folgenden Vorteile:

- Beschaffung der finanziellen Mittel verursacht keine Finanzierungskosten, wie Gebühren, Zinsen u. Ä.
- keine Liquiditätsbelastung durch Zins- und Tilgungszahlungen
- Sicherheiten müssen nicht gestellt werden
- Unternehmen ist bei der Verwendung der finanziellen Mittel nicht an Vorgaben der Kreditgeber gebunden
- Kreditfähigkeit wird durch die Erhöhung des Eigenkapitals verbessert
- Zinsgewinne sind durch Steuerverschiebungen möglich
- Herrschaftsverhältnisse ändern sich nicht

c) Stille Selbstfinanzierung wird ermöglicht durch

- Unterbewertung von Vermögensteilen (Aktiva), z. B.:
  - durch überhöhte Abschreibungen
  - durch das Niederstwertprinzip
- Überbewertung von Schulden (Passiva), z. B.:
  - durch den Ansatz überhöhter Rückstellungen

d) Stille Selbstfinanzierung kann sich in der vorliegenden Bilanz in folgenden Positionen befinden:

- Anlagevermögen
- Vorräte
- Rückstellungen

Lösung zu Fall 42   10 Punkte

a) Bei der offenen Selbstfinanzierung wird der erwirtschaftete Gewinn in der Bilanz ausgewiesen und versteuert. Er verbleibt somit vollständig oder teilweise in der Unternehmung (Gewinnthesaurierung oder kurz: Thesaurierung). Der Gegenwert des einbehaltenen Gewinns findet sich auf der Aktivseite der Bilanz in unterschiedlichsten Posten. Die Möglichkeiten der Thesaurierung sind bei den verschiedenen Unternehmungsformen (Einzelunternehmung, OHG, KG KGaA, GmbH, AG) unterschiedlich.

b) Die Möglichkeiten der Selbstfinanzierung sind bei der **Aktiengesellschaft** am besten. Sie kann offene Selbstfinanzierung durch die Bildung von Gewinnrücklagen betreiben, wobei unterschieden wird zwischen:

1. Gesetzlichen Rücklagen
2. Rücklagen für eigene Anteile
3. Satzungsmäßige Rücklagen
4. Andere Gewinnrücklagen

(vgl. § 266 HGB)

Rücklagen:

Im Gegensatz zur Kapitalrücklage, die der AG von außen zugeführt wird (z. B. Agio bei der Ausgabe von Anteilen), werden Gewinnrücklagen aus dem Jahresüberschuss gebildet.

Nach § 150 AktG muss jede AG gesetzliche Rücklagen bilden. In diese gesetzliche Rücklage sind 5 % des Jahresüberschusses, der um einen Verlustvortrag des Vorjahres zu mindern ist, einzustellen. Diese Einstellung hat solange zu erfolgen, bis die Kapitalrücklage und die gesetzliche Rücklage zusammen 10 % des Grundkapitals erreichen, es sei denn, in der Satzung ist ein höherer Betrag vorgesehen.

Liegt der Betrag über 10 % des Grundkapitals (oder dem satzungsmäßig höheren Teil), darf er nach § 150 Abs. 4 AktG wie folgt verwendet werden:

1. zum Ausgleich eines Jahresfehlbetrags, soweit er nicht durch einen Gewinnvortrag aus dem Vorjahr gedeckt ist;
2. zum Ausgleich eines Verlustvortrags aus dem Vorjahr, soweit er nicht durch einen Jahresüberschuss gedeckt ist;
3. zur Kapitalerhöhung aus Gesellschaftsmitteln.

Für den Fall, dass der Betrag nicht über 10 % des Grundkapitals oder dem satzungsmäßig höheren Teil liegt, wird auf § 150 Abs. 3 AktG verwiesen.

Lösung zu Fall 43 — 10 Punkte

Ausgangsdaten:

	€
Jahresüberschuss	20.000.000,00
Verlustvortrag	8.000.000,00
Gewinnvortrag	0,00
Grundkapital	60.000.000,00
gesetzliche Rücklage	1.000.000,00
Kapitalrücklage	3.000.000,00
andere Gewinnrücklagen	500.000,00

1. **Gesetzliche Rücklage (§ 150 AktG)**

   § 150 AktG: „Jahresüberschuss ist um Verlustvortrag des Vorjahres zu mindern"

Jahresüberschuss	20.000.000,00
- Verlustvortrag	8.000.000,00
Restbetrag	12.000.000,00

   § 150 AktG: „5 % des Jahresüberschusses bis 10 % des Grundkapitals erreicht sind"

10 % des Grundkapitals =	6.000.000,00
bisher gebildete gesetzliche Rücklage	1.000.000,00
Kapitalrücklage	3.000.000,00
Rücklagen	4.000.000,00

   10 % des Grundkapitals sind noch nicht erreicht!
   Es sind demnach noch einzustellen:

   5 % von 12.000,00 € = **600.000,00**   gesetzliche Rückl.

2. **Andere Gewinnrücklagen (§ 58 Abs. 2 AktG)**

   „Vorstand kann maximal 50 % einstellen"

Jahresüberschuss	20.000.000,00
- gesetzliche Rücklage	600.000,00
- Verlustvortrag	8.000.000,00
Restbetrag	11.400.000,00

   davon 50 % = **5.700.000,00**   and. Gewinnrücklage

3. **Bilanzgewinn**

Jahresüberschuss	20.000.000,00
- gesetzliche Rücklage	600.000,00
- andere Gewinnrücklage	5.700.000,00
+ Gewinnvortrag	0,00
= Bilanzgewinn	13.700.000,00

4. **Gebildete offene Selbstfinanzierung**

   600.000 + 5.700.000 =   **6.300.000 €**

Lösung zu Fall 44   10 Punkte

a) Alle Berechnungen 1 bis 4 beziehen sich auf die Maschine A

1. **Berechnung der Anschaffungsauszahlung:**

   50 % des Kaufpreises in t_0 + Montage usw. in t_0 50 % des Kaufpreises abgezinst auf t_0

   $A_0 = 160.000 + 10.000 + 160.000 \cdot AbF(t_1)$

   $AbF = 1 / q^n$

   $AbF = 1 / (1 + i)^1$

   $AbF = 1 / 1{,}1^1$

   $AbF = 0{,}90909091$

   $A_0 = 160.000 + 10.000 + 160.000 \cdot 0{,}90909091$

   $A_0 = 160.000 + 10.000 + 145.454{,}55$

   $A_0 = 315.454{,}55\ \text{€}$

2. **Berechnung der Barwerte:**

   Einnahmeüberschüsse auf t_0 abzinsen mit dem Diskontierungssummenfaktor (DSF)

   $DSF = ((1 + i)^n - 1) / i(1+i)^n$

   $i = p / 100 = 10 / 100 = 0{,}1$

   $n = 8$

   $DSF = ((1 + 0{,}1)^8 - 1) / 0{,}1(1 + 0{,}1)^8$

   $DSF = 5{,}334926$

   Barwert = $150.000 \cdot 5{,}334926 = 800.238{,}90\ \text{€}$

   Barwert Liquidationserlös (Schrottwert) $= 30.000 \cdot AbF(t_8)$
                                                       $= 30.000 \cdot 1 / (1 + i)^8$
                                                       $= 30.000 \cdot 0{,}466507$
                                                       $= 13.995{,}21\ \text{€}$

   Summe der Barwerte = $800.238{,}90 + 13.995{,}21 = 814.234{,}11\ \text{€}$

3. **Berechnung des Kapitalwerts (C_0):**

Barwerte:	814.234,11
- A_0	315.454,55
C_0	**498.779,56**

4. **Berechnung der Annuität:**

   Annuität = C_0 · Kapitalwiedergewinnungsfaktor (KWF)

   KWF = $(i(1 + i)^n) / ((1 + i)^n - 1)$

   i = 0,1

   n = 8

   KWF = 0,187444

   Annuität = 498.779,56 · 0,18744

   Annuität = 93.491,24 €

b) Beide Investitionsalternativen sind vorteilhaft, da ihre Annuitäten positiv sind.

c) Das Unternehmen sollte sich für Maschine A entscheiden, da deren Annuität wesentlich höher ist, als die von Maschine B.

d) Da sich die Annuität durch Multiplikation von C_0 mit dem KWF ergibt, muss die Annuität durch den KWF geteilt werden, um C_0 zu erhalten (siehe oben 4.):

   C_{0B} = 25.000 / 0,18744 = **133.376,01 €**

e) Je höher der Kalkulationszinsfuß, desto niedriger (ggf. negativ) werden die Kapitalwerte und damit auch die Annuitäten. Dadurch können durchaus lohnende Investitionen unterbleiben.

Lösung zu Fall 45   17 Punkte

a) **Wahl des finanzmathematischen Faktors:** Es können sowohl der Aufzinsungsfaktor als auch der Abzinsungsfaktor gewählt werden. Wird der Aufzinsungsfaktor gewählt, ist der Überschuss durch den Faktor zu teilen: 100.000 / 1,12 = 982.142,86

Wird mit dem Abzinsungsfaktor gerechnet, dann ist der Überschuss mit dem Faktor zu multiplizieren: 100.000 · 0,892857143 = 982.142,86

Best Case: Auszahlungssteigerung um jährlich 5 %:

Jahr	Einzahlungen (€)	Auszahlungen (€)	Überschuss (€)	Abzinsungs-faktor	Barwerte (€)
1	3.000.000,00	1.900.000,00	1.100.000,00	0,892857	982.142,70
2	3.000.000,00	1.995.000,00	1.005.000,00	0,797194	801.179,97
3	3.000.000,00	2.094.750,00	905.250,00	0,711780	644.338,85
4	3.000.000,00	2.199.487,50	800.512,50	0,635518	508.740,10
5	3.000.000,00	2.309.461,88	690.538,13	0,567427	391.829,98
5	–	10.000,00	- 10.000,00	0,567427	- 5.674,27
Summe der Barwerte:					3.322.557,32
- Anschaffungsauszahlungen		Maschinen (3 · 450.000)			1.350.000,00
		Fracht usw.			25.000,00
Kapitalwert C_0					1.947.557,32

Ergebnis: Der Kapitalwert ist positiv. Die Investitionsmaßnahme ist durchzuführen.

Worst Case: Auszahlungssteigerung um jährlich 20 %:

Jahr	Einzahlungen (€)	Auszahlungen (€)	Überschuss (€)	Abzinsungs-faktor	Barwerte (€)
1	3.000.000,00	1.900.000,00	1.100.000,00	0,892857	982.142,70
2	3.000.000,00	2.280.000,00	720.000,00	0,797194	573.979,68
3	3.000.000,00	2.736.000,00	264.000,00	0,711780	187.909,92
4	3.000.000,00	3.283.200,00	- 283.200,00	0,635518	- 179.978,70
5	3.000.000,00	3.939.840,00	- 939.840,00	0,567427	- 533.290,59
5	–	10.000,00	- 10.000,00	0,567427	- 5.674,27
Summe der Barwerte:					1.025.088,74
- Anschaffungsauszahlungen		Maschinen (3 · 450.000)			1.350.000,00
		Fracht usw.			25.000,00
Kapitalwert C_0					- 349.911,26

Ergebnis: Der Kapitalwert ist negativ. Die Investition ist nicht durchzuführen.

b) Die Mindestverzinsung (Kalkulationszinsfuß 12 %) sollte gesenkt werden. Ein geringerer Kalkulationszinsfuß führt zu einer Erhöhung der Barwerte. Um herauszufinden, welche tatsächliche Verzinsung erreicht wird, müsste die interne Zinsfußmethode angewandt werden (siehe Lösung zu Fall 19).

c) **Kritik hinsichtlich der Einzahlungen:**

Diese können geringer als angenommen sein, z. B. durch:
- Anlaufschwierigkeiten der Maschinen, der Produkteinführung usw.
- Produktionsausfälle
- Marktveränderungen

Kritik hinsichtlich der Auszahlungen:

Diese können höher als angenommen sein, z. B. durch:

- Kostensteigerungen (höhere Löhne usw.)
- unerwartete Reparaturkosten
- Umweltauflagen

Generelle Probleme:

- Der Kalkulationszinsfuß ist am allgemeinen Zinsniveau ausgerichtet. Dieses kann sich jedoch verändern (z. B. durch wirtschaftspolitische Maßnahmen).
- Der Planungshorizont ist begrenzt, was die Beurteilung langfristiger Investitionen erschwert bzw. kaum möglich macht.

Lösung zu Fall 46   12 Punkte

a) **Wahl des finanzmathematischen Faktors:**

Da bei dieser Aufgabe die Überschüsse gleich hoch sind, ist hier der Diskontierungssummenfaktor (DSF) für 3 Jahre anzuwenden. Der Liquidationserlös (L) von 2.000,00 € ist abzuzinsen (AbF).

Die Überschüsse ergeben sich aus den jährlichen Gesamterlösen (E) reduziert um die jährlichen Kosten (K). Die Gesamterlöse E bekommt man indem die Stückerlöse (e) mit der Menge multipliziert werden. Die Kosten sind die variablen Gesamtkosten und die Fixkosten (K_f). Die variablen Gesamtkosten erhält man durch Multiplikation der variablen Stückkosten (k_v) mit der Menge.

Wird die Absatzmenge mit x bezeichnet, ergibt sich für C_0:

$C_0 = ((e \cdot x - k_v \cdot x - K_f) \cdot DSF + L \cdot AbF) - A_0$

Somit ist C_0:

$C_0 = ((10 \cdot 10.000 - 5 \cdot 10.000 - 20.000) \cdot 2,486852 + 2.000 \cdot 0,751315) - 50.000$

$C_0 = 26.108,19 €$

<u>Ergebnis:</u> Der Kapitalwert ist positiv und die Investition damit lohnend.

b) Der Stückdeckungsbeitrag ist e - a, also 10 - 5 = 5; reduziert um 10 % = 4,50 €.

Der Kapitalwert ist dann:

$C_0 = ((4,5 \cdot 10.000 - 20.000) \cdot 2,486852 + 2.000 \cdot 0,751315) - 50.000$

$C_0 = 13.673,93 €$

Die Reduzierung ist dann:

$C_0 = 26.108{,}19 - 13.673{,}93 = 12.434{,}26\ €$

Ergebnis: Bei einer Verminderung des Stückdeckungsbeitrags um 10 % reduziert sich der Kapitalwert um 12.434,26 € oder 47,63 %.

Lösung zu Fall 47   17 Punkte

a) **Berechnung des Cashflows:**

Jahresüberschuss	590 T€
+ Abschreibungen	60 T€
+ Erhöhung der langfr. Rückstellungen	0 T€
- Verminderung der langfr. Rückstellungen	50 T€
Cashflow	600 T€

Ergebnis: Der Cashflow reicht zur Finanzierung der Investitionen nicht aus. Das Unternehmen hat einen Finanzierungsbedarf von 1.000 - 600 = 400 T€.

b) Wie festgestellt, hat das Unternehmen einen Finanzierungsbedarf von 400 T€. Da das Disagio von der Kreditsumme abgezogen wird, muss der Kredit höher sein als 400 T€ nämlich: 400.000 € = 97 %, Kreditsumme = 100 % = 412.371,13 €.

Ergebnis: Das Bankdarlehen muss über 412.371,13 € lauten.

c) Eigenkapitalquote = EK / Gesamtkapital · 100 = 3.000 / 15.000 · 100 = 20 %

Verschuldungsgrad = FK / EK · 100 = 11.000 / 3.000 · 100 ~ 366,67 %

d) Durch die teilweise Fremdfinanzierung der Investition steigt das Fremdkapital um 400 T€, während das Eigenkapital unverändert bleibt. Dadurch würde der Verschuldungsgrad steigen und die Eigenkapitalquote sinken (das Disagio wird auf der Aktivseite ausgewiesen, vgl. § 250 Abs. 3 HGB).

e) EK-Rentabilität

r_{EK} = JÜ / EK · 100 = 590 / 3.000 · 100 ~ 19,67 %

Gesamtkapitalrentabilität

r_{GK} = (Jahresüberschuss + Fremdkapitalzinsen) / Gesamtkapital · 100

r_{GK} = (590 + 80) / 15.000 · 100 ~ 4,47 %

f) Durch die Aufnahme weiteren Fremdkapitals würde die Eigenkapitalrentabilität sinken, da die Gesamtkapitalrentabilität niedriger ist als die Fremdkapitalzinsen (negativer Leverage-Effekt).

g) Durch das Disagio ist der Auszahlungsbetrag niedriger als der Rückzahlungsbetrag. Die Effektivverzinsung ist deshalb höher als der Nominalzinssatz.

h) Die Wertpapiere könnten als Effektenlombard genutzt werden. Die Wertpapiere werden dabei an die Bank verpfändet.

Lösung zu Fall 48   17 Punkte

a) **Lösungsweg:**
   - Berechnung der Einzahlungen aus Umsatzerlösen pro Monat,
   - Berechnung der Einzahlungen insgesamt (Umsatzerlöse + sonstige Einzahlungen pro Monat),
   - Berechnung der Summe der Auszahlungen pro Monat,
   - Berechnung von Überschuss/Fehlbetrag pro Monat,
   - Übernahme von Überschuss/Fehlbetrag in den nächsten Monat.

   Berechnung der Einzahlungen aus Umsatzerlösen:

   Einzahlungen im Juli:

   600.150,00 € aus Monat Mai (75 % von 800.200,00 €)

   Einzahlungen im August:
   690.000,00 € aus Monat Juni (75 % von 920.000,00 €)

   Einzahlungen im September:
   607.500,00 € aus Monat Juli (75 % von 810.000,00 €)

   Weitere Umsatzerlöse:

   Juli:
   25 % von 810.000 € - 2 % Skonto = 202.500 € - 4.050 € = **198.450,00 €**

   August:
   25 % von 660.000 € - 2 % Skonto = 165.000 € - 3.300 € = **161.700,00 €**

   September:
   25 % von 940.000 € - 2 % Skonto = 235.000 € - 4.700 € = **230.300,00 €**

   Umsatzerlöse insgesamt:

   Juli:
   600.150 + 198.450 = **798.600,00 €**

   August:
   690.000 + 161.700 = **851.700,00 €**

   September:
   607.500 + 230.300 = **837.800,00 €**

Finanzplan 3. Quartal in €			
	Juli	August	September
Übertrag aus Vormonat	270.000,00	282.800,00	253.200,00
geplante Einzahlungen			
Umsatzerlöse	798.600,00	851.700,00	837.800,00
Miete/Pacht	40.200,00	40.200,00	40.200,00
Abgang Vermögensgegenstände	60.000,00	0,00	0,00
Summe der Einzahlungen	898.800,00	891.900,00	878.000,00
geplante Auszahlungen			
Fertigungsmaterial	220.000,00	220.000,00	237.600,00
Personalkosten	410.000,00	430.500,00	430.500,00
Steuern	30.000,00	20.000,00	20.000,00
Auszahlung bebaute Grundstücke	16.000,00	21.000,00	0,00
sonstige Auszahlungen	30.000,00	30.000,00	30.000,00
Auszahlungen für Investitionen	180.000,00	200.000,00	0,00
Summe der Auszahlungen	886.000,00	921.500,00	718.100,00
Überschuss (+)/Fehlbetrag (-)	282.800,00	253.200,00	480.600,00

b) **Liquidität 1. Grades**

= (liquide Mittel · 100) / kurzfristiges Fremdkapital

= (812.500 · 100) / 1.250.000 = **65 %**

Die Klammersetzung ist nicht erforderlich. Sie dient der Verdeutlichung.

c) **Liquidität 2. Grades** (einzugsbedingte Liquidität)

= (liquide Mittel + Forderungen) · 100 / kurzfristiges Fremdkapital

Für die Berechnung fehlen somit die Forderungen.

Liquidität 3. Grades (umsatzbedingte Liquidität)

= (Umlaufvermögen · 100) / kurzfristiges Fremdkapital

Für die Berechnung fehlt somit das Umlaufvermögen.

d) Es handelt sich um eine **Stichtagsbetrachtung**. Die Berechnung der Liquiditätsgrade bezieht sich auf den Bilanzstichtag.

Wesentliche Zahlen gehen aus der Bilanz nicht hervor, die jedoch für die Liquidität bedeutsam sein können, wie z. B. Fälligkeiten der Forderungen und Verbindlichkeiten, Kreditzusagen, laufende Ausgaben für Personal, Steuern, Versicherungen etc.

Außerdem ist zu bedenken, dass die Bilanzen in der Praxis häufig erst einige Monate nach dem Abschlussstichtag aufgestellt werden. Auch aus diesem Grunde können Liquiditätsgrade nicht für die Sicherung der Liquidität herangezogen werden.

Lösung zu Fall 49   12 Punkte

a) Berechnung des Kapitalbedarfs für Anlage- und Umlaufvermögen

1. Kapitalbedarf Anlagevermögen

Es gilt:

	Anschaffungspreis		
-	Anschaffungspreisminderungen		
+	Anschaffungsnebenkosten		
=	Anschaffungskosten		
	Anschaffungspreis		15.000.000 €
-	Anschaffungspreisminderung: 5 % =		750.000 €
+	Anschaffungsnebenkosten		
	Montage	16.000 €	
	Versicherung	7.500 €	
	Fracht	4.000 €	27.500 €
=	Anschaffungskosten		**14.277.500 €**

<u>Ergebnis:</u> Der Kapitalbedarf für das Anlagevermögen beträgt 14.277.500 €.

2. Kapitalbedarf Umlaufvermögen:

Fertigungsmaterial

4 - 30 + 5 + 3 + 20 = 2 Tage · 60.000 = **120.000 €**

Materialgemeinkosten

10 + 4 + 5 + 3 + 20 = 42 Tage · (60.000 · 0,16) = **403.200 €**

Fertigungslöhne

5 + 3 + 20 = 28 Tage · 80.000 = **2.240.000 €**

Fertigungsgemeinkosten

4 + 5 + 3 + 20 = 32 Tage · (80.000 · 1,2) = **3.072.000 €**

TEIL I — Lösungen

Verwaltungs- und Vertriebsgemeinkosten

16 + 4 + 5 + 3 + 20 = 48 Tage

Sie werden von den Herstellungskosten der Produktion berechnet (vgl. Kalkulationsschema für die Zuschlagskalkulation).

	Fertigungsmaterial
+	Materialgemeinkosten
=	Materialkosten (I)
	Fertigungslöhne
+	Fertigungsgemeinkosten
=	Fertigungskosten (II)

I + II = Herstellungskosten der Produktion

	Fertigungsmaterial	60.000 €
+	16 % Materialgemeinkosten	9.600 €
=	Materialkosten (I)	69.600 €
	Fertigungslöhne	80.000 €
+	120 % Fertigungsgemeinkosten	96.000 €
=	Fertigungskosten (II)	176.000 €

I + II = Herstellungskosten der Produktion = 69.600 + 176.000 = 245.600 €

48 Tage · 245.600 € = **11.788.800 €**

Kapitalbedarf Umlaufvermögen:

= 120.000 € + 403.200 € + 2.240.000 € + 3.072.000 € + 788.800 €
= **17.624.000 €**

Ergebnis: Der Kapitalbedarf für das Umlaufvermögen beträgt 17.624.000 €.

Gesamtkapitalbedarf:

	Kapitalbedarf Anlagevermögen	14.277.500 €
+	Kapitalbedarf Umlaufvermögen	17.624.000 €
=	**Gesamtkapitalbedarf**	**31.901.500 €**

b) Die vorhandenen finanziellen Mittel über insgesamt 20.000.000 € reichen nicht aus, da der Gesamtkapitalbedarf 31.901.500 € beträgt.

VI. Steuerrecht

LÖSUNG

Lösung zu Fall 1   7 Punkte

a) Sowohl der Erlass eines Feststellungsbescheids hinsichtlich des Gewinns der OHG, als auch der Erlass des Einkommensteuerbescheids für den Gesellschafter Lange sind im Jahr 2020 noch zulässig, weil keine **Festsetzungsverjährung** eingetreten ist. Für die Gewinnfeststellung der OHG gelten nach § 181 Abs. 1 Satz 1 AO die Vorschriften über die Festsetzungsfrist sinngemäß (Feststellungsfrist). Gemäß § 169 Abs. 2 Satz 1 Nr. 2 und § 170 Abs. 2 Satz 1 Nr. 1 AO läuft die Feststellungsfrist für den OHG-Gewinn vom 1.1.2020 (Beginn mit Ablauf des Kalenderjahres 2020, also 31.12.2020, 24.00 Uhr = 1.1.2021, 0.00 Uhr: § 170 Abs. 2 Satz 1 Nr. 1 AO) bis zum 31.12.2023 (Dauer: 4 Jahre; § 169 Abs. 2 Satz 1 Nr. 2 AO) und die Festsetzungsfrist für die Einkommensteuer des Gesellschafters Lange vom 1.1.2021 bis zum 31.12.2024.

Hinweis: Die Festsetzung der Einkommensteuer durch Bescheid vom 30.4.2020 erfolgte somit vor dem Beginn der Festsetzungsfrist. Dies ist jedoch zulässig, da die Festsetzungsfrist lediglich den Zweck hat, den letztmöglichen Termin für eine Steuerfestsetzung zu bestimmen. Vgl. dazu auch § 169 Abs. 1 Satz 3 Nr. 1 AO: danach kommt es lediglich darauf an, dass der Bescheid vor Ablauf der Frist erlassen wurde.

Die Einspruchsfrist nach §§ 355, 108 Abs. 1 AO i. V. mit §§ 187-193 BGB und § 122 Abs. 2 Nr. 1 AO lief für die OHG vom 6.3.2020 bis zum 6.4.2020. Der am 2.3.2020 (Montag) zur Post gegebene Gewinnfeststellungsbescheid wurde gemäß § 122 Abs. 2 Nr. 1 AO am 6.3.2020 (Freitag) bekannt gegeben. Die 3-Tagesfiktion des § 122 Abs. 2 Nr. 1 AO fingiert eine Bekanntgabe am 5.3.2020. Weil die tatsächliche Bekanntgabe aber später erfolgte, nämlich am 6.3.2020, ist dieser Tag maßgebend (§ 122 Abs. 2 AO).

Für Herrn Lange begann bezüglich des ESt-Bescheids die Einspruchsfrist am 7.5.2020 (Bekanntgabe gemäß §§ 122 Abs. 2 Nr. 1 AO) und endete am 8.6.2020 (Sonntag, also Montag maßgeblich; Dauer: 1 Monat). Insofern war der Einspruch von Lange gegen seinen ESt-Bescheid fristgerecht.

Auch war der Einspruch formgerecht, da er schriftlich (hier per Fax) erfolgte. Die fehlende Unterschrift ist entbehrlich, da aus dem Schriftstück hervorgeht, wer den Einspruch eingelegt hat; § 357 Abs. 1 Satz 2 AO.

Nach § 351 Abs. 2 AO können Grundlagenbescheide (hier: Gewinnfeststellungsbescheid) jedoch nur durch Anfechtung dieses Bescheids und nicht auch durch Anfechtung des Folgebescheids (hier: ESt-Bescheid) angegriffen werden. Die Einspruchsfrist für den Grundlagenbescheid war bereits am 6.4.2020 abgelaufen, sodass dieser zum Zeitpunkt der Einspruchseinlegung unanfechtbar war. Schon deshalb kann Lange seinen ESt-Bescheid nicht wegen des nach seiner Auffassung zu hoch festgesetzten Gewinns der OHG anfechten. Vgl. allgemein zur **Einspruchsbefugnis** bei einheitlichen Feststellungen § 352 AO.

Aussetzung der Vollziehung wird hinsichtlich dieses Punkts nicht gewährt, weil weder ernsthafte Zweifel an der Rechtmäßigkeit des angefochtenen Verwaltungsakts bestehen noch die Vollziehung für den Betroffenen eine unbillige Härte darstellt; § 361 Abs. 2 AO.

b) Wenn der Gewinnfeststellungsbescheid unter Vorbehalt der Nachprüfung erlassen worden wäre, hätte sich eine andere Rechtslage ergeben:

Denn nach § 164 Abs. 2 Satz 2 AO kann der Steuerpflichtige jederzeit bis zum Ablauf der Festsetzungsfrist die Änderung des Gewinnfeststellungsbescheids **beantragen.** Bei einer Änderung des Gewinnfeststellungsbescheids (Grundlagenbescheid) wäre gemäß § 175 Abs. 1 Satz 1 Nr. 1 AO auch der ESt-Bescheid zu ändern. Das gilt auch nach Ablauf der Rechtsbehelfsfrist für den ESt-Bescheid. Aussetzung der Vollziehung könnte aber auch hier nicht gewährt werden, weil es an einem fristgerechten Einspruch gegen den Feststellungsbescheid (Grundlagenbescheid) mangelt (§ 361 Abs. 2 Satz 1 AO).

Lösung zu Fall 2 9 Punkte

a) Gemäß § 18 Abs. 3 Satz 1 UStG ist die Umsatzsteuer-Voranmeldung bis zum 10. Tag nach Ablauf des Voranmeldungszeitraums beim zuständigen Finanzamt abzugeben. Diese Frist kann auf Antrag des Unternehmers um einen Monat verlängert werden (§ 46 UStDV). Voraussetzung hierfür ist, dass eine Sondervorauszahlung geleistet wird (§ 47 UStDV). Eine solche Fristverlängerung wurde nicht beantragt.

Da die Abgabe der Umsatzsteuer-Voranmeldung Januar 2020 am Mittwoch, 12.2.2020 erfolgte, wurde die Steuererklärung zu spät eingereicht. Deshalb kommt hier ein Verspätungszuschlag gemäß § 152 AO in Betracht.

Das Finanzamt kann im Rahmen pflichtgemäßen Ermessens (§ 5 AO) einen Verspätungszuschlag gegen die OHG festsetzen (§ 152 Abs. 1 Satz 1 AO). Der Verspätungszuschlag beträgt für jeden angefangenen Monat der eingetretenen Verspätung 0,25 % der festgesetzten Steuer, mindestens jedoch 10 € für jeden angefangenen Monat. Der Verspätungszuschlag ist auf volle € abzurunden und darf höchstens 25.000 € betragen (§ 152 Abs. 10 AO).

Der Verspätungszuschlag der Umsatzsteuer-Voranmeldung beträgt 0,25 % der Zahllast i. H. von 4.900 €, somit 12 € (12,25 € abgerundet auf volle €).

Ein Säumniszuschlag entsteht nach § 240 Abs. 1 Satz 1 AO, wenn eine Steuer nicht bis zum Ablauf des Fälligkeitstages entrichtet wird. Die Vorauszahlung war nach § 18 Abs. 3 Satz 3 UStG am 10.2.2020 fällig, jedoch trat die Säumnis nicht ein, bevor die Steuer angemeldet wurde (§ 240 Abs. 1 Satz 3 AO). Die Steuer war somit am Montag, 10.2.2020, fällig gewesen – die USt-Voranmeldung stand der Festsetzung unter Vorbehalt gleich (§ 168 AO). Die Zahlung der Steuer erfolgte durch Scheck. Diese Zahlung galt nach § 224 Abs. 2 Nr. 1 AO 3 Tage nach dem Tag des Eingangs des Schecks als wirksam entrichtet, sodass die Zahlung nach dem Ablauf des Fälligkeitstages i. S. des § 240 Abs. 1 Satz 1 AO erfolgte. Von der Erhebung des Säumniszuschlags ist auch nicht nach § 240 Abs. 3 Satz 1 AO abzusehen, da die

Schonfrist bei Zahlungen durch Scheck nicht gilt (§ 240 Abs. 3 Satz 2 AO). Dementsprechend wurde ein Säumniszuschlag i. H. von 1 % von 4.900 € = 49 € verwirklicht.

b) Die Abgabefrist war gewahrt, sodass kein Verspätungszuschlag festzusetzen war.

Die Zahlung galt nach § 224 Abs. 2 Nr. 1 AO 3 Tage nach dem Eingang des Schecks als entrichtet. Die Zahlung war – wie im Fall 1 – verspätet, da die Schonfrist des § 240 Abs. 3 Satz 1 AO bei Scheckzahlungen nicht gilt (§ 240 Abs. 3 Satz 2 AO). Daher wurden Säumniszuschläge i. H. von 1 % von 13.350 € (abgerundet auf volle 50 €, § 240 Abs. 1 Satz 1 AO) = 133,50 € verwirklicht.

c) Die Umsatzsteuer-Voranmeldung wurde verspätet eingereicht. Das Finanzamt kann im Rahmen pflichtgemäßen Ermessens einen Verspätungszuschlag gegen die OHG festsetzen (§ 152 Abs. 1 Satz 1 AO). Der Verspätungszuschlag beträgt für jeden angefangenen Monat der eingetretenen Verspätung 0,25 % der festgesetzten Steuer, mindestens jedoch 10 € für jeden angefangenen Monat. Der Verspätungszuschlag ist auf volle € abzurunden und darf höchstens 25.000 € betragen (§ 152 Abs. 10 AO).

Der Verspätungszuschlag der Umsatzsteuer-Voranmeldung beträgt 0,25 % der Zahllast i. H. von 13.143 €, somit 32 € (32,86 € abgerundet auf volle €).

Ein **Säumniszuschlag** entsteht, wenn nicht fristgemäß gezahlt wird. Auch hier erfolgte die Zahlung per Scheck, sodass die Schonfrist gemäß § 240 Abs. 3 Satz 2 AO i.V. mit § 224 Abs. 2 Nr. 1 AO nicht gilt. Es war daher ein Säumniszuschlag i. H. von 131 € zu erheben. Berechnung: 13.100 € (auf volle 50 € abgerundet) · 1 %.

d) Die Abgabe der Voranmeldung erfolgte rechtzeitig. Deshalb konnte kein Verspätungszuschlag festgesetzt werden.

Solange der Betrag innerhalb der Schonfrist von 3 Tagen überwiesen wird, entstehen auch keine Säumniszuschläge (§ 240 Abs. 3 Satz 1 AO). Die für die Berechnung von Säumniszuschlägen maßgebende Schonfrist endete mit Ablauf des 13.7.2020 (Fälligkeit USt-Zahllast: 10.7.2020 + 3 Tage = 13.7.2020). Gemäß § 240 Abs. 1 Satz 1 i.V. mit § 224 AO ist hinsichtlich der Festsetzung von Säumniszuschlägen der Tag des Zahlungseingangs maßgeblich. Dies ist bei Überweisung der Tag der Gutschrift auf dem Konto der Finanzbehörde (§ 224 Abs. 2 Nr. 2 AO).

Da der Betrag am 8.7.2020 gutgeschrieben wurde, sind keine Säumniszuschläge zu erheben.

e) Auch hier war die Frist für die Abgabe der Voranmeldung gewahrt. Da der Betrag am 12.10.2020 dem Konto des Finanzamts gutgeschrieben wurde, waren zwar grundsätzlich Säumniszuschläge für einen Monat angefallen. Diese werden jedoch nicht erhoben, weil eine Einzugsermächtigung vorlag (§ 224 Abs. 2 Nr. 3 AO).

Hinweis: Fällt das reguläre Ende der Schonfrist i. S. des § 240 Abs. 3 AO auf einen Samstag, Sonntag oder gesetzlichen Feiertag, verschiebt sich das Ende auf den nachfolgenden Werktag. § 108 Abs. 3 AO findet insoweit Anwendung (vgl. Kögel, in: Beermann/Gosch, AO/FGO, § 240 AO Rz. 73; Rüsken, in: Klein, Abgabenordnung, 10. Aufl., 2009, § 240 Rz. 29; Koenig, in: Pahlke/Koenig, Abgabenordnung, 2. Aufl., 2009, § 240 Rz. 40).

Lösung zu Fall 3 — 6 Punkte

a) **Festsetzungsverjährung:** Die Festsetzungsverjährung ist in den §§ 169 ff. AO geregelt. Nach § 169 Abs. 1 AO ist eine Steuerfestsetzung sowie ihre Aufhebung oder Änderung nicht mehr zulässig, wenn die Festsetzungsfrist abgelaufen ist. Auf die gesonderte und einheitliche Feststellung von Besteuerungsgrundlagen (hier des Gewinns der OHG) sind die Vorschriften über die Festsetzungsfrist gemäß § 181 Abs. 1 Satz 1 AO sinngemäß anzuwenden (Feststellungsfrist).

Der Beginn dieser Frist richtet sich nach § 170 AO. Grundsätzlich beginnt die Festsetzungsfrist mit Ablauf des Kalenderjahres, in dem die Steuer entstanden ist. Der Zeitpunkt der Entstehung der Ansprüche aus dem Steuerschuldverhältnis ist in § 38 AO und den Einzelsteuergesetzen geregelt (vgl. AEAO zu § 38 Nr. 1). Besteht allerdings die Pflicht, eine Steuererklärung abzugeben, verschiebt sich der Beginn der Festsetzungsfrist regelmäßig auf das Ende des Kalenderjahres, in dem die Steuererklärung tatsächlich abgegeben worden ist (§ 170 Abs. 2 Satz 1 Nr. 1 AO). Sie beginnt spätestens mit dem Ablauf des 3. Kalenderjahres, das dem der Steuerentstehung folgt (§ 170 Abs. 2 Satz 1 Nr. 1 am Ende AO). Die gesonderte und einheitliche Gewinnfeststellung erfordert eine Feststellungserklärung nach § 181 Abs. 2 AO. Sie gilt kraft gesetzlicher Anordnung als Steuererklärung i. S. des § 170 Abs. 2 Satz 1 Nr. 1 AO. Die Feststellungsfrist beginnt daher regelmäßig erst mit Abgabe der Feststellungserklärung.

Gemäß § 169 Abs. 2 Satz 1 Nr. 2 AO beträgt die Festsetzungsfrist grundsätzlich 4 Jahre. Bei Steuerhinterziehung bzw. leichtfertiger Steuerverkürzung verlängert sie sich auf 10 bzw. 5 Jahre (§ 169 Abs. 2 Satz 2 AO). In § 171 AO sind diverse Tatbestände aufgezählt, die zu einer Ablaufhemmung führen.

Erhebungsverfahren: Die Grundlage für die Verwirklichung von Ansprüchen aus dem Steuerschuldverhältnis (vgl. § 37 AO) sind Steuerbescheide, Steuervergütungsbescheide, Haftungsbescheide und die Verwaltungsakte, durch die steuerliche Nebenleistungen festgesetzt werden. Bei Säumniszuschlägen genügt die Verwirklichung des gesetzlichen Tatbestands; § 240 AO. Die Ansprüche aus dem Steuerschuldverhältnis unterliegen nach § 228 AO einer Verjährungsfrist von 5 Jahren. Nach Ablauf dieser Frist erlöschen gemäß § 232 AO der Anspruch aus dem Steuerschuldverhältnis und die von ihm abhängenden Zinsen. Die Verjährungsfrist beginnt gemäß § 229 AO mit Ablauf des Kalenderjahres, in dem der Anspruch erstmals fällig geworden ist.

Eine Zahlungsverjährung muss im vorliegenden Fall jedoch nicht geprüft werden, da allein aus dem Gewinnfeststellungsbescheid noch kein Steueranspruch entsteht, § 37 Abs. 1 AO. Dieser ergibt sich erst aus dem Einkommensteuerbescheid.

b) Der Beginn der Festsetzungsfrist erfolgt gemäß § 170 Abs. 2 Nr. 1 AO mit Ablauf des 31.12.2015. Sie dauert gemäß § 169 Abs. 2 Satz 1 Nr. 2 AO 4 Jahre und endet mit Ablauf des 31.12.2019. Da vor Ablauf dieser Frist mit einer Außenprüfung begonnen wurde, wurde der Ablauf der Festsetzungsfrist gemäß § 171 Abs. 4 Satz 2 AO zunächst gehemmt. Die Ablaufhemmung wird durch die Unterbrechung nicht ausgesetzt, da es sich zwar um eine Unterbrechung der Außenprüfung unmittelbar nach ihrem Beginn handelt, die die Finanzbehörde zu vertreten hat, diese jedoch nicht mehr als 6 Monate andauert (§ 171 Abs. 4 Satz 2 AO).

Der Fristlauf dieser 6 Monate beginnt am 7.12.2019 und endete mit Ablauf des 8.6.2020.

Da die Prüfung innerhalb dieser Frist wieder aufgenommen wurde (nämlich am 8.6.2020), befand sich die Prüfung noch innerhalb der Festsetzungsfrist.

c) Gemäß § 171 Abs. 4 Satz 3 AO endet die Festsetzungsfrist, wenn mit Ablauf des Jahres, in dem die Schlussbesprechung stattgefunden hat, die Fristen nach § 169 Abs. 2 AO verstrichen sind. Es besteht somit noch Zeit bis zum Ablauf des 31.12.2024.

d) Gemäß § 371 Abs. 1 AO bleibt straffrei, wer zu allen unverjährten Steuerstraftaten einer Steuerart in vollem Umfang die unrichtigen Angaben berichtigt, die unvollständigen Angaben ergänzt oder die unterlassenen Angaben nachholt, mindestens aber zu allen Steuerstraftaten einer Steuerart innerhalb der letzten 10 Kalenderjahre. Straffreiheit tritt jedoch nicht ein in den in § 371 Abs. 2 AO genannten Fällen. Nach Nr. 1 Buchst. a ist die Straffreiheit ausgeschlossen, wenn vor der Berichtigung, Ergänzung oder Nachholung bereits eine Prüfungsanordnung i. S. des § 196 AO bekanntgegeben wurde. Gleiches gilt nach Nr. 1 Buchst. c, wenn ein Amtsträger zur steuerlichen Prüfung erschienen ist, d. h. zu dem Zeitpunkt, in dem er das Grundstück der OHG betritt, um eine Prüfung durchzuführen.

Eine Selbstanzeige war daher nur noch bis zum 8.11.2019 möglich. Auf den Beginn der Prüfung am 6.12.2019 kommt es wegen § 371 Abs. 2 Nr. 1 Buchst. a AO nicht mehr an.

LÖSUNG

Lösung zu Fall 4   6 Punkte

a) Ist der Steuerpflichtige mit einem ihm bekannt gegebenen Steuerbescheid nicht einverstanden und will er eine für ihn günstigere Entscheidung erreichen, kann er innerhalb der Einspruchsfrist Einspruch einlegen oder einen Antrag auf Änderung gemäß § 172 Abs. 1 Nr. 2 Buchst. a AO (sog. Antrag auf schlichte Änderung) stellen.

Der Einspruch verhindert die Unanfechtbarkeit des angefochtenen Bescheids und der Sachverhalt wird in vollem Umfang neu geprüft (Gesamtüberprüfung: § 367 Abs. 2 Satz 1 AO), während bei einem Antrag auf schlichte Änderung nur eine punktuelle Prüfung erfolgt.

Unanfechtbarkeit (formelle Bestandskraft) liegt vor, soweit ein Verwaltungsakt nicht oder nicht mehr mit einem Rechtsbehelf angefochten werden kann. Unanfechtbarkeit bedeutet nicht Unabänderbarkeit. Die §§ 172 ff. AO regeln die Durchbrechung der materiellen Bestandskraft, die ggf. auch dann zulässig ist, wenn bereits formelle Bestandskraft eingetreten ist.

Zwar kann das Finanzamt seine Entscheidung im Zuge des Einspruchsverfahrens verbösern, d. h. eine Änderung zum Nachteil des Steuerpflichtigen durchführen. Der Steuerpflichtige hat aber gemäß § 362 Abs. 1 AO die Möglichkeit, den Einspruch bis zur Bekanntgabe der Einspruchsentscheidung zurückzunehmen.

Der Einspruch muss nach § 347 AO statthaft sein, d. h., er muss sich gegen einen Verwaltungsakt in Abgabenangelegenheiten (z. B. Steuerbescheid) richten. Er darf nicht nach § 348

AO ausgeschlossen sein und der Steuerpflichtige darf nicht auf das Einspruchsrecht verzichtet haben (§ 354 Abs. 1 AO). Der Einspruch muss form- und fristgerecht eingelegt werden (§§ 355 und 357 AO). Nur der Einspruch ermöglicht eine Aussetzung der Vollziehung nach § 361 Abs. 2 AO. Bei einem schlichten Änderungsantrag kommt allenfalls eine Stundung in Betracht (AEAO zu § 172 Nr. 2). Im Gegensatz zum Einspruch, der nach § 357 Abs. 1 AO schriftlich oder elektronisch einzureichen oder mündlich zur Niederschrift zu erklären ist, ist der Antrag auf Änderung an keine Form gebunden. Er kann z. B. auch telefonisch gestellt werden (AEAO zu § 172 Nr. 2). Das Finanzamt darf den Steuerbescheid aufgrund eines schlichten Änderungsantrags nur in dem Umfange zugunsten des Steuerpflichtigen ändern, als der Steuerpflichtige vor Ablauf der Einspruchsfrist eine genau bestimmte Änderung beantragt hat (AEAO zu § 172 Nr. 2 Abs. 2 Satz 1 AO).

b) Der von Herrn Paulsen eingelegte Einspruch war statthaft, weil es sich bei dem Gewinnfeststellungsbescheid um einen Verwaltungsakt in Abgabenangelegenheiten handelte (§ 347 Abs. 1 Satz 1 Nr. 1, Abs. 2 AO). Auch lag kein Ausschlussgrund (§ 348 AO) oder Einspruchsverzicht (§ 354 AO) vor. Der Einspruch wurde schriftlich eingelegt (§ 357 Abs. 1 Satz 1 AO). Ein Einspruch muss nicht unterschrieben sein, weil es gemäß § 357 Abs. 1 Satz 2 AO genügt, wenn aus dem Schriftstück hervorgeht, wer den Einspruch eingelegt hat. Der Einspruch erfolgte auch fristgerecht innerhalb eines Monats nach Bekanntgabe des Bescheids (§ 355 Abs. 1 Satz 1 AO). Der Bescheid wurde gemäß § 122 Abs. 2 Nr. 1 AO am 14.4.2020 bekannt gegeben (Aufgabe zur Post am 6.4.2020, Bekanntgabe nach §§ 122, 108 Abs. 3 AO danach eigentlich am 9.4.2020, wegen der späteren tatsächlichen Bekanntgabe, Zugang am 14.4.2020, aber späterer Zeitpunkt maßgebend). Die Einspruchsfrist endete somit mit Ablauf des 14.5.2020.

Gemäß § 350 AO ist nur derjenige einspruchsbefugt, der geltend machen kann, durch den entsprechenden Verwaltungsakt beschwert zu sein. Die Einspruchsbefugnis bei einheitlichen Feststellungen ist in § 352 AO gesondert abschließend geregelt. Die Vorschrift schränkt die Einspruchsbefugnis von Gesellschaftern, Gemeinschaftern und Mitberechtigten erheblich ein.

Dadurch wird zum einen erreicht, dass Gesellschafter, denen zivilrechtlich Einblick und Einflussnahme in die Geschäftsabläufe verwehrt sind, nicht über das Steuerverfahrensrecht mehr Einfluss in der Gesellschaft ausüben können, als ihnen zivilrechtlich zusteht. Zum anderen wird das Steuergeheimnis untereinander gewahrt. Darüber hinaus führt die eingeschränkte Einspruchsbefugnis dazu, dass in der Mehrzahl der Fälle von einheitlichen Feststellungsbescheiden alsbald Klarheit über die Bestandskraft der Bescheide herrscht.

Danach sind bei einer OHG nach § 352 Abs. 1 Nr. 1 AO zunächst die zur Vertretung berufenen Geschäftsführer zur Einspruchseinlegung berechtigt. Sind solche nicht vorhanden, sind die von der Gesellschaft benannten gemeinsamen Empfangsbevollmächtigten nach § 183 Abs. 1 Satz 1 AO zum Einspruch befugt. Erst wenn kein Empfangsbevollmächtigter bestellt ist, ist jeder Gesellschafter zur Einspruchseinlegung berechtigt.

Ein Angestellter der Gesellschaft ist ohne Befugnis nicht einspruchsbefugt. Der Einspruch des Bilanzbuchhalters Paulsen war daher unzulässig.

Dieser Verfahrensfehler könnte jedoch durch eine Genehmigung nachträglich beseitigt werden (§ 184 Abs. 1 analog BGB). Hierzu müssten die Geschäftsführer der OHG als ihre gesetzlichen Vertreter (§ 34 AO) dem Handeln des Paulsen nachträglich zustimmen (BFH-Urteil vom 18.10.1988, BStBl 1989 II S. 76). Der Einspruch wäre dann zulässig.

Hinweis: Der Streit darüber, ob die Einschränkung der Einspruchs- und Klagebefugnis von Gesellschaftern gegen die Verfassung verstößt (Art. 19 Abs. 4 GG, sog. Rechtsweggarantie), dürfte durch zahlreiche höchstrichterliche Entscheidungen mit der Argumentation beigelegt sein, dass die Einschränkung auf freiwillig eingegangenen zivilrechtlichen Beschränkungen beruht, durch welche der Beteiligte die Wahrnehmung seiner Interessen insoweit freiwillig auf Vertreter (Geschäftsführer) übertragen hat.

Lösung zu Fall 5   5 Punkte

Es sind neben der Körperschaftsteuerzahlung steuerliche Nebenleistungen zu entrichten (§ 3 Abs. 4 AO). Gemäß § 233a AO sind Nachforderungszinsen angefallen. Der Zinslauf beginnt gemäß § 233a Abs. 2 AO 15 Monate nach Ablauf des Kalenderjahres, in dem die Steuer entstanden ist, und endet mit Ablauf des Tages, an dem die Steuerfestsetzung wirksam wird, also am Tag der Bekanntgabe (§§ 124 Abs. 1, 122 AO). Nach § 238 AO betragen die Zinsen für jeden vollen Monat 0,5 % des zu verzinsenden Betrags, der auf volle 50 € abzurunden ist.

Dabei ist zu berücksichtigen, dass die Zinsen nur für volle Monate zu zahlen sind. Der Zinslauf beginnt am 1.4.2018 und endet am 15.1.2020 und umfasst somit 21 volle Monate. Der abgerundete zu verzinsende Betrag beträgt 45.100 €, sodass zusätzlich Nachforderungszinsen i. H. von 4.735 € anfallen (Abrundung auf volle € gemäß § 239 Abs. 2 Satz 1 AO).

Sobald das zuständige Finanzamt Stundung gewährt, fallen gemäß § 234 AO Stundungszinsen an. Diese werden für die Zeit der gewährten Stundung berechnet. Auch in diesem Fall betragen gemäß § 238 AO die Zinsen für jeden vollen Monat 0,5 % des zu verzinsenden Betrags, der auf 50 € abzurunden ist. Der Zinslauf beginnt daher am 16.2.2020 und endet am 31.3.2020 (AEAO zu § 234 Nr. 4 und 5). Somit umfasst er einen vollen Monat. Der abgerundete zu verzinsende Betrag beträgt 45.100 €, sodass sich die Höhe der Stundungszinsen auf 225 € beläuft (Abrundung auf volle € gemäß § 239 Abs. 2 Satz 1 AO).

Eine Anrechnung der Nachforderungszinsen gemäß § 234 Abs. 3 AO kommt nicht in Betracht, da diese nicht für denselben Zeitraum, wie die Stundungszinsen festgesetzt wurden.

Lösung zu Fall 6   7 Punkte

1. Bei der falschen Angabe der Provisionserträge handelt es sich nicht um eine offenbare Unrichtigkeit gemäß § 129 AO, da es sich nicht um einen Schreib- oder Rechenfehler handelt, der dem Finanzamt beim Erlass dieses Bescheids unterlaufen ist, sondern um einen Fehler, der allein dem Steuerpflichtigen zuzurechnen ist. Es liegt auch kein Übernahmefehler des Finanzamts vor, weil bereits durch den Steuerpflichtigen eine falsche Zahl in die Steuererklärung eingesetzt wurde und der Fehler für das Finanzamt nicht erkennbar war.

Bei dem Antrag von Frau Mees könnte es sich um einen Antrag auf Änderung gemäß § 172 Abs. 1 AO oder einen Einspruch handeln. Nicht ausdrücklich als Einspruch bezeichnete, vor Ablauf der Einspruchsfrist schriftlich oder elektronisch vorgetragene Änderungsbegehren können regelmäßig als schlichte Änderungsanträge behandelt werden, wenn der Antragsteller eine genau bestimmte Änderung des Steuerbescheids beantragt und das Finanzamt dem Begehren entsprechen will.

Andernfalls ist ein Einspruch anzunehmen, da der Einspruch die Rechte des Steuerpflichtigen umfassender und wirkungsvoller wahrt als der bloße Änderungsantrag (AEAO zu § 172 Nr. 2 Sätze 4 und 5). Dass Frau Mees ihr Schreiben nicht ausdrücklich als Einspruch bezeichnet hat, ist insoweit unschädlich, § 357 Abs. 1 Satz 4 AO.

Im vorliegenden Fall kann aber von einem Antrag nach § 172 Abs. 1 Nr. 2 Buchst. a AO ausgegangen werden, weil die o. g. Voraussetzungen dafür vorliegen. Dieser erfolgte fristgemäß vor Ablauf der Einspruchsfrist. Insoweit kann ein Abhilfebescheid nach § 172 Abs. 1 Nr. 2 Buchst. a AO erlassen werden. Dies gilt, auch wenn Einspruch gegen den Bescheid eingelegt wird (vgl. Nr. 3).

2. Auch hierbei handelt es sich um einen Antrag auf schlichte Änderung gemäß § 172 AO (vgl. Ausführungen zu Nr. 1). Der Antrag erfolgt zugunsten des Steuerpflichtigen und wurde innerhalb der Einspruchsfrist gestellt, sodass das Finanzamt diesem Antrag entsprechen wird. Dies gilt auch im Einspruchsverfahren (vgl. Nr. 3).

3. Die Bemessung der Nutzungsdauer ergibt sich grundsätzlich aus den amtlichen AfA-Tabellen. Ein Einspruch ist form- und fristgerecht eingelegt. Er überlagert die Anträge auf schlichte Änderung (vgl. Nr. 1 und Nr. 2). Eine vollumfängliche Prüfung des Falls ist somit möglich. Trotz des Einspruchs kann eine Änderung gemäß § 172 Abs. 1 Nr. 2 Buchst. a AO erfolgen (vgl. § 132 Satz 1 AO, § 172 Abs. 1 Nr. 2 Buchst. a AO, § 365 AO). Ob der Steuerpflichtige mit dem Einspruch Erfolg haben wird, ist fraglich. Eine von der amtlichen Abschreibungstabelle abweichende Nutzungsdauer setzt voraus, dass der Steuerpflichtige durch besondere Tatbestände nachweisen kann, dass die Nutzungsdauer kürzer ist (die Rechtsprechung verlangt hierzu erhebliche Ausführungen/Dokumentationen seitens des Steuerpflichtigen, vgl. BFH-Urteil vom 8.11.1996, BFH/NV 1997 S. 288).

Lösung zu Fall 7   5 Punkte

Die in § 164 AO festgelegte Möglichkeit der Steuerfestsetzung unter Vorbehalt der Nachprüfung dient der Beschleunigung der Steuerfestsetzung. Sie soll eine schnelle erste Festsetzung dadurch ermöglichen, dass die Steuer zunächst lediglich aufgrund der Angaben des Steuerpflichtigen festgesetzt wird, wobei eine spätere Überprüfung vorbehalten bleibt.

Dieser Vorbehalt gibt der Finanzbehörde das Recht, die Festsetzung jederzeit innerhalb der Festsetzungsfrist zu berichtigen. Gemäß § 164 Abs. 2 AO kann die Vorbehaltsfestsetzung jederzeit zugunsten wie zuungunsten des Steuerpflichtigen geändert werden. Oft deuten Steuerbescheide, die mit der Nebenbestimmung (§ 120 AO) des Vorbehalts der Nachprüfung verbunden werden, auf eine bevorstehende Außenprüfung hin.

Gemäß § 165 AO kann eine Steuer insoweit vorläufig festgesetzt werden, als ungewiss ist, ob die Voraussetzungen für ihre Entstehung eingetreten sind. Derartiges bezieht sich auf alle Fälle rechtlicher oder sachlicher Ungewissheit. Grund und Umfang der Vorläufigkeit sind im Bescheid anzugeben (§ 165 Abs. 1 Satz 3 AO).

Im Unterschied dazu betrifft die Festsetzung unter Vorbehalt der Nachprüfung Sachverhalte, bei denen eine Aufklärung zwar möglich wäre, aber aus Zweckmäßigkeitsgründen noch keine Nachprüfung erfolgt. Während § 164 AO den gesamten Steuerfall offen hält, bezieht sich die vorläufige Festsetzung gemäß § 165 AO auf einen punktuellen Sachverhalt.

Daneben besteht nach § 165 Abs. 1 Satz 2 AO die Möglichkeit, eine Steuerfestsetzung u. a. vor dem Hintergrund anhängiger Gerichtsverfahren vorläufig festzusetzen (sog. Katalogvorläufigkeiten).

Eine vorläufige Steuerfestsetzung kann mit dem Vorbehalt der Nachprüfung verbunden werden, § 165 Abs. 3 AO.

LÖSUNG

Lösung zu Fall 8   6 Punkte

a) Nach § 220 Abs. 1 AO i.V. mit § 18 Abs. 4 Satz 2 UStG ist die zu entrichtende Umsatzsteuer, die durch Steuerbescheid festgesetzt wird, einen Monat nach Bekanntgabe dieses Verwaltungsaktes fällig. Die Bekanntgabe des Verwaltungsakts richtet sich nach § 122 AO. Gemäß § 122 Abs. 2 Nr. 1 AO gilt er, bei Beförderung durch die Post am dritten Tag nach Aufgabe zur Post als bekannt gegeben (sog. Zugangsfiktion). Hier wurde der Bescheid am 2.7.2020 zur Post aufgegeben. Er gilt somit als am 6.7.2020 (2.7.2020 + 3 Tage = 5.7.2020, Sonntag → nächster Werktag: Montag, 6.7.2020) bekannt gegeben. Die Frist für die Fälligkeit der Abschlusszahlung beginnt gemäß § 108 Abs. 1 AO i.V. mit § 187 Abs. 1 BGB mit dem Ablauf des 6.7.2020 und dauert nach § 18 Abs. 4 UStG einen Monat. Sie endet deshalb mit Ablauf des 6.8.2020. Die Umsatzsteuernachzahlung i. H. von 760 € war daher spätestens am 6.8.2020 fällig.

b) Es entstehen Säumniszuschläge gemäß § 240 Abs. 1 AO. Diese würden 1 % von 750 € (Abrundung auf den nächsten durch 50 teilbaren Betrag) betragen. Säumniszuschläge werden allerdings dann nicht erhoben, wenn die Entrichtung der Steuer innerhalb der Schonfrist des § 240 Abs. 3 AO erfolgt. Die Schonfrist beginnt hier gemäß §§ 108 Abs. 1 AO i.V. mit § 187 Abs. 1 BGB mit Ablauf des 6.8.2020. Sie beträgt 3 Tage (§ 240 Abs. 3 AO) und endet mit Ablauf des 10.8.2020. Der Betrag ist am 18.8.2020 auf dem Konto des Finanzamts gutgeschrieben worden. Somit ist ein Säumniszuschlag zu erheben.

Lösung zu Fall 9 — 8 Punkte

a) Eine Verschiebung des Prüfungsbeginns kommt nach § 197 Abs. 2 AO nur beim Vorliegen wichtiger Gründe in Betracht. Der Umbau der Büroräume stellt einen solchen wichtigen Grund dar.

b) Der geschäftsführende Gesellschafter Schneider kann einen Befangenheitsantrag stellen, über den nach § 83 Abs. 1 Satz 1 AO der Behördenleiter entscheidet. Die bloße Bekanntschaft aus dem Tennisverein sowie die kürzliche Niederlage des Prüfers Spitz begründen für sich alleine noch nicht die Befangenheit des Prüfers (andere Auffassung vertretbar).

c) Nach § 194 Abs. 2 AO ist auch die Prüfung der Gesellschafter der OHG zulässig. Hierzu bedarf es aber einer gesonderten Prüfungsanordnung, AEAO zu § 194 Nr. 2.

d) Das Finanzamt ist nach § 194 Abs. 3 AO befugt, Kontrollmitteilungen über die steuerlichen Verhältnisse eines Dritten zu fertigen und an das für diesen zuständige Finanzamt weiterzuleiten.

Allerdings darf die Prüfung bei der OHG nicht allein dazu benutzt werden, die steuerlichen Verhältnisse anderer, z. B. der Lieferanten, zu erforschen, AEAO zu § 194 Nr. 5.

e) Die Mitwirkungspflichten bei Betriebsprüfungen sind in § 200 Abs. 1 AO geregelt. Danach ist zunächst der Steuerpflichtige bzw. bei der OHG der geschäftsführende Gesellschafter zur Auskunft verpflichtet. Erst wenn diese Personen nicht die geforderten Auskünfte erteilen, dürfen andere Betriebsangehörige befragt werden, § 200 Abs. 1 Satz 3 AO.

Hinweis: Die nicht rechtzeitige Beantwortung von Prüfungsfragen oder die nicht fristgemäße Vorlage erbetener Unterlagen kann mit einem Verzögerungsgeld geahndet werden (§ 146 Abs. 2b AO).

Lösung zu Fall 10 — 8 Punkte

a) Ein Verwaltungsakt – Gewinnfeststellungsbescheid – wird gegenüber demjenigen, für den er bestimmt ist und in dem Zeitpunkt wirksam, in dem er bekannt gegeben wird (§ 124 Abs. 1 AO).

Datum des Gewinnfeststellungsbescheids	26.6.2020
Bekanntgabe (Fiktion) (§§ 122 Abs. 2 Nr. 1, 108 Abs. 3 AO)	29.6.2020

b) Einlegung eines Einspruchs innerhalb eines Monats nach Bekanntgabe (§ 355 Abs. 1 Satz 1 AO).

Datum des Bescheids	26.6.2020
Fristbeginn mit Ablauf des	29.6.2020
Einspruchsfrist	1 Monat
Fristende mit Ablauf des	29.7.2020

Das Einspruchsschreiben ist erst am 31.7., also verfristet, beim Finanzamt eingegangen.

c) Der Gesellschafter Rast ist nach den Vereinbarungen im Gesellschaftsvertrag allein vertretungsberechtigter Geschäftsführer der KG (§ 161 Abs. 2 HGB, §§ 114 ff. HGB). Die uneingeschränkte, alleinige Einspruchsbefugnis ergibt sich aus § 352 Abs. 1 Nr. 1 AO.

Der Gesellschafter Feuer ist nicht zur Geschäftsführung bei der KG berufen. Die Zulässigkeit seines Einspruchs ist nur nach § 352 Abs. 1 Nr. 4 oder Nr. 5 AO möglich.

§ 352 Abs. 1 Nr. 4 AO:

Feuer ist nicht einspruchsbefugt. Er greift lediglich die Höhe des Gesamtgewinnes an. Der Gesellschafter Feuer bestreitet aber nicht die Gewinnverteilung.

§ 352 Abs. 1 Nr. 5 AO:

Feuer ist nicht einspruchsberechtigt. Er trägt keine Besteuerungsgrundlagen in seiner Einspruchsbegründung vor, die ihn persönlich betreffen.

Ergebnis: Der Einspruch des Gesellschafters Feuer ist als unzulässig zu verwerfen (§ 358 AO).

Hinweis: Das gilt bereits wegen der verfristeten Einlegung.

LÖSUNG

Lösung zu Fall 11   14 Punkte
Grundzüge des Teileinkünfteverfahrens und der Abgeltungsteuer

Gesetze und Vorschriften

Die Vorschrift des § 20 EStG regelt die Einkünfte aus Kapitalvermögen. Das Teileinkünfteverfahren ist in § 3 Nr. 40 EStG und der Steuersatz für die Abgeltungsteuer in § 32d EStG geregelt. Die privaten Veräußerungsgeschäfte betreffen § 23 EStG und die Anteilsveräußerung § 17 EStG.

1. Das Teileinkünfteverfahren in 2020

   Die Besteuerung von Kapitalgesellschaften wurde ab 2001 vom sog. Anrechnungsverfahren auf eine Definitivbesteuerung mit einem Körperschaftsteuersatz von 25 % umgestellt. Einkünfte von natürlichen Personen, die mit einer Beteiligung an Körperschaften zusammenhängen, sollen, da diese Einkünfte schon auf der Ebene der Körperschaft versteuert werden, nicht nochmals in voller Höhe versteuert werden. Bis 2008 wurden diese Einkünfte nach § 3 Nr. 40 EStG nur zur Hälfte versteuert. Aufwendungen hierfür waren auch nur zur Hälfte abzugsfähig.

   Durch die Reduzierung des Körperschaftsteuersatzes ab 2009 auf 15 % wurde das Halbeinkünfteverfahren in ein Teileinkünfteverfahren gewandelt. Hiernach sind ab 2009 nur noch

40 % der Einkünfte von natürlichen Personen steuerfrei, soweit diese mit einer Beteiligung an Körperschaften zusammenhängen. Für Privatanleger, die Einkünfte aus Kapitalvermögen erzielen, gelten ab 2009 die Regelungen der Abgeltungsteuer; das Teileinkünfteverfahren ist grundsätzlich nicht zu gewähren (§ 3 Nr. 40 Satz 2 EStG). Bei Körperschaften gilt das Halb-/Teileinkünfteverfahren nicht. Stattdessen gelten die Sonderregelungen des § 8b KStG.

Das Halbeinkünfteverfahren für Privatanleger wurde ab dem Veranlagungszeitraum (VZ) 2009 zugunsten der Abgeltungsteuer abgeschafft (§ 3 Nr. 40 Satz 2 EStG). Somit unterliegt die volle Gewinnausschüttung/Dividende dem fixen Steuersatz von 25 % (§ 32d Abs. 1 EStG), welcher auch für Zwecke des Kapitalertragsteuerabzugs gilt und Abgeltungswirkung hat (§ 43 Abs. 5 Satz 1 EStG).

Der Abzug von Aufwendungen in dem Zusammenhang mit Gewinnausschüttungen und anderen laufenden Kapitaleinkünften ist ab dem VZ 2009 ausgeschlossen. Es wird lediglich ein Sparer-Pauschbetrag i. H. der bisherigen Werbungskosten-Pauschbeträge und Sparer-Freibeträge abgezogen (§ 20 Abs. 9 Satz 1 EStG).

Nach § 32d Abs. 2 Nr. 3 EStG kann auf Antrag für Kapitalerträge i. S. von § 20 Abs. 1 Nr. 1 und Nr. 2 EStG aus einer Beteiligung an einer Kapitalgesellschaft von der Anwendung des fixen Steuersatzes auf Kapitalerträge von 25 % abgesehen werden, wenn der Steuerpflichtige zu mindestens 25 % an der Kapitalgesellschaft beteiligt ist oder zu mindestens 1 % an der Kapitalgesellschaft beteiligt und mit maßgebenden Einfluss beruflich für diese tätig ist (unternehmerische Beteiligung).

In diesem Fall unterliegen die Einkünfte dem Teileinkünfteverfahren nach § 3 Nr. 40 Satz 1 Buchst. d EStG. Darüber hinaus ist auch der Abzug der Werbungskosten zugelassen; die Regelungen des § 20 Abs. 9 EStG (Sparer-Pauschbetrag) gelten nicht. Kosten können somit nach § 3c Abs. 2 EStG i. H. von 60 % abgezogen werden. Verluste können ohne Anwendung des § 20 Abs. 6 EStG mit anderen Einkünften verrechnet werden.

Ob der Ansatz der tariflichen Steuer (mit Teileinkünfteverfahren und Kostenabzug) günstiger als die fixe Steuer i. H. von 25 % (ohne Kostenabzug) ist, muss im Einzelfall berechnet werden. In den meisten Fällen wird die Option zur tariflichen Steuer günstiger sein.

2. Abgeltungsteuer ab 2009

Die Abgeltungsteuer trat zum 1.1.2009 in Kraft. Es handelt sich dabei um den zweiten Teil der Unternehmensteuerreform 2008. Eingeführt wurde ein im Grundsatz abgeltender Steuerabzug auf Kapitalerträge von 25 % zzgl. SolZ und evtl. Kirchensteuer.

Für Gesellschafter von Kapitalgesellschaften stehen dabei die folgenden Änderungen im Blickpunkt:

Werden Anteile an Kapitalgesellschaften im Privatvermögen gehalten, gilt ab dem Jahr 2009 die Abgeltungsteuer von 25 % (zzgl. SolZ und ggf. Kirchensteuer) sowohl für Kapitalerträge aus der Beteiligung als auch unabhängig von der Haltedauer für Veräußerungsgewinne (§ 32d EStG). Das bisherige Halbeinkünfteverfahren entfällt damit ebenso wie die Steuerfreiheit von Gewinnen aus der Veräußerung von Beteiligungen unter 1 %, wenn die Beteiligung mehr als ein Jahr gehalten wurde (für Beteiligungen ab 1 % gilt dagegen das Teileinkünfteverfahren). Die Veräußerungsgewinnbesteuerung gilt nur für Anteile, die nach dem 31.12.2008 erworben wurden. Für Privatanleger bedeutet dies einen grundlegenden Systemwechsel. Werden die Anteile dagegen im Betriebsvermögen gehalten, wird das bisherige Halbeinkünfteverfahren durch ein Teileinkünfteverfahren abgelöst, demzufolge 60 % (statt bisher 50 %) der Beteiligungserträge dem individuellen Einkommensteuersatz unterworfen werden (§ 3 Nr. 40 EStG); folglich sind auch 60 % der damit im Zusammenhang stehenden Aufwendungen abziehbar.

Das Teileinkünfteverfahren gilt unabhängig von der Haltedauer auch für Veräußerungsgewinne von im Betriebsvermögen gehaltenen Anteilen sowie für im Privatvermögen gehaltene Anteile, wenn eine Beteiligung von mindestens 1 % vorliegt (§ 17 EStG). Sind Körperschaften an anderen Körperschaften beteiligt, bleibt es gemäß § 8b KStG bei der Freistellung der Beteiligungserträge (mit fiktiven nichtabziehbaren Betriebsausgaben i. H. von 5 % der Erträge) und von Veräußerungsgewinnen (5 % gelten wiederum als nichtabziehbare Betriebsausgaben). Das gilt allerdings für Ausschüttungen, die nach dem 28.2.2013 zufließen, nur, wenn die Gesellschaft zu mindestens 10 % beteiligt ist (§ 8b Abs. 4 KStG).

Die Einbehaltung und Abführung der Abgeltungsteuer erfolgt im Kapitalertragsteuerverfahren (§ 43 EStG, d. h. der Schuldner der Kapitalerträge bzw. die auszuzahlende Stelle führt für Rechnung des Steuerpflichtigen 25 % zzgl. SolZ und ggf. Kirchensteuer der Kapitalerträge ab). Der Kapitalertragsteuerabzug hat grundsätzlich gemäß § 43 Abs. 5 Satz 1 EStG Abgeltungswirkung. Im Abgeltungsfall entfällt ein Werbungskostenabzug; stattdessen wird ein Sparer-Pauschbetrag i. H. von 801 € bzw. 1.602 € für zusammen veranlagte Ehegatten gewährt. Steuerpflichtige mit einem niedrigeren Steuersatz können diesen durch Option wählen (§ 32d Abs. 6 EStG).

Nach § 32d Abs. 2 Nr. 3 EStG besteht darüber hinaus eine durch das JStG 2008 eingeführte Optionsmöglichkeit: Bei Erzielung von Dividenden kann danach eine Besteuerung nach dem individuellen progressiven Steuersatz unter Anwendung des Teileinkünfteverfahrens bei Erzielung von Dividenden und sonstigen Bezügen aus einer Kapitalgesellschaftbeteiligung bei einer Beteiligung von 25 % oder von 1 % und einer beruflichen Tätigkeit für die Kapitalgesellschaft gewählt werden. Dies ermöglicht die Geltendmachung von Werbungskosten bzw. Betriebsausgaben, die im Zusammenhang mit den Anteilen stehen.

a) Der Veräußerungsgewinn wurde außerhalb der Jahresfrist erzielt und ist gemäß § 23 Abs. 1 Nr. 2 EStG a. F. daher nicht steuerbar (§ 52 Abs. 28 Satz 11, Abs. 31 Satz 2 EStG).

b) Der Veräußerungsgewinn unterliegt gemäß § 20 Abs. 2 Satz 1 Nr. 7, Abs. 4 EStG i.V. mit § 32d Abs. 1 Satz 1 EStG dem Steuersatz von 25 %.

c) Die Zinserträge unterliegen grundsätzlich der Abgeltungsteuer von 25 % (§ 32d Abs. 1 Satz 1 EStG). Eine tarifliche Besteuerung kommt jedoch nach § 32d Abs. 2 Nr. 1a EStG bei nahestehenden Personen in Betracht, wenn der Darlehensnehmer die Zinsaufwendungen als Betriebsausgaben oder Werbungskosten geltend macht. Der Begriff „nahestehende Personen" bedeutet jedoch, dass eine Person auf eine andere einen wirtschaftlich beherrschenden Einfluss ausüben kann (Rz. 136 des BMF-Schreibens vom 18.1.2016, BStBl 2016 I S. 85). Dies liegt insbesondere bei Vermögenslosigkeit des Darlehensnehmers vor. Da dies hier offenbar nicht gegeben ist, kommt die Abgeltungsteuer zur Anwendung.

d) Unabhängig vom Zeitpunkt der Anlage unterliegen die Zinserträge gemäß § 20 Abs. 1 Nr. 7 EStG i.V. mit § 32d Abs. 1 Satz 1 EStG dem Steuersatz von 25 %.

Lösung zu Fall 12 — 25 Punkte

Da Frau Johannsen den Grund und Boden sowie beide Häuser in ihrem Privatvermögen hält, ergeben sich aus den Erträgen Einkünfte aus Vermietung und Verpachtung (§ 21 Abs. 1 Satz 1 Nr. 1 EStG).

Die Einkünfte sind der Überschuss der Einnahmen über die Werbungskosten (§ 2 Abs. 1 Satz 1 Nr. 6 und Abs. 2 Satz 1 Nr. 2 EStG).

Zur Berechnung dieser ist es zunächst wichtig, die Anschaffungs- bzw. Herstellungskosten der einzelnen Gebäude zu ermitteln, um so die Höhe der AfA errechnen zu können, die als Werbungskosten abziehbar ist, § 9 Abs. 1 Satz 3 Nr. 7 EStG.

Erstes Gebäude:

Gemäß § 255 Abs. 1 Satz 1 HGB sind Anschaffungskosten eines Wirtschaftsguts alle Aufwendungen, die getätigt werden, um das Wirtschaftsgut zu erwerben und in einen betriebsbereiten, d. h. gebrauchsfähigen Zustand zu versetzen.

Kaufpreis gesamt	240.000 €
Grunderwerbsteuer · (3,5 % [§ 11 GrEStG] =)*	8.400 €
Notar- und Gerichtskosten (brutto, § 9b Abs. 1 EStG)	1.800 €
Anschaffungskosten	250.200 €
Anteil Gebäude ($^2/_3$ von 250.200 € =)	166.800 €

*__Hinweis:__ Bemessungsgrundlage für die GrESt ist der Kaufpreis für das Grundstück: § 8 Abs. 1 und § 9 Abs. 1 Nr. 1 GrEStG. Der Grundstücksbegriff des GrEStG richtet sich nach dem Zivilrecht: § 2 Abs. 1 Satz 1 GrEStG. Bei einem bebauten Grundstück ist das Gebäude als Teil des Grundstücks anzusehen: § 94 Abs. 1 Satz 1 BGB. Folglich ist die Bemessungsgrundlage der GrESt beim Kauf eines bebauten Grundstücks der Gesamtkaufpreis für das Grundstück inkl. Gebäude und nicht lediglich der Anteil des Kaufpreises, der auf den Grund und Boden entfällt.

Nach § 11 Abs. 1 GrEStG beträgt der Steuersatz grundsätzlich 3,5 %. Allerdings können die Bundesländer einen höheren Steuersatz festlegen. Nur Bayern und Sachsen haben noch einen Grunderwerbsteuersatz von 3,5 %.

Der AfA-Satz ergibt sich aus § 7 Abs. 4 Satz 1 Nr. 2 Buchst. a EStG und beträgt 2 %. AfA ist gemäß R 7.4 Abs. 1 Satz 1 EStR ab der Anschaffung des Grundstücks vorzunehmen. Anschaffung ist hier der Übergang von Besitz, Gefahr, Nutzen und Lasten am 1.2.2020. AfA ist demnach für 11 Monate zu berücksichtigen (§ 7 Abs. 4 Satz 1 i.V. mit 1 Satz 4 EStG).

2 % von 166.800 € = 3.336 €, davon $^{11}/_{12}$ =	3.058 €

Die sonstigen Werbungskosten betragen 8.500 €, da infolge des Abflussprinzips des § 11 Abs. 2 Satz 1 EStG grundsätzlich nur die Beträge zu berücksichtigen sind, die im jeweiligen Kalenderjahr gezahlt wurden. Nur die tatsächlich gezahlten Werbungskosten i. H. von 8.500 € sind abziehbar. Die Regelung des § 11 Abs. 2 Satz 3 EStG findet keine Anwendung, da die Vermietung des Gebäudes grundsätzlich zwar eine Nutzungsüberlassung von mehr als 5 Jahren darstellen kann, die Aufwendungen aber nicht für die Überlassung des Grundstücks getätigt wurden, sondern im Zusammenhang mit dessen Vermietung entstanden sind.

Eine Verteilung nach § 82b EStDV über 2 bis 5 Jahre scheidet hier aus, weil für den VZ 2020 der geringste Überschuss gesucht ist. Ein Fall der sog. anschaffungsnahen Herstellungskosten (§ 6 Abs. 1 Nr. 1a EStG) liegt nicht vor, weil die Gesamtkosten der Erhaltungsarbeiten nicht 15 % der Anschaffungskosten des Gebäudes (15 % von 166.800 € = 25.020 € > 10.500 €) übersteigen – die Vorschrift ist auch bei den Überschusseinkunftsarten zu beachten, § 9 Abs. 5 EStG.

Es ergibt sich folgende Berechnung der Einkünfte aus dem ersten Haus:

Mieteinnahmen	9.900 €	
Umlagen	2.200 €	
Summe der Einnahmen		12.100 €
AfA	3.058 €	
sonstige Werbungskosten	8.500 €	
Summe der Werbungskosten		- 11.558 €
Einkünfte aus dem ersten Haus		542 €

Zweites Gebäude:

Gemäß § 255 Abs. 2 HGB rechnen zu den Herstellungskosten eines Gebäudes alle Aufwendungen durch Verbrauch von Gütern und Inanspruchnahme von Diensten, um das Gebäude zu errichten und für den vorgesehenen Zweck nutzbar zu machen.

Architektenhonorar (brutto, § 9b Abs. 1 EStG)	35.700 €
Rechnungen der Bauhandwerker (brutto, § 9b Abs. 1 EStG)	714.000 €
Kosten für den Anschluss des Gebäudes an die gemeindlichen Versorgungseinrichtungen	25.000 €
Kanalanstichgebühr an die Gemeinde	2.200 €
Herstellungskosten	776.900 €

Die Kosten für den Anschluss des Gebäudes an die gemeindlichen Versorgungseinrichtungen sind Herstellungskosten für das Gebäude, da sie angefallen sind, um das Gebäude für den vorgesehenen Zweck nutzbar zu machen. Gleiches gilt für die Kanalanstichgebühr (H 6.4 „Hausanschlusskosten" EStH).

Die Straßenanliegerbeiträge an die Gemeinde gehören zu den Anschaffungskosten für den Grund und Boden, weil eine Wertsteigerung des Grund und Bodens unabhängig von einer Bebauung eintritt (H 6.4 „Erschließungs-, Straßenanlieger- und andere Beiträge" EStH).

Das Abflussprinzip des § 11 Abs. 2 Satz 1 EStG findet für die Ermittlung der AfA-Bemessungsgrundlage keine Anwendung. Das Gesetz stellt hier auf den Anschaffungs- und Herstellungskostenbegriff des § 255 HGB ab (H 6.2 und 6.3 „Herstellungskosten" EStH). Da es sich bei den Handwerkerrechnungen lt. Sachverhalt sämtlich um Aufwendungen handelt, die wirtschaftlich vor der Fertigstellung des Gebäudes entstanden sind, sind diese, unabhängig vom Zeitpunkt ihrer Zahlung, von vorne herein in die AfA-Bemessungsgrundlage einzubeziehen. Es handelt sich nicht um nachträgliche Herstellungskosten, die erst in einem späteren Jahr die Bemessungsgrundlage erhöhen würden.

Die jährliche AfA für das zweite Gebäude beträgt gemäß § 7 Abs. 4 Satz 1 Nr. 2a EStG 2 % von 776.900 € = 15.538 €. Im Jahr der Fertigstellung darf der Jahresbetrag gemäß § 7 Abs. 4 Satz 1 i.V. mit Abs. 1 Satz 4 EStG nur zeitanteilig angesetzt werden, d. h. hier nur zu $^4/_{12}$ (Fertigstellung: 1.9.2020). Die als Werbungskosten abzugsfähige AfA 2020 beträgt somit nur 5.180 € (= 15.538 € · $^4/_{12}$).

Es ergibt sich folgende Berechnung der Einkünfte aus dem zweiten Haus:

Mieteinnahmen	8.800 €	
Umlagen	2.000 €	
Summe der Einnahmen		10.800 €
AfA	5.180 €	
Schuldzinsen	2.000 €	
Geldbeschaffungskosten	900 €	
Grundsteuer	600 €	
Strom, Wasser	1.200 €	
Summe der Werbungskosten		- 9.880 €
Einkünfte aus dem zweiten Haus		+ 920 €

LÖSUNG

Lösung zu Fall 13   12 Punkte

Um den steuerlichen Gesamtgewinn der OHG ermitteln zu können, muss zunächst geprüft werden, ob die bei der Berechnung des Handelsbilanzgewinns abgezogenen Aufwendungen steuerlich abzugsfähige Betriebsausgaben darstellen.

Gehalt/Miete:

Die den Gesellschafterinnen Frau Johannsen und Frau Abraham gezahlten Beträge sind zutreffend als Betriebsausgaben der Abraham OHG behandelt worden. Sie werden bei den Gesellschaftern aber als Sonderbetriebseinnahmen erfasst (Sondervergütungen an Mitunternehmer; § 15 Abs. 1 Satz 1 Nr. 2, 2. Alt. EStG), was dazu führt, dass der Gewinn der OHG steuerlich nicht gemindert wird.

Feier:

Bei der privaten Feier handelt es sich um nicht abzugsfähige Ausgaben gemäß § 12 Nr. 1 EStG. Demzufolge erhöhen die geleisteten Aufwendungen als Entnahme den steuerlichen Gewinn um 6.000 €.

+ 6.000 €

Es liegen keine nicht abzugsfähigen Aufwendungen i. S. des § 4 Abs. 5 Satz 1 Nr. 2 EStG vor. Voraussetzung dafür wäre, dass es sich dem Grunde nach um Betriebsausgaben gehandelt hätte.

Reisekosten:

Betriebsausgaben von 678 € wurden auf der Ebene der Gesellschaft als Betriebsausgaben gebucht. Es muss geprüft werden, inwieweit Herr Lange weitere Sonderbetriebsausgaben geltend machen kann.

Obwohl Herr Lange nicht Arbeitnehmer, sondern Mitunternehmer der OHG ist, sind zur Ermittlung der Aufwendungen die Regelungen des steuerlichen Reisekostenrechts, wie es für Arbeitnehmer in § 9 EStG kodifiziert ist (§ 4 Abs. 5 Satz 1 Nr. 6a EStG), anwendbar.

Dabei ergeben sich folgende Abzugsmöglichkeiten:

Fahrtkosten:

Gemäß § 9 Abs. 1 Satz 3 Nr. 4a EStG analog ergibt sich ein Kilometersatz i. H. von 0,30 € pro gefahrenem Kilometer (vgl. R 4.12 Abs. 2 EStR). Es errechnet sich folgender Betrag: 375 km · 2 · 0,30 € = 225 €. Insoweit liegt eine Kosteneinlage vor, R 4.7 Abs. 1 Satz 2 EStR.

Verpflegungsmehraufwand:

Gemäß § 4 Abs. 5 Satz 1 Nr. 5 i.V. mit § 9 Abs. 4a EStG ergeben sich die folgenden Abzugsmöglichkeiten:

		Abwesenheit	
13.10.	14 €	20 Uhr bis 24 Uhr	4 Stunden, aber Anreisetag
14.10.	28 €	0 Uhr bis 24 Uhr	24 Stunden
15.10.	28 €	0 Uhr bis 24 Uhr	24 Stunden
16.10.	28 €	0 Uhr bis 24 Uhr	24 Stunden
17.10.	14 €	0 Uhr bis 11 Uhr	11 Stunden, unbeachtlich, da Abreisetag
Gesamt	112 €		

Übernachtung:

Gemäß § 4 Abs. 5 Satz 1 Nr. 6a i.V. mit § 9 Abs. 1 Satz 3 Nr. 5a EStG sind Übernachtungskosten voll abziehbar. Da der Anteil für das Frühstück nicht ausdrücklich auf der Hotelrechnung ausgewiesen ist, reduziert sich der Abzugsbetrag um 20 % des Pauschbetrags für Verpflegungsmehraufwendungen bei einer Abwesenheitsdauer von mindestens 24 Stunden (= 28 €), also um 5,60 € je Übernachtung. Es ergeben sich folgende Übernachtungskosten: 4 · 115 € - 22,40 € = 437,60 €, § 9 Abs. 4a Satz 8 EStG analog.

Parkgebühren:

Gemäß § 4 Abs. 4 EStG sind Parkkosten voll absetzbar, in diesem Fall also 20 €.

Insgesamt könnten 794,60 € (gerundet: 795 €) als Betriebsausgaben abgezogen werden. Da lediglich 678 € (pauschale Erstattung) auf der Ebene der OHG als Betriebsausgaben geltend gemacht wurden, kann die Differenz i. H. von 117 € (gerundet) bei Herrn Lange als Sonderbetriebsausgaben in Ansatz gebracht werden.

Spenden:

Spenden sind einkommensteuerlich nur als Sonderausgaben, nicht aber als Betriebsausgaben absetzbar (§ 4 Abs. 6 i.V. mit § 10b Abs. 2 EStG). Es erfolgt daher insoweit eine Entnahme i. S. des § 4 Abs. 1 Satz 2 EStG folglich eine Erhöhung des Gewinns um 2.500 €.

+ 2.500 €

Es ergibt sich ein vorläufiger steuerlicher Gewinn von 1.908.500 €.

Dieser verteilt sich auf die Gesellschafter wie folgt:

in €	5 % d. Einl.	Rest im Verhältnis	Sonderbilanz	gesamt
Lange	50.000	683.400	- 117	733.283
Johannsen	50.000	455.600	105.000	610.600
Schweers	50.000	341.700		391.700
Abraham	50.000	227.800	150.000	427.800
	200.000	1.708.500	254.896	2.163.383

Die Hinzurechnung der Beträge i. H. von 105.000 € bzw. 150.000 € erfolgt aufgrund § 15 Abs. 1 Satz 1 Nr. 2 EStG. Sofern Sonderbetriebsausgaben nachgewiesen werden, werden diese ebenfalls im Feststellungsbescheid berücksichtigt. Gleiches gilt für die Parteispende, die als Sonderausgabe (andere Besteuerungsgrundlage i. S. des § 180 Abs. 1 Nr. 2 Buchst. a AO) bei entsprechendem Nachweis zu berücksichtigen wäre.

LÖSUNG

Lösung zu Fall 14   7 Punkte

Sind im zu versteuernden Einkommen gewerbliche Einkünfte enthalten, ermäßigt sich die tarifliche Einkommensteuer gemäß § 35 EStG.

Vorläufiger Gewerbeertrag	80.500 €
- Freibetrag	- 24.500 €
= Gewerbeertrag	56.000 €

Ermittlung des Gewerbesteuer-Messbetrags:

Gewerbesteuer-Messbetrag = 3,5 %	1.960 €
Gewerbesteuer-Messbetrag	1.960 €
· Gewerbesteuer-Hebesatz (400 %)	· 4
= Gewerbesteuer	7.840 €

Berechnung der Einkommensteuer:

= Einkünfte aus Gewerbebetrieb = Summe der Einkünfte	80.500 €
- sonstige Abzüge (Sonderausgaben)	- 22.000 €
= zu versteuerndes Einkommen	58.500 €

Tarifliche Einkommensteuer (0,42 · 58.500 € - 8.963,74 €)	15.606 €
- 4-facher GewSt-Messbetrag (4 · 1.960 €)	- 7.840 €
= festzusetzende Einkommensteuer	8.468 €

LÖSUNG

Lösung zu Fall 15 — 11 Punkte

Neben den Bestimmungen des § 4 Abs. 3 EStG greifen auch die Regelungen laut R 4.5 EStR.

Die Höhe des Gewinns ergibt sich folgendermaßen:

Erfasste Umsatzerlöse	400.000 €

Bei Steuerpflichtigen, die ihren Gewinn nach § 4 Abs. 3 EStG ermitteln, gilt das Zuflussprinzip gemäß § 11 Abs. 1 Satz 1 EStG (R 4.5 Abs. 2 Satz 1 EStR). Demnach sind Einzahlungen erst dann einkommensteuerlich zu erfassen, wenn sie unmittelbar in den Herrschaftsbereich des Steuerpflichtigen gelangt sind. Da die zweite Rate erst im März 2021 gezahlt wurde, gehört dieser Betrag zum steuerlichen Gewinn des Jahres 2021. Von den erfassten Umsatzerlösen des Jahres 2020 sind daher 10.000 € abzuziehen.

	- 10.000 €

Gleiches gilt für den zweiten Sachverhalt. Auch hier gilt grundsätzlich das Zuflussprinzip. Nach § 11 Abs. 1 Satz 2 EStG gelten regelmäßig wiederkehrende Einnahmen, die dem Steuerpflichtigen kurze Zeit vor Beginn des Kalenderjahres, zu dem sie wirtschaftlich gehören, zufließen, als zu diesem Jahr gehörig. Die Anwendung dieser Ausnahmeregelung setzt voraus:

1. Regelmäßig wiederkehrende Einnahme
2. Wirtschaftliche Zugehörigkeit zum folgenden oder abgelaufenen Kalenderjahr
3. Fälligkeit kurze Zeit (bis zu 10 Tagen) vor Beginn oder nach Beendigung des Kalenderjahres

Da die Teilzahlungen jeweils zum Monatsanfang fällig waren, ist der Anteil für Januar steuerlich dem Jahr 2021, der Anteil für Februar jedoch dem Jahr 2020 zuzuordnen. Denn die Februar-Rate erfüllt die dritte Voraussetzung, Fälligkeit innerhalb von 10 Tagen nach Ablauf des Kalenderjahres, nicht. Von den angesetzten Umsatzerlösen ist der Anteil für Januar von 200 € abzuziehen.

	- 200 €
korrigierte Summe der Umsatzerlöse	389.800 €

Die Inzahlunggabe des alten Computers ist gemäß R 4.5 Abs. 3 Satz 1 EStR eine Betriebseinnahme i. H. des Zahlungsflusses von:

	1.000 €
Summe der Betriebseinnahmen	390.800 €
Ausgaben:	
Miete für Büroräume	12.000 €
Personalkosten	52.500 €
Bürobedarf	57.650 €

Gemäß § 4 Abs. 5 Satz 1 Nr. 8 EStG sind Geldbußen und damit zusammenhängende Aufwendungen – hier die Rechtsanwaltskosten und Gerichtsgebühren – nicht als Betriebsausgaben abzugsfähig. Daher ist der Betrag i. H. von 15.750 € nicht abzugsfähig. Dagegen sind Verfahrenskosten gemäß H 4.13 „Verfahrenskosten" EStH einkommensteuerlich abzugsfähig.

Die Anschaffungskosten für die Computeranlage betragen 12.000 €, weil Frau Lange genau diesen Betrag aufwenden musste, um dieses Wirtschaftsgut zu erhalten. Als Abschreibungsmethode kommt nur die lineare Abschreibung nach § 7 Abs. 1 EStG in Betracht (keine Sonderabschreibung gemäß § 7g EStG, da Gewinngrenze offenbar überschritten wurde; § 7g Abs. 6 Nr. 1 EStG).

Die Jahres-AfA bei linearer Abschreibung liegt bei 4.000 €. Die nach § 7 Abs. 1 Satz 4 EStG zeitanteilig für einen Monat anzusetzende AfA beträgt 334 €.

334 €

Aufwendungen für das häusliche Arbeitszimmer sind grundsätzlich nicht abzugsfähige Betriebsausgaben gemäß § 4 Abs. 5 Satz 1 Nr. 6b EStG. Ausnahmen sind lediglich vorgesehen, wenn für die betriebliche Tätigkeit kein anderer Arbeitsplatz zur Verfügung steht. Diese Voraussetzung ist in diesem Sachverhalt nicht gegeben, sodass ein Abzug nicht zulässig ist.

Unstreitige Ausgaben	25.500 €
Summe der Betriebsausgaben	147.984 €
Gewinn (390.800 € - 147.984 € =)	242.816 €

Lösung zu Fall 16   25 Punkte

a) Ein Grundstück kann in der Weise belastet werden, dass demjenigen, zu dessen Gunsten die Belastung erfolgt, das veräußerliche und vererbliche Recht zusteht, auf oder unter der Oberfläche des Grundstücks ein Bauwerk zu haben (Erbbaurecht, § 1 Abs. 1 ErbbauVO). Das Gebäude gehört somit – abweichend von der regulären zivilrechtlichen Behandlung – nicht zu den Bestandteilen des Grundstücks, sondern steht im Eigentum des Erbbauberechtigten (§ 95 Abs. 1 Satz 2 BGB). Es ist diesem über § 39 Abs. 1 AO auch steuerlich zuzurechnen.

Der Erbbauberechtigte verfügt somit steuerlich über zwei verschiedene Wirtschaftsgüter: das Erbbaurecht und das Gebäude. Die gezahlten Erbbauzinsen stellen keine Anschaffungskosten für das Wirtschaftsgut Erbbaurecht dar, sondern ein Nutzungsentgelt für die zeitlich befristete Einräumung des Erbbaurechts.

Sie sind deshalb bei Heidi Lange, im Rahmen der Gewinnermittlung nach § 4 Abs. 3 EStG nach den allgemeinen Grundsätzen zu erfassen (Zu- und Abflussprinzip des § 11 EStG, R 4.5 Abs. 2 Satz 1 EStR). Die Zahlung des Erbbauzinses zum 1.7.2020 stellt daher eine Betriebsausgabe des Jahres 2020 dar:

1.000 €	− 1.000 €

Die einmalige Vorauszahlung der Erbbauzinsen stellt eine Ausgabe für eine Nutzungsüberlassung von mehr als 5 Jahren dar und ist deshalb nach Maßgabe des § 11 Abs. 2 Satz 3 EStG nur anteilig zu berücksichtigen.

10.000 € / 99 Jahre · $^{1}/_{2}$ Jahr =	− 50 €

Die Kosten für die Errichtung des Hauses können nur im Wege der AfA berücksichtigt werden (§ 4 Abs. 3 Satz 3 EStG). Auf den Zahlungszeitpunkt kommt es für die Kosten somit nicht an. Da Heidi Lange das Gebäude lt. Sachverhalt für ihre Tätigkeit als Detektivin nutzen will, ist das Gebäude dem notwendigen Betriebsvermögen zuzurechnen (R 4.2 Abs. 7 Satz 1 EStR). Es kommt deshalb die AfA nach § 7 Abs. 4 Satz 1 Nr. 1 EStG in Betracht. Außerdem ist die Abschreibung zeitanteilig vorzunehmen (§ 7 Abs. 1 Satz 4 EStG).

Anschaffungs-/Herstellungskosten:

„Fix & Fertig GmbH"	750.000 €
sonst. Handwerker	5.000 €
Summe	755.000 €
AfA: 755.000 € · 3 % · $^{1}/_{12}$ =	− 1.887,50 €

Geldbeträge, die dem Betrieb durch die Aufnahme von Darlehen zugeflossen sind, stellen bei der Gewinnermittlung nach § 4 Abs. 3 EStG keine Betriebseinnahmen dar, H 4.5 (2) „Darlehen" EStH.

Als Betriebsausgaben sind aber die Zinsen zu behandeln, da sie als Gegenleistung für die Gewährung des Darlehens gezahlt werden. Dies gilt auch für das von der Sparkasse einbehaltene Damnum, da es sich dabei, wirtschaftlich betrachtet, um eine Zinsvorauszahlung handelt. Weil das Darlehen eine Laufzeit von mehr als 5 Jahren hat, dürfte das Damnum nach § 11 Abs. 2 Satz 3 EStG aber nicht in einem Betrag als Betriebsausgabe abgezogen werden, sondern wäre über die Laufzeit des Darlehens zu verteilen.

Allerdings gilt die Pflicht zur Verteilung nicht für ein marktübliches Damnum, § 11 Abs. 2 Satz 4 EStG. Daher kann das Damnum im VZ 2020 in voller Höhe als Betriebsausgabe abgezogen werden (H 11 „Damnum" EStH):

50.000 € =	− 50.000 €

Die Zinsen für das Jahr 2020 sind als Betriebsausgabe dem Jahr 2020 zuzuordnen. Zwar sind diese erst im Jahr 2021 abgeflossen, es handelt sich aber um wiederkehrende Ausgaben, die innerhalb kurzer Zeit nach Beendigung des Kalenderjahres abgeflossen sind (§ 11 Abs. 2 Satz 2 EStG). Dass es sich um die erste Zahlung der regelmäßig wiederkehrenden Ausgaben handelt, ist unbeachtlich.

	− 35.000 €

b) Erbringt jemand im Inland eine Bauleistung (Leistender) an einen Unternehmer i. S. des § 2 des Umsatzsteuergesetzes oder an eine juristische Person des öffentlichen Rechts (Leistungsempfänger), ist der Leistungsempfänger verpflichtet, von der Gegenleistung einen Steuerabzug i. H. von 15 % für Rechnung des Leistenden vorzunehmen (§ 48 Abs. 1 Satz 1 EStG).

Bauleistungen sind nach § 48 Abs. 1 Satz 3 EStG alle Leistungen, die der Herstellung, Instandsetzung, Instandhaltung, Änderung oder Beseitigung von Bauwerken dienen. Der Steuerabzug muss nach § 48 Abs. 2 Satz 1 EStG nicht vorgenommen werden, wenn der Leistende dem Leistungsempfänger eine im Zeitpunkt der Gegenleistung gültige Freistellungsbescheinigung nach § 48b Abs. 1 Satz 1 EStG vorlegt oder die Gegenleistung im laufenden Kalenderjahr bestimmte Höchstbeträge voraussichtlich nicht übersteigen wird.

Die „Fix & Fertig GmbH", sowie die übrigen Handwerker haben durch die Herstellung und den Ausbau des Bürogebäudes Bauleistungen i. S. des § 48 EStG erbracht. Heidi Lange ist wegen ihrer selbstständigen Tätigkeit als Detektivin Unternehmerin i. S. des § 2 UStG. Ein Sonderfall der Wohnungsvermietung (§ 48 Abs. 1 Satz 2 EStG) liegt nicht vor.

Auch die Regelung des § 48 Abs. 2 Satz 1 Nr. 1 EStG kommt nicht in Betracht, weil Heidi Lange keine Vermietungsumsätze i. S. des § 4 Nr. 12 UStG ausführt.

Weil die 5.000 € nach dem Sachverhalt an verschiedene Handwerker gezahlt wurden, kann bei keinem von ihnen die Grenze des § 48 Abs. 2 Satz 1 Nr. 2 EStG überschritten worden sein. Die Grenze ist auf jeden Leistenden gesondert anzuwenden. Ein Steuerabzug war von Frau Lange insoweit nicht vorzunehmen.

Die Voraussetzungen für die Verpflichtung zur Vornahme des Steuerabzugs waren hinsichtlich der Zahlungen an die „Fix & Fertig GmbH" gegeben. Frau Lange hätte deshalb von den Zahlungen an die GmbH am 17.9. und am 29.12.2020 einen Steuerabzug von jeweils 15 % der Gegenleistung vornehmen müssen. Sie hätte also jeweils nur 212.500 € an die GmbH überweisen dürfen und 37.500 € für Rechnung der GmbH einbehalten und an das Finanzamt abführen müssen.

Gemäß § 48a Abs. 1 EStG hätte Frau Lange die Steuer jeweils bis zum 10. Tag des Folgemonats bei dem für die „Fix & Fertig GmbH" zuständigen Finanzamt anmelden und an dieses abführen müssen. Die „Fix & Fertig GmbH" kann die einbehaltene und angemeldete Steuer dann auf ihre persönliche Körperschaftsteuerschuld anrechnen (§ 48c EStG).

Da Frau Lange den Steuerabzug nicht vorgenommen hat, obwohl ihr keine Freistellungsbescheinigung i. S. des § 48b EStG vorgelegt wurde, haftet sie für die nicht abgeführten Beträge nach § 48a Abs. 3 Satz 1 EStG.

LÖSUNG

Lösung zu Fall 17   9 Punkte

Der steuerliche Gewinn ergibt sich folgendermaßen:

Vorläufiger Gewinn   261.400 €

1. Der aktive Rechnungsabgrenzungsposten ist gemäß H 6.10 „Damnum" EStH zeitanteilig (= $1/20$ von 10.000 €) aufzulösen.

                                                                                                     - 500 €

2. Die beim Verkauf eines unbebauten Grundstücks aufgedeckten stillen Reserven können gemäß § 6b Abs. 1 EStG erfolgsneutral auf die Herstellungskosten der neuen Lagerhalle übertragen werden. Da der Veräußerungsgewinn zunächst als Ertrag erfasst wurde, ergibt sich durch die Übertragung eine Gewinnminderung von

- 200.000 €

3. Die Bemessungsgrundlage für die AfA der Lagerhalle errechnet sich gemäß § 7 Abs. 4 Satz 1 Nr. 1 und Abs. 1 Satz 4 EStG folgendermaßen:

Herstellungskosten	847.500 €
Übertragung d. st. Reserve	- 200.000 €
Bemessungsgrundlage für die AfA	647.500 €
AfA 3 % von 647.500 = 19.425, davon $^4/_{12}$ =	6.475 €
Gewinnminderung	- 6.475 €

4. Bis zur unentgeltlichen Übertragung des Darlehens liegt eine Verbindlichkeit gegenüber einem Nicht-Gesellschafter und damit ein abziehbarer Zinsaufwand von 3.500 € vor. Mit der Übertragung der Darlehensforderung liegt Sonderbetriebsvermögen von Uta Johannsen vor.

Der darauf entfallende Zinsanteil i. H. von 3.500 € stellt einen Gewinnanteil von Uta Johannsen i. S. des § 15 Abs. 1 Nr. 2, 2. Alt. EStG dar (Sondervergütung). Diese sind bei der steuerlichen Gewinnfeststellung erhöhend zu berücksichtigen. In der Gesamthandelsbilanz der OHG wurde er zutreffend als Aufwand erfasst. Höhe:

+ 3.500 €

endgültiger Gewinn = 57.925 €

Lösung zu Fall 18   12 Punkte

a) Der steuerliche Gewinn berechnet sich folgendermaßen:

Handelsbilanzieller Gewinn   300.000 €

1. Die Fahrt von Frau Abraham zum Kunden stellt eine Geschäftsreise dar. Es liegt bei den Unfallkosten keine Privatentnahme vor, sondern Betriebsausgaben, die gemäß § 4 Abs. 4 EStG voll abzugsfähig sind (R 4.7 Abs. 1 Satz 2 EStR). Die Höhe der abziehbaren Aufwendungen beträgt 12.750 €. Ein Vorsteuerabzug scheidet aus, da die Rechnungen nicht an die KG ausgestellt wurden und damit nicht zum vollen Vorsteuerabzug nach § 15 Abs. 1 Satz 1 Nr. 1 UStG berechtigen. Auch Frau Abraham kann aus den Rechnungen keinen Vorsteuerabzug in Anspruch nehmen, weil sie allein aufgrund ihrer Stellung als Gesellschafterin der OHG nicht Unternehmerin i. S. des § 2 UStG ist.

- 12.750 €

2. Die Geldbuße wurde gegenüber dem Komplementär verhängt, nicht gegenüber der KG. Die Bezahlung durch die KG stellt daher eine Geldentnahme zugunsten des Komplementärs dar und keine Betriebsausgaben der KG. Sie erhöhen daher den steuerlichen Gewinn um

+ 25.000 €

Die von der KG vereinnahmte Herabsetzung i. H. von 5.000 € stellt bei der KG keine Betriebseinnahme dar, sondern eine Geldeinlage. Der Gewinn der KG mindert sich um

- 5.000 €

3. Spenden sind einkommensteuerrechtlich nur als Sonderausgaben, nicht aber als Betriebsausgabe absetzbar (§ 4 Abs. 6 EStG). Die Zuwendung erfolgt aus privaten Gründen (§ 12 Nr. 1 EStG). Es erfolgt daher eine Hinzurechnung um

+ 25.000 €

4. Die Kosten für die Steuerberatung sind gemäß § 4 Abs. 4 EStG als Betriebsausgaben abziehbar, wenn sie durch den Betrieb veranlasst sind, d. h. im Zusammenhang mit der Gewinnermittlung oder den Betriebssteuern stehen (BMF vom 21.12.2007, BStBl 2008 I S. 256, Rz. 3). In den übrigen Fällen stellen sie Privatentnahmen und allenfalls Werbungskosten bei anderen Einkunftsarten dar. Nachstehende Beratungskosten sind bei der Gewinnermittlung Privatentnahmen:

Überschussermittlung V+V der Gesellschafter	2.500 €
Antrag auf Herabsetzung der ESt-Vorauszahlung der Gesellschafter	500 €
Nettoentnahmen	3.000 €
Darauf entfallende Umsatzsteuer mit 19 %	570 €
Gesamtbetrag der Privatentnahmen	3.570 €

Es erfolgt daher eine Hinzurechnung um 3.000 €

Die Vorsteuer ist um 570 € zu kürzen, insoweit ist die Umsatzsteuer-Verbindlichkeit zu erhöhen.

Steuerlicher Gewinn 2020   335.250 €

b) Der Gewinn der KG ist gemäß §§ 179 und 180 Abs. 1 Nr. 2a AO gesondert und einheitlich für alle Gesellschafter in einem besonderen Verfahren zu festzustellen. Dabei sind die Vorschriften des § 15 Abs. 1 Satz 1 Nr. 2 EStG zu beachten.

Gewinnverteilung laut Vertrag:

50 % vom Gewinn = 167.625 € für A. Abraham

50 % vom Gewinn = 167.625 € für M. Abraham

Lösung zu Fall 19   12 Punkte

a)

1. Das Grundstück der Gesellschafterin Johannsen stellt steuerlich Sonderbetriebsvermögen dar und ist in einer steuerlichen Sonderbilanz zu erfassen (R 4.2 Abs. 12 EStR). Die Einkünfte, die Frau Johannsen aus dem Grundstück erzielt, sind in der Gewinn- und Verlustrechnung zur steuerlichen Sonderbilanz zu erfassen.

   Die Mieteinnahmen sind um die Absetzungen für Abnutzung auf das Gebäude und die Grundstücksaufwendungen zu kürzen. Die AfA beginnt mit Erwerb des wirtschaftlichen Eigentums. Der AfA-Satz beträgt nach § 7 Abs. 4 Nr. 1 EStG 3 % der Anschaffungskosten des Gebäudes, da das Grundstück zu einem Betriebsvermögen gehört und nicht Wohnzwecken dient. Der AfA-Betrag beläuft sich daher auf 12.000 € (= (560.000 - 160.000) · 3 %).

   Sonderbetriebsausgabe Johannsen

   AfA   - 12.000 €

   Grundstücksaufwendungen (Grundsteuer + Erhaltungsaufwand)   - 18.000 €

2. Die Ausgaben für Geschenke an Geschäftsfreunde über 35 € (= 1.000 €) sind gemäß § 4 Abs. 5 Satz 1 Nr. 1 EStG keine abziehbaren Betriebsausgaben und dürfen den Gewinn nicht mindern. Von den Bewirtungskosten sind gemäß § 4 Abs. 5 Satz 1 Nr. 2 EStG nur 70 % als Betriebsausgabe abziehbar, 30 % (= 1.500 €) sind nicht abziehbar.

   Hinzurechnung außerbilanziell   2.500 €

3. Die Tätigkeitsvergütung für den Gesellschafter Lange ist in einer Gewinn- und Verlustrechnung zu seiner steuerlichen Sonderbilanz als Sonderbetriebseinnahme (Sondervergütung i. S. des § 15 Abs. 1 Satz 1 Nr. 2, 2. Alt. EStG) zu erfassen.

   Sonderbetriebseinnahme Lange   180.000 €

4. Das Damnum ist steuerrechtlich nicht in einem Betrag als Betriebsausgabe abzugsfähig, sondern in der Steuerbilanz zu aktivieren und auf die Laufzeit des Darlehens zu verteilen (H 6.10 „Damnum" EStH). Dabei ist im Jahr der Darlehensaufnahme auf eine monatliche Verteilung des Damnums zu achten. Für das Jahr 2020 sind daher 400 € als Betriebsausgabe abziehbar. Die restlichen 3.600 € sind als aktiver Rechnungsabgrenzungsposten zu aktivieren (§ 250 Abs. 1 HGB/§ 5 Abs. 5 Satz 1 Nr. 1 EStG).

   Hinzurechnung Handelsbilanz   3.600 €

b)

Aktiva	€	Passiva	€
Anlagevermögen		Eigenkapital	
Geschäftsausstattung	300.000	Kapital Lange	75.000
		Kapital Abraham	75.000
		Kapital Schweers	75.000
		Kapital Johannsen	75.000
Umlaufvermögen		Jahresüberschuss	170.600
Vorräte	200.000		
Kasse, Bank	167.000	Fremdkapital	
sonstiges Vermögen	70.000	Darlehen	170.000
Aktive RAP	3.600	sonstige Verbindlichkeiten	100.000
	740.600		740.600

	€	€
Umsatzerlöse		1.510.000
Wareneinkauf		600.000
Rohertrag		910.000
Personalaufwand		450.000
Abschreibung		110.000
sonstige betriebliche Aufwendungen		
– Werbekosten	44.900	
– Miete an Gesellschafterin Johannsen	120.000	
sonstige Aufwendungen	9.000	173.900
Betriebsergebnis		176.100
Zinsen für Darlehen	5.100	
Damnum	400	5.500
Steuerbilanzgewinn		170.600

c) Die Gesellschafterin Johannsen erzielt aus der Vermietung des Grundstücks an die OHG keine Einkünfte aus Vermietung und Verpachtung, sondern aus Gewerbebetrieb, da sie Mitunternehmerin ist (§ 15 Abs. 1 Satz 1 Nr. 2, 2. Alt. EStG). Sie muss die Einkünfte durch Betriebsvermögensvergleich (Grundsatz der additiven Gewinnermittlung) ermitteln.

Aktiva			Passiva
	€		€
Anlagevermögen		Eigenkapital	
Grund und Boden	160.000	Kapital	458.000
Gebäude	388.000		
		Sondergewinn	90.000
	548.000		548.000

		€	€
Mieteinnahmen			120.000
Abschreibung			12.000
sonstige betriebliche Aufwendungen			
– Grundsteuer		5.000	
– Reparaturkosten		13.000	18.000
Sonder-Betriebsergebnis			90.000

d)

	€
Steuerbilanzgewinn	170.600
außerbilanzielle Hinzurechnungen:	
Geschenke über 35 €	1.000
30 % der Bewirtungskosten mit 5.000 €	1.500
Sonderbetriebseinnahmen	
Gewinn aus Sonderbetriebsvermögen der Gesellschafterin Johannsen	90.000
Vergütung des Gesellschafters Lange	
Tätigkeitsvergütung gemäß § 15 Abs. 1 Satz 1 Nr. 2 EStG	180.000
steuerpflichtiger Gewinn	443.100

Dieser Gewinn ist auf die Gesellschafter zu verteilen:

Sachverhalt	gesamt	Johannsen	Lange	Abraham	Schweers
stpfl. Gewinn	443.100				
SoBV Johannsen	- 90.000	90.000			
Tätigkeitsvergütung Lange	- 180.000		180.000		
	173.100	90.000	180.000		
Restverteilung zu 25 %	- 173.100	43.275	43.275	43.275	43.275
Gewinnanteil je Gesellsch.	0	133.275	223.275	43.275	43.275

Lösung zu Fall 20   12 Punkte

Zu den Einkünften aus Gewerbebetrieb gehört nach § 15 Abs. 1 Satz 1 Nr. 2 EStG der vorläufige Steuerbilanzgewinn der OHG i. H. von:

                                                                400.000 €

Bezüglich der Beteiligung gilt das Realisationsprinzip nach § 252 Abs. 1 Nr. 4 HGB. Es bleibt daher beim Buchwert von 75.000 €.

Die AfA für die am 28.12.2020 angeschaffte Maschine ist gemäß § 7 Abs. 1 EStG nach der linearen Methode zu ermitteln. Die Sonderabschreibung nach § 7g Abs. 5 EStG ist nicht zulässig, da das Betriebsgrößenmerkmal des § 7g Abs. 6 Nr. 1 i.V. mit Abs. 1 Satz 2 Nr. 1a EStG überschritten ist.

Da die Anschaffung im Dezember erfolgte, ist die Abschreibung zeitanteilig für einen Monat vorzunehmen (§ 7 Abs. 1 Satz 4 EStG). Bei einer Nutzungsdauer von 8 Jahren und Anschaffungskosten von 48.000 € (50.000 € - 2.000 € Skonto) beträgt die AfA somit:

                                                                           - 500 €

Gemäß § 6b Abs. 3 EStG kann in Höhe des Gewinns aus der Veräußerung des unbebauten Grundstücks eine den steuerlichen Gewinn mindernde Rücklage gebucht werden. Die Voraussetzungen des § 6b Abs. 4 EStG, insbesondere die mindestens 6-jährige Zugehörigkeit des veräußerten Grundstücks zum Anlagevermögen, sind erfüllt.

                                                                      - 50.000 €

Es verbleiben zur Gewinnverteilung:	349.500 €
25 % des Gewinns	87.375 €
Das Jahresgehalt als Geschäftsführerin der OHG wird nach § 15 Abs. 1 Satz 1 Nr. 2, 2. Alt. EStG hinzugerechnet.	150.000 €
Einkünfte aus Gewerbebetrieb	**237.375 €**
Bruttogehalt Ehemann gemäß § 19 EStG	52.100 €
Werbungskosten-Pauschbetrag gemäß § 9a Nr. 1 EStG	- 1.000 €
Einkünfte aus nichtselbstständiger Arbeit	**51.100 €**

Zinsgutschrift 21.000 €. Die Besteuerung ist mit Einbehalt der Abgeltungsteuer nach Abzug des Sparerfreibetrags erfolgt, § 43 Abs. 5 Satz 1 EStG. Es wird lediglich noch die Günstigerprüfung durchgeführt, § 32d Abs. 6 EStG.

Einkünfte aus Kapitalvermögen	0 €
Einnahmen gemäß § 18 EStG	55.000 €
Ausgaben	- 5.500 €
Einkünfte aus selbstständiger Arbeit	**49.500 €**
Summe der Einkünfte	**337.975 €**

Lösung zu Fall 21 — 7 Punkte

In der Fassung des Unternehmensteuerreformgesetzes 2008 sah § 4h Abs. 2 Satz 1 Buchst. a EStG vor, dass die Zinsschranke keine Anwendung findet, wenn der Betrag der Zinsaufwendungen abzgl. der Zinserträge weniger als 1 Mio. € beträgt. Dabei gilt die Freigrenze pro Betrieb, d. h. ein Steuerpflichtiger mit mehreren Betrieben kann die Freigrenze für jeden Betrieb gesondert in Anspruch nehmen. Allerdings hat eine Mitunternehmerschaft einschließlich ihres Sonderbetriebsvermögens grundsätzlich nur einen Betrieb (vgl. BMF vom 4.7.2008, BStBl 2008 I S. 71, Rz. 57).

Die Freigrenze von 1 Mio. € wurde bereits im Rahmen des Bürgerentlastungsgesetzes Krankenversicherung vom 16.7.2009 (BGBl 2009 I S. 1959) auf 3 Mio. € angehoben. Dabei galt die Änderung rückwirkend ab dem Zeitpunkt der erstmaligen Anwendung der Vorschrift. Die Erhöhung war allerdings zeitlich befristet und sollte letztmalig für Wirtschaftsjahre anzuwenden sein, die zum 31.12.2009 enden (§ 52 Abs. 12d Satz 3 EStG i. d. F. des Bürgerentlastungsgesetzes Krankenversicherung).

Die zeitliche Befristung der Erhöhung der Freigrenze wurde durch das Wachstumsbeschleunigungsgesetz gestrichen, womit die auf 3 Mio. € erhöhte Freigrenze zeitlich unbefristet Anwendung findet (§ 52 Abs. 12d Satz 3 EStG).

1. Ermittlung des maßgeblichen Gewinns i. S. von § 4h Abs. 1 Satz 2 EStG

handelsrechtlicher Gewinn	20.000.000 €
Sonderbetriebsausgaben Mosbacher AG (Zinsaufwand)	- 3.000.000 €
steuerpflichtiger Gewinn (maßgeblicher Gewinn i. S. von § 4h Abs. 3 Satz 1 EStG)	17.000.000 €
Hinzurechnung Zinsaufwendungen	3.100.000 €
Hinzurechnung Sonderbetriebsausgaben (Zinsaufwand) Mosbacher AG	3.000.000 €
Kürzung Zinserträge	- 100.000 €
maßgeblicher Gewinn (i. S. von § 4h Abs. 1 Satz 2 EStG)	23.000.000 €
davon 30 %: abzugsfähige Zinsaufwendungen	6.900.000 €

Eine Mitunternehmerschaft hat nur einen Betrieb im Sinne der Zinsschranke. Die Zinsschranke ist betriebsbezogen anzuwenden. Somit ist auch der Sonderbetriebsvermögensbereich von Mitunternehmern i. S. von § 15 Abs. 1 Satz 1 Nr. 2 und Abs. 3 EStG einzubeziehen (vgl. BMF vom 4.7.2008, a. a. O., Rz. 6 und 51).

2. Ermittlung des Nettozinsaufwands und der nicht abzugsfähigen Zinsaufwendungen:

Zinsaufwendungen	3.100.000 €
Sonderbetriebsausgaben Mosbacher AG	3.000.000 €
Zinserträge	- 100.000 €
Zinssaldo (Nettozinsaufwand)	6.000.000 €
abzugsfähige Zinsaufwendungen (vgl. Nr. 1)	- 6.000.000 €
nicht abzugsfähige Zinsaufwendungen	0 €

Die Freigrenze von 3.000.000 € nach § 4h Abs. 2 Satz 1 Buchst. a EStG für den Nettozinsaufwand ist überschritten, da der Zinssaldo 6 Mio. € beträgt.

Da bereits alle Zinsaufwendungen nach § 4h Abs. 1 Sätze 1, 2 EStG abzugsfähig sind, kommt es auf den Ausnahmetatbestand des § 4h Abs. 2 Satz 1 Buchst. c EStG (Escape-Klausel) nicht an. § 4h Abs. 2 Satz 1 Buchst. b EStG ist nicht erfüllt, weil die Moskito OHG zum Konzern der Mosbacher AG gehört, vgl. § 4h Abs. 3 Satz 5 EStG.

In Höhe des nicht verbrauchten verrechenbaren EBITDA von 900.000 € entsteht ein EBITDA-Vortrag, § 4h Abs. 1 Sätze 2, 3 EStG.

3. Ermittlung der Gewinnverteilung:

	Mosbacher AG 75 %		Kimmel GmbH 15 %	Torburger AG 10 %
	€	€	€	€
Gesamthandsgewinn	20.000.000	15.000.000	3.000.000	2.000.000
Sonderbetriebsausgaben	- 3.000.000	- 3.000.000	0	0
	17.000.000	12.000.000	3.000.000	2.000.000
nicht abziehbare Zinsaufwendungen	0	0	0	0
Gewinn	17.000.000	12.000.000	3.000.000	3.000.000

Nach dem BMF-Schreiben vom 4.7.2008 (a. a. O., Rz. 51) sollen auch nicht abziehbare Zinsaufwendungen im Sonderbetriebsvermögen eines Mitunternehmers allen Mitunternehmern nach dem allgemeinen Gewinnverteilungsschlüssel zugerechnet werden. Damit werden auch bei denjenigen Mitunternehmen die Einkünfte erhöht, die tatsächlich keine Zinsaufwendungen getragen haben. Diese Vorgehensweise ist sehr fragwürdig. Insofern ist zu empfehlen, dass die Mitunternehmer im Innenverhältnis zivilrechtliche Ausgleichspflichten für den Fall vereinbaren, dass ein Mitunternehmer über sein Sonderbetriebsvermögen nicht abzugsfähigen Zinsaufwand „einbringt".

Lösung zu Fall 22   11 Punkte

Gemäß § 34a EStG können Einzelunternehmer und Mitunternehmer von Personengesellschaften ihre Gewinneinkünfte i. S. der §§ 13, 15 und 18 EStG auf Antrag nicht mehr mit dem persönlichen progressiven Einkommensteuersatz versteuern, sondern (ganz oder teilweise) mit einem ermäßigten Steuersatz von 28,25 % (zzgl. Solidaritätszuschlag). Wird der zunächst thesaurierte begünstigte Gewinn in Folgejahren entnommen, kommt es zu einer Nachversteuerung mit einem Steuersatz von 25 % (zzgl. Solidaritätszuschlag), § 34a Abs. 4 EStG.

Unternehmen:		mit Thesaurierung €	ohne Thesaurierung €
Jahresüberschuss vor Steuern (Handelsbilanz)		100.000,00	100.000,00
Tätigkeitsvergütungen (§ 15 Abs. 1 Nr. 2 EStG)		70.000,00	70.000,00
steuerlicher Gewinn		170.000,00	170.000,00
Freibetrag Gewerbesteuer (§ 11 Abs. 1 Nr. 1 GewStG)		- 24.500,00	- 24.500,00
Gewerbeertrag		145.500,00	145.500,00
Gewerbesteuer (Gewerbeertrag · 3,5 % · 400 %)		20.370,00	20.370,00
Jahresüberschuss nach Steuern (Handelsbilanz)		79.630,00	79.630,00

Gesellschafter:		mit Thesaurierung €	ohne Thesaurierung €
Einkünfte aus Gewerbebetrieb:			
Tätigkeitsvergütung (§ 15 Abs. 1 Nr. 2 EStG)		70.000,00	70.000,00
nicht abziehbare GewSt (§ 4 Abs. 5b EStG)		20.370,00	20.370,00
Handelsbilanzgewinn		0,00	79.630,00
		90.370,00	170.000,00
Thesaurierungsbetrag		79.630,00	0,00

	mit	ohne	mit	ohne
Einkommensteuer				
30,00 % von	90.370,00	170.000,00	27.111,00	51.000,00
28,25 % von	79.630,00	0,00	22.495,48	0,00
			49.606,48	51.000,00
anrechenbare Gewerbesteuer (§ 35 Abs. 1 EStG)				
Gewerbeertrag · 3,5 % · 3,8			- 19.351,50	- 19.351,50
Einkommensteuer nach GewSt-Anrechnung			30.254,98	31.648,50
Solidaritätszuschlag (5,5 %)			1.664,02	1.740,67
Nachsteuer bei Entnahme:				
begünstigtes Einkommen			79.630,00	
28,25 % Einkommensteuer			- 22.495,48	
5,50 % Solidaritätszuschlag			- 1.237,25	
Bemessungsgrundlage (§ 34a Abs. 3 EStG)			55.897,27	
25,00 % Einkommensteuer (§ 34a Abs. 4 EStG)			13.974,32	
5,50 % Solidaritätszuschlag			768,59	

Gesamtsteuern Unternehmen und Gesellschafter:

Gewerbesteuer	20.370,00	20.370,00
Einkommensteuer	30.254,98	31.648,50
Solidaritätszuschlag	1.664,02	1.740,67
Nachsteuer bei Entnahme	13.974,32	0,00
Solidaritätszuschlag auf Nachsteuer	768,59	0,00
	67.031,91	53.759,17

Die Vorteilhaftigkeit der Thesaurierungsbegünstigung hängt von verschiedenen Faktoren ab (z. B. persönlicher Steuersatz, Gewerbesteuerhebesatz, Zeitpunkt der Nachversteuerung etc.). Insofern ist immer eine Einzelfallbetrachtung angezeigt, soweit der persönliche Einkommensteuersatz nicht ohnehin unterhalb des Thesaurierungssatzes liegt. Tendenziell lässt sich aber sagen, dass die Vorteilhaftigkeit mit der Höhe des Gewinns, der Höhe des persönlichen Einkommensteuersatzes und der Dauer der Thesaurierung zunimmt.

Lösung zu Fall 23 — 12 Punkte

a) **Eintritt Bruno Schwarz in die KG**

Gewinne, die bei der Veräußerung eines Teils eines Mitunternehmeranteils entstehen, sind gemäß § 16 Abs. 1 Satz 2 EStG laufende Gewinne. Die Anwendung eines besonderen Steuersatzes nach § 34 EStG scheidet daher aus. Der Veräußerungsgewinn ermittelt sich für Bernhard Schwarz wie folgt:

Veräußerungspreis	225.000 €
- Veräußerungskosten	10.000 €
Zwischensumme	215.000 €
½ Kommanditistenanteil	100.000 €
Der Veräußerungsgewinn beträgt	115.000 €

b) **Ergänzungsbilanz**

Die von Bruno Schwarz geleistete Zahlung von 225.000 € stellt den wahren Wert des hälftigen Gesellschaftsanteils des Kommanditisten Bernhard Schwarz dar.

Entspricht beim entgeltlichen Erwerb eines Gesellschaftsanteils bzw. eines Teils daran an einer Personengesellschaft der Kaufpreis nicht dem in der Steuerbilanz der Personengesellschaft ausgewiesenen Kapitalkonto des veräußernden Gesellschafters, müssen die Aufwendungen für den Erwerb des Gesellschaftsanteils, soweit sie den Buchwert des übergehenden Kapitalkontos übersteigen, als zusätzliche Anschaffungskosten für die Anteile an den Wirtschaftsgütern des Gesellschaftsvermögens auf der Aktivseite einer positiven Ergänzungsbilanz ausgewiesen werden.

In der Bilanz der KG wird das Kapitalkonto des Kommanditisten Bernhard Schwarz zur Hälfte, also mit 100.000 €, auf den neuen Gesellschafter Bruno Schwarz übertragen. Der Differenzbetrag zum geleisteten Kaufpreis mit 225.000 €, also 125.000 €, ist in der Ergänzungsbilanz anteilig auf die Wirtschaftsgüter, die stille Reserven enthalten, und auf den Geschäftswert zu verteilen.

(positive) Ergänzungsbilanz Bruno Schwarz 5.1.2020 (€)			
Aktiva			Passiva
Grund und Boden	25.000	Mehrkapital	125.000
Gebäude 50.000	50.000	Verlust	4.333
Geschäftswert	50.000		
	125.000		125.000

Die Ergänzungsbilanz ist wie folgt fortzuentwickeln:

Das Gebäude ist mit dem gleichen AfA-Satz wie in der Steuerbilanz der Gesellschaft abzuschreiben, nämlich mit 2 % oder (50.000 € · 2 %) 1.000 € p. a.

Der Zeitraum für die Abschreibung des Geschäftswerts beträgt 15 Jahre (§ 7 Abs. 1 Satz 3 EStG) oder 3.333 € p. a. (abgerundet).

Das Ergebnis der Ergänzungs-GuV weist einen (1.000 + 3.333 €) Verlust von 4.333 € aus.

(positive) Ergänzungsbilanz Bruno Schwarz 31.12.2020 (€)			
Aktiva			Passiva
Grund und Boden	25.000	Mehrkapital	125.000
Gebäude	49.000	Verlust	4.333
Geschäftswert	46.667		
	120.667		120.667

c) **1. Tätigkeitsvergütung**

Zum Gesamtgewinn der Mitunternehmerschaft gehören an die Gesellschafter gezahlte Vergütungen (Gehalt, Miete, Darlehenszinsen), die sich bei der Ermittlung des Gewinns der Gesellschaft gewinnmindernd ausgewirkt haben.

Die gezahlten Vergütungen sind nach § 15 Abs. 1 Satz 1 Nr. 2, 2. Alt. EStG bei der Einkunftsermittlung den jeweiligen Gewinnanteilen der Gesellschafter wieder hinzuzurechnen. Dem Gewinnanteil des Komplementärs Siegfried Schwarz ist die im Jahr 2020 gezahlte Tätigkeitsvergütung i. H. von 84.000 € hinzuzurechnen.

2. Lagerplatz

Zum Betriebsvermögen (R 4.2 Abs. 2 bzw. Abs. 11, 12 EStR) einer gewerblich tätigen Personengesellschaft gehören nicht nur die im Gesamthandsvermögen der Mitunternehmer stehenden Wirtschaftsgüter, sondern auch die Wirtschaftsgüter, die zivilrechtlich einem Gesellschafter gehören und der Gesellschaft unmittelbar z. B. durch Nutzungsüberlassung dienen (Sonderbetriebsvermögen I).

Demnach befindet sich der Lagerplatz Wilhelmstr. 112, der sich im zivilrechtlichen Eigentum von Bernhard Schwarz befindet und den er der KG zur Nutzung überlassen hat, im Sonderbetriebsvermögen des Kommanditisten. Die von der KG gezahlte Miete (im Jahr 2020 = 12.000 €) ist (gleichzeitig) eine Sonderbetriebseinnahme des Kommanditisten. Die von der KG für den Lagerplatz gezahlte anteilige Grundsteuer i. H. von 2.500 € ist bei ihr nicht als Betriebsausgabe, wohl aber beim Mitunternehmer Bernhard Schwarz als Sonderbetriebsausgabe abzugsfähig.

Das Ergebnis der Sonderbetriebs-GuV (12.000 - 2.500 €) beträgt 9.500 €.

3. Gewinnfeststellung

einheitl. und gesonderte Gewinnfeststellung 2020 (€)	S. Schwarz KG	Siegfried Schwarz	Bernhard Schwarz	Bruno Schwarz
HB-Gewinn	300.000	150.000	75.000	75.000
Tätigkeitsvergütung	84.000	84.000		
Veräußerungsgewinn	115.000		115.000	
Ergebnis Sonderbetriebs-GuV	9.500		9.500	
Ergebnis Ergänzungs-GuV	- 4.333			- 4.333
steuerlich maßgebender Gewinn	504.167	234.000	199.500	70.667

Lösung zu Fall 24   12 Punkte

a) Lindenallee 17

  aa) **Entgeltliche** Veräußerungsgeschäfte zwischen einer Personengesellschaft und einem Gesellschafter – zu wie unter Fremden üblichen Bedingungen – sind einkommensteuerlich wie Fremdgeschäfte zu beurteilen. Sie sind also in vollem Umfang als Veräußerungs- bzw. Anschaffungsgeschäft zu behandeln.

  Erwirbt ein Gesellschafter von der Personengesellschaft ein Wirtschaftsgut zu einem Veräußerungsentgelt, das niedriger ist als der Verkehrswert, liegt ein teilentgeltlicher Erwerb vor. In Höhe der Differenz zwischen Verkehrswert und vereinbartem Kaufpreis liegt eine Entnahme vor, weil es aus der Sicht der Personengesellschaft keinen Anlass für eine verbilligte Übertragung gibt. Im vorliegenden Fall lässt sich die verbilligte Überlassung nur aus dem Gesellschaftsverhältnis erklären. Es ist also eine Korrektur des Kaufpreises mithilfe der Entnahmevorschriften des EStG erforderlich.

  Entnahmen sind nach § 6 Abs. 1 Nr. 4 Satz 1 EStG mit dem **Teilwert** (hier: Verkehrswert) anzusetzen. Die KG erzielt im Jahr 2020 einen **Veräußerungsgewinn** i. H. von 840.000 €.

Vergl.:	I	II
	€	€
Kaufpreis	1.200.000	1.200.000
unentgeltlicher Teil		+ 200.000
Korrektur des Kaufpreises (Verkehrswert)		1.400.000
Buchwert	560.000	560.000
	640.000	**840.000**

ab) Eine Rücklage nach § 6b Abs. 3 EStG kann zum 31.12.2020 (nur) i. H. von **640.000 €** gebildet werden. Die aus der Annahme einer verdeckten Entnahme (weiter) aufgedeckten stillen Reserven mit 200.000 € stammen nicht, wie im Gesetz gefordert, aus einer „Veräußerung" (R 6b.1 Abs. 1 Satz 4 EStR).

ac)

	€
Veräußerungsgewinn	+ 840.000
Rücklage nach § 6b Abs. 3 EStG	- 640.000
Gewinnerhöhung	**200.000**

b) Eine EDV-Anlage besteht aus Hardware und Software. Unter Hardware sind alle physischen Bestandteile des Computers zu verstehen. Software ist die Summe aller zum Betrieb des Computers erforderlichen Programme.

Zur Hardware gehören insbesondere

– der Computer selbst mit Arbeitsspeicher, Prozessor, Laufwerk, Festplatte,

– die Peripheriegeräte wie Monitor, Tastatur, Drucker, Plotter usw.,

– Verbindungskabel zwischen den einzelnen Elementen.

Die maschinentechnische Ausrüstung (Hardware) einer betrieblich genutzten Computeranlage gehört zum abnutzbaren Anlagevermögen (§ 6 Abs. 1 Nr. 1 EStG).

Einzelne Komponenten einer Computeranlage sind auch dann, wenn deren Anschaffungskosten (ohne Umsatzsteuer) unter 800 € liegen nicht sofort als geringwertige Wirtschaftsgüter abzuschreiben (§ 6 Abs. 2 EStG) bzw. auch nicht in den Sammelposten des § 6 Abs. 2a EStG aufzunehmen. In beiden Fällen fehlt es an der jeweils geforderten Voraussetzung der selbstständigen Nutzbarkeit. Bei nachträglicher Aufrüstung des Computers, z. B. durch Speichererweiterungen oder Einbau eines CD-Rom-Laufwerkes, sind die zusätzlichen Kosten über die Restnutzungsdauer der Anlage abzuschreiben, als nachträgliche Herstellungskosten.

Die für den Betrieb eines Computers erforderlichen Programme („Software") werden herkömmlich unterteilt in

- System-Software, d. h. die maschinenorientierten, für das Funktionieren des Computers notwendigen oder nützlichen Programme („Betriebssystem", z. B. MS-DOS, WINDOWS, OS/2 usw.), sowie Anwender-Individualsoftware, d. h. Programme, die speziell für die Bedürfnisse des jeweiligen Anwenders entwickelt wurden (z. B. Programm zur Steuerung einer bestimmten Maschine) und
- Anwender-Standardsoftware, die der Lösung der Aufgaben des Anwenders dient, z. B. die üblichen, am freien Markt erhältlichen Textverarbeitungs-, Tabellenkalkulations-, Finanzbuchhaltungsprogramme usw.

Da es sich bei jeglicher Software um geistig-schöpferische Werke handelt, bei denen für den Erwerber der geistige Gehalt im Vordergrund steht, stellt sie ein immaterielles Wirtschaftsgut dar. Dieses umfasst das Programm selbst, dessen Beschreibung und den Datenträger (CD, DVD o. Ä.), auf dem es gespeichert ist. Eine Ausnahme bilden die Trivialprogramme, die als abnutzbare bewegliche Wirtschaftsgüter angesehen werden (R 5.5 Abs. 1 EStR). Aus Vereinfachungsgründen behandelt die Finanzverwaltung alle Computerprogramme, deren Anschaffungskosten nicht mehr als 800 € betragen, als Trivialprogramme (R 5.5 Abs. 1 Satz 3 EStR). Somit können derartige Programme als geringwertige Wirtschaftsgüter sofort abgeschrieben werden (§ 6 Abs. 2 EStG), wenn die Anschaffungskosten netto unter 800 € liegen. Wenn die Anschaffungskosten darüber liegen, kann eine Erfassung im Sammelposten nach § 6 Abs. 2a EStG erfolgen.

ba) Der Buchwert der Hardware entwickelt sich wie folgt:

	€
Anschaffungskosten 14.1.2017	12.000
AfA 2017	- 3.000
31.12.2017	9.000
AfA 2018	- 3.000
31.12.2018	6.000
AfA 2019	- 3.000
31.12.2019	3.000
nachträgliche Anschaffungskosten 2020 (R 7.4 Abs. 9 Satz 3 EStR)	+ 2.000
Restbuchwert	5.000
AfA 2020 (Restbuchwert 5.000: Restnutzungsdauer 2 Jahre) (H 7.4 „nachträgliche Anschaffungskosten" Tiret 1 EStH)	- 2.500
31.12.2020	**2.500**

bb) Gewinnauswirkung im Jahr 2020

weniger Betriebsausgaben	+ 2.000
weniger AfA (3.000 - 2.500)	+ 500
zusammen	+ 2.500

Software

Kein aktivierungspflichtiger Vorgang ist die Herstellung von Software. Hier steht das Aktivierungsverbot selbst geschaffener immaterieller Wirtschaftsgüter dagegen (§ 5 Abs. 2 EStG). Herstellung und keine Anschaffung ist auch in den Fällen gegeben, in denen zwar eine Standardsoftware gekauft wird, dann im Betrieb aber weiterentwickelt und eine Anpassung an die betrieblichen Gegebenheiten erfolgt.

Beide im Jahr 2020 erworbenen Lohnbuchhaltungsprogramme können als Trivialprogramm sofort als geringwertige Wirtschaftsgüter abgeschrieben werden, weil ihre Anschaffungskosten jeweils nicht mehr als 800 € netto betragen haben.

bc) Zum 31.12.2020 ist kein Buchwert auszuweisen.

bd) Gewinnauswirkung: keine

c)

	€	€
HB-Gewinn		300.000
Lindenallee 17		
Veräußerungsgewinn	+ 840.000	
Rücklage	- 640.000	200.000
Nachaktivierung Hardware	+ 2.000	
weniger AfA	+ 500	2.500
steuerlich maßgebender Gewinn		502.500

d)

einheitliche und gesonderte Gewinnfeststellung Kalenderjahr 2020	Vorspalte	S. Grün KG	Siegfried Grün	Andreas Grün
StB-Gewinn	502.500			
vorab zuzurechnen:				
Lindenallee 17 *)		200.000	200.000	
Restgewinn		302.500	181.500	121.000
steuerlich maßgebender Gewinn		502.500	381.500	121.000

*) Der durch die Annahme einer Entnahme entstehende Gewinn i. H. von 200.000 € ist allein dem Komplementär zuzurechnen, weil die beiden Gesellschafter (offensichtlich) keine anders lautende Vereinbarung getroffen haben.

Lösung zu Fall 25   **7 Punkte**

Der endgültige StB-Gewinn für 2020 errechnet sich wie folgt:

vorläufiger Gewinn   261.400 €

dazu/davon ab:

1. Speditionssoftware

   Die Software stellt ein selbst hergestelltes immaterielles Wirtschaftsgut des Anlagevermögens dar (R 6.1 EStR, R 5.5 Abs. 1 und 2 EStR).

   Die dafür angefallenen Entwicklungskosten (Arbeitsstunden und Testläufe) dürfen nicht aktiviert werden (§ 5 Abs. 2 EStG), da es sich hierbei um Herstellungskosten und nicht um Anschaffungskosten handelt (§ 248 Abs. 2 Satz 1 HGB, § 5 Abs. 2 EStG, R 5.5 Abs. 2 EStR).

   Gewinnauswirkung   0 €

   Die von E. Bauer privat erworbene und in das Betriebsvermögen eingelegte Software „Planex" ist dagegen als immaterielles Wirtschaftsgut zu aktivieren (§ 4 Abs. 1 Satz 8 EStG). Einmal liegt insoweit ein entgeltlicher Erwerb dieses Wirtschaftsguts vor. Außerdem gilt bei einer Privateinlage das Aktivierungsverbot nicht (R 5.5 Abs. 3 Satz 3 und R 4.3 Abs. 1 EStR).

   Die Software ist mit dem Teilwert, der den Anschaffungskosten entspricht (§ 6 Abs. 1 Nr. 5 Buchst. a EStG), zu aktivieren und auf die Nutzungsdauer von 3 Jahren linear und zeitanteilig abzuschreiben (§ 7 Abs. 1 Satz 4 EStG, R 7.1 Abs. 1 Nr. 2 EStR).

Anschaffungskosten	2400 €	
AfA $1/3$	800 €	
davon $8/12$ =		- 533 €
Restwert 31.12.2020		1.867 €
Gewinnminderung		- 533 €

2. Gewinn aus der Veräußerung des unbebauten Grundstücks

   Die beim Verkauf des unbebauten Grundstücks aufgedeckten stillen Reserven können erfolgsneutral auf die Herstellungskosten der neuen Lagerhalle übertragen werden (§ 6b Abs. 1 und 2 EStG, R 6b.1 EStR).

   Da der erzielte Gewinn bisher als Ertrag gebucht wurde, ergibt sich durch die Übertragung eine Gewinnminderung von

                                                                                                                            - 120.000 €

   Die Bemessungsgrundlage für die AfA der Lagerhalle (§ 7 Abs. 4 Satz 1 Nr. 1 und Abs. 1 Satz 4 EStG) errechnet sich wie folgt:

Herstellungskosten	930.000 €
Übertragung der „§ 6b-Rücklage"	- 120.000 €
Bemessungsgrundlage für die AfA	810.000 €
AfA nach § 7 Abs. 4 Satz 1 Nr. 1 EStG 3 % = 24.300 €	
davon für 2020 $^3/_{12}$ =	- 6.075 €
Restwert 31.12.2020	803.925 €
Gewinnminderung	- 6.075 €
endgültiger Steuerbilanzgewinn für 2020	134.792 €

LÖSUNG

Lösung zu Fall 26   12 Punkte

a) aa)

Die Maschinenbau AG ist gemäß § 1 Abs. 1 Nr. 1 KStG unbeschränkt körperschaftsteuerpflichtig, da sie eine Kapitalgesellschaft mit Sitz im Inland ist. Eine Befreiung nach § 5 KStG liegt nicht vor.

Die Körperschaftsteuer bemisst sich nach dem zu versteuernden Einkommen; § 7 Abs. 1 KStG. Eine Aktiengesellschaft gilt als Handelsgesellschaft, § 3 Abs. 1 AktG (Formkaufmann i. S. des § 6 Abs. 1 HGB). Sie ist deshalb nach den §§ 238 ff. HGB zur Buchführung verpflichtet. Alle Einkünfte gelten daher als Einkünfte aus Gewerbebetrieb (§ 8 Abs. 2 KStG). Die Ermittlung des zu versteuernden Einkommens erfolgt nach § 7 Abs. 2 KStG i. V. mit § 8 Abs. 1 KStG. Der Körperschaftsteuersatz beträgt 15 % des zu versteuernden Einkommens, § 23 Abs. 1 KStG.

Die Ermittlung des Einkommens erfolgt nach § 8 Abs. 1 KStG nach den Vorschriften des EStG und des KStG. Auf die Verwendung des Einkommens kommt es nicht an; § 8 Abs. 3 Satz 1 KStG. Auch verdeckte Gewinnausschüttungen mindern das Einkommen nicht; § 8 Abs. 3 Satz 2 KStG. Der Begriff der verdeckten Gewinnausschüttung ist im Gesetz nicht näher definiert und wird daher von der Rechtsprechung und den Richtlinien der Finanzverwaltung bestimmt. Danach ist eine verdeckte Gewinnausschüttung eine Vermögensminderung oder verhinderte Vermögensmehrung, die durch das Gesellschaftsverhältnis veranlasst ist […], R 8.5 Abs. 1 KStR.

ab)

Bei der Heizöllieferung an den mehrheitlich beteiligten Gesellschafter handelt es sich um eine verdeckte Gewinnausschüttung gemäß R 8.5 Abs. 1 KStR, weil eine durch das Gesellschaftsverhältnis veranlasste Vermögensminderung vorliegt.

Die verdeckte Gewinnausschüttung bemisst sich nach dem gemeinen Wert (§ 9 BewG) des dem Gesellschafter überlassenen Heizöls, und zwar inkl. Umsatzsteuer, H 8.6 „Hingabe von Wirtschaftsgütern" KStH. Die verdeckte Gewinnausschüttung beträgt demnach 5.800 €

(= ((16.000 € - 1.000 €) · 10.000/30.000) × 1,16) und wird in dieser Höhe außerbilanziell dem Steuerbilanzgewinn der Maschinenbau AG hinzugerechnet.

In der Bilanz der Maschinenbau AG muss die Umsatzsteuerverbindlichkeit um 950 € erhöht werden (= 5.800 € · 16 % / 116 %).

Die in § 10 Nr. 2 KStG vorgesehene außerbilanzielle Hinzurechnung der Umsatzsteuer auf die verdeckte Gewinnausschüttung unterbleibt, R 37 KStR.

ac)

Bei der Zahlung auf Besserungsscheine handelt es sich um Aufwand, der im Zusammenhang mit einem Sanierungsgewinn steht. Da ein Sanierungsgewinn gemäß § 3 Nr. 66 EStG i. d. F. 1997 im VZ 1999 steuerfrei war (die Steuerbefreiung besteht nicht mehr), ist eine Zahlung darauf gemäß § 3c Abs. 1 EStG steuerlich nicht abzugsfähig.

Nichtabziehbare Aufwendungen sind die Körperschaftsteuervorauszahlungen nach § 10 Nr. 2 KStG i. H. von 120.000 €.

b)	Jahresüberschuss laut Handelsbilanz 31.12.2020		110.000 €
	USt-Korrektur wegen vGA innerhalb der Bilanz		- 950 €
	korrigierter Jahresüberschuss		109.050 €
	außerbilanzielle Korrekturen:		
	verdeckte Gewinnausschüttung (§ 8 Abs. 3 Satz 2 KStG)	+ 5.950 €	
	Schuldentilgung	+ 50.000 €	
	damit zusammenhängender Aufwand (§ 3c Abs. 1 EStG)	+ 1.000 €	
	gezahlte Körperschaftsteuer (§ 10 Nr. 2 KStG)	+ 120.000 €	
	Summe der Korrekturen		176.950 €
	zu versteuerndes Einkommen		286.000 €
	KSt-Schuld (§ 23 Abs. 1 KStG) davon 15 %		42.900 €
	- Vorauszahlung		- 120.000 €
	KSt-Erstattungsanspruch		77.100 €

Es sollte eine Überprüfung der Vorauszahlungshöhe vorgenommen werden.

LÖSUNG

Lösung zu Fall 27   17 Punkte

Die Maschinenbau AG ist gemäß § 1 Abs. 1 Nr. 1 KStG unbeschränkt körperschaftsteuerpflichtig, da sie eine Kapitalgesellschaft mit Sitz im Inland ist. Eine Befreiung nach § 5 KStG liegt nicht vor.

Die Körperschaftsteuer bemisst sich nach dem zu versteuernden Einkommen; § 7 Abs. 1 KStG. Eine Aktiengesellschaft gilt als Handelsgesellschaft, § 3 Abs. 1 AktG (Formkaufmann i. S. des § 6 Abs. 1 HGB). Sie ist deshalb nach den §§ 238 ff. HGB zur Buchführung verpflichtet. Alle Einkünfte gelten daher als Einkünfte aus Gewerbebetrieb (§ 8 Abs. 2 KStG). Die Ermittlung des zu versteuernden Einkommens erfolgt nach § 7 Abs. 2 KStG i.V. mit § 8 Abs. 1 KStG. Der Körperschaftsteuersatz beträgt 15 % des zu versteuernden Einkommens, § 23 Abs. 1, § 31 Abs. 1 Satz 3 KStG.

Die Ermittlung des Einkommens erfolgt nach § 8 Abs. 1 KStG nach den Vorschriften des EStG und des KStG. Auf die Verwendung des Einkommens kommt es nicht an. § 8 Abs. 3 Satz 1 KStG. Auch verdeckte Gewinnausschüttungen mindern das Einkommen nicht; § 8 Abs. 3 Satz 2 KStG. Der Begriff der verdeckten Gewinnausschüttung ist im Gesetz nicht näher definiert und wird daher von der Rechtsprechung und den Richtlinien der Finanzverwaltung bestimmt. Danach ist eine verdeckte Gewinnausschüttung eine Vermögensminderung oder verhinderte Vermögensmehrung, die durch das Gesellschaftsverhältnis veranlasst ist [...], R 8.5 Abs. 1 KStR.

Ausgangsbasis ist der Jahresüberschuss 2020   315.000 €

1. Der Beteiligungsertrag wurde zu Unrecht im Jahr 2020 erfasst, weil eine Bilanzierung des Ertrags erst erfolgen darf, wenn ein Rechtsanspruch auf den Gewinnanteil besteht. Dies ist erst im Zeitpunkt des Gewinnverwendungsbeschlusses der ausschüttenden Gesellschaft der Fall. Der BFH hat entschieden, dass eine phasengleiche Aktivierung von Dividendenansprüchen (Aktivierung in dem Jahr, für das die Ausschüttung erfolgt) in der Steuerbilanz grundsätzlich unzulässig ist (GrS 2/99, BStBl 2000 II S. 632). Die Finanzverwaltung wendet diese Grundsätze entsprechend an (BMF-Schreiben vom 1.11.2000, BStBl 2000 I S. 1510).

   Somit ist der Jahresüberschuss um den Nettobeteiligungsertrag zu kürzen.

          - 14.700 €

   Außerdem ist bei der Ermittlung des zu versteuernden Einkommens 2021 zu beachten, dass der Beteiligungsertrag (brutto) nach § 8b Abs. 1 i.V. mit Abs. 4 KStG steuerbefreit ist. 5 % gelten als nicht abzugsfähige Betriebsausgaben (§ 8b Abs. 5 KStG). Die Kapitalertragsteuer wird aber voll auf die Steuerschuld angerechnet, § 36 Abs. 2 Nr. 2 EStG i.V. mit § 8 Abs. 1 KStG.

   Hinweis: Der Nettobetrag ist innerbilanziell um die einbehaltene Kapitalertragsteuer (zzgl. SolZ) zu erhöhen (Buchung: Steueraufwand an Beteiligungsertrag).

2. Die Thomarowski GmbH gewährte der Maschinenbau AG einen Vorteil, den sie unter allgemeinen kaufmännischen Gegebenheiten anderen Geschäftspartnern nicht gewährt hätte.

   Dieser verbilligte Verkauf führte bei der Thomarowski GmbH zu einer verdeckten Gewinnausschüttung nach § 8 Abs. 3 Satz 2 KStG in Form einer verhinderten Vermögensmehrung, die durch das Gesellschaftsverhältnis veranlasst ist (R 8.5 Abs. 1 KStR). Es liegt daher bei der

Maschinenbau AG eine erhaltene verdeckte Gewinnausschüttung vor. Gedanklich erhöht sich der Wareneingang um 25.000 €, andererseits erhöht sich auch der Beteiligungsertrag aus der verdeckten Gewinnausschüttung um 25.000 €.

Es ist zu beachten, dass für verdeckte Gewinnausschüttungen die Steuerbefreiung nach § 8b Abs. 1 Satz 1 KStG zur Anwendung kommt. Dies gilt allerdings nur, wenn die empfangende Gesellschaft zu mindestens 10 % beteiligt ist (Maschinenbau AG: 15 %) und die leistende Gesellschaft die verdeckte Gewinnausschüttung tatsächlich versteuert hat (§ 8b Abs. 1 Satz 2 KStG; lt. Sachverhalt erfolgt). Dann bleiben Bezüge i. S. des § 20 Abs. 1 Nr. 1 EStG, zu denen auch verdeckte Gewinnausschüttungen gehören (§ 20 Abs. 1 Nr. 1 Satz 2 EStG), bei der Ermittlung des Einkommens außer Ansatz. § 8b Abs. 5 KStG bestimmt aber, dass von diesen Bezügen pauschal 5 % als nicht abzugsfähige Betriebsausgaben hinzuzurechnen sind.

Die Gewinnminderung aus dem Wareneinkauf ist daher zu erfassen; die Gewinnerhöhung aus dem Beteiligungsertrag bleibt hingegen zu 95 % steuerfrei.

außerbilanzielle Abrechnung des Beteiligungsertrags	− 25.000 €
außerbilanzielle Hinzurechnung von 5 %	+ 1.250 €
	− 23.750 €

3. Es handelt sich bei beiden Positionen um betrieblich veranlasste Ausgaben, somit um Betriebsausgaben gemäß § 4 Abs. 4 EStG. Es stellt sich die Frage, ob diese Aufwendungen auch abzugsfähig sind.

   Für die Werbekosten sieht weder das Einkommen- noch das Körperschaftsteuerrecht eine Einschränkung vor. Im Einkommensteuerrecht ergibt sich jedoch eine Restriktion für Geschenke an Geschäftsfreunde, die gemäß § 8 Abs. 1 Satz 1 KStG auch für die Körperschaftsteuer gilt. Gemäß § 4 Abs. 5 Satz 1 Nr. 1 EStG sind Aufwendungen für Geschenke an Personen, die nicht Arbeitnehmer des Steuerpflichtigen sind, nur dann abziehbar, wenn die Anschaffungs- oder Herstellungskosten der dem Empfänger zugewendeten Geschenke im Jahr insgesamt 35 € nicht übersteigen. Eine weitere Voraussetzung ergibt sich aus § 4 Abs. 7 EStG: Gemäß dieser Vorschrift dürfen derartige Aufwendungen nur dann bei der Gewinnermittlung berücksichtigt werden, wenn sie einzeln und getrennt von den sonstigen Betriebsausgaben aufgezeichnet sind. Die erste und wie die zweite Voraussetzung sind erfüllt. Zwar sind die Präsentkosten nicht auf einem eigenen Konto erfasst; es handelt sich wohl um eine Fehlbuchung, die als offenbare Unrichtigkeit zu werten ist (H 4.11 „Verstoß gegen die Aufzeichnungspflicht" EStH).

4. Die Zahlung der KSt-Vorauszahlung ist eine Ausgabe gemäß § 10 Nr. 2 KStG und muss daher zum Zwecke der Berechnung des zu versteuernden Einkommens wieder hinzugerechnet werden.

   + 200.000 €

5. Folgende Kosten sind bilanziell zwingend gewinnmindernd zu erfassen

Säumniszuschläge zu den KSt-Vorauszahlungen	− 4.000 €
Verspätungszuschläge zu USt-Voranmeldungen	− 2.500 €
Säumniszuschläge zur Lohnsteuer	− 1.500 €

Nach § 10 Nr. 2 KStG sind bestimmte steuerliche Nebenleistungen (vgl. § 3 Abs. 4 AO) zur Ermittlung des körperschaftsteuerpflichtigen Einkommens hinzuzurechnen. Dies gilt nicht für die Säumniszuschläge auf die Lohnsteuer, da es sich insoweit nicht um eine Steuer nach § 10 Nr. 2 KStG handelt. Die Lohnsteuer ist, als Vorauszahlung auf die Einkommensteuer, zwar eine Steuer vom Einkommen. Sie wird aber vom Arbeitnehmer geschuldet und vom Arbeitgeber nur für dessen Rechnung einbehalten und an das Finanzamt abgeführt (§ 38 Abs. 2 und 3 EStG). Sie fällt daher nicht unter § 10 Nr. 2 KStG. Die Verspätungszuschläge auf die USt-Vorauszahlungen sind ebenfalls nicht hinzuzurechnen, da USt-Vorauszahlungen und darauf entfallende steuerliche Nebenleistungen nicht von § 10 Nr. 2 KStG erfasst werden. Somit sind nur die Säumniszuschläge zu den KSt-Vorauszahlungen hinzuzurechnen:

	+ 4.000 €
zu versteuerndes Einkommen der Maschinenbau AG	472.550 €
15 % (§ 31 Abs. 1 Satz 3 KStG) =	70.882 €
abzgl. KSt-Vorauszahlungen	- 200.000 €
KSt-Erstattung:	129.118 €

LÖSUNG

Lösung zu Fall 28   15 Punkte

Die Maschinenbau AG ist gemäß § 1 Abs. 1 Nr. 1 KStG unbeschränkt körperschaftsteuerpflichtig, da sie eine Kapitalgesellschaft mit Sitz im Inland ist. Eine Befreiung nach § 5 KStG liegt nicht vor.

Die Körperschaftsteuer bemisst sich nach dem zu versteuernden Einkommen; § 7 Abs. 1 KStG. Eine Aktiengesellschaft gilt als Handelsgesellschaft, § 3 Abs. 1 AktG (Formkaufmann i. S. des § 6 Abs. 1 HGB). Sie ist deshalb nach den §§ 238 ff. HGB zur Buchführung verpflichtet. Alle Einkünfte gelten daher als Einkünfte aus Gewerbebetrieb (§ 8 Abs. 2 KStG). Die Ermittlung des zu versteuernden Einkommens erfolgt nach § 7 Abs. 2 KStG i.V. mit § 8 Abs. 1 KStG. Der Körperschaftsteuersatz beträgt 15 % des zu versteuernden Einkommens, § 23 Abs. 1, § 31 Abs. 1 Satz 3 KStG.

Die Ermittlung des Einkommens erfolgt nach § 8 Abs. 1 KStG nach den Vorschriften des EStG und des KStG. Auf die Verteilung des Einkommens kommt es nicht an. § 8 Abs. 3 Satz 1 KStG. Auch verdeckte Gewinnausschüttungen mindern das Einkommen nicht; § 8 Abs. 3 Satz 2 KStG. Der Begriff der verdeckten Gewinnausschüttung ist im Gesetz nicht näher definiert und wird daher von der Rechtsprechung und den Richtlinien der Finanzverwaltung bestimmt. Danach ist eine verdeckte Gewinnausschüttung eine Vermögensminderung oder verhinderte Vermögensmehrung, die durch das Gesellschaftsverhältnis veranlasst ist [...], R 8.5 Abs. 1 KStR.

Die Ausgangsgröße für die Ermittlung des zu versteuernden Einkommens ist der vorläufige Gewinn i. H. von

                                                    55.000 €

Dieser wird um folgende Positionen korrigiert:

1. Der Zuschuss wirkt sich nicht auf die Höhe des zu versteuernden Einkommens aus:

   − 14.500 €

2. Gemäß § 4 Abs. 5 Satz 1 Nr. 8 EStG dürfen Geldbußen, selbst wenn sie betrieblich veranlasst sind, den Gewinn nicht mindern.

   + 7.500 €

   Dagegen sind Verfahrenskosten abzugsfähig, H 4.13 „Verfahrenskosten" EStH.

   Die in China verhängte Geldbuße ist dagegen absetzbar, weil sie nicht von einer der in § 4 Abs. 5 Satz 1 Nr. 8 EStG genannten Stellen verhängt wurde und darüber hinaus auch wesentlichen Grundsätzen der deutschen Rechtsordnung widerspricht (H 4.13 „ausländisches Gericht" EStH).

3. Aufsichtsratvergütungen sind gemäß § 10 Nr. 4 KStG nur zur Hälfte abziehbar. Komplett abzugsfähig sind jedoch gemäß R 10.3 Abs. 1 Satz 3 KStR tatsächlich entstandene Kosten, die gesondert von der Gesellschaft erstattet wurden. Somit erfolgt nur eine Hinzurechnung von 6.000 € / 2 =

   + 3.000 €

4. Die überhöhte Zahlung des Gesellschafter-Geschäftsführergehalts stellt eine verdeckte Gewinnausschüttung i. H. von 50.000 € dar. Gemäß § 8 Abs. 3 Satz 2 KStG darf sie das Einkommen nicht mindern und muss daher wieder hinzugerechnet werden.

   + 50.000 €

5. Die Gewährung eines zinslosen Darlehens an den Sohn der Mitgesellschafterin Edith Sievert stellt ebenfalls eine verdeckte Gewinnausschüttung dar. Gemäß R 8.5 Abs. 1 Satz 3 KStR ist eine Veranlassung durch das Gesellschaftsverhältnis auch dann gegeben, wenn die Vermögensminderung oder verhinderte Vermögensmehrung zugunsten einer nahestehenden Person erfolgt. Hierzu gehört auch der Sohn einer Gesellschafterin, H 8.5 KStH „Nahestehende Personen". Die verdeckte Gewinnausschüttung bemisst sich nach dem Zinsbetrag, der im Fremdvergleich im Jahr 2020 zu erzielen gewesen wäre, H 8.6 „Nutzungsüberlassung" KStH.

   20.000 € · 6 % · 180 / 360 = + 600 €

   Gemäß § 10 Nr. 2 KStG dürfen Personensteuern und dazugehörige steuerliche Nebenleistungen (§ 3 Abs. 4 AO) nicht abgezogen werden. Sie müssen außerbilanziell wieder hinzugerechnet werden. Dies gilt auch für die Gewerbesteuer (§ 4 Abs. 5b EStG):

Verspätungszuschläge für KSt	+ 1.150 €
Verspätungszuschläge für GewSt (§ 4 Abs. 5b EStG)	+ 150 €
Aussetzungszinsen zur KSt	+ 260 €
KSt-Vorauszahlung	+ 50.000 €
zu versteuerndes Einkommen	153.160 €
KSt-Schuld 15 %: (§ 31 Abs. 1 Satz 3 KStG)	22.974 €
- Vorauszahlung	− 50.000 €
KSt-Erstattungsanspruch	27.026 €

Lösung zu Fall 29   12 Punkte

a) **Wohnungsüberlassung:** Die Überlassung des Einfamilienhauses durch die AG an ihren geschäftsführenden Gesellschafter stellt keine sonstige Leistung gemäß § 3 Abs. 9 UStG dar, weil Gesellschafter Mees dafür keine Gegenleistung erbringt. Es handelt sich nicht um eine Zuwendung von Sachlohn, die als Gegenleistung für die Arbeitsleistung des Arbeitnehmers gezahlt würde, weil gerade keine Behandlung als Arbeitslohn erfolgt. Die Anwendung von § 3 Abs. 9a Nr. 1 UStG (sonstige Leistungen gleichgestellte Wertabgaben) scheidet wegen des fehlenden Vorsteuerabzugs aus.

Geschenke: Die Anschaffungskosten der einzelnen Kundengeschenke betragen netto jeweils mehr als 35 €. Solche Betriebsausgaben dürfen nach § 4 Abs. 5 Satz 1 Nr. 1 EStG den Gewinn nicht mindern. Ein Vorsteuerabzug scheidet nach § 15 Abs. 1a Nr. 1 UStG aus. Die Umsatzsteuer aufgrund der Kundengeschenke ist als Aufwand unter „sonstige Steuern" zu buchen und mindert den handelsrechtlichen Jahresüberschuss. Die nicht abziehbare Vorsteuer darf aber § 4 Abs. 5 Satz 1 Nr. 1 EStG das zu versteuernde Einkommen nicht mindern. Außerbilanziell erfolgt daher eine Hinzurechnung um 1.900 €. Der bereits geltend gemachte Vorsteuerabzug ist zu berichtigen, § 17 Abs. 2 Nr. 5 i.V. mit Abs. 1 Satz 1, 7 UStG.

Bewirtungskosten: Bewirtungskosten sind gemäß § 4 Abs. 5 Satz 1 Nr. 2 EStG beschränkt abziehbar. Abziehbar sind 70 % der angemessenen Aufwendungen, also 70 % von 20.000 € = 14.000 €. 6.000 € sind nicht abziehbare Aufwendungen. Nach § 15 Abs. 1a Nr. 1 UStG sind die auf nichtabziehbare Bewirtungskosten entfallenden Vorsteuerbeträge als Vorsteuer abziehbar, weil § 4 Abs. 5 Satz 1 Nr. 2 EStG nicht in der Aufzählung des § 15 Abs. 1a Nr. 1 UStG enthalten ist.

b) **Wohnungsüberlassung:** Die unentgeltliche Überlassung des Einfamilienhauses an den Gesellschafter Mees stellt eine verdeckte Gewinnausschüttung dar, da durch den Mietverzicht eine verhinderte Vermögensmehrung vorliegt, die durch das Gesellschaftsverhältnis veranlasst ist und sich auf die Höhe des Einkommens auswirkt. Es gelten § 8 Abs. 3 Satz 2 KStG und R 8.5 Abs. 1 KStR. Zu bewerten ist die unentgeltliche Nutzungsüberlassung gemäß H 8.6 „Nutzungsüberlassungen" KStH mit der erzielbaren Vergütung, das ist hier die ortsübliche Miete. + 30.000 €

Bewirtungskosten: Die Umsatzsteuer aus den Bewirtungskosten ist als Vorsteuer abziehbar. Sie hat deshalb den handelsrechtlichen Jahresüberschuss nicht als Aufwand gemindert.

Sonstige Geschäftsvorfälle: Nachstehende Beträge sind aufgrund gesetzlicher Bestimmungen bei der Ermittlung des zu versteuernden Einkommens außerhalb der Bilanz hinzuzurechnen:

KSt-Vorauszahlung § 10 Nr. 2 KStG	500.000 €
Geschenke an Kunden § 4 Abs. 5 Satz 1 Nr. 1 EStG	10.000 €
USt auf Geschenke; § 4 Abs. 5 Satz 1 Nr. 1 EStG	1.900 €
Bewirtungskosten § 4 Abs. 5 Satz 1 Nr. 2 EStG	6.000 €
außerbilanzielle Hinzurechnung: sonstige Geschäftsvorfälle	+ 517.900 €
Jahresüberschuss und zu versteuerndes Einkommen:	
vorläufiger Jahresüberschuss	809.070 €
USt-Nachzahlung	- 1.900 €
handelsrechtlicher Jahresüberschuss	807.170 €
außerbilanzielle Korrekturen:	
vGA Einfamilienhaus	30.000 €
sonstige Geschäftsvorfälle	517.900 €
Summe	547.900 €
zu versteuerndes Einkommen	1.355.070 €

Lösung zu Fall 30   19 Punkte

Darlehensverträge zwischen den Gesellschaftern einer Kapitalgesellschaft und ihrer Gesellschaft sind zivilrechtlich und steuerlich grundsätzlich möglich. Voraussetzung für deren steuerliche Anerkennung ist jedoch, dass Vereinbarung und Durchführung dem entsprechen, was auch fremde Dritte untereinander vereinbart hätten. Das Darlehen wurde der Klamm GmbH von ihrem Gesellschafter, Herrn Hauke Mees, zu einem marktüblichen Zinssatz gewährt. Es war daher steuerlich anzuerkennen.

Eine verdeckte Einlage liegt vor, wenn ein Gesellschafter [...] der Körperschaft außerhalb der gesellschaftsrechtlichen Einlagen einen einlagefähigen Vermögensvorteil zuwendet und diese Zuwendung durch das Gesellschaftsverhältnis veranlasst ist (R 8.9 Abs. 1 KStR).

Der Verzicht auf das Darlehen stellt einen einlagefähigen Vermögensvorteil dar, weil der Gesellschafter seiner Gesellschaft die Darlehensforderung zugewendet hat. Der Verzicht war auch durch das Gesellschaftsverhältnis veranlasst, weil ein fremder Gläubiger der Gesellschaft zu diesem Zeitpunkt kein Kapital mehr zur Verfügung gestellt hätte. Ein auf dem Gesellschaftsverhältnis beruhender Verzicht eines Gesellschafters auf seine nicht mehr vollwertige Forderung gegenüber seiner Kapitalgesellschaft führt bei dieser zu einer Einlage in Höhe des Teilwerts der Forderung (H 8.9 „Forderungsverzicht" KStH). Da der Teilwert der Forderung im Jahr 2011 0 € betragen hat, lag damals zwar eine verdeckte Einlage vor, diese war bei der GmbH jedoch mit 0 € zu bewerten.

Verzichtet ein Gesellschafter auf eine Forderung gegen seine GmbH unter der auflösenden Bedingung, dass im Besserungsfall die Forderung wieder aufleben soll, so ist die Erfüllung der Forderung nach Bedingungseintritt keine verdeckte Gewinnausschüttung i. S. des § 8 Abs. 3 Satz 2 KStG, sondern eine steuerlich anzuerkennende Form der Kapitalrückzahlung. Umfasst der Forderungsverzicht auch den Anspruch auf Darlehenszinsen, so sind nach Bedingungseintritt Zinsen auch für die Dauer der Krise als Betriebsausgaben anzusetzen (H 8.9 „Forderungsverzicht gegen Besserungsschein" KStH).

Hier hat Herr Mees auf die Forderung unter der Bedingung verzichtet, dass diese nach „Erreichen eines handelsrechtlichen Jahresüberschusses nach Abzug der Verbindlichkeit von mindestens 100.000 €" wieder aufleben sollte. Zudem wurde bereits im Zeitpunkt des Verzichts vereinbart, dass in diesem Fall auch für die Zeit des Verzichts, in der also eigentlich gar kein Darlehen mehr bestand, die marktüblichen Zinsen nachzuzahlen waren.

Obwohl es sich um eine Gestaltung handelt, die nur ein Gesellschafter mit seiner Gesellschaft vereinbaren würde, wird diese Form des Forderungsverzichts anerkannt, um Kapitalgesellschaften in wirtschaftlich schwierigen Situationen nicht auch noch steuerlich zusätzlich zu belasten.

Die erfolgswirksame Wiedereinbuchung der Verbindlichkeit i. H. von 150.000 € kompensiert dabei die Gewinnminderung im Jahr der Ausbuchung. Die Anerkennung der Zinsen als Betriebsausgabe erfolgt, weil die Nachzahlung der Zinsen für den Fall des Wiederauflebens der Verbindlichkeit von vorne herein vereinbart war.

Im Ergebnis war die steuerliche Behandlung bei der Gesellschaft also zutreffend, weitere Folgen sind aus dem Sachverhalt nicht zu ziehen.

LÖSUNG

Lösung zu Fall 31   10 Punkte

a) Die zivilrechtlichen Regelungen über Vereine sind in den §§ 21 bis 79 BGB zu finden. Vereine sind daher, anders als z. B. Handelsgesellschaften, nicht Kaufleute im Sinne des HGB. Da dieser Verein kein Kaufmann und daher nach handelsrechtlichen Vorschriften nicht buchführungspflichtig ist, kommt § 8 Abs. 2 KStG nicht zur Anwendung. Demnach, sind die einzelnen Einkunftsarten nach dem EStG zu bestimmen:

Einkünfte § 21 EStG:	
Einnahmen § 21 Abs. 1 Nr. 1 EStG	26.000 €
Werbungskosten	
– Abzug der Aufwendungen, Abflussprinzip (§ 11 EStG)	- 3.500 €
– AfA	- 6.000 €
Einkünfte aus Vermietung und Verpachtung	16.500 €

Steuerpflichtige Grundstücksveräußerung gemäß § 22 Nr. 2 i.V. mit § 23 EStG, wenn die Spekulationsfrist von 10 Jahre nicht eingehalten ist. Dies ist hier nicht der Fall, sodass kein privates Veräußerungsgeschäft zu versteuern ist.

Einkommen	16.500 €	
Freibetrag § 24 Satz 1 KStG	- 5.000 €	
zu versteuerndes Einkommen	11.500 €	11.500 €
tarifliche KSt (15 % von 11.500 €)		1.725 €
anrechenbare KapESt		0 €
festzusetzende Körperschaftsteuer		1.725 €

b) Da eine GmbH gemäß § 13 Abs. 3 GmbHG immer eine Handelsgesellschaft und somit Formkaufmann gemäß § 6 Abs. 1 HGB ist, handelt es sich um ein buchführungspflichtiges Unternehmen nach §§ 238 ff. HGB. Daher sind gemäß § 8 Abs. 2 KStG alle Einkünfte als Einkünfte aus Gewerbebetrieb zu behandeln.

Betriebseinnahmen:	
Mieterträge	26.000 €
Veräußerungserlös Grundstück	100.000 €
Summe Betriebseinnahmen	126.000 €
Betriebsausgaben:	
Grundstücksaufwendungen (§ 252 Abs. 1 Nr. 5 HGB)	12.500 €
AfA	6.000 €
Buchwert Gebäude	60.000 €
Buchwert Grund und Boden	10.000 €
Summe der Betriebsausgaben	88.500 €
Einkommen (126.000 € - 88.500 €)	37.500 €
Freibetrag § 24 Satz 2 Nr. 1 KStG	0 €
zu versteuerndes Einkommen	37.500 €
tarifliche Körperschaftsteuer gemäß § 23 Abs. 1 KStG (15 %)	
festzusetzende Körperschaftsteuer	5.625 €

Lösung zu Fall 32   12 Punkte

Ermittlung des Messbetrags für den Gewerbeertrag:

steuerlicher Gewinn § 7 GewStG	1.500.000 €
Hinzurechnungen:	0 €

Keine Hinzurechnung der Schuldentgelte, da der Freibetrag von 100.000 € nicht überschritten wird (vgl. § 8 Nr. 1 GewStG).

Kürzungen:

	0 €
Gewerbeertrag	1.500.000 €
Freibetrag § 11 Abs. 1 GewStG	- 24.500 €
maßgebender Gewerbeertrag	1.475.500 €
Steuermesszahl § 11 Abs. 2 GewStG	3,5 %
Steuermessbetrag	51.643 €

Der einheitliche Messbetrag beträgt daher 51.643 €.

Sind Betriebsstätten in mehreren Gemeinden unterhalten worden, ist der Steuermessbetrag nach § 28 GewStG zu zerlegen. Gemäß § 29 GewStG ist der Maßstab das Verhältnis der gezahlten Arbeitslöhne, die laut § 29 Abs. 3 GewStG auf volle 1.000 € abzurunden sind.

Ort	Arbeitslöhne in €	in %	Messbetrag in €	Anteil in €
Hamburg	159.480.000	60	51.643	30.987
Berlin	13.290.000	5	51.643	2.582
Frankfurt	53.160.000	20	51.643	10.328
München	39.870.000	15	51.643	7.746
Summe	265.800.000	100	51.643	51.643

Auf die Messbeträge der Orte ist der entsprechende Hebesatz zu berechnen.

Ort	Anteil des Messbetrags in €	Hebesatz	Gewerbesteuer
Hamburg	30.987	470 %	145.638,90
Berlin	2.582	410 %	10.586,20
Frankfurt	10.328	460 %	47.508,80
München	7.746	490 %	37.955,40
Zahllast			241.689,30

Nachrichtlich:

Die auf die einzelnen Mitunternehmer entfallenden Anteile des Gewerbesteuermessbetrages sind gesondert und einheitlich festzustellen (§ 35 Abs. 2 Satz 1 EStG). Es erfolgt eine Steuerermäßigung auf die der Einkommensteuer unterliegenden Einkünfte aus Gewerbebetrieb in Höhe des 3,8-fachen des festgesetzten anteiligen Gewerbesteuermessbetrags (§ 35 Abs. 1 Nr. 2 EStG).

Lösung zu Fall 33 — 14 Punkte

Ermittlung des Messbetrags für den Gewerbeertrag:

Nach körperschaftsteuerlichen Vorschriften ermittelter Gewinn aus Gewerbebetrieb vor Steuern: 103.520 €

Hinzurechnungen:

§ 8 Nr. 1a GewStG		€	100 %	
Kontokorrentzinsen		15.258	15.258	
Darlehenszinsen		60.700	60.700	75.958 €
§ 8 Nr. 1b GewStG		€	100 %	
Zinsanteil Leibrente		39.000	39.000	39.000 €
§ 8 Nr. 1c GewStG				
Gewinnanteil stiller Gesell.		€	100 %	
Auszahlungsbetrag		7.500	7.500	
abgeführte KapESt (25 %)		2.500	2.500	10.000 €
(§ 43 Abs. 1 Nr. 3 i.V. mit § 43a Abs. 1 Nr. 2 EStG)				

Hinweis: Wegen Ausschluss der Beteiligung an den stillen Reserven handelt es sich um eine typisch stille Beteiligung. Zillmer erzielt Einnahmen aus Kapitalvermögen, § 20 Abs. 1 Nr. 4 EStG.

§ 8 Nr. 1d GewStG		€	20 %	
Leasingraten Fuhrpark		150.800	30.160	30.160 €
				155.118 €
Freibetrag gemäß § 8 Nr. 1 Satz 2 GewStG				- 100.000 €
				55.118 €
davon 25 %				+ 13.780 €

Kürzungen:

§ 9 Nr. 1 GewStG		
Einheitswert 196.000 (= 140 %)	davon 1,2 %	- 2.352 €
Gewerbeertrag		114.948 €
abgerundeter Gewerbeertrag § 11 Abs. 1 Satz 3 GewStG		114.900 €
Steuermesszahl § 11 Abs. 2 GewStG	3,5 %	
Steuermessbetrag		4.022 €

Lösung zu Fall 34   6 Punkte

Nach einkommensteuerrechtlichen Vorschriften ermittelter Gewinn aus Gewerbebetrieb vor Steuern (§ 7 GewStG)	1.500.500 €
zeitanteilig Disagio	- 500 €
Leasingrate EDV-Anlage 12/2017	- 12.000 €
steuerpfl. Gewinn	1.488.000 €

Hinzurechnungen:

1. Die Darlehenszinsen für das Hypothekendarlehen stellen Entgelt für Schulden i. S. von § 8 Nr. 1a GewStG dar. Für die Frage, ob ein Entgelt für eine Schuld vorliegt, sind die Grundsätze des R 8.1 Abs. 1 GewStR anwendbar. Danach gehört auch das Disagio zu den hier zu berücksichtigenden Entgelten (vgl. R 8.1 Abs. 1 Satz 4 GewStR). Der Finanzierungsanteil beträgt gemäß § 8 Nr. 1a GewStG 100 %.

Disagio 2020:	1.000 €
gerechnet auf 6 Monate: 500 €	500 €

2. Die Leasingrate hat den steuerpflichtigen Gewinn um 60.000 € gemindert. Insofern ist sie gemäß § 8 Nr. 1d GewStG mit einem Finanzierungsanteil von 20 % hinzuzurechnen.

	12.000 €

3. Bei den Zinsen für das Privatdarlehen handelt es sich um Entgelte für Schulden i. S. von § 8 Nr. 1a GewStG mit einem Finanzierungsanteil von 100 %.

	25.200 €
Summe:	38.700 €
Freibetrag gemäß § 8 Nr. 1 Satz 2 GewStG	- 100.000 €
Hinzurechnungen somit	0 €
Gewerbeertrag	1.488.000 €

Lösung zu Fall 35   11 Punkte

a) Ausgangswert für die Ermittlung des Gewerbeertrags ist laut § 7 GewStG der steuerliche Gewinn nach § 5 EStG. Dieser beträgt **275.800 €**.

Gemäß § 8 GewStG sind folgende Hinzurechnungen zu berücksichtigen:

Die Darlehenszinsen für das Hypothekendarlehen stellen Entgelt für Schulden i. S. von § 8 Nr. 1a GewStG dar. Für die Frage, ob ein Entgelt für eine Schuld vorliegt, sind die Grundsätze des R 8.1 Abs. 1 GewStR anwendbar. Danach gehört auch das Disagio zu den hier zu berücksichtigenden Entgelten (R 8.1 Abs. 1 Satz 4 GewStR). Der Finanzierungsanteil beträgt gemäß § 8 Nr. 1a GewStG 100 %.

Zinsen: 8 % von 2.500.000 €	200.000 €
Disagio 4 % von 2.500.000 €	
davon $^1/_{10}$	10.000 €

Die Miete für die Fertigungsmaschine i. H. von 36.000 € ist gemäß § 8 Nr. 1d EStG mit einem Finanzierungsanteil von 20 % zu berücksichtigen.

	7.200 €
	217.200 €
Freibetrag gemäß § 8 Nr. 1 Satz 2 GewStG	- 100.000 €
	117.200 €
davon: 25 %	+ 29.300 €

Gemäß § 9 GewStG sind folgende Kürzungen anzusetzen:

Gemäß § 9 Nr. 2 GewStG ist der im Gewinn enthaltene Beteiligungsertrag bei der Ermittlung des Gewerbeertrags zu kürzen.

	- 45.980 €

Der Einheitswert des Grundstücks bewirkt gemäß § 9 Nr. 1 GewStG folgende Kürzung:

Zinsen: 8 % von 2.500.000 €	120.000 €

Der Ansatz erfolgt in voller Höhe, da das Grundstück zum 1.1.2020 zu 100 % dem Betriebsvermögen zugehörig war, § 20 GewStDV.

Der Wertansatz ergibt sich gemäß § 121a BewG i.V. mit Abschn. 9.1 Abs. 2 Satz 2 GewStR mit 1,2 % von 140 % des Einheitswerts des Grundstücks.

	- 2.016 €
Gewerbeertrag:	257.104 €
Abgerundet nach § 11 Abs. 1 Satz 3 GewStG	257.100 €
Freibetrag nach § 11 Abs. 1 Satz 3 Nr. 1 GewStG	- 24.500 €
Bemessungsgrundlage nach § 11 Abs. 1 GewStG	232.600 €

Ermittlung des Gewerbesteuermessbetrags:

Gewerbeertrag nach Freibetrag	232.600 €
· Steuermesszahl (§ 11 Abs. 2 GewStG)	3,5 %
= Gewerbesteuermessbetrag	8.141 €

b) Befinden sich im Erhebungszeitraum Betriebsstätten in mehreren Gemeinden, so ist der Steuermessbetrag gemäß § 28 Abs. 1 GewStG in die auf die Gemeinden entfallenden Anteile (Zerlegungsanteile) zu zerlegen. Zerlegungsmaßstab sind laut § 29 GewStG die Löhne der einzelnen Betriebsstätten im Verhältnis zur gesamten Lohnsumme. Außerdem ist zu beachten, dass gemäß § 31 Abs. 5 GewStG bei Unternehmen, die nicht von einer juristischen Person betrieben werden, für die im Betrieb tätigen Unternehmer ein Pauschalbetrag i. H. von 25.000 € anzusetzen ist. Dieser Betrag ist unabhängig von der Anzahl der mitarbeitenden Mitunternehmer zu berücksichtigen und wird nach dem Anteil der Tätigkeit der Mitunternehmer in den einzelnen Betriebsstätten verteilt (R 31.1 Abs. 6 Satz 1 GewStR).

Es ergibt sich somit ein Arbeitslohn i. S. von § 31 GewStG i. H. von (805.000 € + 25.000 € =) 830.000 €. Davon entfallen auf Hamburg:

$2/_3$ von 805.000 € =	536.667 €
zzgl. (25.000 € · $1/_2$)	12.500 €
Summe	549.167 €
Abrundung, § 29 Abs. 3 GewStG	549.000 €
davon entfallen auf Schwerin	
$1/_3$ von 805.000 € =	268.333 €
zzgl. (25.000 € · $1/_2$)	12.500 €
Summe	280.833 €
Abrundung, § 29 Abs. 3 GewStG	280.000 €

Gewerbesteuerzerlegung: Bei der Verhältnisberechnung sind die Arbeitslöhne auf volle 1.000 € abzurunden (§ 29 Abs. 3 GewStG).

Ort	Arbeitslöhne in €	in %	Messbetrag in €	Anteil in €
Hamburg	549.000	66,2244	8.141	5.391,33
Schwerin	280.000	33,7756	8.141	2.749,67
Summe	829.000	100,0000		8.141,00

Auf die Messbeträge beider Orte ist der entsprechende Hebesatz zu berechnen.

Ort	Anteil des Messbetrags in €	Hebesatz	
Hamburg	5.391,33	470 %	25.339,25 €
Schwerin	2.749,67	420 %	11.548,61 €
Zahllast			36.887,86 €

Nur Hamburg:

Ort	Anteil des Messbetrags in €	Hebesatz	
Hamburg	8.141	470 %	38.262,70 €
Zahllast			38.262,70 €
Unterschiedsbetrag			- 1.374,84 €

Die teilweise Auslagerung der Produktion nach Schwerin würde gewerbesteuerrechtlich eine Ersparnis von 1.374,84 € erbringen.

Lösung zu Fall 36 — 12 Punkte

Ausgangsbasis ist gemäß § 7 GewStG der körperschaftsteuerliche Gewinn. Der vorläufige Gewinn der AG beträgt 1.460.489 €. Darin enthalten sind Gewerbesteuer-Vorauszahlungen für 2020 i. H. von 88.600 €, die als Betriebsausgabe gebucht worden sind.

Nach § 4 Abs. 5b EStG sind die Gewerbesteuer und die darauf entfallenden Nebenleistungen keine Betriebsausgaben (mehr). (Anmerkung: Der Wortlaut des Gesetzestextes ist missverständlich. Die Gewerbesteuer ist natürlich betrieblich veranlasst und somit Betriebsausgabe i. S. von § 4 Abs. 4 EStG. Der Gesetzgeber meint hier wohl, dass die Gewerbesteuer – wie andere in § 4 Abs. 5 EStG genannte Aufwendungen – nicht als Betriebsausgabe abziehbar ist und somit zur steuerlichen Gewinnermittlung außerbilanziell hinzugerechnet werden muss, vgl. R 5.7 Abs. 1 Satz 2 EStR).

§ 4 Abs. 5b EStG ist erstmals für Erhebungszeiträume anzuwenden, die nach dem 31.12.2007 enden. Insofern sind die Gewerbesteuer-Vorauszahlungen für 2018 dem Gewinn wieder hinzuzurechnen. Die Gewerbesteuer-Nachzahlung für 2007 ist dagegen in 2020 als Betriebsausgabe abzugsfähig.

vorläufiger Gewinn	1.460.489,00 €
Gewerbesteuer-Vorauszahlungen 2020	88.600,00 €
körperschaftsteuerlicher Gewinn	1.549.089,00 €

Zur Ermittlung des Gewerbeertrags und der Gewerbesteuerrückstellung müssen diverse Korrekturen durchgeführt werden.

Hinzurechnungen:

§ 8 Nr. 1a GewStG	€	100 %	
Darlehenszinsen	85.243	85.243	85.243 €
§ 8 Nr. 1c GewStG		€	100 %
Gewinnanteil stiller Gesellschafter	35.645	35.645	35.645 €
§ 8 Nr. 1d GewStG		€	20 %
Miete Computeranlage	350.000	70.000	70.000 €
§ 8 Nr. 1e GewStG		€	50 %
Miete Lagerhalle	25.200	12.600	12.600 €
			203.488 €
Freibetrag gemäß § 8 Nr. 1 Satz 2 GewStG			- 100.000 €
			103.488 €
davon 25 %			25.872 €

Kürzungen:

§ 9 Nr. 1 GewStG

1,2 % vom Einheitswert des Grundbesitzes von 1.540.000 €	- 18.480 €
Gewerbeertrag	1.556.481 €
abgerundeter Gewerbeertrag § 11 Abs. 1 Satz 3 GewStG	1.556.400 €
Steuermesszahl gemäß 11 Abs. 2 GewStG 3,5 %	
einheitlicher Gewerbesteuermessbetrag	54.474 €

Da in mehreren Gemeinden Standorte unterhalten werden, muss der Messbetrag gemäß § 28 GewStG zerlegt werden.

Gemäß § 29 GewStG ist der Zerlegungsmaßstab das Verhältnis der Arbeitslöhne, die in den einzelnen Standorten gezahlt wurden, zu der Gesamtsumme der Arbeitslöhne. Dabei bleiben gemäß § 31 Abs. 2 und Abs. 4 GewStG Ausbildungsvergütungen und Tantiemen außer Ansatz.

Die Arbeitslöhne sind bei der Ermittlung der Verhältniszahlen auf volle 1.000 € abzurunden (§ 29 Abs. 3 GewStG).

Ort	Arbeitslöhne in €	in %	Messbetrag in €	Hebesatz in %	GewSt in €
Düsseldorf	5.100.000	60	32.684	440	143.810
Duisburg	2.550.000	30	16.342	510	83.344
Dresden	850.000	10	5.448	450	24.516
Gesamt	8.500.000	100	54.474		251.670

Berechnung der Gewerbesteuerrückstellung:

Obwohl die Gewerbesteuer gemäß § 4 Abs. 5b EStG nicht als Betriebsausgabe abzugsfähig ist, ist für die steuerliche Gewinnermittlung eine Gewerbesteuerrückstellung zu berücksichtigen (R 5.7 Abs. 1 Satz 2 EStR). Der Aufwand aus der Rückstellungsbildung ist steuerlich keine Betriebsausgabe und somit außerbilanziell auf der zweiten Stufe der Gewinnermittlung gemäß § 4 Abs. 1 Satz 1 EStG wieder zu neutralisieren.

Die Gewerbesteuerrückstellung ergibt sich im vorliegenden Fall wie folgt:

Gewerbesteuerschuld	251.670 €
abzgl. Gewerbesteuer-Vorauszahlung 2020	- 88.600 €
Gewerbesteuerrückstellung	163.070 €

Lösung zu Fall 37   **12 Punkte**

a) Gewerbesteuerliche Beurteilung:

  1. Mietverträge zwischen der GmbH und ihren Gesellschaftern sind grundsätzlich steuerlich anzuerkennen.

     Nach § 8 Nr. 1d GewStG sind grundsätzlich für den PKW 20 % der Mietaufwendungen (= 1.200 €) und nach § 8 Nr. 1e GewStG für die Garage 50 % der Mietaufwendungen (= 600 €) zu jeweils 25 % für die Ermittlung des Gewerbeertrags hinzuzurechnen. Da keine weiteren Aufwendungen i. S. von § 8 Nr. 1 GewStG vorliegen, wird der Freibetrag von 100.000 € nicht überschritten, sodass eine Hinzurechnung dieser Aufwendungen entfällt.

  2. Der Gewinnanteil nach § 20 Abs. 1 Nr. 4 i.V. mit § 43 Abs. 1 Nr. 3 EStG ist bereits zum 31.12.2020 i. H. von 11.780 + 4.000 + 220 = 16.000 € zu erfassen.

     Gewinnerhöhung   + 16.000 €

     Es ist keine Kürzung nach § 9 Nr. 2 GewStG vorzunehmen, da die GmbH keine Mitunternehmerin der OHG geworden ist (typisch stille Beteiligung).

  3. Das Gehalt für den geschäftsführenden Gesellschafter ist steuerlich als Betriebsausgabe abzugsfähig, da es nicht unangemessen ist. Dies gilt auch für die Tantieme.

     Gewinnauswirkung   0 €

  4. Die KSt-Vorauszahlungen sind nach § 10 Abs. 2 KStG nicht abziehbar.

     Gewinnerhöhung   + 120.000 €

  5. Die GewSt-Vorauszahlung ist nach § 4 Abs. 5b EStG nicht als Betriebsausgabe abzugsfähig.

     Gewinnauswirkung   + 48.000 €

b) Ermittlung der Gewerbesteuerrückstellung:

   Obwohl die Gewerbesteuer gemäß § 4 Abs. 5b EStG nicht mehr als Betriebsausgabe abzugsfähig ist, ist für die steuerliche Gewinnermittlung eine Gewerbesteuerrückstellung zu berücksichtigen. Der Aufwand aus der Rückstellungsbildung ist steuerlich keine Betriebsausgabe und somit außerbilanziell auf der zweiten Stufe der Gewinnermittlung gemäß § 4 Abs. 1 Satz 1 EStG wieder zu neutralisieren.

Die Gewerbesteuerrückstellung ergibt sich im vorliegenden Fall wie folgt:

vorläufiger Jahresüberschuss	305.320 €
Korrektur Tz. 2	16.000 €
Korrektur Tz. 3	0 €
Korrektur Tz. 4	120.000 €
Korrektur Tz. 5	48.000 €
steuerlicher Gewinn nach § 7 GewStG	489.320 €
gewerbesteuerliche Korrekturen:	
Korrektur Tz. 1	0 €
Korrektur Tz. 2	0 €
Gewerbeertrag	489.320 €
kein Freibetrag § 11 Abs. 1 GewStG, da GmbH	0 €
maßgebender Gewerbeertrag (Abrundung)	489.300 €
Steuermesszahl § 11 Abs. 2 GewStG	3,5 %
Steuermessbetrag	17.126 €

Der Messbetrag ist nach §§ 28 bis 31 GewStG nach dem Verhältnis der bezahlten Arbeitslöhne, abgerundet auf volle 1.000 €, zu zerlegen.

Dabei ist die Tantieme mit 40.000 € nach § 31 Abs. 4 GewStG nicht zu berücksichtigen. Ebenso ist das über 50.000 € hinausgehende Gehalt (190.000 €) abzuziehen.

Für Wuppertal verbleiben daher (684.600 - 40.000 - 190.000) 454.600 €, abgerundet 454.000 €.

Stadt	Arbeitslöhne	Anteil	Messbetrag	Hebesatz	
W	454.000 €	58,51 %	10.020 €	490 %	49.098 €
D	322.000 €	41,49 %	7.106 €	440 %	31.266 €
	776.000 €	100 %	17.126 €		80.364 €
abzgl. geleistete Vorauszahlungen					48.000 €
Gewerbesteuer-Rückstellung					32.364 €

Lösung zu Fall 38 8 Punkte

Gewinn aus Gewerbebetrieb (§ 7 GewStG)

Bei einer GmbH ist als Gewinn aus Gewerbebetrieb grundsätzlich das nach den Vorschriften des EStG und des KStG ermittelte zu versteuernde Einkommen i.S. des § 7 KStG (siehe Abschn. 40 Abs. 1 GewStR) anzusehen.

Der Ausgangswert beträgt somit 1.500.000 €

Hinzurechnungen nach § 8 GewStG

1. Hinzurechnung der Entgelte für Schulden i. S. von § 8 Nr. 1 GewStG

§ 8 Nr. 1a GewStG	€	100 %	
Darlehenszinsen Moris AG	8.000	8.000	8.000 €
§ 8 Nr. 1b GewStG	€	100 %	
Zinsanteil Leibrente	30.000	30.000	30.000 €

Der durch den Wegfall der Rentenverpflichtung im Jahresüberschuss erfasste sonstige betriebliche Ertrag berührt die Hinzurechnung nicht (R 8.1 Abs. 2 Satz 3 GewStR).

§ 8 Nr. 1c GewStG	€	100 %	
Gewinnanteil stiller Gesellschafter	70.000	70.000	70.000 €
			108.000 €
Freibetrag gemäß § 8 Nr. 1 Satz 2 GewStG			- 100.000 €
			8.000 €
davon Hinzurechnung		25 %	2.000 €

2. Dividende der Moris AG

Gemäß § 8 Nr. 5 GewStG unterliegen die nach § 3 Nr. 40 EStG oder § 8b Abs. 1 i.V. mit § 8b Abs. 4, Abs. 5 KStG außer Ansatz bleibenden Gewinnanteile (Dividenden) der (vollen) Hinzurechnung, soweit nicht die Voraussetzungen des § 9 Nr. 2a oder Nr. 7 GewStG (sog. Schachtelprivileg) erfüllt werden.

Durch das Unternehmensteuerreformgesetz 2008 ist die Grenze für Streubesitzdividenden von 10 % auf 15 % angehoben worden. Damit erfüllt die Beteiligung an der Moris AG das Schachtelprivileg nicht. Es ist somit eine Hinzurechnung nach § 8 Nr. 5 GewStG vorzunehmen.

Die Dividende ist nach § 8b Abs. 1 i.V. mit Abs. 4 KStG i. H. von 30.000 € steuerfrei; 5 % der Ausschüttung sind nach § 8b Nr. 5 KStG pauschal als nicht abzugsfähige Betriebsausgabe zu behandeln (= 1.500 €). Die Finanzierungsaufwendungen von 8.000 € sind körperschaftsteuerlich in voller Höhe abziehbar (vgl. § 8b Abs. 5 Satz 2 KStG).

Nach § 8 Nr. 5 GewStG erfolgt eine Hinzurechnung von 30.000 € abzgl. 5 % fiktiv nicht abziehbarer Betriebsausgaben, also i. H. von 28.500 € (1.500 € haben den Gewinn i. S. von § 7 GewStG bereits erhöht).

Hinzurechnung: 28.500 €

Kürzungen nach § 9 GewStG

1. Zum Betriebsvermögen gehörender Grundbesitz

Das Grundstück Beethovenstraße 3 in Bonn gehört mindestens seit Beginn des Kalenderjahres 2020 in vollem Umfang zum Betriebsvermögen der GmbH, § 20 Abs. 1 GewStDV.

Deshalb errechnet sich folgender Kürzungsbetrag (§ 9 Nr. 1 Satz 1 GewStG; § 20 GewStDV; Abschn. 9.1 GewStR):

Einheitswert des Grundstücks	2.000.000 €
Erhöhung nach § 121a BewG auf 140 % =	2.800.000 €
davon 1,2 %	- 33.600 €

2. Beteiligung an der Xaver Unertl OHG

Sowohl der Anteil am laufenden Gewinn der OHG sowie der Anteil am Veräußerungsgewinn aus dem Verkauf eines Teilbetriebs durch die OHG ist nach § 9 Nr. 2 GewStG bei der Ermittlung des Gewerbeertrags wieder zu kürzen (§ 9 Nr. 2 GewStG).

- 350.000 €

Gewerbeverlust

Der nach § 10a Satz 4 GewStG für den Erhebungszeitraum 2019 festgestellte Verlust ist bei der Ermittlung des Gewerbeertrags 2020 zu kürzen (§ 10a Satz 1 GewStG).

- 150.000 €

Gewerbeertrag 2020	**996.900 €**

LÖSUNG

Lösung zu Fall 39   10 Punkte

a)

1. Gewinn aus Gewerbebetrieb (§ 7 GewStG)

Die OHG ist eine Personengesellschaft i. S. des § 105 HGB. Deshalb stellen die verschiedenen Tätigkeiten dieser Gesellschaft einen einheitlichen Gewerbebetrieb dar (R 2.4 Abs. 3 Satz 1 GewStR), für den der Gewinn nach den Vorschriften des EStG selbstständig zu ermitteln ist. Hier ist die Vorschrift des § 15 Abs. 1 Nr. 2 EStG zu beachten. Der Gewinn aus der Veräußerung eines Teilbetriebs einer Mitunternehmerschaft (§ 7 Satz 2 Nr. 1 GewStG) gehört nicht zum Gewerbeertrag.

Der Gewinn aus Gewerbebetrieb errechnet sich danach wie folgt:

Gewinn lt. Handelsbilanz/Steuerbilanz der OHG	1.500.000 €
dazu:	+ 150.000 €
davon ab:	- 500.000 €
Veräußerungsgewinn (siehe oben)	1.150.000 €
berichtigter Gewinn	

2. Hinzurechnung der Entgelte für Schulden i. S. von § 8 Nr. 1 GewStG

	€	100 %	
§ 8 Nr. 1a GewStG			
laufende Zinsen	43.600	43.600	
Damnum-Abschreibung	6.000	6.000	
Basiszinsen Wechsel	6.000	6.000	55.600 €
§ 8 Nr. 1b GewStG	€	100 %	
Zinsanteil Leibrente (= 80.000 - (260.000 - 210.000))	30.000	30.000	30.000 €
			85.600 €
Freibetrag gemäß § 8 Nr. 1 Satz 2 GewStG			- 100.000 €
Hinzurechnung			0 €

3. Kürzungen nach § 9 GewStG (§ 9 Nr. 1 GewStG)

Die Kürzung gründet sich auch auf § 20 GewStDV und R 9.1 GewStR. Die Grundstücke haben zu Beginn des Erhebungszeitraumes (§ 14 Satz 2 GewStG) zum Betriebsvermögen der OHG gehört und dienten im Wirtschaftsjahr 2020 zu 100 % betrieblichen Zwecken. Der Kürzungsbetrag errechnet sich wie folgt:

EW Grundstück Oxfordstraße 11	2.000.000 €
EW Grundstück Beethovenstraße 14	1.500.000 €
	3.500.000 €
davon 140 % (R 9.1 Abs. 2 Satz 2 GewStR)	4.900.000 €
davon 1,2 % Kürzungsbetrag	58.800 €
	- 58.800 €

4. Zusammenfassung

Gewinn aus Gewerbebetrieb lt. Tz. 1	1.150.000 €
Hinzurechnungen lt. Tz. 2	0 €
Kürzungen lt. Tz. 3	- 58.800 €
Gewerbeertrag nach § 7 GewStG	1.091.200 €

b) Ermittlung des Messbetrags nach § 11 Abs. 1 und 2 GewStG

Gewerbeertrag	1.091.200 €
Freibetrag (§ 11 Abs. 1 Satz 3 Nr. 1 GewStG)	- 24.500 €
	1.066.700 €
Steuermesszahl gemäß § 11 Abs. 2 GewStG	3,5 %
Steuermessbetrag	37.334 €

c) Ermittlung der GewSt-Rückstellung (= GewSt-Schuld)

GewSt-Messbetrag lt. Buchstabe b)	37.334 €
Hebesatz lt. Aufgabe	460 %
GewSt-Rückstellung	171.736 €

Lösung zu Fall 40   12 Punkte

Zu Nr. 1:

Es ist zu prüfen, ob es sich um einen steuerbaren Umsatz gemäß § 1 Abs. 1 Nr. 1 UStG handelt. Die Abraham OHG ist Unternehmerin i. S. des § 2 Abs. 1 UStG, da sie ihre Tätigkeit selbstständig, nachhaltig und zur Erzielung von Einnahmen ausübt. Das Unternehmen umfasst die gesamte Tätigkeit der OHG. Es handelt sich hier um eine Lieferung gemäß § 3 Abs. 1 UStG. Es ist zu prüfen, ob es sich um eine Lieferung im Inland i. S. des § 1 Abs. 2 UStG handelt. Der Ort der Lieferung bestimmt sich nach § 3 Abs. 5a i.V. mit § 3c UStG:

1. Der Gegenstand der Lieferung wird durch den Lieferer in ein anderen Mitgliedstaat befördert; § 3c Abs. 1 Satz 1 UStG.

2. Der Abnehmer ist eine Privatperson und gehört somit nicht zu den unter § 1a Abs. 1 Nr. 2 UStG genannten Personen; § 3c Abs. 2 Nr. 1 UStG.

3. Die dänische Lieferschwelle i. H. von 280.000 DKK (Abschn. 3c. 1 Abs. 3 Satz 2 UStAE) wurde im laufenden Jahr überschritten.

Die Voraussetzungen des § 3c UStG liegen vor, somit befindet sich der Ort der Lieferung in Dänemark und in Deutschland liegt kein steuerbarer Umsatz vor.

Zu Nr. 2:

Es liegen zwei Lieferungen i. S. des § 3 Abs. 1 UStG vor. Zum einen liefert die Kabelspezial AG an die Abraham OHG und zusätzlich die Abraham OHG an die Sand A/S. Es handelt sich um ein Reihengeschäft nach § 3 Abs. 6 Satz 5 UStG (vgl. Abschn. 3.14 Abs. 1 UStAE).

Zu prüfen ist, ob die Umsätze gemäß § 1 Abs. 1 Nr. 1 UStG steuerbar sind. Der Lieferer ist jeweils Unternehmer i. S. des § 2 Abs. 1 UStG. Es muss in beiden Fällen geprüft werden, ob die Lieferung im Inland, § 1 Abs. 2 UStG, stattfand.

Lieferung von Kabelspezial AG an die Abraham OHG:

Der Ort der Lieferung bestimmt sich nach § 3 Abs. 5a i.V. mit § 3 Abs. 6 UStG. Mehrere Unternehmer haben über denselben Gegenstand mehrere Umsatzgeschäfte abgeschlossen und der Gegenstand gelangt bei der Beförderung unmittelbar vom ersten Unternehmer an den letzten Abnehmer (Reihengeschäft, § 3 Abs. 6 Satz 5 UStG). Die Beförderung ist nur einer der Lieferungen zuzuordnen. Dies ist die Lieferung von Kabelspezial AG an die Abraham OHG, weil die Kabelspezial AG die Ware transportiert. Nach § 3 Abs. 6 Satz 1 UStG ist der Ort dort, wo die Beförderung beginnt, also Kiel (bewegte Lieferung).

Hinweis: Nach neuer EuGH- und BFH-Rechtsprechung (vgl. EuGH, Urteil vom 27.9.2013 – C-587/10 VSTR, DStR 2013 S. 2015; BFH, Urteile vom 25.2.2015 – XI R 15/14, BStBl 2016 II S. 772 und XI R 30/13, BFH/NV 2016 S. 769) kommt es nicht mehr auf die Beauftragung/Durchführung des Transports an, um die bewegte Lieferung zu bestimmen, sondern auf die Verschaffung der Verfügungsmacht.

Der Umsatz ist damit steuerbar gemäß § 1 Abs. 1 Nr. 1 UStG, da der Lieferort in Deutschland liegt. Gemäß § 4 Nr. 1b i.V. mit § 6a UStG handelt es sich um eine innergemeinschaftliche Lieferung. Die Voraussetzungen des § 6a UStG sind erfüllt, da die Abraham OHG mit einer dänischen USt-IdNr. auftritt. Der Erwerb der OHG unterliegt somit der Umsatzbesteuerung in Dänemark, § 6a Abs. 1 Nr. 3 UStG. Die steuerfreie innergemeinschaftliche Lieferung ist in die zusammenfassende Meldung nach § 18a UStG aufzunehmen, § 18a Abs. 1 Satz 1 UStG.

Für die steuerfreie Lieferung wäre grundsätzlich eine Rechnung nach § 14a UStG erforderlich, § 14a Abs. 3 UStG. Diese liegt hier nicht vor. Die zu Unrecht ausgewiesene Umsatzsteuer schuldet die AG gemäß § 14c Abs. 1 i.V. mit § 13a Abs. 1 Nr. 1 UStG zu dem Zeitpunkt, in dem die unrichtige Rechnung erteilt wurde, § 13 Abs. 1 Nr. 3 UStG. Gemäß § 14c Abs. 1 Satz 2 UStG kann die Rechnung korrigiert werden. Die Abraham OHG kann die Vorsteuer gemäß § 15 Abs. 1 Satz 1 Nr. 1 UStG nicht als Vorsteuer geltend machen. Das Recht auf Vorsteuerabzug besteht nur für die regulär geschuldete Steuer, nicht für eine nach § 14c UStG geschuldete (Abschn. 15.1 Abs. 1 UStAE und BFH-Urteil vom 2.4.1999, BFH/NV 1999 S. 1438).

Hinweis: Die Abraham OHG muss den innergemeinschaftlichen Erwerb in Dänemark anmelden und versteuern, ungeachtet der falsch ausgestellten Rechnung oder der in Deutschland abgeführten USt.

Lieferung von Abraham OHG an Sand A/S:

Gemäß § 3 Abs. 5a i.V. mit § 3 Abs. 7 Satz 2 Nr. 2 UStG ist der Ort der Lieferung dort, wo die Beförderung endet (ruhende Lieferung). Damit befindet sich der Ort in Dänemark: es liegt somit kein steuerbarer Umsatz im Inland vor.

Kein Fall von § 25b UStG, weil gemäß § 25b Abs. 1 Nr. 2 UStG Voraussetzung ist, dass die Unternehmer in jeweils verschiedenen Mitgliedsstaaten der EU ansässig sind. OHG und A/S treten jeweils unter ihrer dänischen USt-IdNr. auf.

Hinweis: Die Abraham OHG muss den Umsatz in Dänemark versteuern.

LÖSUNG

Lösung zu Fall 41   10 Punkte

1. Da die Anlage zum Zeitpunkt der Anschaffung ausschließlich für steuerfreie Zwecke verwendet wurde, war ein Vorsteuerabzug nicht möglich. Ab dem 1.5.2020 erfolgt eine Änderung der Verhältnisse. Die Wirtschaftsgüter werden nur noch für die Ausführung von steuerpflichtigen Umsätzen genutzt. Daher ist gemäß § 15a Abs. 1 UStG eine Berichtigung des Vorsteuerabzugs möglich. Laut § 15a Abs. 5 UStG ist für jedes zu ändernde Kalenderjahr von $1/5$ der Vorsteuerbeträge auszugehen: Ausschlussgründe liegen nicht vor, § 44 UStDV.

Für das Jahr 2020 sind die zu korrigierenden Vorsteuerbeträge anteilig zu ermitteln.

	⅕	abziehbar	bisher	Berichtigung
1.9. bis 31.12.2017	285 €	0 €	0 €	0 €
1.1. bis 31.12.2018	855 €	0 €	0 €	0 €
1.1. bis 31.12.2019	855 €	0 €	0 €	0 €
1.1. bis 30.4.2020	285 €	0 €	0 €	0 €
1.5. bis 31.12.2020	**570 €**	**570 €**	**0 €**	**570 €**
1.1. bis 31.12.2021	855 €	855 €	0 €	855 €
1.1. bis 31.8.2022	570 €	570 €	0 €	570 €
	4.275 €			

Für das Jahr 2020 kann die Maschinenbau AG in ihrer Umsatzsteuerjahreserklärung nachträglich 570 € als abziehbare Vorsteuer geltend machen. Nach § 44 Abs. 3 UStDV ist abweichend von § 18 Abs. 1 Satz 2 i.V. mit § 16 Abs. 2 Satz 2 UStG die Vorsteuerberichtigung bei der Steueranmeldung für das Kalenderjahr statt im Voranmeldungsverfahren vorgeschrieben. Der Jahresberichtigungsbetrag übersteigt bei dem Wirtschaftsgut nicht 6.000 €.

2. Die umsatzsteuerliche Prüfung dieses Sachverhalts erfordert eine Festlegung des Orts dieser sonstigen Leistung. Es liegt hier eine Leistung aus der Tätigkeit als Rechtsanwalt vor; es handelt sich demzufolge um eine Leistung von einem Unternehmer an einen anderen Unternehmer (B2B). Damit liegt der Ort am Sitz des Leistungsempfängers, hier: Maschinenbau AG in Deutschland.

Bei der Leistung des Rechtsanwalts handelt es sich also um einen steuerbaren Umsatz gemäß § 1 Abs. 1 Nr. 1 UStG, der mangels Steuerbefreiung gemäß § 4 UStG auch steuerpflichtig ist.

Da es sich um eine sonstige Leistung eines im Ausland ansässigen Unternehmers handelt, gelten die Bestimmungen der Steuerschuldnerschaft des Leistungsempfängers gemäß § 13b Abs. 1 UStG. Demzufolge hat die Maschinenbau AG die Umsatzsteuer als Steuerschuldnerin an das zuständige Finanzamt abzuführen.

Die Umsatzsteuer entsteht mit Ablauf des Voranmeldungszeitraums der Ausführung der Leistung (§ 13b Abs. 1 UStG), hier also Mai 2020.

Die Bemessungsgrundlage ergibt sich aus § 10 Abs. 1 UStG und richtet sich nach dem Entgelt. Entgelt ist gemäß § 10 Abs. 1 Satz 2 UStG alles, was der Leistungsempfänger aufwendet, um die Leistung zu erhalten, jedoch abzgl. der Umsatzsteuer. In diesem Fall ist die Bemessungsgrundlage der Zahlbetrag von 5.500 €. Die anzumeldende und abzuführende Umsatzsteuer beträgt 1.045 € (§ 14a Abs. 5 Satz 3 und § 14 Abs. 4 Nr. 8 UStG).

Der Maschinenbau AG steht in gleicher Höhe der Vorsteuerabzug zu (§ 15 Abs. 1 Satz 1 Nr. 4 UStG), sodass sich keine Zahllast und damit Liquiditätsbelastung für die Maschinenbau AG ergibt.

3. Bei der sonstigen Leistung des belgischen Transportunternehmens handelt es sich nicht um eine innergemeinschaftliche Beförderungsleistung, § 3b Abs. 3 UStG, weil die Leistung an einen anderen Unternehmer erbracht wird. Demzufolge befindet sich der Ort dort, wo sich der

Sitz des Leistungsempfängers befindet (§ 3a Abs. 2 UStG). Der Umsatz ist also nach § 1 Abs. 1 Nr. 1 UStG in Deutschland steuerbar.

Da es sich um eine Leistung eines im Ausland ansässigen Unternehmers handelt, gelten die Bestimmungen der Steuerschuldnerschaft des Leistungsempfängers gemäß § 13b Abs. 1 UStG. Demzufolge hat die Maschinenbau AG die Umsatzsteuer als Steuerschuldnerin an das zuständige Finanzamt abzuführen. Die Umsatzsteuer entsteht mit Ablauf des Voranmeldungszeitraums der Leistung (§ 13b Abs. 1 UStG), hier also im August 2020.

Mangels Steuerbefreiung gemäß § 4 UStG ist dieser auch steuerpflichtig. Die Bemessungsgrundlage ergibt sich aus § 10 Abs. 1 UStG und richtet sich nach dem Entgelt. Der Leistungsempfänger wendet 4.000 € auf, woraus die Umsatzsteuer mit einem Steuersatz von 16 % (§ 12 Abs. 1 UStG) berechnet wird.

Somit ergibt sich eine Bemessungsgrundlage von 4.000 € und ein USt-Betrag i. H. von 640 €.

Sofern keine den Vorsteuerabzug ausschließenden Umsätze getätigt werden, kann die Maschinenbau AG die Vorsteuer nach § 15 Abs. 1 Satz 1 Nr. 4 UStG ebenfalls im August 2020 geltend machen.

Hinweis: Van Troog schuldet die in seiner Rechnung zu Unrecht ausgewiesene USt gemäß § 14c Abs. 1 Satz 1 UStG. Er kann die Rechnung gegenüber der Maschinenbau OHG jedoch berichtigen und so in entsprechender Anwendung von § 17 Abs. 1 UStG seiner Zahlungsverpflichtung entgehen, § 14c Abs. 1 Satz 2 UStG.

Gemäß Abschn. 3a.2 Abs. 9 Satz 2 UStAE muss ein im Gemeinschaftsgebiet ansässiger Unternehmer seinem Auftragnehmer die ihm von dem EU-Mitgliedstaat, von dem aus er sein Unternehmen betreibt, erteilte USt-IdNr. mitteilen, um seine Unternehmerschaft und die Verwendung der bezogenen sonstigen Leistung in seinem unternehmerischen Bereich nachzuweisen, sodass sich der Ort der sonstigen Leistung nach § 3a Abs. 2 UStG bestimmt. Unterlässt es der Auftraggeber, die USt-IdNr. mitzuteilen, kann der Auftragnehmer grundsätzlich annehmen, dass der Leistungsempfänger entweder kein Unternehmer ist oder die Leistung nicht für seinen unternehmerischen Bereich bezieht, Abschn. 3a.2 Abs. 9 Satz 9 UStAE. Dies gilt allerdings nur, soweit dem leistenden Unternehmer (hier: van Troog) „keine anderen Informationen vorliegen" (Abschn. 3a.2 Abs. 9 Satz 9 am Ende UStAE). Davon ist hier auszugehen, weil die Art der Leistung (Transport von Maschinen zu einer Messe) und die Rechnungsstellung an eine AG für eine eindeutig unternehmerisch verwendete Leistung sprechen.

LÖSUNG

Lösung zu Fall 42   10 Punkte

1. Bei dem Einbau der Fenster und Türen in der Betriebsstätte der Abraham OHG handelt es sich um eine Werklieferung gemäß § 3 Abs. 4 UStG. Der leistende Unternehmer hat die bei der umsatzsteuerlichen Leistung verwandten Hauptstoffe (Türen und Fenster) selbst beschafft (Abschn. 3.8 Abs. 1 UStAE). Eine Werklieferung ist in ihrer Wirkungsweise als umsatzsteuerrechtliche Lieferung anzusehen. Der Ort dieser Lieferung befindet sich gemäß § 3

Abs. 7 Satz 1 UStG in Hamburg, da dort die Verfügungsmacht über die hergestellten Teile (hier Einbau Fenster und Türen) verschafft wird.

Ein Leistungsaustausch liegt ebenfalls vor, es handelt sich um einen Tausch nach § 3 Abs. 12 UStG. Die Lieferung ist in Deutschland gemäß § 1 Abs. 1 Nr. 1 UStG steuerbar und mangels Befreiungsvorschrift des § 4 UStG steuerpflichtig. Die Bemessungsgrundlage richtet sich nach dem Entgelt, hier gemäß § 10 Abs. 2 Satz 2 UStG nach dem Wert des anderen Umsatzes ohne Umsatzsteuer. Sie beträgt somit 25.000 €.

Die Umsatzsteuer i. H. von 19 % (§ 12 Abs. 1 UStG) beträgt 4.750,00 € und wird gemäß § 13b Abs. 2 Nr. 1 UStG vom Leistungsempfänger, der Abraham OHG, geschuldet. Sie entsteht spätestens mit Ablauf des der Ausführung der Werklieferung folgenden Kalendermonats.

Die Abraham OHG kann die Umsatzsteuer gemäß § 15 Abs. 1 Satz 1 Nr. 4 UStG als Vorsteuer abziehen.

Die Gegenlieferung der Abraham OHG ist steuerbar gemäß § 1 Abs. 1 Nr. 1 UStG, da eine Lieferung im Inland erfolgt. Der Ort bestimmt sich nach § 3 Abs. 6 Satz 1 UStG (Hamburg). Die steuerbare Lieferung ist gemäß § 4 Nr. 1b i.V. mit § 6a UStG steuerfrei, weil die Ware von einem Mitgliedstaat in einen anderen gelangt. Die Rechnung muss den Anforderungen des § 14a Abs. 3 UStG genügen. Die steuerfreie innergemeinschaftliche Lieferung muss in die zusammenfassende Meldung nach § 18a UStG aufgenommen werden.

2. Bei der Prüfung der Steuerbarkeit des Finanzierungskaufs ist zu untersuchen, ob es sich um einen oder mehrere umsatzsteuerrechtliche Tatbestände handelt. Es liegt zunächst eine Lieferung von Gegenständen und eine damit im Zusammenhang stehende Kreditgewährung vor. Grundsätzlich darf gemäß Abschn. 3.10 Abs. 3 UStAE ein einheitlicher wirtschaftlicher Vorgang nicht in mehrere Leistungen aufgeteilt werden.

Besonderheiten bei einer Kreditgewährung im Zusammenhang mit anderen Umsätzen regelt Abschn. 3.11 UStAE. Sofern zusätzlich zum Warengeschäft ein ordnungsgemäßer Kreditvertrag vereinbart wird, erbringt der Verkäufer umsatzsteuerrechtlich zwei Leistungen. Dabei ist die eine Leistung die Lieferung der Waren, die andere die Kreditgewährung an den Kunden. Es müssen demnach beide Vorgänge getrennt voneinander umsatzsteuerrechtlich geprüft werden.

Bei dem Verkauf von Waren handelt es sich um eine Lieferung gemäß § 3 Abs. 1 UStG. Der Ort richtet sich nach § 3 Abs. 6 Satz 1 UStG. Der Umsatz ist steuerbar laut § 1 Abs. 1 Nr. 1 UStG, mangels Steuerbefreiung nach § 4 UStG auch steuerpflichtig.

Die Bemessungsgrundlage i. S. des § 10 Abs. 1 UStG richtet sich nach dem Entgelt, also 120.000 €. Der Steuersatz beträgt nach § 28 Abs. 1 UStG 16 %. Somit ergibt sich ein USt-Betrag i. H. von 19.200 €. Gemäß § 13 Abs. 1 Nr. 1a UStG entsteht die Steuer mit Ablauf des Voranmeldungszeitraums, in dem die Leistung ausgeführt wurde, mit Ablauf des November 2020. Der Betrag ist daher nach § 18 Abs. 1 und 2 i.V. mit § 16 Abs. 1 und 2 UStG bis zum 10.12.2020 an das zuständige Finanzamt anzumelden und abzuführen, und zwar unabhängig vom Zeitpunkt der tatsächlichen Vereinnahmung durch die Abraham OHG (Grundsatz der sog. Sollbesteuerung).

Bei der Kreditgewährung handelt es sich um eine sonstige Leistung i. S. des § 3 Abs. 9 UStG. Der Ort der sonstigen Leistung ergibt sich aus § 3a Abs. 2 UStG, da der Leistungsempfänger ein Unternehmer ist. Die Leistung wird demnach dort ausgeführt, wo der Empfänger sein Unternehmen betreibt, also im Inland. Es handelt sich daher um einen steuerbaren Umsatz nach § 1 Abs. 1 Nr. 1 UStG, der allerdings gemäß § 4 Nr. 8a UStG steuerfrei ist. Zur Steuerpflicht wurde nicht optiert, § 9 Abs. 1 UStG.

Lösung zu Fall 43 — 5 Punkte

Bei der Würdigung dieses Falls sind zwei verschiedene Vorgänge zu prüfen, nämlich einerseits die Beförderungsleistung des Kölner Spediteurs und andererseits das Verbringen von Gegenständen innerhalb des Unternehmens in einen anderen EU-Mitgliedsstaat.

Bei dem Verbringen von Gegenständen des Unternehmens in das übrige Gemeinschaftsgebiet handelt es sich gemäß § 1 Abs. 1 Nr. 1 i.V. mit § 3 Abs. 1a UStG um eine steuerbare Lieferung, wenn der Unternehmer den Gegenstand nicht nur vorübergehend verbringt. Das Verbringen gilt danach als Lieferung gegen Entgelt und dadurch wird trotz fehlender Gegenleistung ein Leistungsaustausch angenommen. Bei der Lieferung des Gabelstaplers handelt es sich nicht um ein derartiges Verbringen, da er nur vorübergehend, nämlich zum Abladen der Waren, in Mailand benötigt wird und anschließend in die inländische Betriebsstätte zurückkehrt. Es liegt bezüglich des Gabelstaplers kein steuerbarer Umsatz vor.

Bei dem Verbringen der Waren aus dem Inland in das Lager in Mailand ist ebenso zu prüfen, ob bei der Versendung eine nur vorübergehende Verwendung vorliegt oder nicht. Gemäß Abschn. 1a.2 Abs. 6 UStR liegt eine nicht nur vorübergehende Verwendung vor, wenn ein Unternehmer einen Gegenstand in ein Auslieferungslager verbringt. Die Voraussetzungen des § 3 Abs. 1a UStG sind vollumfänglich erfüllt. Daher handelt es sich um einen steuerbaren Umsatz gemäß § 1 Abs. 1 Nr. 1 UStG. Über die Regelung des § 6a Abs. 2 UStG gilt das innergemeinschaftliche Verbringen als innergemeinschaftliche Lieferung. Die Lieferung ist daher gemäß § 4 Nr. 1b i.V. mit § 6a Abs. 1 und 2 UStG steuerfrei und in der zusammenfassenden Meldung (§ 18a UStG) zu berücksichtigen.

Vollständigkeitshalber sei darauf hingewiesen, dass die Maschinenbau AG in Italien einen innergemeinschaftlichen Erwerb zu versteuern hat (vgl. auch § 1a Abs. 2 UStG für das Verbringen von Gegenständen aus dem übrigen Gemeinschaftsgebiet nach Deutschland).

Bei der Beförderungsleistung des deutschen Transportunternehmens handelt es sich um eine Güterbeförderung (sonstige Leistung i. S. des § 3 Abs. 9 UStG). Der Ort bestimmt sich nach § 3a Abs. 2 UStG und befindet sich dort, wo die Maschinenbau AG ihren Sitz hat.

Der Umsatz ist also nach § 1 Abs. 1 Nr. 1 UStG in Deutschland steuerbar und mangels Steuerbefreiung gemäß § 4 UStG auch steuerpflichtig. Die Bemessungsgrundlage ergibt sich aus § 10 Abs. 1 UStG und richtet sich nach dem Entgelt, also 2.500 €. Der Steuersatz beträgt nach § 12 Abs. 1 UStG 19 %. Somit ergibt sich ein USt-Betrag i. H. von 475 €. Diesen Betrag kann die Maschinenbau AG, bei Vorliegen der übrigen Voraussetzungen des § 15 UStG, als Vorsteuer geltend machen. § 15 Abs. 2 Nr. 1 UStG schließt zwar einen Vorsteuerabzug aus für sonstige Leistungen, die der Unternehmer zur Ausführung von steuerfreien Umsätzen verwendet. Über die Regelung des § 15 Abs. 3 Nr. 1 Buchst. a UStG gilt dieser Ausschluss aber nicht für steuerfreie innergemeinschaftliche Lieferungen (Steuerbefreiung nach § 4 Nr. 1b UStG).

Lösung zu Fall 44   6 Punkte

Die private Nutzung eines betrieblichen Pkw wird nach § 3 Abs. 9a UStG einer sonstigen Leistung gegen Entgelt gleichgestellt. Es wird ein dem Unternehmen zugeordneter Gegenstand, der zum Vorsteuerabzug berechtigt hat, zu außerunternehmerischen Zwecken genutzt. Der Ort bestimmt sich nach § 3f UStG danach, wo der Unternehmer sein Unternehmen betreibt, und ist daher im Inland belegen. Die Leistung ist gemäß § 1 Abs. 1 Nr. 1 UStG steuerbar. Mangels Steuerbefreiung nach § 4 UStG handelt es sich um einen steuerpflichtigen Umsatz. Die Bemessungsgrundlage ergibt sich aus § 10 UStG. Gemäß § 10 Abs. 4 Satz 1 Nr. 2 UStG gelten als Bemessungsgrundlage die bei der privaten Verwendung des Pkw entstandenen anteiligen Kosten, soweit sie zum Vorsteuerabzug berechtigt haben.

Gemäß Abschn. 10.6 Abs. 3 UStAE ist von den Gesamtkosten des Pkw auszugehen, wobei die AfA darin zu berücksichtigen ist. Die Bemessungsgrundlage ermittelt sich daher folgendermaßen:

Ersatzteile und planmäßige Reparaturen	3.000 €
Benzin, Öl	2.000 €
planmäßige AfA (Nutzungsdauer gemäß § 15a UStG = 5 Jahre)	6.000 €
Gesamtkosten	11.000 €
davon 25 % Privatanteil	2.750 €
darauf 16% USt gemäß § 28 Abs. 1 UStG, 19 % gemäß §12 Abs. 1 UStG	522,50 €

Die Steuer entsteht gemäß § 13 Abs. 1 Nr. 2 UStG mit Ablauf des Voranmeldungszeitraums, in dem die Leistung ausgeführt wird, also hat eine monatliche Erfassung des Privatanteils zu erfolgen.

Zur Besteuerung der privaten PKW-Nutzung vgl. auch BMF vom 5.6.2015, BStBl 2015 I S. 896.

Lösung zu Fall 45   12 Punkte

1. Hinsichtlich der Steuerbarkeit ist zu prüfen, ob die Vermittlungsleistung des Monsieur Perrier umsatzsteuerrechtlich als in Deutschland ausgeführt gilt. Es liegt kein Kommissionsgeschäft (§ 3 Abs. 3 UStG) vor, weil Monsieur Perrier in fremdem Namen auftritt (sog. Agenturgeschäft, Abschn. 3.7 Abs. 1 UStAE).

   Die Vermittlung stellt eine sonstige Leistung i. S. des § 3 Abs. 9 UStG dar. Die sonstige Leistung wird von einem Unternehmer (Monsieur Perrier) an einen anderen Unternehmer (Maschinenbau AG) erbracht (sog. B2B-Umsatz). Der Ort richtet sich daher nach § 3a Abs. 2 UStG und befindet sich am Sitz der Maschinenbau AG in Deutschland. Der Umsatz ist daher in Deutschland steuerbar, § 1 Abs. 1 Nr. 1 UStG.

In der zweiten Stufe ist eine mögliche Steuerbefreiung der Vermittlungsleistung zu prüfen. Bei dem vermittelten Umsatz handelt es sich um eine innergemeinschaftliche Lieferung der Maschinenbau AG an Brolac (vgl. § 3 Abs. 1, § 4 Nr. 1b i.V. mit § 6 UStG).

Gemäß § 4 Nr. 5a UStG ist zwar die Vermittlung von steuerfreien Ausfuhrlieferungen steuerbefreit, nicht aber die Vermittlung von steuerfreien innergemeinschaftlichen Lieferungen. Daher handelt es sich in diesem Fall um einen steuerpflichtigen Umsatz. Die Bemessungsgrundlage ergibt sich nach dem Entgelt i. H. von 37.500 € (§ 10 Abs. 1 UStG); darauf ist die Umsatzsteuer mit einem Satz von 16 % (§ 28 Abs. 1 UStG) zu rechnen, sodass sich ein USt-Betrag i. H. von 6.000 € ergibt.

Gemäß § 13b Abs. 1 UStG schuldet die Maschinenbau AG die Umsatzsteuer, da die Vermittlungsleistung von einem im EU-Ausland ansässigen Unternehmer erbracht worden ist. Die Steuer entsteht mit Ablauf des Voranmeldungszeitraums der Ausführung der Leistung, hier mit Ablauf des Novembers 2020.

Monsieur Perrier schuldet die unrechtmäßig in Rechnung gestellte USt trotzdem, § 14c Abs. 1 UStG.

2. Bei diesem Sachverhalt handelt es sich um ein Kommissionsgeschäft, da Ohl gewerbsmäßig Waren für Rechnung eines anderen, aber in eigenem Namen kauft, § 383 HGB. Umsatzsteuerrechtlich liegen gemäß § 3 Abs. 3 UStG zwei Lieferungen vor, nämlich von der Schweizer Schwermetall S.A. an Ohl sowie von Ohl an die Maschinenbau AG.

Lieferung der S.A. an Ohl:

Die S.A. erbringt eine Versendungslieferung. Wenn der Gegenstand der Lieferung bei der Versendung aus dem Drittlandsgebiet in das Inland gelangt und der Lieferer die Einfuhrumsatzsteuer schuldet, bestimmt sich der Ort nach § 3 Abs. 8 UStG und gilt als im Inland belegen. Die umsatzsteuerrechtliche Lieferung der S.A. an Ohl ist daher in Deutschland gemäß § 1 Abs. 1 Nr. 1 UStG steuerbar und mangels Befreiungsvorschrift des § 4 UStG steuerpflichtig.

Die Bemessungsgrundlage beträgt gemäß § 10 Abs. 1 UStG 220.000 €. Darauf wird nach § 12 Abs. 1 UStG ein Steuersatz i. H. von 19 % berechnet, sodass sich ein USt-Betrag i. H. von 41.800 € ergibt. Die Steuer entsteht gemäß § 13 Abs. 1 Nr. 1a UStG mit Ablauf des Voranmeldungszeitraums, in dem die Leistung ausgeführt wurde, also mit Ablauf des Juni 2020.

Ohl kann die ihr in Rechnung gestellte Umsatzsteuer als Vorsteuer geltend machen, § 15 Abs. 1 Satz 1 Nr. 1 UStG.

Lieferung von Ohl an die Maschinenbau AG:

In diesem Sachverhalt schließen mehrere Unternehmen über denselben Gegenstand mehrere Umsatzgeschäfte ab und der Liefergegenstand gelangt direkt vom ersten zum letzten Unternehmer. Somit gilt gemäß § 3 Abs. 6 Satz 5 UStG nur eine Lieferung als Versendungslieferung. Dieses ist gemäß § 3 Abs. 6 Satz 1 UStG die Lieferung der S.A. an Ohl.

Der Ort der Lieferung von Ohl an die Maschinenbau AG ergibt sich daher nach § 3 Abs. 7 Satz 2 Nr. 2 UStG und befindet sich dort, wo die Beförderung endet, also in Hamburg. Die umsatzsteuerrechtliche Lieferung von Ohl an die Maschinenbau AG ist in Deutschland gemäß § 1 Abs. 1 Nr. 1 UStG steuerbar und mangels Befreiungsvorschrift des § 4 UStG steuerpflichtig. Die Bemessungsgrundlage beträgt nach § 10 Abs. 1 UStG 255.200 €. Darauf wird gemäß § 12 Abs. 1 UStG ein Steuersatz i. H. von 19 % berechnet, sodass sich ein USt-Betrag i. H. von 48.488 € ergibt. Die Steuer entsteht gemäß § 13 Abs. 1 Nr. 1a UStG mit Ablauf des Veranlagungszeitraums, in dem die Leistung ausgeführt wurde, also mit Ablauf des Juni 2020.

Die Maschinenbau AG kann gemäß § 15 Abs. 1 Satz 1 Nr. 1 UStG aus der Lieferung von Ohl die Vorsteuer geltend machen.

Lösung zu Fall 46   11 Punkte

1. Der Angestellte der Abraham OHG hatte Waren des Unternehmens im Inland an externe Personen veräußert. Also lieferte die Abraham OHG Gegenstände im Rahmen ihres Unternehmens. Die Gegenstände wurden bezahlt, sodass auch ein Leistungsaustausch vorliegt. Es sind somit alle Voraussetzungen eines steuerbaren Umsatzes gemäß § 1 Abs. 1 Nr. 1 UStG gegeben. Mangels einschlägiger Befreiungsvorschrift gemäß § 4 UStG sind diese Umsätze steuerpflichtig.

   Die Bemessungsgrundlage ist gemäß § 10 Abs. 1 UStG das Entgelt. Entgelt ist alles, was der Leistungsempfänger für die Leistungen aufwendet abzgl. der USt. Es beträgt (3.000 € abzgl. USt 19 % = 478,99 €) 2.521,01 €. Die Steuer entsteht gemäß § 13 Abs. 1 Nr. 1a UStG mit Ablauf des Juni 2020.

   Im Außenverhältnis tätigte die Abraham OHG steuerbare Umsätze, die zu den dargestellten umsatzsteuerrechtlichen Folgen führten. Es ist umsatzsteuerrechtlich unbeachtlich, was mit den Einnahmen im Innenverhältnis geschehen ist. Auch wenn der Mitarbeiter die Einnahmen unterschlagen hat, bleibt trotzdem die Umsatzsteuerpflicht für die Abraham OHG bestehen. Die Teilzahlung des Mitarbeiters löst deshalb keinen steuerbaren Umsatz aus, sondern stellt lediglich eine Schadenersatzleistung dar. Diese ist nach Abschn. 1.3 Abs. 1 Satz 3 UStAE nicht steuerbar, daher ist es auch umsatzsteuerrechtlich unbeachtlich, dass der Restbetrag i. H. von 2.500 € einkommensteuerlich „abgeschrieben" werden muss. Es kommt nicht zu einer Berichtigung nach § 17 Abs. 2 Nr. 1 UStG.

2. Der Schrank ist nicht bei der Abraham OHG angekommen. Die Lieferung gilt jedoch umsatzsteuerrechtlich gemäß § 3 Abs. 6 Satz 1 UStG mit Beginn der Versendung, also in Hannover, als ausgeführt. Es handelt sich um einen steuerbaren Umsatz gemäß § 1 Abs. 1 Nr. 1 UStG. Dieser Umsatz ist mangels Befreiungsvorschrift gemäß § 4 UStG steuerpflichtig. Die Bemessungsgrundlage ergibt sich aus § 10 Abs. 1 UStG und ist das Entgelt. Die USt gehört nicht dazu. Die in Rechnung gestellten Transportkosten teilen als Nebenleistung das Schicksal der Hauptleistung (Abschn. 3.10 Abs. 5 Satz 1 UStAE).

   Die Bemessungsgrundlage beläuft sich daher auf 16.000 € und die Umsatzsteuer auf 3.040 €. Die Steuer entsteht nach § 13 Abs. 1 Nr. 1 Buchst. a UStG mit Ablauf des Juli 2020.

Aufgrund des vereinbarten Gefahrenübergangs muss die Abraham OHG den Kaufpreis bezahlen, was zur o. g. umsatzsteuerrechtlichen Konsequenz führt. Die Zahlung der Versicherung ist im Verhältnis zur Abraham OHG Schadenersatz i. S. des Abschn. 1.3 Abs. 1 UStAE, weil die OHG durch den Untergang des Schranks einen Verlust erlitten hat. Die Zahlung der Versicherung direkt an Schreinermeister Härke stellt lediglich eine Verkürzung des Zahlungswegs dar. Da die Versicherung nur den Nettobetrag bezahlt, hat Härke gegenüber der Abraham OHG noch Anspruch auf den Umsatzsteuerbetrag. Die OHG hat ihrerseits die Möglichkeit des Vorsteuerabzugs gemäß § 15 Abs. 1 Satz 1 Nr. 1 UStG (Vorsteuerabzug für OHG mit Ablauf Voranmeldungszeitraum Juli 2020, weil dann geliefert und Rechnung vorliegt).

Lösung zu Fall 47 6 Punkte

Die Vermietungsleistung ist umsatzsteuerrechtlich eine sonstige Leistung, die die Abraham OHG im Rahmen ihres Unternehmens ausführt (Hilfsgeschäft, Abschn. 2.7 Abs. 2 Satz 1 UStAE). Der Ort der Vermietungsleistung ergibt sich aus § 3a Abs. 3 Nr. 1a UStG. Demnach ist der Ort der Vermietungsleistung dort, wo sich das vermietete Objekt befindet, in diesem Fall im Inland. Der Umsatz ist daher nach § 1 Abs. 1 Nr. 1 UStG steuerbar. Die Vermietung von Grundstücken ist jedoch gemäß § 4 Nr. 12 UStG grundsätzlich steuerfrei. § 9 UStG ermöglicht in besonderen Fällen einen Verzicht auf die Steuerbefreiung.

Diese Option ist gegeben, wenn der Leistungsempfänger das Grundstück unternehmerisch für steuerpflichtige Umsätze verwendet, die den Vorsteuerabzug nicht ausschließen (§ 9 Abs. 2 Satz 1 UStG). Diese Voraussetzung ist hinsichtlich der Rechtsanwaltskanzlei gegeben. Da laut Sachverhalt von einer möglichen Option gemäß § 9 UStG Gebrauch gemacht werden soll, ergibt sich somit für die Vermietung der Räume, die für die Rechtsanwaltskanzlei genutzt werden, ein steuerpflichtiger Umsatz. Für die Vermietung der Wohnung ist eine Option zur Steuerpflicht nicht möglich, weil die Leistung nicht an einen Unternehmer für dessen Unternehmen erbracht wird (§ 9 Abs. 1 UStG).

Die Vermietung der Räume für die Kanzlei stellt einen steuerbaren Umsatz gemäß § 1 Abs. 1 Nr. 1 UStG dar, der aufgrund der Option nach § 9 Abs. 1 und 2 UStG steuerpflichtig ist. Der Steuersatz beträgt gemäß § 12 Abs. 1 UStG 19 % bzw. nach § 28 Abs. 1 UStG 16 %. Die Bemessungsgrundlage ergibt sich aus § 10 Abs. 1 UStG und beträgt monatlich (450 qm / 2 · 15 € =) 3.375 € abzgl. der Umsatzsteuer i. H. von 538,87 € = 2.836,14 € (bis Juni 2020) bzw. 465,52 € = 2.909,48 € (Juli bis Dezember 2020).

Die Steuer entsteht gemäß § 13 Abs. 1 Nr. 1a UStG mit Ablauf des jeweiligen Veranlagungszeitraums, in dem die Leistung ausgeführt wird. Bei Vermietungsumsätzen handelt es sich um monatliche Teilleistungen i. S. des § 13 Abs. 1 Nr. 1a Sätze 2 und 3 UStG, d. h. mit jedem Monat neu.

Es haben sich zum 1.1.2020 für einen Teil des Betriebsgebäudes die umsatzsteuerrechtlichen Verhältnisse geändert. Bis zum 31.12.2019 wurde das Gebäude vollständig für steuerpflichtige Umsätze genutzt, seit dem 1.1.2020 werden 225 qm umsatzsteuerfrei vermietet. Da die Abraham OHG die ursprünglich in Rechnung gestellte Umsatzsteuer als Vorsteuer geltend gemacht hatte, muss gemäß § 15a Abs. 1 UStG eine Korrektur erfolgen.

Laut § 15a Abs. 5 Satz 1 UStG ist für jedes Kalenderjahr der Änderung von $^1/_{10}$ der Vorsteuerbeträge auszugehen. Für das Jahr 2020 ist der zu korrigierende Vorsteuerbetrag anteilig zu ermitteln. Die in Rechnung gestellte Umsatzsteuer betrug 750.000 €, das entspricht einem jährlichen Betrag i. H. von 75.000 €. Ab dem 1.1.2020 wird $^1/_{30}$ der Fläche für steuerfreie Umsätze verwendet, sodass sich eine Korrektur i. H. von 2.500 € ergibt.

	$^1/_{10}$	abziehbar	bisher abziehbar	Berichtigung
1.1. bis 31.12.2011	75.000	75.000	75.000	0
1.1. bis 31.12.2012	75.000	75.000	75.000	0
1.1. bis 31.12.2013	75.000	75.000	75.000	0
1.1. bis 31.12.2014	75.000	75.000	75.000	0
1.1. bis 31.12.2015	75.000	75.000	75.000	0
1.1. bis 31.12.2016	75.000	75.000	75.000	0
1.1. bis 31.12.2017	75.000	75.000	75.000	0
1.1. bis 31.12.2018	75.000	75.000	75.000	0
1.1. bis 31.12.2019	75.000	75.000	75.000	0
1.1. bis 31.12.2020	**75.000**	**72.500**	**75.000**	**- 2.500**
Summe	750.000			

Für das Jahr 2020 ergibt sich eine Umsatzsteuer-Nachzahlung i. H. von 2.500 €, die gemäß § 44 Abs. 3 Satz 1 UStDV in der Umsatzsteuererklärung für das Jahr 2020 angegeben werden muss.

Hinweis: Eine Vorsteueraufteilung nach Umsatzschlüssel (qm-Preis Kanzlei 15 €, Wohnung 10 €) ist unzulässig, weil der Flächenschlüssel als geeigneter gilt (§ 15 Abs. 4 Satz 3 UStG; BFH vom 22.8.2014 – V R 19/09, BFH/NV 2015 S. 278).

Lösung zu Fall 48   10 Punkte

a) Die OHG hat das Gebäude im Rahmen einer umsatzsteuerpflichtigen Lieferung erworben, weil im Notarvertrag wirksam auf die Steuerbefreiung nach § 4 Nr. 9 Buchst. a i.V. mit § 1 Abs. 1 Nr. 1 GrEStG verzichtet wurde, Option nach § 9 Abs. 1, Abs. 3 Satz 2 UStG. Die OHG als Leistungsempfängerin schuldet in diesem Falle die Umsatzsteuer gemäß § 13b Abs. 2 Nr. 3 UStG. Gleichzeitig steht ihr grundsätzlich der Vorsteuerabzug nach § 15 Abs. 1 Satz 1 Nr. 4 UStG zu.

Wird ein Gegenstand, wie hier, nicht sofort ab dem Zeitpunkt der Anschaffung genutzt, so ist für die Frage des Vorsteuerabzugs auf die beabsichtigte Verwendung abzustellen. Die OHG beabsichtigt, das Grundstück für ihre unternehmerischen Zwecke zu nutzen und zu 100 % steuerpflichtig zu vermieten. Der OHG steht aus der Anschaffung des Grundstücks somit der Vorsteuerabzug zu (16 %ige). Dieser ist in der USt-Voranmeldung 7/2020 geltend zu machen (§ 16 Abs. 2 Satz 1 und § 18 Abs. 1 UStG). Der Notarvertrag gilt als Rechnung (§ 14 Abs. 1 Satz 1 UStG, § 31 Abs. 1 UStDV).

Die „Fix & Fertig GmbH" erbringt gegenüber der OHG zwei getrennt voneinander zu beurteilende Leistungen:

1.) Bei der Lieferung der Fenster handelt es sich um eine Werklieferung gemäß § 3 Abs. 4 UStG. Denn die GmbH hat die Bearbeitung des Gebäudes übernommen und dazu selbst beschaffte Hauptstoffe, die Fenster, verwendet (Abschn. 3.8 Abs. 1 Satz 1 UStAE). Der Ort der Werklieferung richtet sich nach § 3 Abs. 7 Satz 1 UStG und befindet sich dort, wo sich das Werk zum Zeitpunkt der Verschaffung der Verfügungsmacht befindet. Gegenstand der Werklieferung sind die eingebauten Fenster und nicht lediglich die Lieferung der Fenster.

2.) Durch die Erneuerung der Decken und die Durchführung der Trockenbauarbeiten hat die GmbH gegenüber der OHG sonstige Leistungen i. S. des § 3 Abs. 9 UStG (Werkleistungen) erbracht, da sie die Bearbeitung des Gebäudes der OHG übernommen hat, ohne dazu selbst beschaffte Hauptstoffe zu verwenden (Abschn. 3.8 Abs. 1 Satz 3 UStAE). Der Ort der Leistung richtet sich nach § 3a Abs. 3 Nr. 1 Satz 2 Buchst. c UStG und befindet sich ebenfalls am Ort des Grundstücks.

Werklieferung und sonstige Leistung sind steuerbar nach § 1 Abs. 1 Nr. 1 UStG. Sie sind, in Ermangelung einer Befreiungsvorschrift, auch steuerpflichtig, zu 16 % (§ 28 Abs. 1 UStG).

Die „Fix & Fertig GmbH" hat ihren Sitz in Tschechien. Sie ist deshalb ausländischer Unternehmer i. S. des § 13b Abs. 7 UStG. Gemäß § 13b Abs. 2 Nr. 1 UStG entsteht die USt für die erbrachten Werklieferungen/-leistungen deshalb mit Ausstellung der Rechnung, spätestens jedoch mit Ablauf des der Leistung folgenden Kalendermonats. Die USt entsteht hier im September 2020. Sie wird jedoch nicht von der „Fix & Fertig GmbH", sondern von der Abraham OHG geschuldet (§ 13b Abs. 2 Nr. 1 UStG). Bemessungsgrundlage ist gemäß § 10 Abs. 1 Satz 1 UStG das Entgelt. Dieses beträgt hier 60.000 €, die USt beträgt folglich 9.600 €. Die OHG hat die Steuer in der Voranmeldung September 2020 anzumelden und gemäß § 18 Abs. 1 Satz 1 UStG zu entrichten.

Aus der Rechnung der „Fix & Fertig GmbH" steht der OHG kein Vorsteuerabzug zu, weil die dort ausgewiesene Umsatzsteuer von der GmbH nicht gesetzlich geschuldet wird (§ 15 Abs. 1 Satz 1 Nr. 1 UStG). Sie kann aber die Vorsteuer nach § 15 Abs. Satz 1 Nr. 4 UStG im Voranmeldungszeitraum September 2020 abziehen, die sie als Umsatzsteuer an das Finanzamt abgeführt hat.

Die „Fix & Fertig GmbH" schuldet die zu Unrecht ausgewiesene USt gemäß § 14c Abs. 1 UStG. Sie kann ihre Rechnung allerdings nach § 14c Abs. 1 Satz 2 UStG berichtigen.

b) Die Veräußerung eines Grundstücks unterliegt der Grunderwerbsteuer (§ 1 Abs. 1 Nr. 1 GrEStG). Sie ist deshalb steuerfrei nach § 4 Nr. 9a UStG. Der Unternehmer kann einen Umsatz, der nach § 4 [...] Nr. 9 Buchstabe a, [...] steuerfrei ist, als steuerpflichtig behandeln, wenn der Umsatz an einen anderen Unternehmer für dessen Unternehmen ausgeführt wird (§ 9 Abs. 1 UStG). Wird das Grundstück hingegen an einen Nichtunternehmer veräußert, kommt eine Option zur Steuerpflicht nicht in Betracht.

Die steuerfreie Veräußerung des Grundstücks stellt eine Änderung der für den ursprünglichen Vorsteuerabzug maßgebenden Verhältnisse i.S. des § 15a UStG dar (§ 15a Abs. 8 UStG).

Der Berichtigungszeitraum bei Grundstücken beträgt 10 Jahre (§ 15a Abs. 1 Satz 2 UStG). Im Falle der Veräußerung ist die Berichtigung so vorzunehmen, als wäre das Wirtschaftsgut in der Zeit von der Veräußerung bis zum Ablauf des maßgeblichen Berichtigungszeitraums unter entsprechend geänderten Verhältnissen weiterhin für das Unternehmen verwendet worden (§ 15a Abs. 9 UStG). Es wird im vorliegenden Fall also davon ausgegangen, dass das Gebäude bis zum Ablauf des Berichtigungszeitraums steuerfrei vermietet worden wäre. Die Berichtigung ist im Voranmeldungszeitraum 7/2021 vorzunehmen (§ 44 Abs. 3 Satz 3 UStDV).

Für die Vorsteuer aus den Anschaffungskosten des Hauses beginnt der Berichtigungszeitraum gemäß § 15a Abs. 1 Satz 2 UStG mit der erstmaligen Verwendung am 1.7.2020, er endet am 30.6.2030. Bei einer steuerfreien Veräußerung zum 8.7.2021 ergibt sich daher folgender Berichtigungsbetrag (§ 45 UStDV):

$160.000\,€ \cdot {}^9/_{10} = -144.000\,€$.

Für die Vorsteuer aus den eingebauten Fenstern sowie den sonstigen Bauarbeiten gilt § 15a Abs. 3 UStG (vgl. Abschn. 15a. 6 UstAE). Die eingebauten Fenster werden wesentliche Bestandteile des Gebäudes und verlieren dadurch ihre wirtschaftliche Eigenart (§§ 94 und 946 BGB).

Für diese Sachverhalte gilt dennoch ein eigener Berichtigungszeitraum. Dieser läuft vom 1.8.2020 bis zum 31.7.2030 (§ 15a Abs. 5 UStG). Er wird nicht dadurch verkürzt, dass die Fenster und die sonstigen Leistungen in ein anderes Wirtschaftsgut (hier: das Gebäude) einbezogen werden (§ 15a Abs. 5 Satz 3 UStG). Es wird wieder davon ausgegangen, dass das Gebäude bis zum Ablauf des Berichtigungszeitraums steuerfrei vermietet worden wäre. Die Berichtigung ist im Voranmeldungszeitraum 7/2021 vorzunehmen (§ 44 Abs. 3 Satz 3 UStDV).

Es ergibt sich folgender Berichtigungsbetrag (§ 45 UStDV):

für 8/2021 bis 7/2030: $9.600\,€ \cdot {}^9/_{10} =$	8.640 €
für 7/2021: $9.600\,€ \cdot {}^1/_{10} \cdot {}^1/_{12} =$	80 €
	- 8.720 €

Lösung zu Fall 49   9 Punkte

Es handelt sich um ein innergemeinschaftliches Dreiecksgeschäft gemäß § 25b UStG. Drei Unternehmer haben über denselben Gegenstand mehrere Geschäfte abgeschlossen und der Gegenstand gelangt vom ersten Lieferer an den letzten Abnehmer (§ 25b Abs. 1 Satz 1 Nr. 1 UStG). Es ist ausreichend, dass der zweite Unternehmer den Gegenstand befördert (§ 25b Abs. 1 Satz 1 Nr. 4 UStG). Die drei beteiligten Unternehmen sind in verschiedenen Mitgliedstaaten umsatzsteuerlich erfasst (§ 25b Abs. 1 Satz 1 Nr. 2 UStG). Es werden folgende Umsätze ausgeführt:

- Bei der Lieferung des ersten Unternehmers in der Reihe handelt es sich grundsätzlich um eine steuerfreie innergemeinschaftliche Lieferung in dem Mitgliedsstaat, in dem die Versendung beginnt (§ 3 Abs. 6 Satz 1 und 6 UStG).
- Der zweite Unternehmer in der Reihe hat im Mitgliedsstaat, in dem die Beförderung endet, einen innergemeinschaftlichen Erwerb (§ 1 Abs. 1 Nr. 5 i.V. mit § 1a UStG) zu besteuern. Der Ort richtet sich gemäß § 3d Satz 1 UStG danach, wo die Beförderung endet.
- Die Lieferung des zweiten Unternehmers an den letzten Abnehmer ist eine Lieferung im Inland, da im Inland die Verfügungsmacht verschafft wird. Es handelt sich um ein Reihengeschäft und nunmehr um die ruhende Lieferung, deren Ortsbestimmung sich gemäß § 3 Abs. 7 Satz 2 Nr. 2 UStG nach dem Ende der Beförderung richtet.

Aus Vereinfachungsgründen wird die Steuerschuld für die (letzte) Inlandslieferung auf den letzten Abnehmer übertragen, da die weiteren Voraussetzungen des § 25b Abs. 2 UStG erfüllt sind. Gleichzeitig gilt auch der innergemeinschaftliche Erwerb des zweiten Unternehmers als besteuert. Er muss sich damit nicht im Bestimmungsmitgliedstaat registrieren lassen. Gemäß § 25b Abs. 5 UStG kann der letzte Abnehmer die selbst geschuldete Umsatzsteuer für die letzte Inlandslieferung unter den weiteren Voraussetzungen des § 15 UStG als Vorsteuer abziehen.

Da alle Voraussetzungen des § 25b UStG und § 14a UStG erfüllt sind, ergeben sich folgende Konsequenzen:

Die erste umsatzsteuerrechtliche Lieferung des Dupont an van Hoog ist eine Lieferung mit Warenbewegung, also eine Versendungslieferung. Der Ort der Lieferung ist Paris, da dort die Versendung beginnt. Die Lieferung ist nach französischem Umsatzsteuerrecht als innergemeinschaftliche Lieferung steuerfrei. Van Hoog bewirkt in Deutschland einen innergemeinschaftlichen Erwerb. Sofern dieser keine Rechnung mit gesondertem Steuerausweis erteilt, sondern auf die Tatsache eines innergemeinschaftlichen Dreiecksgeschäfts hinweist (§ 14a Abs. 7 UStG), gilt der Erwerb in Deutschland bereits als besteuert.

Die zweite umsatzsteuerrechtliche Lieferung des van Hoog an die Maschinenbau AG gilt als ruhende Lieferung, die der Versendungslieferung nachfolgt. Der Ort der Lieferung befindet sich dort, wo die Beförderung endet, also in Deutschland. Diese Lieferung ist daher gemäß § 1 Abs. 1 Nr. 1 UStG in Deutschland steuerbar und mangels Befreiungsvorschrift steuerpflichtig.

Nach § 25b Abs. 2 UStG ist die Maschinenbau AG Steuerschuldner. Sie ist jedoch in gleicher Weise zum Vorsteuerabzug berechtigt (§ 25b Abs. 5 UStG).

Hinweis: Für die Fallbearbeitung von innergemeinschaftlichen Dreiecksgeschäften empfiehlt es sich, anhand des Prüfungsschemas in Abschn. 25b.1 Abs. 1 UStAE vorzugehen. Abschn. 25b.1 UStAE enthält zudem zahlreiche Beispielsfälle zu dieser Thematik.

Lösung zu Fall 50 7 Punkte

Bei der Lieferung der Maschine handelt es sich um einen steuerbaren Umsatz gemäß § 1 Abs. 1 Nr. 1 UStG. Der Ort der Lieferung befindet sich gemäß § 3 Abs. 6 Satz 1 UStG in Hamburg, also im Inland. Mangels Befreiungsvorschrift des § 4 UStG handelt es sich auch um einen steuerpflichtigen Umsatz. Die Bemessungsgrundlage ergibt sich nach § 10 Abs. 1 UStG aus dem Entgelt, also dem Nettobetrag von 30.000 €. Der Steuersatz beträgt gemäß § 12 Abs. 1 UStG 19 %, sodass sich für den Voranmeldungszeitraum Februar 2020 aus diesem Vorgang eine USt-Schuld i. H. von 5.700 € ergibt. Die Umsatzsteuer entsteht mit Ablauf des Monats Februar 2020 und ist gemäß § 18 Abs. 1 UStG zum 10.3.2020 an das zuständige Finanzamt zu entrichten.

Die Sicherungsübereignung des Transporters ist zunächst umsatzsteuerrechtlich unbeachtlich, da gemäß Abschn. 1.2 Abs. 1 UStAE erst im Zeitpunkt der Verwertung des übereigneten Gegenstands ein steuerbarer Umsatz vorliegt. Die Verwertung vollzieht sich im Juni, als die Maschinenbau AG von ihrem Verwertungsrecht Gebrauch macht. Bei dem Verkauf an die Abraham OHG handelt es sich um eine steuerbare Lieferung gemäß § 1 Abs. 1 Nr. 1 UStG, da der Ort nach § 3 Abs. 6 Satz 1 UStG im Inland liegt. Diese Lieferung ist mangels Befreiungsvorschrift des § 4 UStG steuerpflichtig. Die Bemessungsgrundlage ergibt sich nach § 10 Abs. 1 UStG aus dem Entgelt, also dem Betrag von 29.750 € abzgl. der Umsatzsteuer. Der Steuersatz beträgt nach § 12 Abs. 1 UStG 19 %, sodass sich für den Voranmeldungszeitraum Juni 2020 aus diesem Vorgang eine USt-Schuld von 4.750 € ergibt. Die Umsatzsteuer entsteht mit Ablauf des Monats Juni 2020 und ist gemäß § 18 Abs. 1 UStG zum 10.7.2020 (§ 108 Abs. 3 AO) an das zuständige Finanzamt zu entrichten.

Zeitgleich handelt es sich gemäß Abschn. 1.2 Abs. 1 Satz 2 UStR auch um eine Lieferung der Müller KG an die Maschinenbau AG. Die Ortsbestimmung richtet sich nach dem Ort der Lieferung des Transporters (siehe oben). Nach § 13b Abs. 2 Nr. 2 UStG ist die Maschinenbau AG Steuerschuldnerin für die USt im Zusammenhang mit dieser Lieferung des sicherungsübereigneten Gegenstands durch den Sicherungsgeber an den Sicherungsnehmer außerhalb des Insolvenzverfahrens (Verwertung des Transporters am 11.6.2020, Eröffnung des Insolvenzverfahrens am 30.6.2020). Die Umsatzsteuer i. H. von 4.750 € entsteht mit Ausstellen der Rechnung, spätestens mit Ablauf des der Lieferung folgenden Kalendermonats (§ 13b Abs. 2 UStG). Gleichzeitig hat die Maschinenbau AG einen Vorsteuerabzug von ebenfalls 4.750 € (§ 15 Abs. 1 Satz 1 Nr. 4 UStG). Die Müller KG darf den Umsatzsteuerbetrag nicht in Rechnung stellen, vielmehr hat sie in der Rechnung auf die Steuerschuldnerschaft der Maschinenbau AG hinzuweisen (§ 14a Abs. 5 UStG).

Für den Voranmeldungszeitraum Juni 2020 ist gemäß § 17 Abs. 2 Nr. 1 UStG die Umsatzsteuerschuld für den Verkauf der Maschine vom 11.2.2020 um 950 € zu korrigieren. Die Bemessungsgrundlage bezieht sich auf die Differenz zwischen Forderungsbetrag und Bruttoverkaufspreis und beträgt 5.950 €. Dieser restliche Forderungsbetrag ist derzeit nicht einlösbar und daher Bestandteil des Insolvenzverfahrens. Gemäß Abschn. 17.1 Abs. 5 Satz 5 UStAE gelten mit Beginn des Insolvenzverfahrens die Forderungen als uneinbringlich i. S. des § 17 Abs. 2 Nr. 1 UStG. Daher erfolgt bereits die Korrektur im Juni 2020.

Nach Abschluss des Insolvenzverfahrens ergibt sich eine Insolvenzquote von 25 %, was für die AG einen Zahlungseingang i. H. von 1.487,50 € bedeutet. Gemäß § 17 Abs. 2 Nr. 1 Satz 2 UStG ergibt sich eine Erhöhung der Bemessungsgrundlage, wenn der Betrag vereinnahmt wird, d. h. in den Herrschaftsbereich des Unternehmens gelangt. Dieses ist im Dezember 2020 geschehen.

Folglich entsteht eine neue USt-Schuld i. H. von 237,50 € mit Ablauf des Monats Dezember 2020, die gemäß § 18 Abs. 1 UStG zum 11.1.2021 (§ 108 Abs. 3 AO) an das zuständige Finanzamt zu entrichten ist.

Lösung zu Fall 51   13 Punkte

1. Die Maschinenbau AG kauft eine neue Maschine und verkauft eine gebrauchte Maschine, die zu einem überhöhten Preis in Zahlung genommen wird. Es handelt sich um einen Tausch mit Baraufgabe gemäß § 3 Abs. 12 UStG. Da ein höherer Betrag für die gebrauchte Maschine vereinbart worden ist als ihr gemeiner Wert, liegt in der Differenz ein verdeckter Preisnachlass, der laut Abschn. 10.5 Abs. 4 UStAE das Entgelt entsprechend mindert.

   Die Maschinenbau AG verkauft die gebrauchte Maschine. Es liegt eine im Inland (§ 3 Abs. 6 Satz 1 UStG) steuerbare Lieferung gemäß § 1 Abs. 1 Nr. 1 UStG vor. Mangels Steuerbefreiung ist die Lieferung steuerpflichtig mit einem Umsatzsteuersatz von 19 % (§ 12 Abs. 1 UStG). Die Bemessungsgrundlage ermittelt sich nach § 10 Abs. 2 Satz 2 und 3 UStG wie folgt:

gemeiner Wert der Gegenleistung	595.000 €
abzgl. Barzahlung	416.500 €
Summe	178.500 €
abzgl. Umsatzsteuer	28.500 €
Bemessungsgrundlage	150.000 €

   Die Maschinenfabrik Bröge führt ebenfalls eine im Inland steuerbare und steuerpflichtige Lieferung durch (Begründung wie oben). Da ein höherer Gegenwert für die gebrauchte Maschine vereinbart worden ist, handelt es sich um einen verdeckten Preisnachlass. Die Bemessungsgrundlage in Form des Entgelts ermittelt sich wie folgt:

Restzahlung laut Abrechnung	416.500 €
tatsächlicher gemeiner Wert der Maschine	142.800 €
Verkaufspreis brutto für die neue Maschine	559.300 €
darin enthalten 19 % USt	89.300 €
Entgelt gemäß § 10 Abs. 2 Satz 2 UStG	470.000 €

   Die Umsatzsteuer entsteht nach § 13 Abs. 1 Nr. 1a UStG jeweils mit Ablauf des Voranmeldungszeitraums, in dem die Lieferung erfolgt ist.

   Die Maschinenfabrik Bröge hat die Umsatzsteuer zu hoch ausgewiesen (§ 14c Abs. 1 UStG, Abschn. 10.5 Abs. 5 UStAE) und schuldet den in Rechnung gestellten Betrag i. H. von 95.000 €. Der Maschinenbau AG steht dagegen nur hinsichtlich des geschuldeten Betrags von 89.300 € (470.000 · 19 %) der Vorsteuerabzug zu (Abschn. 15.2 Abs. 3 Satz 11 UStAE).

2. Bei der Lieferung aus Japan handelt es sich um eine steuerbare Einfuhr gemäß § 1 Abs. 1 Nr. 4 UStG, die mangels Befreiungsvorschrift des § 4 UStG steuerpflichtig ist. Die Bemessungsgrundlage richtet sich gemäß § 11 Abs. 1 UStG nach dem Wert der eingeführten Waren sowie gemäß § 11 Abs. 3 Nr. 3 UStG nach den Beförderungskosten. Die Bemessungsgrundlage beträgt daher 4.150 € und die Umsatzsteuer gemäß § 28 Abs. 1 UStG 16 % = 664 €. Da-

rüber hinaus ist diese EUSt gemäß § 15 Abs. 1 Nr. 2 UStG als Vorsteuer abziehbar, weil die Abraham OHG den eingeführten Gegenstand für das eigene Unternehmen verwendet.

Bei der Lieferung des Fernsehers an die Mitarbeiterin handelt es sich um eine im Inland (§ 3 Abs. 6 Satz 1 UStG) ausgeführte Lieferung (§ 3 Abs. 1 UStG, Abschn. 1.8 Abs. 1 Satz 6 UStAE). Der steuerbare Umsatz gemäß § 1 Abs. 1 Nr. 1 UStG ist mangels Befreiungsvorschrift steuerpflichtig. Es stellt sich die Frage der Bemessungsgrundlage:

Da Frau Gerkowski einen Bruttobetrag i. H. von 4.926,60 € entrichtet hat, ergibt sich gemäß § 10 Abs. 1 UStG eine Bemessungsgrundlage i. H. von 4.140 €.

Bei verbilligten Lieferungen an Mitarbeiter ist darüber hinaus die sog. Mindestbemessungsgrundlage nach § 10 Abs. 5 Nr. 2 i.V. mit Abs. 4 UStG zu prüfen. Sie ermittelt sich aus dem Einkaufspreis zzgl. Nebenkosten. Die Umsatzsteuer gehört dabei nicht zur Bemessungsgrundlage (§ 10 Abs. 4 Satz 2 UStG). Die Mindestbemessungsgrundlage beträgt:

Einkaufspreis	3.800 €
Nebenkosten	350 €
Summe	4.150 €

Da die Mindestbemessungsgrundlage die Bemessungsgrundlage des § 10 Abs. 1 UStG übersteigt, ist die Mindestbemessungsgrundlage der Umsatzsteuer zu unterwerfen. Der Steuersatz beträgt nach § 28 Abs. 1 UStG 16 %.

Die an das Finanzamt anzumeldende und abzuführende Umsatzsteuer beträgt 664 €. Die Umsatzsteuer entsteht gemäß § 13 Abs. 1 Nr. 1a UStG mit Ablauf des November 2020 und ist bis zum 10.12.2020 zahlbar.

3. Bei den Zahlungen durch die Abraham OHG anlässlich des Betriebsjubiläums handelt es sich um betrieblich veranlasste Aufwendungen, die einkommensteuerrechtlich abzugsfähig sind. Zu prüfen ist jedoch, inwieweit derartige Vorgänge steuerbare Umsätze auslösen. Es handelt sich um eine unentgeltliche Leistung des Unternehmens an seine Mitarbeiter im Zusammenhang mit dem Dienstverhältnis. Insofern sind grundsätzlich die Voraussetzungen des § 3 Abs. 9a Nr. 2 UStG erfüllt, sodass die unentgeltliche Leistung einer Leistung gegen Entgelt gleichgestellt wird. Der Ort bestimmt sich nach § 3f UStG dort, wo das Unternehmen der OHG betrieben wird, also Inland.

Leistungen, die überwiegend durch das betriebliche Interesse des Arbeitgebers veranlasst und daher nicht steuerbar sind, liegen nicht vor. Die Brutto-Aufwendungen je Arbeitnehmer bei der Betriebsveranstaltung liegen oberhalb der Grenze von 110 €. Der Betrag errechnet sich für jeden Arbeitnehmer i. H. von (71.400 € / 250 Arbeitnehmer =) 285,60 €. Die Abraham OHG hat aufgrund des Überschreitens der Grenze keinen Vorsteuerabzug, da die Mitveranlassung durch die Privatsphäre des Unternehmers besteht (Abschn. 15.15 Abs. 2 Beispiel 3 UStAE).

Lösung zu Fall 52   **15 Punkte**

1. Der Erwerb der 20 Container stellt einen innergemeinschaftlichen Erwerb nach § 1 Abs. 1 Nr. 5 i.V. mit § 1a UStG dar. Der Ort liegt nach § 3d Satz 1 UStG im Inland, da sich der Gegenstand dort am Ende der Beförderung befindet. Der Warenbezug ist daher im Inland steuerbar. Es stellt sich die Frage nach der Steuerpflicht, zumal die erworbenen Waren sofort weiterverkauft werden.

   Acht Container in die Schweiz: Die Gegenstände des innergemeinschaftlichen Erwerbs gelangen durch die Weiterlieferung ins Drittland. Gemäß § 4b Nr. 4 UStG ist dieser Erwerb steuerfrei, da für die Weiterlieferung der Vorsteuerabzug gemäß § 15 Abs. 3 Nr. 1a UStG möglich gewesen wäre (steuerfreie Ausfuhrlieferung nach § 4 Nr. 1a i.V. mit § 6 UStG).

   Acht Container nach Dänemark: Steuerfrei nach § 4b Nr. 4 UStG; hier gelangt der Gegenstand in einen anderen Mitgliedstaat (steuerfreie innergemeinschaftliche Lieferung nach § 4 Nr. 1b i.V. mit § 6a UStG).

   Container nach Deutschland: Es liegt ein Weiterverkauf im Inland vor, der gemäß § 1 Abs. 1 Nr. 1 UStG steuerbar und mangels Befreiungsvorschrift steuerpflichtig ist. Somit ist $4/_{20}$ des ursprünglichen Rechnungsbetrags des innergemeinschaftlichen Erwerbs steuerpflichtig.

   Die Umsatzsteuer entsteht nach § 13 Abs. 1 Nr. 6 UStG mit Ausstellen der Rechnung, spätestens jedoch mit Ablauf des dem Erwerb folgenden Kalendermonats.

2. Die Lieferung an den Kunden Haffskjold ist nicht zur Ausführung gekommen, weil der Erfüllungsgehilfe der Abraham OHG dem Käufer die Verfügungsmacht nicht verschaffen konnte. Es liegt deshalb bereits begriffsmäßig keine Lieferung gemäß § 3 Abs. 1 UStG vor. Ein Ort ist daher nach § 3 Abs. 6 bzw. 7 UStG nicht zu bestimmen. Es handelt sich um keinen in Deutschland steuerbaren Umsatz.

   Stefan Boisen verschaffte jedoch die Verfügungsmacht an das benachbarte Unternehmen. Insoweit führte die Abraham OHG eine Lieferung nach § 3 Abs. 1 UStG im Rahmen des Unternehmens gegen Entgelt aus.

   Es handelt sich trotzdem nicht um einen in Deutschland steuerbaren Umsatz, da der Ort der Lieferung sich gemäß § 3 Abs. 6 UStG in Norwegen befindet. Die Lieferung an den neuen Abnehmer wird dort ausgeführt, wo die Warenbewegung an den neuen Abnehmer beginnt (vgl. den genauen Wortlaut des § 3 Abs. 6 Satz 1 UStG).

   Hinweis: Sieht man den Transport nach Norwegen als Teil der Beförderung an Dahl an, wäre die Lieferung in Deutschland steuerbar, aber als Ausfuhrlieferung steuerfrei (§ 4 Nr. 1a i.V. mit § 6 UStG).

Lösung zu Fall 53   8 Punkte

1. Bei der vergünstigten Miete handelt es sich grundsätzlich um einen steuerbaren Sachbezug gemäß § 8 Abs. 2 EStG (vgl. auch R 8.1 Abs. 6 LStR).

   Dabei errechnet sich der geldwerte Vorteil als Differenz der ortsüblichen Miete zur tatsächlich gezahlten Miete. Jedoch unterbleibt die Versteuerung, wenn der Arbeitnehmer mindestens $^2/_3$ des ortsüblichen Mietwerts entrichtet und dieser nicht mehr als 25 € je Quadratmeter beträgt (§ 8 Abs. 2 Satz 12 EStG). Im vorliegenden Fall sind diese Voraussetzungen erfüllt.

2. Bei den Mittagsmahlzeiten handelt es sich um Waren, die überwiegend für den Bedarf der Mitarbeiter hergestellt werden. Die entsprechende Bewertung erfolgt daher nach § 8 Abs. 2 Satz 6 EStG i.V. mit R 8.1 Abs. 7 Nr. 1 LStR bzw. § 2 SvEV. Die Bewertung orientiert sich an dem Sachbezugswert für eine Kantinenmittagsmahlzeit i. H. von 3,40 € (BMF vom 17.12.2019). Der eigentliche Wert der Mahlzeit bleibt dabei außer Ansatz. Für jeden Mitarbeiter ergibt sich jeweils folgender geldwerter Vorteil je Mahlzeit:

Sachbezugswert der Mahlzeit	3,40 €
Zahlung	- 2,60 €
geldwerter Vorteil je Mahlzeit	0,80 €

   Eine Lohnsteuerpauschalierung nach § 40 Abs. 2 Nr. 1 EStG mit 25 % zzgl. Annexsteuern kann in Betracht kommen. Schuldner der pauschalen Lohnsteuer ist der Arbeitgeber (§ 40 Abs. 3 Satz 2 EStG).

   Eine Abwälzung auf den Arbeitnehmer ist möglich; sie wirkt sich auf die Pauschalierungshöhe allerdings nicht mehr aus (§ 40 Abs. 3 Satz 2 letzter HS). Sofern die Pauschalierung durchgeführt wird, scheidet die Erfassung eines geldwerten Vorteils in der Lohnabrechnung des begünstigten Arbeitnehmers aus.

   § 37b EStG ist hier nicht anwendbar (vgl. § 37b Abs. 2 Satz 2 EStG).

3. Die Eintrittsermäßigung ist nach Auffassung der Finanzverwaltung keine Zuwendung des Arbeitgebers (BMF-Schreiben vom 20.1.2016, BStBl 2016 I S. 143), sondern eines Dritten. Der Arbeitgeber selbst ist nicht eingeschaltet. Somit liegt bei den Arbeitnehmern kein steuerbarer Arbeitslohn vor, weil die Ermäßigung nicht aus dem Dienstverhältnis zufließt. Die Voraussetzung des § 2 LStDV ist nicht erfüllt.

4. Die Aussperrungsunterstützung ist keine Zuwendung des Arbeitgebers, sondern eines Dritten. Somit liegt bei den Arbeitnehmern kein steuerbarer Arbeitslohn vor, weil die Zahlung nicht aus dem Dienstverhältnis zufließt (BFH, Urteil vom 24.10.1990 – X R 161/88, BStBl 1991 II S. 337). Daher ist die Voraussetzung des § 2 LStDV nicht erfüllt.

5. Betriebsveranstaltungen führen zu steuerpflichtigem Arbeitslohn (§ 19 Abs. 1 Satz 1 Nr. 1a EStG). Der steuerpflichtige geldwerte Vorteil kann nach § 40 Abs. 2 Nr. 2 EStG mit 25 % pauschal versteuert werden.

§ 37b EStG ist hier nicht anwendbar (vgl. § 37b Abs. 2 Satz 2 EStG).

Zuwendungen an nicht im Unternehmen beschäftigte Ehegatten eines Arbeitnehmers werden dem Arbeitnehmer selbst zugerechnet (§ 19 Abs. 1 Satz 1 Nr. 1a Satz 2 EStG). Damit wird bei 20 Arbeitnehmern die 110 €-Grenze überschritten, da ihnen der geldwerte Vorteil des Ehegatten zugerechnet wird. Denn i. H. von 110 € besteht ein Freibetrag für bis zu zwei Veranstaltungen pro Jahr, § 19 Abs. 1 Satz 1 Nr. 1a Satz 3 ff. EStG.

Berechnung:

10.710 € / 100 = 107,10 €/Person · 2 = (214,20 € - 110,00 €) = 104,20 € · 20 Arbeitnehmer = 2.084,00 €. Auf 2.084,00 € ist pauschale Lohnsteuer von 25 % nebst Annexsteuer zu zahlen. Unerheblich ist, dass die Betriebsveranstaltung über mehrere Tage andauert (R 19.5 Abs. 3 Satz 2 LStR).

Lösung zu Fall 54   10 Punkte

Gemäß § 8 Abs. 2 Sätze 2 bis 4 EStG und R 8.1 Abs. 9 LStR ergeben sich zwei Möglichkeiten der Ermittlung der Bemessungsgrundlage aus einer Dienstwagengestellung:

1. 1 %-Regelung (§ 8 Abs. 2 Satz 2 und 3 EStG; R 8.1 Abs. 9 Nr. 1 LStR):
   Pauschale Wertermittlungsmethode

2. Fahrtenbuchmethode (§ 8 Abs. 2 Satz 4 EStG; R 8.1 Abs. 9 Nr. 2 LStR):
   Individuelle Wertermittlungsmethode

Der sich nach den verschiedenen Bewertungsmethoden ergebende geldwerte Vorteil kann entweder nach den Merkmalen der Lohnsteuerkarte oder bezüglich der Fahrten zwischen Wohnung und Arbeitsstätte nach § 40 Abs. 2 Satz 2 EStG pauschal mit 15 % versteuert werden. Schuldner der pauschalen Lohnsteuer ist der Arbeitgeber; § 40 Abs. 3 EStG. Bei Vornahme der Pauschalierung scheidet für den Arbeitnehmer ein Werbungskostenabzug aus. Der Höhe nach ist die Lohnsteuerpauschalierung doppelt beschränkt: auf den Betrag, der dem Arbeitnehmer als geldwerter Vorteil für die Fahrt zwischen Wohnung und Arbeitsstätte hinzugerechnet wurde, und auf den, den der Arbeitnehmer maximal als Werbungskosten für Fahrten zwischen Wohnung und Arbeitsstätte geltend machen konnte.

Da Mees dem höchsten Einkommensteuersatz unterliegt und der mögliche pauschale Steuersatz 15 % beträgt, muss es das Ziel sein, eine Methode zu finden, bei der der pauschale Anteil möglichst hoch ist.

1. Pauschale Wertermittlungsmethode:

   a) Bemessungsgrundlage ohne Pauschalversteuerung

   <u>Privater Nutzungswert</u> je Monat

   (45.000 + 19 % Umsatzsteuer: 53.550 € · 1 % =)   535,50 €

       535,00 €

Der inländische Listenpreis im Zeitpunkt der Erstzulassung versteht sich inklusive Sonderausstattung und Umsatzsteuer. Er ist auf volle hundert € abzurunden. Als Sonderausstattung ist auch der Wert für das werkseitig eingebaute Navigationssystem zu erfassen (BFH-Urteil vom 16.2.2005, BStBl 2005 II S. 563).

Nach Erstzulassung eingebaute Sonderausstattung erhöht nicht den Bruttolistenpreis und führt somit nicht zu einem höheren geldwerten Vorteil (BFH-Urteil v. 13.10.2010, BStBl 2012 II S. 361).

Fahrten zwischen Wohnung und Arbeitsstätte

0,03 % von 53.550 € · 50 km	803,00 €
geldwerter Vorteil pro Monat	1.338,00 €
= Zugang zum lohnsteuerpflichtigen Arbeitslohn	

b) Bemessungsgrundlage mit Pauschalversteuerung der Fahrten zwischen Wohnung und Arbeitsstätte

Privater Nutzungswert je Monat (53.550 € · 1 % =)	535,00 €
Fahrten zwischen Wohnung und Arbeitsstätte	
0,03 % von 53.550 € · 50 km	803,00 €
Pauschalierungsfähig von 0,30 € · 50 km · 15 Tage	
(15 Arbeitstage werden angenommen; R 40.2 Abs. 6 Nr. 1b LStR)*	- 225,00 €
Geldwerter Vorteil pro Monat, der individuell lohnsteuerpflichtig ist:	1.113,00 €
= Zugang zum lohnsteuerpflichtigen Arbeitslohn	

Die Kostendeckelungsmethode (maximal darf die Höhe der Gesamtkosten für das Fahrzeug angesetzt werden) kommt insoweit nicht zur Anwendung.

* **Hinweis:** Der Pauschalierung und der Ermittlung des geldwerten Vorteils kann die Zahl der Arbeitstage zugrunde gelegt werden, an denen tatsächlich der Pkw zu Fahrten zwischen Wohnung und Arbeitsstätte genutzt wurde.

2. Individuelle Wertermittlungsmethode:

   a) Bemessungsgrundlage ohne Pauschalversteuerung

Gesamtkosten des Fahrzeugs:	20.000 €	
Gesamtfahrleistung:	80.000 km	
Kilometersatz:	0,25 €	
private Fahrten 0,25 € · 25.000 km		6.250 €
Fahrten zwischen Wohnung und Arbeitsstätte 0,25 € · 20.000 km		5.000 €
gesamt p. a.		11.250 €
monatlicher Vorteil		937,50 €
= Zugang zum lohnsteuerpflichtigen Arbeitslohn		

b) Bemessungsgrundlage mit Pauschalversteuerung der Fahrten zwischen Wohnung und Arbeitsstätte

Gesamtkosten des Fahrzeugs:	20.000 €	
Gesamtfahrleistung:	80.000 km	
Kilometersatz:	0,25 €	
private Fahrten 0,25 € · 25.000 km		6.250 €
Fahrten zwischen Wohnung und Arbeitsstätte 0,25 € · 20.000 km		5.000 €
Gesamt p. a.		11.250 €
monatlicher Vorteil		937,50 €
pauschalierungsfähig nach § 40 Abs. 2 Satz 2 EStG - Wege zwischen Wohnung und Arbeitsstätte: 0,30 € · 50 km · 15 Tage		- 225,00 €
(15 Arbeitstage werden angenommen; R 40.2 Abs. 6 Nr. 1b LStR)		
maximal pauschalierbar: 5.000 € / 12 =		416,67 €
geldwerter Vorteil pro Monat		712,50 €

= Zugang zum individuell lohnsteuerpflichtigen Arbeitslohn

Fazit:

Die Möglichkeit Nr. 2b (mit Lohnsteuerpauschalierung zulasten des Arbeitgebers) führt zum günstigsten Ergebnis. Sie kann jedoch nur bei ordnungsgemäßem Fahrtenbuch angewendet werden, § 8 Abs. 2 Satz 4 EStG.

Lösung zu Fall 55   7 Punkte

Unter Reisekosten fallen Fahrtkosten, Verpflegungsmehraufwendungen, Übernachtungskosten und Reisenebenkosten (R 9.4 Abs. 1 Satz 1 LStR). Eine steuerfreie Erstattung ist nach § 3 Nr. 16 EStG möglich. Übersteigen die betrieblich erstatteten Beträge den steuerfreien Betrag, kann hinsichtlich der überzahlten Tagegelder eine Lohnsteuerpauschalierung nach § 40 Abs. 2 Nr. 4 EStG in Betracht kommen.

Fahrtkosten können grundsätzlich mit den tatsächlichen Kosten (hilfsweise mit den im Verwaltungswege festgelegten Pauschalen) steuerfrei erstattet werden, § 9 Abs. 1 Satz 3 Nr. 4a EStG. Verpflegungsmehraufwendungen können gemäß § 9 Abs. 4a EStG nur mit den Pauschsätzen berücksichtigt werden. Eine Abrechnung nach Einzelkosten, die während der Auswärtstätigkeit angefallen sind, ist steuerrechtlich nicht möglich. Die Staffelung richtet sich nach der Abwesenheitsdauer und dem Reisetag. Der Verpflegungskostenpauschbetrag beträgt bei Inlandsreisen:

- ▶ bei einer Abwesenheit von 24 Stunden   24 €
- ▶ bei einer Abwesenheit von weniger als 24, aber mindestens 8 Stunden bei Rückkehr nach Hause am selben Tag; bei An- und Abreisetag   12 €

5.2.2020

    Fahrtkosten § 9 Abs. 1 Satz 3 Nr. 4a Satz 2 EStG

    24 km · 2 · 0,30 € (H 9.5 (1) „pauschale Kilometersätze" LStH)   14,40 €

    Verpflegungsmehraufwand

    (Abwesenheitsdauer: 8 １/₂ Stunden bei gleichzeitiger Rückkehr zur Wohnung)   14,00 €

                                                                                           28,40 €

4.3. bis 5.3.2020

    Fahrtkosten

    305 km · 2 · 0,30 €   183,00 €

    Verpflegungsmehraufwand (2 Tage – An- und Abreisetag á 14,00 €):   28,00 €

    abzgl. pauschal für Frühstück (24 · 20 % =)   - 5,50 €

    (§ 9 Abs. 4a Satz 8 Nr. 1 EStG)

    Übernachtung § 9 Abs. 1 Satz 3 Nr. 5a EStG:

    tatsächliche Kosten (Hotelrechnung)   204,80 €

    Parkplatz R 9.8 Abs. 1 Nr. 3 LStR   35,00 €

                                                                                         445,20 €

3.5.2020

    Fahrtkosten

    120 km · 2 · 0,30 €   72,00 €

    Verpflegungsmehraufwand (Abwesenheit: 16 Stunden)   14,00 €

                                                                                         86,00 €

8.6. bis 9.6.2020

    Fahrtkosten

    75 km · 2 · 0,30 €   45,00 €

    Verpflegungsmehraufwand

    (dem 9.10.2017 ist die gesamte Abwesenheitsdauer zuzurechnen)

    (Mitternachtsregelung; BMF vom 24.10.2015, BStBl 2015 I S. 1412, Rz. 46)   14,00 €

                                                                                         59,00 €

Gesamtbetrag   618,60 €

Lösung zu Fall 56   9 Punkte

1. Zuschläge für Nachtarbeit gemäß § 3b EStG

   Aus dem laufenden Arbeitslohn ergibt sich bei einer Arbeitszeit von (4 · 8 Std. + 8 · 8 Std. +8 · 8 Std. =) 160 Std. ein Stundenlohn i. H. von 20 €. Dieser Grundlohn übersteigt den für § 3b EStG ansetzbaren Höchstgrundlohn von 50 € gemäß § 3b Abs. 2 Satz 1 EStG nicht.

   Es liegt Nachtarbeit nur in der Zeit von 20 Uhr bis 6 Uhr vor.

   Der steuerfreie Zuschlagsatz beträgt:

   4 Tage Arbeit von 22 Uhr bis 6 Uhr

       für die Zeit von 22 Uhr bis 24 Uhr und von 4 Uhr bis 6 Uhr: 25 %

           4 Tage · 4 Stunden   16 Stunden

       für die Zeit von 24 Uhr bis 4 Uhr: 40 %

           4 Tage · 4 Stunden   16 Stunden

   8 Tage Arbeit von 6 Uhr bis 14 Uhr

       kein Anspruch auf steuerfreie Zuschläge

   8 Tage Arbeit von 14 Uhr bis 22 Uhr

       für die Zeit von 20 Uhr bis 22 Uhr: 25 %

           8 Tage · 2 Stunden   16 Stunden

   Es ergeben sich folgende steuerfreie Zuschläge:

32 Stunden · 20 € Grundlohn · 25 %	160 €
16 Stunden · 20 € Grundlohn · 40 %	128 €
steuerfreie Zuschläge	288 €
steuerpflichtiger Arbeitslohn (3.800 € - 288 € =)	3.512 €

2. Geburtsbeihilfe   + 300 €

   Seit 1.1.2006 sind Behilfen für Heirat und Geburt steuerpflichtig (Wegfall § 3 Nr. 15 EStG).

3. Erstattung von Kontoführungsgebühren   + 10 €

   Es handelt sich bei Erstattungszahlungen für Kontoführungsgebühren um steuerbaren und steuerpflichtigen Arbeitslohn (kein § 3 Nr. 16 EStG).

4. Belohnung   + 500 €

   Gemäß § 2 LStDV gehören auch derartige Zahlungen uneingeschränkt zum steuerpflichtigen Arbeitslohn.

5. Jubiläumszuwendung + 1.500 €

Es liegt ein lohnsteuerpflichtiger sonstiger Bezug vor. Dieser sonstige Bezug ist nach der Fünftelungsregelung auch bereits im Lohnsteuerabzugsverfahren zu besteuern (vgl. H 39b (6) „Fünftelregelung" LStH und BMF-Schreiben vom 10.1.2000, BStBl 2000 I S. 138).

6. Urlaubsgeld + 400 €

Gemäß § 2 LStDV gehört Urlaubsgeld uneingeschränkt zum steuerpflichtigen Arbeitslohn. Es liegt ein sonstiger Bezug vor.

7. Kaffeeautomat 0 €

Die Aufstellung eines Kaffeeautomaten sorgt für eine Verbesserung der Arbeitsbedingungen, stellt jedoch keinen steuerbaren Arbeitslohn dar.

Steuerpflichtiger Arbeitslohn insgesamt lt. Prüfung 6.222 €

Lösung zu Fall 57   7 Punkte

1. Die Gesellschafterin Uta Johannsen bezieht als Gesellschafterin (Mitunternehmerin) der Abraham OHG gemäß § 15 Abs. 1 Nr. 2 EStG Einkünfte aus Gewerbebetrieb und somit keinen Arbeitslohn gemäß § 19 EStG. Diese Einkünfte unterliegen nicht dem Lohnsteuerabzugsverfahren.

2. Gemäß § 8 Abs. 1 EStG und R 19.3 LStR sind Einnahmen alle Güter, die in Geld oder in Geldeswert bestehen. Dabei kann die Leistung an den Arbeitnehmer gemäß § 19 Abs. 1 Satz 2 EStG auch auf freiwilliger Basis beruhen. Daher liegt sowohl hinsichtlich der Reisegutscheine (Sachzuwendung; zur Bewertung vgl. R 8.1 Abs. 2 LStR) wie auch hinsichtlich des Taschengeldes (Barlohn) ein steuerpflichtiger Arbeitslohn vor. Die 44 €-Freigrenze, die auf einzeln zu bewertende Sachbezüge zur Anwendung kommt, ist überschritten (§ 8 Abs. 2 Satz 9 EStG).

Reisegutscheine: Die Reisegutscheine stellen Sachbezüge dar, die einzeln für sich zu bewerten sind, und zwar gemäß § 8 Abs. 2 EStG i.V. mit R 8.1 Abs. 2 Satz 1-4 LStR mit den um die üblichen Preisnachlässe geminderten Endpreis des Abgabeorts. Da die Reisegutscheine den üblichen Endpreis beinhalten, sind sie gemäß R 8.1 Abs. 2 Satz 9 LStR mit 96 % vom Kaufpreis anzusetzen. Der Ansatz beläuft sich daher auf 4.800 €. Es ist eine Pauschalversteuerung i. H. von 30 % nach § 37b EStG möglich.

Taschengeld: Bei dem Taschengeld handelt es sich um eine Barzuwendung und ist deshalb gemäß § 8 Abs. 1 EStG mit dem Nennwert anzusetzen. Höhe: 1.000 €. Eine Pauschalversteuerung nach § 37b EStG ist nicht möglich, da eine Geldzuwendung vorliegt.

3. Einnahmen aus der Nebentätigkeit des Arbeitnehmers, die er im Rahmen des Dienstverhältnisses für denselben Arbeitgeber leistet, sind Arbeitslohn, wenn es sich bei dieser Tätigkeit gemäß H 19.2 LStH um einen Auftrag des Arbeitgebers handelt. Dieses ist in diesem Sachverhalt gegeben, daher handelt es sich bei den 10.000 € um steuerpflichtigen Arbeitslohn.

4. Der verbilligte Verkauf des Fahrzeugs durch die OHG an Nicole Petersen erfolgt aufgrund ihrer Eigenschaft als Arbeitnehmerin des Unternehmens. Daher liegt in Höhe der für die Arbeitnehmerin ersparten Aufwendungen steuerpflichtiger Arbeitslohn vor. Für die Besteuerung von Sachbezügen ist deren Geldwert zu bestimmen. Dieser ergibt sich gemäß § 8 Abs. 2 EStG i.V. mit R 8.1 Abs. 2 LStR folgendermaßen:

Wert laut Schwacke-Liste	20.000 €
19 % Umsatzsteuer	3.800 €
Endpreis	23.800 €
von Nicole Petersen gezahlter Preis	17.850 €
geldwerter Vorteil	5.950 €

Der Händlereinkaufspreis ist nicht maßgebend (BFH-Urteil vom 17.6.2005, BStBl 2005 II S. 795).

Lösung zu Fall 58 — 10 Punkte

a) Zuschläge (§ 3b EStG)

Grundlohn (§ 3b Abs. 2 EStG; R 3b Abs. 2 LStR) je Stunde

$$\frac{6.000}{38 \cdot 4{,}35} = 36{,}30\,€$$

Dieser ermittelte Grundlohn übersteigt den für § 3b EStG ansetzbaren Höchstgrundlohn von 50 € gemäß § 3b Abs. 2 Satz 1 EStG nicht.

Mögliche Zuschläge:

1. 24.12., 22.00 Uhr bis 24.00 Uhr

    § 3b Abs. 1 Nr. 4 EStG = 150 %
    § 3b Abs. 1 Nr. 1 EStG = 25 % = 175 % (R 3b Abs. 3 LStR)
    175 % von 36,30 € · 2 Std. = 127,05 €

2. 25.12., 0.00 Uhr bis 4.00 Uhr

§ 3b Abs. 1 Nr. 4 EStG = 150 %

§ 3b Abs. 1 Nr. 1 i.V. mit Abs. 3 Nr. 1 EStG zusätzlich 40 %

190 % von 36,30 € · 4 Std. = 275,88 €

3. 25.12., 4.00 Uhr bis 6.00 Uhr

§ 3b Abs. 1 Nr. 4 EStG = 150 %

§ 3b Abs. 1 Nr. 1 EStG zusätzlich 25 %

175 % von 36,30 € · 2 Std. = 127,05 €

Summe 529,98 €

b) Der geldwerte Vorteil bemisst sich bei Arbeitgeberdarlehen nach dem Unterschiedsbetrag zwischen dem vom Arbeitnehmer zu zahlenden Zinssatz und dem marktüblichen Zinssatz (vgl. BMF vom 19.5.2016, BStBl 2016 I S. 484, Rz. 5,8). Danach ergibt sich der lohnsteuerpflichtige Vorteil für den Monat Dezember 2020 wie folgt:

Sachbezug:

$$\frac{24.000 \cdot 3{,}76\,\% \; (= 6\,\% \cdot 96\,\% - 2\,\%)}{12} = 75{,}20\,€ \text{ steuerpflichtiger geldwerter Vorteil im Dezember 2020}$$

Die 44 €-Freigrenze nach § 8 Abs. 2 Satz 9 EStG ist in diesem Fall überschritten.

Die Versteuerung des Sachbezugs könnte nach § 37b EStG pauschal erfolgen (BMF vom 19.5.2016, BStBl 2016 I S. 484, Rz. 1 a. E.).

Hinweis: Eine Lohnversteuerung ist nur nötig, wenn das Restdarlehen mit mindestens 2.600 € valutiert (BMF vom 19.5.2016, BStBl 2016 I S. 484, Rz. 4).

c) Der geldwerte Vorteil kann nach § 3 Nr. 45 EStG lohnsteuerfrei bleiben. Es handelt sich bei dem Handy um ein betriebseigenes Telekommunikationsgerät. Geldwerte Vorteile aus der privaten Nutzung sind nicht steuerpflichtig zu erfassen. Eine Aufzeichnung der steuerfreien Vorteile im Lohnkonto ist nach § 4 LStDV nicht notwendig.

Unabhängig davon kann der Arbeitgeber selbstverständlich für die Privatnutzung des Handys vom Arbeitnehmer eine Kostenübernahme verlangen.

d) Die PC-Schenkung stellt steuerpflichtigen Arbeitslohn dar. Die Sachzuwendung ist nach § 8 Abs. 2 Satz 1 EStG zu bewerten. Statt Erfassung in der Lohnabrechnung des Arbeitnehmers kann eine Pauschalversteuerung nach § 40 Abs. 2 Nr. 5 EStG mit 25 % vorgenommen werden. Die Pauschalierungsvoraussetzungen liegen insbesondere vor, weil der Arbeitnehmer den PC zusätzlich zum ohnehin geschuldeten Arbeitslohn übereignet erhält.

Lösung zu Fall 59   10 Punkte

Der Begriff des Arbeitslohns ist in § 19 Abs. 1 EStG und in § 2 Abs. 1 Satz 1 LStDV legal definiert. Danach sind Arbeitslohn alle Einnahmen, die einem Arbeitnehmer aus dem Dienstverhältnis zufließen. Einnahmen aus nichtselbstständiger Arbeit (Arbeitslohn) sind alle Güter, die in Geld oder Geldeswert bestehen, d. h. die Zuwendung muss für den Arbeitnehmer einen wirtschaftlichen Wert (Vermögenswert) haben. Dabei kann die Leistung an den Arbeitnehmer auch auf freiwilliger Basis beruhen (§ 19 Abs. 1 Satz 2 EStG).

Erholungsbeihilfe:

Die Erholungsbeihilfe wird in Geld gewährt. Mangels Steuerbefreiung ist der Arbeitslohn lohnsteuerpflichtig. Zu bewerten ist der Vorteil mit dem Geldwert (§ 8 Abs. 1 EStG). Die Versteuerung kann entweder in der Lohnabrechnung nach den individuellen Merkmalen der Lohnsteuerkarte erfolgen. Alternativ besteht die Möglichkeit der Pauschalierung nach § 40 Abs. 2 Satz 1 Nr. 3 EStG.

Eine Pauschalierung der Lohnsteuer nach § 40 Abs. 2 Satz 1 Nr. 3 EStG setzt voraus, dass die in dem Kalenderjahr gezahlten Erholungsbeihilfen insgesamt nicht den Betrag von 156 € für den Arbeitnehmer, 104 € für den Ehegatten und 52 € für ein Kind übersteigen – jede Gruppe ist für sich zu betrachten. Wird die Betragsgrenze überschritten, scheidet eine Pauschalierung vollständig aus, R 40.2 Abs. 3 Satz 4 LStR.

Die gewährten Erholungsbeihilfen übersteigen die Betragsgrenze zur Pauschalierung. Sie sind daher nach den allgemeinen Vorschriften dem Lohnsteuerabzug zu unterwerfen.

Unfallversicherung:

Beiträge zur Unfallversicherung sind grundsätzlich steuerpflichtiger Arbeitslohn. Der auf berufliche Unfälle und Dienstreisen entfallende Beitrag ist steuerfrei. Sofern kein Nachweis der Versicherung über die kalkulierten Reiserisiken vorliegt, kann der steuerfreie Anteil mit 20 % aus dem Gesamtversicherungsbeitrag inkl. Versicherungssteuer herausgerechnet werden. BMF-Schreiben vom 28.10.2009, BStBl 2009 I S. 1275, Tz. 2.2.1.

Von den 1.190 € sind demgemäß (20 % v. 1.190 € =) 238 € steuerfrei. Die Differenz ist lohnsteuerpflichtig. Höhe: 952 €.

Grundsätzlich ist der geldwerte Vorteil je Arbeitnehmer nach den Merkmalen seiner Lohnsteuerkarte zu versteuern. Stattdessen kann eine Pauschalierung nach § 40b Abs. 3 EStG) in Betracht kommen. Pauschalierungssatz: 20 %. Es handelt sich um eine Gruppenversicherung.

steuerpflichtiger Gesamtbeitrag:	952 €
abzgl. Versicherungssteuer: (952 · $^{19}/_{119}$ =)	- 152 €
Gesamtbeitrag ohne Versicherungssteuer:	800 €
durch versicherte Arbeitnehmer (20)	40 €

Die Pauschalierungsgrenze nach § 40b Abs. 3 EStG von 62 € ist nicht überschritten. Damit kann eine Pauschalierung erfolgen. Zu pauschalieren sind 952 €, also der Versicherungsbeitrag inklusive Versicherungssteuer.

Hinweis: Handelt es sich um eine Versicherung des Arbeitgebers, bei der die Ausübung der Rechte aus dem Versicherungsvertrag ausschließlich dem Arbeitgeber zusteht, liegt im Zeitpunkt der Beitragsleistung kein Arbeitslohn vor (BMF-Schreiben vom 28.10.2009, Tz. 2.1.1.). Dafür kann eine spätere Leistung aus der Unfallversicherung lohnsteuerpflichtig sein. Dies liegt im Sachverhalt nicht vor.

Benzingutschein:

Die Überlassung des Benzingutscheins stellt einen geldwerten Sachbezug dar, der wegen Unterschreitens der 44 €-Freigrenze nicht lohnsteuerpflichtig ist, § 8 Abs. 2 Sätze 2, 9 EStG.

Lösung zu Fall 60   5 Punkte

Wiebke Bracker ist als natürliche Person mit Wohnsitz im Inland unbeschränkt einkommensteuerpflichtig gemäß § 1 Abs. 1 Satz 1 EStG. Die Steuerpflicht erstreckt sich auch auf alle Einkünfte, die sie im In- und Ausland erzielt hat (Welteinkommensprinzip, § 2 Abs. 1 Satz 1 EStG, H 1a „Allgemeines" EStH). Hier handelt es sich um ausländische Einkünfte aus Vermietung und Verpachtung i. S. des § 21 Abs. 1 Satz 1 Nr. 1 i.V. mit § 34d Nr. 7 EStG.

Im nächsten Schritt ist zu prüfen, ob Deutschland nicht in einem Doppelbesteuerungsabkommen zugunsten eines anderen Landes auf sein Besteuerungsrecht an diesen Einkünften verzichtet hat (§ 2 Abs. 1 AO).

Gemäß Art. 6 Abs. 1 DBA USA vom 4.6.2008 steht das alleinige Besteuerungsrecht ausschließlich dem Belegenheitsland USA zu. Dabei ist in Deutschland jedoch der Progressionsvorbehalt zu beachten (Art. 23 Abs. 3 Buchst. a DBA USA).

Gemäß § 32b Abs. 1 Satz 1 Nr. 3 EStG ist, soweit ein in Deutschland unbeschränkt Steuerpflichtiger ausländische Einkünfte bezogen hat, die aufgrund eines DBA im Inland steuerfrei sind, auf das zu versteuernde Einkommen ein besonderer Steuersatz anzuwenden. Damit wird sichergestellt, dass auf das deutsche zu versteuernde Einkommen der Steuersatz für das Welteinkommen zur Anwendung kommt.

Dieser ermittelt sich folgendermaßen:

zu versteuerndes Einkommen zzgl. ausländische Einkünfte:	97.500 €
tarifliche Einkommensteuer (42 % · 97.500 € - 8.963,74) laut Grundtabelle (§ 32a Abs. 1 Satz 2 Nr. 4 EStG):	31.986,26 €
Steuersatz:	32,81 %
zu versteuerndes Einkommen im Inland:	72.500 €
multipliziert mit 32,81 %:	23.787,25 €

Hinweis: § 32b Abs. 1 Satz 1 Nr. 3 EStG wurde aus europarechtlichen Gründen auf Drittstaatenfälle (= kein EU-/EWR-Staat) beschränkt, § 32b Abs. 1 Satz 2 EStG.

Lösung zu Fall 61   12 Punkte

a) Richard Peters ist eine natürliche Person (§ 1 BGB) und hat in Deutschland weder seinen Wohnsitz (§ 8 AO) noch seinen gewöhnlichen Aufenthalt (§ 9 AO). Er ist deshalb gemäß § 1 Abs. 4 EStG beschränkt einkommensteuerpflichtig. Die beschränkte Steuerpflicht erstreckt sich nur auf seine inländischen Einkünfte.

b) Was inländische Einkünfte im Sinne der beschränkten Einkommensteuerpflicht sind, bestimmt sich nach § 49 EStG.

Bei den Einkünften aus der Tätigkeit als angestellter Ingenieur handelt es sich um Einkünfte aus nichtselbstständiger Arbeit i. S. des § 19 Abs. 1 Satz 1 Nr. 1 EStG. Es liegen aber keine inländischen Einkünfte vor. Denn die Einkünfte erfüllen nicht die Voraussetzungen des § 49 Abs. 1 Nr. 4 EStG: die Arbeit wird weder im Inland ausgeübt noch hier verwertet. Die Einkünfte werden auch nicht aus einer inländischen öffentlichen Kasse oder für eine Tätigkeit als Geschäftsführer einer inländischen Gesellschaft gezahlt und es handelt sich auch nicht um eine Entschädigung für eine im Inland steuerpflichtige Tätigkeit. Die Einkünfte aus der Tätigkeit als Ingenieur unterliegen deshalb nicht der deutschen Einkommensteuer (§ 1 Abs. 4 EStG).

Die Sparbuchzinsen sind Einkünfte aus Kapitalvermögen i. S. des § 20 Abs. 1 Nr. 7 EStG. Es handelt sich aber nicht um inländische Einkünfte i. S. des § 49 EStG, weil das Kapitalvermögen nicht durch inländischen Grundbesitz gesichert ist (§ 49 Abs. 1 Nr. 5c EStG). Dass die Zinsen von einem inländischen Kreditinstitut gezahlt werden, ist unerheblich.

Die Zinsen unterliegen daher nicht der Abgeltungsteuer i. H. von 25 %, dem SolZ und ggf. der Kirchensteuer.

Die Gewinnausschüttung der Maschinenbau AG gehört ebenfalls zu den Einkünften aus Kapitalvermögen (§ 20 Abs. 1 Nr. 1 EStG). Es handelt sich auch um inländische Einkünfte i. S. des § 49 Abs. 1 Nr. 5a EStG, weil der Schuldner der Dividende, die Maschinenbau AG, ihre Geschäftsleitung (§ 10 AO) und ihren Sitz (§ 11 AO) im Inland hat.

Die Dividende unterliegt seit dem 31.12.2008 dem Einheitssatz von 26,375 % („Flat-Tax").

Gemäß § 50 Abs. 2 Satz 1 EStG gilt die Einkommensteuer im Falle der beschränkten Steuerpflicht durch den Steuerabzug vom Kapitalertrag als abgegolten.

Hinweis: Die Abgeltungswirkung der Dividendenbesteuerung verstößt in diesem Fall nicht gegen die europäischen Grundfreiheiten (vgl. EuGH vom 20.10.2012, Rs. C-284/09, DStR 2012 S. 2038, zur Besteuerung von Dividenden an ausländischen Kapitalgesellschaften), weil auch ein Inländer der Abgeltungssteuer unterläge (kein § 32d Abs. 2 Nr. 3 EStG).

Herr Peters hat nach Art. 10 Abs. 2 Buchst. c DBA Niederlande vom 12.4.2012 Anspruch auf Reduzierung der KapESt auf 15 %, § 50d Abs. 1 Satz 2 EStG.

Die Veräußerung der Aktien im Juni 2020 erfüllt den Tatbestand des § 17 EStG. Es handelt sich dabei um inländische Einkünfte gemäß § 49 Abs. 1 Nr. 2e EStG. Gemäß § 3 Nr. 40 Buchst. c EStG ist das Teileinkünfteverfahren anzuwenden.

Die Einkünfte sind wie folgt zu ermitteln:

Veräußerungserlös:	76.800 €	
§ 3 Nr. 40c EStG:	- 30.720 €	46.080 €
Anschaffungskosten:	35.200 €	
§ 3c Abs. 2 EStG:	- 14.080 €	- 21.120 €
Einkünfte:		24.960 €

Hinweis: Nach Art. 13 Abs. 5 DBA Niederlande vom 12.4.2012 hat Deutschland kein Besteuerungsrecht.

Aus der Vermietung des Wohnhauses in Bottrop erzielt Herr Peters Einkünfte aus Vermietung und Verpachtung i. S. des § 21 Abs. 1 Nr. 1 EStG. Es handelt sich um inländische Einkünfte gemäß § 49 Abs. 1 Nr. 6 EStG. Die Einkünfte sind wie folgt zu ermitteln:

Einnahmen:		
6 Monate · 2.000 € =	12.000 €	
Werbungskosten:	- 7.000 €	
Einkünfte:		5.000 €

Hinweis: Gemäß Artikel 6 DBA Niederlande vom 12.4.2012 steht der Bundesrepublik Deutschland das Besteuerungsrecht für die Einkünfte aus der Vermietung zu. Es wird eine Veranlagung als beschränkt Steuerpflichtiger durchgeführt.

Lösung zu Fall 62   10 Punkte

Georg Kline ist nach § 1 Abs. 1 EStG unbeschränkt einkommensteuerpflichtig, da er seinen Wohnsitz (§ 8 AO) im Inland hat. Somit unterliegen seine gesamten in- und ausländischen Einkünfte der deutschen Einkommensteuer (Welteinkommensprinzip).

Bei den Einkünften aus der ausländischen Zweigniederlassung handelt es sich um ausländische Einkünfte i. S. des § 34d Nr. 2 EStG. Die dort erzielten Einkünfte sind in Deutschland zu besteuern, da mit dem betreffenden Staat kein Doppelbesteuerungsabkommen besteht. Die im Ausland gezahlte Steuer wird gemäß § 34c Abs. 1 EStG auf die inländische Einkommensteuer angerechnet.

Die ausländischen Einkünfte sind für die deutsche Besteuerung unabhängig von der Einkünfteermittlung im Ausland nach den Regeln des deutschen Einkommensteuerrechts zu ermitteln (vgl. R 34c Abs. 3 Satz 3 EStR).

1. **Ermittlung des Welteinkommens (§ 2 EStG):**

	€	€
Einkünfte aus Gewerbebetrieb (§ 15 EStG)		
Gewinn aus inländischem Gebrauchtwagenhandel	137.400	
Gewinn aus ausländischer Zweigniederlassung	24.300	
Verlustanteil aus der Beteiligung an einer inl. KG	- 10.740	150.960
Einkünfte aus Vermietung und Verpachtung (§ 21 EStG)		3.940
Summe der Einkünfte		154.900
Sonderausgaben		- 8.200
zu versteuerndes Einkommen		146.700

2. **Ermittlung der deutschen Steuer (§ 32a Abs. 1 Satz 2 Nr. 4 EStG):**

   $0{,}42 \cdot 146.700\ € - 8.963{,}74\ € = 52.650{,}26$

3. **Ermittlung des Anrechnungshöchstbetrages (AHB) nach § 34c Abs. 1 EStG:**

   $$\text{AHB} = \text{ausländische Einkünfte} \cdot \frac{\text{deutsche Einkommensteuer auf das Welteinkommen}}{\text{zu versteuerndes Einkommen}}$$

   $$\text{AHB} = 24.300 \cdot \frac{52.650{,}26}{146.700} = 8.721$$

4. **Ergebnis:**

   Die im Ausland gezahlte Steuer i. H. von 5.390 € kann in voller Höhe auf die deutsche Einkommensteuer angerechnet werden, da sie den Anrechnungshöchstbetrag von 8.837 € nicht überschreitet. Insofern besteht keine Doppelbesteuerung.

   Die festzusetzende Einkommensteuer im Veranlagungszeitraum 2020 beträgt somit:

	€
	53.352
	- 5.390
	47.962

Lösung zu Fall 63   12 Punkte

Bei Walter Wolly sind die persönlichen und sachlichen Voraussetzungen für die Anwendung des § 2 AStG (Außensteuergesetz), sog. erweitert beschränkte Einkommensteuerpflicht, als erfüllt anzusehen:

a) persönliche Voraussetzungen:
   - natürliche Person, die in den letzten 10 Jahren vor dem Wegzug als Deutscher zumindest 5 Jahre unbeschränkt einkommensteuerpflichtig war
   - Ansässigkeit in einem niedrig besteuernden ausländischen Gebiet

b) sachliche Voraussetzungen:
   - wesentliche wirtschaftliche Interessen im Inland (allein schon durch die Beteiligung an der OHG begründet; vgl. § 2 Abs. 3 Nr. 1 AStG)
   - Überschreiten der Freigrenze von 16.500 € (§ 2 Abs. 1 Satz 2 AStG)

Damit gilt für Walter Wolly die erweitert beschränkte Steuerpflicht. Die erweitert beschränkte Steuerpflicht erstreckt sich über die in § 49 EStG definierten beschränkt steuerpflichtigen Inlandseinkünfte hinaus auf alle anderen Einkünfte, die nicht ausländische Einkünfte i. S. von § 34d EStG sind (sog. erweiterte Inlandseinkünfte). Es wird also nicht das Welteinkommen erfasst, sondern nur die inländischen Einkünfte.

Dennoch ist das Welteinkommen zu ermitteln, um den in § 2 Abs. 5 Satz 1 AStG vorgesehenen Progressionsvorbehalt anwenden zu können. Nicht einzubeziehen sind dabei die Einkünfte, die dem Steuerabzug vom Kapitalertrag unterliegen. Für Einkünfte, die dem Steuerabzug des § 50a EStG unterliegen, greift die Abgeltungswirkung des § 50 Abs. 2 Satz 1 EStG nicht (§ 2 Abs. 5 Satz 2 AStG).

Im Einzelnen ist wie folgt vorzugehen:

1. **Bestimmung des Steuersatzes (Progressionsvorbehalt)**

	€
Vermietung Eigentumswohnung	14.400
Vermietung Einliegerwohnung	12.000
Gewinnanteile OHG	17.400
Geschäftsführergehalt	9.000
Preisgelder Deutschland	24.000
Preisgelder Ausland	35.000
Summe Welteinkommen	111.800
Steuer lt. Grundtabelle (§ 32a Abs. 1 Satz 2 Nr. 4 EStG):	37.992
Steuersatz:	33,98 %

2. Ermittlung des erweitert beschränkt steuerpflichtigen Einkommens

	€
Vermietung Eigentumswohnung	14.400
Gewinnanteile OHG	17.400
Preisgelder Deutschland	24.000
Erweitert beschränkt steuerpflichtiges Einkommen	55.800

Hinweis: Die Preisgelder in Deutschland haben zwar dem Steuerabzug nach § 50a EStG unterlegen, die Abgeltungswirkung des § 50 Abs. 2 Satz 1 EStG greift gemäß § 2 Abs. 5 Satz 2 AStG nicht. Somit sind diese Einkünfte bei der Ermittlung des erweitert beschränkt steuerpflichtigen Einkommens einzubeziehen.

Dazu gehören nicht:

	€
Vermietung Einliegerwohnung	12.000
Begründung: ausländische Einkünfte i. S. des § 34d EStG	
Preisgelder Ausland	35.000
Begründung: ausländische Einkünfte i. S. des § 34d EStG	
Geschäftsführergehalt	9.000

Begründung:

Das Verbot der Abgeltungswirkung nach § 2 Abs. 5 Satz 2 AStG greift nicht bei Einkünften aus nichtselbstständiger Arbeit. Insofern greift hier die Abgeltungswirkung des § 50 Abs. 2 Satz 1 EStG mit der Folge, dass diese Einkünfte nicht in der Bemessungsgrundlage der erweitert beschränkten Steuerpflicht einzubeziehen sind.

3. Anwendung des ermittelten Steuersatzes auf das erweitert beschränkt steuerpflichtige Einkommen

	€
erweitert beschränkt steuerpflichtiges Einkommen	55.800
Steuersatz (Progressionsvorbehalt): 33,98 %	
Einkommensteuer	18.960
abzgl. Steuerabzug für Preisgelder in Deutschland	- 4.800
verbleibende Steuerschuld	14.160

VII. Kosten- und Leistungsrechnung

LÖSUNG

Lösung zu Fall 1   10 Punkte

Konto	Rechnungskreis I GuV-Rechnung Aufw. T€	Rechnungskreis I GuV-Rechnung Ertrag T€	Abgrenzung Aufw. T€	Abgrenzung Ertrag T€	neutrales Ergebnis betriebl. Aufw. T€	Kostenrechn. Korrekturen verrechn. Kosten T€	Betriebsergebnis Kosten T€	Betriebsergebnis Leistungen T€
1	2	3	4	5	6	7	8	9
Umsatzerlöse		3.400						3.400
Bestandsver.		400						400
akt. Eigenl.		100						100
Mieterträge		80		80				
Ertr. Aufl. WB		25		25				
Ertr. Abgang		30		30				
Ertr. Rückst.		75		75				
Zinserträge		55		55				
Rohstoffaufw.	800						800	
Hilfsstoffaufw.	150						150	
Fremdinstandh.	50						50	
Löhne	1.000						1.000	
Gehälter	750						750	
AG-Anteil SV	350						350	
Abschreibung	320				320	200	200	
Büromaterial	20						20	
Versicherung	70						70	
Verl. Abgang	70		70					
Steuern	100						100	
Zinsaufwend.	40				40	90	90	
Summen I	3.720	4.165	70	265	360	290	3.580	3.900
Ergebnisse	445		195			70	320	
Summen II	4.165	4.165	265	265	360	360	3.900	3.900
Gesamterg.	445							
neutrales Erg.					125			
Betriebsergeb.							320	

Lösung zu Fall 2 — 4 Punkte

Anschaffungswert		105.000 €
Wiederbeschaffungswert		140.000 €
30 % zeitabhängige Abschreibung	42.000 €	= 5.250 €/Jahr
70 % leistungsabh. Abschreibung	98.000 €	= 0,245 €/km *)
Wiederbeschaffungswert	140.000 €	

*) $\dfrac{98.000 \text{ € Abschreibung}}{400.000 \text{ km Gesamtleistung}} = 0{,}245 \text{ €/km}$

Abschreibung im 2. Nutzungsjahr:

zeitabhängig	5.250 €
leistungsabhängig 0,245 € · 82.000 km =	20.090 €
kalkulatorische Abschreibung gesamt	**25.340 €**

Lösung zu Fall 3 — 8 Punkte

Die kalkulatorischen Zinsen werden vom betriebsnotwendigen Kapital berechnet. Die Vorratsgrundstücke sind nicht betriebsnotwendig und werden deshalb nicht berücksichtigt. Als kalkulatorischer Zinssatz wird i. d. R. der sog. landesübliche oder banküblicher Zinssatz für langfristige Kapitalanlagen verwendet, der oft um einen Risikozuschlag erhöht wird. Immer mehr Betriebe setzen statt des landesüblichen Zinssatzes den Kalkulationszinssatz der Investitionsrechnung ein.

a) **Ermittlung des betriebsnotwendigen Kapitals**

Ermittlung des betriebsnotwendigen Vermögens:

Vermögen 31.12.01	814 T€ - 20 T€	= 794 T€
Vermögen 30.6.02	816 T€ - 20 T€	= 796 T€
Vermögen 31.12.02	830 T€ - 20 T€	= 810 T€
		2.400 T€
Durchschnitt		800 T€

Kosten- und Leistungsrechnung   TEIL I

Ermittlung des Abzugskapitals (= zinsfreies Fremdkapital):

	Verb. aLL	erhalt. Anzahlungen
31.12.01	148 T€	50 T€
30.6.02	150 T€	20 T€
31.12.02	152 T€	80 T€
Summen	450 T€	150 T€
		450 T€
zusammen		600 T€
Durchschnitt		200 T€
betriebsnotwendiges Vermögen		800 T€
- Abzugskapital		200 T€
= betriebsnotwendiges Kapital		600 T€

b) 7 % kalkulatorische Zinsen von 600.000 € sind 42.000 € jährlich, bzw. 3.500 € monatlich.

c) Ergebnistabelle (zur Tabellengliederung siehe Fall 1)

1	2	3	4	5	6	7	8	9
Zinsaufwend.	3.000				3.000	3.500	3.500	
Summen I	3.000	0			3.000	3.500	3.500	0
Ergebnisse		3.000			500			3.500
Summen II	3.000	3.000			3.500	3.500	3.500	3.500
Gesamterg.	- 3.000							
neutrales Erg.					+ 500			
Betriebsergeb.								- 3.500

LÖSUNG

Lösung zu Fall 4   5 Punkte

Ergebnistabelle Januar (zur Tabellengliederung siehe Fall 1):

1	2	3	4	5	6	7	8	9
verrechnetes Weihnachtsgeld verrechneter AG-Anteil.						70 14	70 14	
Summen I	0	0			0	84	84	0
Ergebnisse	0	0			84			84
Summen II	0	0			84	84	84	84
Gesamterg.	0							
neutrales Erg.					+ 84			
Betriebsergeb.								- 84

Ergebnistabelle November:

1	2	3	4	5	6	7	8	9
gezahltes Weihnachtsg.	835				835			
AG-Anteil zum gezahlten WG	167				167			
verrechnetes Weihnachtsg.						70	70	
AG-Anteil zum verrechn. WG						14	14	
Summen I	1.002	0			1.002	84	84	0
Ergebnisse		1.002				918		84
Summen II	1.002	1.002			1.002	1.002	84	84
Gesamterg.	- 1.002							
neutrales Erg.					- 918			
Betriebsergeb.								- 84

Die Eintragungen in der Ergebnistabelle für den Monat Dezember entsprechen denen in der Ergebnistabelle für den Monat Januar.

Lösung zu Fall 5 — 15 Punkte

zu a), c) und d): Betriebsabrechnungsbogen einschließlich Ermittlung der Ist-Zuschlagssätze und der Über- und Unterdeckungen (in €):

	gesamt	KST 10	KST 20	KST 30	KST 40
Hilfsstoffaufwendungen	56.000	800	54.400	500	300
Betriebsstoffaufwendungen	9.000	600	8.100	150	150
Hilfslöhne	43.000	2.800	40.200	0	0
Gehälter	78.000	9.000	41.000	22.000	6.000
Sozialaufwand	48.500	2.000	42.500	2.500	1.500
kalk. Abschreibungen	117.000	6.000	85.000	11.000	15.000
Mietaufwand	15.000	3.000	10.000	1.200	800
Büromaterial	6.500	260	640	1.300	4.300
Versicherungsprämien	1.500	200	1.100	100	100
Gebühren, Beiträge	6.000	1.000	2.500	2.000	500
Steuern	8.000	800	1.600	4.800	800
Summen	388.500	26.460	287.040	45.550	29.450

Kosten- und Leistungsrechnung

	gesamt	KST 10	KST 20	KST 30	KST 40
Fertigungsmaterial	211.600	211.600			
Fertigungslöhne	158.000		158.000		
Ist-Herstellkosten Umsatz				678.100	678.100
Normal-Herstellkosten des Umsatzes				705.992	705.992
Ist-Zuschlagssätze		12,5	181,67	6,72	4,34
Norm.-Zuschlagss.		12,0	200,00	7,00	4,00
verrechnete GK	419.051	25.392	316.000	49.419	28.240
Über-/Unterdeck.	+ 30.551	- 1.068	+ 28.960	+ 3.869	- 1.210

zu b) Ermittlung der Herstellkosten des Umsatzes:

	Istkosten €	Istkosten %	Normalkosten €	Normalkosten %	Über-/Unterdeckung €
Fertigungsmaterial	211.600		211.600		
Material-GK	26.460	12,50	25.392	12	- 1.068
Materialkosten	238.060		236.992		
Fertigungslöhne	158.000		158.000		
Fertigungs-GK	287.040	181,67	316.000	200	28.960
Fertigungskosten	445.040		474.000		
Herstellkosten der Produktion	683.100		710.992		
- Bestandsmehr.	10.000		10.000		
+ Bestandsmind.	5.000		5.000		
Herstellkosten des Umsatzes	678.100		705.992		

Lösung zu Fall 6 17 Punkte

a) Kostenträgerzeitrechnung

Kalkulationsschema	Istkosten €	Istkosten %	Normalkosten %	Normalkosten A	Normalkosten B	Abweichung €
Fertigungsmat.	211.600			148.000	63.600	
Material-GK	26.460	12,50	12	17.760	7.632	- 1.068
Materialkosten	238.060			165.760	71.232	
Fertigungslöhne	158.000			104.000	54.000	
Fertigungs-GK	287.040	181,67	200	208.000	108.000	+ 28.960
Fertigungskosten	445.040			312.000	162.000	
Herstellkosten der Produktion	683.100			477.760	233.232	
- Mehrbest. FE	- 10.000			- 7.000	- 3.000	
+ Minderbest. UE	+ 5.000			+ 3.000	+ 2.000	
Herstellkosten des Umsatzes	678.100			473.760	232.232	
Verwaltungs-GK	45.550	6,72	7	33.163	16.256	+ 3.869
Vertriebs-GK	29.450	4,34	4	18.950	9.290	- 1.210
Selbstkosten	753.100			525.873	257.778	+ 30.551
Verkaufserlöse	770.000			510.000	260.000	
Umsatzergebnis	+ 16.900			- 15.873	+ 2.222	

Umsatzergebnis aus Produkt A	- 15.873 €
Umsatzergebnis aus Produkt B	+ 2.222 €
Überdeckung	+ 30.551 €
Betriebsergebnis	+ 16.900 €

b) **Rechnerische Behandlung der Mehr- und Minderbestände**

Eine Bestandsmehrung bedeutet, dass mehr produziert als verkauft worden ist. Dieser Mehrbestand wird aktiviert. Eine Bestandsminderung bedeutet, dass mehr verkauft wurde als produziert. Lagerbestände wurden abgebaut. In den Umsatz der Abschlussperiode sind Leistungen der Vorperioden eingeflossen. In Vorperioden aktivierte Herstellkosten für unfertige und fertige Erzeugnisse wurden dem Lager entnommen.

Es wird unterstellt, dass die Verwaltungs-GK und die Vertriebs-GK durch die verkauften Erzeugnisse verursacht worden sind. Zuschlagsbasis für die Verwaltungs-GK und die Vertriebs-GK sind die Herstellkosten. Die Herstellkosten des Umsatzes werden ermittelt, indem von den Herstellkosten der Produktion die Mehrbestände – weil nicht umgesetzt – abgezogen und die Minderbestände – weil zusätzlich umgesetzt – hinzugerechnet werden.

c) **Informationen nach Produktgruppen**

Die Gewinn- und Verlustrechnung und auch die Ergebnistabelle zeigen zwar an, ob ein Gewinn oder ein Verlust erwirtschaftet worden ist. Sie zeigen jedoch nicht die Erfolgsquellen. Die Auftragsabrechnung (Kostenträgerstückrechnung) zeigt, mit welchem Erfolg der einzelne Auftrag von oft vielen tausend abgerechneten Aufträgen zum Gesamterfolg einer Abrechnungsperiode beigetragen hat. Sie eignet sich wegen der Menge der abgerechneten Aufträge jedoch nicht als Entscheidungshilfe. Die Kostenträgerzeitrechnung nach Produktgruppen zeigt dagegen, welche Produktgruppe in welchem Umfang zum Erfolg beigetragen hat.

Die Kostenträgerzeitrechnung nach Produkten (siehe oben) zeigt, dass Produkt B mehr zum Erfolg des Unternehmens beiträgt als Produkt A. Ein großer Anteil des negativen Ergebnisses bei Produkt A resultiert rein rechnerisch aus den verrechneten Fertigungsgemeinkosten.

Ferner ist erkennbar, dass der Lohnanteil in % vom Umsatz bei beiden Produkten gleich ist (A = 20,39 %, B = 20,76 %), während die Materialeinzelkosten vom Umsatz bei Produkt A ca. 29 %, bei Produkt B ca. 24 % ausmachen. Das bedeutet, dass tarifliche Lohnerhöhungen sich auf beide Produkte gleich auswirken, während Preiserhöhungen am Beschaffungsmarkt das anteilige Ergebnis aus Produkt A stärker beeinträchtigen werden als das Ergebnis aus Produkt B.

d) **Anpassung der Normalgemeinkostenzuschlagssätze**

Bei nur geringem Anteil der fixen Kosten an den gesamten Gemeinkosten können die Zuschlagssätze für Normalgemeinkosten beibehalten werden. Der Anteil der Fixkosten ist in den Industriebetrieben in den letzten Jahren jedoch ständig gestiegen. Bei steigendem Beschäftigungsgrad sinkt der Anteil der Fixkosten an den Gesamtkosten, bei rückläufigem Beschäftigungsgrad steigt der Anteil der Fixkosten an den Gesamtkosten. Deshalb müssen die Zuschlagssätze für die Normalgemeinkosten bei erheblichen Veränderungen des Beschäftigungsgrads angepasst werden.

Nach Möglichkeit sollte eine Anpassung im laufenden Geschäftsjahr jedoch vermieden werden, da sonst die Aussagekraft zur Kostenentwicklung beeinträchtigt werden kann.

Lösung zu Fall 7   2 Punkte

Rechnungspreis (netto)	800,00 €
- 5 % Rabatt	40,00 €
Zieleinkaufspreis	760,00 €
- 2 % Skonto	15,20 €
Bareinkaufspreis	744,80 €
+ Bezugskosten	25,20 €
Bezugspreis/Einstandspreis	770,00 €

Lösung zu Fall 8 — 6 Punkte

a) Ermittlung des Nettoverkaufspreises:

Bezugspreis	770,00 €
+ 25 % Handlungskostenzuschlag	192,50 €
Selbstkosten	962,50 €
+ 10 % Gewinn	96,25 €
Barverkaufspreis	1.058,75 €
+ 3 % Skonto (i. H.)	32,74 €
Zielverkaufspreis	1.091,49 €
+ 5 % Rabatt (i. H.)	57,45 €
Nettoverkaufspreis	1.148,94 €

b) Ermitteln der Handelsspanne:

$$\text{Handelsspanne} = \frac{(1.148{,}94 - 770{,}00) \cdot 100}{1.148{,}94} = 32{,}98$$

c) Ermitteln des Kalkulationszuschlags:

$$\text{Kalkulationszuschlag} = \frac{(1.148{,}94 - 770{,}00) \cdot 100}{770{,}00} = 49{,}21$$

d) Ermitteln des Kalkulationsfaktors:

Kalkulationsfaktor ist der Kalkulationszuschlag (oder Kalkulationsaufschlag) bezogen auf den Bezugspreis = 1,4921.

770,00 · 1,4921 = 1.148,92 (bei 2 Ct. Rundungsdifferenz)

In der Praxis würde mit einem Kalkulationsfaktor von 1,5 gerechnet.

Lösung zu Fall 9   10 Punkte

a) **Zuschlagskalkulation:**

	Nachkalkulation vom 8.8.02 Produkt: Spezialvorrichtung Auftraggeber: Waggonbau GmbH, Nürnberg Auftrags-Nr. 33 480		
1.	Fertigungsmaterial		20.500 €
2.	Materialgemeinkosten	20 %	4.100 €
3.	Materialkosten		24.600 €
4.	Fertigungslöhne Schmiede		6.000 €
5.	Fertigungsgemeinkosten Schmiede	270 %	16.200 €
6.	Fertigungslöhne Dreherei		7.000 €
7.	Fertigungsgemeinkosten Dreherei	280 %	19.600 €
8.	Fertigungslöhne Schlosserei		4.000 €
9.	Fertigungsgemeinkosten Schlosserei	220 %	8.800 €
10.	Fertigungslöhne Montage		1.000 €
11.	Fertigungsgemeinkosten Montage	200 %	2.000 €
12.	Fertigungskosten		64.600 €
13.	Sondereinzelkosten der Fertigung		800 €
14.	Herstellkosten (=Zeilen 3 + 12 + 13)		90.000 €
15.	Verwaltungsgemeinkosten	10 %	9.000 €
16.	Vertriebsgemeinkosten	20 %	18.000 €
17.	Sondereinzelkosten des Vertriebs		3.000 €
18.	Selbstkosten		120.000 €
19.	Umsatzerlös		125.000 €
20.	Auftragsergebnis		+ 5.000 €

b) **Definitionen:**

Einzelkosten sind die Kosten, die direkt (einzeln) auf einen bestimmten Auftrag verrechnet werden können, z. B. Fertigungsmaterial aufgrund von Materialentnahmescheinen oder Stücklisten, Fertigungslöhne aufgrund von Lohnscheinen oder Vorgangslisten.

Sondereinzelkosten der Fertigung sind Einzelkosten der Fertigung, die nur für bestimmte Aufträge anfallen. Dazu zählen auftragsabhängige Konstruktionsarbeiten, Lizenzgebühren (außerdem Modelle, Gesenke, Spezialwerkzeuge, Formen, Matrizen, Patrizen u. Ä.).

Sondereinzelkosten des Vertriebs sind Einzelkosten des Vertriebs, die nicht für alle Aufträge in gleichem Maße anfallen, z. B. Vertreterprovisionen, Ausgangsfrachten (außerdem Transportversicherung, Spezialverpackungen u. Ä.).

Gemeinkosten werden von mehreren oder allen Kostenträgern gemeinsam verursacht. Sie können den einzelnen Erzeugnissen oder Aufträgen nur als Zuschlag auf die Einzelkosten belastet werden. Eigentlich müssten sie Allgemeinkosten heißen, weil sie durch Produktion, Verwaltung oder Vertrieb allgemein verursacht worden sind.

Lösung zu Fall 10 — 2 Punkte

Ermittlung des Verkaufspreises:

Herstellungskosten je Meter

$$\frac{300.000\,€}{200.000\,m} = 1{,}50\,€$$

Verwaltungs- und Vertriebskosten je Meter

$$\frac{40.000\,€}{200.000\,m} = 0{,}20\,€$$

Selbstkosten	= 1,70 €
+ 10 % Gewinnzuschlag	= 0,17 €
Verkaufspreis für 1 m	= 1,87 €

Lösung zu Fall 11 — 10 Punkte

a) **Selbstkosten pro Vorrichtung der abgesetzten Menge**

$$\frac{200.000}{100} + \frac{60.000}{60} + \frac{20.000 + 40.000}{50} = 2.000 + 1.000 + 1.200 = \mathbf{4.200\,€}$$

b) **Herstellkosten pro Vorrichtung in der ersten Stufe**

$$\frac{200.000}{100} = \mathbf{2.000\,€}$$

c) **Herstellkosten der nicht verkauften Vorrichtungen**

$$\frac{200.000}{100} + \frac{60.000}{60} = 2.000 + 1.000 = \mathbf{3.000\,€/Stück}$$

d) Wert der unfertigen und der fertigen Erzeugnisse am Lager

unfertige Erzeugnisse	= (100 - 60) · 2.000 €	= 80.000 €
fertige Erzeugnisse	= (60 - 50) · 3.000 €	= 30.000 €

e) **Einstufige, zweistufige und mehrstufige Divisionskalkulation**

Der Einsatz der **einstufigen Divisionskalkulation** ist nur dann sinnvoll, wenn nur eine Erzeugnisart hergestellt wird und wenn keine Bestandsveränderungen an unfertigen und fertigen Erzeugnissen auftreten können. Die einstufige Divisionskalkulation kommt als summarische und als differenzierende Divisionskalkulation vor. Bei der summarischen Divisionskalkulation werden die Selbstkosten einer Abrechnungsperiode durch die gefertigte Stückzahl dividiert. Bei der differenzierenden Divisionskalkulation werden nicht die gesamten Selbstkosten durch die Ausbringungsmenge geteilt, sondern die Kostengruppen, z. B. die Materialkosten, werden durch die Ausbringungsmenge dividiert.

Bei der **zweistufigen Divisionskalkulation** können Bestandsveränderungen an fertigen Erzeugnissen berücksichtigt werden. Sie setzt voraus, dass nur eine Erzeugnisart hergestellt wird und dass keine Bestandsveränderungen an unfertigen Erzeugnissen vorliegen.

Die zweistufige Divisionskalkulation dividiert nicht die Selbstkosten durch die Ausbringungsmenge, sondern spaltet die Selbstkosten auf in Herstellkosten, Verwaltungskosten und Vertriebskosten.

Die **mehrstufige Divisionskalkulation** berücksichtigt neben Bestandsveränderungen an fertigen Erzeugnissen auch Bestandsveränderungen an unfertigen Erzeugnissen. Einzige Voraussetzung ist, dass nur eine Erzeugnisart hergestellt wird.

LÖSUNG

Lösung zu Fall 12   9 Punkte

a) Berechnung der Selbstkosten gesamt und je Stück

	Stück	Fertigungsmaterial		Äquivalenzziffer	Rechnungseinheit	Selbstkosten	
		gesamt €	Stück €			gesamt €	Stück €
I	1.000	10.000	10,00	1,0	1.000	90.000	90
II	2.000	30.000	15,00	1,5	3.000	270.000	135
III	1.000	20.000	20,00	2,0	2.000	180.000	180
	4.000	60.000		4,5	6.000	540.000	

Äquivalenzziffer = Verhältnis der Kosten für Fertigungsmaterial je Stück

Rechnungseinheit = Stückzahl · Äquivalenzziffer

Fertigungsmaterial gesamt	60.000 €
Fertigungslöhne gesamt	110.000 €
Gemeinkosten gesamt	370.000 €
Selbstkosten gesamt	**540.000 €**

b) **Berechnung des Bruttoverkaufspreises**

Selbstkosten je Stück	90,00 €
+ 10 % Gewinn v. H.	9,00 €
Barverkaufspreis	99,00 €
+ 3 % Kundenskonto i. H.	3,06 €
Zielverkaufspreis	102,06 €
+ 20 % Wiederverkäuferrabatt i. H.	25,52 €
Nettoverkaufspreis	127,58 €
+ 19 % Umsatzsteuer v. H.	24,24 €
Bruttoverkaufspreis	151,82 €

Lösung zu Fall 13   10 Punkte

a) **Selbstkosten je Stück**

Materialkosten:

Produkt	Stückzahl	Äquivalenz-ziffer	Rechnungs-einheit	Gesamtkosten €	Stückkosten €
I	600	1,0	600	2.200	3,67
II	300	2,0	600	2.200	7,33
III	200	1,5	300	1.100	5,50
gesamt			1.500	5.500	

Lohnkosten:

Produkt	Stückzahl	Äquivalenz-ziffer	Rechnungs-einheit	Gesamtkosten €	Stückkosten €
I	600	1,5	900	3.600	6,00
II	300	1,0	300	1.200	4,00
III	200	1,8	360	1.440	7,20
gesamt			1.560	6.240	

Sonstige Kosten:

Produkt	Stückzahl	Äquivalenz-ziffer	Rechnungs-einheit	Gesamtkosten €	Stückkosten €
I	600	1,2	720	2.160	3,60
II	300	1,5	450	1.350	4,50
III	200	1,0	200	600	3,00
gesamt			1.370	4.110	

Selbstkosten:

Produkt	I	II	III
Materialkosten	3,67 €	7,33 €	5,50 €
Lohnkosten	6,00 €	4,00 €	7,20 €
sonstige Kosten	3,60 €	4,50 €	3,00 €
Selbstkosten	**13,27 €**	**15,83 €**	**15,70 €**

b) Nettoverkaufspreis je Stück:

Produkt	I	II	III
Selbstkosten	13,27 €	15,83 €	15,70 €
+ 12 % Gewinn	1,59 €	1,90 €	1,88 €
Nettoverkaufspreis	**14,86 €**	**17,73 €**	**17,58 €**

c) Äquivalenzziffern zur unmittelbaren Errechnung der Selbstkosten:

Produkt	Selbstkosten Stück	unmittelbare Äquivalenzziffer
I	13,27 €	1,000
II	15,83 €	1,193
III	15,70 €	1,183

d) Die Äquivalenzziffern für die unmittelbare Errechnung der Selbstkosten können nur so lange angewandt werden, wie sich das Verhältnis der Kostenarten untereinander nicht oder zumindest nicht wesentlich verändert.

e) Die **einstufige Äquivalenzziffernkalkulation** setzt voraus, dass gleichartige Erzeugnisse hergestellt werden und keine Bestandsveränderungen an unfertigen und fertigen Erzeugnissen vorliegen. Sie kennt nur eine Reihe von Äquivalenzziffern. Ein eventuell unterschiedlicher Kostenanfall für die einzelnen Produktsorten nach Kostengruppen kann nicht berücksichtigt werden.

Die **mehrstufige Äquivalenzziffernkalkulation** ermöglicht die Berücksichtigung von Bestandsveränderungen bei unfertigen und bei fertigen Erzeugnissen. Bei der mehrstufigen Äquivalenzziffernkalkulation wird für jede Kostengruppe je eine Reihe von Äquivalenzziffern gebildet. Sie wird angewandt, wenn der unterschiedliche Kostenanfall nach Kostengruppen für die Produktsorten berücksichtigt werden soll.

Lösung zu Fall 14   5 Punkte

a) Industriebetriebe, die nur ein einheitliches Produkt in Massen herstellen und bei denen keine Bestandsveränderungen vorkommen, können die Selbstkosten je Einheit durch die einstufige Divisionskalkulation ermitteln. Die Einteilung der Kosten in Einzelkosten und Gemeinkosten und die aufwendige Verteilung der Gemeinkosten auf Kostenstellen können entfallen. Die einstufige Divisionskalkulation ist typisch für Wasserwerke, E-Werke, Betriebe, die Fertigbeton herstellen u. Ä.

b) Die mehrstufige Divisionskalkulation ist für solche Betriebe geeignet, die unfertige Erzeugnisse einlagern oder Produkte auf unterschiedlichen Fertigungsstufen verkaufen.

c) Die Äquivalenzziffernkalkulation ist eine Sonderform der Divisionskalkulation. Sie wird in Betrieben mit Massenfertigung nicht einheitlicher, aber ähnlicher Produkte (Sortenfertigung) angewandt. Beispiele: verschiedene Biersorten, Ziegel und Fliesen unterschiedlicher Größe und Brennung, Bleche unterschiedlicher Walzstärke, Drähte, Garne, Spanplatten und Zigaretten.

d) Betriebe mit Einzel- und Serienfertigung, die unterschiedliche Produkte in unterschiedlichen Produktionsläufen herstellen, wenden das Verfahren der Zuschlagskalkulation an. Die Einzelkosten werden aufgrund von Lohnscheinen, Entnahmescheinen, Stücklisten oder sonstigen Auftragspapieren ermittelt. Die Gemeinkosten werden prozentual auf die Wertansätze der Einzelkosten verrechnet.

Lösung zu Fall 15   6 Punkte

a) Herstellkosten je Einheit der Produkte:

Produkt	Menge kg	Erlös gesamt €	Kosten der Kuppelproduktion €	Weiterverarb. Kosten gesamt €	Herstellkosten je Einheit €	Erlös je Einheit €
Hauptpr.	10.000	800.000			65,00	80,00
NP X	4.000	240.000		210.000		60,00
NP Y	2.000	90.000		60.000		45,00
			980.000			

Gesamtkosten der Kuppelproduktion	980.000 €
- Erlöse Nebenprodukt X 240.000 - 210.000 = 30.000	
- Erlöse Nebenprodukt Y 90.000 - 60.000 = 30.000	- 60.000 €
= Herstellkosten des Hauptprodukts	920.000 €
Herstellkosten je Einheit des Hauptprodukts	**92 €**

b) Kuppelprodukte sind Erzeugnisse, die aufgrund der technischen Verhältnisse gemeinsam hergestellt werden.

c) Roheisen, Schlacke und Gas bei der Erzeugung von Roheisen; Koks, Teer, Gas und Benzol in der Kokerei.

d) Die Restwertmethode wird bei der Kalkulation von Kuppelprodukten dann angewandt, wenn neben einem Haupterzeugnis ein oder mehrere Nebenerzeugnisse hergestellt werden.

Die Erlöse aus dem Verkauf der Nebenprodukte werden von den Gesamtkosten der Kuppelproduktion abgezogen. Eventuell notwendige Weiterverarbeitungskosten der Nebenerzeugnisse mindern deren Erlöse. Die Restwertrechnung ist anzuwenden, wenn der Wert der Nebenerzeugnisse im Verhältnis zum Wert des Haupterzeugnisses sehr niedrig ist.

Lösung zu Fall 16   6 Punkte

a) Selbstkosten je Einheit

Produkt	Menge	Marktpreis €	Äquivalenzziffer	Rechnungseinheiten	Gesamtkosten €	Stückkosten €
A	18.000	90,00	1,0	18.000	1.260.000	70,00
B	24.000	72,00	0,8	19.200	1.344.000	56,00
C	25.600	45,00	0,5	12.800	896.000	35,00
				50.000	3.500.000	

b) Die Verteilungsrechnung wird angewendet, wenn in einem verbundenen Produktionsprozess mehrere Haupterzeugnisse hergestellt werden.

Die Gesamtkosten werden dann mithilfe von Äquivalenzziffern auf die Erzeugnisse verteilt.

c) Bei der Kuppelkalkulation in Form der Verteilungsrechnung kann die Verteilung der Gesamtkosten aufgrund von Marktpreisen, aufgrund von Verrechnungspreisen oder aufgrund technischer Maßstäbe (Schlüsselmethode) erfolgen. Alle drei Methoden sind nicht vollkommen.

Nachteil der Marktpreismethode: Bei Schwankungen der Marktpreise schwanken auch die Kostenrelationen.

Nachteil der Verrechnungspreise: Die Preise sind zwar für längere Zeit festgelegt, lösen aber letztlich auch nicht das Problem der Auswirkung auf die Kostenrelationen.

Nachteil der Schlüsselmethode: Die Aussagefähigkeit ist gering, weil die Maßstäbe, z. B. Wärmeeinheiten, weder kosten- noch nutzenorientiert sind.

Lösung zu Fall 17   15 Punkte

a) Ermittlung der Jahreslaufzeit der Maschinen

Arbeitsstunden jährlich	2.002 Stunden
- Ausfallstunden jährlich	602 Stunden
Maschinenlaufzeit jährlich	1.400 Stunden

b) Errechnung der Maschinenstundensätze

Kostenart	Rechenformel	A	B	C
kalkulatorische Abschreibung	Wiederbeschaffungswert / (Nutzungsdauer · Laufzeit/Jahr)	8,57	7,14	5,71
kalkulatorische Zinsen	(0,5 · Wiederbeschaffungswert · 9) / (100 · Laufzeit/Jahr)	3,86	3,21	2,57
Instandhaltungskosten	(Wiederbe.Wert · Instandh.Faktor) / (Nutzungsdauer · Laufzeit/Jahr)	3,86	2,86	2,86
Raumkosten	(qm · Jahresmiete) / Laufzeit/Jahr	5,14	4,29	3,86
Energiekosten		3,50	3,50	3,50
Werkzeugkosten		3,00	2,80	2,00
Gemeinkostenmaterial		0,60	0,50	0,40
Lohnkosten		30,00	30,00	30,00
Maschinenstundensatz		**58,53**	**54,30**	**50,90**

c) Kalkulation der Selbstkosten und des Auftragsergebnisses

Materialeinzelkosten	6.000,00 €
15 % Materialgemeinkosten	900,00 €
Fertigungslöhne (Kostenstelle)	350,00 €
110 % Fertigungsgemeinkosten (Kostenstelle)	385,00 €
5 Std. Maschinenlaufzeit A · 58,53 €	292,65 €
4 Std. Maschinenlaufzeit B · 54,30 €	217,20 €
3 Std. Maschinenlaufzeit C · 50,90 €	152,70 €
Herstellkosten I	**8.297,55 €**
Sondereinzelkosten der Fertigung (Konstruktion)	530,00 €
Herstellkosten II	**8.827,55 €**
15 % Verwaltungsgemeinkosten	1.324,13 €
20 % Vertriebsgemeinkosten	1.765,51 €
Selbstkosten	**11.917,19 €**
Nettoverkaufspreis	12.500,00 €
Auftragsergebnis (4,7 % vom Umsatz)	**+ 582,81 €**

Lösung zu Fall 18 — 7,5 Punkte

a) **Ermittlung des Einstandspreises**

Einkaufspreis	1.000,00 €
- 5,0 % Rabatt	50,00 €
Zieleinkaufspreis	950,00 €
- 2,0 % Skonto	19,00 €
Bareinkaufspreis	931,00 €
+ Bezugskosten	9,00 €
Einstandspreis/Bezugspreis	**940,00 €**

b) **Ermittlung der Selbstkosten und des Bruttoverkaufspreises**

Einstandspreis/Bezugspreis	940,00 €
+ 30,0 % Handlungskostenzuschlag	282,00 €
Selbstkosten	1.222,00 €
+ 10 % Gewinnzuschlag	122,20 €
Barverkaufspreis	1.344,20 €
+ 3,0 % Skonti (i. H.)	41,57 €
Zielverkaufspreis vor Vertriebsprovision	1.385,77 €
+ 2,5 % Vertriebsprovision (i. H.)	35,53 €
Zielverkaufspreis nach Vertriebsprovision	1.421,30 €
+ 5,0 % Rabatt (i. H.)	74,81 €
Nettoverkaufspreis	1.496,11 €
+ 19,0 % USt	284,26 €
Bruttoverkaufspreis	**1.780,37 €**

c) **Ermittlung des Bezugspreises unter Verwendung der Handelsspanne**

$$\text{Handelsspanne} = \frac{(\text{Nettoverkaufspreis} - \text{Bezugspreis}) \cdot 100}{\text{Nettoverkaufspreis}}$$

$$\frac{(1.496,11 - 940,00) \cdot 100}{1.496,11} = 37,17\,\%$$

Nettoverkaufspreis	1.000,00 €
- 37,17 % Handelsspanne	371,70 €
Bezugspreis	**628,30 €**

d) Ermittlung des Nettoverkaufspreises unter Verwendung des Kalkulationszuschlags

$$\text{Kalkulationszuschlag} = \frac{(\text{Nettoverkaufspreis} - \text{Bezugspreis}) \cdot 100}{\text{Bezugspreis}}$$

$$\frac{(1.496{,}11 - 940{,}00) \cdot 100}{940{,}00} = 59{,}16\,\%$$

Bezugspreis	900,00 €
59,16 % Kalkulationszuschlag	532,44 €
Nettoverkaufspreis	**1.432,44 €**

Lösung zu Fall 19   10 Punkte

a) Variable und fixe Gesamtkosten und Stückkosten

Gesamtkosten bei	6.000 Stück	= 840.000 €
Gesamtkosten bei	5.000 Stück	= 750.000 €
Kostenänderung	1.000 Stück	= 90.000 €

$$\frac{90.000\,€}{1.000\,\text{Stück}} = 90{,}00\,€ \text{ variable Kosten/Stück}$$

Gesamtkosten im Juni		750.000 €
variable Kosten	= 90,00 € · 5.000 Stück	450.000 €
fixe Kosten		300.000 €
fixe Kosten je Stück	300.000 € / 5.000 Stück	60 €

b) Gewinn und Deckungsbeitrag im Mai und im Juni

	Mai			Juni		
	Menge	€	gesamt €	Menge	€	gesamt €
Erlös	6.000	160,00	960.000	5.000	160,00	800.000
var. Kosten	6.000	90,00	540.000	5.000	90,00	450.000
Deckungsb.	6.000	70,00	420.000	5.000	70,00	350.000
fixe Kosten	6.000	50,00	300.000	5.000	60,00	300.000
Gewinn	6.000	20,00	120.000	5.000	10,00	50.000

Die Gewinnveränderung von 20 € je Einheit im Mai auf 10 € je Einheit im Juni resultiert aus der geringeren Kapazitätsauslastung im Mai. Die fixen Kosten (Bereitschaftskosten) müssen mit 60 € je Einheit gegenüber 50 € je Einheit im Mai auf weniger produzierte Einheiten verteilt werden. Der Kostenrechner spricht vom „Degressionseffekt" der fixen Kosten.

c) **Nettoverkaufspreis je Stück bei langfristiger Betrachtung**

Langfristig müssen alle Kosten, d. h. die Vollkosten, gedeckt werden. Auf der Basis der Auslastung im Monat Juni müssen die Vollkosten von 150 € (= 90 € variable Kosten plus 60 € fixe Kosten je Einheit) durch den Erlös gedeckt sein. Der Nettoverkaufspreis muss daher mindestens 150 € betragen.

d) **Möglicher Absatzrückgang**

Der Absatz darf bis zur Gewinnschwelle (Break-Even-Point, Kostendeckungspunkt, kritischer Punkt, kritische Absatzmenge) zurückgehen, ohne dass es zu einem Verlust kommt. Der Break-Even-Point ist der Punkt, an dem sämtliche variablen und fixen Kosten über die Umsatzerlöse gedeckt sind.

Jede Einheit, die unter der Absatzmenge im Break-Even-Point, d. h. der Gewinnschwelle, liegt, führt zu einem Verlust. Jede Einheit, die über die Menge im Break-Even-Point hinaus verkauft wird, führt zu einem zusätzlichen Gewinn.

$160x = 300.000 + 90x$

$70x = 300.000$

$x = 4.285,7$

4.286 Einheiten müssen verkauft werden, wenn die Verkaufserlöse sämtliche fixen und variablen Kosten decken sollen.

Probe:

Erlöse	4.285,7 Einheiten · 160 € =	685.712 €
- variable Kosten	4.285,7 Einheiten · 90 € =	- 385.712 €
- fixe Kosten		- 300.000 €
		0 €

e) **Mindestpreis bei Zusatzaufträgen**

Die zusätzlichen Aufträge aus osteuropäischen Ländern müssen mindestens die variablen Kosten von 90 € je Einheit decken. Jeder €, der über diese kurzfristige Preisuntergrenze hinaus erzielt werden kann, führt zu einem zusätzlichen Gewinn.

f) **Grundbedingungen für die Annahme von Zusatzaufträgen**

Drei Grundbedingungen müssen erfüllt sein:

– Die Zusatzaufträge müssen mit der vorhandenen Kapazität ausgeführt werden können, d. h. sie dürfen keine zusätzlichen Fixkosten verursachen.

– Der Verkaufserlös je verkaufter Einheit muss mindestens die variablen Kosten decken.

– Die Annahme von Zusatzaufträgen darf nicht zu einer Reduzierung der Umsatzerlöse in den bisherigen Märkten führen.

Lösung zu Fall 20 — 7 Punkte

a) **Berechnung der Break-Even-Menge**

Erlös je Einheit	1.058,00 €
- variable Kosten	558,00 €
= Deckungsbeitrag je Einheit	500,00 €

$$\text{Break-Even-Menge} = \frac{600.000\ €\ \text{fixe Kosten}}{500\ €\ \text{Deckungsbeitrag/Einheit}} = 1.200\ \text{Einh.}$$

b) **Betriebsgewinn und Stückgewinn bei derzeitiger Auslastung**

Menge = maximale Kapazität · derzeitige Auslastung

= 2.000 Stück · 88 % = 1.760 Einheiten

Erlös	= 1.760 Einheiten · 1.058 €	= 1.862.080 €
- variable Kosten	= 1.760 Einheiten · 558 €	= 982.080 €
Deckungsbeitrag		880.000 €
- fixe Kosten		600.000 €
Betriebsgewinn		280.000 €
Stückgewinn		**159,09 €**

c) **Kurzfristige und langfristige Preisuntergrenze**

Kurzfristig entspricht die **Preisuntergrenze** den variablen Stückkosten von **558 €/Einheit**. Langfristig müssen alle Kosten gedeckt sein. Dabei ist die Auslastung der Kapazität zu berücksichtigen.

durchschnittliche Auslastung = 2.000 Einheiten · 80 % = 1.600 Einheiten

Fixkosten je Einheit = 600.000 € / 1.600	= 375 €
+ variable Kosten je Einheit	558 €
= **langfristige Preisuntergrenze**	**933 €**

Kosten- und Leistungsrechnung — TEIL I

Lösung zu Fall 21   16 Punkte

a) **Optimale Produktionsreihenfolge**

Absoluter Deckungsbeitrag in €/Stück:

	A	B	C
Preis je Stück	5,00 €	6,00 €	4,00 €
variable Kosten je Stück	4,00 €	4,40 €	3,20 €
absoluter DB je Stück	1,00 €	1,60 €	0,80 €

Relativer Deckungsbeitrag in €/Minute:

$$\text{relativer Deckungsbeitrag} = \frac{\text{absoluter Deckungsbeitrag}}{\text{Engpass in Minuten}}$$

$$A = \frac{1,00\,€}{20\,\text{Min.}} = 0,05\,€/\text{Min.}$$

$$B = \frac{1,60\,€}{40\,\text{Min.}} = 0,04\,€/\text{Min.}$$

$$C = \frac{0,80\,€}{10\,\text{Min.}} = 0,08\,€/\text{Min.}$$

Produkt	absoluter Deckungsbeitrag	relativer Deckungsbeitrag	optimale Produktreihenfolge
A	1,00 €	0,05 €/Min.	2
B	1,60 €	0,04 €/Min.	3
C	0,80 €	0,08 €/Min.	1

Gesamtertrag bei optimaler Produktionsreihenfolge:

Produkt	maximale Absatzmenge	Engpassinanspruchnahme	Gesamtzeit
A	400 Stück	20 Min.	8.000 Min.
B	100 Stück	40 Min.	4.000 Min.
C	300 Stück	10 Min.	3.000 Min.
			15.000 Min.
			250 Std.

Optimales Betriebsergebnis:

Produkt	Absatzmenge Stück	Min. Stück	Min. gesamt	Umsatz gesamt €	variable Kosten €	DB €
1	2	3	4	5	6	7
Spalte			2 · 3	2 · Stückpreis	2 · var. Kosten/Stück	5 - 6
C	300	10	3.000	1.200	960	240
A	400	20	8.000	2.000	1.600	400
B	25	40	1.000	150	110	40

Deckungsbeitrag gesamt (12.000 Min. = 200 Std.)	680
- Fixkosten	900
Betriebsergebnis	- 220

Ermittlung der Absatzmenge von Produkt B:

200 Std.		= 12.000 Min.
Minuten gesamt C	= 3.000 Min.	
Minuten gesamt A	= 8.000 Min.	11.000 Min.
übrige Zeit für B		1.000 Min.

1.000 Min. / 40 Min. je Stück = 25 Stück

b) **Veränderung der Produktreihenfolge**

	D
Preis je Stück	5,00 €
variable Kosten je Stück	2,00 €
absoluter DB je Stück	3,00 €

relativer Deckungsbeitrag D = $\dfrac{3{,}00\ €}{15\ \text{Min.}}$ = 0,20 €/Min.

Das Produkt D weist jetzt den höchsten relativen Deckungsbeitrag aus. Die neue Produktreihenfolge ist D, C, A, B.

Produkt	Absatzmenge Stück	Min. Stück	Min. gesamt	Umsatz gesamt €	variable Kosten €	DB €
1	2	3	4	5	6	7
D	200	15	3.000	1.000	400	600
C	300	10	3.000	1.200	960	240
A	300	20	6.000	1.500	1.200	300
B	0	20	0	0	0	0

Deckungsbeitrag gesamt	1.140
- Fixkosten	900
Betriebsergebnis	+ 240

Mit Produkt D wird ein zusätzlicher Deckungsbeitrag von 600 € erwirtschaftet. Produkt B, das bisher mit nur 40 € zum Gesamtdeckungsbeitrag beigetragen hat, wird aus dem Fertigungsprogramm herausgenommen.

Das neu gestaltete Sortiment führt zu einem positiven Betriebsergebnis.

c) **Begriff des Deckungsbeitrags**

Die Gesamtkosten eines Produkts setzen sich aus den variablen Kosten und den fixen Kosten zusammen. Die variablen Kosten sind die durch die Fertigung des einzelnen Stücks zusätzlich angefallenen Kosten. Sie verändern sich mit dem Umfang der gefertigten Stückzahl. Die fixen Kosten fallen unabhängig von der gefertigten Stückzahl an. Sie werden durch die Betriebsbereitschaft verursacht. Der Betrag, um den der Stückpreis die variablen Kosten je Stück übersteigt, ist der Deckungsbeitrag (Deckungsbeitrag = Stückpreis - variable Kosten). Der Deckungsbeitrag je Stück trägt zur Deckung des Fixkostenblocks bei.

Die **Vollkostenrechnung** verrechnet sämtliche Kosten unabhängig vom Beschäftigungsgrad auf die Produkte. Fragwürdige Schlüssel führen nicht immer zu einer verursachungsgerechten Zurechnung der Gemeinkosten. Die Bezugsgrößen sind mehr oder weniger willkürlich.

Mit steigendem Beschäftigungsgrad sinken zusätzlich die anteilig auf die Kostenträger zu verrechnenden Fixkosten. Deshalb müssten Schlüssel und Zuschlagsgrößen permanent angepasst werden. Das ist praktisch nicht möglich. Die Vollkostenrechnung erschwert die Planung des Ergebnisses, kann zu Fehlentscheidungen und zum „Verkauf von Kosten" führen.

Die **Teilkostenrechnung** beurteilt den Beitrag der Kostenträger zum Erfolg der Abrechnungsperiode nicht auf der Grundlage der Selbstkosten, sondern bezieht nur die unmittelbar durch die Kostenträger verursachten variablen Kosten in die Beurteilung ein.

Die Verrechnung der Gemeinkosten nach dem System der Deckungsbeitragsrechnung entspricht eher dem Verursachungsprinzip als bei der Vollkostenrechnung. Die Deckungsbeitragsrechnung ermöglicht Entscheidungen hinsichtlich der Gestaltung des optimalen Produktionsprogramms, der Ermittlung der Preisuntergrenze, der Hereinnahme von Zusatzaufträgen, der Ermittlung der Gewinnschwelle und des Make or Buy.

LÖSUNG

Lösung zu Fall 22   7 Punkte

a) **Selbstkosten je Stück und Nutzenschwelle**

variable Kosten je Stück	30,00 €
+ fixe Kosten = 400.000 € / 40.000 Stück	= 10,00 €
= Selbstkosten je Stück	40,00 €

$$\text{Nutzenschwelle} = \frac{400.000}{46 - 30} = 25.000 \text{ Stück}$$

Ab einer Fertigung von 25.000 Stück sind außer den variablen Kosten auch die fixen Kosten durch den Verkaufserlös gedeckt.

b) **Gesamtgewinn bei Eigenfertigung und bei Fremdbezug**

Gewinn aus Produkt A:

Erlös aus	40.000 Stück Produkt A · 46,00 €	1.840.000 €
- variable Kosten	40.000 Stück · 30,00 €	1.200.000 €
= Deckungsbeitrag		640.000 €
- fixe Kosten		400.000 €
= Gewinn aus Produkt A		240.000 €

Zusätzlicher Deckungsbeitrag aus Produkt B bei Eigenfertigung:

Erlös aus	20.000 Stück Produkt B · 30,00 €	600.000 €
- variable Kosten	20.000 Stück · 20,00 €	400.000 €
zusätzlicher Deckungsbeitrag		200.000 €

Zusätzlicher Deckungsbeitrag aus Produkt B bei Fremdbezug:

Erlös aus	20.000 Stück Produkt B · 30,00 €	600.000 €
- variable Kosten	20.000 Stück · 22,00 €	440.000 €
zusätzlicher Deckungsbeitrag		160.000 €
Gesamtgewinn bei Eigenfertigung		240.000 €
		+ 200.000 €
		440.000 €
Gesamtgewinn bei Fremdbezug		240.000 €
		+ 160.000 €
		400.000 €

Solange eine Erweiterung der Kapazität nicht erforderlich ist und so keine zusätzlichen Fixkosten anfallen, ist die Eigenfertigung günstiger als der Fremdbezug.

c) **Annahme eines Zusatzauftrags über 6.000 Stück von Produkt A**

Erlös aus	40.000 Stück Produkt A · 46,00 €	1.840.000 €
- variable Kosten	40.000 Stück · 30,00 €	1.200.000 €
= Deckungsbeitrag		640.000 €
- fixe Kosten		400.000 €
= Gewinn aus 40.000 Stück Produkt A		240.000 €
Erlös aus Zusatzauftrag	6.000 Stück · 37,00 €	222.000 €
- variable Kosten	6.000 Stück · 30,00 €	180.000 €
= Deckungsbeitrag		42.000 €
- fixe Kosten (keine zusätzlichen)		0 €
= Gewinn aus 40.000 Stück Produkt A		42.000 €
neuer Gesamtgewinn		**482.000 €**

Solange durch die Annahme des Zusatzauftrags über 6.000 Stück keine zusätzlichen Kapazitätskosten entstehen und der Erlös je Stück des Zusatzauftrags die variablen Kosten je Stück übersteigt, sollte der Zusatzauftrag angenommen werden.

Lösung zu Fall 23 5 Punkte

a) Deckungsbeitrag und Beitrag je Einheit zum Gesamtgewinn

Stückzahl	1.200	1	1.200	1
Einzelpreis	230	230	200	200
Verkaufserlös	276.000	230	240.000	200
- variable Kosten	144.000	120	144.000	120
Deckungsbeitrag	132.000	110	96.000	80
- fixe Kosten	120.000	100	120.000	100
Gewinn/Verlust	+ 12.000	+ 10	- 24.000	- 20

b) Deckungsbeitrag und Beitrag zum Erfolg bei Einschränkung der Produktion auf 1.000 Einheiten und bei Einstellung der Produktion

Stückzahl	1.000	1.000	keine Produktion
Einzelpreis	230	200	0
Verkaufserlös	230.000	200.000	0
- variable Kosten	120.000	120.000	0
Deckungsbeitrag	110.000	80.000	0
- fixe Kosten	120.000	120.000	120.000
Verlust	- 10.000	- 40.000	- 120.000

c) Kostensenkung bei fixen und variablen Kosten durch Normung, Prüfung des Materialeinsatzes und der Fertigungskosten auf ihre Notwendigkeit und den Kundennutzen, Wertanalyse, Lagerabbau, Sortimentsbereinigung, Automatisierung der Fertigung, Straffung und Verkleinerung des Fertigungs- und des Verwaltungsbereichs, Auslagerung der Einzelteilfertigung, Mehrschichtbetrieb bei der verbleibenden Fertigung, Modernisierung des Maschinenparks, Just-in-time-Lieferungen, Erweiterung der Produktpalette in eine neue Richtung oder auch Konzentration auf die Kernprodukte, Einstellung qualifizierter Mitarbeiter, aber auch Verkleinerung der Belegschaft, Schaffung neuer Märkte, Erschließung neuer Absatzwege, Kooperation mit anderen Herstellern.

Lösung zu Fall 24 — 10 Punkte

a) **Gesamtkosten je 1.000 Einheiten**

Materialeinzelkosten	200.000 €
+ variable Gemeinkosten	25.000 €
Fertigung	100.000 €
+ variable Gemeinkosten	20.000 €
Summe variable Kosten für 1.000 Einheiten	345.000 €
variable Kosten für 1 Einheit	345 €
variable Kosten für 1.000 Einheiten	345.000 €
Fixkostenblock	55.000 €
Gesamtkosten bei 1.000 Einheiten	400.000 €

b) **Nutzenschwelle**

$$\text{Nutzenschwelle} = \frac{55.000}{445 - 345} = \frac{55.000}{100} = 550 \text{ Einheiten}$$

c) **Gewinnmaximierung**

Das Gewinnmaximum liegt bei der Kapazitätsgrenze.

Erlös	5.000 Einheiten · 445 €	= 2.225.000 €
− variable Kosten	5.000 Einheiten · 345 €	= 1.725.000 €
− Fixkostenblock		55.000 €
= Gewinnmaximum		445.000 €

d) **Kurzfristige Preisuntergrenze**

Die kurzfristige Preisuntergrenze entspricht den variablen Kosten je Einheit = 345 €.

e) **Optimale Ausbringungsmenge**

Die optimale Ausbringungsmenge liegt an der Kapazitätsgrenze.

5.000 Einheiten · 345 €	= 1.725.000 €
+ Fixkostenblock	55.000 €
= Gesamtkosten bei 5.000 Einheiten	1.780.000 €
Gesamtkosten für 1 Einheit	356 €

f) **Anzahl Einheiten zur Erzielung von 400.000 € Betriebsgewinn**

Verkaufspreis je Einheit	445 €
− variable Kosten je Einheit	345 €
= Deckungsbeitrag je Einheit	100 €

$$\frac{55.000 + 400.000}{100} = 4.550 \text{ Einheiten}$$

Lösung zu Fall 25 — 4 Punkte

Ermittlung der Deckungsbeiträge verschiedener Stufen und des Betriebserfolgs [a) und b)].

	Erzeugnisgruppe I		Erzeugnisgruppe II		
Erzeugnis	A T€	B T€	C T€	D T€	E T€
Umsatzerlöse	4.000	5.000	8.000	6.000	4.000
- variable Kosten	2.100	3.000	4.500	3.200	2.300
Deckungsbeitrag I	1.900	2.000	3.500	2.800	1.700
- Erzeugnisfixkosten	200	210	350	300	200
Deckungsbeitrag II	**1.700**	**1.790**	**3.150**	**2.500**	**1.500**
Erzeugnisgruppenfixkosten	1.000		4.000		
Deckungsbeitrag III	2.490		3.150		
Unternehmensfixkosten	4.200				
Betriebsgewinn	1.440				

Lösung zu Fall 26 — 8 Punkte

a) Verrechnungssatz für die proportionalen Normalgemeinkosten

Normalgemeinkosten	30.000 €
- fixe Kosten	12.000 €
= variable Kosten	18.000 €

$$\text{variabler Normalgemeinkostensatz} = \frac{18.000\ \text{€}}{3.000\ \text{Std.}} = 6{,}00\ \text{€}$$

b) Verrechnungssatz für die fixen Normalgemeinkosten

$$\frac{12.000\ \text{€}}{3.000\ \text{Std.}} = 4{,}00\ \text{€}$$

c) **Normalgemeinkostensatz für die Normalbeschäftigung**

6,00 € + 4,00 € = 10,00 €

d) **Verrechnete Normalgemeinkosten**

10,00 € · 2.700 Std. = 27.000 €

e) **Gesamtabweichung**

27.000 € - 26.000 € = 1.000 €

f) **Beschäftigungsabweichung**

Normalgemeinkosten

= 6,00 € · 2.700 Std. + 12.000 € fixe Kosten

= 28.200 €

verrechnete Normalgemeinkosten	27.000 €
- Normalgemeinkosten	28.200 €
= Beschäftigungsabweichung	- 1.200 €

g) **Verbrauchsabweichung**

Normgemeinkosten	28.200 €
- Istgemeinkosten	26.000 €
= Verbrauchsabweichung	+ 2.200 €

Lösung zu Fall 27   5 Punkte

a) **Ermittlung des Plankostensatzes**

$$\text{Plankostensatz} = \frac{\text{Plankosten}}{\text{Planbeschäftigung}} = \frac{297.000\ €}{30.000\ \text{Std.}} = 9,90\ €$$

b) **Ermittlung der verrechneten Plankosten**

verrechnete Plankosten = Istbeschäftigung · Plankostensatz

= 24.000 Std. · 9,90 €

= 237.600 €

c) **Ermittlung der Abweichung**

Istkosten	264.000 €
- verrechnete Plankosten	237.600 €
negative Kostenabweichung	26.400 €

Lösung zu Fall 28 — 2,5 Punkte

a) **Ermittlung des Variators**

$$\text{Variator} = \frac{\text{proportionale Kosten}}{\text{Plankosten}} \cdot 10 = \frac{8.000}{20.000} \cdot 10 = 4$$

b) **Begriff des Variators**

Der Variator drückt das Verhältnis der fixen zu den variablen Kosten aus. Er gibt an, um wie viel Prozent sich die vorzugebenden Kosten verändern, wenn sich der Beschäftigungsgrad um 10 % ändert.

Lösung zu Fall 29 — 7,5 Punkte

Kapazitätsplanung

a) **Plankostenverrechnungssatz**

> Plankosten gesamt	68.000 €
- Plankosten fix	28.000 €
variable Kosten	40.000 € / 10.000 Stunden = 4,00 €

b) **Verrechnete Plankosten bei Istbeschäftigung**

Planbezugsgröße = 70 % von 10.000 Stunden = 7.000 Stunden

7.000 Stunden · 4,00 € = 28.000 €

c) **Verbrauchsabweichung**

Istkosten gesamt	57.400 €
- Istkosten fix	28.000 €
Istkosten variabel	29.400 €
- verrechnete Plankosten	28.000 €
negative Abweichung	1.400 €

Engpassplanung

a) **Plankostenverrechnungssatz**

Planbezugsgröße = 80 % von 10.000 Stunden = 8.000 Stunden

Plankosten gesamt	60.000 €
- Plankosten fix	28.000 €
variable Kosten	32.000 € / 8.000 Stunden = 4,00 €

b) **Verrechnete Plankosten**

8.000 Stunden · 4,00 € = 32.000 €

c) **Verbrauchsabweichung**

Istkosten variabel = $\dfrac{29.400\ €}{7.000\ \text{Std.}}$ = 4,20 €

Istkosten variabel im Engpass	8.000 Stunden · 4,20 €	= 33.600 €
- verrechnete Plankosten	8.000 Stunden · 4,00 €	= 32.000 €
negative Abweichung		1.600 €

LÖSUNG

Lösung zu Fall 30   13 Punkte

a) **Kosteneinflussfaktoren**

Beschäftigungsgrad, Auftragsgröße, Faktorpreise, Betriebsgröße, Transportentfernungen, Umschlagsdauer

b) **Begriffsdefinitionen**

Als **fixe** (gleich bleibende, konstante, zeitabhängige, Struktur-) Kosten wird der Teil der gesamten Kosten bezeichnet, der unabhängig von der Beschäftigung anfällt, sich nicht verändert, wenn mehr oder weniger gefertigt wird. Fixe Kosten entstehen aus der für die betriebliche Leistungserstellung bereitgehaltenen Kapazität.

Als **variable** (veränderliche, Produkt-)Kosten wird der Teil der Gesamtkosten bezeichnet, der in der Höhe des Anfalls vom Beschäftigungsgrad abhängt und sich mit wachsendem oder zurückgehendem Beschäftigungsgrad verändert.

Da die variablen Kosten in den meisten Fällen proportional (im gleichen Verhältnis) zur Leistungsmenge steigen oder fallen, heißen sie oft auch proportionale Kosten.

Mischkosten sind jene Kosten, die nicht eindeutig den fixen oder den variablen Kosten zuzurechnen sind. Sie sind teils leistungs- und teils zeitabhängig. Typische Mischkosten sind Wartungs- und Instandhaltungskosten. Bei einem Stillstand des Betriebs fallen zeitbedingte Wartungskosten an. Wird die Produktion wieder aufgenommen, steigen die Wartungs- und Instandhaltungskosten. Strom-, Gas-, Wasser- und Telekommunikationskosten setzen sich jeweils aus einem fixen Grundbetrag (Zähler-, Anschlussgebühr) und einem leistungsabhängigen Betrag je in Anspruch genommener Einheit zusammen.

c) **Kostenanfall für eine Produktionsmaschine**

Fixe Kosten: Raumkosten bzw. kalkulatorische Miete, kalkulatorische Zinsen, Versicherungsprämien

Variable Kosten: Energieverbrauch, Kosten für den Ersatz von Verschleißteilen

Mischkosten: Kalkulatorische Abschreibung, Inspektionen, Wartungskosten

d) **Verfahren der Auflösung von Mischkosten**

Differenzquotientenverfahren:

Grundlage dieser rechnerischen Methode ist der Kostenanfall in der Vergangenheit bei zwei unterschiedlichen Beschäftigungsgraden. Beispiel:

300 Fertigungsstunden verursachen	3.500 € Gemeinkosten
200 Fertigungsstunden verursachen	2.500 € Gemeinkosten
100 Fertigungsstunden	1.000 € Gemeinkosten

$$\text{proportionale Kosten je Fertigungsstunde} = \frac{1.000\,\text{€}}{100\,\text{Std.}} = 10\,\text{€}$$

Buchtechnische Methode:

Bei der buchtechnischen Methode wird jede Kostenart empirisch daraufhin untersucht, welcher Anteil der angefallenen Kosten fix und welcher Anteil leistungsbedingt ist.

Grafisches Verfahren:

Die Gesamtkosten unterschiedlicher Beschäftigungsgrade werden in ein Koordinatensystem eingetragen. Durch die streuenden Punkte wird eine Gerade gelegt. Der Schnittpunkt der Geraden mit der Y-Achse gibt die Fixkosten an.

e) **Verhalten der Einzelkosten und der Gemeinkosten**

Einzelkosten wie Fertigungsmaterial, Fertigungslöhne sind **immer variable Kosten.**

Gemeinkosten können fixe Kosten sein, z. B. Mieten, zeitanteilige Abschreibung, Gehälter, Beiträge. Gemeinkosten können auch variable Kosten sein, z. B. Energiekosten, Betriebsstoffkosten, Hilfsstoffkosten.

f) **Kostenremanenz**

Bei rückläufiger Beschäftigung können variable Kosten wie Löhne und fixe Sprungkosten, z. B. Gehälter und Abschreibungen, nicht sofort abgebaut werden.

Lösung zu Fall 31   11 Punkte

Gesamtkostenverfahren

Ist die Absatzmenge größer als die produzierte Menge, liegt eine Bestandsminderung vor. Ist die Absatzmenge geringer als die produzierte Menge, so führt dies zu einer Bestandsmehrung. Bestandsveränderungen werden zu Herstellkosten bewertet.

Umsatzerlöse:

	I 32 Stück · 95.000 € =	3.040.000 €
	II 16 Stück · 50.000 € =	800.000 €
	III 22 Stück · 40.000 € =	880.000 €

+ Bestandsmehrung:

	II 4 Stück · 40.000 € =	160.000 €
	III 3 Stück · 28.000 € =	84.000 €

= Gesamtertrag: 4.964.000 €

- Herstellkosten:

	I 30 Stück · 60.000 € =	1.800.000 €
	II 20 Stück · 40.000 € =	800.000 €
	II 25 Stück · 28.000 € =	700.000 €

- Bestandsminderung zu Herstellkosten alt:

	I 2 Stück · 57.000 € =	114.000 €

- 28 % Verwaltungs- und Vertriebsgemeinkosten:

	I 30 Stück · 16.800 € =	504.000 €
	I 2 Stück · 15.960 € =	31.920 €
	II 16 Stück · 11.200 € =	179.200 €
	III 22 Stück · 7.840 € =	172.480 €

= Selbstkosten: 4.301.600 €

Betriebsergebnis: 662.400 €

Umsatzkostenverfahren

Umsatzerlöse:

	I 32 Stück · 95.000 € =	3.040.000 €
	II 16 Stück · 50.000 € =	800.000 €
	III 22 Stück · 40.000 € =	880.000 €

= Gesamtertrag 4.720.000 €

- Herstellkosten des Umsatzes:

	I 30 Stück · 60.000 € =	1.800.000 €
	I 2 Stück · 57.000 € =	114.000 €
	II 16 Stück · 40.000 € =	640.000 €
	III 22 Stück · 28.000 € =	616.000 €

- 28 % Verwaltungs- und Vertriebsgemeinkosten:

	I 30 Stück · 16.800 € =	504.000 €
	I 2 Stück · 15.960 € =	31.920 €
	II 16 Stück · 11.200 € =	179.200 €
	III 22 Stück · 7.840 € =	172.480 €
= Selbstkosten:		4.057.600 €
Betriebsergebnis:		**662.400 €**

Lösung zu Fall 32   10 Punkte

a) Gesamtabweichung

verrechnete Plankosten	88 €/Std. · 6.800 Std.	= 598.400 €
- Istkosten	92 €/Std. · 6.800 Std.	= 625.600 €
Gesamtabweichung		- 27.200 €

Die verrechneten Plankosten decken nicht die Istkosten. Es kommt zu einer Unterdeckung i. H. von 27.200 €.

b) Verbrauchsabweichung

Plankosten	88 €/Std. · 7.200 Std.	= 633.600 €
davon 36 % fix		= 228.096 €
davon 64 % variabel		= 405.504 €

$$\text{Sollkosten} = 228.096 + \frac{405.504}{7.200} \cdot 6.800$$

$$= 228.096 + 56{,}32 \cdot 6.800 = 611.072 \,€$$

Sollkosten	611.072 €
- Istkosten	625.600 €
Verbrauchsabweichung	**- 14.528 €**

Die Rechnung bestätigt, dass die Istkosten höher sind als geplant.

c) Beschäftigungsabweichung

verrechnete Plankosten	598.400 €
- Sollkosten	611.072 €
Beschäftigungsabweichung	**- 12.672 €**

Die Istbeschäftigung liegt unter der Planbeschäftigung. Dies führt zu Leerkosten aus der nicht in Anspruch genommenen Kapazität.

d) Nutzkosten und Leerkosten

Leerkosten	228.096 € / 7.200 Std. · 400 Std.	= 12.672 €
Nutzkosten	228.096 € - 12.672 €	= 215.424 €
Summe der fixen Kosten		228.096 €

Lösung zu Fall 33 — 14 Punkte

a) Ermittlung des Beschäftigungsgrads

$$\text{Beschäftigungsgrad} = \frac{\text{Istbeschäftigung} \cdot 100}{\text{Planbeschäftigung}}$$

$$= \frac{48.000 \cdot 100}{64.000} = 75\,\%$$

b) Auflösung der Plankosten für Material

Der Variator drückt das Verhältnis der fixen Kosten zu den variablen Kosten aus. Er gibt an, um wie viel % sich die vorzugebenden Kosten bei einer 10 %igen Änderung des Beschäftigungsgrads verändern.

Bei einem Variator von 9 sind 90 % der Gesamtkosten variabel.

Formel:

$$\text{Variator} = \frac{\text{variable Kosten} \cdot 10}{\text{Plankosten gesamt}}$$

$$9 = \frac{\text{variable Kosten} \cdot 10}{4.000}$$

$$\text{variable Kosten} = \frac{9 \cdot 4.000}{10} = 3.600\,€$$

c) Ermittlung der Variatoren für Lohn und übrige Kostenarten

$$\text{Variator für Lohn} = \frac{200 \cdot 10}{1.000} = 2$$

$$\text{Variator für übrige Kostenarten} = \frac{1.000 \cdot 10}{2.000} = 5$$

d) Ermittlung der Sollkosten

$$\text{Sollkosten} = \frac{\text{variable Plankosten} \cdot \text{Istbeschäftigung}}{\text{Planbeschäftigung}} + \text{Fixkosten}$$

$$\text{Sollkosten für Material} = \frac{3.600 \cdot 48.000}{64.000} + 400 = 3.100$$

$$\text{Sollkosten für Löhne} = \frac{200 \cdot 48.000}{64.000} + 800 = 950$$

$$\text{Sollkosten für übrige Kosten} = \frac{1.000 \cdot 48.000}{64.000} + 1.000 = 1.750$$

e) **Ermittlung der Istkosten zu Planpreisen**

übrige Kosten als Istkosten zu Planpreisen	= 1.800 €
+ negative Abweichung	= 100 €
= Istkosten zu Planpreisen	= 1.900 €

f) **Ermittlung der Preisabweichung**

Istkosten zu Istpreisen
- Istkosten zu Planpreisen
= Preisabweichung

g) **Ermittlung der Verbrauchsabweichung**

Istkosten zu Planpreisen
- Sollkosten
= Verbrauchsabweichung

Kosten-art	Varia-tor	Plankosten			Soll-kosten	Istkosten		Abweichung	
		fix	variabel	gesamt		zu Ist-preis.	zu Plan-preis.	Preis	Verbr.
Mater.	9	400	3.600	4.000	3.100	3.400	3.300	+ 100	+ 200
Lohn	2	800	200	1.000	950	1.000	1.000	0	+ 50
übrige	5	1.000	1.000	2.000	1.750	1.800	1.900	- 100	+ 150
gesamt	-	2.200	4.800	7.000	5.800	6.200	6.200	0	+ 400

h) **Ermittlung der Beschäftigungsabweichung**

Sollkosten	5.800 €
- Plankosten gesamt · 75 %	5.250 €
Beschäftigungsabweichung	+ 550 €

i) **Ermittlung der verrechneten Plankosten**

Sollkosten	5.800 €
- Beschäftigungsabweichung	550 €
verrechnete Plankosten	5.250 €

j) Ermittlung der Gesamtabweichung

Preisabweichung	0 €
Verbrauchsabweichung	400 €
Beschäftigungsabweichung	550 €
Gesamtabweichung	950 €

Das Ergebnis ist 950 € schlechter als geplant.

Lösung zu Fall 34   7 Punkte

a) Wesen der Prozesskostenrechnung:

Die **Prozesskostenrechnung** arbeitet nicht mit stellenbezogenen, sondern mit aktivitätsbezogenen Gemeinkosten (activity based costing). Bezugsgrößen in den Kostenstellen sind nicht die Einzelkosten (Werte), sondern die Anzahl der bearbeiteten Vorgänge (Mengen). Die Prozesskostenrechnung ermöglicht eine zweite Sicht der Gemeinkosten: Neben der Kostenkontrolle nach Verantwortungsbereichen (Kostenstellenbetrachtung) kennt sie die Kontrolle nach Leistungsarten in der Kostenstelle. Sie analysiert die Leistungen der indirekten Bereiche, zerlegt sie in Teilprozesse und ordnet diesen Aktivitäten die anteiligen Kosten zu. Die Prozesskostenrechnung vermeidet die Gemeinkostenumlage mithilfe von Schlüsseln und die Verrechnung auf Kostenträger unter Verwendung von Zuschlagssätzen. Sie ermittelt die Kosten nicht in Abhängigkeit vom Output, sondern in Abhängigkeit von den Geschäftsprozessen, die zur Erstellung der Leistung durchlaufen werden. Neben dem Endprodukt wird der Geschäftsprozess zum Kostenträger.

b) Die Prozesskostenrechnung kann fallweise zur Bestimmung der Kosten eines Prozesses wie Angebot einholen, Vorfertigungsplatz rüsten usw. oder kontinuierlich zur Überwachung des Kostenanfalls in Relation zu den Leistungsmengen eingesetzt werden. Da im Fertigungsbereich die Maschinenstundensatzrechnung bereits weitgehend die Aufgaben der Prozesskostenrechnung übernimmt, ist sie wichtiges Instrument der Kostenzuordnung und Überwachung in den Gemeinkostenbereichen Beschaffung, Verwaltung und Absatz.

c) Die Ziele der Prozesskostenrechnung sind:
   − Erhöhung der Genauigkeit der Kostenrechnung,
   − Kontrolle des Ressourceneinsatzes,
   − kundenorientierte Kostenbeurteilung.

d) Der **Prozesskostensatz** dient der Verrechnung der Gemeinkosten auf die Kostenträger. Es handelt sich um den Quotienten aus Prozesskosten und Prozessmenge.

e) **Leistungsmengeninduzierte** (lmi) Prozesskosten verhalten sich proportional zur Menge der in Anspruch genommenen Kostentreiber, also abhängig von der Bezugsgröße.

f) **Leistungsmengenneutrale** (lmn) Prozesskosten verhalten sich unabhängig von der Menge der in Anspruch genommenen Kostentreiber, also unabhängig von der Bezugsgröße.

g) **Kostentreiber** (Cost Driver) sind die Haupteinflussgrößen der Kostenentstehung. Typische Kostentreiber sind die Anzahl der Angebotspositionen bei dem Prozess „Angebote bearbeiten", die Rüstzeit bei dem Prozess „Vorfertigungsplätze rüsten" oder die Anzahl der Lohnempfänger bei dem Prozess „Bruttolohnrechnung".

Lösung zu Fall 35   4 Punkte

Teilprozess 1 = 4.000 / 200 = 20,00 € Teilprozesskostensatz

Teilprozess 2 = 2.400 / 400 = 6,00 € Teilprozesskostensatz

Teilprozess 3 = 4.200 / 600 = 7,00 € Teilprozesskostensatz

Lösung zu Fall 36   20 Punkte

Ermittlung des prozentualen Kostenanteils der einzelnen Baugruppen:

Baugruppe 1	5.000 €	20 %
Baugruppe 2	4.000 €	16 %
Baugruppe 3	9.000 €	36 %
Baugruppe 4	4.000 €	16 %
Baugruppe 5	3.000 €	12 %
	25.000 €	100 %

Durch Division des Nutzenanteils durch den Kostenanteil erhält man den Zielkostenindex für die Produktfunktion Betriebssicherheit:

Baugruppe	Kostenanteil	Betriebssicherheit	Zielkostenindex Betriebssicherheit
1	20 %	21 %	1,05
2	16 %	18 %	1,13
3	36 %	12 %	0,33
4	16 %	22 %	1,38
5	12 %	27 %	2,25

Ermittlung des Zielkostenindexes für den Bedienungskomfort:

Baugruppe	Kostenanteil	Bedienungskomfort	Zielkostenindex Bedienungskomfort
1	20 %	15 %	0,75
2	16 %	12 %	0,75
3	36 %	33 %	0,92
4	16 %	18 %	1,13
5	12 %	22 %	1,83

Der Gesamt-Zielkostenindex drückt das Gesamtnutzenverhältnis der einzelnen Baugruppen unter Berücksichtigung der unterschiedlichen Gewichtung der beiden Nutzkategorien aus. Der Gesamtindex entspricht dem Quotienten aus Gesamtanteil durch den Kostenanteil.

Baugruppe	Kostenanteil	Betriebssicherheit	Bedienungskomfort	70 % von Spalte 3	30 % von Spalte 4	Gesamtanteil	Gesamtzielkostenindex
1	2	3	4	5	6	7	8 (=7/2)
1	20	21	15	14,7	4,5	19,2	0,96
2	16	18	12	12,6	3,6	16,2	1,01
3	36	12	33	8,5	9,9	18,4	0,51
4	16	22	18	15,4	5,4	20,8	1,30
5	12	27	22	18,8	6,6	25,4	2,12
	100	100	100	70,0	30,0	100,0	

Ein Zielkostenindex > 1 besagt, dass der Kundennutzen der Baugruppe größer ist als ihr Anteil an den Kosten des Produkts. Ein Zielkostenindex < 1 sagt aus, dass die Kosten der Baugruppe in Relation zum Kundennutzen zu hoch sind. Bei den Baugruppen 1 und 3 können deshalb Einsparungen vorgenommen werden, ohne die Marktchancen des Produkts zu gefährden.

Die Baugruppen 2, 4 und 5 werden mit einem günstigen Kosten-Nutzen-Verhältnis hergestellt. Der Kundennutzen dieser Baugruppen kann durch weitere Produktverbesserungen gesteigert werden.

Die Zielkosten von 23.000 € werden im prozentualen Verhältnis der Gesamtnutzenverteilung aufgespalten. Vergleicht man die so ermittelten Zielkosten mit den Istkosten, bleibt eine Überdeckung oder eine Unterdeckung. Eine Überdeckung zeigt das Produktverbesserungspotenzial, die hier vorliegende Unterdeckung das Kosteneinsparungspotenzial von 2.000 €.

Baugruppe	Istkosten	Zielverteilung	Zielkosten	Deckung
1	2	3	4	5
1	5.000 €	19,2	4.416 €	- 584 €
2	4.000 €	16,2	3.726 €	- 274 €
3	9.000 €	18,4	4.232 €	- 4.768 €
4	4.000 €	20,8	4.784 €	784 €
5	3.000 €	25,4	5.842 €	2.842 €
	25.000 €	100,0	23.000 €	- 2.000 €

Spalte 4 = Spalte 3 · 23 000 / 100, Spalte 5 = Spalte 4 - Spalte 2

Lösung zu Fall 37 — 6 Punkte

a) **Aufgaben des Kostenmanagements**

Aufgabe des Kostenmanagements ist neben der Vorbereitung und Unterstützung von Entscheidungen die Nutzung des Wissens über die Kosteneinflussfaktoren im Rahmen eines langfristigen Kostencontrollings.

Dazu gehören Analysen, Prognosen sowie die Beurteilung der Angemessenheit von Kosten auch unter Berücksichtigung des Nutzens für den Kunden.

Das Kostenmanagement soll Erfolgsrisiken durch die Sicherung von Kostenvorteilen begrenzen, indem es gezielt Kostensenkungspotenziale aufdeckt.

Aufgaben eines Kostenmanagements sind im Einzelnen die Optimierung

- der Kostenstellenbildung,
- der verursachungsgerechten Kostenzurechnung,
- der Kostentransparenz,
- der Kostenvorgaben und Budgetbildung,
- des Kostenabbaus,
- der Kontrolle des Ressourceneinsatzes,
- des Berichtswesens,
- der Entscheidungen im Rahmen der Verbesserung der Wirtschaftlichkeit.

b) Voraussetzungen für ein wirksames Kostenmanagement sind

- Planung der Struktur und der Gestaltung der Geschäftsprozesse,
- Abbildung der Prozesse in der Kostenrechnung,
- Instrumente, die gezielt zum Abbau von Kosten führen.

Lösung zu Fall 38 — 5 Punkte

Die Qualitätskriterien eines Kostenrechnungsverfahrens sind:
- Transparenz der Kostenverrechnung
- Genauigkeit der Kostenverrechnung
- Vergleichbarkeit des Kostenanfalls
- Wirtschaftlichkeit der Kostenrechnung
- Überprüfbarkeit
- Abstimmbarkeit mit der Buchhaltung

- Kostenkontrolle nach Ort des Anfalls, nach Erzeugnissen, nach Prozessen und nach Abrechnungsperioden
- Vollständigkeit der Kostenerfassung und Zurechnung
- Hilfe bei Entscheidungen
- Aktualität der Ergebnisse

Lösung zu Fall 39　　　　　　　　　　　　　　　　　　　　　　　　　　8 Punkte

a) **Erfolgsplanung**
- Mehrstufige Deckungsbeitragsrechnung
- Grenzplankostenrechnung
- Deckungsbeitragsrechnung mit relativen Einzelkosten

b) **Wirtschaftlichkeitsberechnungen im Rahmen der Planung**
- Deckungsbeitragsrechnung mit relativen Einzelkosten

c) **Preisfindung**
- Mehrstufige Deckungsbeitragsrechnung
- Grenzplankostenrechnung
- Deckungsbeitragsrechnung mit relativen Einzelkosten

d) **Erfolgskontrolle**

Einstufige Deckungsbeitragsrechnung
- Mehrstufige Deckungsbeitragsrechnung
- Grenzplankostenrechnung
- Deckungsbeitragsrechnung mit relativen Einzelkosten

e) **Kontrolle der Wirtschaftlichkeit**
- Plankostenrechnung
- Einstufige Deckungsbeitragsrechnung
- Mehrstufige Deckungsbeitragsrechnung
- Grenzplankostenrechnung
- Deckungsbeitragsrechnung mit relativen Einzelkosten
- Begrenzt geeignet:
  - Istkostenrechnung
  - Normalkostenrechnung

f) **Nachweis der Selbstkosten**
   - Istkostenrechnung
   - Normalkostenrechnung
   - Plankostenrechnung

g) **Nachweis bei Versicherungsfällen**
   - Istkostenrechnung
   - Mehrstufige Deckungsbeitragsrechnung
   - Deckungsbeitragsrechnung mit relativen Einzelkosten

h) **Vorlage bei Kreditverhandlungen**
   - Istkostenrechnung
   - Mehrstufige Deckungsbeitragsrechnung
   - Grenzplankostenrechnung
   - Deckungsbeitragsrechnung mit relativen Einzelkosten

Lösung zu Fall 40   17,5 Punkte

Ermittlung der Herstellkosten des Umsatzes:

	Istkosten	Normalkosten
Fertigungsmaterial	400.000 €	400.000 €
Materialgemeinkosten	42.000 €	40.000 €
Fertigungslöhne Dreherei	12.000 €	12.000 €
Fertigungsgemeinkosten Dreherei	48.000 €	46.200 €
Fertigungslöhne Fräserei	10.000 €	10.000 €
Fertigungsgemeinkosten Fräserei	39.000 €	40.000 €
Herstellkosten der Produktion	551.000 €	548.200 €
- Bestandsmehr. an unfertigen Erzeugnissen	- 81.000 €	- 81.000 €
+ Bestandsmind. an fertigen Erzeugnissen	30.000 €	30.000 €
Herstellkosten des Umsatzes	**500.000 €**	**497.200 €**

Den Betriebsabrechnungsbogen finden Sie auf den folgenden Seiten (in €).

Kostenarten	gesamt	allgemeine Kostenstellen	
		Pförtner	Fuhrpark
Hilfsstoffaufwendungen	19.997	100	200
Betriebsstoffaufwendungen	7.177	50	300
Fremdinstandhaltung	1.400	0	500
Hilfslöhne	29.694	3.994	4.500
Gehälter	49.000	0	0
Abschreibungen	63.438	1.000	6.000
Mieten	12.800	40	640
Büromaterial	2.000	0	0
Betriebssteuern	5.494	0	194
Summe Primärkosten	191.000	5.184	12.334
Umlage Pförtner		- 5.184	216
Umlage Fuhrpark			- 12.550
Istgemeinkosten	191.000	0	0
Normalgemeinkosten	188.337		
Fertigungsmaterial			
Fertigungslöhne			
Herstellkosten des Umsatzes (Ist)			
Istgemeinkostensatz			
Normalgemeinkostensatz			
Über- bzw. Unterdeckung	- 2.663		
qm	1.600	5	80
Anzahl Mitarbeiter	50	2	2
Schlüssel Fuhrpark	10	0	0

Materialbereich	Fertigungskostenstellen		Verwaltungs-bereich	Vertriebsbereich
	Dreherei	Fräserei		
1.000	10.000	8.000	397	300
300	3.000	2.600	500	427
400	300	100	0	100
10.000	5.000	3.000	3.200	0
12.000	4.000	4.000	14.000	15.000
11.310	19.788	16.340	4.000	5.000
2.400	4.000	3.480	1.200	1.040
500	0	0	800	700
500	400	400	3.000	1.000
38.410	46.488	37.920	27.097	23.567
1.080	1.512	1.080	648	648
2.510			1.255	8.785
42.000	48.000	39.000	29.000	33.000
40.000	46.200	40.000	29.832	32.305
400.000	12.000	10.000	500.000	500.000
10,5 %	400,0 %	390,0 %	5,8 %	6,6 %
10,0 %	385,0 %	400,0 %	6,0 %	6,5 %
- 2.000	- 1.800	1.000	832	- 695
300	500	435	150	130
10	14	10	6	6
2	0	0	1	7

STICHWORTVERZEICHNIS

Hier wird auf die Fälle verwiesen.

A

Abbruchkosten   B 11, B 72, B 73
Abflusszeitpunkt   G 15
Abgabeschonfrist   C 2
Abgeltungsteuer   G 11, G 60, G 61
Abgeltungswirkung   G 63
Ablauforganisation   E 2
Abschlussprüfer   B 65
Abschlussprüfung   B 65, D 10
Abschreibung   B 2, B 3, B 4, B 5, B 6, B 7, B 8, B 9, B 11, B 12, B 13, B 14, B 15, B 16, B 18, B 19, B 22, B 23, B 28, B 33, B 69, B 70, B 71, B 73, B 75, B 76, B 77, G 15, G 24, G 25, G 34
Abschreibungsgegenwert   F 2
Abschreibungsquote des Sachanlagevermögens   E 7
Absolutes Net Working Capital   E 6
Abteilung   E 1, E 2
Abweichungsanalyse   H 32, H 33
Abzinsung   B 13, B 21, B 36, B 38, B 53, B 59
Abzinsungsfaktor   F 3, F 7
Abzugsverfahren   G 43
AfS-Rücklage   B 78, B 79
AKA-Kredit   F 38
Aktien   B 10, B 20, B 29, B 39, B 40, B 78, B 79, G 11
Aktiver RAP   B 2, B 6, B 55, B 56, B 58
Aktivierte Eigenleistungen   B 1, B 18
Änderungsantrag   G 4
Änderungsbescheid   G 6
Anhang   B 62, B 68
Anlagen im Bau   B 3, B 19
Anlagenabnutzungsgrad des Sachanlagevermögens   E 7
Anlagendeckungsgrad   E 4, E 6, E 8, E 12
Anlagengitter   B 3
Anlagenintensität   E 4, E 12
Anleihe   F 5, F 20

Annuitätendarlehen   F 4, F 17
Annuitätenmethode   F 44
Anrechnungshöchstbetrag   G 62
Anschaffungskosten   B 2, B 5, B 6, B 8, B 9, B 10, B 12, B 14, B 15, B 16, B 17, B 19, B 21, B 27, B 28, B 29, B 30, B 33, B 69, B 70, B 71, B 75, B 76, B 82, B 83, B 84, G 12
Äquivalenzziffernkalkulation   H 12, H 13, H 14
Arbeitsintensität   E 4
Arbeitslohn   G 53
Arbeitsschutz   D 12
Arbeitszimmer   G 15
Aufbauorganisation   E 1, E 2
Aufsichtsratsvergütung   G 28
Aufstellung   B 64
Aufzinsungsfaktor   F 7
Ausbildung   D 9, D 10
Ausländische Einkünfte   G 60, G 63
Ausleihungen   B 13
Ausschüttung   G 11
Außenprüfung   G 3, G 9, G 57, G 59
Aussetzung der Vollziehung   G 1
Ausstehende Einlagen   B 41
Auszubildende   D 9
Außensteuergesetz   G 63
Available for Sale   B 78, B 79
Avalkredit   F 28

B

Barwertfaktor   F 7
Basel II   E 13
Beschäftigungsabweichung   H 26, H 32, H 33
Beschäftigungsgrad   H 6, H 30
Beteiligung, stille   G 11, G 37
Beteiligungsfinanzierung   F 37
Betriebsabrechnungsbogen   H 5, H 40

Betriebsarzt D 13

Betriebsausgaben G 13, G 15, G 17, G 18

Betriebsausgaben, Sonder- G 19, G 23, G 24

Betriebseinnahmen G 15

Betriebseinnahmen, Sonder- G 23, G 24

Betriebsergebnis E 7, E 8

Betriebsgeheimnis C 9

Betriebsgrundstück G 33, G 35

Betriebsoptimum H 24

Betriebsveranstaltung G 51, G 53

Betriebsveräußerung G 23

Bewegungsbilanz E 5, E 7, E 11

Bewertung Eigenkapital B 39, B 40, B 41, B 42

Bewertung fertige Erzeugnisse B 24, B 82

Bewertung Finanzanlagen B 10, B 13, B 17, B 20, B 78, B 79

Bewertung Forderungen B 27, B 31, B 37, B 80

Bewertung Gebäude B 3, B 5, B 11, B 19, B 72, B 73

Bewertung Grund und Boden B 5, B 11, B 19, B 21

Bewertung Handelswaren B 26, B 34, B 36, B 82, B 84

Bewertung immaterielle VG B 1, B 7, B 12, B 16, B 76, B 77

Bewertung liquide Mittel B 25

Bewertung Maschinen/BGA B 2, B 3, B 4, B 6, B 8, B 9, B 14, B 15, B 18, B 23, B 28, B 69, B 70, B 71, B 75

Bewertung RHB B 32, B 83

Bewertung unfertige Erzeugnisse B 30

Bewertung von Wechseln B 35

Bewertung Wertpapiere Umlaufvermögen B 29, B 33

Bewirtungskosten G 13, G 19, G 28

Bezugskalkulation H 7

Bezugspreis H 18

Bezugsrecht F 35

BGA B 4, B 9, B 14, B 22

Bilanzregel, goldene F 24, 34

Break-Even-Menge H 20

Bürgerentlastungsgesetz G 21

Bußgeld G 18

C

Caps F 30

Cashflow E 5, E 7, E 9, E 12, F 26

D

Damnum G 16, 19

Darlehen B 55, B 56, B 58, B 59, B 85, B 86, F 4, F 8, F 12, F 15, F 17, G 17, G 28

Dauernde Wertminderung (Anlagevermögen) B 17, B 20, B 23

Dauerschuldzinsen G 32, G 34, G 35, G 39

Debitorenumschlag E 7

Debitorenziel E 7, E 12

Deckungsbeitrag H 19, H 21

Deckungsbeitragsrechnung H 23, H 25

Deckungsvermögen B 43

Devisenkassamittelkurs B 15, B 25, B 27, B 55, B 57

Devisenoptionsgeschäft F 38

Devisentermingeschäft F 38

Dienstreise G 55

Disagio B 55, B 56, B 58, G 17, G 34, G 35

Diskontierungssummenfaktor F 21

Disposition E 2

Dividenden B 10, B 29, B 39

Divisionskalkulation H 10, H 11, H 14

Doppelbesteuerung G 62

Drohende Verluste B 51

Durchschnittsbewertung B 32, B 36, B 82, B 83

Dynamischer Verschuldungsgrad E 7

E

Effektivzinsmethode B 80, B 85, B 86

Effektivzinssatz F 12

Eigene Anteile B 40

Eigenfertigung H 22

Eigenkapital B 39, B 40, B 41, B 42

Eigenkapitalquote E 4, E 7, E 12, F 34

Eigenkapitalrentabilität E 4, E 7, E 8, F 34

Eigenkapitalrichtlinie E 13, E 15

Eigenkapitalveränderungsrechnung B 68

Einkünfte, ausländische G 60

Einnahmenüberschussrechnung G 17
Einspruch G 1, G 4, G 6, G 10
Einstandspreis H 18
Einzahlungsüberschüsse F 23
Einzelkosten H 9
Einzelwertberichtigung B 27, B 31, B 37
Entschädigungszahlung G 46
Erbbaurecht G 16
Ergebnis der gewöhnlichen Geschäftstätigkeit E 8
Ergebnistabelle H 1, H 4
Erholungsbeihilfe G 59
Ersatzinvestition F 33
Erwerb, innergemeinschaftlicher G 49

F

Factoring F 1, F 6
Fahrten zwischen Wohnung und Arbeitsstätte G 54
Fahrtkosten G 13, G 55
Fertige Erzeugnisse B 24, B 82
Fertigungsauftrag B 81
Festdarlehen B 55, B 56, F 12
Festsetzungsverjährung G 3
Feststellungsbescheid G 10
Feststellungserklärung G 1, G 3
Festverzinsliche Wertpapiere B 17, B 34
Festwert B 4
Fifo-Verfahren B 82
Finanzanlagen B 10, B 13, B 17, B 20, B 78, B 79
Finanzierungsarten F 34
Finanzierungsentscheidung F 21, F 47
Finanzierungsregeln F 24
Finanzplan F 32, F 48
Fixe Gemeinkosten H 19
Forderung Körperschaftsteuer-Guthaben B 38
Forderungen B 27, B 31, B 37, B 80, G 51
Forderungsausfall G 50
Frauds C 10
Freistellungsauftrag G 11
Fremdbezug H 22

Fremdkapitalkosten B 74
Fremdkapitalquote E 6
Fremdwährung G 59
Fristenberechnung G 1, G 8, G 10

G

Garantierückstellung B 45
Gebäude B 3, B 5, B 11, B 19, B 72, B 73, G 12, G 25
Geburtsbeihilfe G 56
Geldbuße G 18, G 28
Geldwerter Vorteil, Pkw G 54
Gemeinkosten H 9
Geringwertiges Wirtschaftsgut B 9, B 12, B 71
Gesamtabweichung H 26, H 32, H 33
Gesamtkapitalrentabilität E 4, F 34
Gesamtkostenverfahren B 60, B 61, B 68
Geschäfts- oder Firmenwert B 16
Geschäftsführergehalt G 20
Geschenke G 19, G 27, G 29
Gesellschaft, stille F 37
Gesellschafterdarlehen G 30
Gesellschafterwechsel G 23
Gesundheitsschutz D 12
Gewerbesteueranrechnung G 14
Gewerbesteuerrückstellung B 52, G 36, G 37, G 39
Gewerbesteuerzerlegung G 32, G 36, G 37
Gewinn- und Verlustrechnung B 60, B 61, B 68
Gewinnaufteilung, Personengesellschaft G 13
Gewinnausschüttung G 27
Gewinnausschüttung, verdeckte G 26, G 27, G 28, G 29
Gewinnermittlung G 17
Gewinnmaximale Ausbringungsmenge H 24
Gewinnvergleichsmethode F 9
Gewinnvergleichsrechnung F 5
Gewinnverteilung G 23, G 24
Gewinnverwendungsbeschluss F 8
Globalzession F 36
Grenzplankostenrechnung H 29
Grund und Boden B 5, B 11, B 19, B 21, G 12

Grunderwerbsteuer G 12
Grundpfandrechte F 25, F 29
Grundschuld F 25, F 29

H

Halbeinkünfteverfahren B 10, B 29, B 39, G 11
Handelskalkulation H 18
Handelswaren B 26, B 34, B 36, B 84
Hauptversammlung F 22
Herstellungskosten B 19, B 30, B 72, B 73, B 74, B 77, B 82, G 12, G 25
Hypothek F 25, F 29

I

IASB B 66
IFRS B 66, B 67, B 68
Immaterielle VG B 1, B 7, B 12, B 16, B 76, B 77
Improvisation E 2
Incentivereise G 58
Inhaberaktie F 22
Innenfinanzierung F 8
Innenumsatz G 43
Innergemeinschaftliche Lieferung G 40
Innergemeinschaftlicher Erwerb G 45
Interkulturelle Anforderungen D 5
Interne Zinsfußmethode F 19
Internes Kontrollsystem C 1, C 4, C 13, C 14
Investitionsentscheidung F 3, F 10, F 13, F 18, F 19
Investitionsquote des Sachanlagevermögens E 7
Investitionsrechnung F 45
Investitionszulage B 8, G 28
Inzahlungnahme G 52

J

Jahreslaufzeit H 17
Jubiläumsrückstellung B 46

K

Kalkulationszuschlag H 18
Kalkulatorische Abschreibung H 2
Kalkulatorische Zinsen H 3

Kantinenmahlzeit G 53
Kapazitätserweiterungseffekt F 18
Kapazitätserweiterungsfaktor F 2
Kapazitätsmultiplikator F 2
Kapital, bedingtes F 35
Kapitalbedarfsrechnung F 14, F 16, F 32, F 49
Kapitalerhöhung B 10, B 29, B 39, F 22, F 35
Kapitalerhöhung aus Gesellschaftsmitteln F 34
Kapitalerhöhung, ordentliche F 35
Kapitalertragsteuer G 11
Kapitalflussrechnung B 62, B 68, E 9, F 39
Kapitalfreisetzungseffekt F 18
Kapitalwertmethode F 9, F 46
Kapitalwiedergewinnungsfaktor F 21
Kennzahlen C 12, E 4, E 6, E 7, E 8, E 12
Kommunikationsformen D 4
Kommunikationssituationen D 2
Komponentenansatz B 75
Konflikt D 3
Kontoführungsgebühr G 56
Kontokorrentkredit F 28, F 29
Konzernabschluss B 66
Körperschaftsteuer G 26
Körperschaftsteuerrückstellung B 52, G 25
Kostenanalyse H 30
Kostenmanagement H 37
Kostenrechnungsverfahren H 38, H 39
Kostenremanenz H 30
Kostenträgerzeitrechnung H 6
Kostenvergleichsrechnung F 27
Kredit G 42
Kritische Menge F 27
KSt-Vorauszahlungen G 27
Kundenziel E 7, E 12
Kuppelkalkulation H 15, H 16
Kurssicherung F 38
Kurzfristige Erfolgsrechnung H 31
Kurzfristige Preisuntergrenze H 24

Stichwort VERZEICHNIS

L

Lagebericht   B 63, C 6
Leasing   B 2, B 6, F 4, F 31
Leerkosten   H 32
Leibrente   B 21, G 33
Leistung, sonstige   G 41
Leistungsentnahme   G 45
Leverage-Effekt   F 11
Lieferantenkredit   F 6
Lieferung, innergemeinschaftliche   G 40
Lifo-Verfahren   B 36, B 82
Lifo-Verfahren mit Layer   B 26
Liquide Mittel   B 25
Liquidität   F 40
Liquidität 2. Grades   E 4, E 6, E 7, E 8, E 12
Lohmann-Ruchti-Effekt   F 18
Lombardkredit   F 32, 47

M

Mantelzession   F 36
Marx-Engels-Effekt   F 18
Maschinen   B 3, B 6, B 8, B 15, B 18, B 75
Maschinenstundensatz   H 17
Matrixorganisation   E 1
Mischkosten   H 30
Mitarbeiterzufriedenheit   D 1
Mitbestimmungsrechte   D 14

N

Namensaktie   F 22
Nettoveräußerungswert   B 82, B 83, B 84
Neubewertung   B 72, B 73
Normalgemeinkosten   H 26
Normalkostenrechnung   H 26
Nutzenschwelle   H 22
Nutzkosten   H 32

O

Offenlegung   B 64
Optionsanleihe   F 22

Organigramm   E 1
Organisation   E 1, E 2, E 3

P

Pauschalwertberichtigung   B 31, B 37
Pensionsrückstellung   B 43, B 47
Personalaufwandsquote   E 8
Personalbeschaffung   D 7
Personaleinsatzplanung   D 8
Personalentwicklung   D 11, D 15
Personengesellschaft   G 23, G 24
Personengesellschaft, Gewinnaufteilung   G 13
Pkw   G 44, G 54, G 58
Plankosten   H 33
Plankostenrechnung   H 27
Preisuntergrenze   H 20
Privatfeier   G 13
Prozesskosten   B 49, G 28
Prozesskostenrechnung   H 34, H 35
Prozesskostensatz   H 34
Prüfung   B 65
Prüfungsanordnung   G 3
Publizitätsgesetz   B 63

R

Rating   E 14, E 15
Relatives Net Working Capital   E 6
Reisekosten   G 13, G 28, G 55, G 58
Reisenebenkosten   G 55
Rente   G 38
RHB   B 32, B 83
Restwertverteilungsfaktor   F 12
Return on Investment   D 6, F 11
Risikoerkennung   C 8, C 11
Risikoquellen   C 2, C 3
Risikostrukturanalyse   F 9
Risiken   C 5
Rohergebnis   E 8
ROI   E 8
Rücklage/n   F 34, F 43, G 24, G 25
Rückstellung für Jahresabschlusskosten   B 44

Rückstellung für Prozesskosten B 49
Rückstellung für Schadensersatz B 49, B 53
Rückstellung für unterlassene Instandhaltung B 50
Rückstellung, Gewerbesteuer B 52, G 36, G 37, G 39
Rückstellung Pensionsverpflichtung B 43, B 47
Rückstellung Urlaub B 48

S

Sale and lease back F 4
Sammelposten B 9, B 22
Sanierungsgewinn G 26
Säumniszuschlag G 2, G 27, G 28
Schadensersatz B 49, B 53, G 57
Schmiergeld G 15
Schuldzinsen G 11, G 12
Segmentberichterstattung B 68
Selbstanzeige G 3
Selbstfinanzierung, offene F 34, F 41, F 42
Selbstfinanzierung, stille F 34
Skonto F 28
Soll-Ist-Vergleich E 10
Sollkosten H 33
Sonderbetriebsausgaben G 19, G 23, G 24
Sonderbetriebseinnahmen G 24
Sondereinzelkosten der Fertigung H 9
Sondereinzelkosten des Vertriebs H 9
Sonderposten mit Rücklageanteil B 5, B 9, B 28
Sonntags-, Feiertags- und Nachtzuschlag G 56
Sortimentsgestaltung H 21
Sozialplan B 54
Spenden G 13, G 18
Stabstelle E 1
Stelle E 2
Stellenbeschreibung E 3
Steuerberaterkosten G 18
Steuerfestsetzung G 7
Steuerhinterziehung G 3
Steuernachzahlung G 5
Stille Beteiligung G 33
Stock Options G 11

Strategische Frühaufklärung C 7
Stresssituation D 3
Strukturbilanz E 4, E 6, E 7, E 8
Stückzinsen F 5
Summe der Einkünfte G 11, G 20, G 25
Swaps F 30

T

Target Costing H 36
Tätigkeitsvergütung G 23, G 24
Tausch B 14, G 37, G 46
Teileinkünfteverfahren G 11, G 60, G 61
Teilkostenrechnung H 19
Thesaurierungsbegünstigung G 22
Tilgungsdarlehen B 58, B 85, B 86
Training off the job D 15
Training on the job D 15

U

Übernachtungskosten G 13
Umlaufintensität E 4
Umsatzkostenverfahren B 60, B 68
Umsatzrentabilität E 8
Umschlaghäufigkeit der Forderungen E 7
Unfallkosten G 18
Unfallversicherung G 59
Unfertige Erzeugnisse B 30
Unternehmensübernahme F 7
Unternehmensvergleich E 10
Urlaubsgeld G 56
Urlaubsrückstellung B 48
USt-Voranmeldung G 2

V

Valutaforderung B 27, B 80
Valutaverbindlichkeit B 15, B 55, B 57
Variable Gemeinkosten H 19
Variator H 28, H 33
Verbrauchsabweichung H 26, H 32, H 33
Verdeckte Gewinnausschüttung G 26, G 27, G 28, G 29

Verein   G 31

Vergleichsrechnungen   E 10

Verkaufskalkulation   H 8

Verlustvortrag   G 38

Vermietung und Verpachtung   G 12

Vermietungsleistung   G 47

Vermittlungsleistung   G 45

Verpflegungskosten   G 13, G 55

Verrechnung   H 4

Verschuldungsgrad   E 4, E 6

Verspätungszuschlag   G 2, G 27, G 28

Vollkostenrechnung   H 21

Vorbehalt der Nachprüfung   G 1, G 8

Vorräte   B 24, B 26, B 30, B 32, B 34, B 36, B 82, B 83, B 84

Vorratsintensität   E 6

Vorsteuerabzug   G 48

Vorsteuerkorrektur   G 47

W

Wachstumsbeschleunigungsgesetz   G 21

Währungsumrechnung   B 15, B 25, B 27, B 55, B 57, B 80

Wandelanleihen   F 22

Wechsel   B 35

Wechselkredit   G 39

Welteinkommensprinzip   G 62, G 63

Werbungskosten   G 11, G 12

Wertpapiere Umlaufvermögen   B 29, B 33

Wertpapiergebundene Pensionszusage   B 43

Wohnungsvermietung   G 53

Z

Zahlungsschonfrist   G 2

Zahlungsverjährung   G 3

Zedent   F 36

Zeitvergleich   E 10

Zerlegung   G 32, G 36, G 37

Zession   F 36

Zession, offene   F 36

Zession, stille   F 36

Zessionar   F 36

Zielkostenrechnung   H 36

Zinsabschlag   G 21

Zinsfußmethode, interne   F 19

Zinsschranke   G 21

Zinssicherung   F 30

Zufluss   G 20

Zuflusszeitpunkt   G 15

Zuschlagskalkulation   H 9, H 14

Zuschuss   B 7

Auf jede Frage eine Antwort!

Komplettwissen auf 555 praktischen Frage- und Antwortkarten

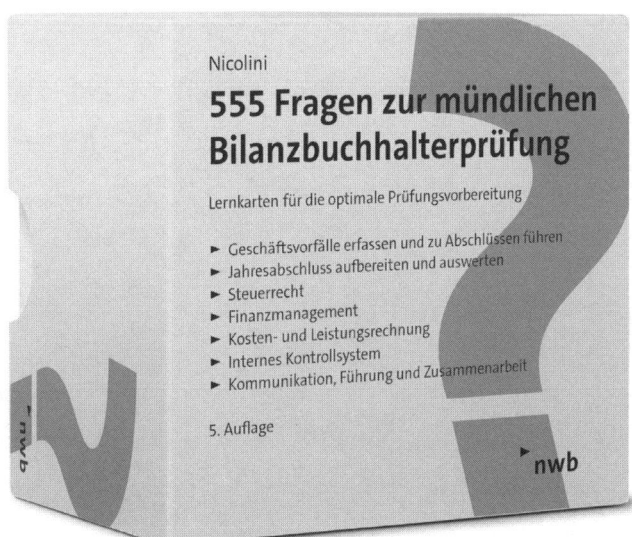

555 Fragen zur mündlichen Bilanzbuchhalterprüfung
Nicolini
5. Auflage · 2021
Lernkarten in Stülpschachtel
€ 39,90 (UVP)
ISBN 978-3-482-**66605**-6

Die 555 Lernkarten sind speziell für angehende Bilanzbuchhalter/-innen konzipiert, die kurz vor der mündlichen Prüfung stehen. Kompakt und prägnant aufbereitet, sind die Lernkarten der ideale Begleiter, um auch unterwegs oder zwischendurch das nötige Prüfungswissen aufzufrischen, zu festigen und zu wiederholen.

Mit der 5. Auflage wurden alle Karten vollständig überarbeitet und an den aktuellen Rechtsstand angepasst. Neben allgemeinen Hinweisen zur Prüfungsvorbereitung enthalten die Karten typische Fragestellungen mit passenden Lösungsansätzen zu allen Handlungsbereichen der Bilanzbuchhalterprüfung.

So gehen Sie bestens vorbereitet in die mündliche Prüfung!

estellen Sie jetzt unter **www.nwb.de/go/shop**
estellungen über unseren Online-Shop:
eferung auf Rechnung, Bücher versandkostenfrei.
WB versendet Bücher, Zeitschriften und Briefe CO$_2$-neutral.
ehr über unseren Beitrag zum Umweltschutz unter www.nwb.de/go/nachhaltigkeit

DIE WAHL FÜR REWE-PRAKTIKER.

Mit NWB Rechnungswesen geht jede Rechnung auf.
Vom einzelnen Buchungssatz bis zum kompletten Jahresabschluss!

Digitales Themenpaket inkl. Datenbankzugang, persönlichem NWB Livefeed und E-Mail-Newsletter.

- ✓ Jedes Jahr mehr als 100 neue Fachbeiträge zu allen aktuellen Entwicklungen im Rechnungswesen. **In bewährter BBK-Qualität,** ideal für Praktiker.
- ✓ Laufend **aktualisiertes Basiswissen** zu Buchführung, Bilanzierung und Steuern. Verständlich auf den Punkt gebracht!
- ✓ Mit praktischen **Arbeitshilfen, Mustervorlagen und Checklisten** rechtssicher buchen und bilanzieren.

**Testen Sie NWB Rechnungswesen
jetzt 30 Tage kostenlos: go.nwb.de/rewe**